普通高等教育"十三五"规划教材
全国高等医药院校药学类系列规划教材

有 机 化 学

主　　编　宋流东　赵华文
副主编　李　莉　张振涛　燕小梅　林玉萍
编　　委　（按姓氏笔画排序）

王　扣（昆明医科大学）　　　　张振涛（内蒙古医科大学）
王全军（空军军医大学）　　　　张毅立（昆明医科大学）
王宏丽（成都医学院）　　　　　林玉萍（云南中医学院）
王海波（空军军医大学）　　　　虎春艳（云南中医学院）
王新兵（石河子大学）　　　　　赵华文（陆军军医大学）
毛泽伟（云南中医学院）　　　　赵红梅（内蒙古医科大学）
史大斌（遵义医学院）　　　　　胡曙晨（新疆医科大学）
刘静姿（贵州医科大学）　　　　秦向阳（空军军医大学）
李　莉（新疆医科大学）　　　　格根塔娜（内蒙古医科大学）
李明华（空军军医大学）　　　　唐　强（重庆医科大学）
宋流东（昆明医科大学）　　　　燕小梅（大连医科大学）

科学出版社

北　京

内 容 简 介

本书共十六章,主要章节都以官能团为主线,以结构、性质、应用为框架,着重阐述有机化合物结构与性质的关系;部分章节通过适当介绍重要、常见药物的结构和临床应用,强化了对有机化学基础知识的理解。本书采用脂肪族和芳香族混合体系编写。作为科学出版社全国高等医药院校药学类"十三五"系列规划教材之一,注重与《无机化学》《药物化学》《天然药物化学》等教材的知识衔接,目标明确、前后联系、详略得当,尽力避免了不必要的重复。

本书可作为全国医药院校药学类及相关专业教材,也可作为各专业自学或参考用书。

图书在版编目(CIP)数据

有机化学 / 宋流东,赵华文主编. —北京:科学出版社,2018.1
普通高等教育"十三五"规划教材·全国高等医药院校药学类系列规划教材
ISBN 978-7-03-054941-9

Ⅰ.①有… Ⅱ.①宋… ②赵… Ⅲ.①有机化学–高等学校–教材 Ⅳ.①O62

中国版本图书馆CIP数据核字(2017)第259285号

责任编辑:赵炜炜 李国红 / 责任校对:郭瑞芝
责任印制:李 彤 / 封面设计:陈 敬

斜 学 出 版 社 出版
北京东黄城根北街 16 号
邮政编码:100717
http://www.sciencep.com
北京盛通商印快线网络科技有限公司 印刷
科学出版社发行 各地新华书店经销
*
2018 年 1 月第 一 版 开本:787×1092 1/16
2022 年 11 月第三次印刷 印张:20 1/2
字数:557 000
定价:79.80元
(如有印装质量问题,我社负责调换)

普通高等教育"十三五"规划教材

全国高等医药院校药学类系列规划教材

专家委员会

前　言

本书结合当前全国普通高等医药院校药学类专业教学实际和特点，围绕本科药学类专业教学质量国家标准和全国执业药师考试大纲，强化了有机化学的基本原理、基本知识和基本反应，尽可能以药物为实例，适当吸收了学科的新成果、新知识、新发展，隐含了科学态度和科学精神，有利于学生综合素质的形成和科学思想与创新能力的培养。

本书编写还考虑了当前全国高中毕业生化学知识的基础，以及普通高等医药院校药学类专业教学的实际。我们认为，学生一般在中学阶段已具备基本的有机化学知识，而且在本课程前已完成《无机化学》课程学习，因此绪论中适当简略了一些最基本的有机化学常识，同时简单介绍了一些有机化学和医药学的前沿知识。从知识的系统性和连贯性着想，将烷烃与环烷烃、烯烃与炔烃及二烯烃分别合并为一章。考虑到许多实用药物存在杂环结构，本书比较全面地介绍了杂环化合物的结构和性质特征。此外还独设一章介绍生物医用材料的基本知识与应用，为《药剂学》《药用高分子材料学》等课程奠定必要的基础。

本书各章虽然都由相应编委撰写和审阅，但李莉、张振涛、燕小梅、林玉萍四位副主编分别对第 1～4 章、第 5～8 章、第 9～12 章和第 13～16 章内容进行了重点审核把关，张毅立、王扣两位编委花了大量时间和精力修正、处理了许多结构式和图表。他们渊博的专业知识、丰富的教学经验和高尚的职业精神让我们无比敬佩和感动。在此向他们表示衷心感谢！

本书编写过程中参考了一些国内外经典教材和资料，引用了一些图表，在此表示诚挚谢意。

本书编委来自全国十余所高校，书稿经过了反复协调、修改，各编委都尽了最大努力，但难免有不妥及遗漏之处，敬请各位同行、读者批评指正，我们将感激不尽。

宋流东　赵华文

2017 年 3 月

目　　录

第一章　绪论 ··· 1

　　第一节　有机化合物和有机化学 ··· 1

　　第二节　有机化合物的结构及其表示方法 ·· 2

　　第三节　有机化合物的化学键 ··· 2

　　第四节　有机化合物的分类及有机化学反应类型 ··· 6

　　第五节　有机化合物的分离纯化和结构测定 ··· 7

　　第六节　有机酸碱理论简介 ·· 11

　　本章小结 ·· 13

　　习题 ··· 14

第二章　烷烃和环烷烃 ··· 15

　　第一节　结构 ··· 15

　　第二节　命名 ··· 18

　　第三节　构象 ··· 21

　　第四节　物理性质及光谱性质 ··· 26

　　第五节　化学性质 ··· 30

　　本章小结 ·· 37

　　习题 ··· 38

第三章　烯烃、炔烃和二烯烃 ··· 40

　　第一节　结构、分类和命名 ··· 40

　　第二节　物理性质及光谱性质 ··· 45

　　第三节　化学性质 ··· 48

　　本章小结 ·· 62

　　习题 ··· 63

第四章　芳香烃 ··· 65

　　第一节　分类和命名 ·· 65

　　第二节　苯的结构 ··· 68

　　第三节　苯及其同系物的物理性质及光谱性质 ··· 69

　　第四节　苯及其同系物的化学性质 ·· 71

　　第五节　多环芳香烃 ·· 80

　　第六节　非苯芳香烃和休克尔规则 ·· 85

　　本章小结 ·· 87

　　习题 ··· 88

第五章　立体化学基础 ··· 90

　　第一节　同分异构现象及分类 ··· 90

　　第二节　对映异构 ··· 91

　　第三节　对映异构体 ·· 93

第四节 外消旋体及外消旋体拆分 ································· 100
第五节 手性药物的生理活性 ································· 105
本章小结 ··· 108
习题 ··· 109

第六章 卤代烃 ··· 111
第一节 结构、分类和命名 ································· 111
第二节 物理性质及光谱性质 ····························· 113
第三节 化学性质 ··· 115
第四节 亲核取代反应和消除反应机理 ·················· 118
第五节 不饱和卤代烃和芳香卤代烃 ····················· 123
第六节 卤代烃的制备 ······································· 124
本章小结 ··· 125
习题 ··· 126

第七章 醇、酚、醚 ··· 128
第一节 醇 ·· 128
第二节 酚 ·· 138
第三节 醚和环氧化合物 ····································· 144
第四节 硫醇和硫醚 ·· 148
本章小结 ··· 150
习题 ··· 151

第八章 醛、酮和醌 ··· 153
第一节 醛和酮 ·· 153
第二节 醌 ·· 176
本章小结 ··· 179
习题 ··· 181

第九章 羧酸和取代羧酸 ·· 183
第一节 结构、分类和命名 ································· 183
第二节 物理性质及光谱性质 ····························· 184
第三节 化学性质 ··· 186
第四节 羧酸的制备 ·· 191
第五节 取代羧酸 ··· 192
本章小结 ··· 194
习题 ··· 195

第十章 羧酸衍生物 ··· 198
第一节 结构和命名 ·· 198
第二节 物理性质及光谱性质 ····························· 200
第三节 化学性质 ··· 201
第四节 碳酸衍生物和原酸酯 ····························· 207
第五节 制备 ··· 212
本章小结 ··· 213
习题 ··· 214

第十一章　含氮有机化合物··216
　　第一节　胺类化合物···216
　　第二节　重氮化合物和偶氮化合物··223
　　本章小结···226
　　习题··228

第十二章　杂环化合物··229
　　第一节　分类和命名···229
　　第二节　重要的五元杂环化合物···232
　　第三节　重要的六元杂环化合物···236
　　第四节　重要的稠杂环化合物···241
　　第五节　生物碱··244
　　本章小结···246
　　习题··247

第十三章　脂类、萜类和甾体化合物·······································249
　　第一节　脂类化合物···249
　　第二节　萜类化合物···252
　　第三节　甾体化合物···259
　　本章小结···264
　　习题··265

第十四章　糖类··267
　　第一节　单糖···267
　　第二节　低聚糖··275
　　第三节　多糖···277
　　本章小结···280
　　习题··281

第十五章　氨基酸、多肽、蛋白质和核酸································283
　　第一节　氨基酸··283
　　第二节　多肽···288
　　第三节　蛋白质··292
　　第四节　核酸···296
　　本章小结···302
　　习题··303

第十六章　生物医用材料简介··305
　　第一节　生物医用材料的概念及分类····································305
　　第二节　生物医用高分子材料··306
　　第三节　生物医用材料的生物学评价····································313
　　第四节　生物医用材料的发展趋势··315
　　本章小结···317
　　习题··317

主要参考文献··318

第一章 绪 论

第一节 有机化合物和有机化学

有机化合物(organic compound)也叫有机物，是指含碳的化合物或含碳、氢的化合物及其衍生物的总称，但不包括碳的氧化物(如 CO 和 CO_2)、碳酸及其盐、氰化物、硫氰化物、氰酸盐、金属碳化物、部分简单含碳化合物(如 SiC)等物质。多数有机化合物主要含碳、氢两种元素，也常含氧、氮、硫、磷、卤素等元素。绝大多数有机化合物易溶于有机溶剂，热稳定性差，可燃烧生成 CO_2 和 H_2O。有机化合物是生命产生的物质基础，所有生命体都含有机化合物。绝大多数药物，包括天然药物和合成药物都是或含有机化合物。有机化合物现有 8000 多万种，构造异构(constitutional isomerism)和立体异构(stereoisomerism)的同分异构现象(isomerism)十分普遍，性质千差万别。

有机化学(organic chemistry)是研究有机化合物的分类、结构、命名、性质、制备、化学反应及反应机理(reaction mechanism)等规律的学科，是化工、生物、药学、医学、农学、环境、材料等学科的支撑学科。有机化学是药学专业一门特别重要的专业基础课，尤其对药物化学、天然药物化学有着不可替代的作用。许多药物都是合成的，基础就是有机化学；药物的作用机理需通过有机化学阐明；新药的设计、改进需用有机化学作理论指导。

人类实践活动早已使用糖、酒、染料、药物等有机化合物；史前酿酒、发酵之类的工艺涉及最初的有机化学。1806 年贝采里乌斯(J. Berzelius)首次提出"有机化学"，是作为"无机化学"的对立物而命名的，受科学条件限制，当时有机化学的研究对象是从天然动植物中提取的有机物。当时人们普遍认为生物体内存在所谓"生命力"，因此才能产生有机化合物，在实验室是不能从无机化合物合成有机化合物的。然而，维勒(F. Whler)于 1824 年从氰(NCCN)经水解制得草酸(HOOCCOOH)，1828 年又将氰酸铵(NH_4CNO)加热转化为尿素(NH_2CONH_2)，首次冲击了"生命力"学说；此后柯尔柏(H. Kolbe)于 1844 年合成了乙酸(CH_3COOH)，柏赛罗(M. Berthelot)于 1854 年合成了油脂等，越来越多有机化合物在实验室被合成出来，"生命力"学说逐渐被人们抛弃，但"有机化学"这一名词却沿用至今。

从 1830 年李比希(J. Liebig)发展碳氢分析法、1858 年凯库勒(A. Kekule)和库珀(A. Couper)等提出价键概念、1874 年勒贝尔(J. Le Bel)和范托夫(J. Van't Hoff)提出立体化学学说、1916 年路易斯(G. Lewis)等提出价键电子理论后，有机化学理论得到了巨大发展。20 世纪以来，单糖、多聚糖、氨基酸、核苷酸、牛磺酸、胆固醇和某些萜类化合物的结构得到确定，蛋白质的螺旋结构和 DNA 的双螺旋结构被发现，阿司匹林、青霉素、吗啡、磺胺、维生素 B_{12}、催产素、胰岛素、前列腺素、昆虫信息素、寡核苷酸、有机磷杀虫剂、有机硫杀菌剂等化合物成功合成，计算机辅助设计和组合化学(高通量合成)技术逐步推广，有机化学的发展突飞猛进。各种色谱特别是高效液相色谱的应用显著提升了有机化合物分离技术，各种光谱、能谱和 X-射线衍射技术使有机化合物的结构测定发生了革命性变化。有机合成化学、金属有机化学、天然有机化学、物理有机化学、生物有机化学已成为当今重要的有机化学衍生学科和交叉学科，对医药卫生事业、工农业生产等影响深远。

第二节　有机化合物的结构及其表示方法

　　有机化合物的结构决定有机化合物的物理性质和化学性质(可简称理化性质)。研究有机化合物的结构是有机化学最基本的内容。

　　多数有机化合物结构复杂。为弄清有机化合物分子中原子间相互结合的方式,以凯库勒为代表的化学家提出了价键概念,即有机化合物中碳原子的化合价为正四价,碳原子除能与其他元素结合外,更重要的是碳碳原子间能以单键(single bond)、双键(double bond)和三键(triple bond)的形式结合,形成碳链或碳环(如下)。这就是凯库勒结构理论。用化学式表示分子中原子间结合的顺序和方式,称为凯库勒结构式。

　　凯库勒结构理论阐明了有机化合物同分异构的本质,是研究有机化合物结构最重要的基础。此后,勒贝尔和范托夫在研究一些化合物的旋光性(opticity)时提出了立体结构学说,即饱和碳原子的四面体(tetrahedron)结构(图 1-1,图 1-2):碳原子位于四面体的中心,4 个价键之间的夹角等于或接近 109°28′(也可表示为 109.5°)。

图 1-1　甲烷、二氯甲烷分子的立体结构图

棒球模型　　　　　　比例模型　　　　　　楔线式

图 1-2　乙烷分子的模型和楔线式

第三节　有机化合物的化学键

一、化学键的类型

　　为解释化合物分子中原子相互结合形成化学键(chemical bond)的本质,柯塞尔(W. Kossel)和路易斯提出了离子键(ionic bond)和共价键(covalent bond)概念。这两个概念都是基于"八隅体规则"(octet rule)学说,即所有原子(含相同原子,下同)相互结合成化学键时,原子间均通过电

子转移或共享电子对的方式使每个原子最外层都达到 2 个或 8 个电子的稳定的惰性气体结构。

原子间通过电子转移形成相互吸引的阳离子(cation)和阴离子(anion)后所形成的化学键称为离子键,如氯化钠;原子间通过共享一对电子而相互吸引所形成的化学键称为共价键,如乙烷。如果形成共价键的一对电子是由同一个原子提供,这种特殊的共价键称为配位键(coordinate bond)。例如,氨分子与氢离子结合形成铵离子,氨分子中氮原子提供的一对电子与氢离子共享形成的共价键就是配位键。无机化合物的化学键以离子键为主,有机化合物的化学键则以共价键为主。

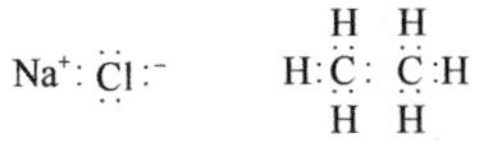

$$Na^+ \; Cl^-$$

H H
H:C: C:H
H H

氯化钠　　　乙烷

二、共价键的表示方式

用电子对表示共价键的有机化合物化学式称为路易斯结构式或 Lewis 结构式,电子对表示的共价键相当于凯库勒结构式中的短线。两个原子共享两对电子就形成双键,共享三对电子则形成三键。

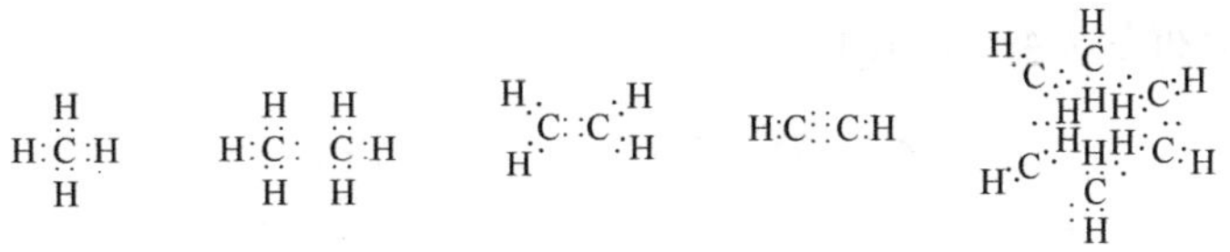

甲烷　　　　乙烷　　　　乙烯　　　　乙炔　　　　环己烷

多原子构成的基团离子,如氢氧负离子(OH^-)、甲基正离子(CH_3^+)、甲基负离子(CH_3^-),可用路易斯结构式表示如下。

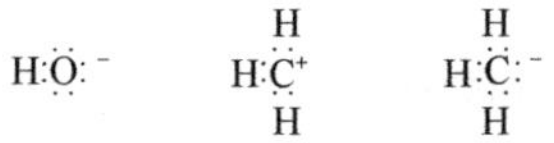

三、现代共价键理论

路易斯结构式并不能反映有机化合物真实的立体结构,许多化合物的性质不能用此结构式解释。因此,鲍林(L. Pauling)等应用量子力学理论建立了有机化合物的现代共价键理论,主要包括价键理论、原子轨道理论、碳原子杂化轨道理论和分子轨道理论等,基本能够描述有机化合物真实的立体结构,解释其理化性质。

(一) 价键理论

当两个原子接近到一定距离时,两个自旋方向相反的单电子相互配对,形成了密集于两个原子核之间的电子云(electron atmosphere),降低了两核间电荷的排斥力,使体系能量降低,并对两核产生吸引力,从而形成稳定的共价键。原子中单电子数目就是可形成共价键的数目,原子有几个单电子就能与几个自旋方向相反的单电子形成共价键,此即共价键的饱和性。

(二) 原子轨道理论

共价键是由成键电子所在的原子轨道(atomic orbitals)重叠而形成,重叠程度越大,原子核间电子云密度越大,形成的共价键就越稳定,因此原子总是尽可能地沿着原子轨道最大重叠方向形成共价键,此即共价键的方向性。共价键的方向性使形成共价键的原子间具有一定的空间构型。有机化合物中碳原子轨道有 1s、2s、$2p_x$、$2p_y$、$2p_z$，其中 1s、2s 轨道围绕原子核呈球形对称但能量不同，$2p_x$、$2p_y$、$2p_z$轨道以通过原子核的直线为轴对称分布，对称轴相互垂直且能量相同(图 1-3)。

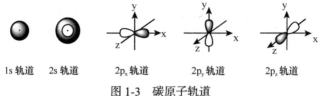

1s 轨道　2s 轨道　　$2p_x$ 轨道　　$2p_y$ 轨道　　$2p_z$ 轨道

图 1-3　碳原子轨道

(三) 碳原子杂化轨道理论

碳原子共有 6 个电子，分布在两层，内层 2 个电子，外层 4 个电子。碳原子的最外层又细分为 4 个原子轨道(一个 2s 轨道和三个 2p 轨道)，4 个电子在这 4 个轨道中的具体分布如图 1-4 所示：(a)当碳原子处于基态时，根据能量最低原则，碳原子的 4 个价电子并不是平均分布在这 4 个轨道中，2s 轨道能量最低，容纳了 2 个电子，另外 2 个电子只分布在 2 个 2p 轨道中，还空出一个 2p 轨道；(b)当碳原子处于激发态时，2s 轨道中的 1 个电子跃迁到 2p 轨道，这时 4 个价电子就平均分布在这 4 个轨道中。

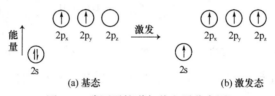

图 1-4　碳原子轨道与价电子分布图

原子在形成分子的过程中可以变成激发态，原子间也可以相互影响，同一原子内不同类型但能量接近的原子轨道可以重新组合形成新的原子轨道。轨道的组合过程称为杂化，形成的新原子轨道称为杂化轨道(hybrid orbital)。轨道杂化有利于体系能量降低和结构稳定。有机化合物中碳原子可形成的杂化轨道有 sp^3、sp^2 和 sp 三种。

1. sp^3 杂化　碳原子外层电子构型为 $2s^2 2p_x^1 2p_y^1$，当 $2s^2$ 的 1 个电子激发至 $2p_z$ 轨道时，1 个 2s 轨道和 3 个 2p 轨道线性组合形成 4 个能量相同、一头大一头小形状、相互垂直的 sp^3 杂化轨道，轨道之间夹角为 109°28′(图 1-5)。单键碳原子一般为 sp^3 杂化。饱和碳原子的四面体结构就是因此而成。

图 1-5　碳原子 sp^3 杂化轨道

2. sp² 杂化 当碳原子 $2s^2$ 的 1 个电子激发至 $2p_z$ 轨道后，1 个 2s 轨道和 2 个 2p 轨道线性组合形成 3 个能量相同、一头大一头小形状(比 sp^3 轨道稍短)、处于同一平面的 sp^2 杂化轨道，轨道之间夹角为 120°，未参与杂化的 2p 轨道与杂化轨道平面垂直(图 1-6)。双键碳原子一般为 sp^2 杂化。

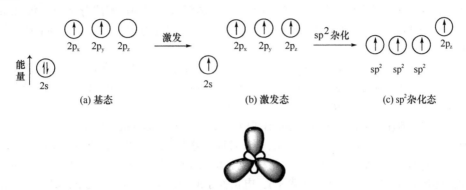

图 1-6 碳原子 sp^2 杂化轨道

3. sp 杂化 当碳原子 $2s^2$ 的 1 个电子激发至 $2p_z$ 轨道后，1 个 2s 轨道和 1 个 2p 轨道线性组合形成 2 个能量相同、一头大一头小形状(比 sp^2 轨道稍短)、处于同一直线的 sp 杂化轨道，轨道夹角为 180°，未参与杂化的 2 个相互垂直的 2p 轨道与杂化轨道所处直线也相互垂直(图 1-7)。三键碳原子一般为 sp 杂化。

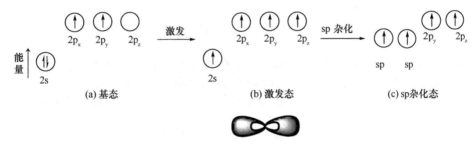

图 1-7 碳原子 sp 杂化轨道

(四) 分子轨道理论

原子结合成分子的过程中，为使体系能量进一步降低和结构进一步稳定，原子轨道(含杂化轨道，下同)将进一步按照最大重叠、能量近似和对称性匹配等原则线性组合形成整体性的分子轨道(molecular orbitals)。对称性匹配是指形成分子轨道的原子轨道位相一致。位相不一致的原子轨道不能形成稳定的分子轨道。

四、共价键参数

原子间形成的共价键，因成键方式、类型和原子间相互影响等因素的不同，导致共价键的键长、键角、键能和键的极性千差万别。这是有机化合物结构和性质千变万化的主要原因之一。

键长(bond length)是指两个成键原子核之间的距离。键长可用 X-射线衍射法测定，单位为 pm。碳碳单键、碳碳双键、碳碳三键的键长分别约为 154pm、134pm、120pm。键长主要决定于成键类型，是判断共价键稳定性的重要参数之一；同一类化学键，一般情况下键长越长稳定性越差。

键角(bond angle)是指两个共价键形成的夹角。键角是决定分子立体结构的重要参数之一，键角大小与成键的原子轨道和分子轨道有关。有机化合物中饱和碳原子4个键的键角等于或接近 109°28′。键角大小还受分子中其他原子影响,键角改变越大,分子稳定性越差。

形成共价键释放的最大能量或断裂共价键所需的最小能量称为共价键的离解能 (dissociation energy),单位为 kJ/mol。分子中相同共价键的离解能可能不同。键能(bond energy)是指分子中相同共价键离解能的平均值。甲烷 4 个碳氢键断裂的离解能分别为 435.4kJ/mol、443.8kJ/mol、443.8kJ/mol、339.1kJ/mol,则甲烷碳氢键的键能为 415.5kJ/mol。键能或离解能越大说明共价键越稳定。

电负性(electronegativity)是原子在化合物中吸引电子能力的相对数值。原子电负性越大,表示其在化合物中吸引电子能力越强。有机化学中,H 的电负性为 2.20,C、N、O 分别为 2.55、3.04、3.44,P、S 分别为 2.19、2.59,F、Cl、Br、I 分别为 3.98、3.16、2.96、2.66。共价键可分为非极性共价键(nonpolar covalent bond)和极性共价键(polar covalent bond)。非极性共价键是指两个相同的原子形成的共价键,成键电子云对称地分布在两核周围;极性共价键是指两个不同的原子形成的共价键,成键电子云非对称地分布在两核周围,电负性大的原子一端电子云密度较大,具有部分负电荷性质(用 δ^- 表示),电负性小的一端电子云密度较小,具有部分正电荷性质(用 δ^+ 表示)。化学键的极性由成键原子电负性的相对差值决定,共价键原子电负性的相对差值一般小于 1.7,大于或等于 1.7 则基本为离子键。共价键的极性是有机化合物特别重要的属性之一。

第四节 有机化合物的分类及有机化学反应类型

一、有机化合物分类

根据分子中碳原子或氧、硫、氮等原子的连接方式,有机化合物可分为链状化合物和环状化合物。环状化合物中,环化骨架全部为碳原子的叫碳环化合物,环化骨架含非碳原子的称为杂环化合物。碳环化合物中,含苯环的称为芳香族化合物,不含苯环的称为脂环族化合物。

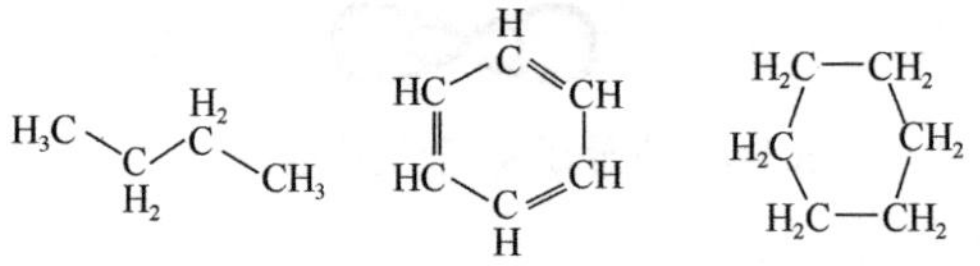

链状化合物　　芳香族化合物　　脂环族化合物

有机化合物还可按照能体现其主要理化性质的原子或官能团(functional group)进行分类,如烯烃、炔烃、卤代烃、醇、醚、醛、酮、羧酸、酰卤、酸酐、酯、酰胺、胺、腈、硝基化合物,以及硫醇、硫酚、磺酸等类别。化合物含有相同的官能团,往往具有相似的理化性质。

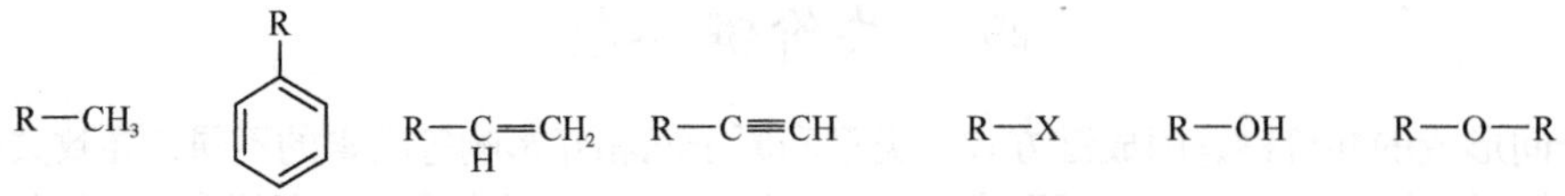

烷烃　　芳香烃　　烯烃　　炔烃　　卤代烃　　醇　　醚

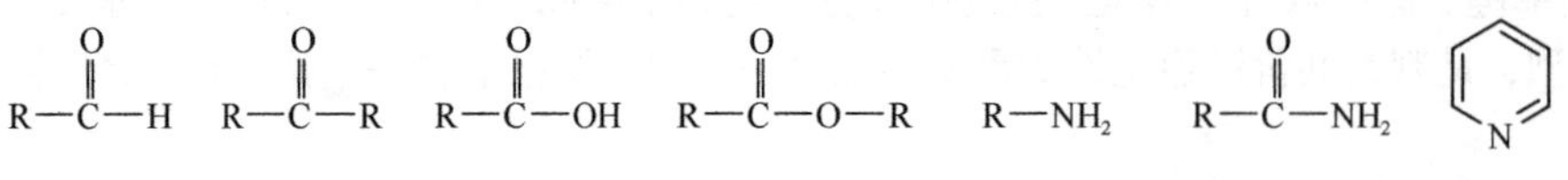

醛　　酮　　羧酸　　酯　　胺　　酰胺　　杂环化合物

多数有机化合物为含有多个相同或不同官能团的多官能团化合物，其中每一个官能团都完全保留或部分保留其特有的理化性质。多官能团化合物中官能团间可相互影响，导致有机化合物的理化性质千变万化。官能团间的影响与其相对位置有关，一般来说，除官能团间发生分子内反应形成环状结构(五元环或六元环)外，官能团间距离越远，相互影响越小。

二、有机化学反应类型

有机化学反应大多十分复杂，分类方法比较多。例如，可以根据反应物化学键(一般为共价键)断裂方式分为自由基反应和离子型反应，也可以根据反应物和产物的结构关系将有机反应分为酸碱反应、取代(substitution)反应、加成(addition)反应、消除(elimination)反应、缩合(condensation)反应、重排(rearrangement)反应和氧化还原(oxidation-reduction)反应等。

除分子内反应(环化)外，有机化学反应一般都涉及反应物共价键的断裂和产物共价键的形成。共价键的断裂主要有以下两种方式。

一种称为均裂(homolysis)，形成共价键的 2 个共享电子平均分布到断裂后的两个部分(原子或原子团)，这两个部分各带 1 个未配对电子，称为自由基(free radical)，它们都是电中性的。

$$A : B \longrightarrow A \cdot + B \cdot$$

例如：

$$(CH_3)_3C-H \longrightarrow (CH_3)_3C \cdot + H \cdot$$

另一种称为异裂(heterolysis)，形成共价键的 2 个共享电子全部分布到断裂后两个部分(原子或原子团)中的一个部分，使这一部分带负电荷形成负离子，另一部分带正电荷形成正离子。

$$A : B \longrightarrow A^- + B^+ \quad 或 \quad A : B \longrightarrow A^+ + B^-$$

例如：

$$(CH_3)_3C \overset{\frown}{-} Br \longrightarrow (CH_3)_3C^+ + Br^-$$

反应物共价键通过均裂形成自由基进行的化学反应称为自由基反应，通过异裂形成正、负离子进行的反应称为离子型反应。

有机化学反应中形成的自由基或正、负离子均不稳定，只能瞬间存在；反应过程一般都要经过形成不稳定的中间体或过渡态才能形成产物。对这种反应过程的描述称为反应机理，主要便于对有机化学反应的理解。

第五节　有机化合物的分离纯化和结构测定

有机化合物的结构决定其理化性质和生物活性，认识有机化合物必须首先测定其结构。随着现代波谱技术、计算机技术和大数据技术的飞速发展，尤其是四谱(紫外光谱、红外光谱、核磁共振谱、质谱)和 X-射线衍射分析技术的深入应用，有机化合物的结构测定已从传统的以化学方法为主逐步过渡到以现代波谱方法为主。波谱方法现已能够测定许多复杂有机化合物的结构，且测定速度越来越快、所需样品越来越少，极大地推动了有机化学、药学、生物学等相关学科的快速发展。本节简要介绍一些有机化合物的现代分离纯化技术和波谱测定结构的主要方法。

一、有机化合物分离纯化技术

无论是人工合成还是从自然界直接获得的有机化合物,分离纯化是测定其结构的前提。有机化合物的分离纯化技术很多,主要有萃取、蒸馏、重结晶、升华和色谱等。现代色谱技术(薄层色谱、柱色谱、气相色谱、高效液相色谱等)已十分成熟,应用范围越来越广,分离效率越来越高,已能分离少于 1mg 的样品。

二、有机化合物结构测定方法

(一) 元素分析法

用钠熔法测定有机化合物中 C、H、O、N、S 等元素含量的方法称为元素分析法(elemental analysis,EA)。元素分析法可确定构成化合物的元素及各元素的含量。各元素的含量除以其原子量,可求出该化合物各元素间原子的最小个数比,即该化合物的实验式。结合该化合物的分子量,则可确定化合物的分子式。

(二) 吸收光谱法

光波和电磁波都是量子波,可用波的主要参数波长(λ)、频率(ν)或波数($\bar{\nu}$)来描述。分子、原子、原子核、电子都以不同形式运动,每种运动都具有一定的能量,这些能量除平动能外都是量子化的。光波和电磁波可提供能量,当能量恰好等于分子、原子、原子核、电子运动的某两个能级之差时就会被吸收。吸收光谱(absorption spectrum)就是用仪器记录被吸收的光波或电磁波得到相应谱图。分子吸收紫外-可见光能引发价电子能级跃迁可获得紫外光谱;分子吸收红外光能引发分子振动能级和转动能级跃迁可获得红外光谱;分子中自旋的原子核在外加磁场作用下吸收电磁波能引发自旋能级跃迁可获得核磁共振谱。研究吸收光谱可了解分子、原子、电子和其他许多物质的结构和运动状态,以及它们同电磁场或粒子相互作用的情况。通过研究吸收光谱确定化合物结构的方法称为吸收光谱法。

1. 紫外光谱(ultraviolet spectra,UV) 是指有机化合物吸收紫外光使其分子的价电子发生跃迁所产生的吸收光谱(图 1-8)。紫外光区域的波长范围为 10~380nm,分为远紫外光区(10~200nm)和近紫外光区(200~380nm)。目前,远紫外光谱的应用比较困难。一些有机化合物尤其是含有共轭体系的化合物,其价电子可能吸收可见光(400~750nm)发生跃迁产生吸收光谱。因此,有机化合物结构测定适用的一般是指近紫外光区和可见光区的吸收光谱,称为紫外-可见光谱,简称紫外光谱。能吸收紫外光或可见光使价电子跃迁从而产生紫外光谱的有机化合物一般都是其双键结构所致,如 C=C、C=O、C=N、N=O 等。化合物不饱和程度的增加可使紫外光谱趋向更长波。

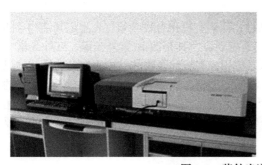

图 1-8 紫外光谱仪和紫外光谱图

紫外光谱的测定一般是在溶液中进行，绘制出的吸收带大多是宽带。常用的溶剂为水、甲醇、乙醇、己烷或环己烷、醚等。紫外光谱在分析一系列维生素、抗生素及天然产物的化学结构中曾起过重要作用，如维生素 A_1、维生素 A_2、维生素 B_{12}、维生素 B_1、青霉素、链霉素、土霉素等。

2. 红外光谱(infrared spectra，IR) 是指有机化合物吸收红外光使其分子的振动能级和转动能级发生跃迁所产生的吸收光谱(图 1-9)。绝大多数有机化合物都可产生红外光谱，因此红外光谱广泛应用于有机化合物的结构测定。有机化合物结构测定适用的红外光为中红外区，波数为 $4000\sim400cm^{-1}$，相当于分子的振动能级，因此红外光谱也称振动光谱。

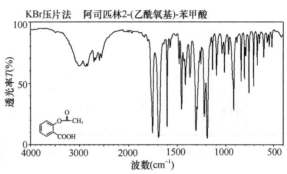

图 1-9 红外光谱仪和红外光谱图

红外光谱的测定主要有液膜法和压片法。液体样品一般用液膜法：将样品置于 NaCl 或 KCl 的薄片间进行测定；固体样品一般用压片法：将样品与 KBr 粉末混合后压成薄片进行测定。由于水与有机化合物中羟基的红外光谱吸收峰在同一区域，为排除干扰，被测样品要求干燥。红外光谱在天然药物、合成药物、药物分析、药物分子结构等研究领域有着广泛应用。

中红外区在红外光谱分析中应用最广，该区又分为官能团区(或称特征频率区，$4000\sim1330cm^{-1}$)和指纹区(fingerprint region)($1330\sim400cm^{-1}$)。指纹区的红外吸收光谱很复杂，能反映分子结构的细微变化。每一种有机化合物在该区谱带的位置、强度和形状均不相同，如人的指纹一样，可用于认证有机化合物。此外，该区还有一些特征吸收峰，有助于鉴定官能团。

3. 核磁共振谱(nuclear magnetic resonance spectroscopy，NMR) 在强磁场中使具有自旋磁矩的原子核吸收电磁波引发其自旋能级跃迁所产生的吸收光谱称为核磁共振谱(图 1-10)。有机化合物中，^1H、^{13}C、^{15}N、^{31}P 等原子具有自旋磁矩，可产生核磁共振现象。有机化合物结构测定主要通过核磁共振氢谱(^1H-NMR)和核磁共振碳谱(^{13}C-NMR)中丰富的信息确定分子中氢原子和碳原子的数量及各氢原子和碳原子的位置与构象。核磁共振现已发展成为测定有机化合物结构最重要的工具，通过与其他方法的配合，已鉴定了数十万种化合物。计算机解谱技术使复杂谱图的分析成为可能。同核和异核二维核磁共振谱(2D-NMR)的应用大大增强了有机化合物结构测定的能力。$500\sim950MHz$ 高场核磁共振谱仪可测定蛋白质等复杂分子的结构；1G(即1000MHz)的核磁共振谱仪已经研制出，但尚未商用。

核磁共振谱仪有高分辨核磁共振谱仪和宽谱线核磁共振谱仪两大类。高分辨核磁共振谱仪只能测定液体样品，使用较为普遍，即通常所说的核磁共振谱仪；宽谱线核磁共振谱仪可直接测定固体样品。

核磁共振谱一般根据化学位移(σ)鉴定基团；由耦合分裂峰数、偶合常数确定基团联结关系；根据各峰积分面积积出各基团质子比。

核磁共振谱可用于化学动力学方面的研究，如分子内旋转、化学交换等，因为它们都影响核外化学环境的状况，从而在谱图上都应有所反映。核磁共振谱还用于聚合反应机理和高聚物序列结构研究。

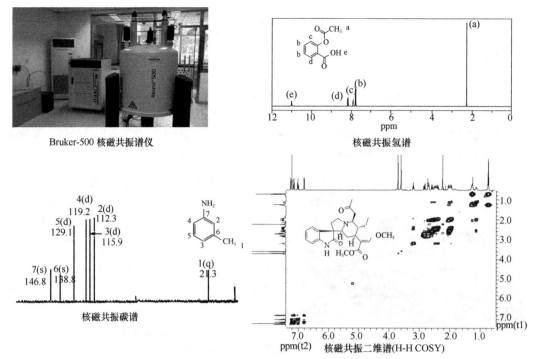

Bruker-500 核磁共振谱仪 核磁共振氢谱

核磁共振碳谱 核磁共振二维谱(H-H COSY)

图 1-10　核磁共振仪和核磁共振谱图

(三) 质谱法

质谱(mass spectrometry，MS)是在高真空状态下用高能电子束击碎有机化合物分子后，通过电场和磁场将运动的碎片(带电荷的分子离子、同位素离子、碎片离子、重排离子、多电荷离子、亚稳离子、负离子和离子—分子相互作用产生的离子)按它们的质荷比(m/z)分离记录后获得的图谱(图 1-11)。质谱不是吸收光谱。由于核素的准确质量是一多位小数，不会有两个核素的质量是一样的，也不会有一种核素的质量恰好是另一核素质量的整数倍，因此测出离子的准确质量和强度即可确定离子的元素组成和相对含量，从而获得化合物的分子量、化学结构、裂解规律和由单分子分解形成的某些离子间存在的某种相互关系等信息。通过研究质谱信息确定化合物及其结构的方法称为质谱法。

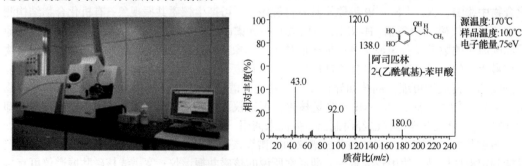

图 1-11　质谱仪和质谱图

质谱法具有所需样品少($<10^{-5}$mg)、灵敏度高等特点，尤其是与气相、液相等色谱技术联用(GC-MS、LC-MS)，显著提升了有机化合物包括生物大分子的结构测定能力，已广泛应用于药物化学、药理学、药物代谢学等领域。例如，在生物药理学研究中能以药物及其代谢产物在气相色谱图上的保留时间和相应质量碎片图为基础，确定药物和代谢产物的结构。

质谱法对样品有一定要求。GC-MS 分析的样品应是有机溶液，水溶液中的有机物一般不能测定，须经萃取分离变为有机溶液。有些化合物极性太强，在加热过程中易分解，如有机酸类化合物，可经酯化处理后再进行 GC-MS 分析。如果样品不能汽化也不能酯化，可进行 LC-MS 分析。LC-MS 分析的样品最好是水溶液或甲醇溶液。

(四) X-射线衍射分析法

X-射线衍射分析法(X-ray diffraction analysis)是利用 X-射线在晶体物质中的衍射效应，分析化合物分子中各原子在空间分布的状况从而确定化合物结构的方法(图 1-12)。每一种结晶物质都有其特定的晶体结构，包括点阵类型、晶面间距等参数。将具有一定波长和足够能量的 X-射线照射到结晶性物质上时，X-射线因在结晶内遇到规则排列的原子或离子而发生散射，散射的 X-射线在某些方向上相位得到加强，从而显示与结晶结构相对应的特有的衍射现象。晶体的晶面反射遵循布拉格定律。通过测定衍射角位置(峰位)可以进行化合物的定性分析，测定谱线的积分强度(峰强度)可以进行定量分析，而测定谱线强度随角度的变化关系可进行晶粒的大小和形状的检测。

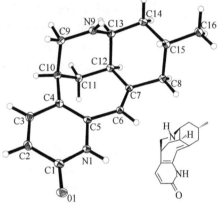

图 1-12　X-射线衍射仪和单晶 X-射线衍射图

X-射线衍射分析法主要有单晶衍射法和多晶衍射法，在测定复杂有机化合物结构方面具有显著优势。随着新药开发和研制过程中对药物分子结构测定要求的不断增高，X-射线衍射分析法已被广泛应用于有机药物研究的各个领域。

第六节　有机酸碱理论简介

许多有机化合物具酸性或碱性，很多有机化学反应可以自然地理解为酸碱反应，而且不少有机化学反应在酸性催化剂和碱性催化剂条件下是完全不同的。因此，认识有机化合物的酸碱性十分重要。有机酸碱理论是我们理解有机化学反应的重要基础。

一、阿伦尼乌斯电离论

阿伦尼乌斯(S. Arrhenius)根据电离学说于 1884 年首先提出化合物酸碱理论，当时被称为阿伦尼乌斯电离论。该理论将在水中能电离出氢离子的物质(可以是分子、离子或基团，本节下同)称为酸，如一些羧酸、磺酸和酚类化合物；在水中能电离出氢氧根离子的物质称为碱，如一些胺类化合物。例如：

$$RCOOH \longrightarrow RCOO^- + H^+$$
酸
$$RNH_2 + H_2O \longrightarrow RN^+H_3 + OH^-$$
碱

但是，绝大部分有机化合物不溶于水或在水中不能电离，致使该理论有很大局限性。因此，布朗斯特(J. Bronsted)、路易斯等于 1923 年先后提出了新的化合物酸碱理论——布朗斯特酸碱理论和路易斯酸碱理论，分别摆脱了酸碱必须在水中才能发生反应和酸碱必须有质子(H$^+$)传递才能发生反应的局限性。

二、布朗斯特酸碱理论

布朗斯特酸碱理论又称为布朗斯特质子论。该理论将化学反应中能给出质子的物质称为酸，如硫醇、乙炔；能接受质子的物质称为碱，如氢氧化钠、乙胺。给出质子后形成的物质称为该酸的共轭碱(conjugate base)，接受质子后形成的物质称为该碱的共轭酸(conjugate acid)。酸越强，其共轭碱越弱；碱越强，其共轭酸越弱。酸碱化学反应的本质是反应物间质子的传递，结果是强碱夺取了强酸放出的质子，趋势是生成更弱的共轭碱和共轭酸。例如：

$$RSH + NaOH \longrightarrow RSNa + H_2O$$
酸　　碱　　　　共轭碱　　共轭酸
$$RC \equiv CH + NaNH_2 \longrightarrow RC \equiv CNa + NH_3$$
酸　　　碱　　　　　共轭碱　　　共轭酸

三、路易斯酸碱理论

路易斯酸碱理论又称为路易斯电子论。该理论将化学反应中能接受一对电子形成共价键(配位键)的物质称为酸，如 BF_3、$AlCl_3$、$ZnCl_2$、金属离子、正离子、羰基等；能给予一对电子形成共价键(配位键)的物质称为碱，如烯烃、芳香化合物、醇、醚、胺、负离子、烷氧基等。路易斯酸(Lewis acid)的结构特征是都有空轨道，能够接受孤对电子；路易斯碱(Lewis base)的结构特征是都具有孤对电子。酸碱化学反应是反应物间电子对给予体与接受体之间形成配位共价键的反应，是酸从碱接受一对电子形成配合物的结果。许多有机化学反应都可理解为路易斯酸碱反应。例如：

$$BF_3 + NH_3 \longrightarrow F_3BNH_3$$
路易斯酸　路易斯碱　　　　配合物
$$H^+ + NH_3 \longrightarrow [NH_4]^+$$
路易斯酸　路易斯碱　　　　配合物

相对布朗斯特酸碱理论，路易斯酸碱理论拓展了酸的范围。二者碱的范围是一致的；但前者中的酸(如乙酸)并不是后者的酸，而是后者的酸碱配合物(酸与碱作用的产物)。

需要注意的是，在布朗斯特酸碱理论和路易斯酸碱理论中，在不同的反应条件下，许多有机化合物作为酸或碱并不是绝对的。同一化合物，在一个反应里是酸，而在另一个反应里却很可能是碱。例如：

$$CH_3CH_2COOH + NaOH \longrightarrow CH_3CH_2COONa + H_2O$$
酸　　　　　　碱
$$CH_3CH_2OH + HBr \longrightarrow CH_3CH_2Br + H_2O$$
碱　　　　　酸
$$CH_3CH_2CO\boxed{OH} + CH_3CH_2O\boxed{H} \longrightarrow CH_3CH_2COOCH_2CH_3 + \boxed{H_2O}$$
碱　　　　　　　酸

以上乙酸与乙醇的反应详见本书第九章第三节"酯的生成"有关内容。

路易斯酸一般都是缺电子的，在有机化学反应过程中以进攻反应物中富电子的部分为主，对电子有亲和力，因此也叫亲电试剂(electrophile)；而路易斯碱都是富电子的，在反应过程中以进攻反应物中缺电子的部分为主，提供电子对与其他分子或离子中缺电子的原子生成共价键，因此也叫亲核试剂(nucleophile)。例如：

$$\overset{\delta^+}{\underset{}{C}}\!\!=\!\!\overset{\delta^-}{O} \quad RMgBr \longrightarrow \left[\begin{array}{c} :\overset{-}{O}: \quad \overset{+}{M}gX \\ \\ C \\ R \end{array} \right] \xrightarrow{H_3O^+} \begin{array}{c} R \\ | \\ -C\!-\!OH \\ | \end{array}$$

路易斯酸 路易斯碱
(亲电试剂) (亲核试剂)

关 键 词

有机化合物 organic compound	配位键 coordinate bond
有机化学 organic chemistry	原子轨道 atomic orbitals
反应机理 reaction mechanism	杂化轨道 hybrid orbital
构造异构 constitutional isomerism	分子轨道 molecular orbitals
立体异构 stereoisomerism	官能团 functional group
同分异构现象 isomerism	均裂 homolysis
单键 single bond	异裂 heterolysis
双键 double bond	自由基 free radical
三键 triple bond	路易斯酸 Lewis acid
旋光性 opticity	路易斯碱 Lewis base
四面体 tetrahedron	亲电试剂 electrophile
化学键 chemical bond	亲核试剂 nucleophile
共价键 covalent bond	

本 章 小 结

有机化合物一般是指含碳或含碳、氢的化合物及其衍生物的总称，有些还含氮、硫、磷、卤素等元素。有机化学是研究有机化合物的分类、结构、命名、性质、制备、化学反应及反应机理等规律的学科。两个世纪以来，有机化学发展突飞猛进，极大地推动了医药学科的发展与进步。

凯库勒结构理论是有机化学的基础。有机化合物中碳原子的化合价为正四价，碳原子间能以单键、双键、三键形式结合形成碳链或碳环。有机化合物的化学键以原子间共享电子对形成的共价键为主；饱和碳原子共价键的四面体结构决定了有机化合物复杂的立体结构；碳原子的sp^3、sp^2和sp杂化轨道理论能很好地解释有机化合物真实的立体结构；共价键的键长、键角、键能、极性是决定有机化合物理化性质的主要参数。

有机化合物可按原子的连接方式分为链状化合物和环状化合物，也可按能体现其主要理化性质的原子或官能团分为烯烃、炔烃、卤代烃、醇、醚、醛、酮、羧酸、酰卤、酸酐、酯、酰胺、胺、腈、硝基化合物等。有机化学反应可按反应物共价键断裂方式分为自由基反应和离子型反应。有机酸碱理论是理解有机化学反应的重要基础，包括阿伦尼乌斯电离论、布朗斯特质子论和路易斯电子论。

现代色谱技术是分离纯化有机化合物的重要手段；元素分析法、吸收光谱法(包括紫外光谱、红外光谱、核磁共振谱等)、质谱法、X-射线衍射分析法是当今测定有机化合物结构的主要方法。

阅读材料

天然有机化学

　　天然有机化学主要研究动植物的内源性有机化合物。生物体的各种有机化合物使生物能够生存于陆地、高山、海洋、冰川等复杂环境之中。发掘和认识自然界的这一丰富资源是世界发展和人类生存的需要，也是人类认识大自然的基础，是有机化学主要研究任务之一。

　　天然有机化学研究的目的是希望发现有生理活性的有效成分及其主结构的先导化合物，或可直接用于临床的药物及可直接用于农业的增产剂和农药等；并通过进一步研究其各种衍生物，从而研发更理想的新药、新农药或植物生长调节剂等。

　　有机化学家和药物化学家长期以来一直对天然有机化合物有广泛而浓厚的兴趣，已经从中获得了许多新药和先导化合物。

　　中国著名药学家屠呦呦，因从传统中药黄花蒿中发现天然有机化合物青蒿素，通过结构改造创制青蒿素系列新型抗疟药，挽救了全球特别是发展中国家数百万人的生命，与爱尔兰科学家威廉·坎贝尔、日本科学家聪大村共同获得 2015 年诺贝尔生理学或医学奖，将天然有机化学研究推向了新高潮。

 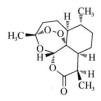

青蒿素分子结构式

习　题

1. 用化学反应式描述化学家维勒从无机物氰和氰酸铵分别合成有机物草酸和尿素的过程。

2. 写出以下化合物的凯库勒结构式：

(1) 乙醇　　　(2) 丙酮　　　(3) 丁二炔　　　(4) 环戊烷　　　(5) 苯酚

3. 指出以下化合物中各碳原子的杂化状态：

(1) CH_3Br　　(2) CH_3CHCH_2　　(3) CH_3CCH　　(4) CH_3COH　　(5) C_6H_6

4. 按官能团分类法，以下分子属于哪类化合物？

(1) CH_3OH　　(2) CH_3Cl　　(3) CH_3OCH_3　　(4) CH_3COOH　　(5) CH_5NH_2

5. 以下物质哪些是路易斯酸，哪些是路易斯碱，哪些二者都可能是：

(1) CH_3CO^+　　(2) $CH_3CH_2O^-$　　(3) CH_3CH_2OH　　(4) $C_6H_5NH_2$　　(5) CH_3CH_2CCH

6. 简述阿司匹林在紫外光谱、红外光谱、核磁共振氢谱和核磁共振碳谱中的特征吸收峰。

(宋流东)

第二章 烷烃和环烷烃

只由碳、氢两种元素组成的有机化合物称为碳氢化合物，简称为烃(hydrocarbon)。在烃类分子中，碳原子皆以碳碳单键(C—C)相连的称为烷烃(alkane)。无环的烷烃称为链烷烃，通式为C_nH_{2n+2}；具有环状骨架的烷烃称为环烷烃(cycloalkane)，根据环烷烃中环的数目可将其分为单环和多环烷烃，单环烷烃比相同碳原子数的链烷烃少2个氢，通式为C_nH_{2n}。根据成环碳原子数目，单环烷烃可分为小环(三、四元环)、普通环(五、六元环)、中环(七至十一元环)及大环(十二元环以上)环烷烃。

在多环烷烃中，根据环间的连接方式可分为螺环和桥环烷烃。螺环烷烃(spiro cycloalkane)是两个环间共用一个碳原子，该碳原子称为螺原子；环与环共用2个或2个以上碳原子的称为桥环烷烃(bridged cycloalkane)，其中桥碳链的交汇点原子称为桥原子(图2-1)。

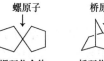

图2-1 螺环烷烃和桥环烷烃

第一节 结 构

一、同系列和同系物

具有相同的分子通式，组成上相差CH_2或其整数倍的一系列化合物称同系列(homologous series)，同系列中的各化合物称同系物(homologue)，CH_2则称同系差。同系物的结构相似，化学性质相近，物理性质呈现规律性变化。只要掌握和了解同系物中少数几个化合物的性质，便能了解这一系列化合物的基本性质。

二、同分异构现象

同分异构指的是化合物具有相同的分子式，但结构不同。在烷烃的同系列中，甲烷、乙烷和丙烷分子中的原子都只有一种连接顺序，没有异构现象。从丁烷开始，碳原子不仅可以连接成直链形式的碳链，也可连接成有分支的碳链，如丁烷有两个同分异构体，分别是正丁烷和异丁烷。

$$CH_3—CH_2—CH_2—CH_3 \qquad CH_3—\overset{\overset{H}{|}}{\underset{\underset{CH_3}{|}}{C}}—CH_3$$

	正丁烷	异丁烷
沸点(℃)	−0.5	−11.73
熔点(℃)	−135	−159.4

显然，这两种丁烷是由于分子中碳原子的排列方式不同而引起的。分子中原子或基团的连接顺序和方式称为构造。我们把分子式相同，而分子中原子或基团连接顺序和方式不同的异构现象称为构造异构(constructure isomer)。在烷烃分子结构中，由于碳原子的连接顺序和方式不同而产生的异构现象称为碳链异构(carbon chain isomer)，碳链异构是构造异构的一种。戊烷C_5H_{12}的碳链异构产生以下三种构造异构体：

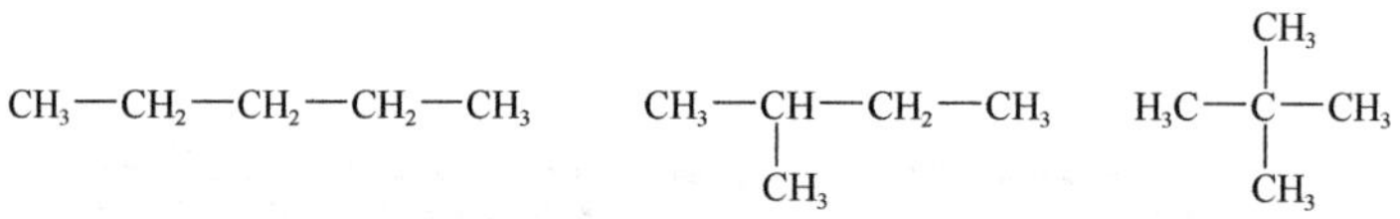

$$CH_3—CH_2—CH_2—CH_2—CH_3 \qquad CH_3—\underset{\underset{CH_3}{|}}{CH}—CH_2—CH_3 \qquad H_3C—\underset{\underset{\overset{|}{CH_3}}{\overset{\overset{CH_3}{|}}{C}}}{}—CH_3$$

正戊烷	异戊烷	新戊烷
沸点(℃) 36.1	28	9.5

随着烷烃分子中碳原子数的增加，构造异构体的数目迅速增多，C_6H_{14}有 5 个，C_7H_{16}有 9 个，C_8H_{18}和 C_9H_{20}则分别有 18 个和 35 个异构体。

单环烷烃除与单烯链烃互为构造异构体外，还可因环的大小和环上取代基的不同而形成多种构造异构体，如1-丁烯、2-丁烯、甲基环丙烷和环丁烷互为同分异构体。

三、饱和碳原子和氢原子的分类

烷烃(甲烷除外)分子中的碳原子按照与其直接成键的碳原子数目可以分成四类：碳的 4 个价键中只与 1 个碳直接相连的碳原子，称为伯(primary)碳原子，或称一级碳原子，常以 1° C 表示，一级碳上的氢称伯氢，也称一级氢，用 1° H 表示。与 2 个和 3 个碳相连的碳原子，分别称为仲(secondary)碳原子和叔(tertiary)碳原子，或称二级碳原子和三级碳原子，常用 2° C 和 3° C 表示。连接在这些碳上的氢原子，称仲氢(二级氢原子，2° H)和叔氢(三级氢原子，3° H)。与 4 个碳相连的碳原子，称为季(quaternary)碳原子或四级碳原子，用 4° C 表示，季碳原子上没有连接氢原子。甲烷的碳也称零级碳，用 0° C 表示。在下面这个烷烃分子中，标明了四种碳原子的类型：

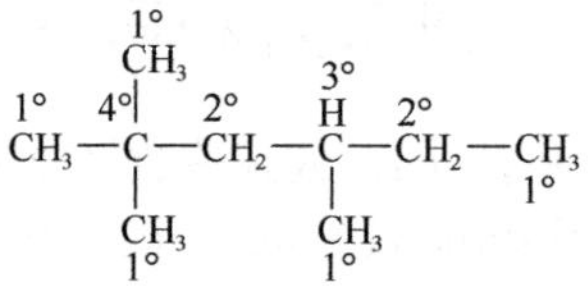

$$\underset{\underset{\overset{|}{\underset{1°}{CH_3}}}{\overset{\overset{1°}{CH_3}}{|}}}{\overset{4°}{C}} \qquad CH_3—\overset{4°}{C}—\overset{2°}{CH_2}—\overset{3°}{\underset{\underset{1°}{\overset{\overset{H}{|}}{CH_3}}}{CH}}—\overset{2°}{CH_2}—\overset{1°}{CH_3}$$

四、烷烃的结构

烷烃分子中的碳原子都是 sp^3 杂化。碳氢(C—H)和碳碳(C—C)键由碳原子的 sp^3 杂化轨道分别与氢原子的 1s 轨道和其他碳原子的 sp^3 杂化轨道沿键轴方向"头碰头"重叠而形成。这种重叠方式形成的共价键称 σ 键(图 2-2)。甲烷是最简单的烷烃，4 个 C—H 键完全相同，并且相互间的夹角为 109.5°，呈正四面体结构。它的 4 个 σ 键从四面体中心分别伸向 4 个顶点(图 2-3)。

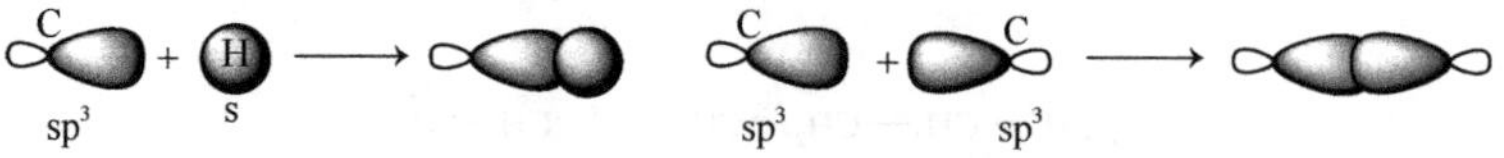

图 2-2 烷烃中 C—H σ 键和 C—C σ 键的形成

甲烷和乙烷分子的结构已被电子衍射光谱证实，它们中的 C—C 和 C—H 键的键长和价键间夹角如下图所示(图 2-3，图 2-4)。

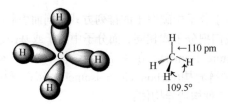

图 2-3 甲烷的分子结构

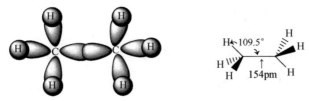

图 2-4 乙烷的分子结构

烷烃分子中的化学键 C—H 和 C—C 键都是 σ 键，成键时 2 个原子轨道重叠程度大，键较牢固。另外，σ 键的成键轨道沿键轴对称分布，任一成键原子围绕键轴旋转时，不会改变成键原子轨道的重叠程度，因此围绕 σ 键可"自由旋转"。

五、环烷烃的结构

普通环、中环和大环烷烃的结构基本上与链烷烃类似，这里只讨论小环烷烃的结构。

1. 小环烷烃的不稳定性和角张力 柏琴(W. Perkin)于 1883 年首次合成了含有三元环和四元环的碳环化合物，并发现三元环和四元环与普通环不一样，易发生开环反应(三元环比四元环更容易)。例如，环丙烷和环丁烷分别与溴发生开环加成反应，环丙烷在室温下即可反应，环丁烷需要加热才能反应。

$$\triangle + Br_2 \longrightarrow Br \diagdown\diagup\diagdown Br$$

拜尔(A. Baeyer)于 1855 年提出了角张力学说(strain theory)来解释环烷烃的稳定性。他假设成环碳原子排列在同一平面内，呈正多边形，并计算不同大小的环烷烃中 C—C—C 键角与碳正四面体所要求的键角 (109.5°) 的偏差程度 (图2-5)，如环丙烷键角向内偏转 (109.5°−60°)/2=+24.75°(向内偏转用"+"表示)，环丁烷、环戊烷分别向内偏转+9.75°和+0.75°，而环己烷向外偏转了−5.25°(向外偏转用"−"表示)，这种偏转使 C—C 的键角力图恢复正常键角所产生的张力，称角张力(angle strain)，偏差程度越大，角张力就越大，环的稳定就越差。

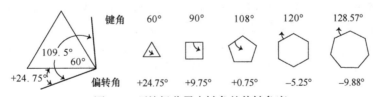

图 2-5 环烷烃分子中键角的偏转角度

拜尔张力学说认为环的角张力的存在使环变得不稳定，角张力越大，环越不稳定。环丙烷角张力最大、最不稳定，环戊烷角张力最小、最稳定，这是张力学说合理之处。但其不能解释大环的稳定性，另外和燃烧热数据也有矛盾(详见本章第五节)。拜尔张力学说的不足之处是假设各种环烷烃的环碳原子都在同一平面上，这与实际不符。后来证明只有三元环的碳原子在同一平面上。

2. 环丙烷的结构 环丙烷易发生 C—C 键断裂的开环反应，说明这种键不如链烷烃中 C—C 键稳定。对此，现代理论解释如下：按几何学要求，环丙烷的 3 个碳原子必须在同一平面上，C—C 键间夹角为 60°。但 sp^3 杂化碳原子沿键轴方向部分重叠，而形成一种弯曲键(俗称香蕉键)，如图 2-6(a)所示。这种弯曲键使环丙烷的 C—C 键比开链烷烃中的 C—C 键弱，存在着很大的角张力，导致环丙烷有较大的环张力和不稳定性。

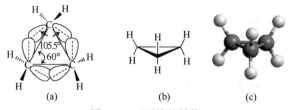

图 2-6　环丙烷的结构

环丙烷不稳定的另一原因是分子中的 C—H 键在空间上均处于重叠式位置[图 2-6(b)，图 2-6(c)，详见本章第三节]，产生较大扭转张力。

环烷烃的稳定性受到多种因素的影响，随着环碳原子数的增加，碳原子的键角都能接近链烷烃的键角，碳的 sp^3 杂化轨道能沿键轴方向重叠形成 C—C σ 键，与链烷烃的 C—C σ 键同样牢固。因此，环烷烃的稳定性顺序为

⬡ > ⬠ > □ > △

需指出的是，由于环的存在，环烷烃环上的 C—C σ 键不能自由旋转，否则会引起环的破裂。

第二节　命　名

有机化合物种类繁多、结构复杂，又存在多种同分异构现象，因此需要科学的命名方法来区分各个化合物。烷烃的命名通常采用普通命名法和系统命名法。

一、普通命名法

普通命名法又称习惯命名法，对于比较简单的烷烃常采用普通命名法命名，其基本原则如下：含 1～10 个碳原子的直链烷烃词首分别用甲、乙、丙、丁、戊、己、庚、辛、壬和癸代表碳原子数，从含 11 个碳原子起用汉字数字表示。从丁烷开始的烷烃有同分异构体，词首用正(normal 或 n-)、异(iso 或 i-)和新(neo-)区别这些同分异构体的构造。"正"表示直链烷烃，"异"和"新"分别表示碳链一端有异丙基(CH₃)₂CH—和叔丁基(CH₃)₃C—，且链的其他部位无支链的烷烃，例如：

$CH_3—CH_2—CH_2—CH_2—CH_3$ 　　　$CH_3—CH—CH_2—CH_3$　　　　$CH_3—C—CH_3$

正戊烷　　　　　　　　　异戊烷　　　　　　　　新戊烷
n-pentane　　　　　　　　*i*-pentane　　　　　　*neo*-pentane

这种命名方法应用范围有限，从含 6 个碳原子以上的烷烃开始便不能用本法区分所有的构造异构体。

二、系统命名法

系统命名法(systematic nomenclature)是国际纯粹与应用化学联合会(International Union of Pure and Applied Chemistry，IUPAC)确定的有机化合物命名原则，也称为 IUPAC 命名法。有机化合物的中文系统命名法是中国化学会以 IUPAC 命名法为基础，结合我国文字特点制定而成。

(一) 直链烷烃的系统命名

直链烷烃的系统命名法与普通命名法基本相同，某烷前面不需加"正"字，一些直链烷烃的名称见表 2-1。

表 2-1　一些直链烷烃的名称

化学式	中文名	英文名	化学式	中文名	英文名
CH_4	甲烷	methane	C_7H_{16}	庚烷	*n*-heptane
C_2H_6	乙烷	ethane	C_8H_{18}	辛烷	*n*-octane
C_3H_8	丙烷	propane	C_9H_{20}	壬烷	*n*-nonane
C_4H_{10}	丁烷	*n*-butane	$C_{10}H_{22}$	癸烷	*n*-decane
C_5H_{12}	戊烷	*n*-pentane	$C_{11}H_{24}$	十一烷	*n*-undecane
C_6H_{14}	己烷	*n*-hexane	$C_{12}H_{26}$	十二烷	*n*-dodecane

(二) 含支链烷烃的系统命名

含支链的烷烃可以看作是直链烷烃的取代衍生物，把支链(side chain)作为取代基(substituting group，或称烷基)，名称中包括母体(parent)和取代基两部分，取代基部分在前，母体部分在后。

1. 常见的烷基　烃分子去掉氢原子剩余的基团叫烃基，故烷烃分子中去掉一个氢原子剩下的原子团称烷基(alkyl radical)，通式为 C_nH_{2n+1}，常以 R 表示。烷基的英文名称是将烷烃中的词尾 -ane 换成 -yl，即 alkyl，甲烷和乙烷分子中只有一种氢，相应烷基只有一种即甲基(Me—)和乙基(Et—)，但从丙烷开始，去掉不同碳原子上的氢，会得到不同的烷基，表 2-2 为一些常见烷基的中英文名称和缩写。

表 2-2　一些常见烷基的名称

烷烃	烷基	烷基的名称	英文名称	英文简写
CH_4(甲烷)	CH_3—	甲基	methyl	Me
C_2H_6(乙烷)	CH_3CH_2—	乙基	ethyl	Et
C_3H_8(丙烷)	$CH_3CH_2CH_2$— $CH_3\overset{\|}{C}HCH_3$	正丙基 异丙基	*n*-propyl *iso*-propyl	*n*-Pr *i*-Pr
$CH_3CH_2CH_2CH_3$ (正丁烷)	$CH_3CH_2CH_2CH_2$— $CH_3\overset{\|}{C}HCH_2CH_3$	正丁基 仲丁基	*n*-butyl *sec*-butyl	*n*-Bu *s*-Bu
$CH_3—\overset{\|}{C}H—CH_3$ $\;\;\;\;\;\;CH_3$ (异丁烷)	$(CH_3)_2CHCH_2$— $(CH_3)_3C$—	异丁基 叔丁基	*iso*-butyl *tert*-butyl	*i*-Bu *t*-Bu
$(CH_3)_3CCH_3$ (新戊烷)	$(CH_3)_3CCH_2$—	新戊基	*neo*-pentyl	

在表 2-2 中，丙烷有 2 种不同的氢，分别去掉后得到 2 种丙基。丁烷 2 个同分异构体共有 4 种不同的氢，分别去掉后产生 4 种丁基。正某基和仲某基是指直链烷烃去掉第一个(伯)和第二个(仲)碳原子上的氢得到的烷基。新某基和异某基表示碳链末端分别有$(CH_3)_3C$—和$(CH_3)_2CH$—，叔某基表示去掉叔碳上的氢留下来的烷基。

2. 选主链　选择最长碳链作为主链，按其碳原子数称某烷。例如：

·20· 有机化学

$$CH_3-CH-CH_2-CH_2-CH_3$$
$$|$$
$$CH_2-CH_3$$

3-甲基己烷
3-methylhexane

若可同时选择几条等长碳链时，应选择含取代基多的碳链为主链。例如，在下列化合物中 A 和 B 链都含 5 个碳原子，A 链含一个取代基(异丙基)，B 链有两个取代基(甲基和乙基)，B 链取代基比 A 链多，所以选 B 链为主链，称 2-甲基-3-乙基戊烷。

$$B\quad CH_3-CH_2-CH-CH_2-CH_3$$
$$A\quad\quad\quad\quad\quad\quad CH-CH_3$$
$$|$$
$$CH_3$$

2-甲基-3-乙基戊烷
3-ethyl-2-methylpentane

3. 主链的编号　从靠近取代基一端开始，用阿拉伯数字对主链碳原子依次编号，使取代基编号最小。例如：

$$\overset{1}{CH_3}-\overset{2}{CH}-\overset{3}{CH_2}-\overset{4}{CH_3}$$
$$|$$
$$CH_3$$

2-甲基丁烷
2-methylbutane

如果主链两端等距离处都有取代基，则编号应选择使取代基具有"最低系列"的那种编号，使取代基的位次和最小。例如，下面这个化合物，主链的编号有两个方向 A→B 和 B→A，前者取代基的位次是 3、4、6，后者是 3、5、6，因此应选择从 A→B 的方向。

$$CH_3$$
$$|$$
$$CH_2$$
$$|$$
$$CH_3-CH_2-CH-CH-CH_2-CH-CH_2-CH_3$$
$$A\quad\quad\quad|\quad\quad\quad\quad\quad|\quad\quad\quad B$$
$$CH_3\quad\quad\quad\quad CH_3$$

3,6-二甲基-4-乙基辛烷
4-ethyl-3,6-dimethyloctane

4. 书写名称的规则　①书写化合物的名称时取代基写在前面，母体在后面；②取代基的位次用阿拉伯数字表示，写在取代基名称前面；③如有几种取代基时，表示这些取代基的阿拉伯数字之间应加一个逗号","；④有几个相同的取代基时，将其名称合并在一起，它的数目用汉字表示，写在该取代基的名称和位次之间；⑤阿拉伯数字与汉字之间应加一短线"-"。

有几种不同取代基时，名称的先后顺序应按"次序规则(sequence rule)"排序，顺序大的基团后列出的原则(英文按照字母顺序)。例如：

$$CH_3-CH_2-CH-CH-CH_2-CH_3$$
$$|\quad\quad|$$
$$CH_3\quad CH_2$$
$$|$$
$$CH_3$$

3-甲基-4-乙基己烷
4-ethyl-3-methylhexane

次序规则将在第三章讨论，这里只列出几种烷基的先后次序，次序为甲基、乙基、丙基、丁基、戊基、异戊基、异丁基、新戊基、异丙基、仲丁基、叔丁基。

(三) 环烷烃的系统命名

1. 单环烷烃的系统命名 根据环碳原子总数称环某烷，名称的前缀为"环(cyclo)"。带有取代基的环烷烃，命名时要使取代基的位次最小。环上带有复杂取代基时，也可将环作为取代基命名。例如：

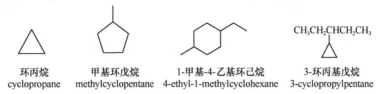

环丙烷
cyclopropane

甲基环戊烷
methylcyclopentane

1-甲基-4-乙基环己烷
4-ethyl-1-methylcyclohexane

3-环丙基戊烷
3-cyclopropylpentane

2. 单螺环烷烃的系统命名 根据单螺环成环碳原子的总数称螺某烷，并在"螺(spiro)"字和某烷间插入方括号，用阿拉伯数字表示除螺原子外每个环上碳原子的数目(不包括螺原子)，数字从小到大排列，并在下角用圆点隔开。环碳原子编号时，从小环紧邻螺原子的碳开始，先编小环，经螺原子再编大环。如有取代基，给予取代基最小编号。例如：

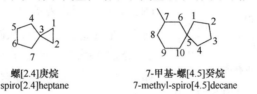

螺[2.4]庚烷
spiro[2.4]heptane

7-甲基-螺[4.5]癸烷
7-methyl-spiro[4.5]decane

3. 双环桥环烷烃的系统命名 根据桥环的环数和成环碳原子数称双(或二)环某烷，然后在双环和某烷间插入方括号，并用阿拉伯数字标明每一条桥上的碳原子数，数字从大到小排序，即先排大环的碳原子，再排小环碳原子(不包括桥头碳原子)。并在下角用圆点隔开。环碳原子的编号顺序是从一个桥头碳原子开始，沿最长的桥路到第二个桥头碳原子，再从次长的桥路回到第一个桥头，最后给最短的桥路编号，并注意使取代基位次最小。例如：

双环[3.2.0]庚烷
bicyclo[3.2.0]heptane

1-甲基-双环[2.2.1]庚烷
1-methylbicyclo[2.2.1]heptane

第三节 构 象

σ 键可以绕键轴旋转而不断裂，当围绕烷烃分子的 C—C σ 键旋转时，分子中的氢原子或烷基在空间的排列方式即分子的立体形象不断地在变化。这种由于围绕 σ 键旋转所产生的分子的各种立体形象称为构象(conformation)。这种旋转所产生的异构现象称为构象异构(conformational isomerism)，所形成的异构体称为构象异构体(conformational isomers)。

一、乙烷的构象

图 2-7(a)表示乙烷分子的一种立体形象，沿 C—C 键的轴向观察，前后两个碳原子上 C—H 键之间的夹角为 0°，两个碳原子上的氢处于重叠位置。如图 2-7(a) 模型中一个甲基不动，将另一个甲基围绕 C—C 键旋转 60°时，则得到另一种构象，见图 2-7(b)。

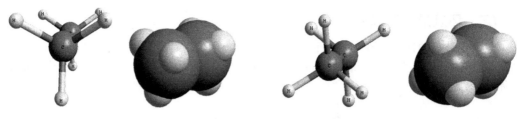

(a) 重叠式构象   (b) 交叉式构象

图 2-7　乙烷分子的球棍模型和斯陶特模型

图 2-7(a)和(b)所示的立体形象分别称为乙烷的重叠式构象(eclipsed conformer)和交叉式构象(staggered conformer)。围绕(a)的 C—C 键旋转 60°、180°和 300°都是交叉式构象；而旋转 120°、240°和 360°则是重叠式构象。实际上围绕 C—C σ 键旋转过程中，分子还有无数种构象，重叠式和交叉式构象只是其中的两种典型构象(又称极限构象)。

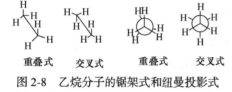

重叠式　　交叉式　　重叠式　　交叉式

图 2-8　乙烷分子的锯架式和纽曼投影式

乙烷分子的构象常用锯架式(saw frame)和纽曼(Newman)投影式表示。后者是沿 C—C 键的键轴投影而得。在纽曼投影式中，从圆圈中心伸出的三条线 表示离观察者近的碳原子上的价键，而从圆周向外延伸的三条线 表示离观察者远的碳原子上的价键。如图 2-8 所示。

构象不同，分子的势能也不同，用物理化学方法研究乙烷构象与势能间关系的结果表明，重叠式比交叉式构象的势能高 12.6kJ/mol，这是由于重叠式中两个碳原子上的 C—H 键靠得比较近，成键电子间的排斥作用产生了一种扭转张力(torsion strain)。因重叠式的势能比交叉式高，因此分子从一个交叉式转变为另一个交叉式，必须越过这个能垒(图 2-9)。由此可见，围绕 σ 键旋转需要克服一定的能量，但由于两种构象间能量差别很小，室温下乙烷分子的热运动可产生 83.8kJ/mol 的能量，足以克服此能垒。因此室温下，这两种构象式之间可以相互转化。只是在这个动态平衡中，交叉式构象出现的概率较大，是占优势的构象，故交叉式构象被称为稳定构象或优势构象。

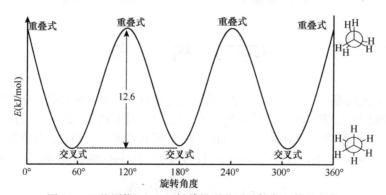

图 2-9　乙烷围绕 C—C σ 键旋转时分子的构象和能量变化

二、丁烷的构象

丁烷的构象比乙烷复杂，因在丁烷的 C_2 和 C_3 上都连有一个体积较氢原子大的甲基，这两个甲基在空间的排列方式对分子的能量有较大的影响，因此这里只讨论围绕 C_2—C_3 σ 键旋转时的情况。若从两个甲基处于重叠式的(Ⅰ)开始围绕 C_2—C_3 键旋转，每旋转 60°后两个甲基在空间的排列变化如图 2-10 所示。

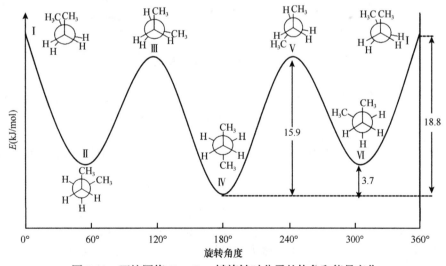

(Ⅰ)	(Ⅱ)	(Ⅲ)	(Ⅳ)	(Ⅴ)	(Ⅵ)

旋转角度　　0°　　　　60°　　　　120°　　　　180°　　　　240°　　　　300°
　　　　　全重叠式　邻位交叉式　部分重叠式　对位交叉式　部分重叠式　邻位交叉式

图 2-10　丁烷分子的纽曼投影式

因式(Ⅱ)和(Ⅵ)，(Ⅲ)和(Ⅴ)的能量相同，因此围绕 C_2—C_3 σ 键旋转，丁烷有四种典型构象：对位交叉式(anti conformation)、邻位交叉式(gauche conformation)、部分重叠式(partial eclipsed conformation)和全重叠构象(overall eclipsed conformation)。

在对位交叉式(Ⅳ)中，两个体积大的甲基处于对位，相距最远，排斥力最小，能量最低，为稳定构象或优势构象。邻位交叉式中，两个甲基间的距离仍小于范德瓦耳斯(Van der waals)半径之和，因此仍有排斥作用，能量高于对位交叉式、低于重叠式。部分重叠式中有甲基和氢及氢和氢的重叠，两个甲基距离较全重叠式远，扭转张力较全重叠式小，所以能量比完全重叠式低。全重叠式构象中有两个体积大的甲基处于重叠式位置，范德瓦耳斯斥力较大，另外还有C—H 键的重叠，因此能量最高，是最不稳定的构象。因此四种构象的稳定性的顺序为

对位交叉式(最稳定构象)>邻位交叉式>部分重叠式>全重叠式(最不稳定构象)。

图 2-11 为丁烷围绕 C_2—C_3 σ 键旋转时分子立体形象和势能变化图。这四种构象中，对位交叉式和全重叠式能量差别最大，为 18.8kJ/mol。但在室温下这几种构象间仍能相互转化，因此正丁烷是各种构象异构体的平衡混合物，只是对位交叉式占的比例最大，约占 70%。

图 2-11　丁烷围绕 C_2—C_3 σ 键旋转时分子的构象和能量变化

值得注意的是，并非所有分子的对位交叉式构象都是最稳定的构象，影响构象稳定性的因素很多，除上述已提及的扭转张力和范德瓦耳斯斥力以外，有时还有偶极-偶极相互作用及氢键等影响。例如，乙二醇分子中由于在邻位交叉式中可以形成分子内氢键，内能较低，所以主要以邻位交叉式构象存在。

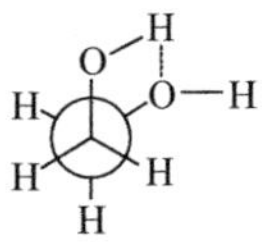

乙二醇

在丁烷的优势构象中，4 个碳原子呈锯齿形排列，含更多碳原子的烷烃分子在气态和液态时，一般可以围绕 C—C 键旋转，各种构象间也能迅速转化。但在固体时，直链烷烃的碳链排列成锯齿形，C—H 键都处于交叉位置，这种构象不仅能量较低，并且在晶格上排列也较紧密，如图 2-12 所示。

图 2-12   丁烷的优势构象

三、环丙烷、环丁烷和环戊烷的构象

前面已提及环丙烷的碳原子只能处于同一平面上[图 2-6(b)]，C—H 键都处于重叠式构象。环丁烷的结构经物理方法测定表明：它的 4 个碳原子不在同一平面内，而为折叠式排列，可形象地称其为蝶式构象。C_1、C_2、C_4 所在的平面与 C_2、C_3、C_4 所在的平面之间的夹角约为 $25°$，如图 2-13 所示。环丁烷的两种蝶式构象可以经平面式构象相互翻转，在室温下几种构象间很容易转换，在平衡混合物中，平面构象也有一定的比例。

平面构象

图 2-13   环丁烷的蝶式构象

sp^3 杂化碳原子的键角是 $109.5°$，原子在成键时任何与正常键角的偏差都会产生角张力。而扭转张力指的是两个相连的碳原子，都力图使各自的键处于最稳定的交叉式构象，任何与交叉式构象的偏差都会产生扭转张力。

环丁烷的环折叠后，角张力有所增加，但扭转张力减小，由于两种张力的协调，使分子具有最低的能量。

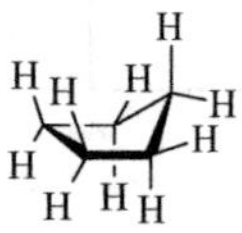

图 2-14   环戊烷的信封式构象

环戊烷的优势构象是信封式。其中 4 个碳原子在一个平面上，1 个碳原子离开此平面外约 50pm 处(图 2-14)。环戊烷若为平面结构，C—C 键夹角将为 $108°$，接近正常四面体的键角 $109.5°$，没有显著的角张力。但相连碳原子上的氢原子处于全重叠式，分子有约 42kJ/mol 的扭转张力。环戊烷处于信封式时，虽然环内角张力略有提高，但离开平面的—CH_2 与相邻碳原子的氢接近交叉式构象，使 C—H 键的扭转张力降低较大，因此比平面结构能量低，较为稳定，是环戊烷的优势构象。环戊烷在一系列构象的动态转换中，环上每一个碳原子可依次交替离开平面，从一个信封式构象转换成另一个信封式构象。

四、环己烷的构象

(一) 椅式和船式等构象

环己烷的平面结构有较大的角张力，通过 C—C 键的旋转，可以得到两种无角张力的六元碳环，一种称船式构象(boat conformation)，另一种称椅式构象(chair conformation)(图 2-15)。在这两种模型中 C—C—C 之间键角都是 109.5°，后来哈塞尔(Hassel)用物理方法证明了环己烷各个键角都接近 109.5°。

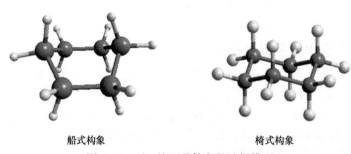

船式构象　　　　　　　　　椅式构象

图 2-15　环己烷两种构象的球棍模型

环己烷椅式构象的透视式和纽曼投影式可用图 2-16(a)表示。从该图清楚地看出碳原子成键的键角与自然键角一致，无角张力。环中任何 2 个相邻碳原子上的 C—H 间和 C—C 间都处于邻位交叉式，类似于丁烷邻位交叉式构象，没有扭转张力。处于竖直向上的相间的 3 个 C—H 键上的氢原子和垂直向下的 3 个 C—H 键上的氢原子之间的最近距离约为 230pm，与氢原子的范德瓦耳斯半径之和 240pm 相近而无范德瓦耳斯斥力，即没有空间张力。所以椅式构象无张力，是环己烷多种构象中最稳定的构象。

船式构象的透视式和纽曼投影式见图 2-16(b)，在这种构象中，C_2、C_3、C_5、C_6 在同一平面上，作为"船底"，C_1、C_4 在这个平面的上方，一个碳作为"船头"，另一个碳作为"船尾"。它虽然没有角张力，但在 C_2—C_3 之间及 C_5—C_6 之间的 C—H 键处于重叠式位置，引起扭转张力；此外，2 个船头碳(C_1 和 C_4)上有伸向环内侧的 2 个氢原子，称其为旗杆氢(flagpole hydrogen)，它们间的距离只有 183pm，已远小于 2 个氢原子的范德瓦耳斯半径之和，因而存在空间拥挤引起的空间张力，也称跨环张力。由于存在这两种张力，船式构象不如椅式构象稳定，其能量约比椅式构象高 28.9kJ/mol。

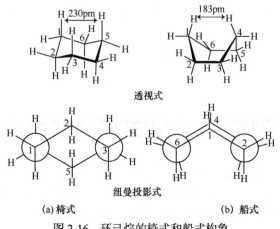

透视式

纽曼投影式

(a) 椅式　　　　　　　　　(b) 船式

图 2-16　环己烷的椅式和船式构象

半椅式　　　　　扭船式

图 2-17　环己烷的半椅式和扭船式构象

环己烷的椅式和船式构象间在室温下能快速地不断转换，在转换中要经半椅式(half chair form)和扭船式构象(图 2-17)。在这几种构象中，椅式构象最稳定，半椅式构象的势能最高，比椅式高 46kJ/mol。半椅式势能高，因为其不但有较高的扭转张力，还有角张力。由于椅式构象最稳定，因此在室温下环己烷分子大多以椅式构象存在，约占 99.9%。

椅式和船式构象之间的转换需要经过一个半椅式的高能量中间状态，此能垒是环己烷各个构象转换中最大的能垒，约需 46kJ/mol 的能量。这个能垒，虽比开链烷烃构象转换的能垒高，但仍不足以阻止室温下翻转作用的进行。

(二) 椅式构象中的竖键和横键

在椅式构象中，C_1、C_3、C_5 共平面，C_2、C_4、C_6 处在另一个平面，两个平面互相平行，相距 50pm。在椅式构象中存在两种不同类型的 C—H 键，平行于环对称轴的 6 个 C—H 键为竖键或直立键(a 键，axial bond)，其中 3 个在分子平面上方，3 个处于分子平面下方。其余 6 个 C—H 键与对称轴成 109.5°的夹角，伸向环外，称为横键或平伏键(e 键，equatorial bond)(图 2-18)。每个碳原子分别有 1 个 a 键和 1 个 e 键。

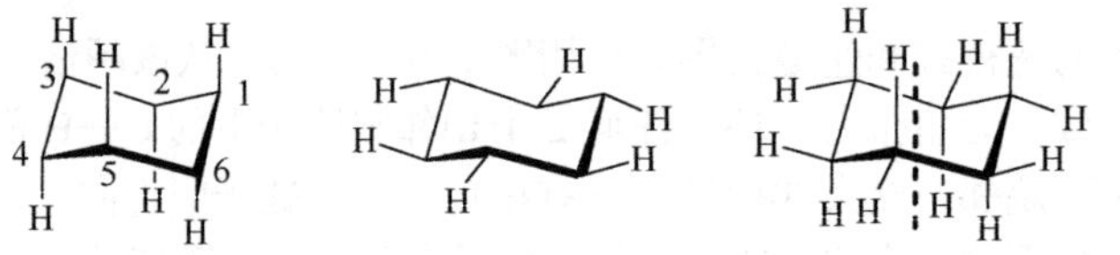

(a) 直立键　　　　(b) 平伏键　　　　(c) 垂直于环平面的轴

图 2-18　环己烷椅式构象中的平伏键和直立键

(三) 椅式构象的翻环作用

环己烷通过环上 C—C 单键的扭动，可从一种椅式构象转换为另一种椅式构象，称为椅式构象的翻转作用(ring inversion)。经过翻环以后，环上原来的竖键全部变成了横键，而原来的横键全部变成了竖键；处于高位的碳原子 $C_{1,3,5}$ 变成了低位，而处于低位的碳原子 $C_{2,4,6}$ 变成了高位(图 2-19)。

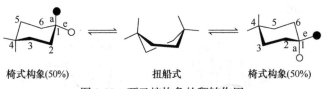

椅式构象(50%)　　　　扭船式　　　　椅式构象(50%)

图 2-19　环己烷构象的翻转作用

第四节　物理性质及光谱性质

有机化合物的物理性质通常是指物态、沸点、熔点、密度、溶解度和光谱性质等。有机化合物数目庞大，物理性质各异，但各类有机化合物具有某些共同的物理性质，如烷烃都不溶于水且比水轻等。一些烷烃的熔点、沸点及密度见表 2-3。总的来说，有机化合物的物理性质取决于它们的结构和分子间作用力。

一、物 理 性 质

(一) 分子间力

影响化合物物理性质的因素是分子间力(intermolecular force)，可分为偶极-偶极(dipole-dipole)作用力、范德瓦耳斯（Van der Waals）力和通过氢键(hydrogen bond)产生的作用力。

偶极-偶极相互作用产生于极性分子之间[图 2-20(a)]。

色散力为分子间瞬时偶极之间微小的吸引力。分子中电子不停地运动，电子云瞬时偏移使分子的正负电荷中心暂时不重合而产生瞬时偶极。一个分子的瞬时偶极又影响邻近分子的电子分布，诱导出一个相反的偶极[图 2-20(b)]，这两种瞬时偶极之间有微小的吸引力。色散力有加和性，随分子中原子的数目增多而增大。色散力还和分子间的距离有关，它只能在近距离内直接接触部分间才能有效地作用，随着分子间距离的增加，色散力很快减弱。

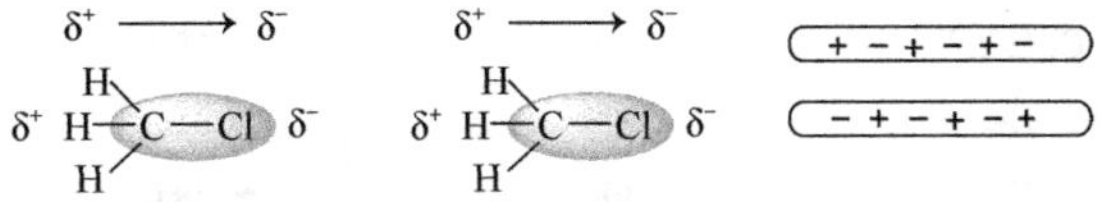

(a) 偶极-偶极相互作用　　　(b) 色散力的相互作用

图 2-20　分子间的作用力

氢键不仅对有机化合物的沸点和溶解度等有很明显的影响，而且在生物大分子如蛋白质和核酸的结构中起关键作用，图 2-21 表示去氧核糖核酸(DNA)中碱基 thymine(简写为 T，胸腺嘧啶)和 adenine(简写为 A，腺嘌呤)间氢键配对的结构。

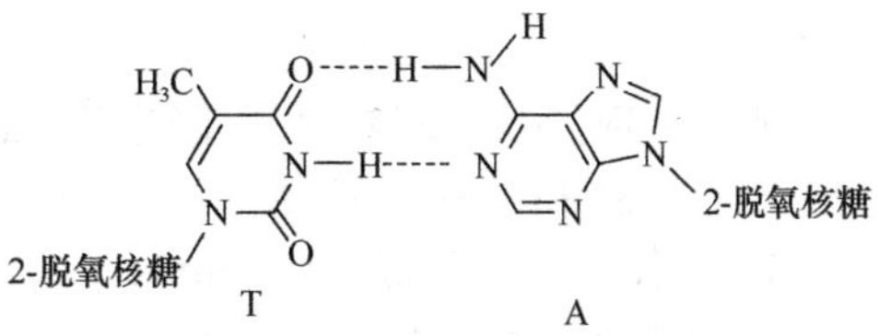

图 2-21　DNA 碱基间的氢键

(二)沸点、熔点、相对密度和溶解度

1. 沸点　在常温常压下，$C_1 \sim C_4$ 的正烷烃为气体，$C_5 \sim C_{16}$ 的正烷烃为液体，C_{17} 以上的正烷烃为固体。正烷烃的沸点(boiling point，简写为 bp)随分子中碳原子数的增加而升高。在低级烷烃中，沸点随分子量增加而升高较明显，但随着同系物分子量的增大，沸点升幅越来越小(表 2-3)。在同分异构体中，直链的异构体比含支链的异构体沸点高，支链越多，沸点越低(表 2-4)。

烷烃是非极性分子，分子间只有微弱的色散力相互吸引。从甲烷到丁烷，分子间的吸引力还不足以将它们凝集成液态，因此都呈气态。因色散力有加和性，随着分子中碳原子数和氢原子数目的增加，色散力增大，分子就不容易脱离液面，因此直链烷烃的沸点随分子量的增加而又规律性地升高。

表 2-3　正烷烃的物理性质

名称	分子式	沸点(℃)	熔点(℃)	相对密度(d_4^{20})
甲烷	CH_4	−161.7	−182.6	—
乙烷	C_2H_6	−88.6	−172.0	—
丙烷	C_3H_8	−42.2	−187.1	0.5000

续表

名称	分子式	沸点(℃)	熔点(℃)	相对密度(d_4^{20})
丁烷	C_4H_{10}	−0.5	−135.0	0.5788
戊烷	C_5H_{12}	36.1	−129.7	0.6260
己烷	C_6H_{14}	68.7	−94.0	0.6594
庚烷	C_7H_{16}	98.4	−90.5	0.6837
辛烷	C_8H_{18}	125.7	−56.8	0.7028
壬烷	C_9H_{20}	150.7	−53.7	0.7179
癸烷	$C_{10}H_{22}$	174.0	−29.7	0.7298
十一烷	$C_{11}H_{24}$	195.8	−25.6	0.7404
十二烷	$C_{12}H_{26}$	216.3	−9.6	0.7493
十三烷	$C_{13}H_{28}$	235.5	−6	0.7568
十四烷	$C_{14}H_{30}$	251	5.5	0.7636
十五烷	$C_{15}H_{32}$	268	10	0.7688
十六烷	$C_{16}H_{34}$	280	18.1	0.7749
十七烷	$C_{17}H_{36}$	303	22.0	0.7767
十八烷	$C_{18}H_{38}$	308	28.0	0.7767
十九烷	$C_{19}H_{40}$	330	32.0	0.7776
二十烷	$C_{20}H_{42}$	343	36.4	0.7777

在烷烃中每增加一个—CH₂—，对低级烷烃分子量的影响较大，如甲烷和乙烷的分子量分别为16和30，约为1∶2，因此沸点差别较明显，在高级烷烃中，这种影响就显得不重要了，因此沸点差别很小。支链烷烃与同分子量的直链烷烃相比沸点较低，这是由于受支链的影响，分子不能紧密靠在一起，接触面积小，色散力比直链烷烃小(图 2-22)。

2. 熔点　直链烷烃熔点(melting point，简写为 mp)的变化与沸点的变化规律相似，随分子量的增加而升高，偶数碳原子的烷烃比奇数碳原子的烷烃升高的幅度大一些(图 2-23)，这是因为熔点不仅和分子间力有关，还与分子在晶格中堆积的紧密程度有关，一般来说，分子越对称，在晶格中排列就越紧密，熔点就越高。X-射线衍射研究表明，含偶数碳原子烷烃的对称性好于奇数碳原子烷烃。C₁₅以上的正烷烃熔点也是随分子量增加而升高，但不出现上述现象。

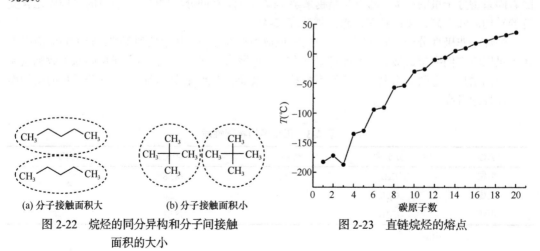

图 2-22　烷烃的同分异构和分子间接触面积的大小
(a) 分子接触面积大　(b) 分子接触面积小

图 2-23　直链烷烃的熔点

表 2-4 戊烷异构体的沸点和熔点

物理常数	正戊烷	异戊烷	新戊烷
沸点(℃)	36	28	9.5
熔点(℃)	−130	−160	−17

3. 相对密度 烷烃是所有有机化合物中密度(density)最小的一类化合物,它们的相对密度都小于 1。由于烷烃分子间引力弱,排列疏松,单位体积容纳的分子数少,因而密度较低。

4. 溶解度 烷烃的溶解度(solubility)符合“相似相溶”规律。烷烃是非极性分子,不溶于极性大的水,而溶于低极性的苯、氯仿、四氯化碳和乙醚等。但烷烃本身是一种良好的有机溶剂,如石油醚($C_5 \sim C_8$ 低级烷烃的混合物)就是实验室中常用的有机溶剂之一。

在环烷烃中,小环为气体,普通环为液体,中环及大环为固体。环烷烃环上的 C—C 单键旋转受到一定的限制,因此环烷烃分子具有一定的对称性和刚性,沸点、熔点和相对密度都比相应的开链烷烃高(表 2-5)。此外,环烷烃和开链烷烃一样,都不溶于水。

表 2-5 一些环烷烃的物理性质

名称	分子式	沸点(℃)	熔点(℃)	相对密度(d_4^{20})
环丙烷	C_3H_6	−32	−127	0.720(−79℃)
环丁烷	C_4H_8	11	−80	0.703(0℃)
环戊烷	C_5H_{10}	49.5	−94	0.745
环己烷	C_6H_{12}	80.7	6.5	0.779
环庚烷	C_7H_{14}	117	−12	0.810
环辛烷	C_8H_{16}	148	11.5	0.836

二、光 谱 性 质

1. 红外吸收光谱 烷烃分子只含 C—C 键和 C—H 键,C—C 键的吸收很弱。C—H 键伸缩振动在 $3000 \sim 2850 cm^{-1}$,一般有强吸收;弯曲振动在 $1465 \sim 1340 cm^{-1}$,相对较弱。图 2-24 为正癸烷的红外吸收光谱图。

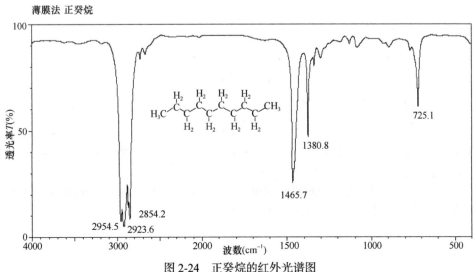

图 2-24 正癸烷的红外光谱图

2954.5cm^{-1} 是—CH$_3$ 的碳氢不对称伸缩振动；2923.6cm^{-1} 是—CH$_2$—的碳氢不对称伸缩振动；2854.2cm^{-1} 是—CH$_3$、—CH$_2$—的碳氢对称伸缩振动；1465.7cm^{-1} 是—CH$_2$—的碳氢剪式振动；1380.8cm^{-1} 是—CH$_3$ 的碳氢对称弯曲振动；725.1cm^{-1} 是—CH$_2$—($n \geqslant 4$)的碳氢面内摇摆振动。

2. 核磁共振氢谱 烷烃分子中的 C—H 键是非极性键，氢核的屏蔽效应较大，共振吸收出现在高场，化学位移较小，δ 值在 0.9～1.8ppm。

3. 质谱 直链烷烃中所有 C—C 键的键能是相同的，分子离子可在任何一个 C—C 键断裂，产生含不同碳数的碎片离子，一般 m/z 为 15、29、43 和 57 等，相当于分子离子中去掉甲基、乙基、丙基和丁基。相邻两个峰之间的 m/z 相差 14。丙烷的质谱中丰度最大的是 29(图 2-25)。它的分子离子峰裂解的主要方式如下。

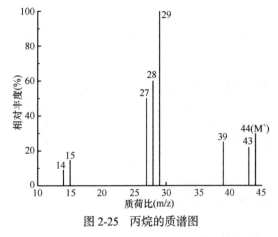

图 2-25 丙烷的质谱图

$$CH_3CH_2CH_3 + e \longrightarrow CH_3CH_2CH_3^{\dot{+}}$$
$$m/z\ 44$$

$$CH_3CH_2CH_3^{\dot{+}} \longrightarrow CH_3CH_2^{+} + CH_3\cdot$$
$$m/z\ 29$$

第五节 化 学 性 质

烷烃分子中的 C—H 键和 C—C 键都是非极性的 σ 键，键比较牢固。在通常条件下与强酸、强碱、强氧化剂等不发生反应，表现出稳定性。但烷烃的稳定性也是相对的，在一定条件下，如在高温、高压和催化剂等条件下，C—H 和 C—C σ 键也可断裂而发生氧化反应、裂解反应 (pyrolysis reaction)和卤代反应等。

一、烷烃的化学性质

(一) 氧化和燃烧

碳原子数 20～30 的烷烃在 MnO$_2$ 催化下，在空气中氧化生成羧酸。

$$R-H+O_2 \xrightarrow[约110℃]{MnO_2} R'COOH$$

烷烃在空气或氧气存在下完全燃烧生成二氧化碳和水，同时放出大量的热。

$$C_nH_{2n+2} + \frac{3n+1}{2}O_2 \xrightarrow{燃烧} nCO_2 + (n+1)H_2O + \Delta H^{\ominus}$$

因能放出大量的热量，所以烷烃是人类应用的重要能源之一。如在燃烧时供氧不足，燃烧不完全，就会产生大量的一氧化碳等有毒气体。

在标准状态下 1mol 烷烃完全燃烧所放出的热量称燃烧热(heat of combustion)，用 $\Delta H^{\ominus}$ 表示。燃烧热可以精确测定，表 2-6 为一些烷烃的燃烧热。

表 2-6　一些烷烃的燃烧热

化合物	$\Delta H^{\ominus}$ (kJ/mol)	化合物	$\Delta H^{\ominus}$ (kJ/mol)
甲烷	891.1	正己烷	4165.9
乙烷	1560.8	异丁烷	2869.8
丙烷	2221.5	2-甲基丁烷	3531.1
正丁烷	2878.2	2-甲基戊烷	4160.0
正戊烷	3539.1		

　　从上表可看出，直链烷烃每增加一个系差—CH₂—，燃烧热平均增加 658.6kJ/mol。还可以看出烷烃的同分异构体中，直链烷烃比支链烷烃的燃烧热大。正丁烷和异丁烷的燃烧热分别是 2878.2kJ/mol 和 2869.8kJ/mol，这两个异构体燃烧时耗用的氧一样，最后生成的产物也一样，因此燃烧热的差别反映了它们分子内能的高低和稳定性的大小。内能越高，燃烧热越大；反之，内能越低，燃烧热越小。异丁烷的燃烧热比正丁烷小，说明它的内能较低。比较不同大小的环烷烃中—CH₂—的燃烧热，可得出各种环烷烃分子内能大小和相对稳定性。

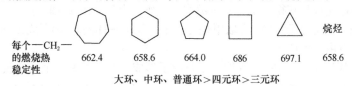

大环、中环、普通环 > 四元环 > 三元环

(二) 裂解反应

　　裂解反应是指化合物在无氧和高温条件下进行的分解反应。烷烃裂解时，分子中 C—H 键和 C—C 键断裂，生成小分子的烷烃、烯烃等混合物。例如，将丙烷加热至 772℃反应，生成甲烷和乙烯。

$$CH_3CH_2CH_3 \xrightarrow{772℃} CH_2 \!=\! CH_2 + CH_4$$

高级烷烃的裂解产物更为复杂，有时还会有异构化、环化和芳构化的产物。

(三) 卤代反应

　　有机分子中的氢原子被卤素取代的反应称为卤代反应(halogenation reaction)。烷烃和卤素在光照(hν)或加热(△)条件下发生卤代反应，生成卤代烷烃。

　　1. 甲烷的卤代反应　在紫外光照射或高温或过氧化物作用下，甲烷和氯气能剧烈地反应，生成卤代甲烷混合物和氯化氢。甲烷的氯代反应较难停留在一取代阶段，一氯甲烷可继续氯代生成二氯甲烷、三氯甲烷(即氯仿，chloroform)、四氯化碳。氯仿是一种麻醉剂(现在很少用于临床)。四氯化碳可用作灭火材料。二氯甲烷、氯仿、四氯化碳都是很好的有机溶剂。

$$CH_4 \xrightarrow{Cl_2} \underset{\text{一氯甲烷}}{CH_3Cl} \xrightarrow{Cl_2} \underset{\text{二氯甲烷}}{CH_2Cl_2} \xrightarrow{Cl_2} \underset{\text{氯仿}}{CHCl_3} \xrightarrow{Cl_2} \underset{\text{四氯甲烷}}{CCl_4}$$

　　甲烷与溴的反应也要在紫外光照射或高温下才能进行，生成一溴甲烷、二溴甲烷、三溴甲烷和四溴化碳，但溴代反应比氯代反应慢。甲烷与碘很难反应，要使反应顺利进行必须加氧化剂，以破坏生成的碘化氢。甲烷与氟的反应非常剧烈，难以控制。因此具有实用意义的是氯代和溴代反应。从上述几种卤素与甲烷的反应情况，可比较卤素的反应活性(reactivity)顺序，即

卤素的反应活性　$F_2 > Cl_2 > Br_2 > I_2$

　　从上可看出，卤代反应的必要条件是光照或加热，卤素的相对反应活性有差别，对于这些现象可用反应机理、化学反应的热力学和动力学及过渡态(transition state，Ts)理论等有关知识

加以解释。

2. 甲烷卤代的反应机理

(1) 自由基链锁反应：甲烷与氯气需在光照或加热的条件下进行反应，若在室温及暗处，氯代反应不能发生；反应体系中如有少量氧存在，会使反应推迟一段时间后才能正常进行。根据以上事实和其他一些反应现象，人们推测该反应是经过自由基中间体而进行。

$$① \; Cl\!\!-\!\!Cl \xrightarrow[\text{或}\triangle]{h\nu} 2Cl\cdot \;\text{链引发}$$

$$② \; Cl\cdot \;+\; H\!\!-\!\!CH_3 \longrightarrow \cdot CH_3 \;+\; H\!\!-\!\!Cl$$
甲基自由基

$$③ \; \cdot CH_3 \;+\; Cl\!\!-\!\!Cl \longrightarrow CH_3\!\!-\!\!Cl \;+\; Cl\cdot$$
一氯甲烷

$\left.\right\}$ 链增长

重复②、③步……

$$④ \; Cl\cdot + \cdot CH_3 \longrightarrow CH_3Cl$$

$$⑤ \; \cdot CH_3 + \cdot CH_3 \longrightarrow CH_3CH_3$$

$$⑥ \; Cl\cdot + Cl\cdot \longrightarrow Cl_2$$

$\left.\right\}$ 链终止

①氯分子通过光或热获得能量，共价键均裂生成 2 个氯自由基($Cl\cdot$)。

②氯自由基与甲烷分子碰撞，夺取甲烷分子中的氢(C—H 键均裂)形成氯化氢，同时生成具有单电子的甲基自由基($CH_3\cdot$)。

③甲基自由基与氯分子碰撞，夺取 1 个氯原子形成一氯甲烷和 1 个新的氯自由基。新生成的氯自由基重复上面反应②和③，不断地生成一氯甲烷。但这两个反应不会无限地进行下去，活泼的、低浓度的自由基也有碰撞机会，从而发生反应④、⑤和⑥。

由于甲烷氯代反应经自由基中间体反应，又因整个反应像一条锁链，一经引发，就一环扣一环地进行下去，因此称自由基链锁反应(free radical chain reaction)。在氯气与甲烷的反应中，体系只要吸收一个光子，②和③反应就能反复进行数千次，生成数千个一氯甲烷分子。

自由基链锁反应的共同特点是反应分三个阶段。第一阶段产生活泼的 $Cl\cdot$，启动反应的第一步，称链的引发阶段(chain initiation step)；第二阶段是链的增长阶段(chain propagation step)，包括两步反应②和③，这两步反应反复进行，不断地形成新的自由基和产物，是整个链锁反应的重要阶段，是决定整个反应速率的一步，也是生成产物的主要阶段；第三阶段为链的终止阶段(chain termination step)，随着反应的进行，反应体系中的甲烷和氯的浓度不断降低，而自由基之间相互碰撞的机会增多，消耗自由基从而使链反应逐渐停止。

那么 CH_2Cl_2、$CHCl_3$、CCl_4 是怎样形成的呢？

在反应初期，由于 CH_4 的浓度较高，$Cl\cdot$ 主要与 CH_4 发生碰撞而生成 CH_3Cl；但随着反应的进行，CH_4 的浓度逐渐降低，这种碰撞机会减少，而 CH_3Cl 却达到一定浓度。显然 $Cl\cdot$ 也可以和 CH_3Cl 作用而生成 CH_2Cl_2。以此类推，可生成 $CHCl_3$、CCl_4。最终得到四种卤代物的混合物。

如果体系中存在少量的氧，则氧与甲基自由基可生成新的自由基"$CH_3\!\!-\!\!O\!\!-\!\!O\cdot$"，它的活性远远低于甲基自由基，几乎使链反应不能进行下去。但如果外界条件依然存在，过一段时间，氧完全消耗后，反应又能继续进行。这种能使自由基反应减慢或停止的物质称自由基反应抑制剂(inhibitor)。

$$CH_3\cdot \;+\; \ddot{O}\!:\!\ddot{O} \longrightarrow CH_3\!\!-\!\!O\!\!-\!\!O\cdot$$

如果在反应体系中加入易产生自由基的试剂，如偶氮二异丁腈(AIBN)，可导致自由基反应的发生，这类试剂称为自由基引发剂(initiator)。

$$NC\underset{CH_3}{\overset{H_3C}{\underset{|}{\overset{|}{C}}}}\!\!-\!\!N\!\!=\!\!N\!\!-\!\!\underset{CN}{\overset{CH_3}{\underset{|}{\overset{|}{C}}}}CH_3 \longrightarrow N_2 \;+\; \underset{H_3C}{\overset{H_3C}{>}}\!\!<\!\!CN$$

(2) 甲基自由基的结构：甲基自由基碳原子外层只有 7 个电子，未满足八隅体的稳定结构，性质非常活泼。甲基自由基具有平面结构，如图 2-26 所示：甲基自由基中所有原子在同一平面上，碳原子以 3 个 sp^2 杂化轨道分别与氢的 1s 轨道重叠形成 3 个 C—H σ 键，碳原子上未参与杂化的 p 轨道与 3 个 σ 键的平面垂直，未成键的自由基单电子处于 p 轨道中。

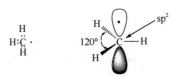

图 2-26 甲基自由基的结构

上述甲烷卤代反应的机制很好地解释了反应所需的条件和其他一些实验现象，但还不能说明几种卤素反应活性顺序。反应活性的不同实际上反映了反应速率问题，因此下面将从该反应的热力学、动力学有关数据和过渡态理论加以解释。

(3) 甲烷卤代反应过程中的能量变化

1) 反应热和活化能：反应热又称热焓差($\Delta H^\ominus$)，是标准状态下反应物与生成物的热焓之差，甲烷与四种卤素反应生成一卤甲烷，其各步和总的 $\Delta H^\ominus$ 见表 2-7。

表 2-7 甲烷卤代反应的 $\Delta H^\ominus$ (kJ/mol)

反应	F_2	Cl_2	Br_2	I_2
①X—X⟶2X ·	+159	+243	+192	+151
②CH_3—H + X · ⟶CH_3 · + HX	−130	+4	+67	+140
③CH_3 · + X—X⟶CH_3—X + X ·	−293	−105	−101	−83
总的 $\Delta H^\ominus$	−423	−104	−34	+55

反应热是化学反应中能量变化的宏观表现，从表 2-7 可看出四种卤素与甲烷反应的趋势和反应的激烈程度，但和反应速率没有关系，能决定反应速率的是活化能(E_a)，活化能越大，反应速率越慢；反之，活化能越小，反应速率就越快。

过渡态(transition state，Ts)理论从反应过程中分子内部结构的变化揭示活化能的含义，认为从反应物到产物是一个连续变化的过程，要经过一个过渡态才能转变成产物，过渡态的结构介于反应物和产物之间(用 [ ]$^{\neq}$表示)。

$$反应物 \rightleftharpoons 过渡态 \longrightarrow 产物$$
$$A—B + C \rightleftharpoons [A\cdots B\cdots C]^{\neq} \longrightarrow A+B—C$$

过渡态时能量达最高值，此后体系能量很快下降。反应物与过渡态之间的能量差称为活化能(图 2-27)。

2) 甲烷氯代反应中的能量变化：甲烷氯代反应是经多步完成，测得的反应速率是各步反应的总速率。由于生成产物一氯甲烷的主要阶段是链增长阶段的步②和步③，所以主要讨论这两步的反应过程、活化能及与反应总速率的关系。

过渡态理论认为：在步②中氯原子沿着甲烷 C—H 键的轴靠近氢原子到一定距离时，C—H 键逐渐松弛和削弱，而氯和氢原子之间的新键开始形成，分子的立体结构和电子云分布等都发生了变化。在此过程中，体系能量逐渐升高到达第一个过渡态 [$CH_3\cdots H\cdots Cl$]$^{\neq}$(I)，旧键未完全断裂，新键未完全形成，碳原子的杂化状态和几何形状也介于反应物甲烷和生成物甲基自由基之间，此时的碳原子已带了部分单电

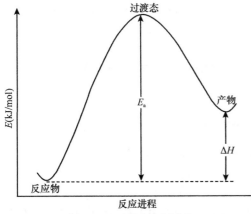

图 2-27 过渡态和活化能

子，即有自由基的某些特征。反应物和过渡态（Ⅰ）间的势能差就是步②的活化能，为17kJ/mol。体系到达过渡态后很快转变成产物甲基自由基。随着甲基自由基的形成，体系能量降低。甲基自由基很活泼，很快与Cl_2反应形成第二个过渡态$[CH_3\cdots Cl\cdots Cl]^{\neq}$（Ⅱ），在这步反应中甲基自由基和过渡态（Ⅱ）间的势能差就是步③的活化能，为8.4kJ/mol。反应继续进行，生成产物氯甲烷和新的氯自由基，体系放出大量的能量。

因步③比步②的活化能小很多，因此步②是慢的一步，而步③是快的一步，步②是决定甲烷氯代的总反应速率的步骤，称其为反应速率的决定步骤。

$$② \quad Cl\cdot + H-CH_3 \xrightarrow{\text{慢}} \cdot CH_3 + H-Cl \quad E_a = 17kJ/mol$$

$$③ \quad \cdot CH_4 + Cl-Cl \xrightarrow{\text{快}} CH_3-Cl + Cl\cdot \quad E_a = 8.4kJ/mol$$

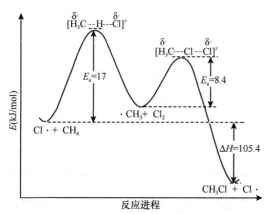

图 2-28　甲烷氯代反应中链增长阶段的能量变化

图 2-28 为步②和步③的势能变化图，步②的过渡态（Ⅰ）处于第一个势垒的顶部，步③的过渡态（Ⅱ）处于第二个势垒的顶部；过渡态（Ⅰ）比（Ⅱ）的势能高；活性中间体甲基自由基处于两个势垒的低谷，它是步②的产物，又是步③的反应物，势能也较高，能很快转变成产物；步②是吸热反应，逆反应的E_a比正反应小，因此是可逆反应，而步③是强烈的放热反应，逆反应比正反应的E_a大得多，因此是不可逆的。

3) 甲烷与其他卤素反应过程中的能量变化：在甲烷与其他卤素反应时，步②和步③的反应过程与氯代类似，也是步②是决定反应速率的步骤，但活化能不同，测得的数据见表 2-8。

表 2-8　不同卤素自由基与甲烷反应决定速率的步骤的活化能及反应热

$CH_3-H + X\cdot \longrightarrow CH_3\cdot + H-X$	E_a (kJ/mol)	$\Delta H^{\ominus}$ (kJ/mol)
F·	4	−130
Cl·	17	+4
Br·	85	+67
I·	>141	+140

从此数据可看出，步②活化能的大小顺序：碘代＞溴代＞氯代＞氟代。因此，活化能越大，反应速率越慢；反之，活化能越小，反应速率越快。因此甲烷卤代反应中卤素的反应活性顺序为：氟代＞氯代＞溴代＞碘代。

3. 其他卤代反应　其他烷烃的卤代反应机理与甲烷的卤代反应类似，但产物更复杂。例如，丙烷的一氯代可以得到两种产物。

(1) 几种氢的相对反应活性

1) 氯代反应：丙烷一氯代得 1-氯丙烷和 2-氯丙烷的混合物。

$$\overset{2°}{CH_3}\overset{1°}{CH_2}CH_3 + 2Cl_2 \xrightarrow{h\nu} \overset{1°}{CH_3CH_2CH_2Cl} + \overset{2°}{CH_3CHCH_3} + 2HCl$$
$$\underset{\text{1-氯丙烷(45%)}}{} \quad \underset{\text{2-氯丙烷(55%)}}{\overset{|}{Cl}}$$

丙烷分子中 1°H 有 6 个，2°H 有 2 个，按碰撞概率而言，产物中 1-氯丙烷应占 75%，而 2-

氯丙烷应占 25%，但实验所得的两种产物分别占 45%和 55%，2-氯丙烷反而比 1-氯丙烷多，说明 $2^\circ H$ 的反应活性比 $1^\circ H$ 大，更容易被取代。排除碰撞的概率因素的影响，可计算 $2^\circ H$ 和 $1^\circ H$ 的相对反应活性。

$$2^\circ H : 1^\circ H = (55/2) : (45/6) = 3.7 : 1$$

氢的相对反应活性 $2^\circ H > 1^\circ H$

异丁烷具有 $3^\circ H$ 和 $1^\circ H$ 两种类型的氢，它的一氯代产物可得 36%的 2-甲基-2-氯丙烷和 64%的 2-甲基-1-氯丙烷。计算出 $3^\circ H$ 和 $1^\circ H$ 的相对反应活性。

$$
\begin{array}{c}
\overset{3^\circ}{}\;\overset{1^\circ}{} \\
CH_3CHCH_3 \;+\; 2Cl_2 \xrightarrow{h\nu} CH_3CHCH_2Cl \;+\; CH_3CCH_3 \;+\; 2HCl \\
| \qquad\qquad\qquad | \qquad\qquad\;\; | \\
CH_3 \qquad\qquad\qquad\qquad CH_3 \qquad\qquad\; Cl
\end{array}
$$

2-甲基-1-氯丙烷　　2-甲基-2-氯丙烷
(64%)　　　　　　　(36%)

$$3^\circ H : 1^\circ H = (36/1) : (64/9) = 5 : 1$$

基于上述实验结果，可以得出三种氢的反应活性之比为

反应活性： $3^\circ H : 2^\circ H : 1^\circ H = 5 : 3.7 : 1$

2) 溴代反应：丙烷和异丁烷进行溴代反应生成相应的一溴代烷，其产物如下。

$$
\begin{array}{c}
\overset{2^\circ}{}\;\overset{1^\circ}{} \\
CH_3CH_2CH_3 \;+\; 2Br_2 \xrightarrow[127℃]{h\nu} CH_3CH_2CH_2Br \;+\; CH_3CHCH_3 \;+\; 2HBr \\
\qquad\qquad\qquad\qquad\qquad\qquad | \\
\qquad\qquad\qquad 3\% \qquad\qquad\qquad\qquad Br \\
\qquad\qquad\qquad\qquad\qquad\qquad\qquad 97\%
\end{array}
$$

$$
\begin{array}{c}
\overset{3^\circ}{}\;\overset{1^\circ}{} \qquad\qquad\qquad\qquad\qquad\qquad CH_3 \\
\qquad\qquad\qquad\qquad\qquad\qquad\qquad\qquad | \\
CH_3CHCH_3 \;+\; 2Br_2 \xrightarrow[127℃]{h\nu} CH_3CHCH_2Br \;+\; CH_3CCH_3 \;+\; 2HBr \\
| \qquad\qquad\qquad\qquad | \qquad\qquad | \\
CH_3 \qquad\qquad\qquad\qquad\quad CH_3 \qquad\qquad Br \\
\qquad\qquad\qquad\qquad 少量 \qquad\qquad\quad >99\%
\end{array}
$$

根据几种氢被取代所生成的一溴代物的比例可计算出三种氢发生溴代的相对反应活性。

$$3^\circ H : 2^\circ H : 1^\circ H = 1600 : 82 : 1$$

可以看出，三种氢在溴代反应中的活性顺序与氯代反应一致，但溴代反应中三种氢的活性差别大，也就是溴与氯比较，溴对三种氢有较大的选择性，这是由于溴的活性小于氯，活性小的试剂有较高的化学选择性在有机化学反应中是常见的现象。

环烷烃也可发生类似反应，没有取代基的环烷烃的一卤代产物只有一种，多卤代产物也很复杂。有取代基的单环烷烃中，氢的活性顺序与烷烃的类似：$3^\circ H > 2^\circ H > 1^\circ H$。

$$\text{〔五元环〕} + Cl_2 \xrightarrow{h\nu} \text{〔五元环〕}{-}Cl \;+\; HCl$$

(2) 烷基自由基的相对稳定性：烷烃卤代反应的自由基取代反应机理主要分三个阶段，卤代产物主要在链的增长阶段即步②和步③反应中生成，其中步②即生成 R· 的一步需较多的 E_a，是决定卤代反应速率的步骤。这一步的反应速率与 R· 的相对稳定性密切相关，因此这里先讨论 R· 的稳定性，再讨论烷基自由基的稳定性和几种氢的活性顺序间的关系。

$$② \; X\cdot + H{-}R \xrightarrow{慢} R\cdot + H{-}Cl \quad 决定反应速率的一步$$

$$③ \; R\cdot + X{-}X \xrightarrow{快} R{-}Cl + Cl\cdot$$

产物

图 2-29 表示甲烷、乙烷、丙烷和异丁烷断裂一个 C—H 键(丙烷和异丁烷分别断裂 2° 和 3° C—H 键)生成相应的烷基自由基时所需的能量和它们相对稳定性的比较。

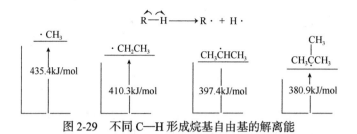

图 2-29 不同 C—H 形成烷基自由基的解离能

从上面的数据可看出，C—H 键的解离能小，则形成自由基需要的能量小，相对原来的烷烃更稳定。

C—H键解离能：CH_3—H > CH_3CH_2—H > $\begin{matrix} CH_3 \\ | \\ CH_3 \end{matrix}$CH—H > $CH_3\underset{\underset{CH_3}{|}}{\overset{\overset{CH_3}{|}}{C}}$—H

自由基相对稳定性顺序如下。

$CH_3\underset{\underset{CH_3}{|}}{\overset{\overset{CH_3}{|}}{C}}$· > $\begin{matrix} CH_3 \\ | \\ CH_3 \end{matrix}$Ċ—H > $CH_3\dot{C}H_2$ > ·CH_3

叔3° > 仲2° > 伯1° > 甲基自由基

烷基自由基根据单电子所在碳原子的类型可分为伯(1°)、仲(2°)、叔(3°)自由基。从烷基自由基相对稳定性顺序中可看出，烷基对自由基有稳定的作用，中心碳原子所连烷基越多，自由基越稳定。

丙烷氯代反应机理与甲烷相似，只是反应过程中形成两种不同的过渡态。

$CH_3CH_2CH_2$—H + Cl· $\longrightarrow$ [$CH_3CH_2CH_2$---H---Cl] $\longrightarrow$ $CH_3CH_2CH_2$· + HCl
                          过渡态(Ⅰ)

CH_3—CH—H + Cl· $\longrightarrow$ [CH_3—CH---H---Cl] $\longrightarrow$ CH_3—CH· + HCl
    | | |
   CH_3 CH_3 CH_3
                       过渡态(Ⅱ)

实验测得过渡态(Ⅱ)的能量比过渡态(Ⅰ)小 4.2kJ/mol，因此 2°自由基的生成速率比 1°自由基快，其结果是 2°H 比 1°H 氯代速率快。

此外，大量实验研究表明，同类反应中，自由基相对稳定性和相应的过渡态稳定性是一致的，因此可以直接从自由基的稳定性来判断氢的活性，过渡态能量越低，即自由基越稳定，氢的活性越大。

R·稳定性：3°R· > 2°R· > 1°R·

氢的活性：3°H > 2°H > 1°H

二、环烷烃的化学性质

五元或五元以上的环烷烃的化学性质与链烷烃相似，如室温下与氧化剂(如高锰酸钾)不发生反应，而在光照或在较高温度下可与卤素发生自由基取代反应。

⬠ or ⬡ $\xrightarrow{KMnO_4}$ 不反应

⬠ + Br_2 $\xrightarrow{300℃}$ ⬠—Br + HBr

$$\text{环己烷} + Cl_2 \xrightarrow{hv} \text{氯代环己烷} + HCl$$

但三元和四元的小环烷烃分子不稳定，易发生开环反应，形成相应的链状化合物。

1. 加氢反应 环丙烷和环丁烷都可以用镍作催化剂，常压下加氢生成丙烷和丁烷。环戊烷需要在较高的温度下才能开环。

$$\triangle + H_2 \xrightarrow{Ni,80℃} CH_3CH_2CH_3$$

$$\square + H_2 \xrightarrow{Ni,200℃} CH_3CH_2CH_2CH_3$$

$$\pentagon + H_2 \xrightarrow{Ni,300℃} CH_3CH_2CH_2CH_2CH_3$$

2. 与卤素反应 环丙烷在室温下与溴反应，开环生成 1,3-二溴丙烷。

$$\triangle + Br_2 \xrightarrow{室温} \underset{\underset{Br}{|}}{CH_2}\underset{}{CH_2}\underset{\underset{Br}{|}}{CH_2}$$

3. 与卤化氢的反应 环丙烷与卤化氢反应，开环生成 1-卤丙烷。如与溴化氢的反应。

$$\triangle + HBr \xrightarrow{室温} \underset{\underset{H}{|}}{CH_2}\underset{}{CH_2}\underset{\underset{Br}{|}}{CH_2}$$

当烷基取代的环丙烷与溴化氢反应时，形成的中间体碳正离子的稳定性决定主要产物的取向，遵循 Markovnikov 规则(见第三章)，结果是氢与含氢较多的碳原子结合，而溴则加到含氢较少的碳原子上。

$$\triangle\hspace{-0.5em} \xrightarrow{H^+} \hspace{-0.5em}{}^+ \xrightarrow{Br^-} \underset{\underset{Br}{|}}{CH_3CHCH_2CH_3}$$

从上述例子可以看到，开环的反应活性为三元环＞四元环＞五、六、七元环。

关 键 词

烃 hydrocarbon	构象 conformation
烷烃 alkane	构象异构 conformational isomerism
环烷烃 cycloalkane	船式构象 boat conformation
螺环烷烃 spiro cycloalkane	椅式构象 chair conformation
桥环烷烃 bridged cycloalkane	氢键 hydrogen bond
同系列 homologous series	热裂反应 pyrolysis reaction
同系物 homologue	卤代反应 halogenation reaction

本 章 小 结

烃是只由碳、氢两种元素组成的有机化合物，烃类分子中碳原子皆以碳碳单键相连的称为烷烃，无环的烷烃称为链烷烃，通式为 C_nH_{2n+2}，有环状骨架的烷烃称为环烷烃，通式为 C_nH_{2n}。

烷烃的命名通常采用普通命名法和系统命名法。普通命名法基本原则：含 1～10 个碳原子的直链烷烃词首分别用甲、乙、丙、丁、戊、己、庚、辛、壬和癸代表碳原子数，从含 11 个碳原子起用汉字数字表示；从丁烷开始的烷烃词首用正(normal 或 *n*-)、异(iso 或 *i*-)和新(*neo*-)区别同分异构体的构造。在系统命名法中，直链烷烃与普通命名法基本相同，含支链烷烃可以看作是直链烷烃的取代衍生物，把支链作为取代基，名称中包括母体和取代基两部分，取代基部分在前，母体部分在后；单环烷烃根据环碳原子总数称环某烷，带有取代基的环烷烃，命名时要使取代基的位次最小。

烷烃(除甲烷)分子中的碳原子按照与其直接成键的碳原子数目可以分成伯碳、仲碳、叔碳和季碳四类，伯、仲、叔碳上的氢分别叫伯氢、仲氢、叔氢。开链烷烃所有碳原子均为 sp^3 杂化，所有 C—H 和 C—C 键均为 σ 键，键角接近 109.5°，结构稳定，σ 键可以绕键轴旋转而不断裂，围绕 σ 键旋转所产生的分子的各种立体形象称为构象；环烷烃的碳也是以 sp^3 杂化形式成键，环的大小不同，键角也不同，其稳定性主要与角张力和扭转张力有关。

在常温常压下，$C_1 \sim C_4$ 的正烷烃为气体，$C_5 \sim C_{16}$ 的正烷烃为液体，C_{17} 以上的正烷烃为固体。烷烃是非极性分子，不溶于极性大的水而溶于低极性的苯、氯仿、四氯化碳和乙醚等。

开链烷烃能够发生卤代、氧化和裂解反应；环烷烃可发生取代、开环(加成)反应。自由基反应机理分成链引发、链增长和链终止三个阶段。烷基取代的环丙烷与溴化氢反应时，形成的中间体碳正离子的稳定性决定主要产物的取向，遵循 Markovnikov 规则，结果是氢与含氢较多的碳原子结合，而溴则加到含氢较少的碳原子上。

阅读材料

生 物 能 源

烷烃是人类广泛利用的能源物质之一，主要来源于石油和天然气。由于世界人口的快速增长和人类过度依赖石油、天然气、煤等化石能源，加速了这些资源的枯竭。按目前探明的储量算，全球石油尚可开采 40 年，天然气可开采 65 年，煤还可以开采 200 年。因此，用清洁的可再生能源替代部分石油、天然气、煤等化石能源是人类可持续发展的必然趋势。

生物能是人类可利用的第四大能源，具有清洁可再生的特点。生物能是指蕴含在生物质中的能量。广义上讲，生物质包括所有动、植物和微生物，以及这些生物排泄和代谢的所有有机物。据生物学家估算，地球上每年生长的生物能总量相当于 1400 亿～1800 亿吨煤产生的能量，相当于全世界每年耗能的 10 倍，但目前作为能源利用的只占生物能源的 2%左右，亟待开发利用。现在生物能源利用较好的有沼气、生物制氢、生物柴油和燃料乙醇等。

习 题

1. 写出下列烷烃、环烷烃或烷基的构造式。

(1) 2,3-二甲基戊烷

(2) 2,4-二甲基-4-乙基庚烷

(3) 2,3，7-三甲基-5-乙基辛烷

(4) 异己烷

(5) 1-甲基-4-异丙基环己烷

(6) 双环［2.1.0］戊烷

(7) 新戊基

(8) 2-甲基-6-叔丁基螺［3.5］壬烷

(9) 环己基环己烷

2. 用系统命名法命名下列化合物。

(1) $CH_3CH(C_2H_5)CH_2CH(CH_3)_2$

(2) $(CH_3)_2CHCH_2CH(CH_3)_2$

(3)

$$CH_3CH_2\underset{\underset{CH(CH_3)_2}{|}}{C}HCH_2\underset{\underset{CH_2CH_3}{|}}{C}H_2\underset{\underset{CH_2CH_3}{|}}{\overset{\overset{CH_3}{|}}{C}}HCH_2CH_3$$

(4)

(7)    (8)

3. 指出题 2 中(3)和(4)分子中各个碳原子的类型(用 1°、2°、3° 和 4° 表示)。

4. 不查表试判断下述各组化合物沸点高低的顺序。

(1) 2,2-二甲基丙烷，2-甲基丁烷，正戊烷　　(2) 正己烷，环己烷，2,3-二甲基丁烷

(3) 丙烷，2-溴丙烷，2-氯丙烷

5. 按稳定性的大小排列下列自由基。

(1) $CH_3 \cdot$ (2) $(C_2H_5)_3C \cdot$ (3) $(C_2H_5)_2CH \cdot$ (4) $C_2H_5CH_2 \cdot$

6. 反应 ⬠ + Cl_2 $\xrightarrow[\text{or}\triangle]{hv}$ ⬠—Cl + HCl 的机理与甲烷氯代相似，试写出其反应机理过程。

7. 写出下列反应的主要产物。

(1) 　　$\xrightarrow[Ni, \triangle]{H_2}$ (2) 　　$\xrightarrow[FeCl_3]{Cl_2}$

(3) 　　+ Cl_2 $\xrightarrow{hv}$ (4) 　　+ Br_2 ⟶

8. 下列各组化合物哪一个的燃烧热大？

(1) ① 　　② 　　 (2) ① 　　② 　　CH_3

9. 写出化合物 2,2,4-三甲基戊烷的一氯代产物的结构式，并估算伯氢、仲氢、叔氢氯代产物的相对含量(相对反应活性：$3^\circ H : 2^\circ H : 1^\circ H = 5 : 3.7 : 1$)。

10. 由下列化合物转化成相应的卤化物，用 Cl_2 还是用 Br_2？为什么？

(1) $\underset{\underset{CH_3}{|}}{CH_3CHCH_3}$ $\xrightarrow{hv}$ $\underset{\underset{CH_3}{|}}{CH_3\overset{\overset{X}{|}}{C}CH_3}$ (2) $\underset{\underset{CH_3}{|}}{CH_3CHCH_3}$ $\xrightarrow{hv}$ $\underset{\underset{CH_3}{|}}{CH_3CHCH_2-X}$

(史大斌)

第三章　烯烃、炔烃和二烯烃

碳碳双键和碳碳三键统称为不饱和键，烯烃(alkenes)、炔烃(alkynes)和二烯烃(dienes)都含有碳碳双键或碳碳三键，统称为不饱和烃(unsaturated hydrocarbon)。根据碳架结构不同，不饱和烃又分为不饱和链烃和不饱和环烃。本章重点介绍不饱和链烃。

第一节　结构、分类和命名

一、结　　构

(一) 烯烃的结构

烯烃是指一类含有碳碳双键(C=C)的烃类化合物，其中分子中只含有 1 个碳碳双键的烃称为单烯烃，通式为 C_nH_{2n}；分子中含有 2 个或多个碳碳双键的烃称为多烯烃(polyene)，其中含有 2 个碳碳双键的烃称为双烯烃或二烯烃，通式为 C_nH_{2n-2}。与烷烃相比，烯烃在结构上最大的特点就是含有碳碳双键。

双键碳原子的每个 sp^2 杂化轨道，都含有 1/3 的 s 轨道成分和 2/3 的 p 轨道成分，其形状如图 3-1 所示。3 个 sp^2 杂化轨道在同一平面呈三角形分布，杂化轨道的对称轴指向等边三角形的顶端，键角为 120°。余下未参与杂化的 p 轨道垂直于此平面，键角为 90°。

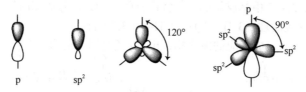

图 3-1　双键碳原子的 sp^2 杂化轨道

2 个双键碳原子首先形成 sp^2 杂化轨道，然后各以其中一个 sp^2 杂化轨道沿着对称轴的方向相互交叠形成一个碳碳 σ 键；双键碳上未参与杂化的 $2p_z$ 轨道就"肩并肩"地重叠形成 π 键；因此碳碳双键包含两种化学键，一个 σ 键，一个 π 键。构成 π 键的轨道称为 π 轨道，π 轨道中的电子叫 π 电子。每一个碳原子剩余的两个 sp^2 杂化轨道再分别与其他原子成 σ 键。例如，乙烯分子，双键碳原子剩余的 sp^2 杂化轨道分别与两个氢原子的 1s 轨道相互重叠，构成 2 个碳氢 σ 键(图 3-2)。

(a) 键线式　　　　　(b) 轨道模型　　　　　(c) 比例模型

图 3-2　乙烯分子的结构

σ 键和 π 键是有机化合物中最基本的化学键，两者性质不同、特点各异，表 3-1 对 σ 键和 π 键的特点进行了归纳、比较。

表 3-1 σ 键和 π 键的特点

σ 键	π 键
①可以单独存在	①只能与 σ 键共存于双键或三键中
②沿键轴"头碰头"重叠成键，可以沿键轴自由旋转	②从侧面"肩并肩"重叠成键，不能沿键轴自由旋转
③电子云呈圆柱形，沿键轴对称分布	③电子云呈块状，分布在键轴平面上、下方
④键能较大，键较稳定	④键能较小，键较不稳定
⑤电子云有较大的流动性，容易受外界电场的影响而发生极化	⑤电子云集中在成键两原子核之间，不容易受外界电场的影响发生极化

(二) 炔烃的结构

炔烃是指一类含有碳碳三键(C≡C)的烃类化合物，属于不饱和烃，通式为 C_nH_{2n-2}。

炔烃中三键碳原子的每个 sp 杂化轨道含有 1/2 的 s 轨道成分和 1/2 的 p 轨道成分，两个 sp 杂化轨道成直线分布，键角为 180°；余下未参与杂化的两个 p 轨道垂直于此平面，键角为 90°。

如图 3-3 所示，碳原子和氢原子形成乙炔分子时，每个碳原子各以一个 sp 杂化轨道沿着对称轴的方向相互交叠形成一个碳碳 σ 键；而这两个碳上未参与杂化的 $2p_y$ 和 $2p_z$ 轨道就"肩并肩"地重叠形成两个 π 键。因此在炔烃的碳碳三键中，包含一个 σ 键和两个 π 键。两个 π 键的电子云分布好像是围绕两个碳原子核心的圆柱状的 π 电子云。每一个碳原子剩余的 sp 杂化轨道再与氢原子的 1s 轨道相互重叠，构成碳氢 σ 键。

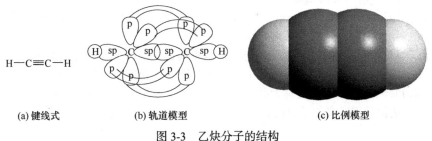

(a) 键线式   (b) 轨道模型   (c) 比例模型

图 3-3   乙炔分子的结构

乙炔三键碳 sp 杂化轨道中的 s 轨道成分要比乙烯双键碳 sp^2 杂化轨道中的多，因此 sp 杂化的碳原子核对电子的吸引力更强，所形成的键比 sp^2 杂化的碳形成的键要短。使用电子衍射光谱等方法测得乙炔是一直线型分子，键角为 180°，碳碳三键键长为 120pm，碳氢键长为 106 pm。

(三) 二烯烃的结构

一个分子含有两个碳碳双键的烃类化合物称为二烯烃，也称双烯烃，其通式与炔烃相同，均为 C_nH_{2n-2}。相同碳原子数的二烯烃和炔烃互为同分异构体。根据双键的相对位置，二烯烃又分为聚集二烯烃(cumulative dienes)、共轭二烯烃(conjugated dienes)和隔离二烯烃(isolated dienes)。

聚集二烯烃   共轭二烯烃   隔离二烯烃

隔离二烯烃的两个双键相距较远，彼此之间的影响较小，其结构和性质与单烯烃基本相同。聚集二烯烃为数不多，实际应用也不多，主要用于立体化学的研究。共轭二烯烃中的两个双键相互影响，其结构和性质都有很大不同，在理论和应用中有重要作用。共轭二烯烃中1,3-丁二烯是最常见的二烯烃化合物，现以其为例介绍共轭二烯烃的结构。

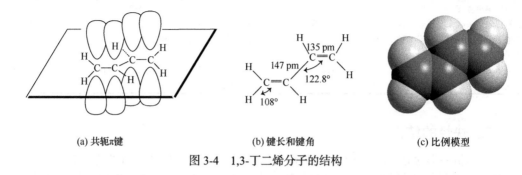

(a) 共轭π键   (b) 键长和键角   (c) 比例模型

图 3-4　1,3-丁二烯分子的结构

如图 3-4 所示，在 1,3-丁二烯分子中，每一个碳原子都是以 sp^2 杂化轨道与其他碳原子的 sp^2 杂化轨道或氢原子的 1s 轨道相互重叠，形成三个 C—C σ 键和六个 C—H σ 键。所有的碳原子、氢原子和 σ 键都处在同一平面上，所有键角都接近 120°。每个碳原子还留下一个未参与杂化的 p 轨道，它们的对称轴都垂直于 σ 键所在的平面，因而彼此互相平行，可以侧面相互重叠形成大 π 键。不仅 C_1 和 C_2、C_3 和 C_4 的 p 轨道可以侧面重叠形成 π 键，而且 C_2 和 C_3 之间的 p 轨道也有一定程度的重叠，因此 C_2 和 C_3 之间的键长缩短而具有部分双键性质。

1,3-丁二烯分子的所有键角都接近 120°，两个碳碳双键键长为 0.137nm，比单烯烃分子中的碳碳双键(0.133nm)略长；而 C_2—C_3 的碳碳单键键长为 0.146nm，比一般烷烃分子中碳碳单键的键长(0.154nm)略短，这种现象称为键长的平均化。

1,3-丁二烯分子的结构中，p 轨道的电子不是束缚在原来两个定域的 π 轨道中，而是分布在四个碳原子之间，即发生离域，形成了包括四个碳原子及四个 π 电子的"大 π 键"体系，这种体系称为共轭体系，这种键称为共轭 π 键或离域 π 键。含有共轭 π 键的分子称为共轭分子，其分子构造仍采用经典的单双键表示方式，如 1,3-丁二烯的分子以 CH_2=CH—CH=CH_2 表示。

(四) 同分异构

与烷烃相比，烯烃和炔烃含有不饱和键，结构更复杂。除了具有与烷烃同样的碳链异构现象以外，还因不饱和键的位次不同产生异构，另外某些烯烃还存在顺反异构现象。

1. 位置异构(positional isomerism)　烯烃、炔烃因碳碳双键或三键的位次不同而产生异构，这种异构称为位置异构。例如，丁烯因为碳链不同产生两种异构，同时又因为双键位次的不同又产生异构现象，一共有如下三种构造异构体。

H_2C=CHCH$_2$CH$_3$　1-丁烯(1-butene)

H_3CHC=CHCH$_3$　2-丁烯(2-butene)

H_2C=CCH$_3$　2-甲基丙烯(2-methylpropene)
　　　　|
　　　　CH_3

戊炔同样因碳链和官能团位次的差异，共产生如下三种构造异构体。

$HC\equiv CCH_2CH_2CH_3$	1-戊炔(1-pentyne)	位置异构	碳链异构
$H_3CC\equiv CCH_2CH_3$	2-戊炔(2-pentyne)		
$HC\equiv CCH(CH_3)CH_3$	3-甲基丁炔(3-methylbutyne)		

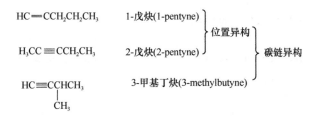

上述丁烯和戊炔的碳链异构和位置异构都属于构造异构。构造异构(structural isomerism)是指分子式相同，分子中原子之间的连接顺序或化学键性质不同而产生的异构现象，包括碳链异构、位置异构、官能团异构、互变异构和价键异构五种。本书将在第五章中具体介绍。

2. 顺反异构(*cis-trans* isomerism)　丁烯除了有上述三种构造异构体以外，还因双键碳原子的 p 轨道相互重叠形成 π 键，导致双键碳原子不能以 σ 键为轴"自由"旋转，而产生异构。这种由于双键不能自由旋转所引起的原子或基团在空间呈现不同的排列方式的现象称为顺反异构，也称几何异构(geometric isomerism)，属于立体异构中的一种。

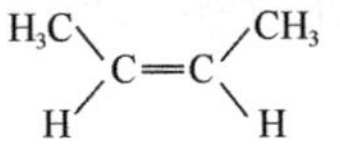

顺-2-丁烯
cis-2-butene

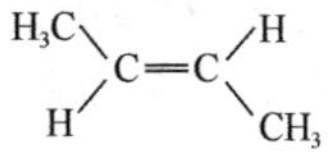

反-2-丁烯
trans-2-butene

分子中具有限制原子自由旋转的因素是顺反异构产生的重要条件，但不是唯一条件。例如，1-丁烯和 2-甲基丙烯，分子中的碳碳双键依然不能以 σ 键为轴"自由"旋转，但是因为其 C_1 原子上连接的是相同的两个氢原子，因此没有顺反异构现象。因此，产生顺反异构必须同时具备以下两个条件：①分子中有限制旋转的因素，如双键或脂环；②不能旋转的原子上连接的两个原子或基团不能相同。

顺反异构体是不同的化合物，不仅在物理化学性质上有一定差异，在生理活性上也表现出差异。例如，顺式己烯雌酚异构体没有生理活性，而反式己烯雌酚异构体却是非甾体雌激素物质，主要用于雌激素低下或缺乏症及激素平衡紊乱引起的功能性出血、闭经等疾病。

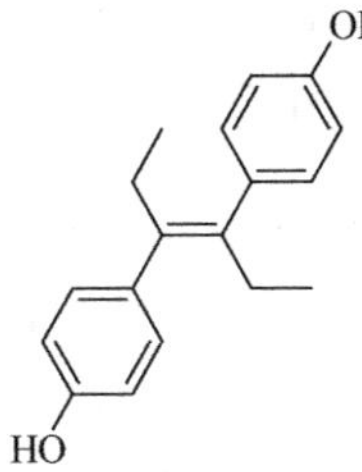

反式己烯雌酚，有活性

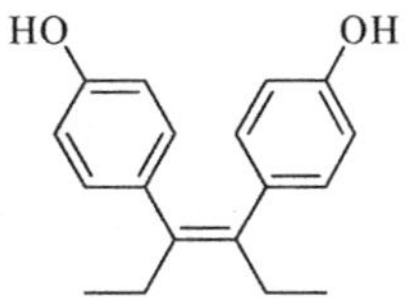

顺式己烯雌酚，无活性

二、命　　名

(一) 系统命名法

烯烃和炔烃的命名多采用系统命名法，在烷烃系统命名基础上略有不同，烯烃的英文词尾为-ene，炔烃的英文词尾为-yne。具体命名方法如下。

1. 选择一个含碳碳双键或三键的最长碳链为主链，根据主链碳原子数称为"某烯"或"某炔"。

2. 从靠近碳碳双键或三键的一端开始，对主链碳原子依次编号，若碳碳双键或三键在分子主链中央，则从最靠近侧链的一端开始编号。

3. 碳碳双键或三键的位次必须标明出来，将双键或三键两个碳原子中位次较小的一个用阿拉伯数字表示，放在烯烃或炔烃名称的前面。例如：

$$
\overset{1}{C}H_3 - \overset{2}{C} = \overset{3}{C}H - \overset{4}{C} - \overset{5}{C}H_2 - \overset{6}{C}H_3
$$

（结构式：H₃C—C=CH—C—CH₂—CH₃，带 CH₃ 支链）

2,4-二甲基-2-己烯
2,4-dimethyl-2-hexene

（结构式：CH₃—CH—C—C≡CH，带 CH₃、CH₂、CH₃ 支链）

4-甲基-3-乙基-1-戊炔
3-ethyl-4-methyl-1-pentyne

4. 当分子中同时含有碳碳双键和三键时，则选择包含碳碳双键和三键的最长碳链为主链。例如：

$$
\overset{1}{C}H_3 - \overset{2}{C} = \overset{3}{C} - \overset{4}{C} = \overset{5}{C}H - \overset{6}{C}H_3
$$

（结构式：CH₃—C=C—C=CH—CH₃，带 CH₃ 支链）

2-甲基-2,4-己二烯
2-methyl-2,4-hexadiene

（结构式：H₃C—C=C—C≡CH，带 CH₃ 支链）

4-甲基-3-戊烯-1-炔
4-methyl-3-penten-1-yne

烯烃去掉一个氢原子，称为烯基，英文词尾为-enyl。炔烃去掉一个氢原子，称为炔基，英文词尾为-nyl。常见的烯基、炔基如下所示。

$H_2C=CH-$	$H_3CHC=CH-$	$H_2C=CHCH_2-$
乙烯基	丙烯基	烯丙基
ethylenyl	1-propenyl	allyl

$CH\equiv C-$	$CH_3C\equiv C-$	$CH\equiv CCH_2-$
乙炔基	丙炔基	炔丙基
ethynyl	1-propynyl	2-propynyl

(二) 烯烃顺反异构体的命名

烯烃顺反异构体的普通命名法采用顺/反构型命名法，相同原子或基团处于双键同侧的称为顺式异构体，用"顺"或"*cis*"表示；相同原子或基团处于双键异侧的称为反式异构体，用"反"或"*tans*"表示。

（结构式：H₃C 和 C₃H₇ 在双键同侧）

顺-2-己烯
cis-2-hexene

（结构式：H₃C 和 H 在同侧）

反-2-己烯
trans-2-hexene

烯烃顺反异构体的系统命名法用 Z(德文 Zusammen)或 E(德文 Entgegen)表示。对于双键碳两端没有相同原子或基团的，以"次序规则"为基础进行原子或基团的优先排序。若两个碳上的优先基团在双键的同侧，称为 Z 型，命名时在名称的前面附以(Z)；若在双键的异侧称为 E 型，命名时在名称前面附以(E)。

将双键碳原子所连接的原子或基团按其原子序数的大小排列，把大的排在前面，小的排在后面，同位素则按原子量大小次序排列。

$$I > Br > Cl > S > P > O > N > C > D(氘) > H(氢)$$

如果与双键碳原子连接的基团第一个原子相同而无法确定次序时，则应看基团的第二个原子的原子序数，依次类推。按照次序规则先后排列。

例如：

次序规则为

CH₃>H

Cl>CH₂CH₃

（结构式：H₃C、H 连一个双键碳，Cl、CH₂CH₃ 连另一个双键碳）

(Z)-3-氯-2-戊烯
(Z)-3-chloro-2-pentene

次序规则为

Br>CH₃

Cl>CH(CH₃)₂

（结构式：H₃C、Br 连一个双键碳，Cl、CH(CH₃)₂ 连另一个双键碳）

(E) -4-甲基-3-氯-2-溴-2-戊烯
(E)-2-bromo-3-chloro-4-methyl-2-pentene

顺/反命名和 Z/E 命名是两种不同的命名方法，并非 Z 型异构体就一定是顺式。例如：

$$\underset{Cl}{\overset{Br}{}}C=C\underset{H}{\overset{Cl}{}} \qquad \underset{Cl}{\overset{Br}{}}C=C\underset{Cl}{\overset{H}{}}$$

(Z)-1,2-二氯溴乙烯　　　　　(E)-1,2-二氯溴乙烯
反-1,2-二氯溴乙烯　　　　　顺-1,2-二氯溴乙烯

第二节　物理性质及光谱性质

一、物 理 性 质

(一) 烯烃的物理性质

与对应的烷烃相似，烯烃的熔点、沸点随着分子量增加而增加，沸点比相应的烷烃略低。在常温下，$C_2 \sim C_4$ 的烯烃为气体，$C_5 \sim C_{18}$ 的烯烃为液体，C_{18} 以上烯烃为固体。沸点、熔点、密度都随分子量的增加而上升，密度都小于 $1g/cm^3$，都是无色物质，易溶于有机溶剂，不溶于水。

在烯烃顺、反异构体中，顺式异构体因为极性较大，所以沸点通常比反式高；又因为顺式异构体的对称性比反式差，较难填入晶格，故熔点更低。表 3-2 中列出一些常见烯烃的物理常数。

表 3-2　常见烯烃的物理常数

名称	结构式	熔点(℃)	沸点(℃)	相对密度(d_4^{20})
乙烯	$CH_2{=}CH_2$	−169.2	−103.7	0.5678^{-104}
丙烯	$CH_2{=}CHCH_3$	−185.3	−47.7	0.5050^{25}
1-丁烯	$CH_2{=}CHCH_2CH_3$	−185.4	−6.3	0.5880^{25}
顺-2-丁烯	$\underset{H}{\overset{H_3C}{}}C=C\underset{H}{\overset{CH_3}{}}$	−138.9	3.7	0.6160^{25}
反-2-丁烯	$\underset{H}{\overset{H_3C}{}}C=C\underset{CH_3}{\overset{H}{}}$	−105.6	0.88	0.5990^{25}
1-戊烯	$CH_2{=}CH(CH_2)_2CH_3$	−165.2	30.0	0.6405
1-己烯	$CH_2{=}CH(CH_2)_3CH_3$	−139.8	63.4	0.6731
1-庚烯	$CH_2{=}CH(CH_2)_4CH_3$	−119	93.6	0.6970
1-辛烯	$CH_2{=}CH(CH_2)_5CH_3$	−101.7	121.3	0.7419

(二) 炔烃的物理性质

与对应的烷烃相似，炔烃的熔点、沸点随着分子量增加而增加。在常温下，$C_2 \sim C_4$ 的炔烃为气体，$C_5 \sim C_{15}$ 的炔烃为液体，C_{15} 以上炔烃为固体。沸点、熔点、密度都随分子量的增加而上升，密度都小于 $1g/cm^3$，都是无色物质，易溶于有机溶剂，不溶于水。表 3-3 中列出一些常见炔烃的物理常数。

表 3-3　常见炔烃的物理常数

名称	结构式	熔点(℃)	沸点(℃)	相对密度(d_4^{20})
乙炔	$CH{\equiv}CH$	−88	−28	0.3770^{25}
丙炔	$CH{\equiv}CCH_3$	−102.7	−23.2	0.6070^{25}

续表

名称	结构式	熔点(℃)	沸点(℃)	相对密度(d_4^{20})
1-丁炔	CH≡CCH₂CH₃	−126	8	0.6783
1-戊炔	CH≡C(CH₂)₂CH₃	−106	40	0.6901
1-己炔	CH≡C(CH₂)₃CH₃	−132	71	0.7155
1-庚炔	CH≡C(CH₂)₄CH₃	−81	99	0.7328
1-辛炔	CH≡C(CH₂)₅CH₃	−80	127	0.7461

二、光谱性质

(一) 红外吸收光谱

大部分烯烃、炔烃除了具有烷烃分子在 3000～2850cm⁻¹ 和 1465～1340cm⁻¹ 的 C—H 伸缩与弯曲振动特征吸收峰以外,还具有碳碳双键或三键官能团的特征吸收峰(表 3-4),这些吸收峰在结构确证中具有重要意义。

表 3-4 烯烃、炔烃的红外特征吸收峰

双键		三键	
C=C 伸缩振动	1675～1640cm⁻¹	C≡C 伸缩振动	2250～2100cm⁻¹
=C—H 伸缩振动	3100～3010cm⁻¹	≡C—H 伸缩振动	3200～3400cm⁻¹
=C—H 弯曲振动	1000～675cm⁻¹	≡C—H 弯曲振动	700～600cm⁻¹

反-2-己烯的红外吸收光谱如图 3-5 所示,在 1673cm⁻¹ 处为 C=C 伸缩振动吸收峰,在 3026cm⁻¹ 处为=C—H 伸缩振动吸收峰,在 955cm⁻¹ 处为=C—H 弯曲振动吸收峰。

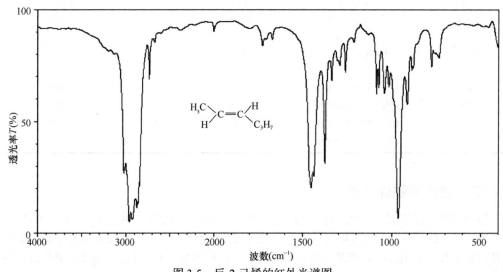

图 3-5 反-2-己烯的红外光谱图

1-己炔的红外吸收光谱如图 3-6 所示,在 2120cm⁻¹ 处为 C≡C 伸缩振动吸收峰,在 3311cm⁻¹ 处为≡C—H 伸缩振动吸收峰,在 630cm⁻¹ 处为≡C—H 弯曲振动吸收峰。

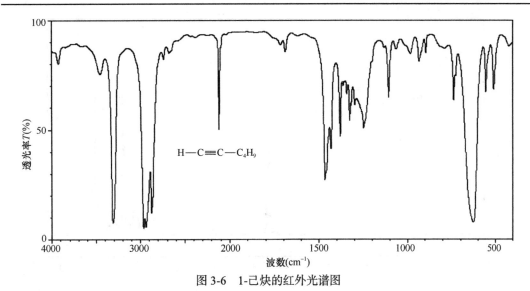

图 3-6　1-己炔的红外光谱图

(二) 核磁共振氢谱

烯烃双键上的 π 电子环电流在外加磁场的影响下产生一个感应磁场,该磁场在双键平面上方和下方,方向与外加磁场方向相反,称为屏蔽区。但由于磁力线是闭合的,在双键侧面感应磁场方向与外加磁场方向一致,称为去屏蔽区,烯氢(C═C—H)处于去屏蔽区。炔烃三键上的 π 电子云是圆筒形分布,在外界磁场影响下也会产生一个感应磁场,存在屏蔽区和去屏蔽区,与双键相反,炔氢(C≡C—H)处于屏蔽区(图 3-7)。

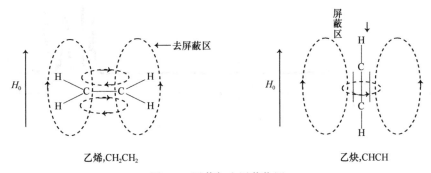

图 3-7　屏蔽与去屏蔽作用

烯氢(C═C—H)处于去屏蔽区,使化学位移增大。另外双键碳原子为 sp^2 杂化,含 s 轨道成分比 sp^3 杂化的多,烯氢更靠近碳原子,减少了对氢核的屏蔽,也使化学位移增大。因此与烷烃氢相比,烯氢的化学位移增大很多,δ 介于 4.5～6.6ppm。反-2-己烯核磁氢谱见图 3-8。

炔氢(C≡C—H)处于屏蔽区,使化学位移减小。但是三键碳原子为 sp 杂化,含 s 轨道成分更多,使化学位移增大;因此与烷烃氢相比,炔氢的化学位移介于烷烃氢和烯氢之间,δ 为 1.8～2.8ppm。1-己炔核磁氢谱见图 3-9。

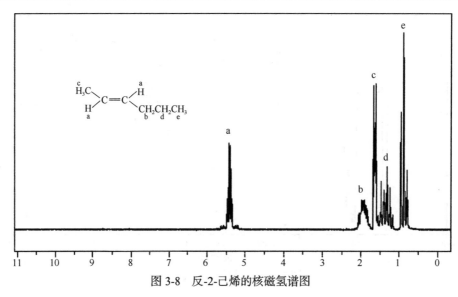

图 3-8　反-2-己烯的核磁氢谱图

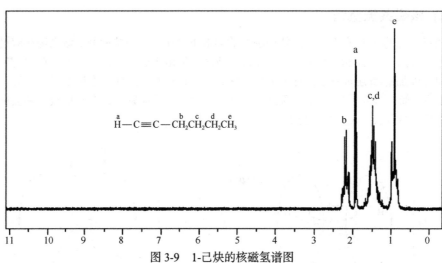

图 3-9　1-己炔的核磁氢谱图

第三节　化 学 性 质

　　与烷烃相比，烯烃、炔烃的化学性质显得比较活泼，主要体现在碳碳双键和碳碳三键官能团上。碳碳双键和碳碳三键都属于不饱和键，均由稳定的 σ 键和活泼的 π 键构成。由于 π 键的电子云与 σ 键相比，离成键原子核较远、受核的束缚力较小、电子云流动性较大，易受外来原子或原子团的攻击而极化、变形，甚至断裂，发生加成、氧化等化学反应。

一、烯烃的化学性质

(一) 催化加氢

　　烯烃加氢反应是一个放热反应，但反应的活化能很高，在无催化剂的情况下，烯烃与氢并不发生反应。在催化剂 [如铂(Pt)、钯(Pd)、镍(Ni)] 存在下，反应的活化能得到降低，烯烃与氢加成生成饱和烃，这种反应称为催化加氢或催化氢化。

$$>C=C< \ + \ H_2 \xrightarrow{催化剂} \overset{\overset{H \quad H}{|\quad|}}{\underset{}{C-C}} \qquad \begin{array}{l} 放热反应 \\ 顺式加成 \end{array}$$

常用的催化剂为 Pt，Pd，Ni 等分散程度很高的金属细粉，它们均不溶于有机溶剂，属于非均相催化剂(heterogeneous catalyst)。另外一些金属配合物，如氯化铑与三苯基膦形成的配合物 [RhCl(PPh₃)₃]，也可以实现烯烃的催化加氢反应。这些催化剂溶于有机溶剂，属于均相催化剂(homogeneous catalyst)。

催化加氢主要得到顺式加成的产物，例如：

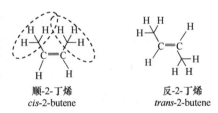

一般认为其反应机理是被吸附在催化剂表面上的氢与烯烃按游离基机理进行反应：氢分子首先被吸附在催化剂表面，使氢氢键(H—H)断裂成活泼的氢原子，同时烯烃双键上的 π 键也被削弱，然后活泼氢原子从双键的同一侧加成，生成的烷烃随后离开催化剂表面。双键碳上取代基越少，烯烃越容易被催化剂表面所吸附，氢化反应越快。其氢化反应速度：

$$乙烯 \ > \ 一取代乙烯 \ > \ 二取代乙烯 \ > \ 三取代乙烯 \ > \ 四取代乙烯$$

催化加氢的反应可定量地完成，反应既可用于烷烃的合成，又可用于烯烃的分析。根据反应所吸收氢气的体积可以推测分子中所含碳碳双键的数目，为物质的结构确定提供依据。工业上利用催化加氢处理植物油，可以还原其中的不饱和脂肪酸，使熔点升高成为固态脂肪。催化氢化还用于石油工业，将汽油中的不饱和烃类化合物还原成烷烃，提高汽油的质量。

1mol 不饱和化合物氢化时放出的热量，称为氢化热(heat of hydrogenation)。氢化热的大小可以反映物质的稳定性。例如，顺-2-丁烯和反-2-丁烯催化氢化后的产物都是丁烷，但顺-2-丁烯的氢化热为 120kJ/mol，反-2-丁烯的氢化热为 116kJ/mol。表明反-2-丁烯的内能比顺-2-丁烯少 4kJ/mol，所以反-2-丁烯更稳定。这也可从两个分子的空间位阻得到印证，如图 3-10 所示，顺-2-丁烯的两个甲基在双键的同一侧，空间位阻很大，存在范德瓦尔斯排斥力，导致分子的内能高于反-2-丁烯。

图 3-10 顺、反-2-丁烯的空间位阻比较

(二) 亲电加成反应

烯烃中 π 键电子云离成键原子核较远，电子云流动性强，容易受到缺电子试剂的进攻使 π 键断裂，生成两个新的 σ 键，称为亲电加成反应(electrophilic addition)。其中进攻的缺电子试剂称为亲电试剂，烯烃称为亲核试剂。

1. 与酸的反应 只要是能给出质子的酸都能与烯烃发生加成反应。

(1) 烯烃与卤化氢或浓的氢卤酸发生加成反应生成一卤代烷，例如：

$$H_2C{=}CH_2 \ + \ HI \longrightarrow CH_3CH_2I$$

反应活性随着酸性增强而增强，即 HI > HBr > HCl > HF。其中氟化氢一般不与烯烃发生加成反应。浓 HI、浓 HBr 能和烯烃起反应，浓盐酸则比较困难；工业上为了提高产率，由乙烯制备氯乙烷常用无水三氯化铝作为催化剂，例如：

$$H_2C\!=\!CH_2 + HCl \xrightarrow{\text{AlCl}_3} CH_3CH_2Cl$$

结构不对称的烯烃与氢卤酸反应时，可能生成两种产物。例如，1-丁烯与 HBr 反应得到两种加成产物：2-溴丁烷(80%)和 1-溴丁烷(20%)；用 2-甲基丙烯与 HBr 反应，得到的 2-溴-2-甲基丙烷产率大于 99%。

$$H_3CH_2CHC\!=\!CH_2 + HBr \longrightarrow \underset{80\%}{CH_3CH_2\overset{Br}{\underset{|}{C}}HCH_3} + \underset{20\%}{CH_3CH_2CH_2\overset{Br}{\underset{|}{C}}H_2}$$

$$\underset{H_3C}{\overset{H_3C}{>}}C\!=\!CH_2 + HBr \longrightarrow \underset{>99\%}{H_3C\!-\!\overset{CH_3}{\underset{Br\;\;H}{\overset{|}{C}\!-\!\overset{|}{C}}}H_2} + \underset{<1\%}{H_3C\!-\!\overset{CH_3}{\underset{H\;\;Br}{\overset{|}{C}\!-\!\overset{|}{C}}}H_2}$$

俄国化学家马尔科夫尼科夫(V. Markovbikov)于 1870 年首先发现并总结出一条经验规则：结构不对称烯烃与不对称试剂(如卤化氢)加成反应时，试剂带正电部分(如氢离子)加成到含氢较多的双键碳原子上，而带负电部分(如卤素负离子)加成到含氢较少的双键碳原子上，这一规则称为马尔科夫尼科夫规则(Markovbikov's rule)，简称马氏规则。像这种凡是分子结构理论上有多个异构体生成，但实际反应却只得到一种产物或以某种物质为主的产物的反应，称为区域选择性反应(regioselective reaction)。

(2) 烯烃与乙酸等有机酸发生加成反应生成相应的酯。例如：

$$H_2C\!=\!CH_2 + CH_3COOH \longrightarrow CH_3CH_3\!-\!O\!-\!\overset{\overset{O}{\|}}{C}\!-\!CH_3$$

$$H_2C\!=\!CH_2 + CF_3COOH \longrightarrow CH_3CH_3\!-\!O\!-\!\overset{\overset{O}{\|}}{C}\!-\!CF_3$$

(3) 烯烃与浓硫酸在 0℃反应，氢离子和硫酸氢根离子分别加到双键的两个碳原子上生成硫酸氢乙酯。例如：

$$H_2C\!=\!CH_2 + HOSO_2OH \longrightarrow CH_3CH_2\!-\!OSO_2OH$$

硫酸氢乙酯容易水解成相应的醇，这是工业上由烯烃制备醇的重要方法。

$$CH_3CH_2\!-\!OSO_2OH \xrightarrow{H_2O} CH_3CH_2OH$$

不活泼烯烃可以通过先生成硫酸氢酯，然后加热水解，间接制备相应的醇。活泼烯烃则可以在稀硫酸或磷酸的催化下，直接与水生成醇。例如：

$$H_2C\!=\!CH_2 + H_2O \xrightarrow[300℃/7MPa]{H_3PO_4} CH_3CH_2OH$$

2. 与卤素反应

(1) 与卤素单质反应：烯烃可以与卤素单质在无溶剂条件下直接反应，生成相应的邻位二卤代烷。但为了使反应更加平稳地进行，通常用四氯化碳或三氯甲烷等作溶剂，在常温下就能发生反应，其反应活性顺序为 $F_2 > Cl_2 > Br_2 > I_2$。氟与烯烃反应十分剧烈，同时伴有其他副反应。碘与烯烃一般不反应，所以常用氯或溴与烯烃反应。向烯烃中加入溴的四氯化碳溶液，溴的红棕色很快褪去，常用这个反应作为烯烃的鉴别反应。

$$H_2C\!=\!CH_2 + Br_2 \xrightarrow{\text{CCl}_4} \underset{CH_2\!-\!CH_2}{\overset{Br\quad Br}{\overset{|}{}\quad\overset{|}{}}}$$

(2) 与卤素的水溶液或醇溶液反应：烯烃与卤素反应，当溶剂为水或醇等质子性溶剂时，溶剂要参与反应。例如，乙烯与溴的水溶液反应，主要产物为 2-溴乙醇，相当于在双键上加了一分子次卤酸；乙烯与溴的乙醇溶液反应，主要产物为 2-溴乙醚。

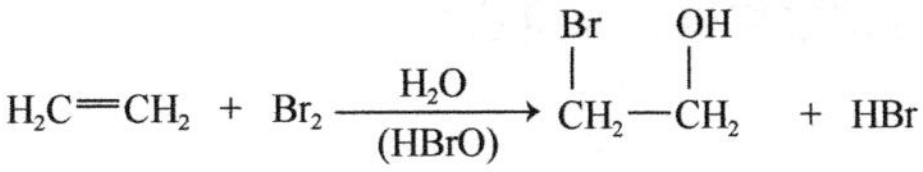

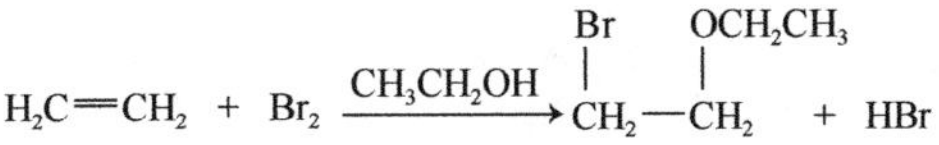

$$H_2C\!=\!CH_2 + Br_2 \xrightarrow[\text{(HBrO)}]{H_2O} \underset{CH_2-CH_2}{\overset{Br\quad OH}{|\quad\quad|}} + HBr$$

$$H_2C\!=\!CH_2 + Br_2 \xrightarrow{CH_3CH_2OH} \underset{CH_2-CH_2}{\overset{Br\quad OCH_2CH_3}{|\quad\quad|}} + HBr$$

不对称烯烃在上述条件下反应，是卤素加到含氢多的双键碳原子上去。例如：

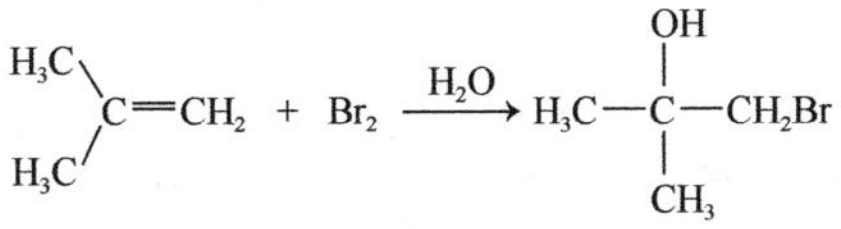

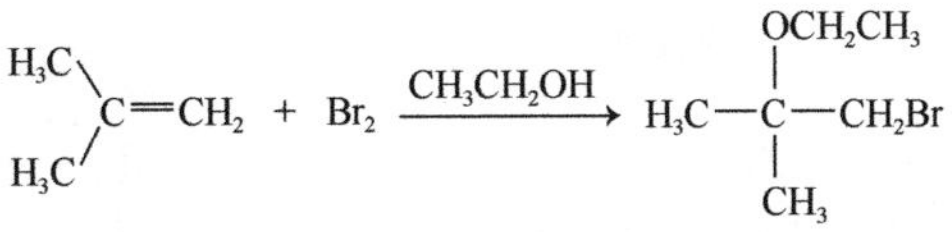

$$\underset{H_3C}{\overset{H_3C}{>}}C\!=\!CH_2 + Br_2 \xrightarrow{H_2O} H_3C\underset{CH_3}{\overset{OH}{\underset{|}{\overset{|}{C}}}}CH_2Br$$

$$\underset{H_3C}{\overset{H_3C}{>}}C\!=\!CH_2 + Br_2 \xrightarrow{CH_3CH_2OH} H_3C\underset{CH_3}{\overset{OCH_2CH_3}{\underset{|}{\overset{|}{C}}}}CH_2Br$$

3. 亲电加成反应机理

(1) 烯烃与酸的加成反应机理：烯烃与酸的加成反应分两步进行，第一步氢离子作为亲电试剂进攻 π 键生成碳正离子；第二步由生成的碳正离子中间体与溶液中存在的负离子很快结合生成相应加成产物。第一步碳正离子的生成是整个加成反应的关键，碳正离子中间体的产生涉及 π 键的断裂，所需的活化能较高，速度慢，是整个加成反应中的决速步骤。第二步是离子间的反应，所需活化能较低，速度快，溶液中负离子的种类决定了反应产物的种类。

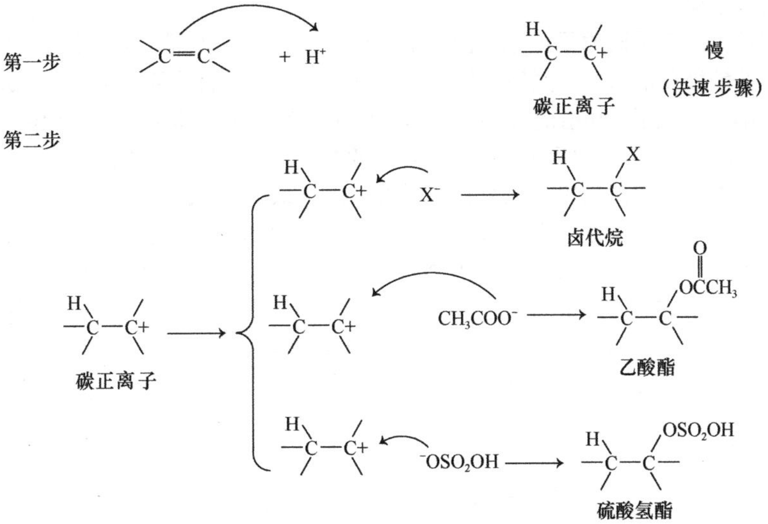

(2) 烯烃与卤素的加成反应机理：烯烃与卤素的加成反应也是分两步进行的。以乙烯与溴加成反应为例，第一步，溴分子靠近双键，受 π 电子云影响发生极化，一端带正电荷，另一端带负电荷。极化的溴分子带正电荷的一端与 π 电子结合，通过 π 配合物的形成使 π 键和溴分子的共价键发生异裂，生成含溴的带正电荷的三元环中间体溴鎓离子(cyclic bromonium ion)。溴鎓离子的产生涉及键的断裂，所需的活化能较高，速度慢，因此是整个加成反应中的决速步骤。

根据反应体系中溶剂不同，第二步的反应产物也不同。如果是四氯化碳或三氯甲烷等作溶剂，第一步中产生的溴负离子从溴鎓离子三元环的背面进攻，生成二溴代物。反应的结果是两个溴从双键的两侧加到烯烃分子中，这种加成方式称为反式加成(anti-addition)。如果是水作溶剂，水分子有很强的亲核性，可以与溴负离子竞争性进攻溴鎓离子中间体。但由于水是溶剂，含量远远大于溴负离子，因此主要得到邻溴乙醇。

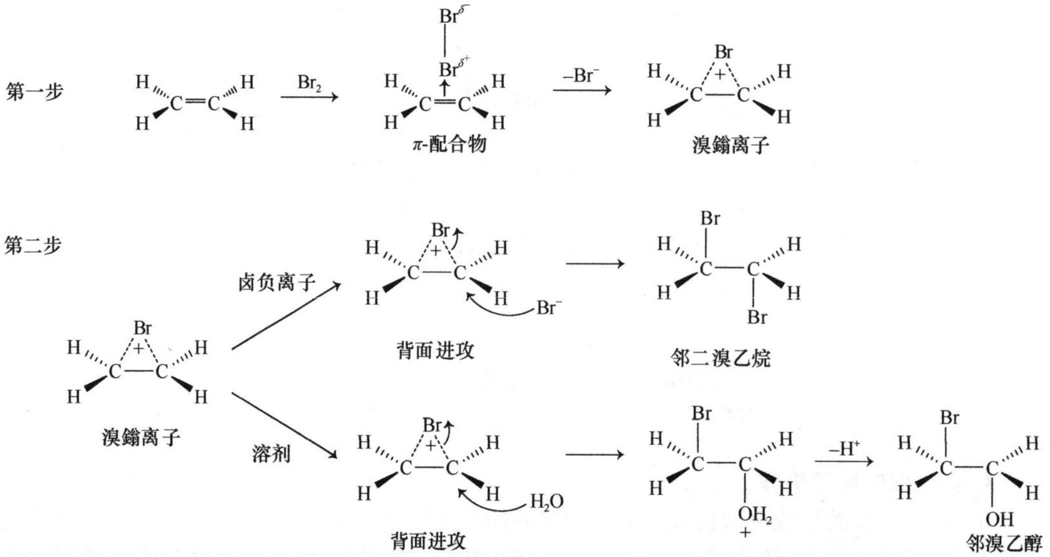

4. 诱导效应 原子间相互的电性影响统称为电子效应。例如，由于取代基倾向于供电子或是吸电子，使分子某些部分的电子云密度发生变化而带正电荷或负电荷的效应。电子效应可以通过多种方式传递，如诱导效应(inductive effect，简称 I 效应)、共轭效应、场效应等。在这里我们先讨论诱导效应。

诱导效应是指由于不同原子或原子团电负性或所带电荷的不同，使整个分子的电子云向某一方向偏移而发生极化的效应。例如，在氯乙烷分子中由于氯的电负性比碳大，碳氯键(C—Cl)中共用电子对偏向氯原子，并由此使相邻本来应是对称的碳碳键(C—C)共用电子对也往氯原子方向偏移，同时使已偏向碳原子碳氢键(C—H)的共用电子对进一步向碳原子偏移。

诱导效应的方向是以碳氢键中的氢作为比较标准，取代基 X(可以是其他原子或基团)取代氢原子后，该键的电子云密度分布将发生改变。若取代基 X 的电负性大于氢原子，C—X 键电子云偏向于 X，与氢原子相比，取代基 X 具有吸电子性，称为吸电子基。由吸电子基引起的诱导效应称为吸电子诱导效应，常以—I 表示。反之，若取代基 Y(可以是其他原子或基团)取代氢原子，且取代基 Y 电负性小于氢原子，则 C—Y 键电子云偏向于碳原子，与氢原子相比，Y 具有供电子性，称为供电子基。由供电子基引起的诱导效应称为供电子诱导效应，常以+I 表示。

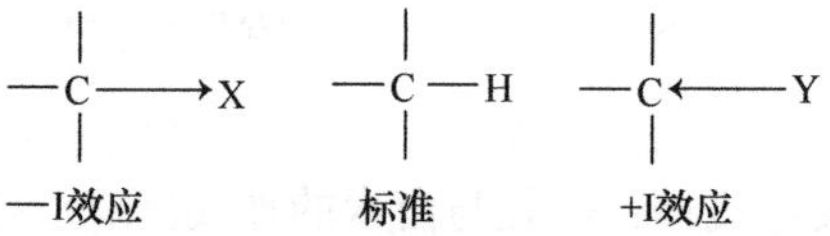

常见基团的电负性大小顺序如下(以 H 为界限，位于—H 前面的取代基称为吸电子基，位于—H 后面的取代基称为供电子基)所示。

$$—F > —Cl > —Br > —I > —OCH_3 > —OH > —NHCOCH_3 > —C_6H_5 >$$
$$—CH=CH_2 > —H > —CH_3 > —CH_2CH_3 > —CH(CH_3)_2 > —C(CH_3)_3$$

诱导效应的特征是沿着 σ 键由近及远传递，随着碳链的增长，这种效应会迅速减弱乃至消失，一般认为经过 3 个碳原子以后，可忽略不计，因此诱导效应是一种"短程效应"。

例如，在氯戊烷分子中，由于氯原子的电负性大于碳原子而使碳氯键(C_1—Cl)具有极性，共用电子对偏向氯原子而使氯原子带部分负电荷，C_1 原子带部分正电荷。同时 C_1—Cl 键的极性通过 σ 键传递到 C_2 和 C_3 上，致使 C_2 和 C_3 上都带有了不同量的正电荷。但是在之后的 C_4 和 C_5 上的电荷就可以忽略不计了。

$$H-\overset{\overset{\displaystyle H}{|}}{\underset{\underset{\displaystyle H}{|}}{C}} \longrightarrow \overset{\overset{\displaystyle H}{|}}{\underset{\underset{\displaystyle H}{|}}{C}} \longrightarrow \overset{\overset{\displaystyle H}{|}}{\underset{\underset{\displaystyle H}{|}}{C}}{}^{\delta\delta\delta^+} \longrightarrow \overset{\overset{\displaystyle H}{|}}{\underset{\underset{\displaystyle H}{|}}{C}}{}^{\delta\delta^+} \longrightarrow \overset{\overset{\displaystyle H}{|}}{\underset{\underset{\displaystyle H}{|}}{C}}{}^{\delta^+} \longrightarrow Cl^{\delta^-}$$

5. 碳正离子 碳正离子是有机反应中最常见的活性中间体，一般不能分离得到。根据正电荷所在的碳原子的类型，可分为伯(1°)、仲(2°)、叔(3°)和甲基碳正离子。烷基碳正离子中带正电的碳原子是 sp^2 杂化，其他不带电的烷基碳原子是 sp^3 杂化。sp^2 杂化的碳原子中的 s 轨道成分较多，其电负性比 sp^3 杂化的碳原子强，因此碳正离子上的烷基通过诱导效应，表现出一种供电子的作用。按照静电学的基本规律，一个带电荷的物种，其电荷越分散，体系就越稳定，因此烷基碳正离子上的烷基取代基越多就越稳定。这些碳正离子的稳定顺序为

$$R_3C^+ > R_2CH^+ > RCH_2^+ > CH_3^+$$

马氏规则可以从碳正离子的稳定性给予解释。以丙烯与溴化氢反应为例，丙烯与质子结合可得到伯碳和仲碳两种碳正离子，因为仲碳正离子(2°碳正离子)更稳定，所需活化能较小，所以生成的速率比伯碳正离子(1°碳正离子)快；由于碳正离子的产生是整个亲电加成反应的决速步骤，因此经仲碳正离子所得到的 2-溴丙烷为主要产物。

马氏规则还可以用诱导效应解释。在丙烯分子中，甲基对于碳碳双键具有供电作用，使碳碳双键中的电子云发生偏移，出现正电荷中心和负电荷中心，利于质子首先进攻分子的负电荷中心，形成较稳定的 2°碳正离子，继而生成 2-溴丙烷。

同理，也可以解释某些反马氏规则的亲电加成反应。例如，3,3,3-三氟丙烯和溴化氢反应时，溴化氢中的氢加成到含氢较少的双键碳原子上，而溴加成到含氢较多的双键碳原子上。

这是因为在三氟丙烯分子中，由于三个氟原子的强吸电子性，使得三氟甲基成为强的吸电子基，使碳碳双键中的电子云向三氟烷基取代基偏移，双键中含氢较多的碳原子反而带部分正电荷，氢离子就进攻双键中含氢较少的双键碳原子，生成稳定的伯碳正离子 $CF_3CH_2CH_2^+$。对于仲碳正离子 $CF_3CH^+CH_3$，虽然为 2°碳正离子，但三氟甲基与带正电荷的碳原子直接相连，由于它的强吸电作用导致碳正离子更不稳定；对于伯碳正离子 $CF_3CH_2CH_2^+$，其三氟甲基与带正电荷碳

原子间接相连，影响较小，相对来说稳定一些。所以不对称试剂与双键发生的这种区域选择性亲电加成反应的本质就是试剂中的正电部分加成到能形成较稳定碳正离子的那个碳原子上。

碳正离子的稳定性决定了双键亲电加成反应的区域选择性，同时也影响双键的反应活性。例如，异丁烯、1-丁烯、乙烯和氯乙烯与氢卤酸加成的活性次序是

$$(CH_3)_2C=CH_2 > CH_3CH_2CH=CH_2 > CH_2=CH_2 > CH_2=CHCl$$

其主要原因就是因为反应中它们所生成的碳正离子稳定顺序为

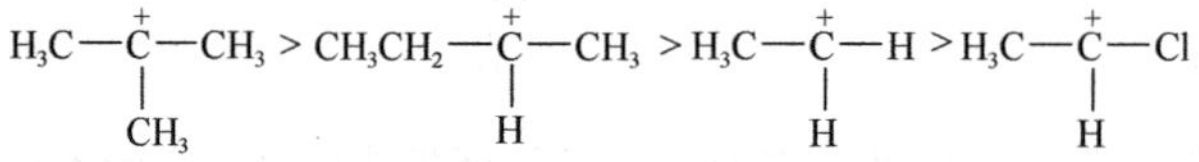

$$H_3C-\overset{+}{C}-CH_3 > CH_3CH_2-\overset{+}{C}-H > H_3C-\overset{+}{C}-H > H_3C-\overset{+}{C}-Cl$$

反应中，取代基如烃基或氢原子等从分子中的一个碳原子迁移到另一个碳原子上的变化称为重排(rearrangement)。涉及碳正离子中间体的反应，常常能观察到重排现象。例如，3,3-二甲基丁烯与盐酸反应，得到的产物如下。

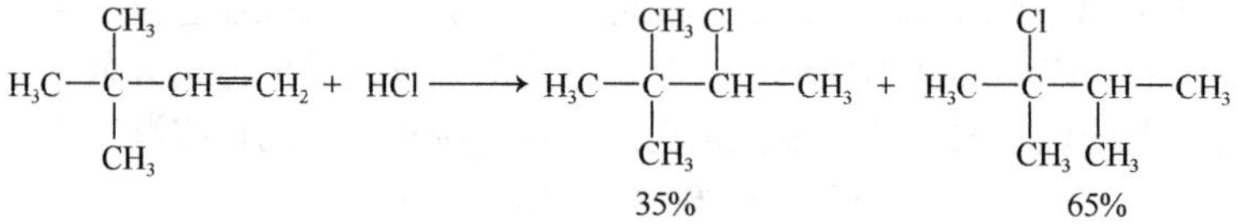

35%   65%

因为3°碳正离子比2°碳正离子更稳定，所以重排容易发生，得到的化合物以重排产物为主。这种由碳正离子引起的邻位甲基或氢带着一对成键电子迁移至邻位带正电荷的碳原子上的过程，称为缺电子重排。基团的迁移发生在两个相邻的原子间的重排又叫1,2-重排。

其重排过程如下。

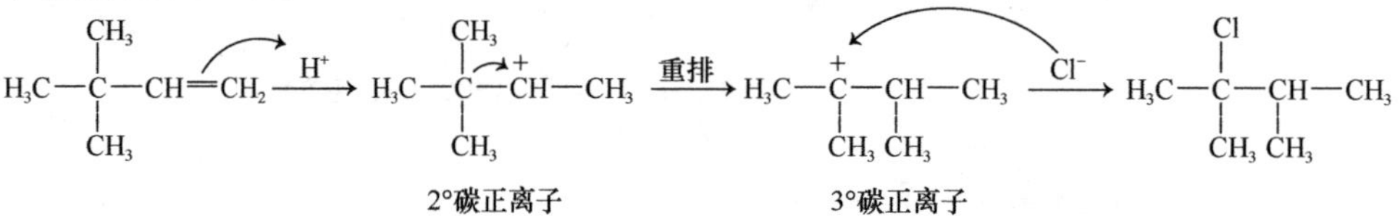

2°碳正离子   3°碳正离子

(三) 自由基加成反应

在过氧化物(R—O—O—R)存在下，不对称烯烃与溴化氢加成，得到的是反马氏规则的产物。这种因过氧化物的存在而引起不对称烯烃与溴化氢不遵循马氏规则的"反常"的加成作用称为过氧化物效应(peroxide effect)。例如：

$$H_3CH_2CHC=CH_2 + HBr \xrightarrow{ROOR} CH_3CH_2CH_2CH_2Br$$

这是由于过氧化物的存在，使溴化氢生成了溴自由基，反应历程不再是离子型的亲电加成反应，而是自由基加成反应。其反应过程可表示如下。

链的引发：

链的增长：

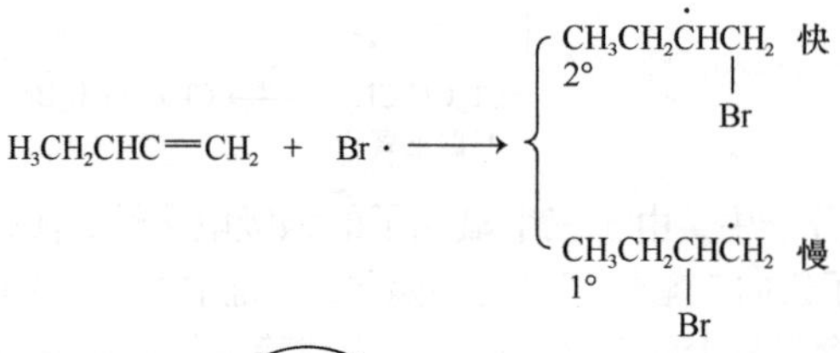

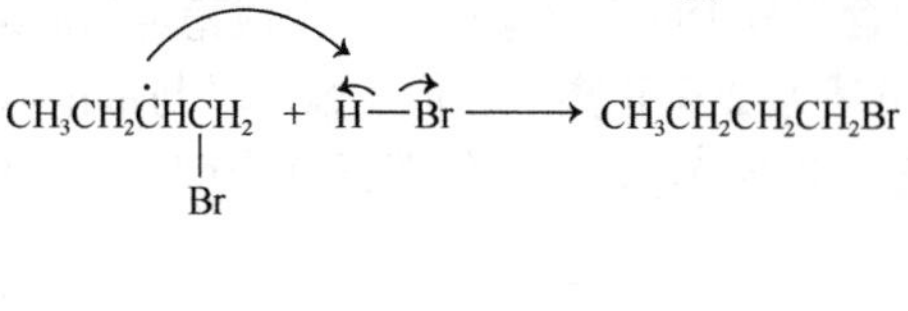

链的终止：

$$Br \cdot + Br \cdot \longrightarrow Br_2$$

$$CH_3CH_2\overset{\cdot}{C}HCH_2 + Br \cdot \longrightarrow CH_3CH_2\underset{Br}{C}H\underset{Br}{C}H_2$$

自由基的稳定性为 $3° > 2° > 1° > \cdot CH_3$，在链增长阶段，溴原子加到碳碳双键上可能产生 $1°$ 和 $2°$ 自由基，但因为 $2°$ 自由基更稳定，反应所需活化能更小，生成速率更快。由于这一步是整个反应的决速步骤，因此最终以得到反马氏加成产物为主。

过氧化物效应只发生于溴化氢，而不发生于氯化氢和碘化氢。因为过氧化物在一般条件下不能使氯化氢氧化为氯自由基，碘化氢虽能形成碘自由基，但它的活泼性较差；另一方面，HI 是强还原剂，能破坏过氧化物。因而烯烃难与 HCl 或 HI 发生自由基加成反应。

(四) 硼氢化反应

烯烃与硼烷发生加成反应生成三烷基硼烷，此类反应称为硼氢化(hydroboration)反应。

$$H_2C \!=\! CH_2 + B_2H_6 \xrightarrow{THF} 2(CH_3CH_2)_3B$$

甲硼烷分子中的硼原子最外层电子只有 6 个，不稳定，因此纯的甲硼烷很容易二聚成较稳定的乙硼烷。乙硼烷是一种能自燃的有毒气体，乙硼烷在醚类溶剂[如乙醚、四氢呋喃(THF)、缩乙二醇二甲醚等]中能解离成甲硼烷。乙硼烷的结构比较特殊，分子中的两个氢原子被两个硼原子共用，从而成为如下稳定结构。

硼氢化反应具有高度的区域选择性，是一步完成的顺式加成反应。硼的电负性比氢的小，所以硼烷中的硼原子是缺电子的，它作为亲电试剂与 π 键反应，硼原子加成到含氢较多的双键碳原子上，氢原子加成到含氢较少的双键碳原子上，得到反马氏规则产物。例如：

$$(CH_3)_2C \!=\! CH_2 \xrightarrow{B_2H_6/THF} ((CH_3)_2CHCH_2)_3 B$$

乙硼烷在四氢呋喃的作用下，首先解离成甲硼烷，然后再与异丁烯反应，具体的反应机理如下所示。

三烷基硼烷在碱性条件下用过氧化氢氧化水解，可以得到反马氏规则的醇类产物。

$$[(CH_3)_2 CHCH_2]_3 B \xrightarrow{H_2O_2/OH^-} (CH_3)_2 CHCH_2OH$$

(五) 氧化反应

由于 π 键的存在，烯烃比烷烃易于氧化。氧化剂及反应条件不同，氧化产物也就可能不同。首先是 π 键断裂，条件强烈时 σ 键也可以断裂。

1. 高锰酸钾氧化 高锰酸钾在酸性溶液中的氧化能力比在中性或碱性溶液中强，在有机化合物的氧化中，常常使用中性或碱性的高锰酸钾溶液。烯烃容易被氧化，在稀和冷的高锰酸钾存在下，π 键就能被氧化断裂，生成高锰酸酯，高锰酸酯经过水解得到二醇。反应中高锰酸钾的颜色很快褪去，且在中性或碱性条件下有褐色的二氧化锰沉淀生成，因此可用于烯烃的鉴别。

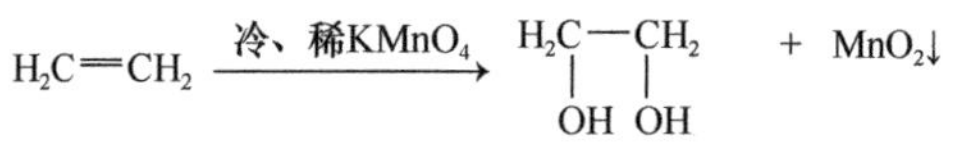

$$H_2C=CH_2 \xrightarrow{\text{冷、稀KMnO}_4} \begin{array}{c} H_2C-CH_2 \\ | \quad\quad | \\ OH \;\; OH \end{array} + MnO_2\downarrow$$

反应是经过环状高锰酸酯中间体进行的,因此两个羟基在双键同侧,用于制备顺式邻二醇。

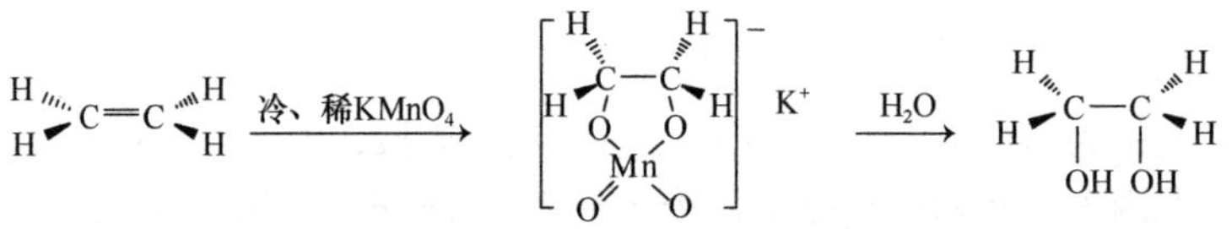

反应图式（烯烃与冷、稀KMnO₄经环状高锰酸酯中间体生成顺式邻二醇）

如果用酸性高锰酸钾氧化烯烃,碳碳双键的 π 键和 σ 键都会断裂,最后生成含羰基的化合物,具体的氧化产物类型取决于双键碳上所连的取代基。化学结构鉴定中,可以根据最终的氧化产物推断出原来烯烃的结构。例如,2,3-二甲基-2-丁烯可以被酸性高锰酸钾直接氧化成丙酮。

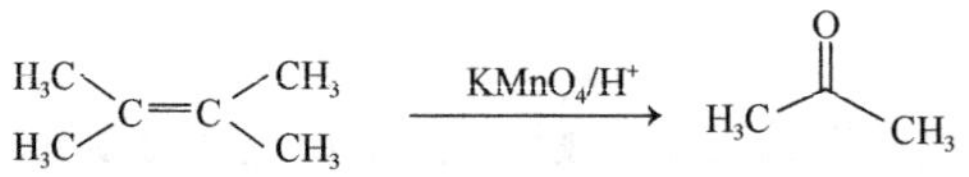

反应图式（2,3-二甲基-2-丁烯 经 KMnO₄/H⁺ 生成丙酮）

顺式-2-丁烯在酸性高锰酸钾溶液中,先是发生碳碳键的完全断裂,生成乙醛;乙醛很容易被氧化,刚产生的乙醛在这种条件下马上就被氧化成乙酸。

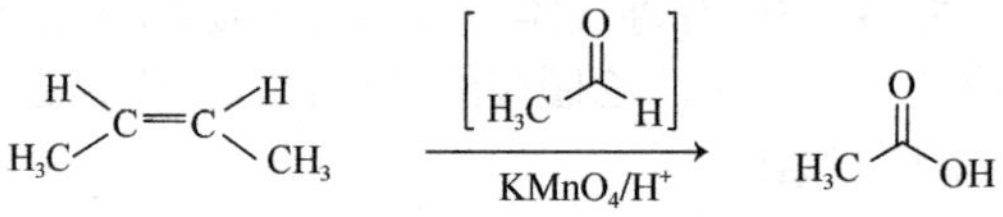

反应图式（顺式-2-丁烯 经 KMnO₄/H⁺ 生成 [乙醛] 再生成乙酸 H₃C-COOH）

乙烯在酸性高锰酸钾溶液中,首先生成甲醛;在强氧化剂的条件下,甲醛进一步被氧化成二氧化碳气体。

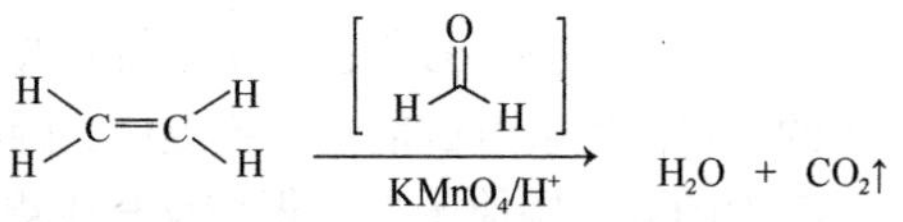

反应图式（乙烯 经 KMnO₄/H⁺ 生成 [甲醛] 再生成 H₂O + CO₂↑）

四氧化锇(OsO_4)具有与高锰酸根离子(MnO_4^-)相同的电子构型,因此四氧化锇也能与烯烃发生类似的氧化反应,而且反应产率更高。由于四氧化锇很昂贵并且毒性大,通常只用于制备小剂量很难得到的顺式邻二醇。

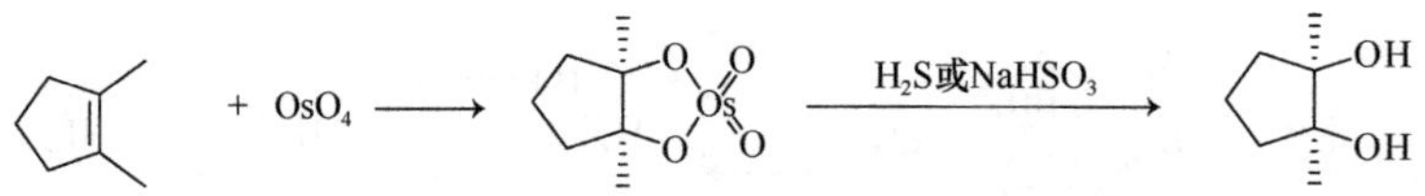

反应图式（二甲基环戊烯 + OsO₄ → 环状锇酸酯 经 H₂S或NaHSO₃ 生成顺式邻二醇）

2. 环氧化反应 烯烃被氧化,π 键断裂,双键两端的碳原子之间连接一个氧原子,形成三元环的反应称为环氧化反应(epoxidation)。烯烃与过氧酸反应生成环氧化合物。

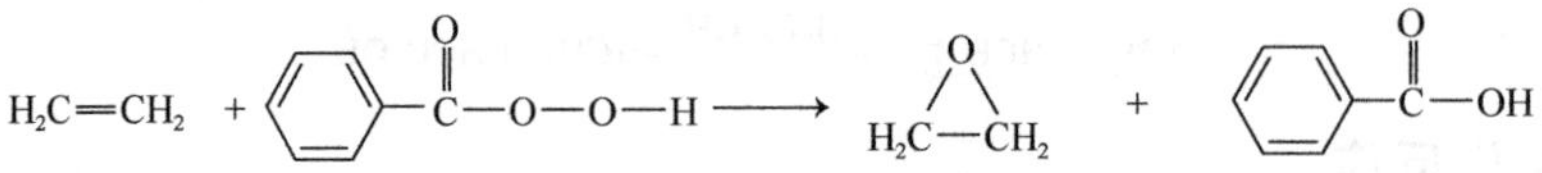

反应图式（H₂C=CH₂ + 过氧苯甲酸 → 环氧乙烷 + 苯甲酸）

过氧苯甲酸　　　　　　　　环氧乙烷

反应是按照亲电加成机理进行的顺式加成反应,产物分子若有手性的话,其构型与反应物分子的构型一致。

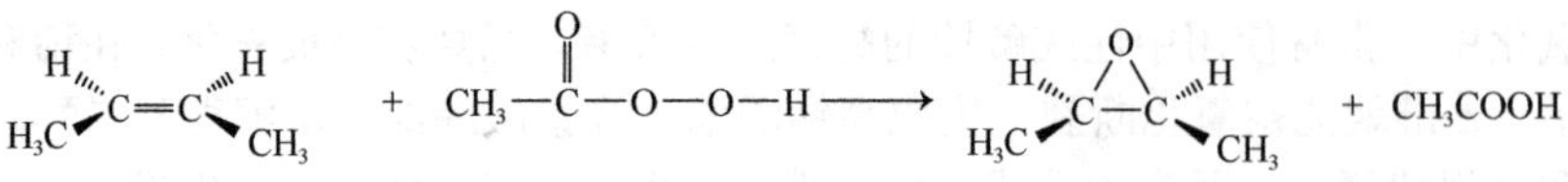

反应图式（顺式-2-丁烯 + CH₃COOOH → 环氧化合物 + CH₃COOH）

低级烯烃在催化剂存在下用空气氧化,也可以得到环氧化合物。

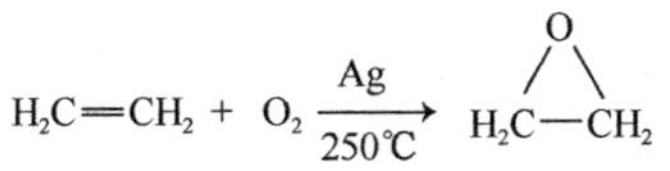

$$H_2C=CH_2 + O_2 \xrightarrow[250℃]{Ag} H_2C\overset{O}{\underset{}{—}}CH_2$$

环氧化合物在酸性条件下不稳定，容易水解成反式邻二醇。

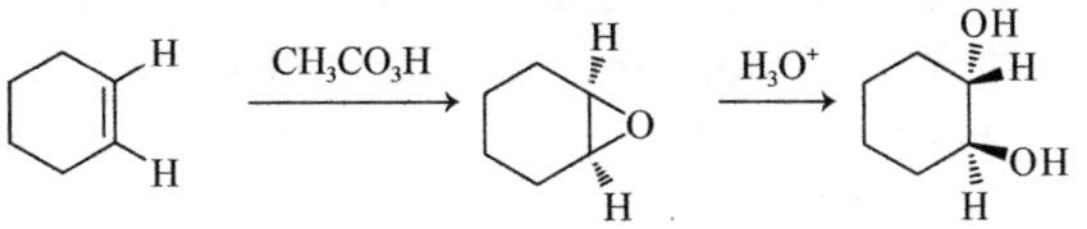

3. 臭氧氧化 烯烃与臭氧能迅速进行定量反应，生成环状的臭氧化物，这个反应称为臭氧化反应(ozonation reaction)。臭氧化物含有过氧键(—O—O—)，很不稳定，容易发生爆炸。通常都不把它分离出来而是加水水解，水解后的产物是醛或(和)酮及过氧化氢。

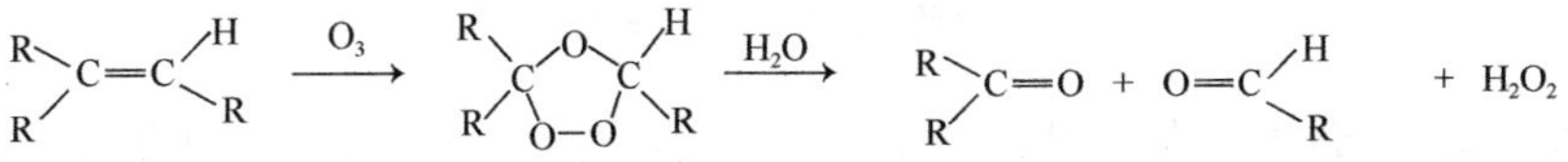

臭氧化物　　　　酮　　　醛　　过氧化氢

为了避免得到的醛被同时水解生成的过氧化氢氧化成为酸，臭氧化物通常用还原剂(如锌粉或锌粉加盐酸)进行还原水解，可使产物停留在醛和酮这一阶段。该反应可用于从烯烃制备醛或酮。

$$(CH_3)_2C=CHCH_2CH_3 \xrightarrow[2)\ Zn,\ H_2O]{1)\ O_3} CH_3COCH_3 + CH_3CH_2CHO$$

(六) α-氢的卤代反应

烯烃分子中与碳碳双键紧邻的碳原子称为 α-碳原子或烯丙位碳原子，该碳上的氢原子称为 α-氢原子或烯丙位氢原子。烯烃 α-氢的卤代反应机理与烷烃的卤代反应一样，都是自由基取代反应，但是由于双键的影响，烯烃 α 位的 C—H 解离能比其他烷基位置上的 C—H 解离能小，生成的自由基也更稳定，因此烯烃高温卤代时，取代反应总是发生在 α-氢原子，具有很高的区域选择性。

$$CH_3CH=CH_2 + Cl_2 \xrightarrow{500\sim600℃} CH_2=CHCH_2Cl$$

当氯或溴在高温下(500～600℃)与丙烯发生自由基反应时，主要生成取代物 3-氯(溴)-1-丙烯。如果在低温下、暗处反应时，则得到亲电加成产物 1,2-二氯(溴)丙烷。

$$CH_3CH=CH_2 + Cl_2 \xrightarrow{低温,CCl_4溶液} \overset{Cl}{\underset{}{CH_2}}—\overset{Cl}{\underset{}{CHCH_3}}$$

如果用 N-溴代丁二酰亚胺(简称 NBS)作为溴代试剂，也可在低温下实现烯烃 α-氢的卤代反应。

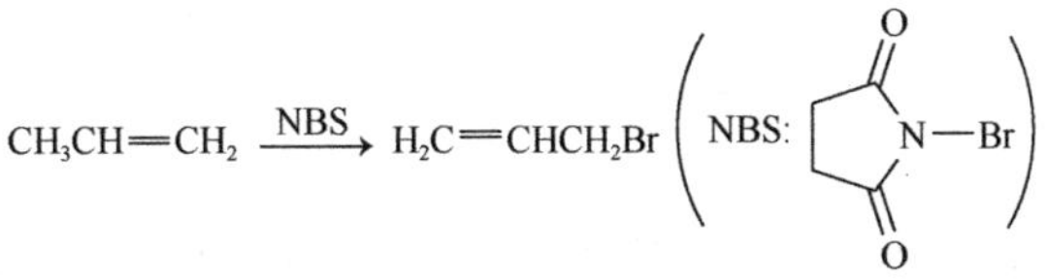

(七) 聚合反应

在一定的条件下，由分子量小的化合物通过加成或缩合等反应生成分子量大的化合物的反应，称为聚合反应(polymerization)，参与反应的分子量小的化合物称为单体(monomer)，生成的产物称为聚合物(polymer)。烯烃的聚合是通过加成反应进行的，所以这种聚合方式称为加聚反应(addition polymerization)。

$$R_2C=CR_2 \qquad \left[\begin{array}{cc} R & R \\ | & | \\ -C-C- \\ | & | \\ R & R \end{array}\right]_n$$

例如，乙烯在高温高压下，加入少量过氧化物作为引发剂，乙烯分子能彼此发生加成，形成分子量可达 4 万左右的聚乙烯(polyethylene，简称 PE)。聚乙烯具有热塑性，我们常常提的方便袋很多都是聚乙烯材料。聚乙烯是结构最简单的高分子，也是应用最广泛的高分子材料。

$$n(H_2C=CH_2) \xrightarrow[\text{100MPa,160~285℃}]{\text{TiCl}_4,\text{Al(C}_2\text{H}_5)_3} -(CH_2CH_2)_n \qquad n: 20\,000{\sim}40\,000$$

二、炔烃的化学性质

炔烃的官能团是碳碳三键，和烯烃类似，分子中都有 π 键，因此都可以发生亲电加成和氧化反应，它们之间最大的区别就是与三键相连的炔氢具有弱酸性。

(一) 亲电加成反应

炔烃同样能与氢卤酸、卤素等进行亲电加成反应，但反应活性比烯烃小很多。

1. 与氢卤酸加成 炔烃与氢碘酸或氢溴酸加成比较容易，与氢氯酸加成比较困难，需要在催化剂的作用下进行。炔烃与一分子的氢卤酸反应生成单卤代烯烃，反应可以停留在一分子加成阶段，这也是制备卤代烯烃的方法之一；卤代烯烃也可以与两分子的氢卤酸反应生成偕二卤代烷(两个卤素原子连在同一碳原子上)。炔烃与氢卤酸的加成产物符合马氏规则。

例如，乙炔在汞盐的催化下，与一分子氯化氢加成，生成氯乙烯；进一步反应，氯乙烯再与一分子氯化氢反应，生成 1,1-二氯乙烷。

$$HC\equiv CH \xrightarrow{\text{HgCl}_2,\text{HCl}} H_2C=CHCl \xrightarrow{\text{HCl}} H_3C-CHCl_2$$
$$\qquad\qquad\qquad\quad \text{氯乙烯} \qquad\qquad \text{1,1-二氯乙烷}$$

2. 与水加成 炔烃在酸催化下与水加成是很困难的，需要硫酸汞作为催化剂。例如，工业上制备乙醛的方法就是在硫酸汞、硫酸的催化下，乙炔与水发生反应得到。

$$HC\equiv CH + H_2O \xrightarrow{\text{HgSO}_4,\text{H}_2\text{SO}_4} [H_2C=CHOH] \longrightarrow CH_3CHO$$

羟基直接与双键碳相连的结构称为烯醇式(enol)结构，烯醇式结构一般都不稳定，很快发生异构生成相应的酮式(keto)结构。

炔烃与水加成，只有乙炔生成醛，其余的加成反应都按照马氏规则反应，最终得到相应的酮。

$$HC\equiv CCH_2CH_3 + H_2O \xrightarrow{\text{HgSO}_4,\text{H}_2\text{SO}_4} CH_3\overset{\overset{\text{O}}{\|}}{C}CH_2CH_3$$

3. 与卤素加成 炔烃与卤素的加成反应与烯烃相似,都是反式加成,但反应活性比烯烃低。

$$CH_2=CHCH_2C\equiv CH + Cl_2 \xrightarrow{FeCl_3} H_2C-CHCH_2C\equiv CH$$

炔烃与卤素的加成反应第一步生成反式二卤代烯烃，第二步继续加成生成四卤代烷。由于卤素的吸电作用，第一步生成的反式二卤代烯烃反应活性进一步降低，控制卤素的用量，可以使反应停留在第一步。

$$HC\equiv CH \xrightarrow{Br_2} \underset{Br}{\overset{H}{C}}=\underset{H}{\overset{Br}{C}} \xrightarrow{Br_2} H-\underset{Br}{\overset{Br}{C}}-\underset{Br}{\overset{Br}{C}}-H$$

(二) 氧化反应

炔烃的氧化比烯烃慢，可被高锰酸钾或臭氧氧化，适当条件下可以得到1,2-二酮化合物。

$$H_3C(H_2C)_7C\equiv C(CH_2)_7CH_3 \xrightarrow[pH=7.5,25℃]{KMnO_4/H_2O} CH_3(CH_2)_7\overset{O}{\overset{\|}{C}}-\overset{O}{\overset{\|}{C}}(CH_2)_7CH_3$$

剧烈条件下，炔烃通常都完全氧化，得到羧酸。

$$CH_3C\equiv CCH_3 \xrightarrow[100℃]{KMnO_4} 2CH_3COOH$$

(三) 还原反应

炔烃可以加氢还原，其反应分两步进行，在一般催化剂的存在下，炔烃加成第二分子氢很快，因此反应很难停留在一分子氢加成阶段，难以分离得到烯烃。

$$RC\equiv CR + 2H_2 \xrightarrow{Pt, Pd或Ni} RCH_2CH_2R$$

如果使用活性较低的催化剂，如Lindlar催化剂(钯沉淀在硫酸钡上，并用喹啉降低活性)，则可以得到顺式烯烃，这也是合成顺式烯烃的经典方法。

$$C_2H_5C\equiv CC_2H_5 \xrightarrow[喹啉]{Pd/BaSO_4} \underset{H}{\overset{C_2H_5}{\diagdown}}C=C\underset{H}{\overset{C_2H_5}{\diagup}}$$

炔烃还可以在液氨中用金属钠还原氢化，得到的产物以反式烯烃为主。

$$C_2H_5C\equiv CC_2H_5 \xrightarrow{Na/NH_3\cdot H_2O} \underset{H}{\overset{C_2H_5}{\diagdown}}C=C\underset{C_2H_5}{\overset{H}{\diagup}}$$

(四) 聚合反应

炔烃和烯烃类似，都可以发生聚合反应，但一般不能得到高聚物。乙炔在高温下可以三分子聚合，生成苯。但是产率较低。

$$3HC\equiv CH \xrightarrow{约700℃} \bigcirc$$

使用某些催化剂，则反应温度可以降低，而且产率也比较高。

$$2HC\equiv CH \xrightarrow{Cu_2Cl_2, NH_4Cl} CH_2=CH-C\equiv CH$$

(五) 炔氢的反应

与三键直接相连的氢称为炔氢，乙炔和单取代乙炔都含有炔氢。炔氢具有很微弱的酸性，比水和醇小，比氨强。

酸性：$CH_3O-H > HC\equiv C-H > H-NH_2 > H-CH=CH_2 > H-CH_2-CH_3$

pK_a 近似值　　　16　　　　　25　　　　　35　　　　44　　　　　49

乙炔与金属钠作用放出氢气并生成炔化钠，过量的钠还可生成乙炔二钠。

$$HC \equiv CH + Na \xrightarrow{100℃} HC \equiv CNa + H_2 \uparrow$$

$$HC \equiv CNa + Na \xrightarrow{200℃} NaC \equiv CNa + H_2 \uparrow$$

炔氢与某些重金属离子(如 Ag⁺、Cu⁺)生成不溶性的金属炔化物,该反应常用作含炔氢化合物的定性检验。

$$HC \equiv CH + Ag(NH_3)_2^+ \xrightarrow{NH_4OH} AgC \equiv CAg \downarrow (白色)$$

$$HC \equiv CH + Cu(NH_3)_2^+ \xrightarrow{NH_4OH} CuC \equiv CCu \downarrow (棕红色)$$

三、共轭二烯烃的特征反应

共轭二烯烃的化学性质和烯烃相似,可以发生加成、氧化、聚合等反应,但由于两个双键共轭的影响,又显出一些特殊的性质,在理论和应用中都有较为重要的作用。

(一) 亲电加成反应

共轭二烯烃的化学性质与单烯烃有相似之处,如都能发生亲电加成、氧化反应等;但由于共轭二烯烃分子中两个 π 键的共轭作用,使其产生了一些特有的反应。例如,共轭二烯烃与亲电试剂发生加成反应,可以加成一分子试剂,也可以加成两分子试剂。由于共轭二烯烃比单烯烃活性更高,反应可以停留在加成一分子阶段。当共轭二烯烃加成一分子试剂时,随反应条件的不同,能得到1,2-或1,4-两种取向不同的加成产物。

例如,具有共轭结构的1,3-丁二烯与一分子溴加成时,得到两种二溴代物:3,4-二溴-1-丁烯和1,4-二溴-2-丁烯。前者为1,2-加成产物,后者为1,4-加成产物。1,4-加成又叫共轭加成,在共轭烯烃中发生共轭加成是普遍现象。共轭二烯烃的1,2-与1,4-加成产物的比例与反应条件和试剂性质有关,通常在较低温度及非极性溶剂中,有利于1,2-加成;在较高温度及极性溶剂中,有利于1,4-加成。

(二) 双烯合成反应

共轭二烯烃的另一个特征反应是与含碳碳双键或三键的化合物发生1,4-加成反应,生成六元环状化合物,称双烯合成(diene synthesis)反应,又称第尔斯-阿尔德(Diels-Alder)反应。

Diels-Alder 反应一般不需要催化剂和溶剂,仅需光照或加热即可顺利进行。反应中共轭二烯烃称为双烯体(diene),含活泼双键的化合物叫亲双烯体(dienophile)。常见的双烯体有脂肪族、脂环族共轭双键化合物及某些芳香族类和杂环化合物等。亲双烯体的不饱和键上如果连有醛基、羧基、酯基、硝基、氰基等吸电子基,反应更容易发生。

该反应为经环状过渡态进行的周环化反应(pericylic reactions),反应过程中旧键断裂与新键形成协同进行,故也称协同反应(concerted reaction)。

$$\text{（结构图：1,3-丁二烯 + CH}_2\text{=CH—C(=O)—OCH}_3 \xrightarrow{150℃} \text{环己烯—COOCH}_3\text{）}$$

(三) 共轭效应

共轭效应(conjugative effect，简称 C 效应)是指原子间的相互影响而使成键电子或 p 轨道电子分布发生变化的一种形式，又称为离域效应。共轭效应的产生分为静态和动态两种。分子自身性质引起的一种电子离域化，使分子中键长趋于平均化，体系能量降低的现象称为静态共轭效应，是分子所固有的内在性质。由于外界电场的影响，如亲核或亲电试剂的进攻，引起目标分子共轭体系中的 π 电子发生极化的现象称为动态共轭效应。

共轭效应和诱导效应都属于电子效应。诱导效应针对的是 σ 键电子云的偏移，是沿着原子链向某一方向发生诱导传递的电子效应，并随着链的增长迅速减弱。共轭效应针对的主要是 π 键(p 轨道)电子云的离域，其作用贯穿于整个共轭体系，一般不随着共轭链的增长而减弱。

根据共轭体系不同可分为 π-π 共轭，p-π 共轭和超共轭三种体系。

1. π-π 共轭 是指存在于像 1,3-丁二烯这种，双键(三键)与单键相间且共平面体系中的一种电子效应。由于 π-π 共轭体系的存在，π 电子可在整个共轭体系流动。对于分子结构中有吸电或供电官能团的共轭体系，将会引起各共轭原子上电荷密度的改变，使整个分子发生极化。例如，1,3-丁二烯连接上醛基，则使整个共轭体系中的 π 电子向氧端移动，整个分子发生极化，醛基起的作用称为吸电共轭效应，用–C 表示。弧形箭头表示共轭电子的转移方向。同时醛基的氧原子电负性很大，其诱导效应表现为吸电(–I)，因此醛基的总效应表现为吸电子效应。整个分子的氧端带部分负电荷，碳端带部分正电荷。

$$\overset{\delta^+}{CH_2}=CH-CH=CH-CH\overset{\nearrow\ \delta^-}{=O}$$

2. p-π 共轭 p-π 共轭是指未成键的 p 轨道与 π 键重叠而成的共轭体系。根据 p 轨道上容纳电子数的不同，p-π 共轭分为三种情况。

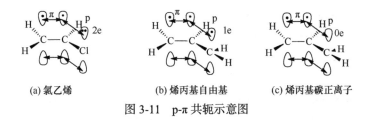

(a) 氯乙烯 (b) 烯丙基自由基 (c) 烯丙基碳正离子

图 3-11 p-π 共轭示意图

(1) 多电子 p-π 共轭：如氯乙烯[图 3-11(a)]，分子中氯原子以 σ 键直接和双键碳原子相连，由于氯原子具有孤对 p 电子，能与 π 键侧面重叠，形成包含 C、C、Cl 三个原子和四个 p 电子的共轭大 π 键。由于成键的轨道数少于成键的电子数，因此这种 p-π 共轭称多电子或富电子 p-π 共轭，氯原子在这里起到 π 供电作用。这种供电子取代基引起的共轭效应，称为供电共轭效应，用+C 表示。分子中，原子间的相互影响既可以通过共轭效应，也可以通过诱导效应。两种电子效应可以共存于同一分子中，当两种效应方向不一致时，总的电子效应的方向由效应强者决定。例如，氯乙烯中的氯原子既通过大 p-π 共轭产生+C 效应，又通过 σ 键传递–I 效应；由于氯原子电负性很高，–I 效应大于+C 效应，所以整个分子是氯原子这端带部分负电荷，偶极矩为 1.44D。

+C效应 $CH_2\!=\!CH\!-\!\overset{..}{\underset{..}{Cl}}:$

$$\underset{CH_2=CH-\overset{..}{\underset{..}{Cl}}:}{\overset{\delta^+ \qquad\quad \delta^-}{}} \qquad -I> + C$$

$$\overline{} \qquad \mu=1.44D$$

-I效应 $CH_2\!=\!CH\!\rightarrow\!\overset{..}{\underset{..}{Cl}}:$

(2) 等电子 p-π 共轭：如烯丙基自由基[图 3-11(b)]，甲基自由基与碳碳双键相连，甲基自由基中碳原子的 p 轨道与 π 键侧面重叠，形成包含三个碳原子和三个 p 电子的共轭大 π 键。由于成键轨道数等于成键电子数，因此这种 p-π 共轭又称等电子的 p-π 共轭。因为甲基自由基与双键的共轭效应，使能量降低，变得更加稳定。

(3) 缺电子 p-π 共轭：如烯丙基碳正离子[图 3-11(c)]，甲基碳正离子与碳碳双键相连，碳正离子中碳原子的 p 轨道与 π 键侧面重叠，形成包含三个碳原子和两个 p 电子的共轭大 π 键。由于成键轨道数多于成键电子数，因此这种 p-π 共轭称缺电子的 p-π 共轭。双键对碳正离子起到了供电作用，因而稳定了碳正离子。

3. 超共轭 当烷基碳氢键(C—H)与双键相邻时，σ 电子与 π 电子之间发生相互作用，使电子发生离域的现象，称为超共轭效应。超共轭效应分为 σ-π、σ-p 和 σ-σ 三种，以 σ-π 最为常见。超共轭效应的原因，可能是因为氢原子的体积很小，对 σ 键电子的约束力很小，导致 σ 键电子离域至紧邻的 π 键上，而产生共轭效应。

丙烯中超共轭的结果是甲基向双键供电子，与甲基的诱导效应方向一致，增加了双键上电子云密度，使甲基端带部分正电荷，双键端带部分负电荷。超共轭效应一般是供电子的，与 π 键相邻的碳氢键越多，超共轭效应越大，体系越稳定。在前面讲述的几种共轭效应中，超共轭效应效果最弱。

烷基不仅通过超共轭效应稳定分子，也通过诱导效应使分子稳定。不同烷基取代基的超共轭效应次序如下。

+C： $—CH_3$ > $—CH_2CH_3$ > $—CH(CH_3)_2$ > $—C(CH_3)_3$ > $—H$

+I： $—C(CH_3)_3$ > $—CH(CH_3)_2$ > $—CH_2CH_3$ > $—CH_3$

关 键 词

不饱和烃 unsaturated hydrocarbon	旋光异构 optical isomerism
烯烃 alkene	纽曼投影式 Newman projection
炔烃 alkyne	复分解反应 metathesis reaction
二烯烃 diene	聚合反应 polymerization
多烯烃 polyene	亲电加成 electrophilic addition
共轭二烯烃 conjugated dienes	马尔科夫尼科夫规则 Markovbikov's rule
立体异构 stereoisomerism	共轭效应 conjugative effect
顺反异构 *cis-trans* isomerism	诱导效应 inductive effect

本 章 小 结

烯烃、炔烃和二烯烃都含有碳碳双键或碳碳三键，统称为不饱和烃。不饱和烃又分为不饱和链烃和不饱和环烃。

烯烃碳碳双键的两个烯碳都是 sp² 杂化，三个 sp² 杂化轨道在同一个平面上互为 120°，每个轨道中各有一个电子，另外的一个未参与杂化的 p 轨道垂直于该平面，也有一个电子。两个烯碳的 sp² 杂化轨道轴向重叠成 σ 键，它们的 p 轨道侧面重叠成 π 键，正是由于 p 轨道的侧面重叠使得成键的烯碳不能绕 σ 键旋转；每个烯碳上剩余的两个 sp² 杂化轨道再分别以 σ 键形式连接取代基，当这两个取代基不同时就产生顺反异构。两个烯烃的相同基团或较优基团在同侧为顺式(Z)，在两侧为反式(E)。炔烃碳碳三键的两个炔碳都是 sp 杂化，因此每个炔碳共有两个 sp 杂化轨道和两个未参与杂化的 p 轨道。两个炔碳的 sp 杂化轨道轴向重叠成 σ 键，它们的 p 轨道侧面重叠成两个 π 键，因此炔烃具有碳碳三键的直线型结构。共轭二烯烃的共轭效应是指原子间的相互影响而使成键电子或 p 轨道电子分布发生变化的一种形式，又称为离域效应。

烯烃和炔烃都能发生催化加氢、亲电加成、自由基加成、硼氢化等反应，被过氧酸、臭氧、高锰酸钾氧化，能发生聚合反应；烯烃能发生 α-氢的卤代反应，乙炔能与金属钠作用放出氢气并生成炔化钠，炔氢与某些重金属离子(如 Ag^+、Cu^+)生成不溶性的金属炔化物；炔氢具有很微弱的酸性，比水和醇小，比氨强。共轭二烯烃能发生共轭加成，一个特征反应是与含碳碳双键或三键的化合物发生 1,4-加成反应，生成六元环状化合物，称双烯合成反应，又称第尔斯-阿尔德反应。

阅读材料

聚 乙 烯

聚乙烯(polyethylene，简称 PE)是以乙烯为单体聚合而成的聚合物。1933 年英国研究人员发现，把乙烯和苯甲醛置于 200℃和 140MPa 可以得到白色固体，后来才搞清楚是发生了乙烯聚合。1939 年美国开始正式工业化生产，为二战中重要的绝缘材料和军需用品。

$$n CH_2{=}CH_2 \xrightarrow{\text{催化剂}} +CH_2{-}CH_2{+}_n$$

聚乙烯化学稳定性较好，室温下可耐稀硝酸、稀硫酸和任何浓度的盐酸、氢氟酸、胺类、过氧化氢、氢氧化钠等溶液。但不耐强氧化剂的腐蚀，如发烟硫酸、浓硝酸等。具有很高的耐冲击性，有优异的耐燃性。但是聚乙烯容易光氧化、热氧化、臭氧分解，在紫外线作用下容易发生降解。

依聚合方法、分子量高低、链结构之不同，聚乙烯分高密度聚乙烯(high density polyethylene，简称 HDPE)和低密度聚乙烯(low density polyethylene，简称 LDPE)。高密度聚乙烯是一种结晶度高、非极性的热塑性塑料材料，密度在 0.940~0.976g/cm³。用于包装薄膜、绳索、编织网、渔网、水管、瓶子等。低密度聚乙烯也是一种热塑性塑料材料，密度为 0.915~0.940g/cm³，用于注塑制品、食品包装材料、医疗器具、药品、吹塑中空成型制品、纤维等，可加工制成薄膜、电线电缆护套、管材、各种中空制品、注塑制品、纤维等，广泛用于农业、包装、电子电气、机械、汽车、日用杂品等方面。

习 题

1. 写出下列化合物的结构式。

(1) 反式-3-庚烯

(2) 3, 4, 4-三甲基-1-己炔

(3) (Z)-1, 3-戊二烯

(4) 4-甲基-3-戊烯-1-炔

2. 命名下列化合物。

(1)
$$H_3C\diagdown C=C\diagup H \atop H\diagup \diagdown C_2H_5$$

(2)
$$H_3C\diagdown C=C\diagup C_2H_5 \atop H\diagup \diagdown C_2H_5$$

(3)
$$H_2C=C\overset{CH_3}{\underset{}{|}}-C\overset{}{\underset{CH_3}{|}}=CH_2$$

(4)

3. 完成下列反应式。

(1) $CH_3CH=CHCH_3 \xrightarrow{H_2,\ Pt}$

(2) $CH_3CH=CH_2 \xrightarrow{稀H_2SO_4}$

(3) $CH_3CH=CH_2 \xrightarrow{HBr}$

(4) $CH_3CH=CH_2 \xrightarrow[\text{过氧苯甲酸}]{HBr}$

(5) $CH_3CH=CH_2 + HOCl \longrightarrow$

(6) $\overset{Me}{\underset{Me}{}}C=C\overset{Me}{\underset{Me}{}} \xrightarrow{\text{冷、稀}KMnO_4}$

(7) $HC\equiv CCH_2CH_3 \xrightarrow{HBr}$

(8) $HC\equiv CCH_2CH_3 \xrightarrow{\text{酸性}KMnO_4}$

(9) $HC\equiv CCH_2CH_3 + Ag(NH_3)_2OH \longrightarrow$

(10) $CH_2=CHCH=CH_2 \xrightarrow{HCl}$

4. 鉴别下列每组物质：(a)1-戊炔、1-戊烯、戊烷；(b)1-丁炔与2-丁炔。

5. 请判断 1-丁炔、1-丁烯、丁烷的偶极矩大小，并解释原因。

6. 炔烃不但可以加一分子卤素，而且可以加两分子卤素，但却比烯烃加卤素困难，反应速率也慢，请解释原因。

7. 有(A)和(B)两个化合物，它们互为构造异构体，都能使的四氯化碳溶液褪色。(A)与 $Ag(NH_3)_2NO_3$ 反应生成白色沉淀，用 $KMnO_4$ 溶液氧化生成丙酸(CH_3CH_2COOH)和二氧化碳;(B)不与 $Ag(NH_3)_2NO_3$ 反应，而用 $KMnO_4$ 溶液氧化只生成一种羧酸。试写出(A)和(B)的构造式及各步反应式。

8. 某化合物的分子式为 C_6H_{10}，能与两分子溴加成而不能与氧化亚铜的氨溶液起反应。在汞盐的硫酸溶液存在下，能与水反应得到4-甲基-2-戊酮和2-甲基-3-戊酮的混合物。试写出 C_6H_{10} 的结构式。

9. 3-甲基-1,3-丁二烯与一分子氯化氢加成，只生成 3-甲基-3-氯-1-丁烯和 3-甲基-1-氯-2-丁烯，而没有 2-甲基-3-氯-1-丁烯和 3-甲基-1-氯-2-丁烯。试简单解释之，并写出可能的反应机理。

(唐　强)

第四章 芳 香 烃

芳香烃(aromatic hydrocarbon)简称芳烃，因最早从天然产物中提取的一些化合物具有特殊香气而得名。通常说的芳香烃是指结构中含有苯环构造的碳氢化合物，故通常把苯及其衍生物总称为芳香族化合物。随着有机化学和现代分析技术的不断发展，后来发现了一些不具有苯环结构的环状烃，成环原子间的键长趋于平均化，有特殊的稳定性，化学性质上也与苯及其衍生物相似，易发生取代反应，不易发生加成反应，不易被氧化，这些特性统称为芳香性，这类环状烃称为非苯系芳烃。

第一节　分类和命名

一、分　类

芳香烃根据是否含有苯环可分为苯型芳香烃(benzenoid aromatic hydrocarbons)和非苯型芳香烃(non-benzenoid aromatic hydrocarbons)两类。根据分子中所含苯环数目和连接方式，苯型芳香烃又可分为以下两大类。

(一) 单环芳烃

分子中只含有一个苯环的芳香烃，如苯、甲苯、邻二甲苯等。

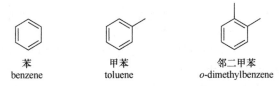

苯　　　　　　　甲苯　　　　　　　邻二甲苯
benzene　　　　　toluene　　　　　*o*-dimethylbenzene

(二) 多环芳烃

分子中含有两个或两个以上苯环结构的芳香烃。根据苯环连接方式不同，多环芳香烃可分为三类。

1. 多苯代脂肪烃　脂肪烃分子中多个氢被苯环取代的化合物，如二苯甲烷、三苯甲烷等。

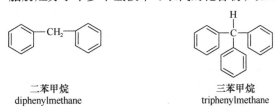

二苯甲烷　　　　　　　　　　　三苯甲烷
diphenylmethane　　　　　　　triphenylmethane

2. 联苯和联多苯　苯环之间以单键相连，如联苯、1,4-联三苯等。

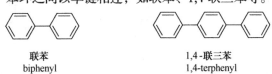

联苯　　　　　　　　　　1,4-联三苯
biphenyl　　　　　　　　1,4-terphenyl

3. 稠环芳香烃　苯环之间共用相邻两个碳原子，互相稠合而成，如萘、蒽、菲等。

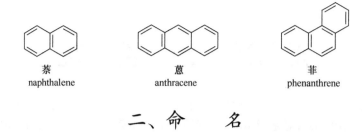

萘 naphthalene　　　蒽 anthracene　　　菲 phenanthrene

二、命 名

(一) 单环芳香烃的命名

苯衍生物的名称常见的有系统名称和惯用的俗名。俗名常基于它们的来源，并已被 IUPAC 接受，从而继续使用。取代苯衍生物的系统命名原则如下。

1. 一取代苯的命名　苯的一元取代物只有一种。当取代基为烷基、卤素、硝基、亚硝基时，以苯为母体，在苯前加取代基的名称，称为某苯，如甲苯、氯苯和硝基苯；取代基为其他基团时，则以这些官能团作为母体，如苯甲酸、苯酚、苯胺等。

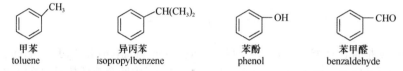

甲苯 toluene　　异丙苯 isopropylbenzene　　苯酚 phenol　　苯甲醛 benzaldehyde

当苯环上连接有复杂烃基或不饱和烃基时，可以侧链为母体，以苯环为取代基进行命名。

2-苯基戊烷 2-phenyl-pentane　　苯乙烯 phenylethylene　　苯乙炔 phenylacetylene

2. 二取代苯的命名　当苯环上有两个相同取代基时，可用阿拉伯数字标明其相对位次。也可用邻(ortho，简写 o)表示两个取代基处于邻位；用间(meta，简写 m)表示两个取代基处于中间相间隔一个碳原子的两个碳上；用对(para，简写 p)表示两个取代基处于苯环相对的位置。

1,2-二甲苯
邻-二甲苯或o-二甲苯
o-dimethylbenzene

1,3-二甲苯
间-二甲苯或m-二甲苯
m-dimethylbenzene

1,4-二甲苯
对-二甲苯或p-二甲苯
p-dimethylbenzene

当苯环上的两个取代基不同时，要选择一个官能团作为母体官能团，其他官能团只能作为取代基。母体官能团一般按下列官能团出现先后顺序进行选择: 羧基(—COOH)，醛基(—CHO)，羟基(—OH)，烯基(—C≡C—)或炔基(—C≡C—)，氨基(—NH$_2$)，烷氧基(—OR)，烷基(—R)，卤素(—X)，硝基(—NO$_2$)，亚硝基(—NO)。

间硝基氯苯
m-nitrochlorobenzene

对羟基苯甲酸
p-hydroxybenzoic acid

邻氨基苯甲醛
o-aminobenzaldehyde

3. 多取代苯的命名 当苯环上有三个或更多的取代基时，命名时同样按上述的"次序规则"，先出现的官能团为主要官能团，与苯环一起作为母体，所在位置编号为1，其他的基团作为取代基，编号尽可能小。写名称时，取代基的列出顺序按次序规则，小基团优先(英文按字母顺序排列)。

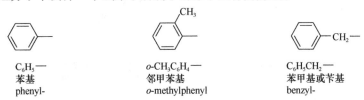

3-氨基-2-溴苯磺酸
3-amino-2-bromo-
benzenesulfolfonic acid

2-氨基-5-羟基苯甲醛
2-amino-5-hydroxybenzaldehyde

3-硝基-5-氯苯酚
3-chloro-5-nitrophenol

若苯环上的三个取代基相同，命名时分别用1,2,3-、1,2,4-、1,3,5-表示取代基的位次，也可用"连"(vicinal，简写成"vic")"偏"(unsymmetrical，简写成"unsym")"均"(symmetrical，简写成"sym")表示。

1,2,3-三甲苯(连三甲苯)
1,2,3-trimethylbenzene

1,2,4-三甲苯(偏三甲苯)
1,2,4-trimethylbenzene

1,3,5-三甲苯(均三甲苯)
1,3,5-trimethylbenzene

单环芳香烃分子中去掉一个氢原子后剩下的原子团称为芳基。

$C_6H_5—$
苯基
phenyl-

$o-CH_3C_6H_4—$
邻甲苯基
o-methylphenyl

$C_6H_5CH_2—$
苯甲基或苄基
benzyl-

泛指的芳基常用"Ar"表示。常见的有苯基 $C_6H_5—$，可用 Ph-或Φ-表示；苯甲基(苄基)$C_6H_5CH_2—$，常用 Bn-表示。

(二) 多环芳香烃的命名

萘是由两个苯环稠合而成的芳烃分子，萘分子中的碳原子位置不是等同的，由环上取代基位置不同而形成的同分异构体，可用环碳原子的编号来表示它们的取代位置和命名。环碳原子的编号如下图所示，其中共用碳一般不编号；1，4，5，8 位等同，也称为 α 位；2，3，6，7位等同，也称为 β 位。

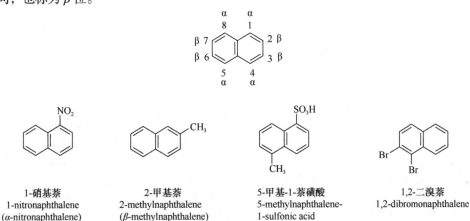

1-硝基萘
1-nitronaphthalene
(α-nitronaphthalene)

2-甲基萘
2-methylnaphthalene
(β-methylnaphthalene)

5-甲基-1-萘磺酸
5-methylnaphthalene-
1-sulfonic acid

1,2-二溴萘
1,2-dibromonaphthalene

蒽和菲的编号如下所示。

<table>
<tr><td align="center">蒽
anthracene</td><td align="center">菲
phenanthrene</td></tr>
</table>

蒽中的三个环是直线式稠合，1，4，5，8 位等同，称为 α 位；2，3，6，7 位等同，称为 β 位；9，10 位等同，称为 γ 位。菲中的三个环是非直线式稠合，不处在一条直线上，其 1 位和 8 位、2 位和 7 位、3 位和 6 位、4 位和 5 位及 9 位和 10 位分别是等同的。

联苯环上碳原子的编号如下所示。

联苯
diphenyl

简单的取代联苯衍生物，也可用邻、间、对的方式命名。复杂衍生物，则可用环上碳原子的编号来标明取代基的位置。例如：

2,4'-二甲基联苯
2,4'-dimethyl biphenyl

2',6'-二溴-3-硝基联苯-5-磺酸
2',6'-dibromo-3-nitro-5-sulfonic acid

第二节 苯 的 结 构

苯(benzene)是最简单的芳香烃，分子式为 C_6H_6。根据杂化轨道理论，苯分子中的六个碳原子均为 sp^2 杂化，相邻碳原子之间以 sp^2 杂化轨道互相重叠，形成六个均等的 C—C σ 键，每个碳原子又各用一个 sp^2 杂化轨道与氢原子的 1s 轨道重叠，形成六个 C—H σ 键，所有轨道之间的键角都为120°。每个碳原子中未参与杂化的 p 轨道垂直于碳环所在平面，彼此相互平行，以"肩并肩"的方式重叠，构成一个属于六个碳原子共有的闭合环状共轭大π键体系。如图 4-1 所示，使整个共轭体系电子云完全平均化，从而降低能量。因而苯分子的六个 C—C 键是完全等同的，分子中没有单双键区别。

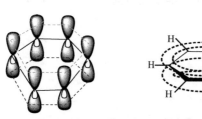

图 4-1 苯的闭合环状共轭体系及大 π 键

共振论认为：苯的结构是所有经典结构式的共振杂化体，苯可写出多个极限式，每个极限式对共振杂化体有其相应的贡献，能量较低的极限式，对共振贡献较大；相同极限式间的共振，其共振杂化体的能量特别低。因为苯的两个极限式结构相同，所以共振杂化体的能量比假想的环己三烯低得多，有特殊的稳定性。可见共振论对苯结构的描述与凯库勒对苯结构的描述是不同的，凯库勒认为苯是两个环己三烯间的不断互相转化，而共振论认为苯的真实结构只有一个，

是两个凯库勒结构式的共振杂化体，因此特别稳定，没有单双键的区别，不易发生加成和氧化反应。

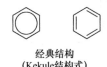

书写苯的结构时，常用 Kekule 结构式表示，由于苯分子共轭大π键的存在，也常用正六边形内加一个圆圈来表示苯的结构。

经典结构
(Kekule结构式)

第三节 苯及其同系物的物理性质及光谱性质

一、物 理 性 质

苯及其同系物多数为无色液体，具有特殊的香气，不溶于水，易溶于有机溶剂。相对密度0.8～0.9，苯由于其高度的对称性而具有较高的熔点。在苯的同系物中，每增加一个 CH_2—单位，沸点升高 20～30℃。含同数碳原子的各种苯的同分异构体中，沸点相差不大。而结构对称的异构体都具有较高的熔点。苯常用作有机溶剂，但毒性较大，苯的蒸汽可以通过呼吸道对人体产生损害。高浓度的苯蒸气主要作用于中枢神经，引起急性中毒；低浓度的苯蒸气长期接触会损害造血器官，使用时应注意防护。一些常见苯及同系物的物理性质见表4-1。

表 4-1 苯及其同系物的物理常数

化合物	熔点(℃)	沸点(℃)	密度(kg/m³，20℃)
苯	5.5	80.1	0.8786
甲苯	−95	110.6	0.8669
乙苯	−95	136.2	0.8670
丙苯	−99.5	159.2	0.8618
邻二甲苯	−25.5	144.4	0.8802
间二甲苯	−47.9	139.1	0.8642
对二甲苯	13.3	138.2	0.8611
连三甲苯	−25.4	176.1	0.8944
偏三甲苯	−43.8	169.4	0.8758
均三甲苯	−44.7	164.7	0.8652

二、光 谱 性 质

1. 红外吸收光谱 苯和取代苯在红外光谱(IR)中重要的特征吸收峰：芳环上 C—H 伸缩振动 3100cm⁻¹，芳环上 C=C 骨架振动 1600～1400cm⁻¹。在 1600cm⁻¹、1580cm⁻¹、1500cm⁻¹ 和 1450cm⁻¹ 处有四个吸收峰。600～900cm⁻¹ 处有 Ar—H 的面外弯曲振动，其吸收峰的位置与苯环上取代基的数目及其位置有关。图 4-2 为乙苯的红外光谱，C—H 的伸缩振动吸收峰位于脂肪族烷烃 C—H 的伸缩振动吸收范围 2850～2950cm⁻¹。

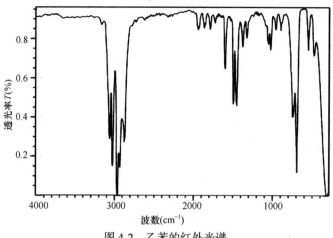

图 4-2　乙苯的红外光谱

2. 核磁共振氢谱　芳环上的 6 个氢是等价的，在核磁共振氢谱(^{1}H-NMR)中呈单峰，化学位移 δ=7.27ppm。其他苯衍生物芳环上氢的化学位移，也均出现在 δ=6.5～8ppm 的低场区域。

在取代苯衍生物中，芳环上的取代基除有它们本身的核磁共振吸收峰外，可通过诱导和(或)共轭作用影响芳环上氢的核磁共振，供电子基团使芳环上氢的化学位移向高场移动，吸电子基团使芳环上氢的化学位移向低场移动。图 4-3 为乙苯的核磁共振氢谱。

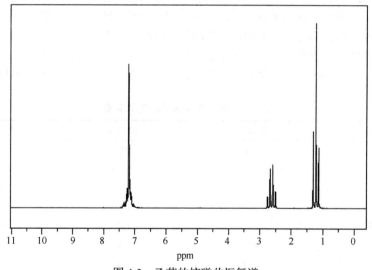

图 4-3　乙苯的核磁共振氢谱

3. 质谱　芳环烃有较强的分子离子峰，其质谱裂解规律：易发生 β 开裂，生成草鎓离子，如苯的同系物易生成 $C_7H_7^+$，m/z 91 峰较强，萘的同系物易生成 $C_{11}H_9^+$，m/z 141 峰较强；苯环的碎片离子顺次失去 C_2H_2。因此化合物含苯环时，一般可见 m/z 39、51、65、77 等峰。

例如在乙苯的质谱图中，分子离子峰 m/z 106，失去一个甲基得碎片峰 m/z 91，该碎片峰再失去一个亚甲基得碎片峰 m/z 77，再失去一个乙炔得碎片峰 m/z 51。

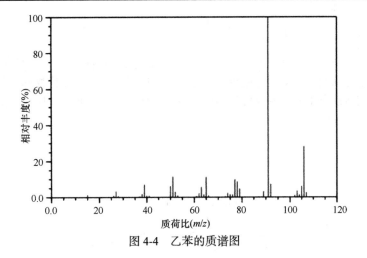

图 4-4 乙苯的质谱图

第四节 苯及其同系物的化学性质

一、苯环上的亲电取代反应

(一) 反应机制

苯环为闭合的共轭体系，富含 π 电子，体系稳定，所以一般苯环不发生开环反应。由于苯环离域的 π 电子流动性大，是一种电子给予体，在适当的催化剂存在下，易受亲电试剂进攻，发生亲电取代(electrophilic substitution)反应。

反应的第二步，与新进入苯环的亲电试剂 E 相连的碳上的氢，以质子形式从碳正离子中间体离去，恢复苯环的六电子 π 体系，生成取代产物。在这一步中，反应介质中的负离子 Nu^- 起着碱的作用，帮助质子的离去。

芳香亲电取代的第一步，类似于亲电试剂对烯烃的加成，亲电试剂首先从苯环上接受一对 π 电子，连接于环上，生成一个共振稳定化的碳正离子活性中间体。因为苯环向亲电试剂提供的这对电子是离域于整个苯环的，所以该步骤的反应比烯烃难得多。事实上，需要有强路易斯酸(如 $AlCl_3$ 或 $FeBr_3$ 等)作催化剂，借以产生活性足够大的亲电试剂来进攻苯环才能完成这个步骤。这一步所形成的碳正离子，具有由五个碳原子和四个 π 电子形成的共轭体系，它的结构可用下面的共振结构式表示。

反应的第二步，与新进入苯环的亲电试剂 E 相连的碳上的氢，以质子形式从碳正离子中间体离去，恢复苯环的六电子 π 体系，生成取代产物。在这一步中，反应介质中的负离子 Nu^- 起着碱的作用，帮助质子的离去。

(二) 常见的亲电取代反应

1. 卤代反应 在铁粉或三卤化铁的催化下，苯与卤素发生卤代反应生成卤代苯。

$$\text{苯} + X_2 \xrightarrow{FeX_3} \text{苯}-X + HX$$

卤素的活性次序：氟＞氯＞溴＞碘，氟代反应太剧烈，不易控制。碘代反应不仅太慢，且生成的碘化氢是还原剂，可使反应逆转。因此卤代反应通常不用于氟代物和碘代物的制备。这种苯环上的氢被卤素原子取代的反应称为卤代反应。例如，在下面的反应中，由路易斯酸和氯生成的氯正离子做亲电试剂使得反应发生。

$$\text{苯} + Cl_2 \xrightarrow[55\sim60℃]{FeCl_3} \text{苯}-Cl + HCl$$

机理如下所示。

$$FeCl_3 + Cl_2 \longrightarrow FeCl_4^- + Cl^+$$

$$\text{苯} + Cl^+ \longrightarrow \text{中间体} \longrightarrow \text{苯}-Cl + H^+$$

2. 硝化反应(nitration reaction)　苯和浓硝酸在浓硫酸存在下发生硝化反应生成硝基苯。反应结果是在芳环上引入了一个硝基(—NO_2)。浓硝酸和浓硫酸通过路易斯酸碱反应，产生硝基正离子(NO_2^+)亲电试剂，然后与苯进行下一步反应。

$$\text{苯} + HONO_2 \xrightarrow{H_2SO_4} \text{苯}-NO_2 + H_2O$$

机理如下所示。

$$HNO_3 + 2H_2SO_4 \Longleftrightarrow NO_2^+ + H_3O^+ + 2HSO_4^-$$

$$\text{苯} + NO_2^+ \longrightarrow \text{中间体} \longrightarrow \text{苯}-NO_2 + H^+$$

硝基苯不易继续硝化。如果用发烟硝酸和浓硫酸，则在95℃时，硝基苯可转变为间二硝基苯。

$$\text{硝基苯} \xrightarrow[95℃]{\text{发烟硝酸,浓硫酸}} \text{间二硝基苯}$$

3. 磺化反应(sulfonation reaction)　苯和浓硫酸或发烟硫酸发生磺化反应，苯环上的氢原子被磺酸基(—SO_3H)取代生成苯磺酸。在磺化反应中，亲电试剂是SO_3。发烟硫酸是含SO_3的浓硫酸。

$$\text{苯} + H_2SO_4(\text{浓}) \longrightarrow \text{苯}-SO_3H$$

机理如下所示。

$$\text{苯} + SO_3 \longrightarrow \text{中间体}-SO_3^-$$

$$\text{中间体}-SO_3^- + HSO_4^- \Longleftrightarrow \text{苯}-SO_3^- + H_2SO_4$$

$$\text{苯}-SO_3^- + H_3O^+ \Longleftrightarrow \text{苯}-SO_3H + H_2O$$

产物苯磺酸在较强烈的条件下，可进一步反应，主要得间位的产物。

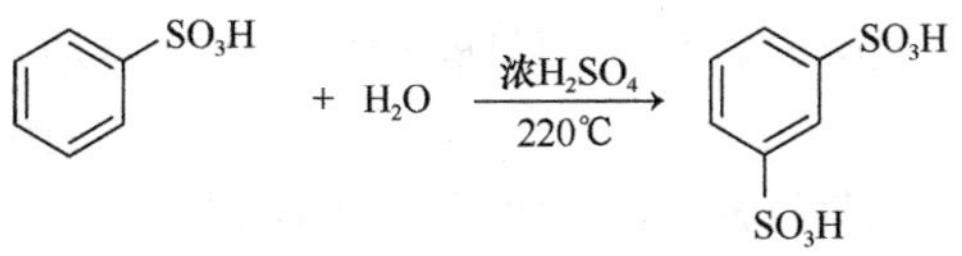

磺化反应是可逆反应，苯磺酸与稀酸一起加热又返回苯和硫酸。

4. 弗里德-克拉夫茨反应(Friedel-Crafts reaction) 弗里德-克拉夫茨反应简称弗-克反应。此反应有两类：弗-克烷基化(Friedel-Crafts alkylation)反应和弗-克酰基化(Friedel-Crafts acylation)反应。前者反应向芳环引入一个烷基，后者向芳环引入一个酰基。当苯环上有—NO_2、—SO_3H、—CN 和羰基等时，由于这些取代基的吸电子性，使芳环活性降低，弗-克烷基化反应不能发生。

(1) 弗-克烷基化反应：卤代烷在 $AlCl_3$、$FeCl_3$、$SnCl_4$、BF_3、$ZnCl_2$ 等路易斯酸催化下与苯反应，在芳环上引入烷基，生成烷基苯。催化剂的作用是使卤代烷转变成烷基碳正离子亲电试剂。溴代烷和氯代烷是常用于该反应的卤代烷。

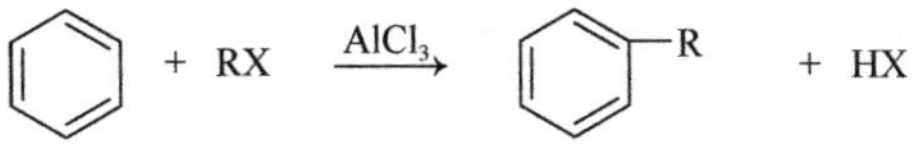

机理如下所示。

$$RCl + AlCl_3 \longrightarrow R^+ + AlCl_4^-$$

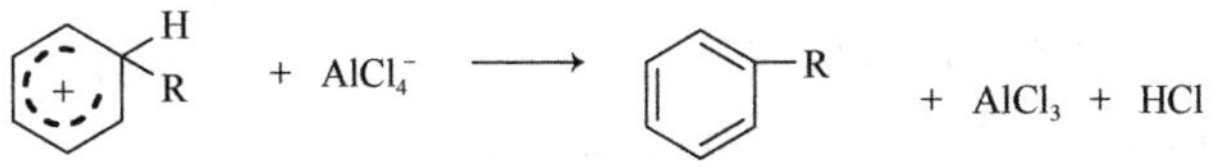

弗-克烷基化反应不易控制在一元取代的阶段，常常得到一元、二元、多元取代产物的混合物。要得到纯的一元取代产物，需使用过量的苯。

弗-克烷基化反应时，不适合制备长的直链烷基苯。苯与1-氯丙烷在三氯化铝存在下反应，只得到少量的正丙基苯，较多的产物是异丙基苯。

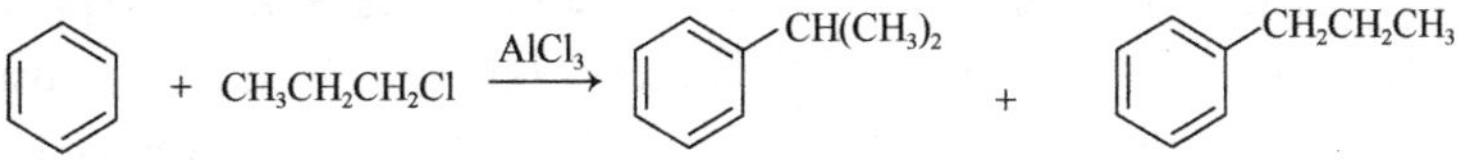

因为反应中生成的伯碳正离子很容易重排成较稳定的仲碳正离子。

$$CH_3—\overset{+}{C}H_2—CH_3 \longrightarrow CH_3—\overset{+}{C}H—CH_3$$

烯或醇在酸催化下也可发生烷基化反应。

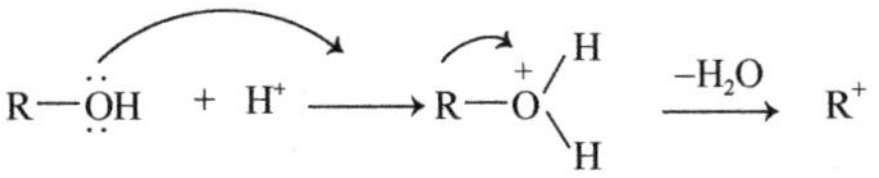

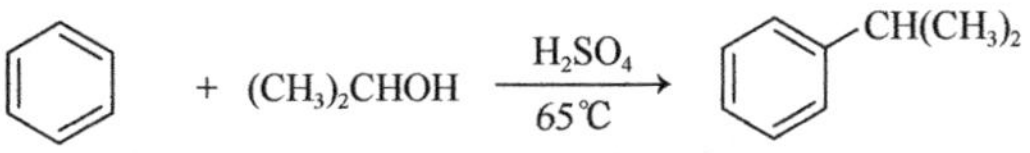

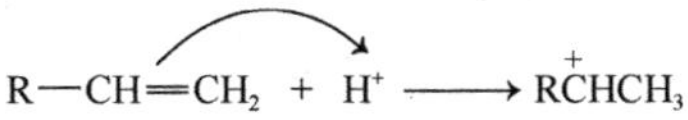

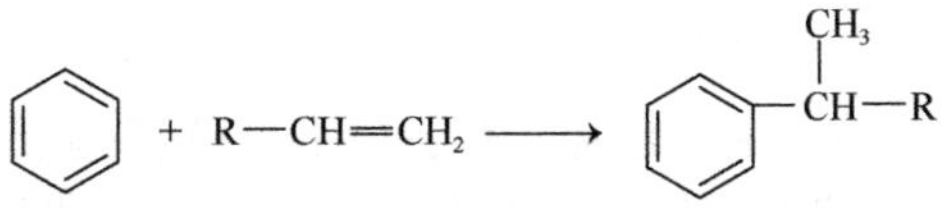

(2) 弗-克酰基化反应：酰卤或酸酐在路易斯酸催化下与苯反应，反应结果是向芳环引入了一个酰基，生成酰基苯(芳酮)。在此反应中，酰卤或酸酐与催化剂作用，生成进攻芳环的酰基正离子亲电试剂。由于酰基使苯环钝化，因而弗-克酰基化反应只停留在一取代产物。

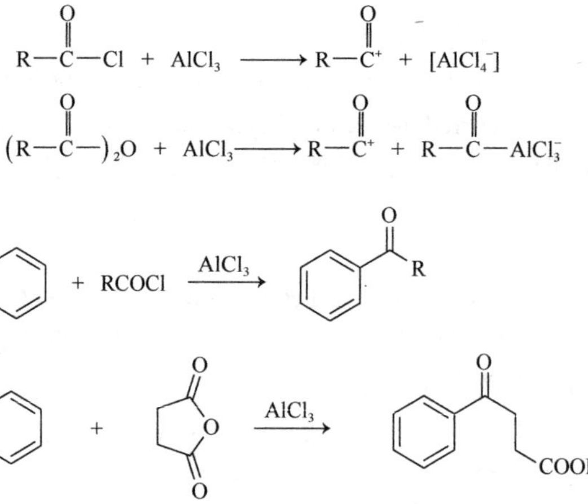

二、取代苯的亲电取代反应的定位规律

当苯环上已有一个取代基，再进行亲电取代反应引入第二个取代基时，环上已存在的取代基会对苯环活性(即反应速率)及第二个取代基进入苯环的位置产生影响。因此，在苯进行亲电取代反应时，必须考虑原有取代基对苯环电子云密度的影响，即活化和钝化作用，以及原有基团支配第二个取代基进入芳环位置的能力，即定位效应。可见在苯环的亲电取代反应中，第二个取代基进入的位置，取决于原有的取代基，故称原有的取代基为定位基(directing group)。

(一) 活化基团与钝化基团

实验表明，苯环上已有的取代基对引入第二个基团的反应速率有很大的影响。例如，氨基和羟基可以大大提高引入第二个基团的反应速率，这类基团称为活化基团(activating group)；卤素和硝基使苯环的第二步亲电取代反应活性降低，称为钝化基团(deactivating group)。活化和钝化基团影响苯环上的电子云密度，从下图可以看出，通过给电子而增加苯环电子云密度的基团，为活化基团；通过吸电子作用而降低苯环电子云密度的基团，为钝化基团。

活化基团：

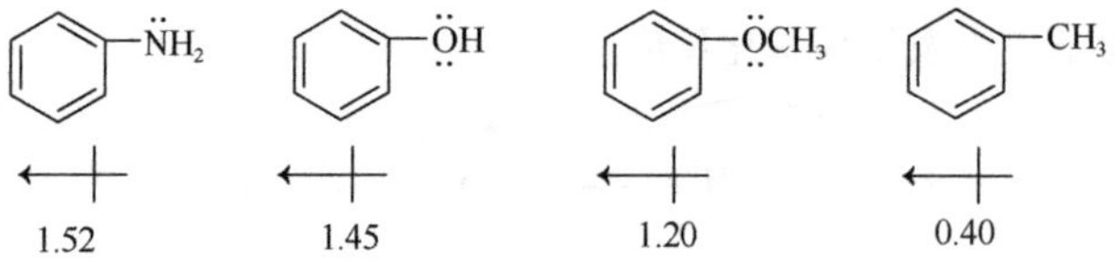

钝化基团：

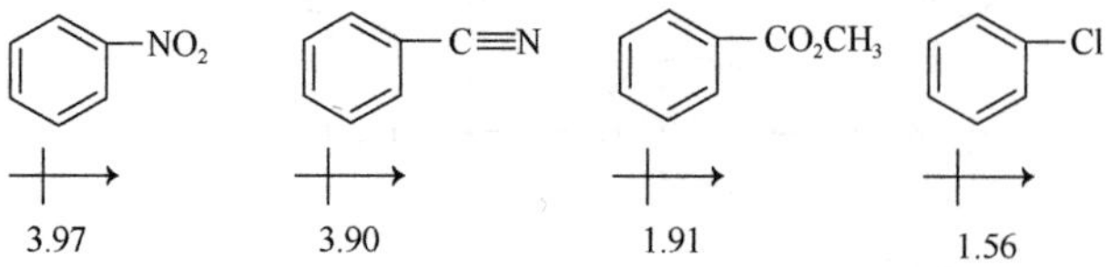

取代基对苯环电子云的影响，主要是通过诱导作用和共轭效应的共同作用。

N、O、Cl 等原子有较大的电负性，一方面它们通过单键和苯环相连，通过诱导效应降低苯环的电子云密度；另一方面 N、O、Cl 等原子都有孤对电子，它们通过 p-π 共轭向苯环提供电子，增加苯环的电子云密度。对于 N 和 O 原子的活化基团，它们的 p-π 共轭给电子效应远大于它们的吸电子诱导效应，因此可增加苯环的电子云密度，有利于亲电取代反应。

而卤素作为取代基，它们的吸电子诱导效应远大于它们的 p-π 共轭给电子效应，因此卤素是钝化基团。

(二) 定位效应

当苯的一元取代物进行亲电取代反应时，新取代基可进入原有取代基的邻位、对位和间位，生成三种二元取代物。若新取代基进入五个位置(两个邻位、两个间位、一个对位)的概率相同，在二元取代物中邻位、对位和间位异构体各占 40%、20% 和 40%。

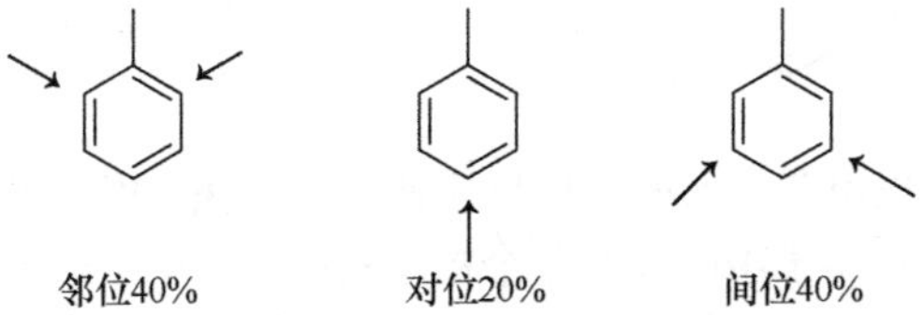

邻位40%　　　对位20%　　　间位40%

但实际情况并非如此，如硝基苯的硝化，得到 93% 以上的间位产物，而苯酚的硝化则得到 100% 的邻、对为产物。

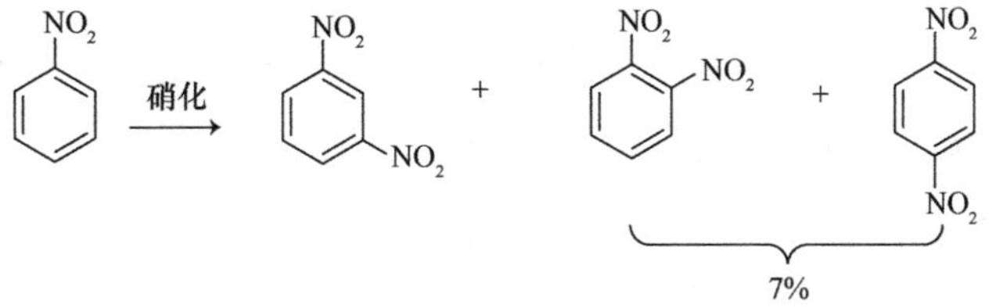

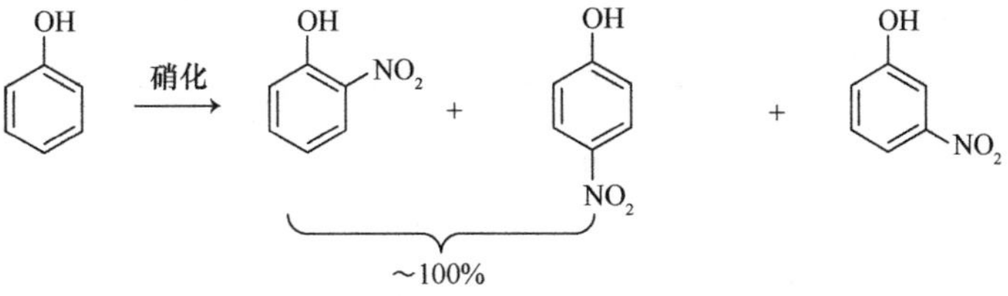

7%

~100%

表 4-2 为常见的邻、对位定位基团和间位定位基团及其对苯活性的影响。

表 4-2　取代基的活化、钝化及定位效应

活化的邻、对位定位基团		钝化的间位定位基团		钝化的邻、对位定位基团
—O⁻	—NH₂	—NO₂	—COR	—F
—OH	—NR₂	—NR₃⁺	—COOH	—Cl
—OR	—NHCOCH₃	—CF₃	—CN	—Br
—OCOCH₃	—R	—CHO	—SO₃H	—I
		—CONH₂	—COCl	—CH₂Cl

1. 活化的邻、对位定位基团　活化基团一般都是通过增加苯环的电子云密度，使苯衍生物的亲电取代反应容易进行，该类基团都具有邻、对位定位效应。下面以甲苯、苯酚为例，当亲电试剂进攻定位基团的不同位置时，所产生的碳正离子活性中间体如下所示。

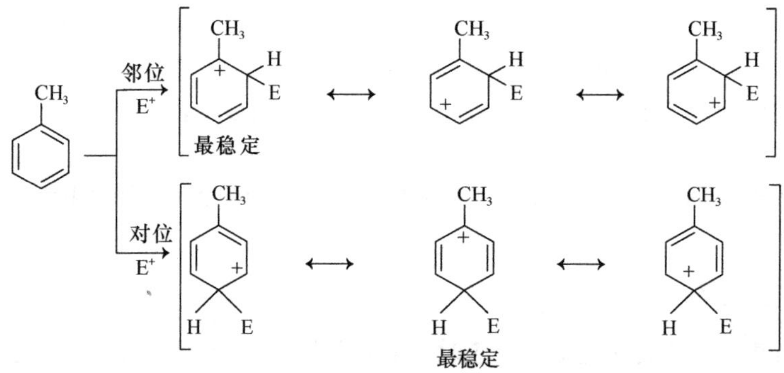

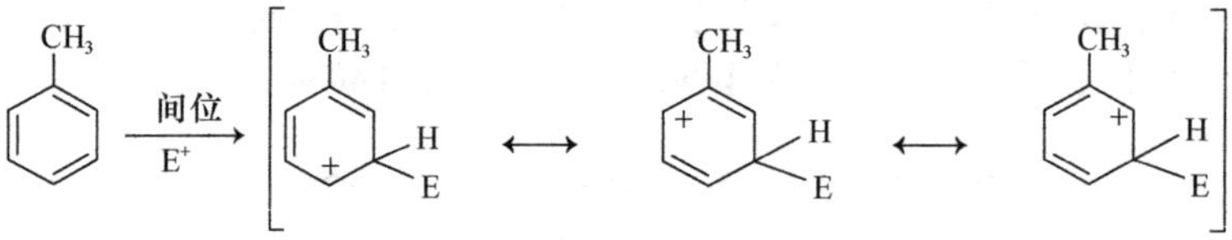

甲基是供电子基，所以甲苯的亲电取代反应速率比苯快，甲基是致活基团。亲电试剂进攻邻位或对位时所产生的碳正离子中间体的三个极限式中，有一个极限式是叔碳正离子，它对共振杂化体有主要的贡献。而亲电试剂进攻间位所产生的碳正离子中间体均是仲碳正离子。因此亲电试剂进攻邻、对位所得的碳正离子中间体比进攻间位所得的碳正离子中间体稳定，故甲基是邻对位定位基。

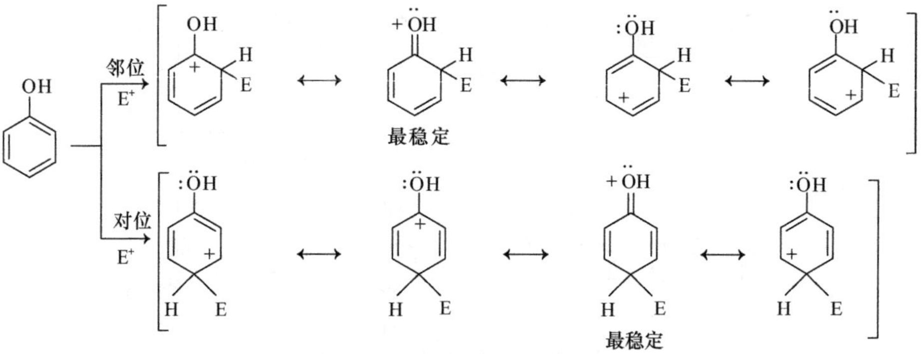

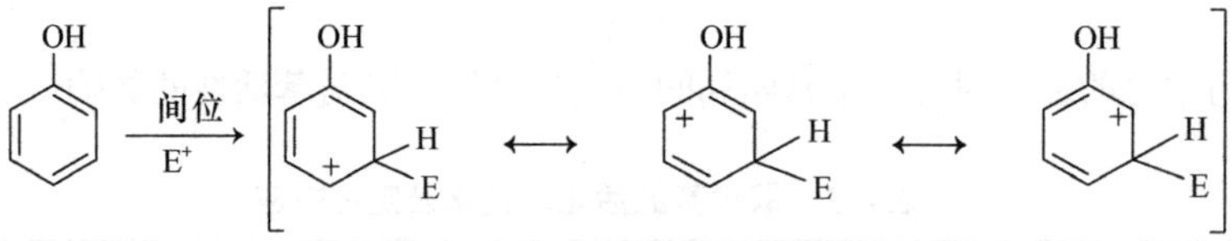

羟基对亲电试剂进攻邻、对位产生的碳正离子中间体有较大的稳定作用，这是因为碳正离子中间体都有一个碳和氧的外层都能满足八隅体电子结构的极限式，较稳定，对共振杂化体贡献最大。而亲电试剂进攻羟基间位时，在活性中间体的极限式中都有外层电子不是 8 个电子的碳原子。此外，亲电试剂进攻邻、对位的活性中间体有四个极限式，而进攻间位只有三个极限式。基于这些因素，亲电试剂进攻羟基邻、对位所形成的碳正离子中间体比进攻间位的稳定，所以羟基是邻对位定位基。氧原子上 p 电子与苯环可形成供电子的 p-π 共轭效应，使苯环电子云密度增高，羟基对苯的亲电取代反应起活化作用，是致活基团。

2. 钝化的邻、对位定位基团　卤素作为取代基，第二个基团主要引入在邻、对位，但反应速率却比苯慢。这主要是由于直接与苯环相连的氯原子的电负性比碳原子大，表现为吸电子诱导效应。同时氯原子 p 轨道上有孤对电子，可与苯环的键形成共轭而给电子。电子效应的总结果是吸电子诱导效应大于供电子的共轭效应，使苯环的电子云密度降低。因此，氯苯的亲电取代反应活性比苯低。

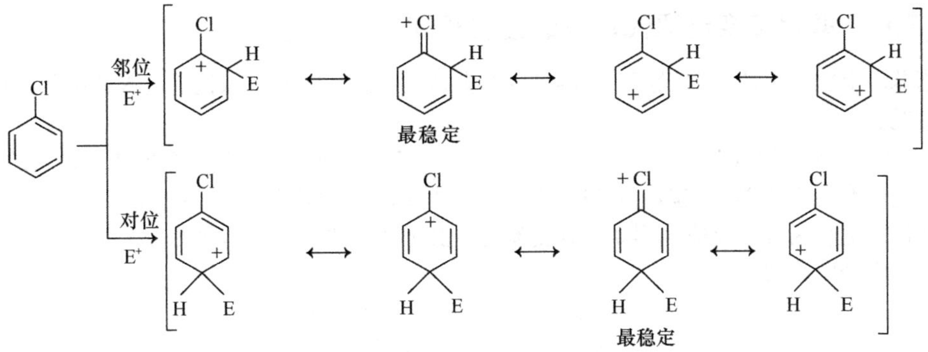

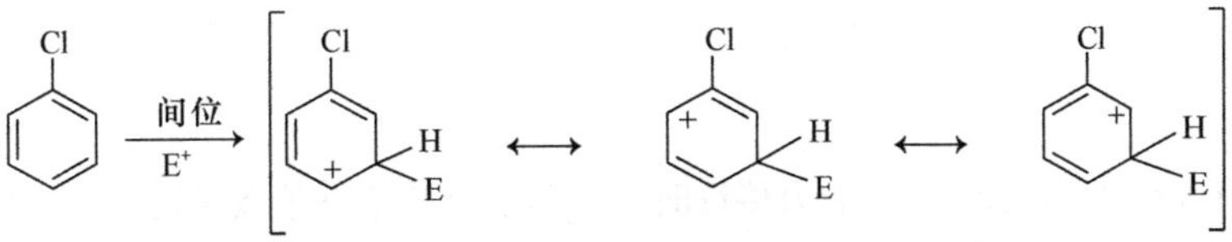

氯苯的邻、对位亲电取代产物中，有氯鎓离子结构的极限式，氯鎓离子中的每个原子最外层均满足八隅体的电子结构式，比较稳定。而间位中没有这样的极限式。另外，邻位和对位都有四个极限式，而间位只有三个极限式，参与共振的极限式越多，共振杂化体应该越稳定。基于这两个原因邻、对位取代的碳正离子活性中间体比间位稳定，易生成。所以氯是邻、对位定位基。

3. 钝化的间位定位基团　取代基和苯环直接相连的原子上，如具有吸电子基团，都能通过共轭效应或者吸电子的诱导效应而降低苯环的电子云密度，从而使苯环钝化。除卤素等弱的钝化基团外，其他钝化基团都具有间位定位效应。这是因为这类钝化基团对邻、对位的钝化能力要远大于间位。

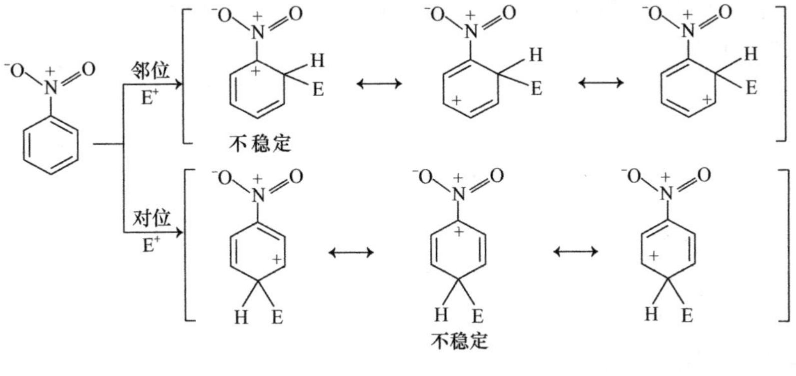

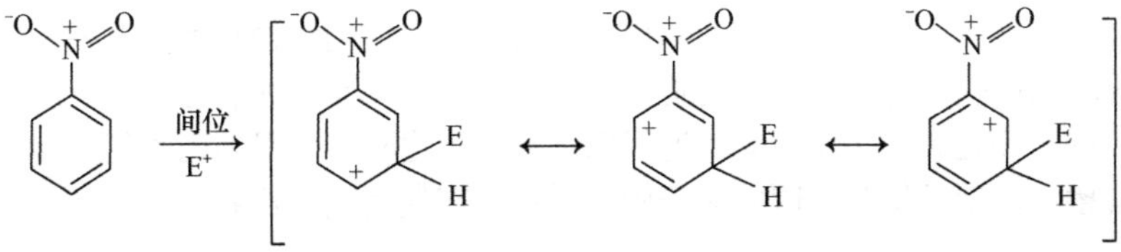

亲电试剂进攻其邻位或对位取代所产生的碳正离子中间体，有一个很不稳定的极限式，其正电荷分布在直接与吸电子基相连的环碳原子上，这在能量上是不利的。而当间位取代时，碳正离子中间体的极限结构式中，没有这种不稳定极限式。因此进攻间位所产生的碳正离子中间体，比邻或对位取代所产生的碳正离子中间体稳定，间位取代较为有利，所以硝基是间

位定位基。

(三) 二取代苯亲电取代反应的经验规律

当苯环上已有了两个取代基，如再发生亲电取代反应，第三个取代基进入的位置，有如下三种情况。

1. 原有的两个取代基都是邻、对位定位基，再进行亲电取代，第三个取代基进入的位置，主要由定位能力强的邻、对位定位基决定。因为它可以更多地降低反应中间体和过渡态的能量，使这些位置更容易发生反应。例如，对氯苯酚，由于羟基的定位能力比氯强，因此羟基的邻位更容易发生亲电取代。

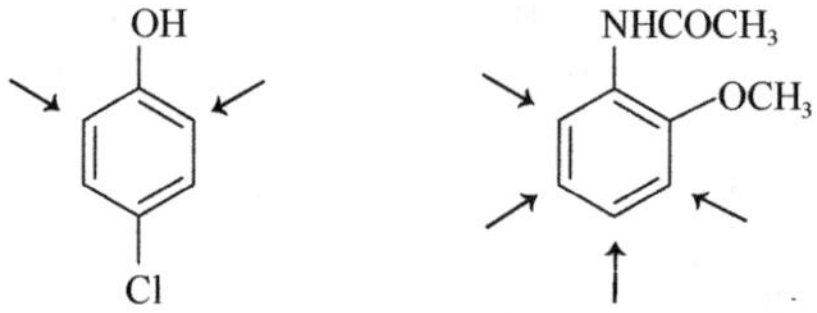

当苯环上两个定位基的定位能力接近时，如邻甲氧基乙酰苯胺再进行亲电取代，四种产物都有，很难预测它们的比例。

2. 原有的两个取代基一个是邻、对位定位基而一个是间位定位基，新取代基进入的位置，主要由邻、对位定位基决定，因为它能活化苯环，其定位影响大于钝化苯环的间位定位基。例如，间硝基乙酰苯胺进行亲电取代时，取代基主要进入乙酰氨基的邻、对位。但两个取代基中间的位置由于位阻效应的存在，一般不易引入新的取代基。

3. 原有两个取代基都是间位定位基，而且它们分别处在 1，3 位，如 3-硝基苯甲酸亲电取代时，新引入的取代基主要进入 5 位。

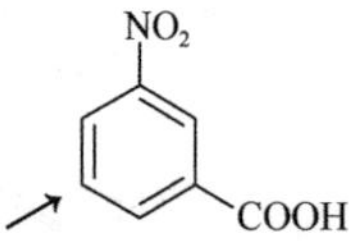

如原有两个间位定位基处于对位或邻位，则第三个取代基的定位就很复杂，因为原有两个基团都钝化苯环，使亲电取代已经很难发生，再加上它们彼此的定位矛盾，使产物的收率很低，因此很难判断以哪个基团定位为主。

(四) 定位规律的应用

在合成具有两个或多个取代基的苯衍生物时，需要应用定位规律，合理设计合成方案。例如，在合成间氯硝基苯时，应考虑到硝基是间位定位基，氯是邻、对位定位基，因此确定取代基引入苯环的顺序是关键。如果氯代先于硝化，则硝化时主要得邻硝基氯苯和对硝基氯苯，而得不到所希望的间硝基氯苯。因此应先硝化后氯代来制备间位产物。

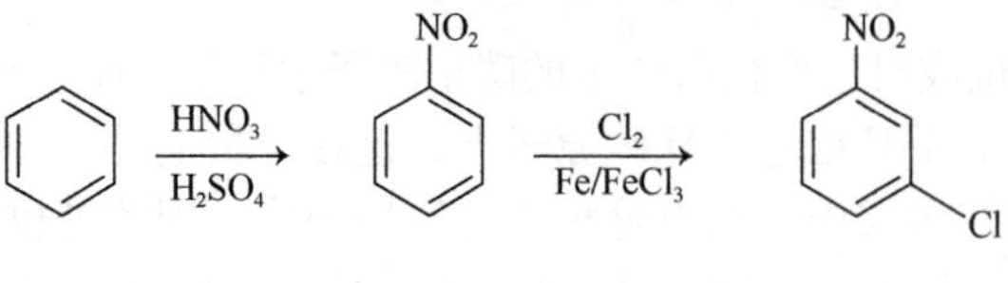

三、苯的加成和氧化反应

(一) 苯的加成反应

与烯相比，苯不易发生加成反应，但在特殊条件下也能发生加成反应。例如，在高温高压及催化剂作用下，可与氢发生加成生成环己烷；在紫外线照射和一定温度下，能与三分子氯加成生成六氯代环己烷。

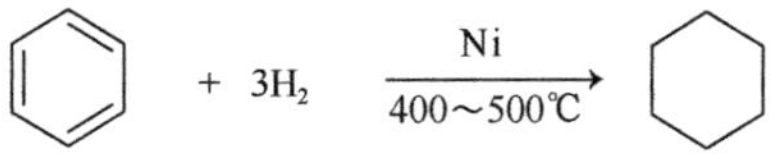

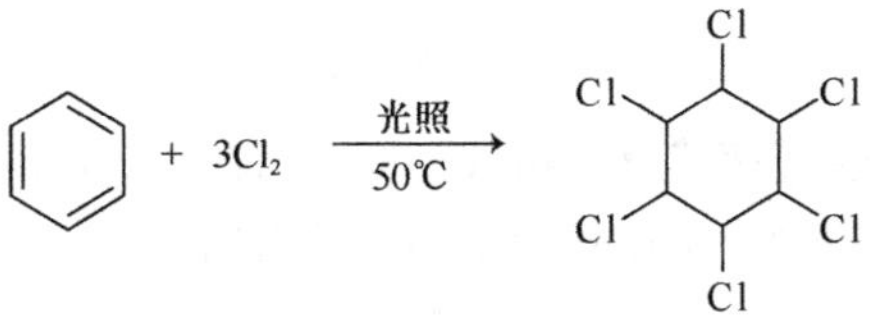

(二) 苯的氧化反应

苯环具有特殊的稳定性，通常条件下难以被氧化，即使在高温下与高锰酸钾、铬酸钾等强氧化剂共热，也不会被氧化。但苯在高温和催化剂作用下，可被氧气氧化开环，生成顺丁烯二酸酐。

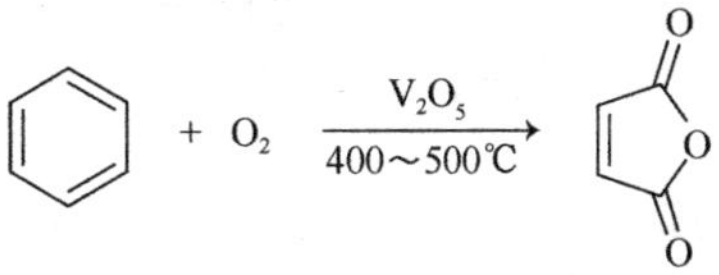

四、烷基苯侧链的反应

连接于芳环的碳链，常称为侧链。侧链上直接与苯环相连的碳原子(σ-碳原子)上的氢(σ-氢原子)受苯环的影响而被活化。通过此氢，易发生氧化和卤代反应。

(一) 烷基苯侧链氧化反应

烷基苯易被氧化，氧化发生在侧链上。并且不管侧链多长，最后都氧化成羧基，若与苯环直接相连的碳原子上没有 σ-氢原子，则侧链不被氧化。

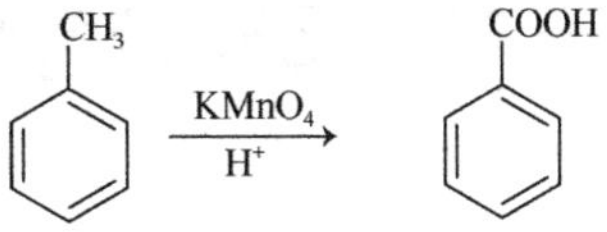

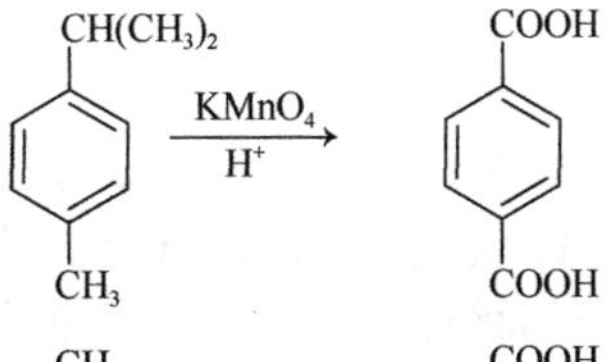

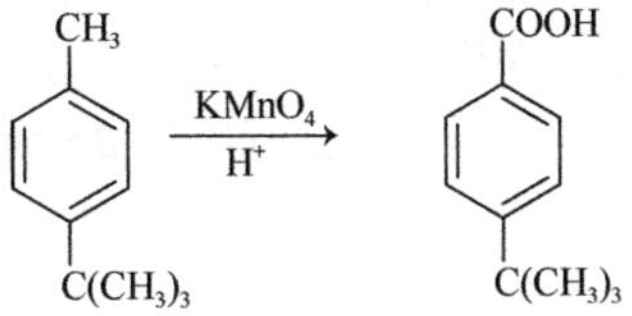

(二) 烷基苯侧链卤代反应

在高温或光照下，烷基苯与氯或溴反应，反应将不能发生在芳环上，而是芳环侧链上的氢原子被氯或溴取代，并且优先取代芳环的 σ 氢。例如，光照下，乙苯与氯的反应得到一个混合物；而乙苯与溴在日光下反应，σ 溴乙苯几乎是唯一产物，表明自由基溴代时，溴对不同氢原子取代具有选择性。

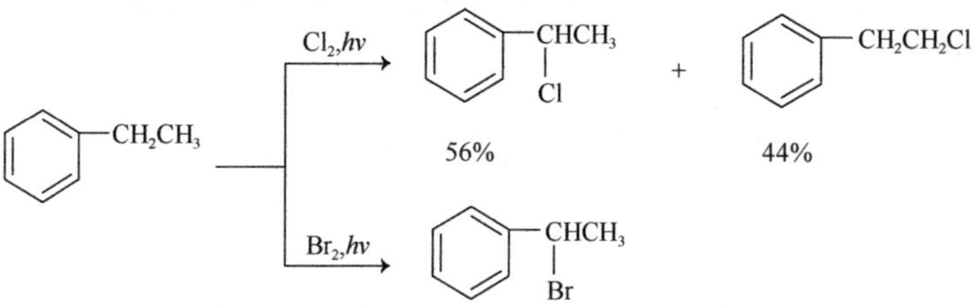

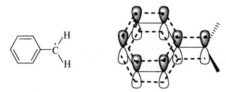

烷基苯侧链卤代反应和烷烃卤代反应机理一样，属自由基反应，通常在苯环附近的 σ 碳原子上发生反应，在链式反应中会产生比较稳定的苄基自由基(图 4-5)。

图 4-5　苄基自由基

在苄基自由基中，苯环上的轨道和未成对电子所在的轨道可形成共轭体系，因此较稳定。此外，苄基自由基的稳定性也可通过共振理论来解释。苄基自由基是以下四个极限式的共振杂化体，比较稳定。

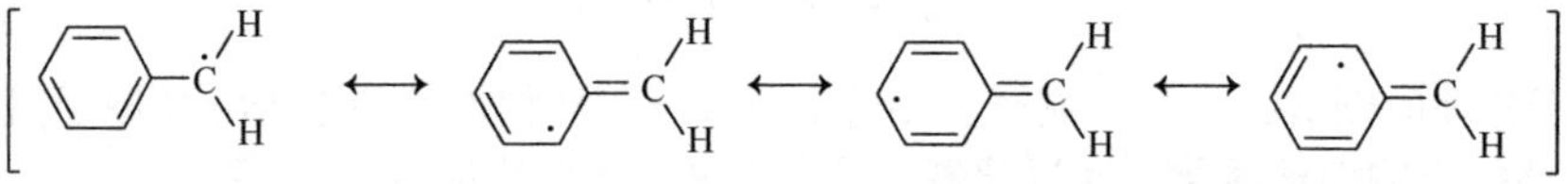

一般苄型≈烯丙型＞烷基自由基，其相对稳定性的顺序如下所示。

$(C_6H_5)_3\dot{C} > (C_6H_5)_2\dot{C}H > C_6H_5\dot{C}H_2 \approx CH_2 = CH\dot{C}H_2 > R_3\dot{C} > R_2\dot{C}H > R\dot{C}H_2 > \dot{C}H_3$

第五节　多环芳香烃

一、萘

(一) 结构和物理性质

萘的分子结构与苯类似，10 个碳原子的轨道也是 sp^2 杂化，每个碳原子的杂化轨道分别与相邻碳原子的杂化轨道或氢原子的 1s 轨道重叠形成 σ 键，构成一个平面的双环结构，每一个碳原子中没有参与杂化的 p 轨道与平面结构相垂直，从侧面重叠形成一个闭合共轭离域大 π 键(图 4-6)。但是萘环的键长没有完全平均化，因此没有苯环稳定，比苯环容易发生亲电取代反应、氧化反应及加成反应。萘环上 α 位碳原子电子云密度比 β 位碳原子上的大，因此萘环上的亲电取代反应多发生在 α 位上。

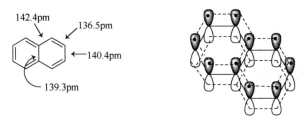

图 4-6 萘的闭合共轭离域大 π 键体系

萘一般可写出三个极限式，共振能约为 250kJ/mol。

萘的共振结构式

萘为白色片状晶体，分子式为 $C_{10}H_8$，熔点 80℃，沸点 218℃，有特殊的气味，易升华，不溶于水，易溶于乙醇、乙醚等有机溶剂，可制成用于防蛀的卫生球。

(二) 化学性质

1. 亲电取代反应 萘能发生硝化、卤代、磺化和弗-克酰基化等一系列常见的芳香亲电取代反应，α 位是反应的活性位置。

$$+ \ HNO_3 \xrightarrow{H_2SO_4}$$

10　:　1

1-硝基萘　　　2-硝基萘

萘的卤代也主要得 α 位取代产物，如溴代时不用催化剂即可得到纯的 1-溴萘产物。

$$+ \ Br_2 \xrightarrow[\triangle]{CCl_4}$$

由于萘的 α 位活性比 β 位大，萘在较低温度下磺化时，反应产物主要是 α-萘磺酸；但由于磺酸基的体积比较大，处在异环相邻 α 位(8 位)上的氢原子的范德瓦尔斯半径之内，由于空间位阻，α-萘磺酸不稳定。在较低的温度下，α-萘磺酸的生成速率快，逆反应不显著，α-萘磺酸生成后不易逆向转化，所以得到 α 取代产物。当在较高温度时，先生成的 α-萘磺酸最终得到较为稳定的 β-萘磺酸。

立体障碍大　　　　　立体障碍小

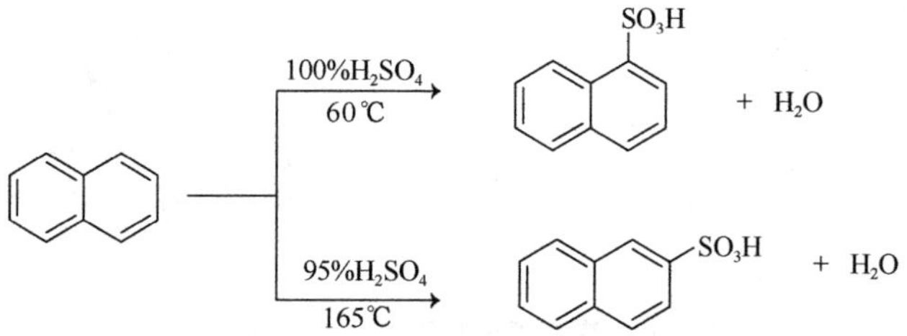

萘的弗-克酰基化反应常得混合产物，产物与反应温度及溶剂的极性有关。在低温和非极性溶剂(如 CS_2)中主要生成 α 酰化产物，而在较高温度及极性溶剂(如硝基苯)中主要生成 β 酰化产物。

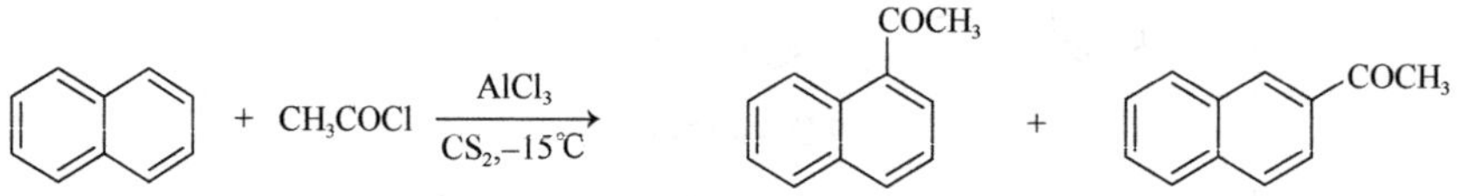

3:1产物难以分离

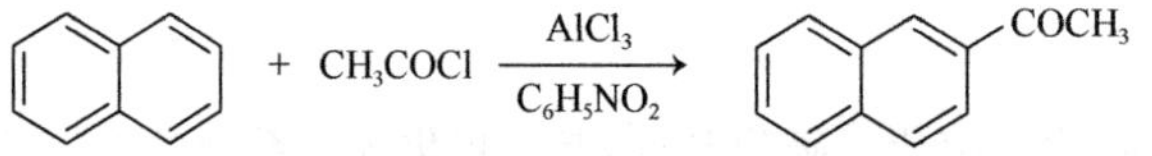

2-乙酰基萘
90%

2. 氧化反应　萘比苯易被氧化，主要发生在 α 位上，不同条件可得不同产物。

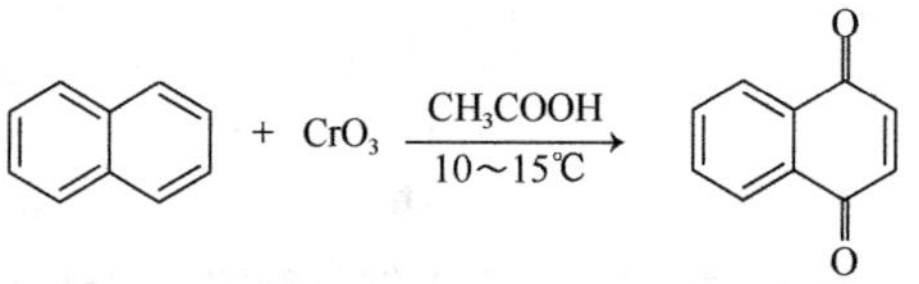

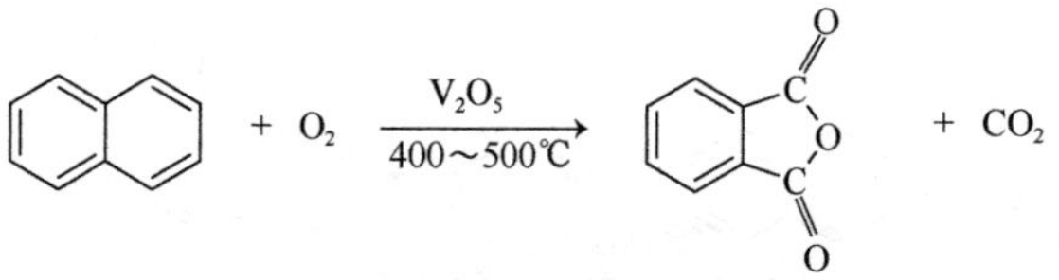

取代萘氧化时，取代基对开环的位置有影响。由于氧化是失电子过程，因此具有供电子基取代的环，电子密度较高，较易被氧化开环；相反，具有吸电子基取代的环，较难被氧化开环。

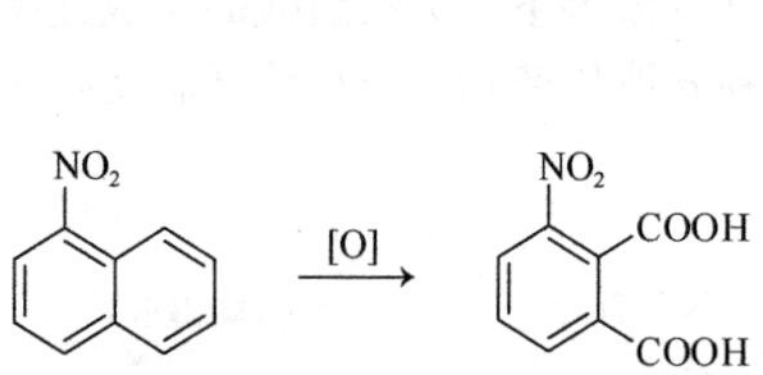

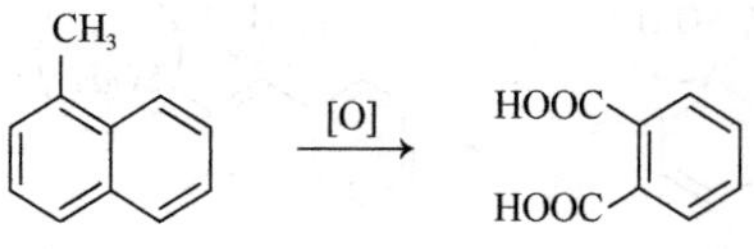

3. 还原反应　萘比苯容易被还原，还原产物与试剂及条件有关。

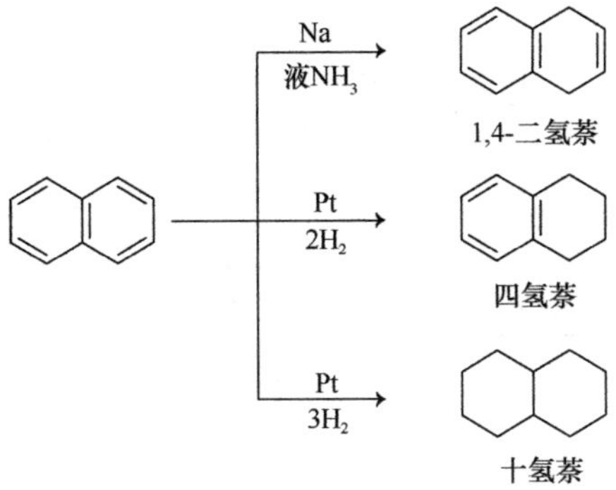

1,4-二氢萘

四氢萘

十氢萘

二、蒽、菲和其他稠环芳烃

(一) 蒽和菲

蒽和菲都存在于煤焦油中，分子式均为 $C_{14}H_{10}$，二者互为同分异构体。蒽是片状结晶，具有蓝色荧光，熔点 216℃，沸点 340℃，不溶于水，也难溶于乙醚和乙醇，但能溶于苯。菲是白色结晶，熔点 100℃，沸点 340℃，不溶于水，易溶于乙醚和苯。

蒽和菲均由三个苯环稠合而成。蒽为直线稠合，菲为角式稠合。所有原子都在一个平面上，分子中也存在闭合共轭离域大 π 键，键长没有完全平均化，因此没有苯稳定。

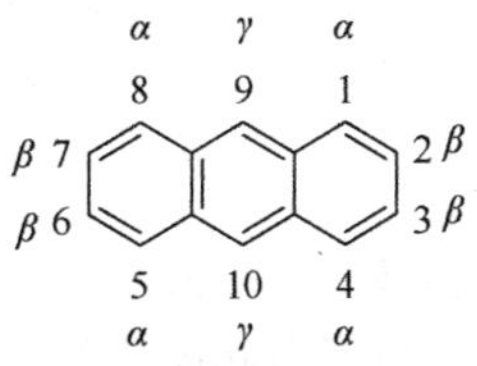

蒽 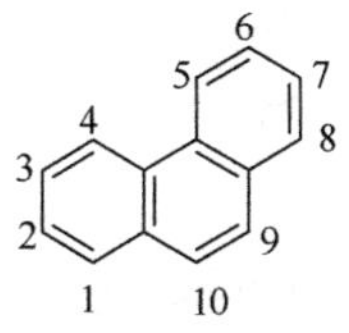　　　　　　菲

蒽的结构中，1，4，5，8 位置等同，称为 α 位；2，3，6，7 位置等同，称为 β 位；9，10 位置等同，称为 γ 位。

蒽和菲的芳香性不及萘，因此它们比萘更容易发生氧化反应、加成反应及取代反应，反应主要发生在 9，10 位上，因为 9，10 位反应所得产物均仍保持两个完整的苯环。

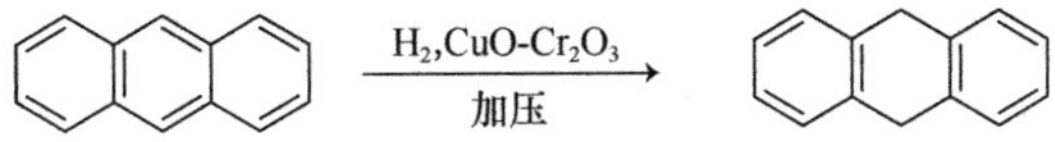

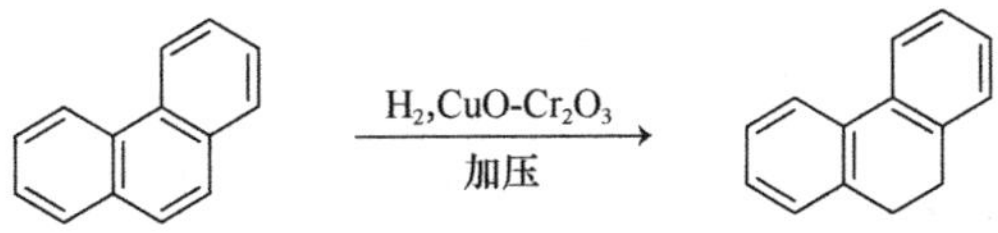

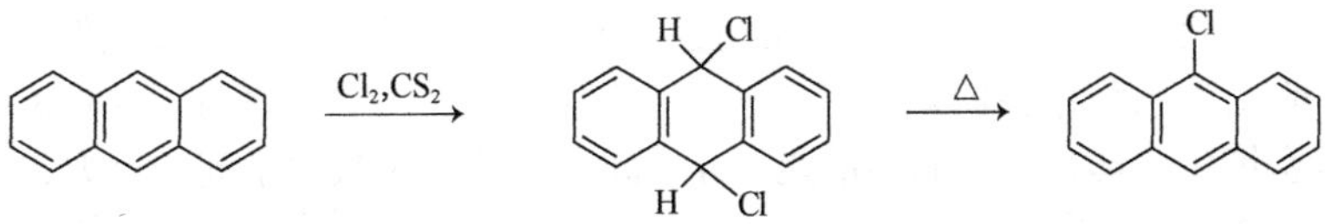

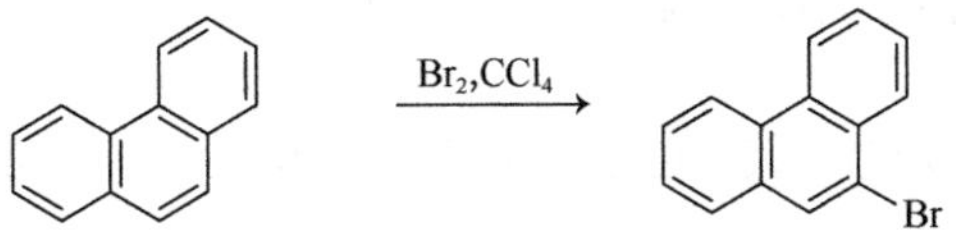

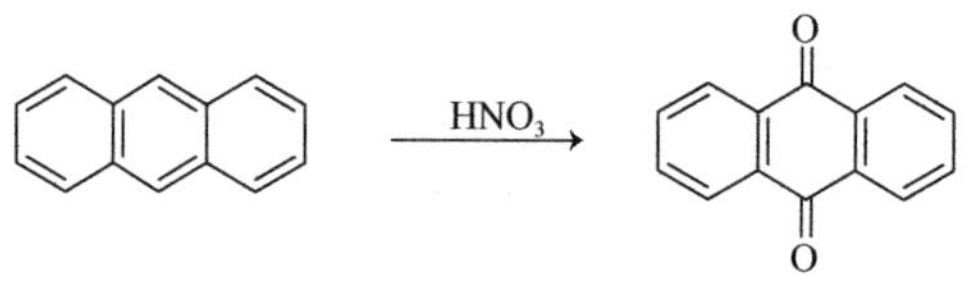

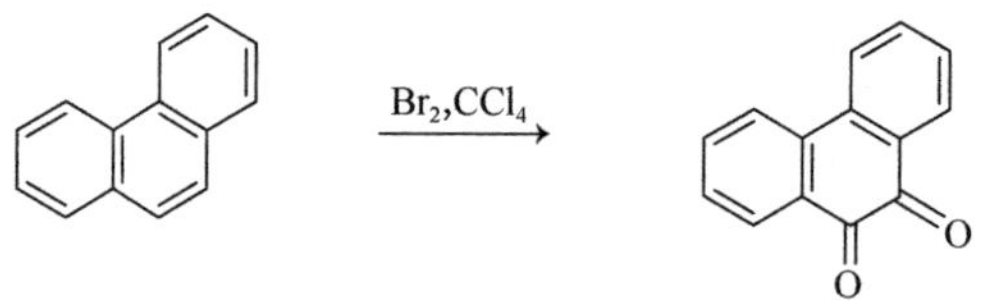

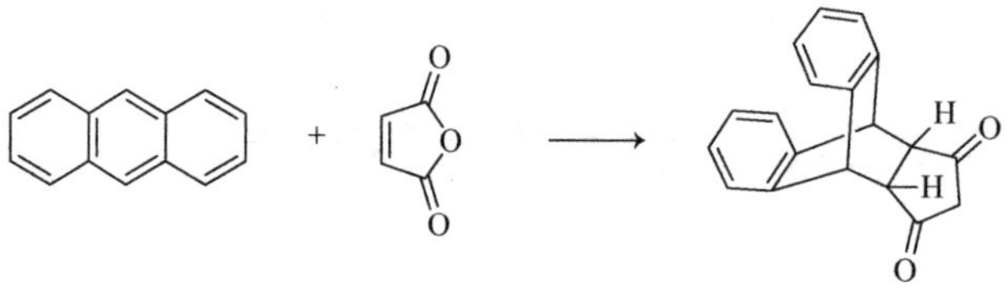

(二) 其他稠环芳香烃

芳烃主要来自煤焦油，其中可分离出其他稠环芳烃。例如，茚、芴和苊是芳环与脂环相稠合的芳烃；四苯、五苯和芘等是高级稠环芳烃。

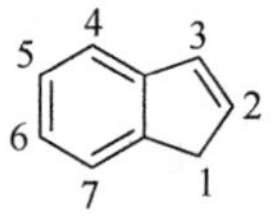

茚

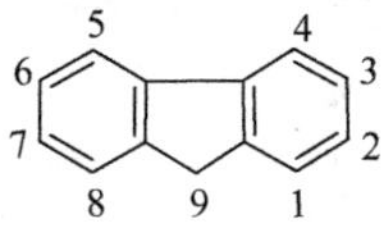

芴

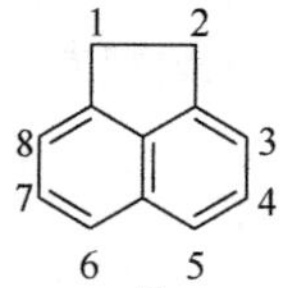

苊

此外还有显著致癌作用的稠环芳香烃常称为致癌芳烃(carcinogenic aromatic hydrocarbon)，它们都是蒽或菲的衍生物，皮肤长期接触其蒸气，可能引起皮肤癌。它们多存在于煤焦油、沥青和烟草的焦油中，其中以 3,4-苯并芘的致癌性最强。例如：

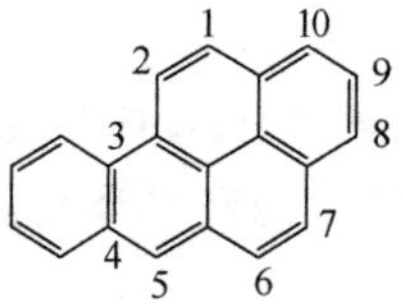

3,4-苯并芘

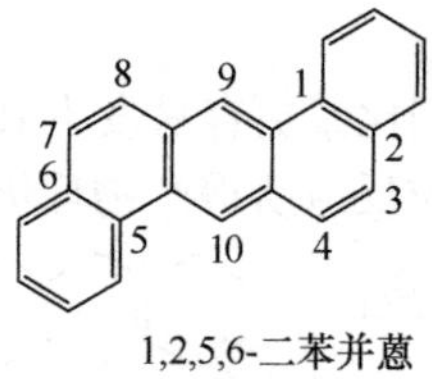

1,2,5,6-二苯并蒽

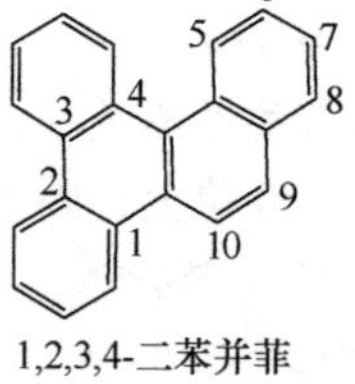

1,2,3,4-二苯并菲

三、联 苯

联苯类化合物是两个或多个苯环直接以单键相连所形成的一类多环芳烃。这类化合物中最简单的是由苯环组成的联苯。

联苯分子中，两个苯环共平面，它们组成一个大的共轭体系，分子位能低。但由于 2,2′位和 6,6′位上两对氢之间的相互排斥力(图 4-7)，又使分子产生一定的张力。在晶体中平面型的联苯分子可以紧密堆积，具有较高的晶格能，分子间力大于两对氢原子间的斥力，所以在晶体中两个苯环是共平面的。但在溶液和气相中，不存在来自晶格能的稳定作用，使两个苯环不处于同一平面，约成 45°角(图 4-8)。

联苯最主要的化学性质也是离子型亲电取代。可把一个苯环看作另一个苯环的取代基，亲电取代反应总是发生在活性较大的环上。

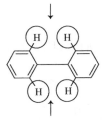

图 4-7 两个对邻位氢间的空间作用

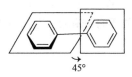

图 4-8 联苯在溶液和气相中的优势构象

第六节 非苯芳香烃和休克尔规则

不具有苯环结构，但具有类似苯的芳香性的烃类化合物，称为非苯芳香烃(non-benzenoid hydrocarbon)。

一、休克尔规则

1937 年，休克尔(Hückel)在以分子轨道法计算了单环多烯烃的 π 电子能级后，提出了判断某一化合物是否具有芳香性的规则，被称之为休克尔规则(Hückel rule)。按此规则，芳香性分子必须具备三个条件：①分子必须是环状化合物且成环原子共平面；②构成环的原子必须都是 sp^2 杂化原子，它们能形成一个离域的 π 电子体系(环原子中不能有 sp^3 杂化原子中断这种离域 π 电子体系)；③π 电子总数必须等于 $4n+2$，其中 n 为自然数(n 不是指环碳原子数)。

依据休克尔规则，苯是具有 6π 电子环状平面共轭大 π 体系，符合上述的三个芳香性的评判标准。其他具有 6(n=1)、10(n=2)和 14(n=3)π 电子的芳香体系，将在下面轮烯和环状正负离子中讨论。

有些环状多烯烃，虽然也具有环内交替的单键和双键，但它们不符合休克尔规则芳香性的要求，因而是没有芳香性的。例如，环丁二烯和环辛四烯。

环丁二烯非常不稳定，仅从红外光谱见其瞬间存在，至今还没有被分离得到。环丁二烯有 4 个 π 电子，不能满足休克尔规则芳香性的要求；环辛四烯有 8 个 π 电子，电子总数也不符合 $4n+2$，而且它不是一个平面分子，它的 2p 轨道不能重叠形成环状共轭大 π 体系，故也是非芳香性的。虽然环辛四烯是一个稳定分子，但它的性质同正常烯烃，如它能与溴发生加成反应，也容易被氢化。

环丁二烯   环辛四烯

二、轮烯的芳香性

单环共轭多烯统称轮烯(annulene)。例如，环丁二烯、环辛四烯和环十八碳烯分别称为[4]轮烯、[8]轮烯和[18]轮烯，方括号中的数字代表成环碳原子数。

[10]轮烯   [14]轮烯   [18]轮烯

在[10]轮烯中，双键如果是全顺式，由此构成的平面环内角为 144°，显然角张力太大。要构成平面，并且符合 120°，必定有 2 个双键为反式。但这样在环内有 2 个氢原子，它们之间的空间扭转张力足以破坏环平面性。因此它虽属于 $4n+2$ 个 π 电子数，但由于达不到平面性，故是非芳香性的。[14]轮烯要构成平面环，必定要有 4 个氢在环内，因此也破坏了平面性，也是非芳香性的。[18]轮烯虽然环内有 6 个氢，但环较大，允许成为平面环，故是芳香性的。

在 $4n+2$ 规则中，n 数值增大时，芳香性逐步下降，目前估计 n 的极限值为 5，即芳香性到[22]轮烯结束。大环轮烯的芳香性还在研究中。

三、环状正、负离子的芳香性

奇数碳的环状化合物，如果是中性分子，如环戊二烯，因此必定有一个 sp^3 杂化碳原子，不可能构成环状共轭体系。但它们转化为正离子或负离子时，就有可能构成环状共轭体系。

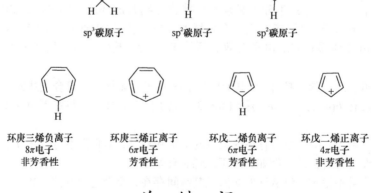

sp^3碳原子 sp^2碳原子 sp^2碳原子

环庚三烯负离子   环庚三烯正离子   环戊二烯负离子   环戊二烯正离子
8π电子   6π电子   6π电子   4π电子
非芳香性   芳香性   芳香性   非芳香性

关　键　词

芳香烃 aromatic hydrocarbon　　　　傅-克反应 Friedel-Crafts reaction
苯 benzene　　　　　　　　　　　　定位基 directing group
亲电取代 electrophilic substitution　　非苯芳香烃 non-benzenoid hydrocarbon
硝化反应 nitration reaction　　　　　休克尔规则 Hückel rule
磺化反应 sulfonation reaction

本 章 小 结

　　芳香烃是指具有环状结构、高度不饱和性、特殊稳定性、不容易发生加成和氧化反应，而可以发生环上氢原子取代反应的烃类化合物，总体上可分为含苯环的苯型芳香烃和不含苯环的非苯型芳香烃两类，也可根据芳香环的数目分为单环芳烃和多环芳烃两类。芳香烃的"芳香性"符合休克尔规则。芳香烃常用俗名，可根据取代基而采用系统命名法命名。

　　绝大多数芳香烃都含有苯环结构。苯是最常见和最简单的芳香烃，其六个碳原子均为 sp^2 杂化，每个碳原子都以"肩并肩"的方式重叠，构成一个属于六个碳原子共有的闭合环状共轭大π键体系，六个 C—C 键完全等同，分子中没有单双键区别。苯及其同系物一般为无色而具有气味的液体，不溶于水，常作为有机溶剂。

　　芳香烃容易发生环上的亲电取代反应，如卤代反应、硝化反应、磺化反应、弗-克烷基化和弗-克酰基化反应；芳香烃的亲电取代反应符合定位基的定位规律，可用于指导芳香烃的分析和芳香烃各种衍生物的制备。芳香烃的芳香环在特殊条件下可发生加成反应和氧化反应。

　　常见的多环芳香烃有含多个独立苯环的联苯、三苯甲烷，有稠环的萘、蒽、菲等，还有符合休克尔规则的轮烯和部分环状正、负离子。

阅读材料

多环芳香烃的致癌性

　　芳香烃是一类含有多个苯环的芳香族化合物，常存在于石油沥青、煤焦油中，一些有机物不完全燃烧时也可以产生此类物质。目前已知的多环芳香烃类化合物有数百种，其中一些具有很强的致癌作用。现在已经发现的肯定致癌化学物质超过 450 种，其中 200 余种属于多环芳烃类化合物。1955 年，科学家们成功地从油烟和沥青中分离出一种强致癌物质——3,4-苯并芘($C_{20}H_{12}$)，至今 3,4-苯并芘仍是致癌性最强的物质之一。这是一种含有五个环的稠环芳香烃，有关资料报道，苯并芘对实验动物的半致癌剂量为 80μg，最小致癌剂量为 0.4～2μg。熏制的食品中，如熏火腿肠等，也含有不同程度的 3,4-苯并芘，烤焦的淀粉也会产生 3,4-苯并芘。某些熏烤食品中 3,4-苯并芘含量高达 6.7μg/kg。

　　多环芳香烃的化学结构与致癌性的关系被众多科学家和肿瘤研究者所重视。研究表明多环芳香烃不是直接的致癌物，致癌机理是多环芳香烃在机体细胞中的酶的作用下发生环氧化和羟基化，形成环氧化合物。由于环氧化合物的高度反应活性，易于攻击遗传物质DNA分子，从而引起细胞变异。例如，致癌物——苯并芘的致癌过程如下所示。

苯并芘　　　　　7,8-二氢二醇-9,10-环氧化物

　　目前认为 7,8-二氢二醇-9,10-环氧化物是 3,4-苯并芘的终致癌物。这一化合物的环氧环打开后，10 位氧为亲电子中心，易与细胞大分子 DNA、RNA 或蛋白质以共价键结合。根据研究得知，3,4-苯并芘的代谢活化终致癌物 7,8-二氢二醇-9,10-环氧化物主要是与鸟嘌呤的

2-氨基结合。Osborne 等 1967 年报道，3,4-苯并芘的终致癌物还可以和鸟嘌呤的 N-7 反应。也有报道称它还可以与原嘌呤的 6-氨基结合。

多种多环芳香烃都可被有代谢能力的培养细胞进行代谢，但其代谢产物与细胞大分子结合的程度不同，只有当代谢产物与细胞大分子结合达到一定程度才能显示致癌性。

习　题

1. 命名下列化合物。

(1)

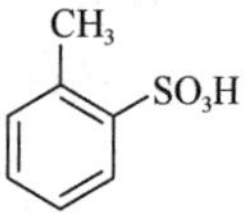

(2)

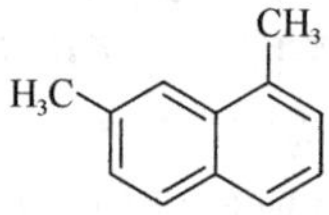

(3)

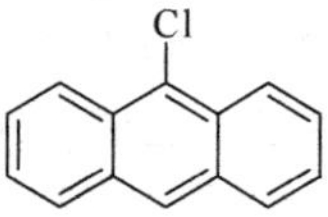

(4)

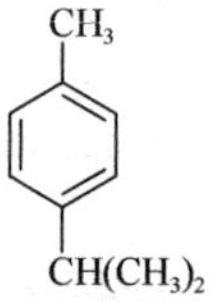

(5)

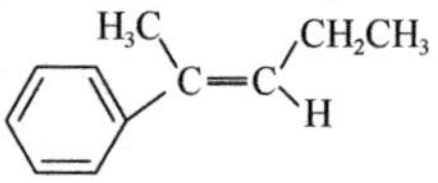

(6)

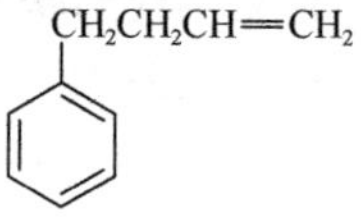

2. 完成下列反应(写出主要产物)。

(1) 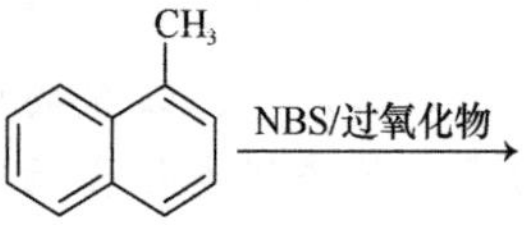 NBS/过氧化物

(2) 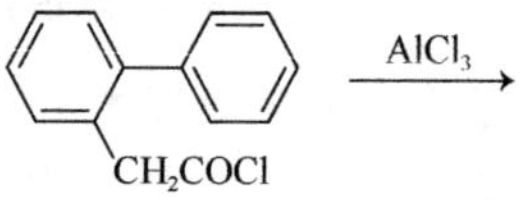 $\xrightarrow{AlCl_3}$

(3) H_3C——$C(CH_3)_3$ $\xrightarrow{KMnO_4/H^+}$

(4) —$CH=CH_2$ $\xrightarrow{Cl_2/H_2O}$

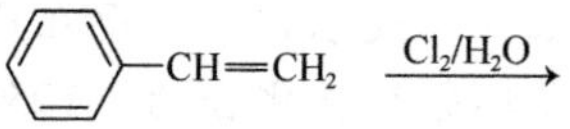

(5) 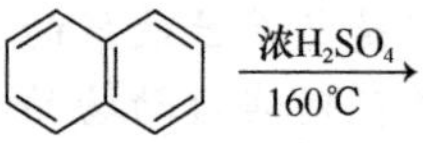 $\xrightarrow[160℃]{浓H_2SO_4}$

(6) 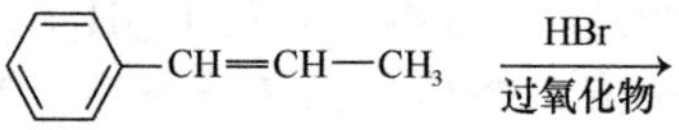 —$CH=CH-CH_3$ $\xrightarrow[过氧化物]{HBr}$

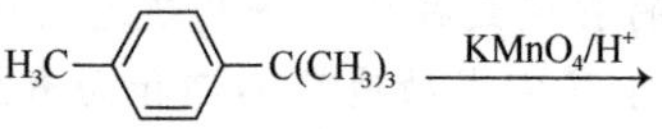

3. 判断下列化合物是否有芳香性。

(1) 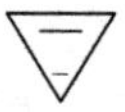 (2)  (3)  (4)

(5) 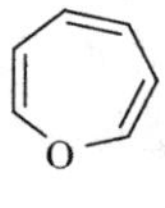 (6) 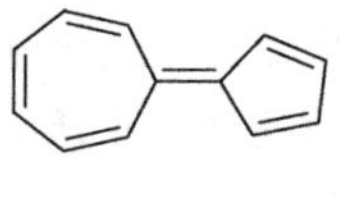 (7)  (8)

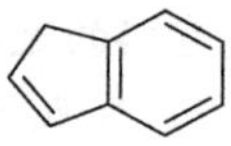

4. 用反应机理解释下列反应。

(1) 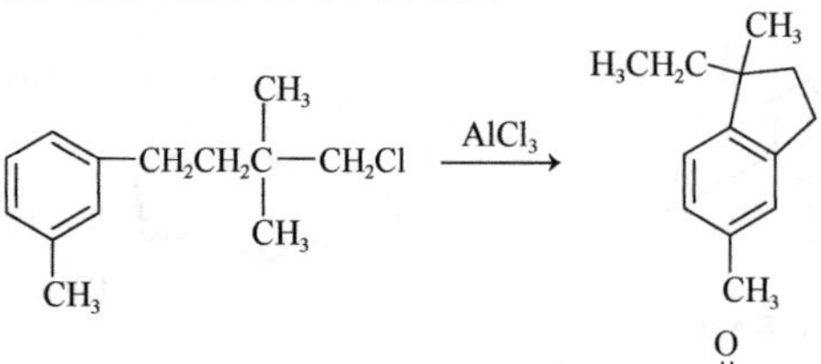 $\xrightarrow{AlCl_3}$

(2) 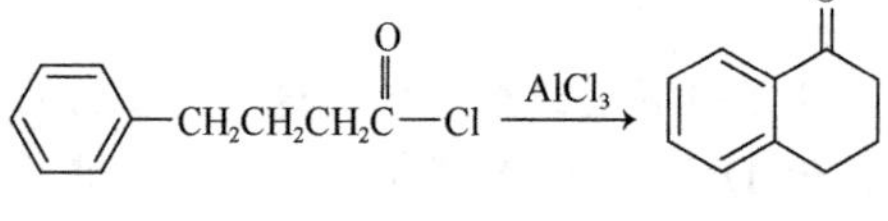 $\xrightarrow{AlCl_3}$

5. 用化学方法鉴别下列化合物。

(1)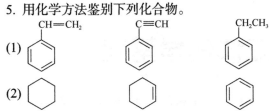

(2)

6. 以苯或甲苯为起始原料，合成下列化合物。

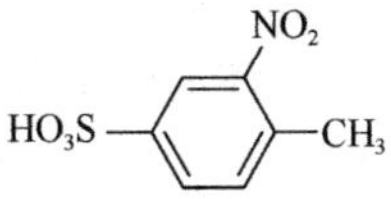

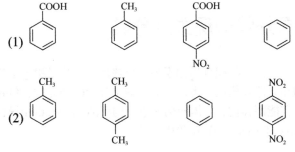

7. 比较下列各组化合物发生亲电取代反应的难易。

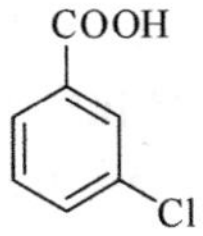

(1) 略

(2) 略

8. 有三种化合物 A、B、C，分子式均为 C_9H_{12}。用 $KMnO_4$ 的酸性溶液氧化后，A 变为一元羧酸，B 变为二元羧酸，C 变为三元羧酸。但经浓 HNO_3 和浓 H_2SO_4 硝化，A 和 B 分别生成两种一硝基化合物，而 C 只生成一种一硝基化合物，试写出 A、B、C 的结构式，并写出各步反应方程式。

9. 某烃 $A(C_9H_8)$ 与硝酸银的氨溶液反应生成白色沉淀，催化氢化生成 $B(C_9H_{12})$；氢化产物用酸性高锰酸钾氧化得到 $C(C_8H_6O_4)$，C 经加热得到 $D(C_8H_4O_3)$。试推导 A、B、C、D 的结构式，并写出各步反应方程式。

（王宏丽）

第五章 立体化学基础

碳原子 sp^3 杂化轨道的四面体结构，使得绝大多数有机化合物分子具有三维立体构型；即使具有相同分子式，化合物也可能因为不同的结构而具有完全不同的性质。因此，研究有机化合物的立体结构非常重要。立体化学(stereochemistry)是有机化学的一个重要分支，主要研究分子中原子或基团的空间排布、立体异构体的分离与制备及分子结构对化合物理化性质的影响等。立体化学涉及内容很多，本章主要讨论立体化学的基本概念、外消旋体的分离方法、立体异构对理化性质及分子药物活性的影响。

第一节 同分异构现象及分类

有机化合物同分异构现象十分普遍。同分异构包括构造异构和立体异构两大类。构造异物可分为碳链异构、位置异构和官能团异构，立体异构又包括构型(configuration)异构和构象(conformation)异构等(图 5-1)。

$$
\text{同分异构}
\begin{cases}
\text{构造异构}
\begin{cases}
\text{碳链异构} \\
\text{位置异构} \\
\text{官能团异构}
\end{cases} \\
\text{立体异构}
\begin{cases}
\text{构象异构} \\
\text{构型异构}
\begin{cases}
\text{顺反异构} \\
\text{旋光异构}
\end{cases}
\end{cases}
\end{cases}
$$

图 5-1 同分异构的分类

一、构造异构

构造异构是指由于原子或基团相互连接的方式不同而产生的分子中同分异构现象，它包括碳链异构、位置异构和官能团异构。

碳链异构，例如：

$$CH_3CH_2CH_2CH_3 \qquad CH_3\underset{\underset{CH_3}{|}}{C}HCH_3$$

正丁烷 异丁烷

位置异构，例如：

$$CH_3CH_2CH_2OH \qquad CH_3\underset{\underset{OH}{|}}{C}HCH_3$$

正丙醇 异丙醇

官能团异构，例如：

$$CH_3CH_2CH_2CH_2OH \qquad CH_3CH_2OCH_2CH_3$$

正丁醇 乙醚

二、立体异构

立体异构是指具有相同原子或基团连接顺序，由分子中原子或基团在空间的排列方式不同而引起的同分异构现象，分为构象异构和构型异构。

(一) 构象异构

分子中各相连原子在没有化学键断裂的情况下，仅通过单键(σ 键)的旋转造成的原子或基团在空间具有不同排列方式的现象称为构象异构，如乙烷的对位交叉式和重叠式构象(图 5-2)

属于构象异构。通常，构象异构处于不停的快速变化中。

(二) 构型异构

构型异构是指经过断键和再成键的过程引起的原子或基团具有不同排列方式的现象。构型异构又可再分为几何异构(顺反异构)和旋光异构(光学异构)。几何异构是指取代基在双键或环状结构中排列不同而产生的异构现象(图5-3)。某些烯烃和环烃如 2-丁烯、1,2-二甲基环丙烷的顺、反异构现象都属于几何异构。

对位交叉式　　　重叠式

图 5-2　构象异构举例

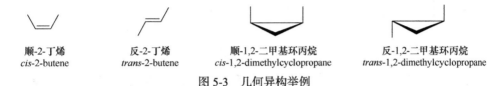

顺-2-丁烯	反-2-丁烯	顺-1,2-二甲基环丙烷	反-1,2-二甲基环丙烷
cis-2-butene	*trans*-2-butene	*cis*-1,2-dimethylcyclopropane	*trans*-1,2-dimethylcyclopropane

图 5-3　几何异构举例

旋光异构包括对映异构(enantiomerism)和非对映异构(diastereoisomerism)。本章着重讨论对映异构的有关内容。

第二节　对映异构

一、手性和对映异构现象

物体在镜子中的投影称为镜像(mirror image)。有的物体如均匀的圆木棒或篮球等能够与其镜像完全重叠；而有的物体如人的左手与右手互为实物与镜像的关系，它们相似但不能够完全重叠(图5-4)。除人的左右手外，如半片剪刀、蜗牛壳等，都具有互为镜像，但镜像与实物不能完全重叠的现象。我们将实物与镜像不能重叠的物体称为具有手性的(chiral)物体，能与其镜像重合的物体则是非手性的(achiral)物体。

左手　　　镜面　　　右手　　　互不重叠

图 5-4　人的左手与其镜像(右手)

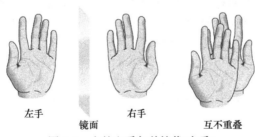

图 5-5　乙醇分子的重叠操作

手性的概念同样可以用于描述分子的结构。若有机化合物的分子与其镜像能够完全重合，即分子中任何一个原子或基团、化学键都能与其镜像的相同部位重合，这种分子是非手性分子。如图5-5中的两个乙醇分子，它们互为实物和镜像的关系，也具有对映关系；但经过翻转后，分子中的所有基团都可以重合，即乙醇分子可以与其镜像完全重合，因此乙醇为非手性分子。

但也有一些化合物分子与其镜像不能完全重叠，它们的关系就像人的左手和右手，互相对映，这种分子就具有手性(chirality)，称为手性分子(chiral molecule)。手性分子与其镜像互为立体异构体，这种现象称为对映异构，这样一对立体异构体被称为对映异构体(enantiomer)，简称对映体。例如，2-丁醇分子结构如图 5-6 所示，分子与其镜像不能重合，因此，2-丁醇为手性分子，其实物与镜像是一对对映异构体。

具有手性的分子大都具有一个共同的结构特征，即分子中存在一个或多个连接有四个不同原子或基团的碳原子，该类碳原子称为不对称碳原子(asymmetric carbon atom)或手性碳原子(chiral carbon atom)，常用 C*表示。除碳原子外，硫、氮、磷等原子也可以形成手性中心(chiral center)，如图 5-7 所示。

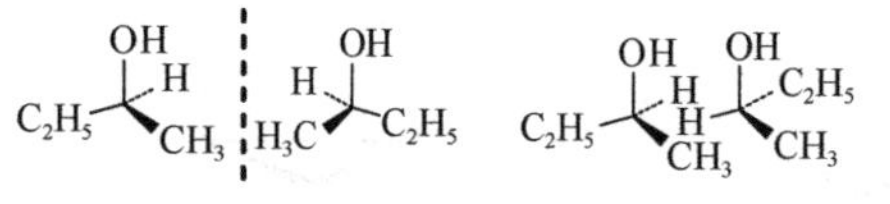

图 5-6　2-丁醇分子的重叠操作 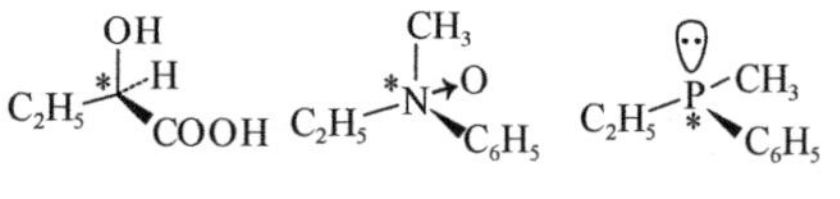　　　　图 5-7　常见的含有手性中心的手性分子

需要注意的是，手性原子是引起化合物产生手性最普遍的因素，但不是唯一的因素。有些分子虽然不含有任何手性原子，却具有手性，相关的内容将在下面的章节中详细讨论。

二、分子的手性和对称性

判断一个分子是否具有手性的唯一标准是实物与镜像是否能够重合，但是，采用这一方法判断复杂分子是否具有手性十分困难，从而需要更为简单易行的判断依据。通过观察发现，手性物体往往是不对称的(asymmetry)，而非手性物体具有一定的对称性(symmetry)，因此我们可以采用对称性因素来判断一个分子是否具有手性。

判断一个分子是否具有对称性，先将分子进行某一对称操作，再看得到的分子立体结构与它原来的立体结构是否完全重叠进而确定该分子是否具有某种对称因素，该对称因素可以是一个点(i)、一个轴(C)或一个面(σ)。

1. 对称面(σ)　能够把有机分子分割成互为实物与镜像关系的两部分的平面称为该分子的对称面(plane of symmetry)，通常用符号 σ 表示。例如，二氯甲烷分子中，有两个对称面分别沿着两个氯原子和两个氢原子并通过碳原子，将分子对称地分割成能够相互重叠的两部分。因此，二氯甲烷是对称分子。凡是对称分子都没有手性。氟氯溴甲烷分子中没有对称面，任意选择氟氯溴甲烷中的两个基团与中间碳原子形成一个平面，这个平面将分子分割成的两部分都不能互相重叠，所以氟氯溴甲烷是手性分子(图 5-8)。

2. 对称中心(i)　当分子中的任一个原子或基团到某一假想点(i)的连线，再延长到等距离处，能够遇到一个相同的原子或基团时，这个假想点就称为这个分子的对称中心(symmetric center)，用符号 i 表示。对称中心是一类重要的对称因素。下列两个化合物中，均具有一个对称中心(图 5-9)。

凡是有对称面或对称中心的分子，一定是非手性的，既无对映异构体，也无旋光性。

3. 对称轴(C)　当分子环绕通过该分子中心的一个轴旋转一定的角度时，得到的分子结构与原来的完全重叠，此轴即称为该分子的对称轴(symmetric axis)，用符号 C 表示。当旋转 $360°/n$ 角度后，与原分子结构完全重叠，此轴即称为 n 重对称轴，用符号 C_n 表示。例如，篮球球面上通过球心的任意两点的连线，就是篮球的对称轴，不难看出，篮球有无限多个对称轴。顺-2-丁烯分子中有一个 C_2 对称轴，而苯分子中有一个 C_6 对称轴和六个 C_2 对称轴(图 5-10)。

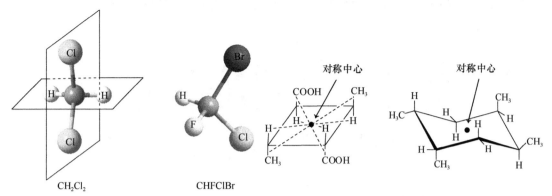

图 5-8　二氯甲烷和氟氯溴甲烷的分子结构　　　　图 5-9　分子对称中心示意图

　　如果分子内存在对称面或对称中心，分子一定无手性。但是分子内有对称轴存在时，分子可能是手性分子，也可能是非手性分子。例如，反-1,2-二溴环丙烷分子内虽然有一个二重对称轴 C_2，但其实物和镜像不能重叠，该分子为手性分子(图 5-11)。

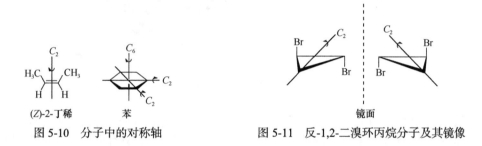

图 5-10　分子中的对称轴　　　　　图 5-11　反-1,2-二溴环丙烷分子及其镜像

第三节　对映异构体

一、对映异构体的旋光性

(一) 平面偏振光

　　光波是横波，其传播方向与振动方向垂直。普通光实际上是不同波长(400～800 nm)的光线所组成的光束，它在与传播方向垂直的所有平面内振动。当一束普通光通过尼科耳棱镜(Nicol prism)时，只有振动方向与其晶轴相平行的光能通过，因此透射过棱镜之后的光只在一个平面内振动。这种只在一个平面内振动的光叫平面偏振光，简称偏振光(polarized light)(图 5-12)。

光线的传播方向

普通光　　尼科耳棱镜　　平面偏振光

图 5-12　平面偏振光的形成

(二) 旋光性和比旋光度

　　物质能使偏振光振动平面旋转一定角度的性质称为旋光性或光学活性(optical activity)。例如，从自然界中得到的葡萄糖，能使偏振光的振动平面向右旋转(按顺时针旋转)，因此葡萄糖具有旋光性或光学活性。这种具有旋光性或光学活性的物质，称为旋光性物质或光学活性物质

(图 5-13)。测定物质旋光度的仪器叫旋光仪，其工作原理如图 5-14 所示。

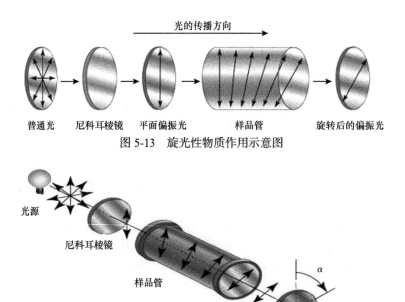

图 5-13　旋光性物质作用示意图

图 5-14　旋光仪的原理

从光源发出的一定波长的光，通过一个固定的尼科耳棱镜或偏振片后，变成偏振光，通过盛有样品的样品管后，偏振光的振动平面旋转了一定的角度 α，只有将另一个可转动的尼科耳棱镜或偏振片旋转相应的角度后，偏振光才能完全通过。通过装在检偏振器上的刻度盘读出的 α 数值，就是所测样品的旋光度。

有些化合物能使偏振光的振动平面发生顺时针旋转，叫右旋体(*dextro* isomer)，以 "+" 或 "*d*" 表示；还有一些化合物则使偏振光的振动平面向左(逆时针)旋转，叫左旋体(*laevo* isomer)，以 "–" 或 "*l*" 表示。

就某一化合物来说，实验测得的旋光度是不固定的，它受到样品溶液的浓度、样品管的长度、测量时的温度、光源波长及所使用的溶剂等因素的影响。因此，通常用比旋光度 $[\alpha]_\lambda^t$ 来表示某一物质的旋光性。比旋光度(specific rotation)是在使用钠光(波长 589 nm)为光源，样品管长度为 1dm，样品溶液浓度为 $1g \cdot ml^{-1}$ 时检测到的样品旋光度数。在一定的测定条件下，某一旋光性物质的比旋光度是一个固定的物理常数。

在实际上操作时，可以使用其他长度的样品管或不同浓度的溶液进行测定，这时可根据下式计算比旋光度 $[\alpha]_\lambda^t$。

$$[\alpha]_D^t = \frac{\alpha}{l \times c}$$

式中，α 为实测旋光度；l 为盛液管长度(dm)；c 为物质的密度或溶液的质量浓度($g \cdot ml^{-1}$)。

化合物的比旋光度也与测量时的温度和使用的溶剂有关，所以在表示比旋光度时必须同时注明温度 t(℃)和溶剂。例如，天然酒石酸的比旋光度表示为

$$[\alpha]_D^t = [\alpha]_D^{20} = +12.5°(c = 20.0, H_2O)$$

表示 20℃下，$20.0g \cdot ml^{-1}$ 的天然酒石酸水溶液在波长 589nm 的钠光下检测得到的比旋光度为右旋 12.5°。

二、对映异构体的标记

(一) 费歇尔投影式

旋光异构体的构造式相同，其原子或原子团在空间的排布不同。用图 5-15 的构型式可以准确地表示乳酸手性碳上各原子或原子团的空间排列，但书写不便。因此，通常用费歇尔投影式(Fischer projection)表示对映体的构型，也就是把图中的四面体构型按规定的投影方法，投影在纸面上。

投影规则如下：距离观察者较近的与手性碳原子结合的两个键，朝向自己(处于纸平面前方)，简化成横线；距离观察者较远的两个键，远离自己(处于纸平面后方)，简化成竖线，横线和竖线的垂直平分交叉点即代表手性碳原子。一般将含碳原子的基团放在竖线方向，把命名时编号最小的碳原子放在竖线上端，然后将这样固定下来的分子模型中的各原子或基团，投影到纸面上，就得到费歇尔投影式。(+)-和(−)-乳酸的费歇尔投影式如图 5-16 所示。

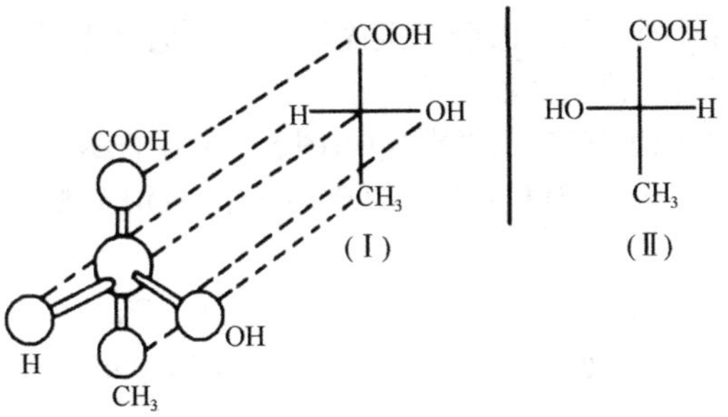

图 5-15　费歇尔投影式示意图

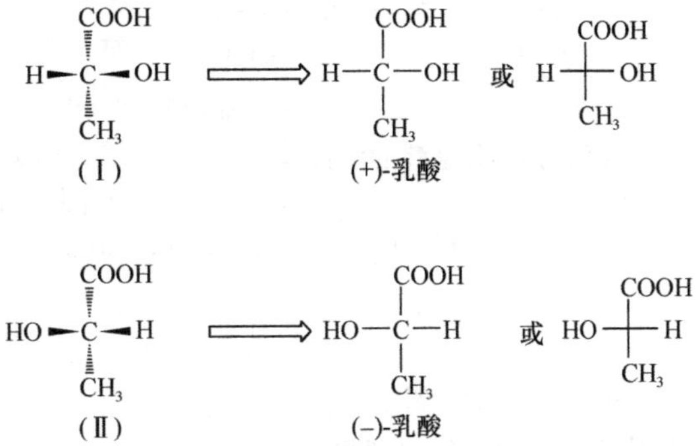

图 5-16　(+)-和(−)-乳酸的费歇尔投影式

在使用投影式时，要注意投影式中基团的前后关系，要经常与立体结构相联系。投影式不能离开纸面翻转，因为这会改变手性碳原子周围各原子或基团的前后关系。

若要知道两个投影式是否能够重叠，只能使它在纸面上旋转，而且必须旋转180°(图 5-17)，才不致改变原子或基团的空间排列顺序。

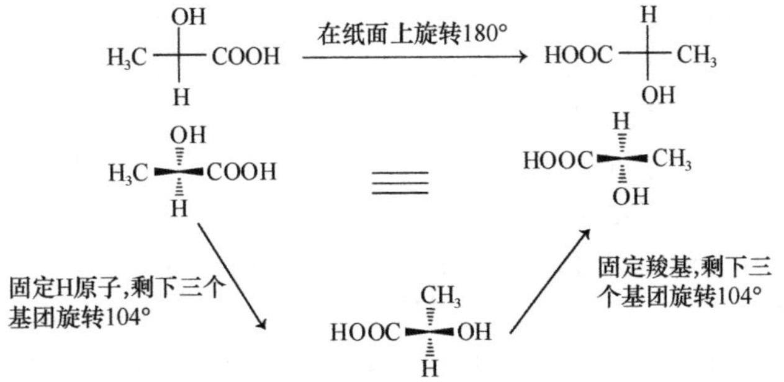

图 5-17　费歇尔投影式旋转 180°

如果将投影式在纸面上旋转 90°，将得到与原来分子相反的构型。如图 5-18 所示。

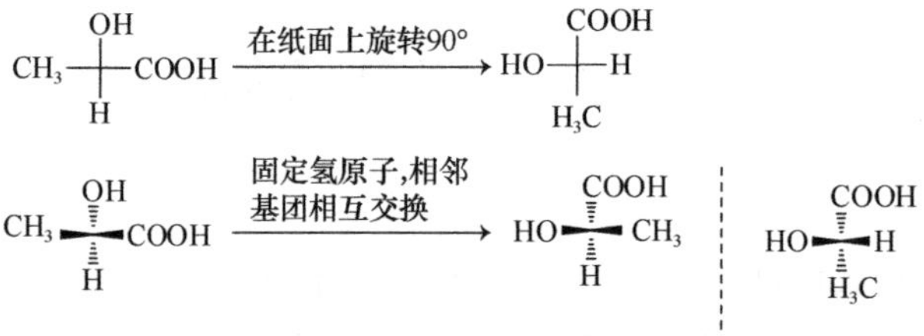

图 5-18　费歇尔投影式旋转 90°

在投影式中如果一个基团保持固定，而将另外三个基团顺时针或逆时针地调换位置，不会改变原化合物的构型。若将手性碳原子上所连接的任何两个原子或基团相互交换奇数次，将会使构型变为其对映体的构型。如交换偶数次则不会改变原化合物的构型。

(二) 绝对构型和相对构型

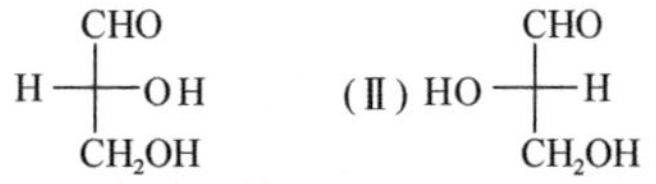

图 5-19　甘油醛的两种构型

物质分子中各原子或基团在空间的实际排布，称为这种分子的绝对构型(absolute configuration)。1951 年以前，人们只知道旋光性不同的对映体，分别代表着两种不同的空间排列，但无法确定旋光性物质的绝对构型。为了研究方便，曾以甘油醛为标准，做了人为的规定：甘油醛两种构型的费歇尔投影式中(图 5-19)，手性碳原子上—OH 在竖线右边的，为右旋甘油醛的构型(Ⅰ式)，称为 D 构型；手性碳原子上—OH 在竖线左边的，为左旋甘油醛的构型(Ⅱ式)，称为 L 构型。

在标准物质的构型规定基础上，其他旋光性物质的构型就可以通过化学转变的方法与标准物质进行关联来确定。例如，将右旋甘油醛的醛基氧化成羧基，进一步将羟甲基(CH₂OH)还原为甲基后，可以得到乳酸(图 5-20)：

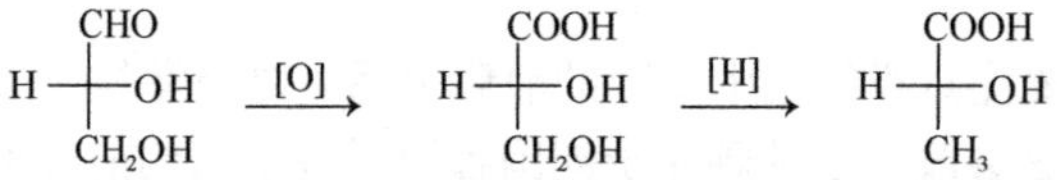

图 5-20　D-(−)乳酸和 D-(+)-甘油醛的构型关联

经测定，上述得到的乳酸旋光方向为左旋，且在甘油醛转化为乳酸的过程中，与手性碳相连的四个键都没有发生断裂，因此在整个转化过程中手性碳的构型没有发生变化。由此可以推断，(+)-乳酸的构型与 D-甘油醛一致，因此可以确定(+)-乳酸的构型为 D 构型。这样确定的构型并不一定是分子的真实构型，而是通过与人为规定了构型的标准物质进行关联而得到构型，称为相对构型(relative configuration)。

魏沃德(J. M. Bijvoet)于 1951 年用单晶 X-射线衍射法，成功地测定了右旋酒石酸铷钠的绝对构型，并因此推断出了(+)-甘油醛的绝对构型。有趣的是，实验测得的绝对构型正好与 Fischer 任意指定的相对构型相同(这纯粹是一种巧合)。这样与标准甘油醛关联而得到的旋光性物质的相对构型也就是绝对构型了。

(三) 构型的表示方法

1. D/L构型表示法　部分手性化合物可以通过一系列不涉及手性中心的化学反应与甘油醛相关联，根据所关联的甘油醛的构型，从而确定手性化合物的分子构型为 D-构型或 L-构型化合物。通常这一类化合物具有图 5-21 所示构型，其中 X 通常代表羟基、卤素及氨基等基团。

按照费歇尔投影规则,将分子中含碳原子的基团 R、R'放在竖线上,氧化态较高的基团放在上端。所得到的费歇尔投影式中,X 在竖线右边的称为 D 型,X 在竖线左边的则称为 L 型。例如,图 5-19 所示的 D-(+)-甘油醛和 L-(−)-甘油醛。

$$
\begin{array}{c}
R \\
| \\
H-\overset{*}{C}-X \\
| \\
R'
\end{array}
$$

图 5-21 手性化合物结构式

显然,D/L 标记法有其局限性,只能准确知道与甘油醛相关联的手性碳的构型,对于含有多个手性碳的化合物,或不能与甘油醛相关联的一些化合物,这种标记法就无能为力了。因此,对于多个手性碳的化合物(除了糖和氨基酸等天然化合物外),更多地采用了另一种 R/S 构型表示法。

2. R/S 构型表示法 根据 IUPAC 的建议,1970 年国际上采用了 R/S 构型系统命名法。这种命名法是根据化合物的实际构型,即绝对构型或费歇尔投影式命名的,所以它不需要与其他化合物联系比较。IUPAC 命名法的顺序规则在第二章(Z/E 命名法)中已作了介绍。

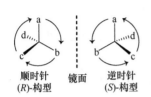

顺时针　镜面　逆时针
(R)-构型　　　(S)-构型

图 5-22 R 和 S 构型手性碳

对于含有手性碳(*C)的分子,可以用 a, b, c, d 表示手性碳上所连接的四个基团或原子,并且 a≠b≠c≠d。命名时,首先把手性碳所连的四个原子或基团(a、b、c、d),按照 IUPAC 规定的顺序法则排列其优先顺序,如 a>b>c>d。其次,将此排列次序中排在最后的原子或基团(即 d,也称末优原子或基团),放在距离观察者最远的地方(图 5-22)。这个景象与汽车驾驶员面向方向盘的情况相似,末优原子或基团 d 在方向盘的连杆上。然后再观察从最优先的 a 开始到 b 再到 c 的次序,如果是顺时针方向排列的,这个分子的构型即用 R 表示(R 取自拉丁文 Rectus,"右"的意思);如果是逆时针方向排列的,则此分子的构型用 S 表示(S 取自拉丁文 Sinister,"左"的意思)。

按照上述规则,甘油醛分子中基团的优先顺序是 OH→CHO→CH₂OH→H,其绝对构型命名如图 5-23。

若用投影式表示分子构型,也同样可以确定其 R 或 S 构型(图 5-24)。

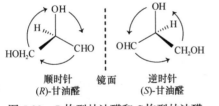

顺时针　镜面　逆时针
(R)-甘油醛　　(S)-甘油醛

图 5-23 R 构型甘油醛和 S 构型甘油醛

(S)-构型
末优基团H-在纸平面后方

(R)-构型
末优基团H-在纸平面前方

图 5-24 通过费歇尔投影式判断手性碳原子构型

需要指出的是,R/S 标记法仅表示手性分子中四个基团在空间的相对位置。对于一对对映体来说,一个异构体的构型为 R,另一个则必然是 S,但它们的旋光方向("+"或"−")是不能通过构型来推断的,与 R/S 标记无关,而只能通过旋光仪测定得到。R 构型的分子,其旋光方向可能是左旋的,也可能是右旋的。因此,分子的构型与分子的旋光性没有直接关系。只有测定出其中一个手性分子的旋光方向后,才能推测出其对映体的旋光方向,因为二者必定相反。

三、手性碳原子与对映异构体

(一) 含两个以上手性碳原子的分子

含有一个手性碳原子的化合物有 2 个立体异构体(一对对映体);当分子中有 2 个手性碳原子时最多会有 4 个立体异构体(两对对映体)。分子中手性碳原子的数目越多,其立体异构体的

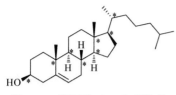

图 5-25 胆固醇(含 8 个手性碳)

数目也就越多。当分子中含有 2 个或多个手性中心时，其中分子互相不为实物和镜像的立体异构体被称为非对映异构体(diastereomer)。一般地说，当分子中含有 n 个不相同的手性碳原子时，就有 2^n 个立体异构体、2^{n-1} 个对映体和非对映体。胆固醇(cholesterol)含有 8 个手性碳原子(*表示手性碳原子)，理论上就会存在 2^8(256)个立体异构体或 2^{8-1}(128)个对映体，而实际上在自然界仅有一种胆固醇，其结构如图 5-25 所示。

需要注意的是，若分子中含有 2 个或多个相同的手性中心，同时又有对称面时，不以对映体形式存在，该立体异构体被称为内消旋体(mesomer)。对于具有 2 个或多个手性中心的分子，由于内消旋体的存在，所以立体异构体的数目就会少于 2^n 个。

对映异构体和非对映异构体都具有旋光性，而内消旋体没有旋光性。

(二) 不含手性碳原子的手性分子

手性碳原子是使分子产生手性的因素之一。有的分子不含手性碳原子，但却是手性分子。丙二烯、联芳香烃和螺环烃等就是这类化合物。

1. 丙二烯型化合物 丙二烯型化合物是累积二烯烃，含有" $\diagup C{=}C{=}C\diagdown$ "结构体系，即两个双键与同一个碳原子相连。分子中的三个碳原子，其中 C_1 和 C_3 是 sp^2 杂化的，C_2 是 sp 杂化。C_2 的两个相互垂直的 p 轨道与 C_1 和 C_3 的 p 轨道形成两个相互垂直的 π 键，C_1 和 C_3 上的两个 C—H 键也分别处于两个相互垂直的平面上，分子不具有手性(图 5-26)。

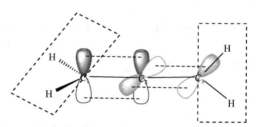

图 5-26 丙二烯分子的空间构型

如果 C_1 和 C_3 上的 H 原子被其他基团取代，分子就具有了手性，因而也有旋光异构现象，如 2,3-戊二烯就有一对对映异构体(图 5-27)。

如果丙二烯两端的任何一个碳上连有两个相同的基团，则整个分子不具有手性。如 2-甲基-2,3-戊二烯为非手性分子(图 5-28)，分子中有对称面。

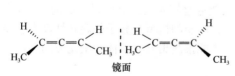

图 5-27 2,3-戊二烯的一对对映异构体

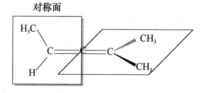

图 5-28 2-甲基-2,3-戊二烯分子中的对称面

事实上，早在 1935 年密尔斯(W. H. Mills)就成功地合成了第一个光学活性的 1,3-二苯基-1,3-二(α-萘基)丙二烯(图 5-29)。

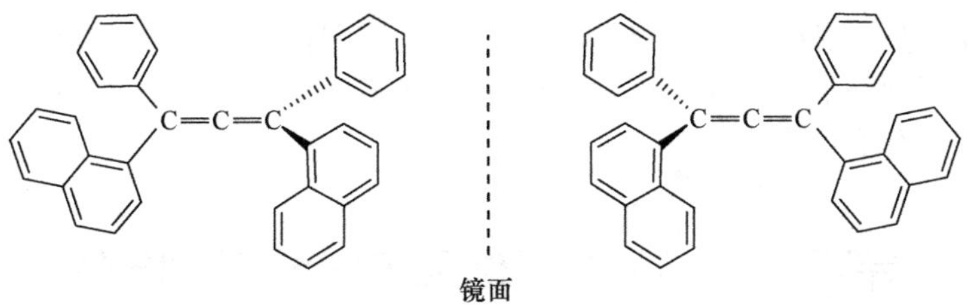

图 5-29　1,3-二苯基-1,3-二(α-萘基)丙二烯的一对对映异构体

2. 联芳香烃化合物　联苯类化合物是两个或多个苯环直接以单键相连所形成的一类多环芳烃。该类化合物中最简单的是两个苯环组成的联苯。

联苯　　　　　　　对联三苯

在晶体中，联苯的两个苯环共平面，这样分子可排列得更紧密，具有较高的晶格能。但在溶液和气相中，不存在来自晶格能的稳定作用，由于 2,2′位和 6,6′位上两对氢之间的相互排斥力，使两个苯环不能处于同一平面，约成 45°角(图 5-30)。

联苯本身两对邻位氢间的空间作用，仅约几 kJ/mol，此能垒尚不足以阻碍单键的自由旋转。但当这两对氢被大基团取代时，这种空间作用将增大。当取代基足够大时，两个苯环的相对旋转完全受阻，被迫固定，互相垂直或成一定的角度。此时，若这两对取代基不相同(即每个环上的两个取代基不同)时，分子就存在手性轴，有一对对映体，可拆分为光学纯的两个异构体，如 6,6′-二硝基-2,2′-联苯二甲酸(图 5-31)。

图 5-30　联苯立体结构示意图 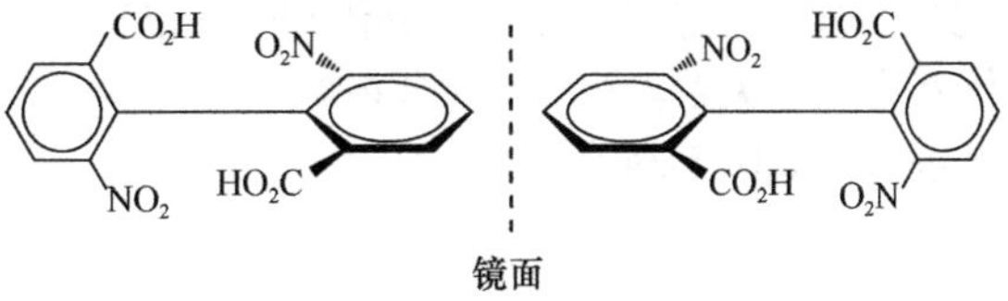　　　图 5-31　6,6′-二硝基-2,2′-联苯二甲酸的一对对映异构体

当某些分子中单键的自由旋转受到阻碍时，也可以产生旋光异构体，如 1,1′-联二萘酚就存在(R)-(+)-和(S)-(−)-两种异构体(图 5-32)。这种由单键的自由旋转受到阻碍而产生的异构体称为阻转异构体(atropisomer)。

3. 螺环化合物　螺环化合物是一类不含手性碳原子的手性分子。当螺环结构上的环相互垂直时就会产生一对对映体(图 5-33)。

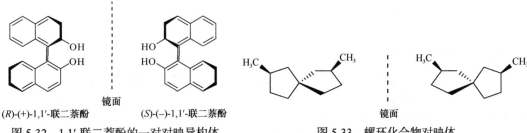

(R)-(+)-1,1′-联二萘酚　　　(S)-(−)-1,1′-联二萘酚
图 5-32　1,1′-联二萘酚的一对对映异构体　　　图 5-33　螺环化合物对映体

从上面的讨论可以看出，判断一个分子是否是手性分子，最好的办法就是看该分子是不是

对称分子。如果它是不对称的(不含对称要素)，它就是手性分子。也就是说，含一个手性碳原子的分子肯定是手性分子；含多个手性碳原子的分子不一定是手性分子(如内消旋酒石酸)；手性分子不一定都含有手性碳原子。

第四节　外消旋体及外消旋体拆分

一对对映体的旋光方向相反，比旋光度数值相同，因此由等量的一对对映体组成的混合物没有旋光性，这一混合物被称为外消旋体(racemate)，用rac-，(±)-，(D, L)-或(R, S)-来表示。外消旋体可以通过物理、化学或生物手段进行分离从而获得纯的单一对映异构体，这一分离过程被称为手性拆分(chiral resolution)。

一、外消旋体及其性质

理论上，在非手性环境中，除旋光度外，气态及液态的对映异构体具有相同的物理性质，如沸点、折射率、液体密度及红外光谱等。但在固体状态下，由于组成外消旋体的对映异构体分子之间作用力不同，形成了三种不同的聚集态类型：外消旋混合物(racemic mixture)、外消旋化合物(racemic compound)及假外消旋体(pseudoracemate)或外消旋溶液(racemic solution)。

(一) 外消旋混合物

外消旋混合物顾名思义是由两种不同的对映异构体晶体组成的混合物。外消旋体结晶时，若具有相同构型的对映体分子之间亲合力大于相反构型的对映体分子之间的亲合力时，则(+)-对映体只能在(+)-对映体的晶核上进行增长；同理，(−)-对映体的结晶也将只发生在(−)-分子之间。最后形成由(+)-晶体和(−)-晶体组成的外消旋体组成的外消旋混合物，并且两种晶体互为镜像关系。外消旋混合物熔点低于单一对映异构体熔点，溶解度大于单一对映异构体的溶解度，如图5-34所示。

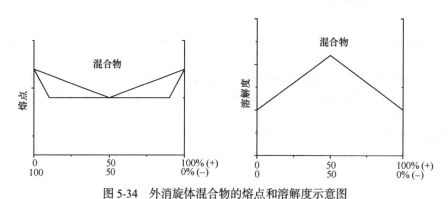

图5-34　外消旋体混合物的熔点和溶解度示意图

(二) 外消旋化合物

当外消旋体中相同构型的对映体分子之间的亲合力比相反构型的分子间的亲合力弱时，相反构型的对映体分子将在晶胞中配对，一对对映异构体的分子以有序的方式排列并形成外消旋体晶体，从而形成计量学意义上的化合物。"外消旋化合物"仅存在于晶体中，其大部分的物理性质都将与单一对映异构体晶体的性质不同，如溶解度、熔点、固态红外吸收光谱等。外消旋化合物的熔点处于熔点曲线最高点，即可以高于也可以低于单一对映异构体的熔点；而其溶解度位于溶解度曲线的最低点，见图 5-35。

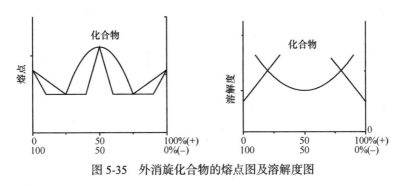

图 5-35　外消旋化合物的熔点图及溶解度图

(三) 假外消旋体

假外消旋体又被称为外消旋体固体溶液(racemic solid solution)。在假外消旋体晶体结构中，相同和相反构型的对映体分子间力无明显差别，因而对映体分子将在晶格中无序排列，形成假外消旋体，这种聚集体组成类似于溶液中溶质和溶液分子的分布状态，因而早期被称为外消旋体固体溶液。假外消旋体固体溶液的物理性质与单一对映异构体的物理性质相同或相差极小，如熔点。在理想状态下，假外消旋体的熔点与单一对映异构体熔点相同，假外消旋体的熔点组成曲线应为一条直线，但实际上假外消旋体的熔点组成曲线为略凸或略凹的曲线，如图 5-36 所示。

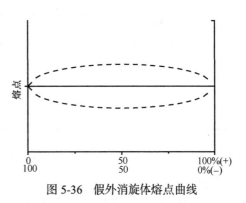

图 5-36　假外消旋体熔点曲线

二、外消旋体的拆分

手性拆分是指通过物理、化学或生物方法将组成外消旋体的一对对映异构体进行分离的过程。

由于手性药物的立体构型直接影响药物的生理活性(见第五节)，很多手性药物在实际应用中往往需要以单一对映体的形式应用于疾病治疗。相比于手性合成、酶催化合成等手性技术，手性拆分技术具有重复性好、操作简单、费用低的优势，在手性药物工业化生产中具有实际意义。

(一) 结晶法化学拆分

结晶法化学拆分是目前使用范围最广、最有效的制备手性药物的方法，主要分为直接结晶拆分及间接结晶拆分。直接结晶拆分法是利用手性药物外消旋体晶体的溶解度差异，直接结晶分离；间接结晶拆分方法则是将对映异构体首先转化为非对映异构体后，利用非对映异构体之间的溶解度差异结晶分离。

1. 直接结晶拆分法

(1) 自发结晶拆分(resolution by spontaneous crystallization)：在外消旋体混合物中，(+)-或(−)-对映体可以自发地、以单一对映体晶体析出，通过机械方式进行分离，因此自发结晶拆分法也被称为机械拆分。

(2) 诱导结晶/优先结晶(preferential crystallization)：诱导结晶拆分是对自发结晶拆分的改良，又被称为接种析晶拆分。诱导结晶通过向手性药物的外消旋体过饱和溶液中加旋光纯度的

(+)-或(−)-对映体晶体作为晶种,诱导具有相同构型的对映体优先结晶,以实现外消旋体的拆分,拆分过程如图 5-37。

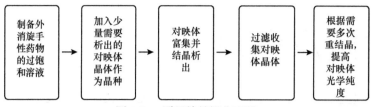

图 5-37 诱导结晶拆分流程

表 5-1 列出了若干通过诱导结晶法进行拆分的手性药物外消旋体。

表 5-1 用诱导结晶法进行拆分的若干手性药物

外消旋体	溶剂	光学纯度(%)
氯霉素母体氨基醇	水,盐酸	94.8
α-氨苄青霉素	水	≈100
天冬氨酸	水,甲酸铵	93
泛酸钙	水	>97
α-氨基己内酰胺	乙醇,$LiCl_2$	97
缬氨酸盐酸盐	异丙醇,水	97.9

需要注意的是,诱导结晶法中加入的晶体也可以与待拆分的物质不同,但构型必须与其相同。

(3) 反相结晶法(resolution by reverse crystallization):反相结晶法又被称为干扰析晶法。与诱导结晶法相反,反相结晶法中加入的干扰晶体构型与析出的晶体构型相反,加入的晶体被称为"结晶抑制剂",加入的晶体与待分离的物质往往不是同一种化合物。

(4) 手性溶剂结晶法(resolution by crystallization in optically active solvent):以具有旋光活性的溶剂,或在含有光学活性的共溶质的非手性溶剂中结晶分离对映异构体的方法被称为手性溶剂(光学活性溶剂)结晶拆分法。

2. 间接结晶拆分法(crystallization resolution via diastereomer formation) 手性药物外消旋体(±)-A 与光学活性的拆分试剂(−)-B 或(+)-B 反应生成一对非对映异构体,利用非对映异构体溶解度等理化性质的差异通过重结晶或色谱分离方法进行分离后,除去拆分剂(−)-B 即可获得光学纯的单一对映异构体(−)-A 或(+)-A,具体流程见图 5-38。通过选择不同的拆分剂,间接结晶拆分方法可以实现大部分手性药物的分离(表 5-2)。

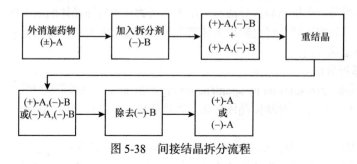

图 5-38 间接结晶拆分流程

表 5-2　间接结晶拆分法拆分剂的选择及应用

外消旋体	拆分剂	应用实例	
		手性药物	拆分剂
手性酸及内酯	生物碱、含有氨基的萜类化合物，合成手性胺化合物，氨基酸衍生物	磷霉素	(+)-α-苯乙胺
		萘普生	辛可宁
手性碱	手性羧基酸，如酒石酸，扁桃酸等	氨苄西林	D-樟脑磺酸
氨基酸	酰基、磺酰基化形成酰胺，再与碱性试剂形成非对映异构体盐	丙氨酸，苯丙氨酸，色氨酸	首先保护氨基，再用奎宁(金鸡纳碱)进行拆分
	少数可以直接与手性试剂反应分离	2-叔丁基-甘氨酸	D-樟脑磺酸
羟基化合物	成酯衍生化，再与手性碱成盐	α-苯乙醇	首先与邻苯二甲酸酐反应，再使用马钱子碱拆分

(二) 复合物及包夹拆分

复合物及包夹拆分指一些拆分试剂能够通过氢键、范德瓦尔斯力等非键作用力与外消旋体中特定构型的对映体分子形成易分解的分子复合物或者包夹化合物，再以结晶及色谱方式进行分离的方法。

1. 复合物拆分(composite resolution)　复合物拆分适用于拆分带有 π 电子的酚类和芳香化合物，以及结构中有孤对电子的有机化合物。拆分过程中，带有离域 π 电子的酚类及芳香化合物外消旋体与富 π 电子手性拆分试剂之间形成电子转移复合物，或与手性有机金属形成配合物，再进行分离。外消旋体与手性拆分剂形成的复合物具有非对映异构体特点，因此可以进一步通过结晶或是色谱的方式进行分类。相似地，含有孤对电子的有机物与手性路易斯酸/碱试剂可以通过形成非对映异构体复合物实现外消旋体的拆分。

2. 包夹拆分(inclusion resolution)　包夹拆分指具有空腔(穴)的拆分试剂(主体)与具有特定形状和尺寸的对映体(客体)分子通过非共价键结合形成笼状或包夹复合物，并利用其物理性质的差异进行分离的方法。根据包夹拆分形成复合物形式的不同，可以将其分为两类：空腔包夹拆分，常见的包夹拆分试剂有手性环状聚醚及环糊精(图 5-39)；笼状包夹拆分，多个主体分子在晶格中形成具有手性的隧道，选择性容纳外消旋体中具有适合构型的对映体分子形成复合物，主要用于分离手性线状烷烃。笼状包夹拆分的主体分子本身可以没有手性，如脲。

(三) 动力学拆分

当外消旋体在手性试剂存在下反应时，由于手性试剂反应的立体选择性，反应速率相对较快的化合物将迅速转化为产物，而反应速率较慢的对映体将保留在反应体系中。动力学拆分正是利用了外消旋体中对映体之间反应速率的差异来实现手性药物的拆分。动力学拆分可以分为化学法拆分或酶催化拆分。

1. 化学法拆分　化学拆分主要有两种类型。

(1) 化学计量反应：在手性底物或是手性辅助基团存在条件下，外消旋体发生反应，其中某一对映体迅速转化为产物，体系中仅剩下反应速率较慢的对映体，来实现拆分的目的。

(2) 催化反应：在手性催化剂存在下，外消旋体发生反应，促使某一对映体迅速转化为产物，并保留反应速率较慢的对映体分子。

2. 酶催化拆分　与手性催化剂拆分方法类似，在酶催化作用下，外消旋体中一个对映体迅速转化，而保留了反应速率较慢的对映体。相对化学拆分法，酶催化拆分方法能够识别大分子的手性，且选择性高、条件温和、环境友好。酶催化拆分方法可用于酸性药物、含有羟基的药物及酰胺类药物的拆分。

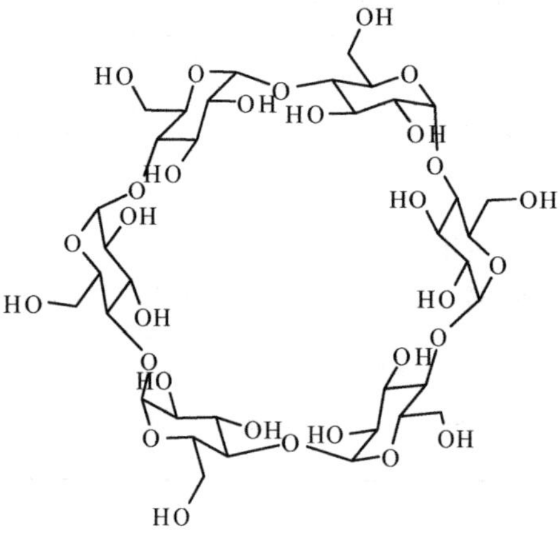

图 5-39 α-环糊精、β-环糊精、γ-环糊精的结构

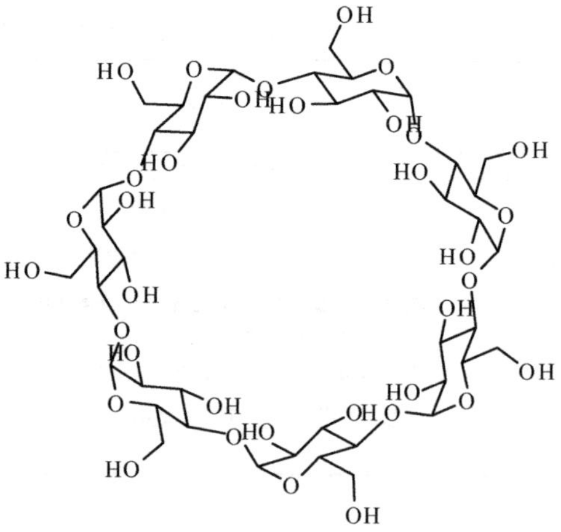

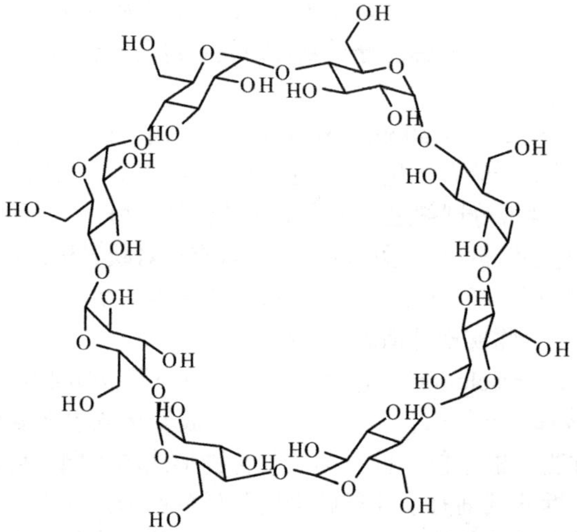

(四) 动态拆分

无论是经典的结晶拆分方法还是动力学拆分方法,理论上,获得单一对映体的产率不会超过 50%。动态拆分(dynamic resolution)方法是建立在手性底物外消旋化(racemization)反应或手性中间体对映体之间的动态平衡基础上的一种拆分方法。理论上,动态拆分法可以以 100%的产率获得期望的对映体,因此成为目前最有前景的拆分方法。

外消旋化是指某些手性碳原子由于所结合的基团结构上的特点,在酸、碱、热等条件下容易发生构型的部分转化反应。对于容易发生外消旋化的手性药物而言,可以通过调节反应条件,促进外消旋化反应向期望得到的对映体方向进行,从而理论上可以全部得到单一的手性异构体。同样地,当一个手性中间体处于两种对映体的动态平衡态时,改变反应条件也可以促使这一动态平衡向着期望的对映体方向移动,以获得单一的对映体。

动态拆分法主要有动态动力学拆分(dynamic kinetic resolution,DKR)和动态热力学拆分(dynamic thermodynamics resolution,DTR)两种方法。

第五节　手性药物的生理活性

一、基本原理

　　氨基酸、单糖作为构成生物大分子的基本单元在自然界中往往仅以单一的对映异构体存在，因此以手性分子为基本单元构成的生物大分子，如酶、受体等往往也具有手性。大多数药物的作用源于药物与机体生物大分子之间的相互作用，从而引起的机体生理、生化功能的改变。这种相互作用具有特异性和选择性，表现为药物与生物大分子之间严格的手性识别和匹配而实现。这种严格的识别和匹配被称为"钥匙-锁"识别机制，如图 5-40 所示。只有药物分子的立体结构与受体的三维空间正好匹配时，药物与受体之间才能形成强结合，从而引发生理效应，产生生理活性；反之，当药物分子的立体构型不能与受体匹配时，二者之间就无法有效结合，不能引起生理效应，也就没有生理活性。因此，手性药物的一对对映体在生命体内的生理活性、代谢过程、毒性等存在着显著的差异。

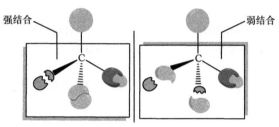

图 5-40　手性药物与受体之间的识别机制

二、手性药物的药理活性

　　由于生命体内部为手性环境，因此具有不同构型的对映体在生物体内会产生不同的生理活性，在此我们仅仅讨论由于手性药物与受体结合方式不同而导致的手性药物药理活性的不同。

　　受体是一类介导细胞信号转导的功能蛋白质，只有当药物与受体之间产生可逆或不可逆的结合作用时才能产生生理效应。因此受体药物与受体的结合是产生药理活性的首要和关键步骤，根据手性药物对映体与受体结合的差异从而导致的药理活性差异，可以将手性药物分为五种主要类型(图 5-41)。

手性药物的生理活性 {
其中一个对映体具有高活性
两个对映体具有相同活性
一个对映体为另一对映体的前药
一个对映体表现为所需药理活性，另一对映体表现为不良反应(毒副作用)
两个对映体之间的药理活性会相互抵消

图 5-41　手性药物生理活性的五种类型

(一) 只有一个对映体表现出较高的药理活性

　　在绝大多数手性药物外消旋体中，往往只有一个对映体表现出较高的药理活性。当手性药物以外消旋体形式进入体内后，往往只有其中一个对映体(优势对映体，eutomer)与靶点的立体构型高度匹配，结合作用强，从而表现出较强的药理活性；作为其镜像，另一对映体(劣势对映体，distomer)的立体结构难以与靶点的三维空间完全匹配，结合作用较弱，从而表现出较弱的或没有生理活性。对此类药物而言，单一的优势对映体作为药物要优于外消旋体。

几乎所有的 β-受体拮抗剂中，其(S)-对映体的活性都显著高于(R)-对映体，如普萘洛尔(propranolol)，其(S)-对映体的活性是(R)-对映体的 98 倍(图 5-42)。钙通道阻滞剂也是一类以外消旋体销售，但(S)-对映体活性高于(R)-对映体的药物代表。

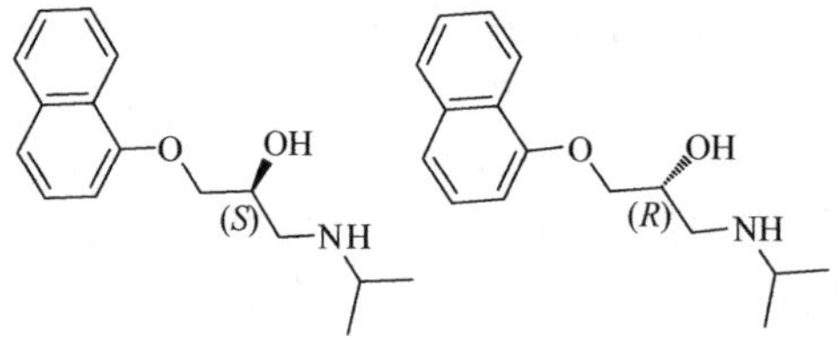

(S)-普萘洛尔   (R)-普萘洛尔

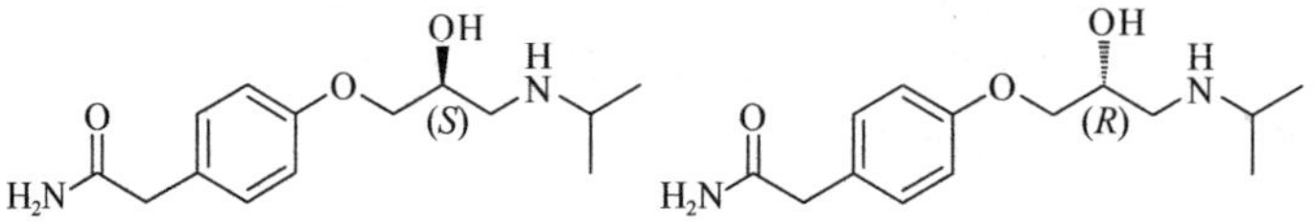

(S)-阿替洛尔   (R)-阿替洛尔

图 5-42 β-受体拮抗剂普萘洛尔和阿替洛尔的对映体化学结构

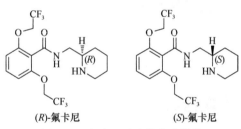

(R)-氟卡尼   (S)-氟卡尼

图 5-43 氟卡尼对映体化学结构

(二) 两个对映体具有相同的药理活性

当外消旋体中两个对映体与受体结合作用相同时，两个对映体表现出相同的生理活性。这一类药物较为稀少，处于成本的考虑，通常以外消旋体形式进行销售，代表药物为抗心律失常药物氟卡尼(图 5-43)。

(三) 在体内发生快速手性反转的外消旋体药物

外消旋体中的一个对映体在体内可以快速地转化为另一个对映体从而表现出生理活性，因此前一个对映体可以视为是另一个对映体的前药。这一类药物通常以外消旋体形式销售，代表性药物为非甾体类抗炎药(NSAIDs)。非甾体抗炎药通过抑制环氧酶的作用，达到消炎、镇痛和退热的治疗效果。大多数 NSAIDs 的结构为 2-芳基-丙酸，或被称为布洛芬(buprofen)。在 NSAIDs 外消旋体中，(S)-对映体是主要的环氧酶抑制剂，由于(R)-对映体在体内会经由单向代谢生物转化为(S)-对映体，因而两个对映体的体内生理活性没有显著差异(图 5-44)。

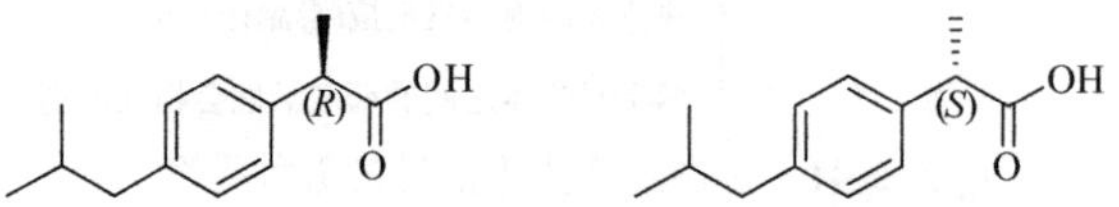

图 5-44 布洛芬对映体化学结构

(四) 一个对映体具有药理活性，另一个对映体有毒副作用

一对对映体分别与不同的受体结合。其中，与靶标受体结合的对映体表现出希望的药理活性；而与非靶标受体结合的对映体往往表现为毒副作用。这一类药物必须以单一的对映体形式

进行销售，代表药物为氯吡格雷。氯吡格雷是血小板抑制剂，通过抑制 ADP P2Y12 受体治疗与动脉粥样硬化相关的心血管疾病。氯吡格雷外消旋体中，其(S)-对映体具有抑制血小板的活性，但没有神经毒性；反之，其(R)-对映体没有抑制血小板的生理活性，但是具有神经毒性(图5-45)。

多巴也是这一类药物的代表。多巴是多巴胺的前体，用于治疗帕金森症。外消旋体多巴中，只有(S)对映体可以用于临床治疗，(R)-对映体则会导致粒性白细胞缺乏症(图 5-45)。

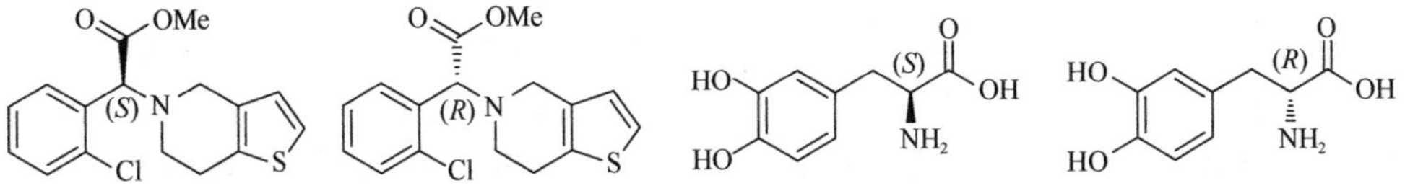

(S)-氯吡格雷　　(R)-氯吡格雷　　(S)-多巴　　(R)-多巴

图 5-45　氯吡格雷、多巴对映体的化学结构

(五) 对映体之间的生理活性相互抵消

第五类手性药物外消旋体中的一个对映体的生理活性会被其另一个对映体的作用抵消，因此这一类手性药物必须以单一对映体的形式上市，其外消旋体药物没有药理活性。其中，最具代表性的药物为西酞普兰(图 5-46)。西酞普兰通过选择性抑制 5-羟色胺的再吸收治疗抑郁症，其(S)-对映体是潜在的 5-羟色胺再吸收抑制剂，但其(R)-对映体会抑制(S)-对映体的生理活性。西酞普兰通过与 5-羟色胺载体结合来降低 5-羟色胺的再吸收，因此，当西酞普兰(S)-对映体取代了 5-羟色胺与其载体的结合时，能够有效地降低 5-羟色胺的再吸收；但是西酞普兰(R)-对映体主要与 5-羟色胺载体的变构位点结合，会降低(S)-对映体与 5-羟色胺载体的结合，从而抵消(S)-对映体的作用。

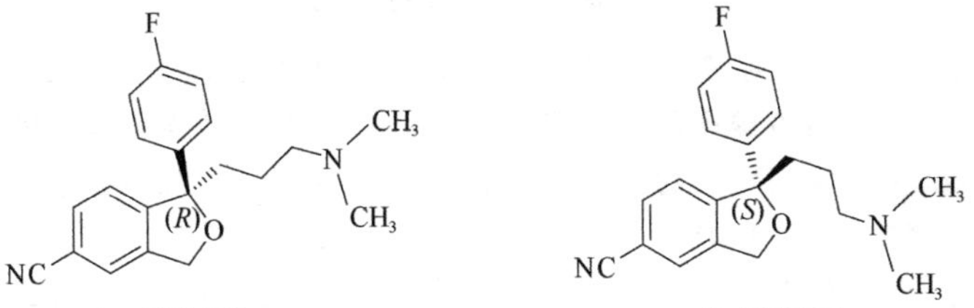

(R)-西酞普兰　　(S)-西酞普兰

图 5-46　西酞普兰对映体化学结构

关　键　词

立体化学 stereochemistry	几何异构 geometric isomerism
手性 chirality	构型 configuration
立构中心 stereocenter	非手性 achiral
手性碳原子 chiral carbon atom	比旋光度 specific rotation
左旋体 laevoisomer	光学活性 optical activity
对映体 enantiomer	右旋体 dextroisomer
内消旋体 mesomer	非对映体 diastereoisomer
优势对映体 eutomer	外消旋体 racemates
拆分 resolution	劣势对映体 distomer
手性药物 chiral drug	生物活性 bioacitivity

本章小结

有机化合物的立体异构包括构象异构和构型异构，其中构型异构分为顺反异构和旋光异构(对映体和非对映体)。

实物与镜像不能重叠的现象称为手性。当碳原子与四个不同原子或基团相连时，该原子称为手性原子/中心，用"*"表示。手性分子有旋光性，用比旋光度$[\alpha]_\lambda^t$表示。若分子有n个手性中心，理论上有2^n个立体异构体；含相同手性中心的分子会形成内消旋体，其立体异构体数目小于2^n。除含手性原子的分子外，手性分子还包括丙二烯型、联芳烃型及螺环化合物。当分子含有对称中心(i)，对称面(σ)时，分子能与其镜像重叠为非手性分子，而含有对称轴(C)的分子不一定是非手性的。一对互为实物/镜像的分子称为对映异构体。

手性分子的构型以费歇尔投影式表示，用D/L表示分子相对构型，R/S表示绝对构型(分子中原子或基团在空间的实际排布)。将与同一个手性碳连接的四个基团或原子按IUPAC规定优先次序进行排列，末优基团置于最远端进行观察，其他三个基团或原子为顺时针方向排列为R构型，逆时针方向排列为S构型。

等量对映异构体组成外消旋体，可通过物理、化学或生物方法分离得到单一对映异构体，这一过程称为拆分，常用方法有结晶法化学拆分、包夹拆分、动力学拆分及动态拆分。

基于药物与生物分子之间的"钥匙-锁"识别机制，药物分子的立体结构与其生理活性密切相关。

阅读材料

对映异构现象的发现

早在十九世纪，人们就发现许多天然的有机化合物，如樟脑、酒石酸等晶体具有旋光性，而且即使溶解成溶液仍具有旋光性，这说明它们的旋光性不仅与晶体有关，而且与分子结构有关。

1848年，巴斯德[L. Pasteur (1822~1895)]在研究酒石酸钠铵的晶体时，发现无旋光性的酒石酸钠铵是两种互为镜像的不同晶体的混合物。借助于一只放大镜和一把镊子，巴斯德细心地把混合物分成了右旋的晶体和左旋的晶体，这如同在柜台上分开乱堆在一起的右手套和左手套一样。虽然，原先的混合物是没有旋光性的，现在各堆晶体溶于水以后都是有旋光性的，并且两个溶液的比旋光度完全相等，但旋光方向相反。也就是说，一个溶液使平面偏振光向右旋转，而另一个溶液以相同的度数，使平面偏振光向左旋转。

巴斯德(1822~1895)

由于旋光度的差异是在溶液中观察到的，巴斯德推断这不是晶体的特性，而是分子的特性。他提出，构成晶体的分子是互为镜像的，正像这两种晶体本身一样。他提出，存在着这样的异构体，即其结构的不同仅仅在于互为镜像，性质的不同也仅仅在于旋转偏振光的方向不同。因此指出，对映异构现象是由于分子中的原子在空间的不同排列所引起的。巴斯德的这些观点，为对映异构现象的研究奠定了理论基础。

习 题

1. 命名化合物 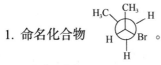 。

2. 写出化合物(2*E*，4*S*)-3-乙基-4-溴-2-戊烯的构型。

3. 某物质溶于氯仿中，其浓度为 100ml 溶液中溶解 6.15g 该物质。将部分此溶液放入一个 5 cm 长的盛液管中，在旋光仪中测得的旋光度为–1.2°，计算它的比旋光度。

4. 一光学活性体 A，分子式为 C_8H_{12}，A 用钯催化氢化，生成化合物 B(C_8H_{18})，B 无光学活性，A 用 Lindlar 催化剂(Pd/BaSO$_4$)小心氢化，生成化合物 C(C_8H_{14})。C 为光学活性体。A 在液氨中与钠反应生成光学活性体 D(C_8H_{14})。试推测 A、B、C、D 的结构。

5. 用 KMnO$_4$ 处理顺-2-丁烯生成一个熔点为 32℃的邻二醇 A，处理反-2-丁烯却生成熔点为 19℃的邻二醇 B。A 和 B 都没有旋光性，但 B 可拆成两个旋光度相等、方向相反的邻二醇。

(1) 写出 A，B 的结构式并标出它们的构型。

(2) 请解释这个羟基化反应的立体化学机理。

6. 下列化合物中哪个有旋光异构体？如有手性碳，用星号标出。指出可能有的旋光异构体的数目。

(1) 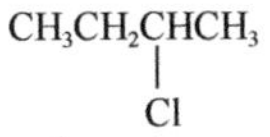 CH$_3$CH$_2$CHCH$_3$
        |
        Cl

(2) CH$_3$CH=C=CHCH$_3$

(3)

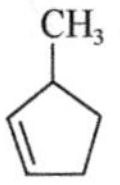

(4)

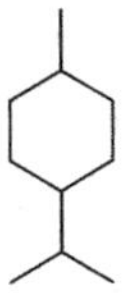

(5)

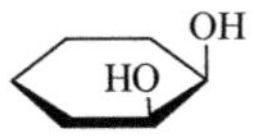

(6) 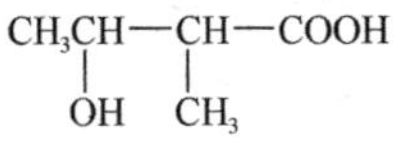 CH$_3$CH—CH—COOH
          | |
          OH   CH$_3$

(7)  HO—⟨ ⟩—OH

(8)

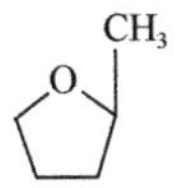

(9)

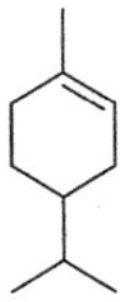

(10)

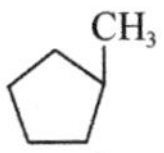

7. 分子式是 $C_5H_{10}O_2$ 的酸，有旋光性，写出它的一对对映体的投影式，并用 *R/S* 标记法命名。

8. (+)-麻黄碱的构型如下，它可以用下列哪个投影式表示？

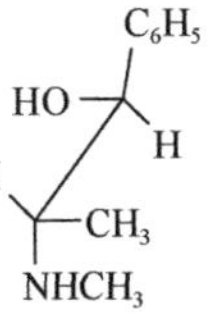

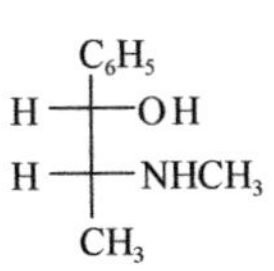

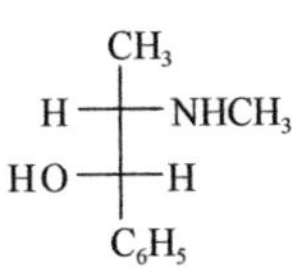

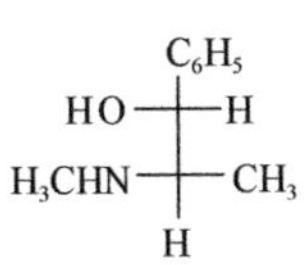

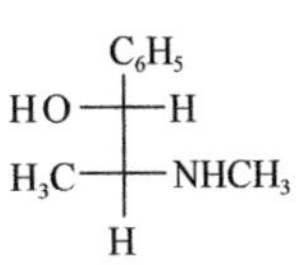

9. 指出下列各对化合物间的相互关系(属于哪种异构体，或是相同分子)。

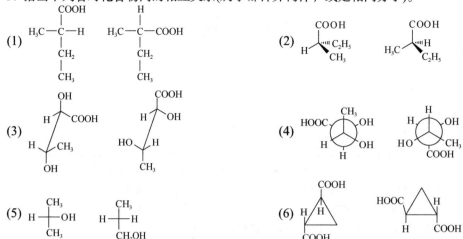

10. 将下述物质溶于非光学活性的溶剂中，哪种溶液具有旋光性？

(1) (2S, 3R)-酒石酸。

(2) (2S, 3S)-酒石酸。

(3) 化合物(1)与(2)的等量混合物。

(4) 化合物(2)与(2R, 3R)-酒石酸的等量混合物。

11. 如何区分外消旋体混合物、外消旋体化合物及外消旋体溶液？

12. 为下列手性药物选择合适的拆分试剂。

(1)   (2)   (3)

13. 按照受体与手性药物结合方式的不同，手性药物可以分为几种类型？并解释其生理活性的差异及其原因。

(张毅立 王全军)

第六章 卤代烃

卤代烃(halohydrocarbon)是烃分子中氢原子被卤素原子取代而生成的化合物，简称卤烃。常用通式 RX 表示，R 为烃基，X 为氟、氯、溴、碘原子，卤原子是卤代烃的官能团。

卤代烃大多是人工合成产物。卤代烃性质较活泼，在有机化学中占有重要地位，其中卤原子易被其他原子或基团取代，形成不同类型的合成中间体或新化合物。卤代烃在生活、医药和工业中是一类重要的化合物，可用作溶剂、麻醉剂、防腐剂、制冷剂、灭火剂和合成塑料、农药的原料等；有的卤代烃对环境有较大污染，有的卤代烃对人类有较大毒性。

本章主要讨论卤代烃的结构、分类、命名和有机化学中两类极为重要的反应——亲核取代(nucleophilic substitution)反应和消除(elimination)反应及其反应机理。

第一节 结构、分类和命名

一、结 构

卤代烃中 C—X 键为 σ 键，碳原子为 sp^3 杂化，价键间的夹角接近 109.5°，大多数卤代烃是极性分子。由于卤素的电负性大于碳原子，C—X 键的电子云偏向卤素，卤原子带部分负电荷，碳原子带部分正电荷，碳卤键为极性共价键，偶极方向由碳指向卤素，如图 6-1 所示。

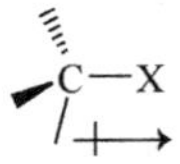

$$C\!-\!X \quad X = F, Cl, Br, I$$

图 6-1 碳卤键的极性

卤代烷中四种 C—X 键的偶极矩、键长和键能数据见表 6-1。

表 6-1 C—X 键的偶极矩、键长和键能

C—X 键	偶极矩(C·m)	键长(pm)	键能(kJ/mol)
C—F	6.10×10^{-30}	142	485.6
C—Cl	6.87×10^{-30}	178	339.1
C—Br	6.80×10^{-30}	190	284.6
C—I	6.00×10^{-30}	212	217.8

四氯化碳是非极性分子，虽然分子中每个 C—Cl 键都有较大的偶极矩，但整个分子的偶极矩等于零，是完全对称的分子。通常将与卤素连接的碳称为 α-碳原子，α-碳原子上的氢称为 α-氢原子；与 α-碳连接的碳原子称为 β-碳原子，β-碳原子上的氢称为 β-氢原子。

卤素的电负性大于氢，是具有 –I 效应的基团。四种卤原子的 –I 效应大小与其电负性大小顺序一致，即氟>氯>溴>碘。诱导效应可沿着共价键传递，影响到链上相邻原子，但这种影响随着距离的增加而迅速减弱，一般传递到第三个原子后基本消失。例如，在 1-氯丙烷中的 α-碳原子，β-碳原子，γ-碳原子都受到氯原子 –I 效应影响而具有部分正电荷，但正电荷量依次减少，即 $\alpha\text{-}C^+ > \beta\text{-}C^+ > \gamma\text{-}C^+$。同时，$\alpha\text{-}H^+ > \beta\text{-}H^+ > \gamma\text{-}H^+$。

$$\overset{\delta^-}{Cl}-\underset{\underset{H}{|}}{\overset{\overset{H}{|}}{\underset{\alpha}{\overset{\delta^+}{C}}}}\underset{\underset{H}{|}}{\overset{\overset{H}{|}}{\underset{\beta}{\overset{\delta\delta^+}{C}}}}\underset{\underset{H}{|}}{\overset{\overset{H}{|}}{\underset{\gamma}{\overset{\delta\delta\delta^+}{C}}}}-H$$

二、分 类

根据分子中卤素的种类不同, 卤代烃可分为氟代烃、氯代烃、溴代烃和碘代烃。最常见的是氯代烃和溴代烃。

RF	RCl	RBr	RI
氟代烃	氯代烃	溴代烃	碘代烃

根据分子中卤素数目不同, 卤代烃可分为一卤代烃、二卤代烃和多卤代烃。

根据卤素所连接的饱和碳原子类型不同, 卤代烃分为伯(1°)卤代烃、仲(2°)卤代烃和叔(3°)卤代烃。例如:

$$RCH_2-X \qquad \underset{\underset{R}{|}}{\overset{\overset{R}{|}}{CH}}-X \qquad \underset{\underset{R}{|}}{\overset{\overset{R}{|}}{R-C}}-X$$

伯卤代烃　　　　　　仲卤代烃　　　　　　叔卤代烃

根据烃基的结构不同, 卤代烃又分为饱和卤代烃、不饱和卤代烃和卤代芳香烃。例如:

$$RCH_2-X \qquad RCH{=}CH(CH_2)_n-X \qquad RC{\equiv}C(CH_2)_n-X$$

卤代烷烃　　　　　　卤代烯烃　　　　　　卤代炔烃　　　　　苯型卤代烃

饱和卤代烃　　　　　　　　不饱和卤代烃　　　　　　　　卤代芳香烃

在卤代烯烃中, 当 $n=0$ 时, 卤素直接连在双键碳原子上, 称为乙烯型卤代烃; 当 $n=1$ 时, 为烯丙基型卤代烃; 当 $n>1$ 时, 为孤立型卤代烯烃。例如:

$$RCH{=}CH-X \qquad RCH{=}CHCH_2-X \qquad RCH{=}CHCH_2CH_2-X$$

乙烯型卤代烃　　　　　　烯丙基型卤代烃　　　　　　孤立型卤代烯烃

三、命 名

简单的卤代烃常采用普通命名法, 即根据烃基和卤素的名称命名为"卤(代)某烃"或"某基卤"。例如:

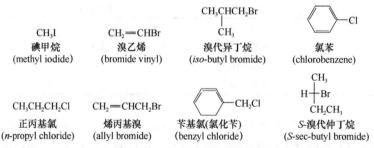

CH₃I
碘甲烷
(methyl iodide)

CH₂=CHBr
溴乙烯
(bromide vinyl)

CH₃CHCH₂Br
     |
    CH₃
溴代异丁烷
(iso-butyl bromide)

氯苯
(chlorobenzene)

CH₃CH₂CH₂Cl
正丙基氯
(n-propyl chloride)

CH₂=CHCH₂Br
烯丙基溴
(allyl bromide)

—CH₂Cl
苄基氯(氯化苄)
(benzyl chloride)

CH₃
|
H—Br
|
CH₂CH₃
S-溴代仲丁烷
(S-sec-butyl bromide)

结构复杂的卤代烃一般采用系统命名法。此法是以烃为母体, 把卤素作为取代基, 其命名原则与烃相同。例如:

CH₃CHCHCH₂CH₃
   | |
   Br CH₃
3-甲基-2-溴戊烷
(2-bromo-3-methylpentane)

CH₃CHCHCHCH₃
   | | |
   Cl Br CH₃
2-甲基-4-氯-3-溴戊烷
(3-bromo-4-chloro-2-methylpentane)

                Cl
                |
CH₃CHCH₂CHC(CH₃)₂
   | |
   Cl   Cl
2-甲基-3,3,5-三氯己烷
(3,3,5-trichloro-2-methylhexane)

CH₃CHCH=CHCH₃ 的结构

| | | |

CH₃CHCH=CHCH₃
|
Br
4-溴-2-戊烯
(4-bromo-2-pentene)

1-乙基-4-氯环己烯
(4-chloro-1-ethylcyclohexene)

Z-3-氯-2-戊烯
(Z-3-chloro-2-pentene)

卤代芳香烃的命名通常以芳环为母体，卤原子作为取代基。例如：

4-氯-2-溴乙苯
(2-bromo-4-chloroethylbenzene)

1-溴萘(α-溴萘)
(1-bromonaphthalene)

某些多卤代烃常用俗名，例如，$CHCl_3$ 氯仿(chloroform)，CHI_3 碘仿(iodoform)。

第二节 物理性质及光谱性质

一、物 理 性 质

在常温下，四个碳以下的一氟代烷、两个碳以下的一氯代烷和一溴甲烷为气体，常见的卤代烷均为液体。随着分子量的增加，熔点升高，C_{15} 以上的卤代烷为固体。一卤代烷具有令人不愉快的气味，有些卤代烷具有香味，但其蒸气有毒，应避免吸入体内。

卤代烷的沸点与烷烃有类似的变化规律：沸点随碳链增长和卤素原子序数的增加而升高；在同分异构体中，支链分子的沸点较直链的低，支链越多，沸点越低。

除氟外，卤素的质量比有机化合物中常见的其他原子质量大，因而卤代烃的密度较大。除氟代烷和一氯代烷外，其他卤代烃密度都大于水，其密度按 F、Cl、Br、I 的顺序增加；分子中的卤素原子越多，密度越大。一些常见卤代烃的物理常数见表6-2。

表6-2 常见卤代烃的沸点和密度

化合物	英文名	沸点(℃)	密度(g/cm³)	化合物	英文名	沸点(℃)	密度(g/cm³)
氯甲烷	chloromethane	-24.2	—	溴乙烯	bromide vinyl	15.6	—
溴甲烷	bromomethane	3.6	—	3-氯-1-丙烯	3-chloro-1-propene	45.7	0.938
碘甲烷	iodomethane	42.4	2.279	3-溴-1-丙烯	3-bromo-1-propene	70	1.398
氯乙烷	chloroethane	12.3	—	3-碘-1-丙烯	3-iodo-1-propene	102	1.848
溴乙烷	bromoethane	33.4	1.440	氯苯	chlorobenzene	132	1.106
碘乙烷	iodoethane	72.3	1.933	溴苯	bromobenzene	155.5	1.495
1-氯丙烷	1-chloropropane	46.8	0.890	碘苯	iodobenzene	188.5	1.832
1-溴丙烷	1-bromopropane	71.0	1.335	二氯甲烷	dichloromethane	40	1.336
1-碘丙烷	1-iodopropane	102.5	1.747	三氯甲烷	chloroform	61	1.489
氯乙烯	chloroethylene	-14	—	四氯化碳	tetrachloromethane	77	1.595

大多数卤代烃为极性分子，但它们都难溶于水，易溶于醇、醚、酯、烃等有机溶剂。常用二氯甲烷、氯仿作溶剂，从水溶液中提取分离有机化合物。

不同卤代烷的稳定性不同。一氟代烷不稳定，蒸馏时生成烯烃，放出氟化氢。氯代烷比较稳定，一般可用蒸馏方法来纯化，但分子量较高的叔烷基氯化物，加热时会放出氯化氢。叔丁基碘在常压下蒸馏全部分解。氯仿在光照下会发生缓慢分解，生成光气。溴代烷和碘代烷在光作用下，也会缓慢放出溴和碘而变成棕色或紫色，因而常存放于不透明或棕色瓶中，在使用前要重新进行蒸馏。许多卤代烃有毒性，使用时要特别小心。

二、光谱性质

在红外吸收光谱中，碳卤键的伸缩振动吸收频率随卤原子量的增加而减小，吸收峰位置如下。

C—F　　1000～1400cm^{-1}(极强)　　C—Br　　500～700cm^{-1}(强)

C—Cl　　600～850cm^{-1}(强)　　　　C—I　　　500～600cm^{-1}(强)

图 6-2 为 1,2-二氯乙烷的红外吸收光谱图，由于 C—X 键的吸收峰都在指纹区，因此要用红外光谱确定有机化合物中是否存在 C—X 键是十分困难的。

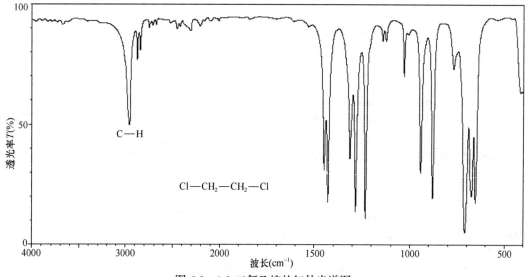

图 6-2　1,2-二氯乙烷的红外光谱图

图 6-3 是 2-甲基-1,2-二溴丙烷的核磁共振氢谱(^{1}H-NMR)。在 ^{1}H-NMR 中，由于卤素是电负性强的吸电子基，与其直接相连的碳上氢的化学位移受卤素吸电子诱导效应去屏蔽作用的影响，比相应烷烃碳上的氢移向低场。这种去屏蔽效应的大小与卤素的电负性顺序一致，即 F＞Cl＞Br＞I。例如：

	CH$_3$—F	CH$_3$—Cl	CH$_3$—Br	CH$_3$—I	CH$_3$—H
^{1}H-NMR 化学位移(δ)(ppm)	4.3	3.2	2.2	2.2	0.23

诱导效应是具有加和性的，随着碳上取代卤素增多，去屏蔽效应也越大。

	CH$_3$Cl	CH$_2$Cl$_2$	CH$_3$Cl
^{1}H-NMR 化学位移(δ)(ppm)	7.3	5.3	3.1

同时诱导效应可沿着单键传递影响到邻近的 β 碳原子上的氢。诱导效应随着传递距离的增加，影响逐渐减弱。因此，与卤素相隔三个碳原子以上的氢，其化学位移一般无明显影响。

$$\overset{\beta}{—CH_2}\overset{\alpha}{—CH_2}—X$$

^{1}H-NMR 化学位移(δ)(ppm)　　C$_\beta$-H：1.24～1.55　　　C$_\alpha$-H：2.16～4.4

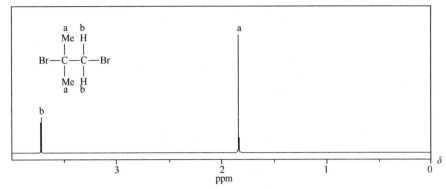

图 6-3　2-甲基-1, 2-二溴丙烷的 ^{1}H-NMR 谱图

卤代烷的质谱也具有特点，其分子离子峰较强，通常能观察到它们的分子离子峰。由于卤原子存在同位素，所以卤代烷的质谱中有相应的同位素离子峰，可用来识别分子中所含卤素的种类。卤素常见同位素的天然丰度见表 6-3。

表 6-3　卤素常见同位素的丰度

卤素	同位素丰度(%)			
氟	^{19}F	100		
氯	^{35}Cl	75.8	^{37}Cl	24.2
溴	^{79}Br	50.5	^{81}Br	49.4
碘	^{127}I	100		

因氯和溴元素含有高两个质量单位的同位素，氯代烷和溴代烷可以在 M 和 M+2 处出现特征强度的离子峰，其间距为两个质量单位，同位素的强度与同位素峰的丰度是相当的，所以一氯代烷的 M 峰和 M+2 峰的峰高比接近 3∶1，而一溴代烷的 M 峰和 M+2 峰的峰高比接近 1∶1。例如，溴乙烷在 m/z108 和 110 处出现两个相邻的几乎等高的分子离子峰，这是由 ^{79}Br 和 ^{81}Br 产生的结果。溴乙烷的分子离子将按以下方式断裂。

$$C_2H_5Br^{2+} \longrightarrow CH_3-CH_2^+ + Br\cdot$$
$$m/z\ 108,110 \qquad m/z\ 29$$
$$\longrightarrow CH_2=\overset{+}{CH_1} + H_2$$
$$m/z\ 27$$

第三节　化 学 性 质

卤代烃的化学性质主要是由卤原子引起的，卤原子是卤代烃的官能团。由于卤原子电负性比碳原子大，卤代烃分子中 C—X 键极性较强，易发生异裂，与多种试剂反应生成新的有机化合物，故卤代烃在有机合成中得到广泛应用。

一、亲核取代反应

卤代烃分子中卤素的吸电子诱导效应，使成键电子云偏向卤原子，与其键合的碳原子带有部分正电荷，容易受到带负电荷或有孤对电子的试剂进攻而发生取代反应。例如：

$$R—X + \begin{cases} NaOH \xrightarrow{H_2O} R—OH + NaX \\ \qquad\qquad\quad 醇 \\ NaOR' \longrightarrow R—OR' + NaX \\ \qquad\qquad\quad 醚 \\ NaCN \xrightarrow{C_2H_5OH} R—CN + NaX \\ \qquad\qquad\quad 腈 \Big| H^+,H_2O \to RCOOH \\ NH_3 \longrightarrow R—NH_2 + HX \\ \qquad\qquad\quad 胺 \\ AgNO_3 \longrightarrow R—ONO_2 + AgX\downarrow \\ \qquad\qquad\quad 硝酸酯 \end{cases}$$

卤代烷(alkyl halide)与氢氧化钠(钾)的水溶液共热时,羟基取代卤原子生成醇,此反应称为卤代烃的水解反应(hydrolysis reaction),该反应可用于某些醇类化合物的制备。

卤代烷与醇钠或酚钠反应,卤原子被烷氧基(RO—,alkoxy group)取代生成醚。这是合成混醚常用的方法,也称威廉森(Williamson)醚合成法。

卤代烷与氰化钠(钾)在醇溶液中反应,卤原子被氰基取代生成腈,使碳链上增加了一个碳原子,该反应可用作增长碳链的方法之一。生成的腈在酸性条件下水解可得到相应的羧酸。

卤代烷与氨反应,卤原子被氨基取代可制得胺或铵盐,由于生成的胺还可以继续与卤代烷反应,所以产物是各级胺的混合物。

卤代烷与硝酸银的醇溶液共热生成硝酸酯和卤化银沉淀,此反应可用于鉴别卤代烃。

除此之外,卤代烷还可以与巯基负离子、硫醇负离子、碳负离子、叠氮负离子(N_3^-)等发生反应生成相应的硫醇、硫醚、烃、叠氮化合物等。

上述反应的共同特点:都是试剂中带负电荷的原子团或有孤对电子的分子(OH^-、CN^-、OR^-、ONO_2^-、NH_3、H_2O),即亲核试剂首先进攻卤代烃分子中带部分正电荷的碳原子引起的取代反应,称为亲核取代反应,用 S_N 表示。其反应通式如下。

$$\underset{\substack{卤代烃\\(底物)}}{R\overset{\delta^+}{—}CH_2\overset{\delta^-}{—}X} + \underset{亲核试剂}{NU^-} \longrightarrow \underset{产物}{R—CH_2—Nu} + \underset{离去基团}{X^-}$$

其中,Nu^- 为亲核试剂,被取代的 X^- 带着一对电子离去,称为离去基团(leaving group)。受亲核试剂进攻的卤代烃称为底物,卤代烷中与卤原子连接的碳原子称为反应中心碳。亲核取代反应活性与卤代烃的结构有关。烃基相同卤原子不同的卤代烃,反应活性顺序为 RI>RBr>RCl>RF;卤原子相同而烃基结构不同的卤代烃,反应活性顺序为叔卤代烃>仲卤代烃>伯卤代烃。

二、消 除 反 应

卤代烃中碳卤键的极性通过诱导效应影响 β-氢原子,使得 β-氢具有酸性,易受碱的进攻失去 H^+。卤代烃在碱的醇溶液中加热,消除一分子卤化氢而生成烯烃,这种由分子中脱去小分子如水、卤化氢、卤素等,生成含不饱和键化合物的反应称为消除反应,也称消去反应,常用 E 表示。

$$R\overset{\beta}{—}CH\overset{\alpha}{—}CH_2 + NaOH \xrightarrow{乙醇} R—CH{=}CH_2 + NaX + H_2O \\ \quad\;|\quad\; | \\ \quad\; H \quad\; X$$

反应中卤代烷消去 α 碳原子上的卤素和 β 碳原子上的氢原子,所以称为 β-消除反应。消除反应是制备烯烃或炔烃的方法之一,通常在强碱(如氢氧化钠、醇钠、氨基钠等)和极性较小的溶剂(如醇类)中进行。若分子中存在两种不同的 β 氢原子时,消除反应可得到不同烯烃的混合物。俄国化学家札依采夫(A. Saytzeff)根据大量实验结果，在 1875 年首先提出：卤代烷发生消除反应时，主要产物为双键碳上连有较多烃基的烯烃。即分子中如果有多种 β 氢原子，在发生消除反应时，卤代烷消除卤素的同时主要消除含氢原子较少的 β 碳上的氢，这一经验规律称为札依采夫规则(Saytzeff rule)。此规则只适用于碘、溴和氯代烷，氟代烷与之相反。例如，2-溴丁烷发生消除反应时，由于分子中有两种可能被消除的 β 氢原子，反应产物为 2-丁烯(主要产物)和 1-丁烯的混合物。

$$\underset{H}{\overset{\beta}{CH_3}}-\underset{Br}{\overset{\alpha}{CH}}-\underset{H}{\overset{\beta}{CH}}-CH_2 \xrightarrow{NaOH/乙醇} \begin{cases} CH_3CH=CHCH_3 \ (81\%) \ 主要产物 \\ CH_3CH_2CH=CH_2 \ (19\%) \ 次要产物 \end{cases}$$

消除反应的取向规律与所生成烯烃的稳定性有关，生成的烯烃双键碳上连有的烃基越多，分子的对称性越好，内能就越低越稳定，反应就越容易进行。烯烃稳定次序为

$$R_2C=CR_2>R_2C=CHR>R_2C=CH_2>RCH=CHR>H_2C=CH_2$$

三、与金属反应

卤代烃能与 Li、Na、K、Mg 和 Al 等活泼金属反应，生成金属直接与碳相连的有机金属化合物(organometallic compound)。其中，最常见的是卤代烃在无水乙醚或四氢呋喃中与金属镁反应生成烃基卤化镁，又称 Grignard 试剂，简称格氏试剂(Grignard reagent)。是法国化学家格林尼亚(V. Grignard)发现的，在有机合成上占有重要地位。

$$RX+Mg \xrightarrow[\triangle]{无水乙醚} RMgX$$

$$烃基卤化镁$$
$$(格氏试剂)$$

由于 Grignard 试剂中的 C—Mg 键具有较强的极性，碳原子带部分负电荷，镁带部分正电荷，所以此试剂性质非常活泼，是有机合成中常用的一种强亲核试剂。利用 Grignard 试剂与二氧化碳反应可以制备比原来卤代烃多一个碳原子的羧酸，这也是有机合成中增长碳链的一种方法。

$$RMgX + CO_2 \xrightarrow{低温} RCOOMgX \xrightarrow{H^+,H_2O} RCOOH + Mg(OH)X$$

Grignard 试剂非常活泼，可以与空气中的氧、二氧化碳等发生反应，遇到含活泼氢的化合物，如水、醇、酸、氨、末端炔烃等，则立即分解生成烷烃。因此在制备 Grignard 试剂时，除需要干燥仪器、试剂和避免与空气接触外，不能用含活泼氢的化合物做溶剂。

$$RMgX \longrightarrow \begin{cases} \xrightarrow{O_2} ROMgX \xrightarrow{H_2O} ROH + Mg(OH)X \\ \xrightarrow{CO_2} RCOOMgX \\ \xrightarrow{H_2O} RH + Mg(OH)X \\ \xrightarrow{R'OH} RH + Mg(OR')X \\ \xrightarrow{NH_3} RH + Mg(NH_2)X \\ \xrightarrow{R'COOH} RH + R'COOMgX \\ \xrightarrow{HC\equiv CR'} RH + R'C\equiv CMgX \end{cases}$$

四、还 原 反 应

利用催化氢化将卤代烷还原为烷烃的反应也称为氢解(hydrogenolysis)。

$$R-X + H_2 \xrightarrow{催化剂} R-H + HX$$

在乙酸等存在下，金属锌可以还原卤代烷。该还原反应中，金属提供电子，酸提供质子。

$$CH_3\underset{\underset{Br}{|}}{C}HCH_2H_5 \xrightarrow{CH_3COOH/Zn} CH_3\underset{\underset{H}{|}}{C}HCH_2H_5$$

金属氢化物(LiAlH$_4$)也可以将卤代烃还原为烷烃。LiAlH$_4$是提供氢负离子的还原剂，氢负离子对卤代烷进行亲核取代反应，置换卤素得到烷烃。氢化锂铝是一种灰白色固体，对水特别敏感，遇水即分解，放出氢气，反应剧烈，因此反应需在无水条件下进行。

$$n\text{-}C_3H_7Br + LiAlH_4 \xrightarrow[\text{回流}]{\text{四氢呋喃}} n\text{-}C_3H_8$$

$$LiAlH_4 + H_2O \longrightarrow Al(OH)_3\downarrow + LiOH + H_2\uparrow$$

第四节　亲核取代反应和消除反应机理

一、亲核取代反应机理

在研究卤代烷的碱性水解速率与反应物的浓度关系时，发现有些卤代烷水解速率仅与卤代烷的浓度有关；而另一些卤代烷水解速率则与卤代烷和碱的浓度都有关系。动力学研究结果表明，卤代烷的亲核取代反应通常按两种反应机理进行：一种是单分子亲核取代反应机理，用 S$_N$1 表示；另一种是双分子亲核取代反应机理，用 S$_N$2 表示。对这一反应机理的建立做出巨大贡献的是英国化学家 Ingold 和 Hughes。

(一) 单分子亲核取代反应(S$_N$1)机理

卤代烷水解涉及旧化学键(C—X 键)的断裂和新化学键(C—O 键)的形成。实验表明：叔丁基溴在碱性溶液中的水解反应速率只与叔丁基溴的浓度成正比，而与亲核试剂 OH$^-$ 的浓度无关，动力学上称为一级反应。

$$(CH_3)_3C\text{—}Br + HO^- \longrightarrow (CH_3)_3C\text{—}OH + Br^-$$

$$v = k \, [(CH_3)_3C\text{-}Br]$$

式中，v 是叔丁基溴水解反应速率，k 为反应速率常数(k 在一定温度和溶剂下为定值)。研究结果提出反应机理分两步进行。

第一步：$(CH_3)_3C\overset{\frown}{\text{—}}Br \longrightarrow [(CH_3)_3\overset{\delta^+}{C}\text{-----}\overset{\delta^-}{Br}] \longrightarrow (CH_3)_3C^+ + Br^-$ 慢
　　　　　　　　　　　　　　　　过渡态(I)　　　　　　　　叔丁基碳正离子

第二步：$(CH_3)_3C^+ + \overset{\frown}{OH}^- \longrightarrow [(CH_3)_3\overset{\delta^+}{C}\text{----}\overset{\delta^-}{OH}] \longrightarrow (CH_3)_3C\text{—}OH$ 快
　　　　　　　　　　　　　　　　　　过渡态(II)

第一步是叔丁基溴发生碳溴键解离。在解离过程中，碳溴键逐渐减弱，成键电子对逐渐转移到溴原子上，经过一个能量较高的过渡态(I)，所需要活化能为 ΔE_1，然后 C—Br 键异裂生成叔丁基碳正离子和溴负离子。

第二步是生成的叔丁基碳正离子活性中间体，立即与亲核试剂 HO$^-$结合形成过渡态(II)。这一步所需活化能为 ΔE_2，ΔE_2 较低，反应进行较快，最后生成叔丁醇。叔丁基溴水解反应过程中能量变化如图 6-4 所示。

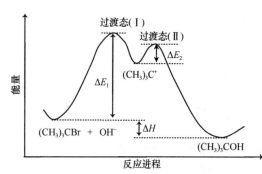

图 6-4　叔丁基溴水解反应的能量曲线

图中 ΔE 为反应的活化能，ΔH 为反应热。从图 6-4 可以看出，形成过渡态(Ⅰ)时能量达到最高点，第一步的活化能比第二步的活化能高，即 $\Delta E_1 > \Delta E_2$，故第一步反应较慢，是决定整个反应速率的一步。由于卤代烷与碱性水溶液的反应只涉及卤代烷的碳卤键断裂，即反应速率只与卤代烷的浓度有关，所以这类反应叫单分子亲核取代反应(unimolecular nucleophilic substitution)，常用 S_N1 表示。

从立体化学的角度看，三个不同烃基的叔卤代烃进行 S_N1 反应时，当卤代烃异裂为碳正离子和卤离子后，中心碳原子由 sp^3 杂化转变为平面型的 sp^2 杂化，中心碳原子有一个未杂化的 p 空轨道可用于成键，亲核试剂可以从平面的两侧进攻中心碳，而且机会均等。中心碳就会由 sp^2 转变为 sp^3 杂化而得到"构型保持"和"构型转化"(即产物的构型与反应物的构型不同)两种等量的混合物，即外消旋体。例如，R-3-甲基-3-溴己烷在碱性水溶液中水解，经 S_N1 反应后得到的产物为外消旋混合物。

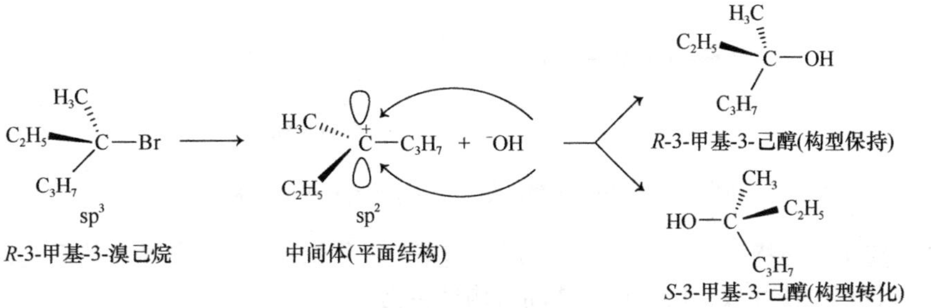

综上所述，S_N1 反应机理的特点：单分子反应，反应速率仅与卤代烷的浓度有关；反应分两步进行，反应中有活性中间体碳正离子生成，若卤代烷的中心碳原子为手性碳，则反应产物为外消旋混合物。

(二) 双分子亲核取代反应(S_N2)机理

实验表明，溴甲烷在碱溶液中的水解速率与卤代烷的浓度和亲核试剂 OH^- 的浓度成正比，在动力学上称为二级反应。

$$H_3C-Br + HO^- \longrightarrow H_3C-OH + Br^-$$

$$v = k\,[CH_3\text{-}Br][OH^-]$$

溴甲烷的水解反应机理表示如下。

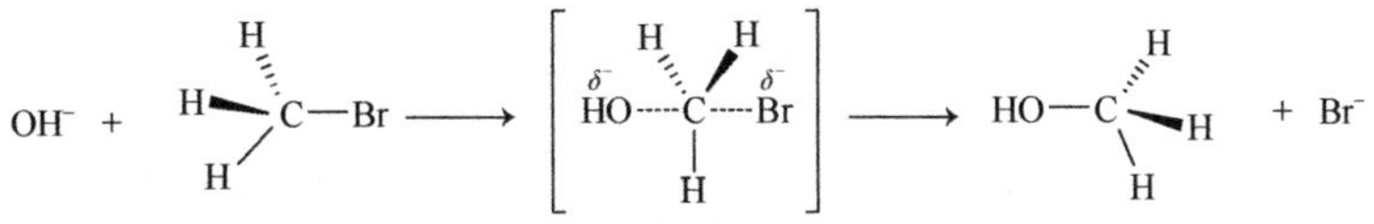

过渡态

在反应过程中，亲核试剂 HO^- 从离去基团 Br^- 的背面进攻中心碳原子。当 HO^- 与中心碳原子接近时，C—Br 键逐渐变长变弱，此时中心碳原子由 sp^3 杂化转变为 sp^2 杂化，三个氢原子和中心碳原子共平面，氧、碳、溴三个原子处于同一直线上，形成反应过渡态，体系能量达到最高，需要活化能为 ΔE。随着 HO^- 继续接近中心碳原子，逐渐形成 O—C 化学键。而 C—Br 键随之变弱，远离中心碳原子，体系能量逐渐降低，最后 HO^- 和中心碳原子形成 O—C 键而生成甲醇，溴则带着一对电子离去。

由于反应过程中，决定反应速率的一步是由两种分子控制的，因此这一反应称为双分子亲核取代(bimolecular nucleophilic substitution)反应，用 S_N2 表示。S_N2 反应过程中能量的变化如图 6-5 所示。

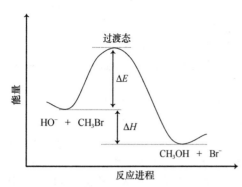

图 6-5 溴甲烷水解反应的能量曲线

从 S_N2 反应机理可以得知，亲核试剂是从离去基团的背面进攻中心碳原子，如果中心碳原子是手性碳，则产物的构型发生了翻转，即构型转化。可以通过测定产物和反应底物的旋光度证实这一机理。例如，R-(−)-2-溴辛烷在碱性溶液中水解，生成构型完全翻转的 S-(+)-2-辛醇。在 S_N2 反应过程中，产物构型完全翻转的现象，就像雨伞被大风吹翻一样。这个现象称为 Walden 翻转 (Walden inversion)。

$$R\text{-(−)-2-溴辛烷} \qquad\qquad S\text{-(+)-2-辛醇}$$

$$[\alpha]_D^{20} = -34.6°，100\%光学纯度 \qquad [\alpha]_D^{20} = +9.9°，100\%光学纯度$$

S_N2 反应机理的特点：双分子反应，反应速率与卤代烷和亲核试剂浓度均有关；旧键断裂和新键形成同时一步完成；反应过程伴随有构型转化。

二、影响亲核取代反应的因素

卤代烃的亲核取代反应是按 S_N1 还是 S_N2 进行，与卤代烃分子的结构、亲核试剂、离去基团及溶剂的性质等因素都有密切的关系。

(一) 烃基结构的影响

卤代烃中烷基的电子效应和空间效应对亲核取代反应有明显的影响。从电子效应看，烷基的+I 诱导效应能增加碳正离子的稳定性，碳正离子上的烷基越多越稳定；从空间效应看，中心碳原子连有多个烷基时，比较拥挤，相互排斥力也大；当中心碳上的卤原子解离后，转变为平面结构的碳正离子，降低了拥挤程度。中心碳上的烷基越多，对 S_N1 越有利。卤代烷进行 S_N1 反应的相对速率为叔卤代烷＞仲卤代烷＞伯卤代烷。

在 S_N2 反应机理中，亲核试剂从离去基团的背面进攻中心碳原子，如果中心碳原子所连的基团越多，体积越大，拥挤程度越大，不利于亲核试剂接近中心碳原子形成过渡态，因而反应速率变慢，所以卤代烷的 S_N2 反应的相对速率次序为卤代甲烷＞伯卤代烷＞仲卤代烷＞叔卤代烷。

综上所述，伯卤代烷倾向于发生 S_N2 反应；叔卤代烷则倾向于发生 S_N1 反应，仲卤代烷既可以按 S_N1，也可以按 S_N2 反应。两种反应机理的比例随卤代烷的结构和反应条件不同而异。

$$S_N1 增加 \longrightarrow$$
$$RX=CH_3X, \quad 1°, \quad 2°, \quad 3°$$
$$\longleftarrow S_N2 增加$$

(二) 亲核试剂的影响

试剂的亲核性(nucleophilicity)是指试剂对正电荷碳原子的亲和力，亲核性强弱取决于试剂的碱性、可极化性和溶剂化作用。在 S_N1 反应中，反应速率只与卤代烷的浓度有关，而与试剂的浓度无关，因此，亲核试剂对 S_N1 反应速率影响不大。而在 S_N2 反应中，亲核试剂的浓度、亲核能力和体积都与反应有关。若试剂的浓度高，亲核性强，S_N2 反应速率就越快。亲核试剂的空间位阻小，有利于试剂从卤素的背面进攻底物的中心碳原子，形成过渡状态，反应速率加快。一些常见试剂的亲核性顺序如下所示。

$$CH_3O^- > HO^- > C_6H_5O^- > CH_3COO^- > ONO_2^- > CH_3OH$$

(三) 离去基团的影响

底物中离去基团的离去能力越强，无论对 S_N1 还是 S_N2 反应都是有利的。但离去基团对 S_N1 反应影响更大，因为 S_N1 反应速率主要取决于离去基团从底物中离去这一步骤。离去基团的碱性越弱，或者说离去基团所形成的负离子或中性分子越稳定，越容易带着一对电子离去，离去能力就越强，亲核取代反应越容易进行，反应速率也就越快。卤原子的性质决定了断离 C—X 键的难易。烷基相同时卤代烷的亲核取代反应速率次序是 $RI > RBr > RCl > RF$。

(四) 溶剂极性的影响

溶剂的极性大小对亲核取代反应有较大的影响。一般来说，极性溶剂易使卤代烷的 C—X 键异裂而离子化，有利于按 S_N1 反应机理进行。反之，非极性溶剂有利于 S_N2 反应。例如，苄基氯的水解，以水为溶剂时，反应按 S_N1 机理进行；若用极性较小的丙酮为溶剂时，则按 S_N2 机理进行。

三、消除反应机理

与亲核取代反应相似，消除反应机理也分为单分子消除反应(以 E1 表示)和双分子消除反应(以 E2 表示)。

1. 单分子消除反应(E1)机理 单分子消除反应机理与单分子亲核取代反应机理相似，反应也是分两步进行。

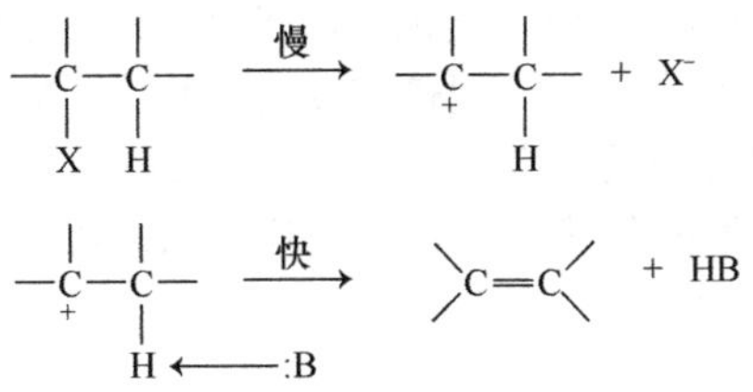

第一步是卤代烷 C—X 键异裂，产生碳正离子。此步反应与 S_N1 反应相同，是决定反应速率的一步。第二步是试剂:B 夺取 β-碳原子上的氢，失去质子的 β-碳原子变成碳负离子，其 p 轨道与 α-碳原子上的 p 轨道平行重叠形成 π 键，生成烯烃。由于 E1 反应中决定反应速率的步骤只涉及卤代烷分子共价键的异裂，因此称为单分子消除(unimolecular elimination)反应。此外，在 E1 或 S_N1 反应中生成的碳正离子可以发生重排，转变为更稳定的碳正离子，然后再发生消除或取代反应，所以反应常常伴随有重排和取代两种产物。重排反应也是 E1 或 S_N1 反应机理的证据之一，例如:

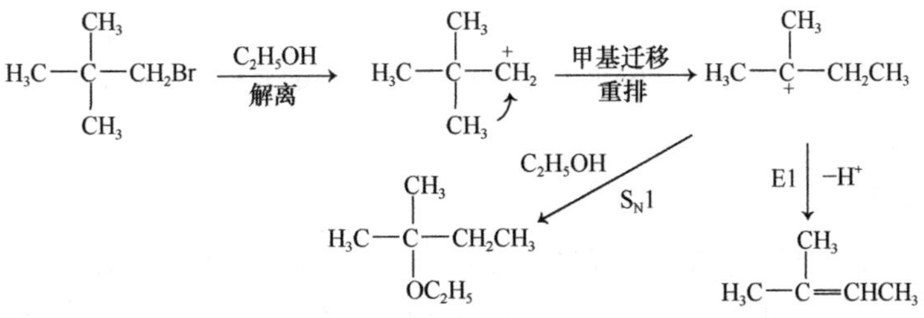

2. 双分子消除反应(E2)机理 E2 和 S_N2 都是一步完成的反应，但不同的是 E2 反应中碱性试剂进攻卤代烷分子中的 β-氢原子，使该氢原子以质子的形式与试剂结合而脱去，同时卤原子

则在溶剂的作用下带着一对电子离去，在 α-碳原子和 β-碳原子之间形成碳碳双键而生成烯烃。

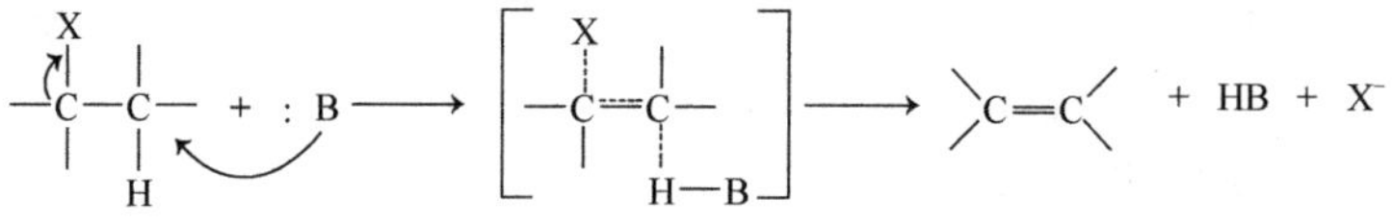

过渡态

由于过渡态的形成有碱性试剂参与，旧键断裂与新键形成同时进行，E2 的反应速率与反应底物和试剂的浓度成正比，所以称为双分子消除(bimolecular elimination)反应。由于 E2 反应机理与 S_N2 反应机理相似，因此两者经常相伴发生。例如：

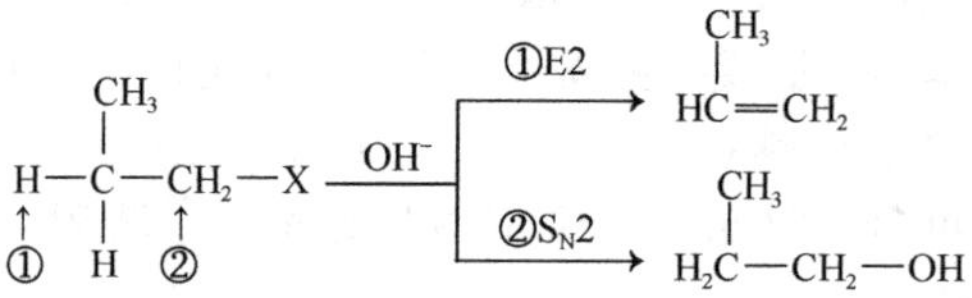

卤代烷的消除反应，不论是按 E1 还是按 E2 反应，它们的活性次序是相同的，即叔卤代烷＞仲卤代烷＞伯卤代烷。

四、消除反应与亲核取代反应的竞争

消除反应和亲核取代通常是同时发生而又相互竞争的关系，两类反应生成产物的比例随卤代烷的结构、试剂、溶剂、温度等的不同有很大差别。试剂进攻 α-碳原子发生取代反应，进攻 β-氢原子则发生消除反应。适当选择反应物和控制反应条件，可以得到收率较高的预期产物，对有机合成具有重要意义。

(一) 烃基结构的影响

直链伯卤代烷以 S_N2 反应为主，原因是亲核取代反应的活化能比消除反应的活化能低。仲卤代烷和叔卤代烷由于空间位阻较大，试剂较难接近 α-碳原子而易于进攻 β-氢原子，故有利于 E2 反应。叔卤代烷一般以单分子反应为主，取代基越大越有利于消除反应。仲卤代烷的情况较复杂，与反应条件有关。一般来说，卤代烷消除反应产物的比例为叔卤代烷(3°)＞仲卤代烷(2°)＞伯卤代烷(1°)。

(二) 试剂的影响

试剂的结构和性质主要影响双分子反应，试剂的碱性强，浓度高，体积大，有利于进攻 β-氢原子，生成 E2 产物；试剂的亲核性强、碱性弱，浓度低，体积小，有利于进攻 α-碳原子，生成 S_N2 产物。因为在消除反应中，强碱有利于试剂进攻 β-氢原子，使 β-氢原子以 H^+ 的形式离去，主要生成 E2 产物。例如，叔丁基溴在乙醇钠或在乙醇中进行反应可以得到不同的结果。

$$(CH_3)_3C-Br+C_2H_5ONa \xrightarrow[C_2H_5OH]{25℃} (CH_3)_2C=CH_2 + (CH_3)_3C-OC_2H_5$$

$$(93\%) \qquad\qquad (17\%)$$

$$(CH_3)_3C-Br + C_2H_5OH \xrightarrow{25℃} (CH_3)_2C=CH_2 + (CH_3)_3C-OC_2H_5$$

$$(19\%) \qquad\qquad (81\%)$$

(三) 溶剂的影响

溶剂的极性对取代反应和消除反应都有影响，一般来说强极性溶剂对 S_N1 和 E1 反应有利，而弱极性溶剂有利于 E2 消除反应。因此，卤代烷的水解反应常在水溶液中进行，而脱卤化氢反应则在醇溶液中易进行。

(四) 温度的影响

一般说来，升高温度会增加消除反应产物的比例，这是由于消除反应的活化能高于取代反应的活化能。因此，提高反应温度有助于进行消除反应。例如：

$$
\underset{\underset{Br}{|}}{CH_3CHCH_3} \xrightarrow[C_2H_5OH,H_2O]{NaOH}
\begin{cases}
\xrightarrow{45℃} \underset{(53\%)}{CH_3CH=CH_2} + \underset{(47\%)}{(CH_3)_2CHOC_2H_5} \\
\xrightarrow{100℃} \underset{(64\%)}{CH_3CH=CH_2} + \underset{(36\%)}{(CH_3)_2CHOC_2H_5}
\end{cases}
$$

综上所述，亲核取代和消除反应通常是同时发生，互相竞争的反应。伯卤代烷与强亲核试剂反应主要按 S_N2 进行，叔卤代烷在无强碱中一般得到 S_N1 和 E1 混合产物，在强碱试剂中主要发生 E2 反应；仲卤代烷反应活性介于两者之间，其在高极性溶剂、强亲核试剂中有利于 S_N2 反应，而在低极性溶剂、强碱试剂中主要进行 E2 反应。

第五节　不饱和卤代烃和芳香卤代烃

不饱和卤代烃分子中，卤原子的活泼性与卤素和双键的相对位置有关，根据卤原子与双键或苯环的相对位置不同分为乙烯型卤代烃、烯丙基型卤代烃和孤立型卤代烃三种结构类型。

一、乙烯型卤代烃和卤苯

乙烯型卤代烃和卤苯的卤素原子与具有 π 电子云的碳直接相连，可用如下通式表示。

RCH=CH—X　　乙烯型卤代烃　　　卤苯

这类卤代烃中的卤原子极不活泼，不易发生取代反应，与硝酸银的醇溶液即使在加热条件下也不发生取代反应。这是因为卤原子的孤对电子与烯烃碳碳双键或苯环的大 π 键形成 p-π 共轭，使碳卤键 C—X 电子云密度增加，键长缩短，键的极性降低，卤原子和中心碳原子结合得更加牢固，因此难以发生取代反应。卤代乙烯型的电子云转移可表示为如下形式。

$CH_2=CH—\ddot{X}$

二、烯丙基型卤代烃和苄基卤

烯丙基型卤代烃和苄基卤分子中的卤原子与具有 π 电子云的碳原子之间相隔一个饱和碳原子，通式如下所示。

RCH=CHCH₂—X　　烯丙基型卤代烃　　　苄基卤(卤化苄)

这类卤代烃的卤原子和 π 键不存在 p-π 共轭效应，其 C—X 键有极性，易发生亲核取代反应。在室温下，此类卤代烃能与硝酸银的乙醇溶液迅速反应，产生卤化银沉淀和硝酸酯。

$$RCH=CHCH_2—X + AgNO_3 \xrightarrow{C_2H_5OH} RCH=CHCH_2ONO_2 + AgX\downarrow$$

由于烯丙基型卤代烃和苄基卤在反应过程中碳卤键异裂，生成烯丙基或苄基碳正离子，此碳正离子的 p 轨道与相邻 π 键形成 p-π 共轭体系(图6-6)，使正电荷得以分散，体系能量降低，碳正离子相对稳定，S_N1 反应更容易发生。

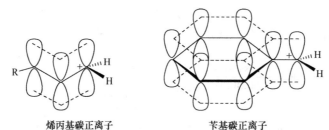

烯丙基碳正离子　　　　　　　　苄基碳正离子

图 6-6　碳正离子电子离域示意图

三、孤立型卤代烃

孤立型卤代烃的卤原子与 π 键相隔多个饱和碳原子。通式如下所示。

RCH＝CH(CH₂)$_n$-X　　　　　　　C₆H₅(CH₂)$_n$-X　　($n>1$)

孤立型卤代烯烃　　　　　　　　　孤立型卤代芳烃

这类不饱和卤代烃分子中，卤原子与 π 键相隔较远，相互影响较小，卤原子的活泼性基本上与卤代烷中的卤原子相似，如在加热条件下此类卤代烃与硝酸银醇溶液反应生成卤化银沉淀。

综上所述，三种类型的不饱和卤代烃进行亲核取代反应的活性次序如下所示。

烯丙基型卤代烃 ≈ 苄基卤 > 孤立型卤代烯(芳)烃 > 乙烯型卤代烃 ≈ 卤代苯

第六节　卤代烃的制备

卤代烃是有机合成的重要原料，其化学合成非常重要。卤代烃的制备主要采用取代、加成和置换三种反应方法。

一、由烃类制备

烃在光照或高温条件下卤代，可生成一取代、二取代及多取代卤代烃。一般情况下，以烷烃卤代制备卤代烃的方法意义不大，因为得到的产物是很难分离的混合物。但在实际工作中可以通过控制条件制备所需要的卤代烃。下面这些反应可用于卤代烃的制备。

$$(CH_3)_3CH + Cl_2 \xrightarrow{hv} (CH_3)_2CHCH_2Cl$$

$$CH_2{=}CHCH_3 + Cl_2 \xrightarrow{500℃} CH_2{=}CHCH_2Cl$$

$$CH_2{=}CHCH_3 + NBS \longrightarrow CH_2{=}CHCH_2Br$$

通过不饱和烃与 X_2、HX 的亲电加成反应可以得到卤代烃。

$$CH_2{=}CHCH_3 \ + \ Cl_2 \longrightarrow CH_2CHCH_3$$
│　│
Cl　Cl

$$H_2C{=}CHCH_3 \ + \ HBr \longrightarrow CH_3CHCH_3$$
│
Br

$$CH_2\!=\!CHCH_3 + HBr \xrightarrow{RCOOOH} CH_3CH_2CH_2Br$$

$$CH_3C\!\equiv\!CH + HCl \longrightarrow CH_3C\!=\!CH_2 \xrightarrow{HCl} CH_3\underset{\underset{Cl}{|}}{\overset{\overset{Cl}{|}}{C}}CH_3$$

芳香烃的亲电取代反应是制备卤代芳烃的常用方法。

$$\text{⟨苯环⟩} + X_2 \xrightarrow{FeX_3} \text{⟨苯环⟩}\!-\!X + HX$$

芳香烃的氯甲基化反应用来制备苄基氯。

$$\text{⟨苯环⟩} + HCHO + HCl \xrightarrow[60℃]{ZnCl_2} \text{⟨苯环-CH_2Cl⟩} + \text{⟨苯环-CH_2Cl/CH_2Cl⟩}$$

通过芳香烃制备的芳香重氮盐可以制备卤代芳烃。

$$\text{⟨苯环⟩}\!-\!N_2^+X^- \xrightarrow{CuX} \text{⟨苯环⟩}\!-\!X$$

用常规方法很难制备碘代烷和氟代烷，通常采用卤代烃的置换反应来制备。

$$RCl + NaI \xrightarrow{\text{丙酮}} RI + NaCl$$

这是一个平衡反应，常用于碘（氟）代烷的制备。碘代烷不能从烷基直接碘化获得，常用碘化钠（钾）在丙酮溶液中与氯代烷或溴代烷反应来制备。由于氯化钠（钾）在丙酮中的溶解度比碘化钠（钾）小得多，容易从无水丙酮中沉淀析出，从而打破平衡，使反应向生成碘代烷的方向移动。

二、由 醇 制 备

由于醇比较容易得到，醇分子中的羟基可以被卤素取代生成卤代烃，这是制备卤代烃的常用方法。常用试剂有氢卤酸、卤化磷、氯化亚砜。

$$ROH + HX \rightleftharpoons RX + H_2O$$

$$ROH + PX_3 \longrightarrow RX + P(OH)_3$$

$$ROH + PX_5 \longrightarrow RX + POX_3 + HX$$

$$ROH + SO_2Cl \longrightarrow RCl + SO_2\!\uparrow + HCl\!\uparrow$$

醇与氢卤酸的反应是可逆反应，为使反应安全，可以除去反应中生成的水。但此反应不是制备卤代烃的好方法，因为醇在反应中易发生重排，其产物较复杂。醇与氯化亚砜的反应是制备卤代烃的常用方法，因生成的副产物都是气体，得到的产物纯度高。

关 键 词

卤代烃 halohydrocarbon　　　　札依采夫规则 Saytzeff rule
亲核取代 nucleophilic substitution　　有机金属化合物 organometallic compound
消除 elimination　　　　　　　　格氏试剂 Grignard reagent
反应机理 reaction mechanism　　　碳正离子重排 Carbenium ion rearrangement
瓦尔登转化 Walden inversion

本 章 小 结

卤代烃是烃分子中的氢原子被卤素原子取代而生成的化合物，通式为 RX。卤代烃中碳卤键(C—X)为极性共价键，对化合物的性质及反应活性起着重要作用。

卤代烃可根据卤素原子分为氟代烃、氯代烃、溴代烃、碘代烃；可根据分子中卤素数目分为一元卤代烃、二元卤代烃和多元卤代烃；可根据卤素所连接的饱和碳原子类型分为伯(1°)卤代烃、仲(2°)卤代烃和叔(3°)卤代烃；还可根据烃基的不同分为饱和卤代烃、不饱和卤代烃和芳香卤代烃。卤代烃的命名有普通命名法、俗名和系统命名法。卤代烃不溶于水而易溶于有机溶剂。

卤代烃的主要化学反应是由卤原子引起的，碳卤键比较活泼，容易发生亲核取代反应、消除反应和生成有机金属化合物的反应等；亲核取代反应有 S_N1 和 S_N2 两种机制，消除反应有 E1 和 E2 两种机制；亲核取代反应与消除反应是竞争性反应，反应体系中 S_N1、S_N2、E1、E2 是并存和相互竞争的，按哪一种或主要按哪一种反应取决于卤代烃的结构、试剂的性质和反应条件。卤代烃与多种金属反应可形成非常活泼的有机金属化合物，其中与金属镁反应产生的格氏试剂，是一种用途十分广泛的有机合成试剂。

不饱和卤代烃和芳香卤代烃的化学性质，主要由卤原子及其与分子内不饱和键的相对位置决定。卤代烃主要是通过取代、加成和置换三种反应方法制备。

阅读材料

含 氟 药 物

由于氟原子的原子半径较小并且有较强的电负性，在有机合成中引入氟原子或含氟基团可以改变分子的电性效应、酸碱性、偶极矩、分子构型及与邻近基团的化学反应性等理化性能。引入氟原子增加了药物在细胞膜上的脂溶性，提高药物吸收与转运速度。在农药领域，杀虫剂、除草剂、昆虫信息素等引入氟原子后明显改善了药物分子的亲脂性、特效性、吸收转运和转化降解等性能，达到高效低毒的要求。

随着有机氟化学合成法的不断发展及对氟化作用与分子生物学特性影响认识的不断深入，人们合成了许多结构复杂、作用独特的含氟药物，这些含氟药物具有生物活性较高、稳定性较强和不易产生耐药性等优点。最早合成的含氟药物是 1957 年获得的抗代谢药物——氟尿嘧啶(fluorouracil)，该药物通过抑制胸腺嘧啶核苷合成酶而具有较高的抗肿瘤活性。自氟尿嘧啶之后，在药物结构改造设计中，氟取代策略成为开发新型抗肿瘤、抗病毒、消炎、中枢神经系统等药物的重要研究策略之一。Purser 等对氟原子在药物化学中的应用进行了深入研究，介绍了氟原子对药物小分子理化性质、构象和代谢稳定性的影响，以及氟原子在核苷类抗肿瘤药物中的重要作用。Kirk 等对临床应用的含氟药物进行总结，综述了氟原子在中枢神经系统疾病治疗药物、心血管疾病治疗药物、代谢综合征治疗药物、抗生素药物及抗真菌药物中的应用。目前，临床治疗药物中含氟药物的总数已经超过 180 个。2009 年获得美国食品药品监督管理局(FDA)批准的 19 个新分子实体中有 4 个为含氟药物。临床应用的含氟代表药物包括抗病毒药物依非韦仑(efavirenz)、氟喹诺酮类抗生素左旋氧氟沙星(levofloxacin)、降血脂药物氟伐他汀(fluvastatin)、核苷类抗肿瘤药物吉西他滨(gemcitabine)、胆固醇吸收抑制剂依泽替米贝(Ezetimibe)、抗菌药伏立康唑(voriconazole)、抗抑郁药氟西汀(fluoxetine)等。此外，含氟药物在医药市场中也占据重要地位，其中辉瑞公司开发的阿托伐他汀(立普妥，lipitor)，在 2009 年全球销售额高达 123 亿美元。

习 题

1. 写出下列化合物的结构式。

(1) 丙烯基溴　　　　　(2) 4-甲基-2-溴-2-戊烯　　　　(3) 对羟基苄基溴

(4) 1-甲基-2,4-二氯环戊烷　　(5) 1-甲基-4-碘环己烯　　(6) S-2-甲基-3-氯丁烷

2. 用系统命名法命名下列化合物。

(1) $\underset{\substack{| \\ C_2H_5}}{CH_3CHCH_2} \underset{\substack{| \\ Cl}}{CHCH_2Cl}$　　(2) $H_2C{=}\underset{\substack{| \\ CH_2CH_2Br}}{CCH_2CH_3}$　　(3) $\underset{\substack{| \\ Br}}{\overset{H_3C}{\diagdown}}C{=}\underset{\substack{| \\ CH(CH_3)_2}}{\overset{Cl}{\diagup}}$

(4)
(5)
(6) $\underset{\substack{| \\ CH_2Cl}}{Cl}{-}\overset{\substack{CH_3 \\ |}}{C}{-}H$

3. 写出下列反应的主要产物。

(1) $CH_3CH_2Br + NaOCH_3 \longrightarrow$

(2) $CH_3CH_2Cl + NaCN \xrightarrow{C_2H_5OH} \xrightarrow{H_2O/H^+}$

(3) $\underset{\substack{| \\ CH_3}}{CH_3CHCH_2I} + AgNO_3 \longrightarrow$

(4) ⟨⟩$-CH_2Cl + NaOH \xrightarrow{H_2O}$

4. 排列下列各组化合物发生 S_N1 反应的活性顺序。

(1) 2-甲基-2-氯丁烷，2-甲基-1-氯丁烷，2-甲基-3-氯丁烷。

(2) 1-溴-1-丙烯，3-溴-1-丙烯，1-溴丙烷。

5. 排列下列各组化合物发生 S_N2 反应的活性顺序。

(1) 1-氯乙烷，1-溴乙烷，1-碘乙烷。

(2) 2-甲基-1-溴丁烷，2-甲基2-溴丁烷，2-甲基-3-溴丁烷。

6. 用化学方法区别下列各组化合物。

(1) 溴苯，溴化苄，1-苯基-2-溴乙烷。

(2) 1-氯环己烯，3-氯环己烯，4-氯环己烯。

7. 卤代烷与 NaOH 在水和乙醇混合物中进行反应，请指出下列现象哪些属于 S_N1 机理，哪些属于 S_N2 机理。

(1) 反应不分阶段，一步完成；　　　(2) 反应过程中有碳正离子中间体产生；

(3) 产物绝对构型完全转化；　　　(4) 有重排反应；

(5) 叔卤代烷反应速率大于仲卤代烷；　(6) 碱的浓度增加则反应速率加快；

(7) 增加乙醇量反应速率加快；　　(8) 减少碱的量反应速率不变；

(9) 增加水量反应速率加快；　　(10) 伯卤代烷比仲卤代烷反应快。

8. 分子式为 C_5H_8 的化合物 A，在室温下能使溴水褪色，在光照下与 Br_2 反应得到单溴代产物 B(C_5H_7Br)，B 与 KOH 的醇溶液加热得到化合物 C(C_5H_6)，C 被酸性 $KMnO_4$ 氧化后有丙二酸生成。试写出 A、B、C 的结构及有关反应式。

9. 某卤化物分子式为 C_4H_9I，在 KOH 的水溶液中反应后与浓硫酸共热，得到的产物为顺反异构体；将所得到的产物臭氧化，再在 Zn/H_2O 中还原水解生成 CH_3CHO。试写出该卤化物的结构和有关反应式。

(刘静姿)

第七章 醇、酚、醚

醇(alcohol)、酚(phenol)和醚(ether)都属于烃的含氧衍生物。醇可看作是烃分子中的氢原子被羟基(—OH, hydroxyl group)取代的化合物，其结构通式为 R—OH；酚是芳环上的氢原子被羟基取代的化合物，通式为 Ar—OH；醚是由两个烃基通过氧原子连接在一起的化合物，可以看作是醇或酚羟基上的氢原子被烃基取代的化合物，通式为 R—O—R'。

醇、酚和醚是重要的化学化工原料，尤其是在医药领域应用非常广泛，许多药物都具有这三类物质的结构。例如，乙醇是一种良好的溶剂，常利用它从中草药中提取有效成分，其70%～75%的水溶液在临床上作为外用消毒剂；肌醇又称为环己六醇，能降血脂，可用于治疗肝硬化、肝炎、脂肪肝等；苯酚水溶液则可用于外科手术器械的消毒；乙醚极易挥发，在临床上可用作麻醉剂。

第一节 醇

一、结构、分类与命名

(一) 结构

在醇分子中，一般认为羟基氧原子为不等性 sp^3 杂化，其中两个 sp^3 杂化轨道上各有一个单电子，分别与氢原子的 1s 轨道和相邻的碳原子的一个 sp^3 杂化轨道重叠，电子配对形成两个 σ 键。氧原子的另外两个 sp^3 杂化轨道则分别被两对孤对电子所占据。以甲醇 CH_3OH 为例，其分子中 H—O—C 键角为 108.9°，很接近正四面体角(109.5°)。

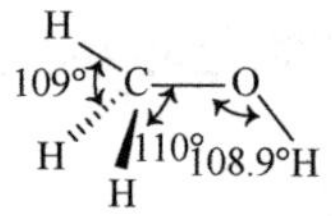

醇的偶极距与水接近，是极性分子。由于氧原子的电负性较大，分子中的 C—O 键和 O—H 键都是极性键。这些极性键也是醇发生化学反应的主要部位。

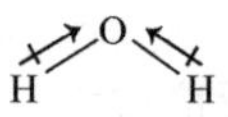

$6.0×10^{-30}C \cdot m$ 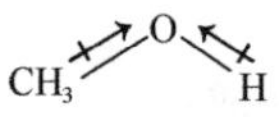 $5.7×10^{-30}C \cdot m$

(二) 分类

根据醇分子中所含烃基的不同，醇可分为脂肪醇、脂环醇和芳香醇。其中，脂肪醇又分为饱和脂肪醇和不饱和脂肪醇。

CH_3CH_2OH $CH_3CH=CHCH_2OH$ 环己醇(脂环醇) 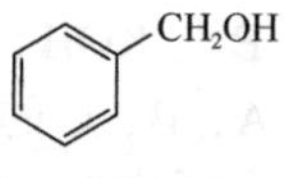   苯甲醇(芳香醇)

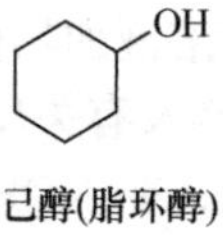

乙醇(饱和醇)   2-丁烯-1-醇(不饱和醇)

根据醇分子中所含羟基的数目，醇又可分为一元醇、二元醇和三元醇等。通常将含有两个以上羟基的醇统称为多元醇。

$$H_3C-OH \qquad \begin{matrix} CH_2-OH \\ | \\ CH_2-OH \end{matrix} \qquad \begin{matrix} CH_2-OH \\ | \\ CH-OH \\ | \\ CH_2-OH \end{matrix}$$

一元醇　　　　　　二元醇　　　　　　三元醇

对于一元饱和醇，还可以根据羟基所连碳原子的种类分为伯醇(1°醇)、仲醇(2°醇)和叔醇(3°醇)。

$$R-CH_2OH \qquad \begin{matrix} R \\ \diagdown \\ R' \end{matrix} CH-OH \qquad \begin{matrix} R \\ | \\ R'-C-OH \\ | \\ R'' \end{matrix}$$

伯醇(1°醇)　　　　仲醇(2°醇)　　　　叔醇(3°醇)

(三) 命名

简单的一元醇多用普通命名法，通常是在烃基名称后面加上"醇"字，并省去烃基的"基"字。例如：

$$CH_3OH \qquad\qquad CH_3CH_2OH \qquad\qquad CH_3CH_2CH_2CH_2OH$$

甲醇　　　　　　　　乙醇　　　　　　　　　正丁醇
(methanol)　　　　　(ethanol)　　　　　　　(n-butanol)

$$\begin{matrix} CH_3CHCH_2OH \\ | \\ OH \end{matrix} \qquad \begin{matrix} CH_3 \\ | \\ H_3C-C-OH \\ | \\ CH_3 \end{matrix} \qquad 苯环-CH_2OH$$

异丁醇　　　　　　　叔丁醇　　　　　　　苄醇(苯甲醇)
(iso-but-anol)　　　　(tert-butanol)　　　　(benzyl alcohol)

结构复杂的醇多采用系统命名法。

对于饱和醇，选择含有羟基的最长碳链作为主链，从靠近连有羟基的碳原子一端开始编号，根据主链所含有的碳原子数称为"某醇"，取代基的位次、数目、名称依次写在某醇的前面，并把羟基的位次写在"某醇"前面。例如：

$$\begin{matrix} CH_3CH_2CHCH_2CH_3 \\ | \\ OH \end{matrix} \qquad\qquad \begin{matrix} CH_3CH_2CHCH_2CHCH_2OH \\ \quad\quad | \quad\quad\quad | \\ \quad\quad Br \quad\quad CH_3 \end{matrix}$$

3-戊醇　　　　　　　　　　2-甲基-4-溴-1-己醇
(3-pentanol)　　　　　　　(4-bromo-2-methyl-1-hexanol)

$$\begin{matrix} CH_3 \\ | \\ CH_3CH_2-C-OH \\ | \\ CH_3 \end{matrix} \qquad\qquad 环己烷-OH,CH_3$$

2-甲基-2-丁醇　　　　　　　3-甲基环己醇
(2-methyl-2-butanol)　　　　(3-methylcyclohexanol)

不饱和醇的命名，应选择同时含有不饱和键和羟基在内的最长碳链作为主链，根据主链所含碳原子的数目称为"某烯醇"或"某炔醇"，编号时应使羟基的位次最小，并标明不饱和键的位置。例如：

$$\begin{matrix} CH_3CH_2CH=CHCHCH_3 \\ \qquad\qquad\qquad | \\ \qquad\qquad\qquad OH \end{matrix} \qquad \begin{matrix} HC\equiv CCHCH_2CHCH_3 \\ \quad\quad | \quad\quad\quad | \\ \quad\quad CH_3 \quad\quad OH \end{matrix}$$

3-己烯-2-醇　　　　　　　　4-甲基-5-己炔-2-醇
(3-hexen-2-ol)　　　　　　　(4-methyl-5-hexyne-2-ol)

$$H_2C=CCH_2CH_2OH$$

3-苯基-3-丁烯醇　　　　　　　(R)-2-环己烯-1-醇
(3-phenyl-3-buten-1-ol)　　　　[(R)-2-cyclohexen-1-ol]

芳香醇的命名，将芳基作为取代基，把链醇作为母体。例如：

3-苯基-1-丁醇
(3-phenyl-1-butanol)

2-(4-羟基苯基)-1-丁醇
(2-4-hydroxydipheny-1-butanol)

多元醇的命名，应尽可能选择包含有多个羟基在内的碳链作为主链，根据羟基的数目称为"某二醇"或"某三醇"等，在醇名称前标明羟基的位次。如果羟基数与主链碳原子数相同时，则不必标明羟基的位次。例如：

1, 2-丙二醇
(1,2-propanediol)

丙三醇(甘油)
(1, 2, 3-trihydroxypropane)

环己六醇(肌醇)
(cyclohexanehexol)

二、物理性质及光谱性质

(一) 物理性质

低级直链饱和一元醇中，含 5 个碳以下的醇为无色透明液体，有特殊气味。含 6～11 个碳的醇为油状黏稠液体，具有不愉快的气味。含 12 个碳以上的高级醇为无臭无味的蜡状固体。

由于醇分子中的羟基能与水形成氢键，因此低级醇如甲醇、乙醇等能与水混溶，但随着醇的分子量增大，醇羟基与水形成氢键的能力减小，醇在水中的溶解度迅速减小，因此高级醇不溶于水而溶于有机溶剂。常见醇的物理常数见表 7-1。

醇的沸点比与其分子量相近的烷烃及卤代烃高，这是因为醇分子中含有羟基，且能够形成分子间氢键而缔合。要使醇从液体变为气态，不仅要克服分子间范德瓦尔斯力，还需要更多的能量来破坏其分子间氢键，因此醇的沸点较高。例如，甲醇的沸点比甲烷高 229℃，乙醇的沸点比乙烷高 167℃。饱和一元醇的沸点随分子量的增加呈有规律的升高，一般来说，每增加一个 CH_2 系列差，沸点升高 18～20℃。

多元醇分子中含有两个以上的羟基，可以形成更多的氢键，因此沸点更高，在水中的溶解度也更大。例如，乙二醇的沸点是 197℃，丙三醇的沸点是 290℃，它们都能与水互溶。

表 7-1　一些常见醇的物理常数

名称	构造式	熔点(℃)	沸点(℃)	相对密度(液态)	溶解度(25℃)(g/100g H_2O)
甲醇	CH_3OH	-98	64.5	0.792	∞
乙醇	CH_3CH_2OH	-117	78.5	0.789	∞
正丙醇	$CH_3CH_2CH_2OH$	-127	98	0.804	∞
异丙醇	$(CH_3)_2CHOH$	-86	82.5	0.789	∞
正丁醇	$CH_3(CH_2)_2CH_2OH$	-90	118	0.810	7.9
异丁醇	$(CH_3)_2CHCH_2OH$	-108	108	0.802	10.0
正戊醇	$CH_3(CH_2)_3CH_2OH$	-78.5	138	0.817	2.3

续表

名称	构造式	熔点(℃)	沸点(℃)	相对密度(液态)	溶解度(25℃)(g/100g H₂O)
正己醇	$CH_3(CH_2)_4CH_2OH$	-52	156.5	0.819	0.6
正辛醇	$H_3(CH_2)_6CH_2OH$	-15	195	0.827	0.05
正癸醇	$CH_3(CH_2)_8CH_2OH$	6	228	0.829	—
正十二醇	$CH_3(CH_2)_{10}CH_2OH$	24	259	0.831	—
苯甲醇	$C_6H_5CH_2OH$	-15	205	1.046	—
2-戊醇	$C_3H_7CHOHCH_3$	—	119.3	0.8090	4.9
3-戊醇	$C_2H_5CHOHC_2H_5$	—	115.6	0.8150	5.6
环己醇	⬡—OH	25	161	0.962	5.7
乙二醇	$HOCH_2CH_2OH$	-17.4	197.5	1.115	∞
丙三醇	$CH_2OHCHOHCH_2OH$	-17.9	290	1.260	∞

(二) 光谱性质

醇游离羟基(未形成氢键)的红外吸收峰出现在 3650～3610cm⁻¹。氢键和烷基结构对醇分子中 O—H 键伸缩振动吸收峰位置有显著影响,醇分子间缔合在 3400～3200cm⁻¹ 产生宽峰,分子内氢键在 3500～3450cm⁻¹ 有尖峰,缔合的 O—H 键在 3650～3590cm⁻¹ 有尖峰。图 7-1 是苯甲醇的红外吸收光谱图。

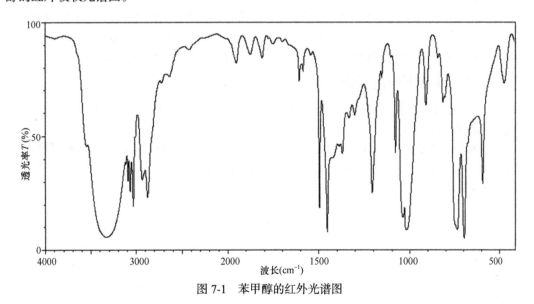

图 7-1 苯甲醇的红外光谱图

羟基质子的 δ_H 在 0.5～4.5,具体位置决定于溶剂、浓度和温度,由于分子间氢键不断迅速交换,一般为宽的单峰。

在质谱图中,醇的 M 峰–度很小,伯醇和支链多的醇常常观察不到 M 峰,这时质核比最高的峰多为 M-18 或 M-15。

三、化 学 性 质

醇的化学反应主要是由于 O—H 键和 C—O 键断裂所引起的。此外,α-H 受到羟基的影响,更为活泼，易发生氧化反应。

(一) O—H 键断裂的反应

醇有微弱的酸性，醇分子中含有 O—H 键，电离时生成烷氧负离子和质子。

$$R—O—H \rightleftharpoons RO^- + H^+$$

因此，醇能够与钠、钾、镁、铝等活泼金属反应，生成醇金属，并放出氢气。例如：

$$2ROH + 2Na \longrightarrow 2RONa + H_2\uparrow$$

$$2CH_3OH + 2Na \longrightarrow 2CH_3ONa + H_2\uparrow$$

醇与金属的反应比水与金属的反应缓和得多，在实验室中常利用乙醇来消除残留无用的少量钠，使之变成乙醇钠后再用水洗去，这样可以避免金属钠与水接触引起燃烧和爆炸。

醇与活泼金属反应说明醇具有弱酸性，其酸性(pK_a = 16～18)比水(pK_a = 15.74)还要弱，而其共轭碱醇钠的碱性比 NaOH 还强。不同结构的醇钠碱性强弱依次为 $R_3CONa > R_2CHONa > RCH_2ONa$。醇钠遇水甚至潮湿空气就能够分解成氢氧化钠和醇，所以醇钠需无水无氧保存。在有机合成中，常用作强碱使用。

$$RONa + H_2O \longrightarrow ROH + NaOH$$

异丙醇和铝反应生成异丙醇铝，异丙醇铝可用于药物合成。

$$(CH_3)_2CHOH + Al \xrightarrow{HgCl_2} [(CH_3)_2CHO]_3Al + H_2\uparrow$$

不同类型的醇，其酸性大小依次为

伯醇 > 仲醇 > 叔醇

这是因为醇羟基与斥电子的烃基相连，烃基的给电子诱导效应使羟基中氧原子上的电子云密度增加，减弱了氧吸引氢氧间电子对的能力，即降低了氢氧键的极性，使醇羟基的氢不及水中的氢那样活泼，所以反应也较为缓和。由此可见，烃基的斥电子能力愈强，醇羟基中氢原子的活性愈低。如果醇分子中烷基上的氢被电负性大的原子取代，其酸性增强。

(二) C—O 键断裂的反应

醇分子中的 C—O 键是极性共价键，在亲核试剂作用下易断裂，发生类似卤代烃的亲核取代反应和消除反应。

1. 亲核取代反应 醇与氢卤酸(HCl、HBr 或 HI)作用，C—O 键断裂，生成卤代烃和水。这是卤代烃水解反应的逆反应。反应是可逆的，如果其中一种反应物过量或移去一种产物，平衡向右移动，可提高卤代烃的产率。

$$R—OH + HX \rightleftharpoons R—X + H_2O$$

卤代反应的活性与所用的氢卤酸及醇的类别有关，对于同一种醇来说，氢卤酸的反应活性次序为 HI > HBr > HCl(HF 一般不反应)；而对于相同的氢卤酸，醇的反应活性次序为烯丙式、苄醇 > 叔醇 > 仲醇 > 伯醇。由于羟基不是一种良好的离去基团，因此反应需用酸催化，使醇羟基先质子化后，再以水分子的形式离去。

用浓盐酸和无水氯化锌配成的试剂称为卢卡斯(Lucas)试剂。由于生成的卤代烃在水中不溶解，可根据出现混浊时间的快慢用于鉴别不同类型的醇。例如，叔醇与卢卡斯试剂作用后，反应液立即变混浊；与仲醇反应几分钟以后出现混浊；与伯醇反应时，必须加热才能出现混浊。可以利用上述反应速率的不同，作为区别伯、仲、叔醇的一种化学方法。

$$R_3C—OH \underset{室温}{\overset{ZnCl_2+HCl}{\rightleftharpoons}} R_3C—Cl + H_2O \quad 反应液立即变混浊$$

叔醇   叔氯代烃

$$R_2CH—OH \underset{室温}{\overset{ZnCl_2+HCl}{\rightleftharpoons}} R_2CH—Cl + H_2O \quad 若干分钟内反应液变混浊$$

仲醇   仲氯代烃

$$RCH_2—OH \xrightleftharpoons[室温]{ZnCl_2+HCl} 不反应 \quad 反应液无明显变化$$

伯醇

醇与氢卤酸的反应是酸催化下的亲核取代反应。醇的结构不同，反应机理不同。大多数伯醇按 S_N2 机理进行卤代反应，其反应历程表示如下所示。

$$RCH_2OH + HX \rightleftharpoons RCH_2\overset{+}{O}H_2 + X^-$$
质子化的醇

$$RCH_2—\overset{+}{O}H_2 + X^- \longrightarrow RCH_2—X + H_2O$$

叔醇、苄醇或烯丙醇常按 S_N1 机理进行。首先是醇中的氧原子与酸中的氢离子结合，生成锌盐(oxonium salt)，然后 C—O 键断裂生成水和碳正离子，碳正离子与卤素阴离子结合形成卤代烷。

$$R'-\overset{\underset{|}{R}}{\underset{|}{C}}-\overset{..}{O}H + H^+ \xrightleftharpoons{快} R'-\overset{\underset{|}{R}}{\underset{|}{C}}-\overset{+}{O}\overset{|}{\underset{H}{H}}$$
锌离子

$$R'-\overset{\underset{|}{R}}{\underset{|}{C}}-\overset{+}{O}\overset{|}{\underset{H}{H}} \xrightleftharpoons{快} R'-\overset{\underset{|}{R}}{\underset{|}{C}}{}^+ + H_2O$$
锌离子

$$R'-\overset{\underset{|}{R}}{\underset{|}{C}}{}^+ + X^- \xrightleftharpoons{快} R'-\overset{\underset{|}{R}}{\underset{|}{C}}-X$$

发生 S_N1 反应时，由于有碳正离子生成，常会导致分子重排。

$$CH_3CH_2-\underset{\underset{OH}{|}}{\overset{\overset{CH_3}{|}}{C}}-CH_2 \xrightleftharpoons{H^+} CH_3CH_2-\underset{\underset{\overset{+}{O}H_2}{|}}{\overset{\overset{CH_3}{|}}{C}}-CH_2 \xrightarrow{-H_2O} CH_3CH_2-\overset{\overset{CH_3}{|}}{C}{\underset{\curvearrowright}{}}CH_2$$

$$\xrightleftharpoons{重排} CH_3CH_2-\overset{\overset{CH_3}{|}}{\underset{+}{C}}-CH_3 \xrightleftharpoons{X^-} CH_3CH_2-\underset{\underset{X}{|}}{\overset{\overset{CH_3}{|}}{C}}-CH_3$$

醇还可以用其他方法转变为卤代烃。例如，醇与卤化磷或氯化亚砜(SOCl₂)作为卤化试剂，不形成碳正离子，引起重排的机会较少。实验室中常采用 SOCl₂ 与醇反应制备氯代烃，副产物为 SO₂ 和 HCl，均为气体离去，故反应不可逆，收率高，产物较易分离提纯。如果手性醇(即羟基所在碳原子是手性碳原子)与 SOCl₂ 在醚等非极性溶剂中反应时，产物构型保持不变；在吡啶存在下反应，则产物构型发生转化。

氯代烃也可用醇和 PCl₅ 反应制备，但与 PCl₅ 反应时，生成较多副产物磷酸三氯氧磷酯。

$$3CH_3CH_2OH + PBr_3 \longrightarrow 3CH_3CH_2Br + H_3PO_3$$

$$\text{⟨苯环⟩}—CH_2OH + SOCl_2 \longrightarrow \text{⟨苯环⟩}—CH_2Cl + SO_2\uparrow + HCl\uparrow$$

溴代烃和碘代烃可由三溴化磷或三碘化磷制备，在实际操作中常用红磷与溴或碘代替三溴化磷或三碘化磷进行反应。

2. 脱水反应 醇与强酸如硫酸、磷酸、对甲苯磺酸等一起加热，发生脱水反应。脱水反应有两种方式，即分子内脱水生成烯烃，分子间脱水生成醚。脱水方式取决于反应条件和醇的结构。

(1) 分子内脱水生成烯烃：醇在酸催化下脱去 1 分子水生成烯烃，反应属于消除反应。

$$CH_2CH_3-\underset{\underset{\fbox{H}\ \ \fbox{OH}}{|}}{\overset{\overset{H}{|}}{C}}-CH_2 \xrightarrow{\text{浓} H_2SO_4} CH_3CH{=}CH_2 + H_2O$$

醇脱水生成烯烃的反应机理为单分子消除反应(E1)。

$$R-\underset{\underset{H}{|}}{C}H-\underset{\underset{OH}{|}}{C}H-R' \underset{}{\overset{H^+,快}{\rightleftharpoons}} R-\underset{\underset{H}{|}}{C}H-\underset{\underset{\overset{+}{O}H_2}{|}}{C}H-R' \xrightarrow{-H_2O,慢}$$

$$R-\underset{\underset{H}{|}}{C}H-\overset{+}{C}H-R' \underset{}{\overset{-H^+,快}{\rightleftharpoons}} RCH{=}CHR'$$

醇分子中如果有多个 β-H 可供消除时，遵循札依采夫规则，即主要产物为双键上连有取代基最多的烯烃。

$$CH_3CH_2CH_2\underset{\underset{OH}{|}}{C}HCH_3 \xrightarrow[H_2SO_4(1:1)]{-H_2O} \begin{cases} CH_3CH_2CH_2CH{=}CH_2 \\ \text{1-戊烯(19%)} \\ CH_3CH_2CH{=}CHCH_3 \\ \text{2-戊烯(81%)} \end{cases}$$

烯丙型及苄型醇分子内脱水以形成稳定共轭体系的烯烃为主产物。

$$\text{(苯环)}CH{-}\underset{\underset{OH}{|}}{C}H{-}CH_3 \xrightarrow[\triangle]{H_2SO_4} \text{(苯环)}\underset{\overset{|}{CH_3}}{C}{=}CHCH_3$$

醇脱水生成烯烃的相对速率是由形成的碳正离子的稳定性决定的。由于碳正离子的稳定顺序是

$$R_1-\underset{\underset{R_3}{|}}{\overset{\overset{R_2}{|}}{\overset{+}{C}}} > R_1-\underset{\underset{H}{|}}{\overset{\overset{R_2}{|}}{\overset{+}{C}}} > R-\underset{\underset{H}{|}}{\overset{\overset{H}{|}}{\overset{+}{C}}}$$

叔碳正离子　　　仲碳正离子　　　伯碳正离子

所以三种醇脱水的活性顺序是叔醇＞仲醇＞伯醇。伯醇与浓硫酸加热到 170～180℃才能转变为烯烃。叔醇与硫酸(20%)在 80～90℃下加热，即可转变为烯烃。

由于醇的脱水反应的活性中间体是碳正离子，可能会发生重排。例如，3,3-二甲基-2-丁醇脱水的主要产物是 2,3-二甲基-2-丁烯。

$$H_3C-\underset{\underset{OH}{|}}{\overset{\overset{H}{|}}{C}}-\underset{\underset{CH_3}{|}}{\overset{\overset{CH_3}{|}}{C}}-CH_3 \overset{H^+}{\rightleftharpoons} H_3C-\underset{\underset{\overset{+}{O}H_2}{|}}{\overset{\overset{H}{|}}{C}}-\underset{\underset{CH_3}{|}}{\overset{\overset{CH_3}{|}}{C}}-CH_3 \overset{-H_2O}{\rightleftharpoons} H_3C-\overset{\overset{H}{|}}{\overset{+}{C}}-\underset{\underset{CH_3}{|}}{\overset{\overset{CH_3}{|}}{C}}-CH_3$$

$$\overset{重排}{\rightleftharpoons} H_3C-\underset{\underset{CH_3}{|}}{\overset{\overset{H}{|}}{C}}-\overset{\overset{+}{|}}{\underset{\underset{CH_3}{|}}{C}}-CH_3 \overset{-H^+}{\rightleftharpoons} H_3C-\underset{\underset{CH_3}{|}}{C}{=}\underset{\underset{CH_3}{|}}{C}-CH_3$$

醇也可以用金属氧化物作催化剂在气相中加热脱水，不易发生重排，副产物少，是由醇制备烯烃的较好的方法。

$$CH_3(CH_2)_3CH_2CH_2OH \xrightarrow[\triangle]{Al_2O_3} CH_3(CH_2)_3CH{=}CH_2$$

(2) 分子间脱水生成醚：在酸存在下，将乙醇与浓 H_2SO_4 共热至 140℃，发生分子间脱水生成乙醚。

$$CH_3CH_2\text{—}OH + HO\text{—}CH_2CH_3 \xrightarrow[140℃]{\text{浓}H_2SO_4} CH_3CH_2\text{—}O\text{—}CH_2CH_3$$

该方法通常用来从低级伯醇制备相应的简单醚，如乙醚、异丙醚、正丁醚等。除硫酸外，还可以用磷酸和离子交换树脂。醇脱水成醚的反应属于亲核取代反应，一般伯醇按 S_N2 机理反应，仲醇的反应机理可能为 S_N1 或 S_N2，叔醇以消除反应为主。

(三) 醇的氧化和脱氢反应

伯醇和仲醇分子中的 α-H，可被多种氧化剂氧化。不同结构的醇，氧化剂不同，其氧化产物也不相同。

伯醇被酸性重铬酸钾氧化时，溶液由橙色变为绿色，很难停留在醛的阶段，继续被氧化生成羧酸。仲醇氧化生成酮，酮在此条件下很难继续被氧化，但用氧化性更强的试剂如硝酸、酸性高锰酸钾等，酮发生碳碳键断裂，继续被氧化生成羧酸。叔醇因不含 α-H，难被氧化，但长时间受强氧化剂作用，则先脱水生成烯烃，再被氧化，产物复杂。

$$\text{伯醇} \quad \text{Ph—}CH_2CH_2OH \xrightarrow[H^+]{K_2Cr_2O_7(\text{橙色})} \text{Ph—}CH_2COOH + Cr^{3+} (\text{绿色})$$

$$\text{仲醇} \quad \text{Ph—}\underset{OH}{CHCH_3} \xrightarrow[H^+]{K_2Cr_2O_7(\text{橙色})} \text{Ph—}\underset{O}{C}CH_3 + Cr^{3+} (\text{绿色})$$

$$\text{叔醇} \quad \text{Ph—}\overset{CH_3}{\underset{CH_3}{C}}\text{—OH} \xrightarrow[H^+]{K_2Cr_2O_7(\text{橙色})} \text{无明显现象，反应液仍为橙色}$$

用重铬酸钾、高锰酸钾等氧化剂氧化醇时，伯醇、仲醇反应前后有明显的颜色变化，而叔醇不反应，故可用于区别伯醇、仲醇和叔醇。

将醇氧化成醛或酮是有机化学中研究较多的一类重要的化学反应。但使用酸性重铬酸钾或高锰酸钾溶液作为氧化剂只能得到羧酸，很难得到醛。近年来开发了多种选择性高的氧化剂，其中用途较广的如 PCC，沙瑞特(Sarrett)试剂及琼斯(Jones)试剂等均可将伯醇氧化成醛，且分子中含有的不饱和键不受影响。

氯铬酸吡啶盐(PCC)，是将吡啶(C_5H_5N)加到三氧化铬的盐酸溶液中得到的。

$$C_5H_5N + CrO_3 + HCl \longrightarrow \underset{PCC}{C_5H_5\overset{+}{N}HClCrO_3^-}$$

PCC 为橙红色晶体，能溶于二氯甲烷和氯仿，容易储存，使用安全，在室温下可将醇氧化为醛。

$$CH_3(CH_2)_5CH_2CH_2OH \xrightarrow[CH_2Cl_2]{PCC} CH_3(CH_2)_5CH_2CHO$$

沙瑞特(Sarrett)试剂是用铬酐(CrO_3)与吡啶反应形成的铬酐—双吡啶络合物，红色结晶，具有吸湿性，可使伯醇氧化为醛，仲醇氧化为酮，氧化时醇分子中的不饱和键不受影响。

$$H_2C\text{=}CHCH_2OH \xrightarrow[CH_2Cl_2]{\text{沙瑞特试剂}} H_2C\text{=}CHCHO$$

烯丙醇　　　　　　　　　　　　丙烯醛

琼斯(Jones)试剂可将仲醇氧化为相应的酮，分子中含有的不饱和键不受影响。该试剂是把铬酐溶于稀硫酸中，然后滴加到要被氧化的醇的丙酮溶液中，可得到较高产率的酮。

$$\xrightarrow[\text{丙酮,15\sim20℃}]{\text{CrO}_3,\text{稀H}_2\text{SO}_4}$$

伯、仲醇还可以在脱氢试剂的作用下，失去氢形成羰基化合物，常用铜或铜铬氧化物等作为脱氢试剂。醇脱氢的反应一般用于工业生产。

$$CH_3CH_2OH \xrightarrow[300℃]{Cu} CH_3CHO + H_2\uparrow$$

$$\underset{CH_3}{\overset{CH_3}{CH_3CHOH}} \xrightarrow[300℃]{Cu} CH_3\overset{O}{\underset{}{C}}CH_3 + H_2\uparrow$$

(四)二元醇的特殊反应

根据二元醇分子中羟基的相对位置不同，可分为 α-二醇、β-二醇、γ-二醇等。二元醇除具有一元醇的一般化学性质外，由于所含羟基比一元醇多，因此又有某些特殊的化学性质。

邻二醇用高碘酸(H_5IO_6)或四乙酸铅[$Pb(OAc)_4$]氧化，可使邻二醇的碳碳键发生断裂，醇羟基转化为相应的醛、酮，该反应是定量的，可根据高碘酸消耗量，推测邻二醇结构。

$$\underset{\underset{OH}{|}}{\overset{\overset{}{|}}{RCH}}-\underset{\underset{OH}{|}}{\overset{\overset{}{|}}{CHR'}} \xrightarrow[H_2O]{H_5IO_6} RCHO + R'CHO$$

$$\underset{\underset{CH_2OH}{|}}{CH_3CH_2CH_2CHOH} \xrightarrow[C_6H_6]{Pb(OAc)_4} CH_3CH_2CH_2CHO + HCHO + Pb(OAc)_2$$

反应可能是通过形成环状高碘酸酯进行的，因此只有顺式邻二醇才能被高碘酸氧化。

四、制 备

(一) 卤代烃的水解

卤代烃和稀氢氧化钠水溶液一起回流，水解可以得到相应的醇。

$$CH_2=CHCH_2Cl \xrightarrow[\triangle]{NaOH} CH_2=CHCH_2OH + NaCl$$

卤代烃在氢氧化钠碱性溶液中易发生消除反应，为避免消除反应的发生，可以用氧化银代替氢氧化钠。

$$R—X \xrightarrow{Ag_2,H_2O} R—OH + AgX\downarrow$$

(二) 烯烃的水合

烯烃在浓度中等的强酸中加水生成醇，如乙烯和水在磷酸催化下水合生成乙醇，此法多用于工业化生产乙醇。除了由乙烯可制得伯醇外，其他烯烃水合的主要产物是仲醇和叔醇。

$$H_2C=CH_2 + H_2O \xrightarrow[300℃,7MPa]{H_3PO_4} CH_3CH_2OH$$

$$(CH_3)_2C=CHCH_3 \xrightarrow{H_2SO_4(50\%)} (CH_3)_2CCH_2CH_3$$

此外，烯烃的硼氢化氧化反应也可将烯烃转化为醇，遵守马氏规则，如用末端烯烃进行反应则可得到伯醇。

$$R-CH=CH_2 + B_2H_6 \xrightarrow[NaOH]{H_2O_2} R-CH_2CH_2OH$$

烯烃与醋酸汞等汞盐在水溶液中反应生成有机汞化合物，再经硼氢化钠还原可生成醇。该反应的区域选择性很高，不发生重排。若原料烯烃是不对称烯烃，主要生成符合马氏规则的产物。例如：

$$(CH_3)_2CHCH=CH_2 \xrightarrow[(2)\ NaBH_4,OH^-]{(1)Hg(OAc)_2,THF,H_2O} (CH_3)_2CHCHCH_3$$

$$\text{PhCH}_2CH=CH_2 \xrightarrow[(2)\ NaBH_4,OH^-]{(1)Hg(OAc)_2,THF,H_2O} \text{Ph}CH_2CHCH_3$$

(三) 羰基化合物的还原

醛、酮、羧酸和羧酸酯分子中都含有羰基，经还原剂还原后可得到伯醇或仲醇。醛酮可用氢化铝锂或硼氢化钠还原制备醇，分子中的硝基和孤立双键不受影响。醛酮也可用催化加氢的方法来制备相应的醇。

$$(CH_3)_2C=CHCH_2CHO \xrightarrow{NaBH_4}_{CH_3OH} (CH_3)_2C=CHCH_2CH_2OH$$

$$CH_3\overset{O}{\overset{\|}{C}}CH=CH_2 \xrightarrow[(2)\ H_2O]{(1)LiAlH_4,Et_2O} CH_3CH_2\overset{OH}{\overset{|}{C}}HCH=CH_2$$

$$\text{Ph}\overset{O}{\overset{\|}{C}}CH=CH_2 \xrightarrow[EtOH]{H_2,Pt} \text{Ph}\overset{OH}{\overset{|}{C}}HCH_2CH_3$$

羧酸和羧酸酯可用还原能力强的氢化铝锂进行还原，得到相应的伯醇。

$$CH_3CH_2\overset{O}{\overset{\|}{C}}OC_2H_5 \xrightarrow[(2)\ H_2O]{(1)LiAlH_4,Et_2O} CH_3CH_2CH_2OH$$

(四) 由格氏试剂制备

羰基化合物与格氏试剂可迅速反应，加成产物水解后得到醇。

用不同类型的羰基化合物与格氏试剂反应，可得到不同类型的醇。例如，甲醛与格氏试剂的反应产物为伯醇，其他醛与格氏试剂的反应产物则为仲醇，与酮的反应产物为叔醇，相当于在醛、酮的羰基上增加一个烃基。

$$\overset{}{C}=O + R-MgX \xrightarrow{Et_2O} R-\overset{|}{\underset{|}{C}}-OMgX \xrightarrow[H_2O]{H^+} R-\overset{|}{\underset{|}{C}}-OH + X^- + H_2O$$

$$CH_3MgBr + CH_2O \xrightarrow[(2)\ H_3O^+]{(1)\ Et_2O} CH_3CH_2OH$$

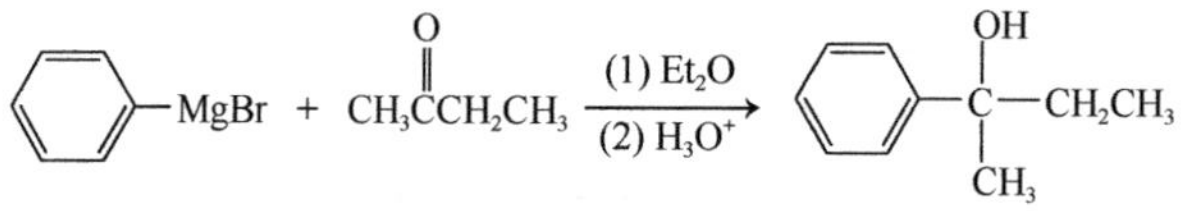

格氏试剂与羧酸酯反应，产物为叔醇(甲酸酯则为仲醇)，相当于在羰基碳原子上连接两个不同的烃基。

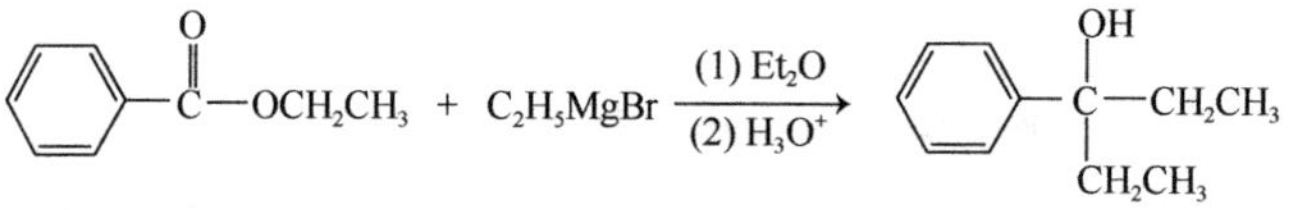

第二节 酚

酚和醇都是含有羟基官能团的化合物，不同的是酚羟基是直接与芳环 sp^2 杂化碳原子相连，而醇羟基则是连在 sp^3 杂化的碳原子上，其结构特点决定了酚与醇不同的性质。

一、分类和命名

(一) 分类

根据酚羟基所连芳基种类不同，可分为苯酚、萘酚等；根据分子中所含酚羟基的数目不同，可分为一元酚、二元酚、三元酚等，一个分子中含两个以上酚羟基的酚称为多元酚(polyatomic phenol)。例如：

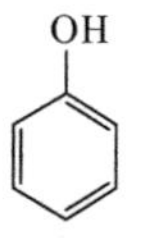

苯酚
(一元酚)　　　α-萘酚
(一元酚)　　　邻苯二酚(儿茶酚)
(二元酚)　　　均苯三酚(1,3,5-苯三酚)
(三元酚)

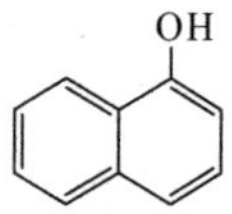

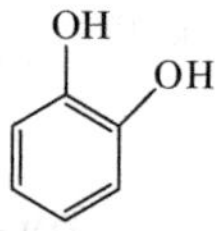

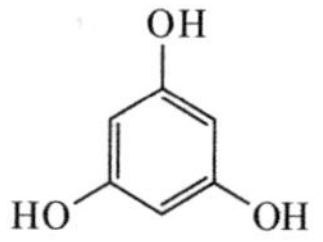

(二) 命名

酚命名时，以芳环的名称为母体，再加上其他取代基的位次、数目和名称，称为"某酚"；有些酚类化合物习惯用其俗名。例如：

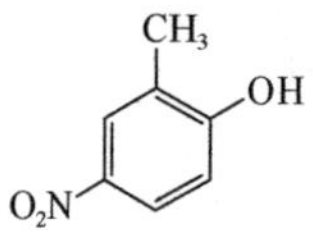

2-甲基-4-硝基苯酚
(2-methyl-4-nitrophenol)　　2,4,6-三硝基苯酚(苦味酸)
(2,4,6-trinitrophenol)　　对苯二酚
(p-dihydroxybenzene)　　1,4-萘二酚
(1,4-naphthalenediol)

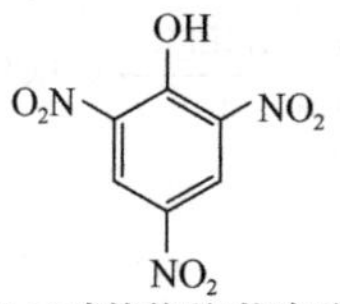

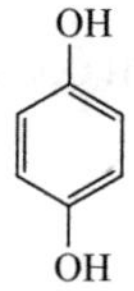

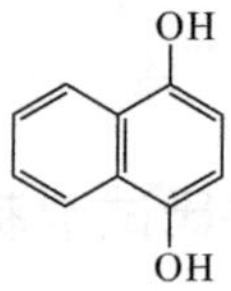

二、物理性质及光谱性质

(一) 物理性质

大多数酚类化合物在室温下是无色的固体，但是由于氧化作用会带黄色或红色。由于酚羟基间及酚羟基与水分子间能形成氢键，所以熔点、沸点均比相应的烃高，并且在水中有一定的溶解度。多元酚随着分子中羟基数目的增多，水溶性相应增大。多数酚具有强烈的气味，有很大的毒性。常见酚的物理常数见表 7-2。

表 7-2 一些常见酚的物理常数

名称	构造式	熔点(℃)	沸点(℃)	溶解度(25℃)(g/100g H₂O)
苯酚	C_6H_5OH	43	181	9.3
邻甲苯酚	$o\text{-}CH_3C_6H_4OH$	30	191	2.5
间甲苯酚	$m\text{-}CH_3C_6H_4OH$	11	201	2.6
对甲苯酚	$p\text{-}CH_3C_6H_4OH$	35.5	201	2.3
邻硝基苯酚	$o\text{-}NO_2C_6H_4OH$	45	217	0.2
对硝基苯酚	$p\text{-}NO_2C_6H_4OH$	114	279	1.7
2，4，6-三硝基苯酚 (苦味酸)	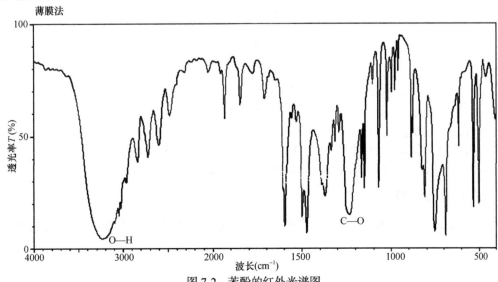	122	>300	1.4
邻苯二酚	$o\text{-}HOC_6H_4OH$	105	245	45.1
间苯二酚	$m\text{-}HOC_6H_4OH$	110	281	123
对苯二酚	$p\text{-}HOC_6H_4OH$	170	286	8
α-萘酚		94	279	难溶
β-萘酚		123	286	0.1

(二) 光谱性质

1. 红外吸收光谱　酚的结构包括羟基和苯环,因此其红外光谱除有羟基的特征吸收外还有苯环的特征吸收。酚羟基 O—H 键的伸缩振动在 3590～3650cm⁻¹, 缔合的 O—H 伸缩振动在 3200～3550cm⁻¹ 区间出现宽峰,酚的 C—O 键伸缩振动在 1220～1250cm⁻¹, 苯环的 C—C 键伸缩振动在 1600cm⁻¹ 左右,苯环的 C—H 键伸缩振动在 3000cm⁻¹ 左右。

图 7-2 为苯酚的红外光谱图,其中 3250cm⁻¹ 及 1230cm⁻¹ 处分别为 O—H 及 C—O 键的伸缩振动吸收峰。

图 7-2 苯酚的红外光谱图

2. 核磁共振氢谱 酚羟基质子的化学位移值随溶剂、温度和浓度的不同有很大的变化，一般 δ 值在 4.5～7.7ppm。

三、化 学 性 质

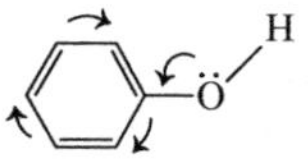

酚类化合物中，芳环的 π 键与酚羟基中氧原子的一对未共用电子对发生 p-π 共轭，其作用超过了羟基的-I 诱导效应，使氧的电子云移向苯环，在化学性质上表现出以下几点：①O—H 键极性增大，容易断裂，故酚羟基中 H 更活泼，易离解成 H^+，使酚具有酸性，且比醇更易氧化；②苯环上的亲电取代反应更容易进行，主要发生邻、对位亲电取代；③C—O 键极性降低，键更牢固，不易发生羟基的取代和消除反应。

(一) 弱酸性

苯酚具有弱酸性，酚羟基中氢能被活泼金属取代，放出氢气。此外，苯酚还能与强碱溶液作用生成盐和水。

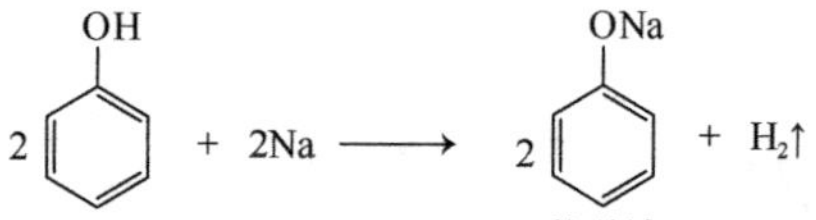

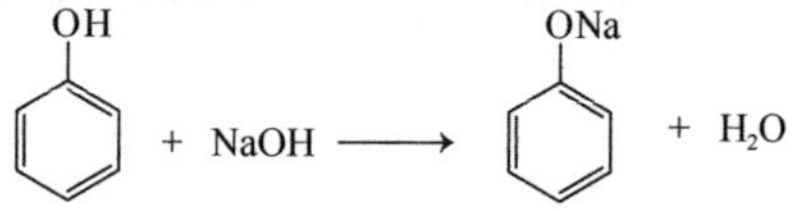

苯酚可溶于 NaOH 水溶液中，但不溶于碳酸氢钠水溶液中，说明苯酚是一个较弱的酸，酸性弱于羧酸和碳酸，强于醇和水。以下是几类典型化合物的 pK_a。

	RCOOH	H_2CO_3	C_6H_5OH	H_2O	ROH
pK_a	5	6.37	10	15.7	16～20

因此，如果向苯酚钠水溶液中通入 CO_2，即有苯酚析出，用该方法可以分离和提纯酚类化合物。

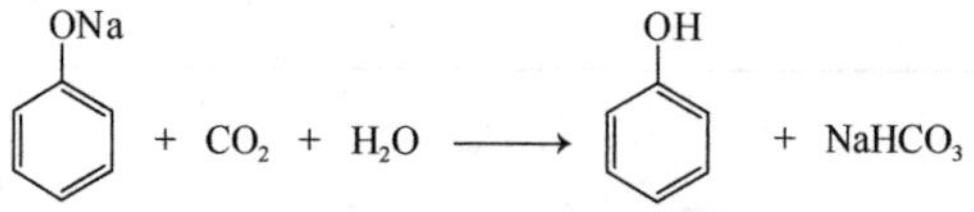

如果苯环上连有取代基，环上取代基的性质及其在环上的位置对酚的酸性有较大影响。当苯环上连有吸电子取代基时，环上电子云密度降低，酚的酸性增强。当取代基位于酚羟基的邻、对位时，影响更大。例如，2,4,6-三硝基苯酚的酸性($pK_a = 0.38$)接近无机强酸。苯环上连有斥电子基时，环上的电子云密度增加，酚的酸性减弱。例如，对甲苯酚的酸性($pK_a = 10.17$)比苯酚弱。如果酚羟基邻位上有体积很大的取代基，由于苯氧基负离子的溶剂化受到阻碍，其酸性会特别弱。例如，2,4,6-三新戊基苯酚在液氨中与金属钠也不起反应。

(二) 取代反应

1. 成酯反应 酚与醇不同，不能直接与酸反应成酯，一般在酰氯或酸酐存在下才能与其反应生成酯。

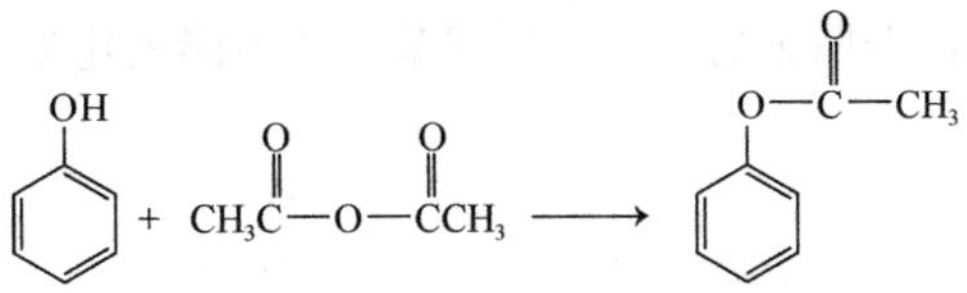

乙酸酐   乙酸苯酯

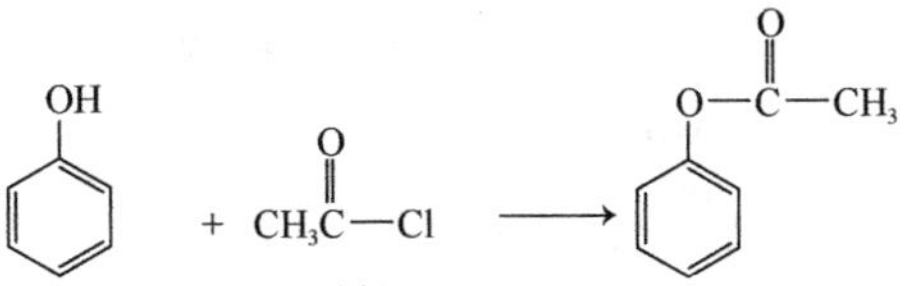

乙酰氯

消炎、解热镇痛药阿司匹林就是利用该反应合成的。

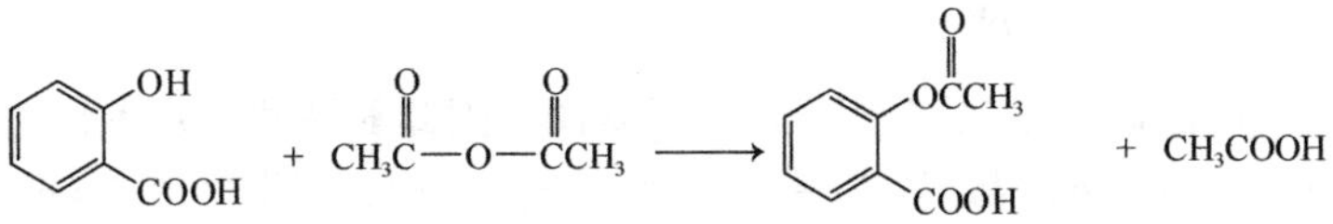

水杨酸   阿司匹林

2. 成醚反应 酚羟基的碳氧键极性降低，酚分子间脱水成醚很困难，通常采用 Williamson 反应或酚与一些甲基化试剂如 CH_3I 或 $(CH_3)_2SO_4$ 反应来制备。

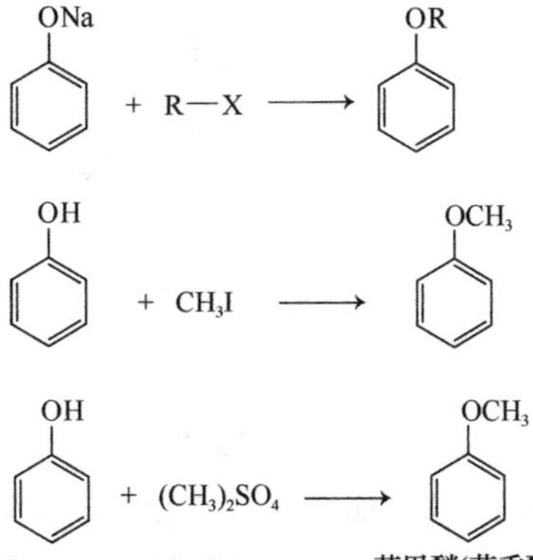

苯甲醚(茴香醚)

由于苯酚易被氧化，在有机合成中经常将酚制备成酚醚以保护酚羟基。

(三) 氧化反应

由于酚羟基的强给电子性质，使得酚类化合物很容易被氧化，不仅易被各种强氧化剂氧化，也可被空气中的氧慢慢氧化，这种被氧气缓慢氧化的过程称为酚的自氧化反应(auto-oxidation)。利用这一性质，某些酚类化合物可用作抗氧化剂添加在食品、橡胶、塑料等中。例如，食品添加剂 BHT(4-甲基-2,6-二叔丁基苯酚)就是具有酚结构的抗氧化剂。

苯酚在酸性重铬酸钾条件下，不仅酚羟基被氧化，其对位的氢原子也被氧化，生成对苯醌。

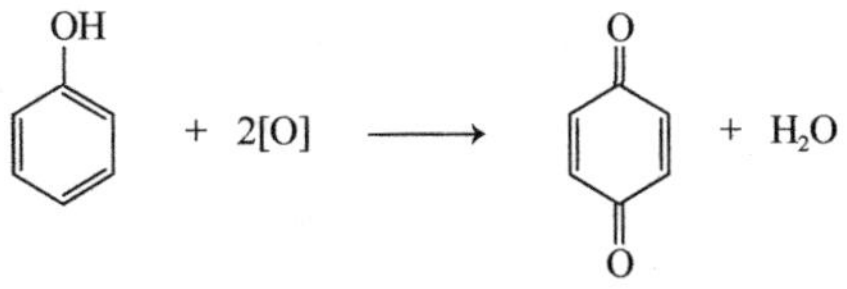

对苯醌

多元酚更容易被氧化，特别是酚羟基处于邻位和对位时。邻苯二酚和对苯二酚在室温下即可被弱氧化剂(如氧化银)氧化成相应的醌。冲洗照相底片时常用多元酚作显影剂，就是利用其可将底片上的银离子还原成金属银的性质。但间苯二酚不能氧化为相应的醌(自然界不存在间苯醌)。

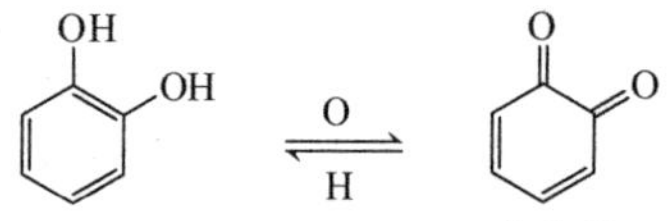

邻苯醌

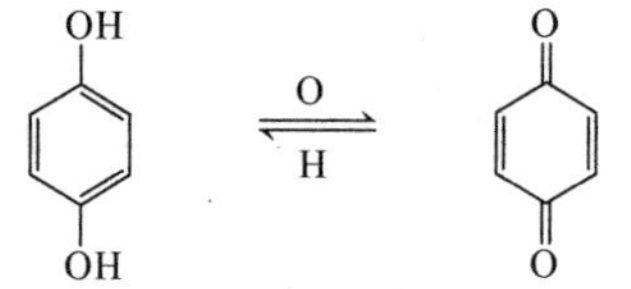

(四) 苯环上的取代反应

羟基是邻、对位定位取代基，是很强的致活基团，因此酚易发生芳环上的亲电取代反应。

1. 卤代反应　苯酚水溶液与溴水在室温下即可发生反应，立即生成 2,4,6-三溴苯酚白色沉淀。该反应十分灵敏，现象明显，可用于苯酚的定性检验。

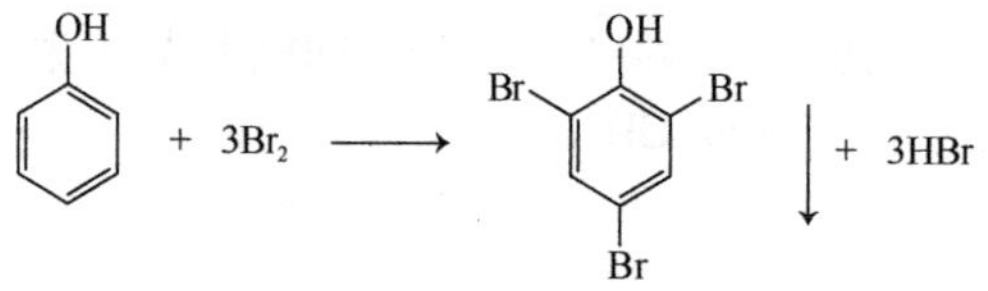

2,4,6-三溴苯酚

2. 硝化反应　苯酚与稀硝酸在室温下即可发生硝化反应，生成邻硝基苯酚和对硝基苯酚。

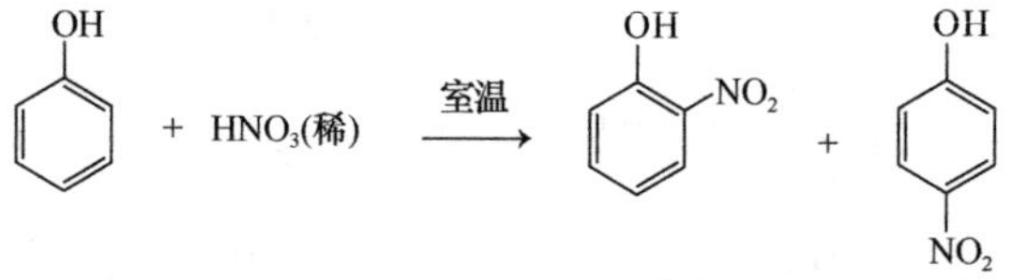

邻硝基苯酚　　对硝基苯酚

邻硝基苯酚仅可以形成分子内氢键，而对硝基苯酚既可形成分子间氢键，又可与水分子形成氢键。因此对硝基苯酚的沸点及其在水中的溶解度都比邻硝基苯酚高，可用水蒸气蒸馏法将这两种异构体进行分离。

3. 磺化反应　苯酚与浓硫酸在室温下可以发生磺化反应，产物为邻羟基苯磺酸(动力学控制产物)；在 100℃时反应，主产物是对羟基苯磺酸(热力学控制产物)。

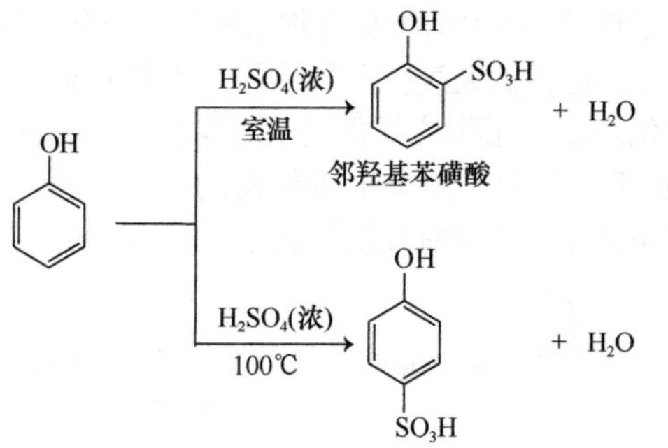

邻羟基苯磺酸

对羟基苯磺酸

磺化反应是可逆的，反应生成的磺化产物与稀酸共热，可脱去磺酸基。因此在有机合成中常利用磺酸基对芳环上某位置进行保护，从而将取代基引入到指定的位置。

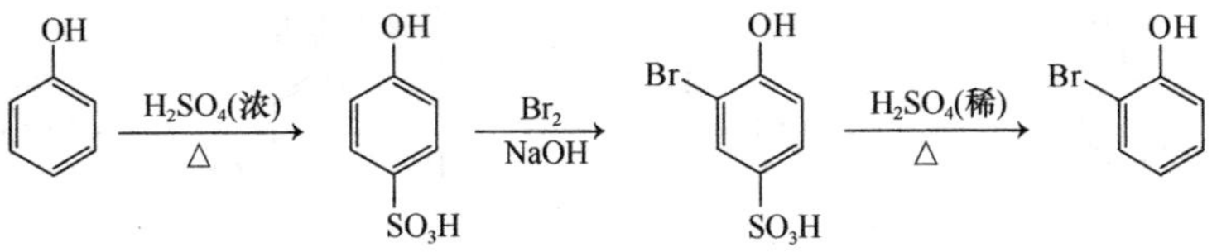

(五) 与三氯化铁的反应

大多数酚能与三氯化铁水溶液发生显色反应。不同的酚遇三氯化铁产生的颜色各不相同。例如，苯酚、间苯二酚、1,3,5-苯三酚均显紫色，甲苯酚呈蓝色，邻苯二酚、对苯二酚呈绿色，1,2,3-苯三酚呈红色。α-萘酚产生紫色沉淀，β-萘酚产生绿色沉淀。一般认为酚与三氯化铁水溶液反应可能是生成了带有颜色的配合物。

除酚外，大多数具有烯醇结构($\overset{|}{-}C=C\overset{|}{-}OH$)的化合物能与三氯化铁水溶液发生颜色反应，故常用三氯化铁水溶液来鉴别酚类和烯醇结构。

四、制　备

(一) 卤代芳烃水解法

卤代芳烃在高温高压下与碳酸钠水溶液进行催化水解，生成酚钠盐，再用酸中和得到相应的酚。

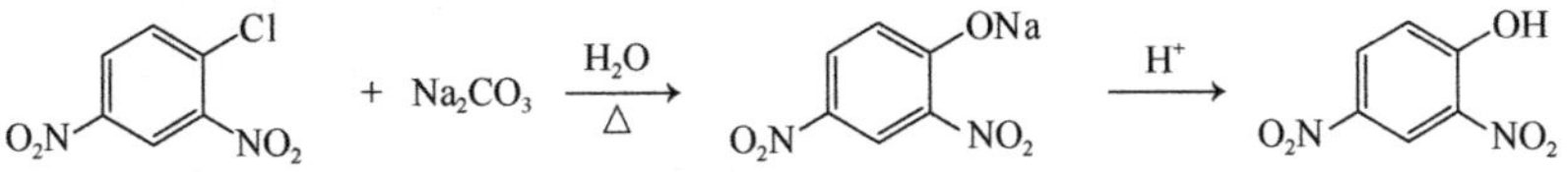

(二) 苯磺酸盐碱熔法

以苯磺酸为原料，与氢氧化钠等强碱进行碱熔得到酚钠盐，经酸化制得酚。此反应条件十分剧烈，一般只能用于少数苯酚衍生物的合成。

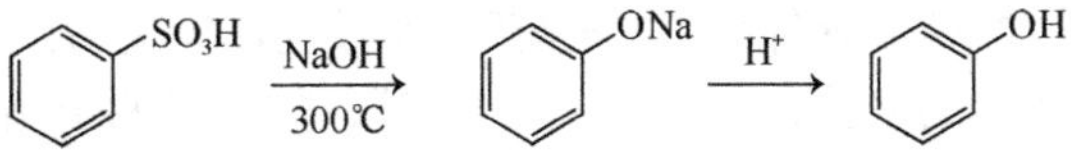

(三) 异丙苯氧化法

异丙苯在催化剂作用下经氧化生成氢过氧化异丙苯，再用硫酸或树脂分解而制得酚，同时还得到另一种重要的工业原料——丙酮。

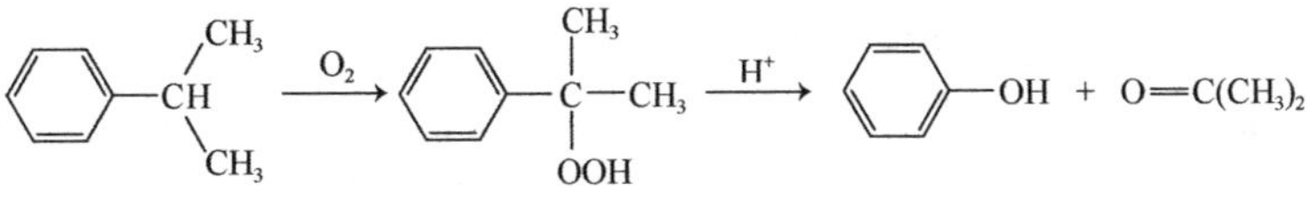

(四) 重氮盐水解法

将重氮化产物进行水解即可得到相应的酚，苯环上的其他取代基将不会受到影响，这也是实验室向苯环上引入羟基的一种重要方法。

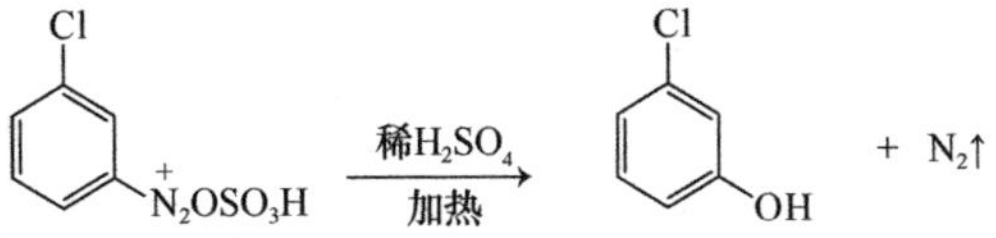

(五) 芳烃直接氧化法

芳烃与有机酸在催化剂作用下直接氧化生成酚。

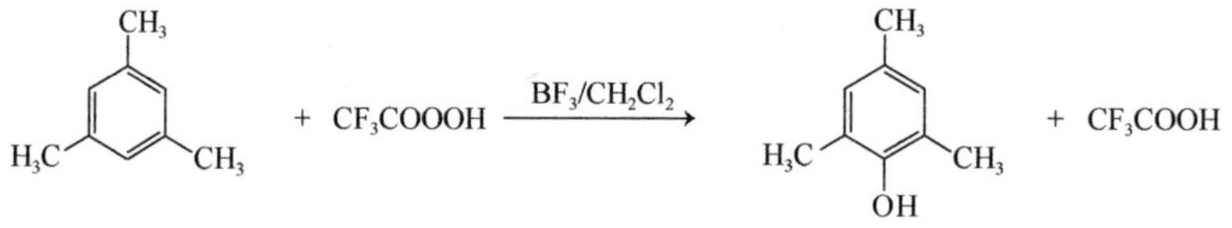

第三节　醚和环氧化合物

醚的结构与醇类似，分子中都含有 C—O 单键，但是醚分子中没有 O—H 键，醚可看作是水分子中的两个氢原子被两个烃基取代得到的产物。

一、分类和命名

(一) 分类

在醚分子中，根据烃基的情况可分为简单醚和混合醚，R 与 R'(或 Ar 与 Ar')相同，称为简单醚(simple ether)，R 与 R'(或 Ar 与 Ar')不同，则称为混合醚(complex ether)。烃基与氧原子形成环状结构的醚称为环醚(cyclic ether)。还有一类特殊的大环多醚，其分子中含有多个氧原子，结构很像王冠，称为冠醚(crown ether)。

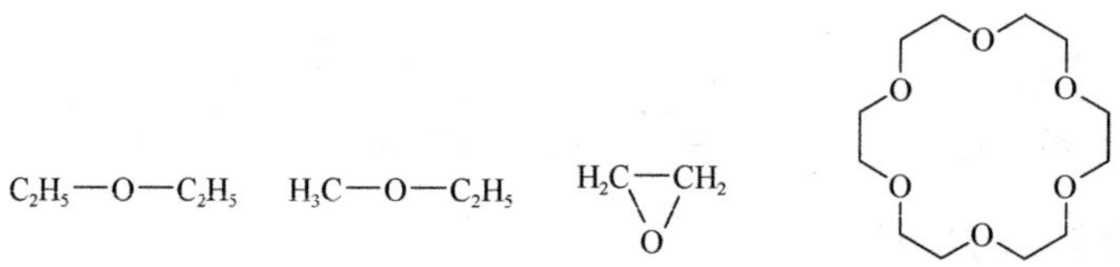

C_2H_5—O—C_2H_5	H_3C—O—C_2H_5	H_2C—CH_2	
简单醚	混醚	环醚	冠醚

(二) 命名

简单醚在命名时可根据烃基命名为"二某醚"，如果烃基是烷基，"二"可以省略。混合醚在命名时分别写出两个烃基的名称，命名为"某某醚"，如果是两个脂肪烃基，一般遵循小基团在前、大基团在后的原则；如果是芳烃基，习惯上将芳烃基放在前面。例如：

$CH_3CH_2OCH_2CH_3$	$CH_3OCH_2CH_3$	$\bigcirc$—OCH_3
乙醚	甲乙醚	苯甲醚
ethyl ether	ethyl methyl ether	methyl phenyl ether

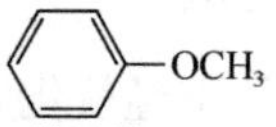

对于结构比较复杂的醚，可以将其看作烃的衍生物来命名，将烷氧基(RO—，alkyloxy)或芳氧基(ArO—，aryloxy)作为取代基，利用系统命名法来命名。例如：

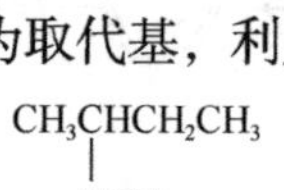

$CH_3CHCH_2CH_3$ ｜ OCH_3	$CH_3OCH_2CH_2OCH_3$
2-甲氧基丁烷	1,2-二甲氧基乙烷
2-methoxybutane	1,2-dimethoxyethane

三元环醚称为环氧化合物，命名时可以称为"环氧某烷"；其他环醚可当作杂环化合物的衍生物来命名。例如：

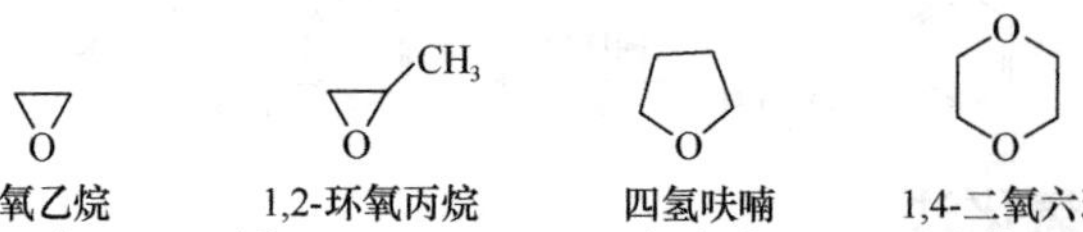

环氧乙烷	1,2-环氧丙烷	四氢呋喃	1,4-二氧六环
epoxyethane	1,2-epoxypropane	tetrahydrofuran	1,4-dioxane

冠醚在命名时可表示为"X-冠-Y"，X 表示环上的碳和氧的原子总数，Y 代表氧原子数。

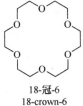

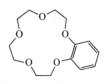

12-冠-4	18-冠-6	苯并15-冠-5
12-crown-4	18-crown-6	benzo-15-crown-5

二、物理性质及光谱性质

常温下除甲醚和甲乙醚为气体外，大多数醚是有特殊气味的液体。与醇不同，醚分子间不能形成氢键，因此其沸点和密度都比同分异构的醇低得多，与分子量相近的烷烃接近。低级醚易挥发，易燃，使用时要注意通风，避免明火和电器的使用。常见醚的沸点和密度见表 7-3。

表 7-3 一些常见醚的部分物理常数

名称	沸点(℃)	密度(g/cm³)	名称	沸点(℃)	密度(g/cm³)
甲醚	−24.9	0.66	二苯醚	259	1.075
甲乙醚	−7.9	0.69	苯甲醚	155.5	0.994
乙醚	−34.6	0.714	四氢呋喃	66	0.889
丙醚	−90.5	0.736	1,4-二氧六环	101	1.034
异丙醚	−69	0.735	环氧乙烷	14	0.882(10℃)
正丁醚	−143	0.769	环氧丙烷	34	0.83

醚的红外光谱：在 $1300\sim1000cm^{-1}$ 区间有 C—O 键的伸缩振动吸收峰。但要注意，其他含氧化合物如醇、羧酸和酯等，在此区间也有相应的伸缩振动吸收峰。

醚的核磁共振氢谱：与氧直接相连的碳上的质子化学位移 δ 一般在 3.3～3.9ppm 处；β-H 的信号在 0.8～1.4ppm 处。

三、化　学　性　质

醚的化学性质与醇或酚有很大不同，醚的结构中虽然含有极性较大的 C—O 键，但氧原子的两端均与碳相连，因此，整个分子的极性不大。除少数环醚外，醚是比较稳定的化合物，因此常用来作有机反应溶剂。醚的化学反应主要体现在醚氧原子上的孤电子对及 C—O 键。

(一) 𨦡盐的生成

醚键上氧原子有未共用电子对，能与强酸或路易斯酸生成𨦡盐。

$$R\overset{..}{-}O-R' + HCl \longrightarrow [R\overset{\overset{H}{\uparrow}}{-}O-R']^+Cl^-$$

$$R\overset{..}{-}O-R' + BF_3 \longrightarrow R\overset{\overset{BF_3}{\uparrow}}{-}O-R'$$

醚的𨦡盐不稳定，遇水即分解，释放出原来的醚。

(二) 醚键的断裂

醚与氢卤酸共热，醚键发生断裂，生成醇和卤代烃。若氢卤酸过量，生成的醇可进一步反应生成卤代烃。氢卤酸使醚键断裂的能力为 HI＞HBr＞HCl。HI 是最有效的断裂醚键的反应试剂。例如：

$$CH_3OCH_3 + HI \xrightarrow{\triangle} CH_3I + CH_3OH$$
$$\xrightarrow{HI} CH_3I + H_2O$$

醚键上连有两个不同的伯烷基的混醚在与氢卤酸反应时，亲核试剂优先进攻空间位阻较小的中心碳原子，较小的烷基生成卤代烃，较大烷基生成醇。

$$CH_3CH_2CH_2CH_2OCH_3 + HI \xrightarrow{\triangle} CH_3CH_2CH_2CH_2OH + CH_3I$$

这说明在一般情况下，这个反应是按 S_N2 机理进行的。由于亲核试剂(X^-)倾向于进攻空间位阻较小的碳原子，较小的烃基与卤素结合生成卤代烃。

烷基苯基醚与氢卤酸反应时，由于苯与醚键氧形成 p-π 共轭，使苯基碳氧键结合得较牢，故醚键的断裂总是发生在烷基与氧之间，从而生成卤代烃和酚。例如：

$$\text{⟨苯环⟩}-O-CH_2CH_3 + HI \xrightarrow{120\sim130℃} \text{⟨苯环⟩}-OH + CH_3CH_2I$$

(三)烷基醚的氧化

醚对一般的化学氧化剂是比较稳定的，但含有 α-H 的烷基醚由于受烃氧基的影响，在空气中放置时会被氧气氧化，生成过氧化物(peroxide)。乙醚的氧化反应可表示如下。

$$C_2H_5OC_2H_5 \xrightarrow{O_2} \underset{\underset{OOH}{|}}{CH_3CHOC_2H_5} + \underset{\underset{\underset{\underset{CH_3CHOC_2H_5}{|}}{O}}{\overset{|}{O}}}{CH_3CHOC_2H_5}$$

氢过氧化物　　　过氧化物

过氧化物遇热易发生爆炸，因此对久置的乙醚在使用前应进行检查。检查方法：若醚能够使淀粉-KI 试纸变蓝或者使 $FeSO_4$-KCNS 混合液显红色，说明有过氧化物存在。若要除去过氧化物，方法是用饱和硫酸亚铁、碘化钾或亚硫酸钠等溶液充分洗涤醚之后进行蒸馏。需注意的是蒸馏醚时应避免蒸干，以防发生爆炸事故。

四、制　备

(一) 醇分子间脱水

醇分子间脱水可制成醚，需要注意的是这个方法只适合制备对称醚，叔醇易发生消除反应，很难形成醚。

$$RCH_2CH_2OH \xrightarrow[\text{加热}]{\text{浓}H_2SO_4} RCH_2CH_2OCH_2CH_2R$$

(二) 威廉森制醚法

卤代烷与醇钠反应，卤原子被烷氧基取代生成醚。这是制取混醚的一个重要方法。

$$RX + NaOR' \longrightarrow R-O-R' + NaX$$

$$CH_3CH_2CH_2Br + CH_3ONa \longrightarrow CH_3CH_2CH_2OCH_3$$

该反应通常为伯卤代烷，如果是仲卤代烷和叔卤代烷与醇钠反应，常发生消除反应，生成烯烃。

五、冠　醚

冠醚是 20 世纪 70 年代发展起来的一类重要的化合物,它是一类含有多个氧原子的大环醚,因其立体结构像王冠,故称冠醚。其结构特点是具有—O—CH₂—CH₂—O—的重复单元。例如:

18-冠-6　　　　　　18-冠-6与K⁺的配合物

大分子冠醚的一个重要特点就是和金属阳离子形成配合物,不同的冠醚,其分子孔穴大小各异,可选择不同的金属阳离子形成配合物,如 18-冠-6 与 K^+ 配合,24-冠-8 与 Rb^+、Cs^+ 配合等,利用冠醚这一特性可分离不同的金属离子。

冠醚还作为相转移催化剂用于加快有机反应速率。例如,氰化钾和卤代烷在有机溶剂中很难反应,若加入 18-冠-6 与 K^+ 形成配合物,由于离子对之间的吸引,可使 CN⁻进入有机相,从而加快了反应速率。

六、环氧化合物

1,2-环氧化合物(epoxide)简称环氧化合物。环氧乙烷(ethylene oxide)是最简单的环氧化合物。同环丙烷类似,环氧乙烷是一个张力很大的环,因此,可与多种试剂作用而开环。

环氧乙烷是有机合成中的重要中间体,在酸或碱催化下极易与多种含活泼氢的化合物及某些亲核试剂发生 C—O 键断裂的开环反应(ring-opening reaction)。

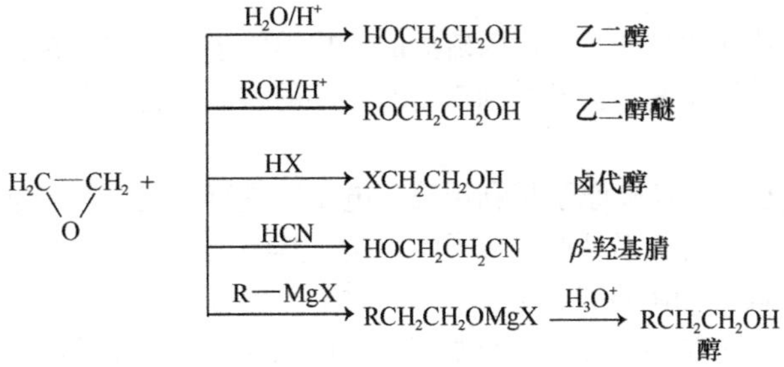

不对称结构的环氧化合物发生开环反应时,存在以下两种情况。

(1) 不对称环氧乙烷在酸性条件下的开环反应,亲核试剂优先进攻取代基较多的环碳原子。例如:

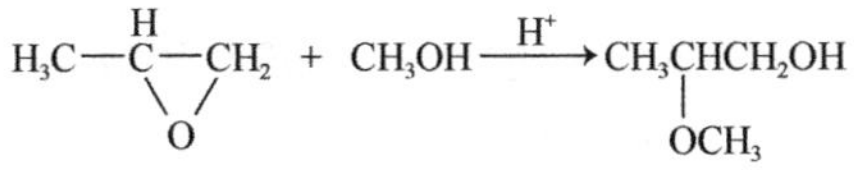

(2) 不对称环氧乙烷在碱性条件或强亲核试剂作用下的开环反应,亲核试剂主要进攻取代基较少的环碳原子,例如:

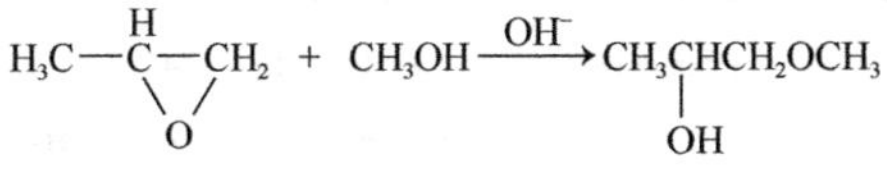

上述开环方向可以总结如下。

$$\text{碱催化开环} \quad \text{酸催化开环}$$

第四节 硫醇和硫醚

一、硫　　醇

硫和氧在元素周期表中同为第ⅥA族元素，含氧有机化合物中的氧元素被硫元素取代之后，形成了一些碳和硫直接相连的含硫有机化合物。醇分子中的氧原子被硫原子替换之后形成的化合物称为硫醇(mercaptan)，通式为 R—SH，其中，—SH 称为巯基，是硫醇的官能团。

(一) 结构和命名

硫醇中的硫原子为 sp^3 杂化，与醇中的氧原子类似，硫原子上的两对孤对电子各占据一个 sp^3 杂化轨道，剩下的两个 sp^3 杂化轨道分别与碳和氢形成两个 σ 键。

硫醇的命名按照醇的命名方法进行，在"醇"字前面加上"硫"字即可。当分子中同时含有羟基和巯基时，以醇为母体，巯基作为取代基。

$$\text{CH}_3\text{CH}_2\text{SH} \qquad\qquad \underset{\;\;\text{SH}\quad\text{SH}\quad\text{OH}}{\text{CH}_2-\text{CH}-\text{CH}_2}$$

乙硫醇　　　　　　　　　　2,3-二巯基丙醇
ethanethiol　　　　　　　　2,3-cimercapto-1-propanol

(二) 物理性质

硫醇大多数具有特殊的臭味，如正丙硫醇的气味类似于洋葱的气味，叔丁硫醇可添加到天然气中以便及时发现燃气泄漏。臭鼬受到攻击时分泌的体液中也含有多种硫醇，发出恶臭，以防御天敌。

硫的电负性比氧小，而且硫原子是利用第三电子层进行杂化，外层电子距核较远，所以硫醇的巯基之间相互作用较弱，不易形成分子间氢键，其沸点比相应的醇的沸点低。例如，甲醇的沸点为 65℃，而甲硫醇的沸点则只有 6℃。同时，硫醇与水分子间也难以形成氢键，因此其在水中的溶解度比相应的醇小，乙醇能与水混溶，而乙硫醇在水中微溶。

(三) 化学性质

1. 弱酸性　硫氢键的离解能比相应的氧氢键离解能小，因此硫醇的酸性比醇强，如乙硫醇的 $pK_a = 10.6$，乙醇的 $pK_a = 15.9$。

硫醇可以与碱金属反应，放出氢气。还能溶于碱液，生成相应的硫醇盐。在石油的炼制过程中常用氢氧化钠洗涤除去所含的硫醇等杂质。

$$\text{CH}_3\text{CH}_2\text{SH} + \text{Na} \longrightarrow \text{CH}_3\text{CH}_2\text{SNa} + \text{H}_2 \uparrow$$

$$\text{CH}_3\text{CH}_2\text{SH} + \text{NaOH} \longrightarrow \text{CH}_3\text{CH}_2\text{SNa} + \text{H}_2\text{O}$$

此外，硫醇还能与氧化汞等重金属盐反应，生成不溶于水的硫醇盐。

$$\text{RSH} + \text{HgO} \longrightarrow (\text{RS})_2\text{Hg} + \text{H}_2\text{O}$$

$$2\text{CH}_3\text{CH}_2\text{SH} + \text{Pb(OCOCH}_3)_2 \longrightarrow \text{Pb(SC}_2\text{H}_5)_2 + 2\text{CH}_3\text{COOH}$$

重金属离子引起中毒，是由于重金属能与生物体内某些酶中的巯基发生反应，使酶丧失生理活性而引起的。临床常用某些含有巯基的化合物作为重金属中毒的解毒剂，如 2,3-二巯基丙

醇、2,3-二巯基丙磺酸钠等。这些分子能与汞等重金属离子反应，生成稳定无毒的环状化合物，夺取与酶结合的重金属离子，使酶恢复生理活性。

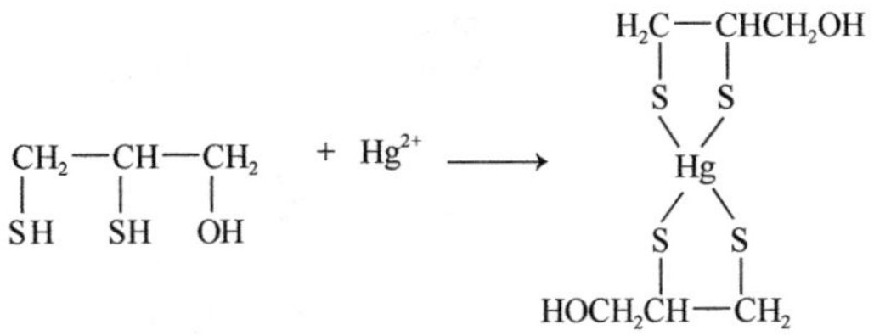

$$CH_2-CH-CH_2 \ +\ Hg^{2+} \longrightarrow$$

2. 氧化反应　硫醇比醇更容易被氧化，一些弱的氧化剂如 Fe_3O_4、I_2、MnO_2 等即能够将硫醇氧化成二硫化物。强氧化剂如 $KMnO_4$、HNO_3 等则可将硫醇氧化为亚磺酸，进一步氧化成磺酸。

$$RSH + O_2 \longrightarrow RSSR + H_2O$$
$$RSH \xrightarrow{KMnO_4} RSO_3H$$

二硫化物在弱还原剂如 $NaHSO_3$、$Zn+HCl$ 等作用下被还原成硫醇。

$$R-S-S-R \xrightarrow{[H]} 2RSH$$

这种在温和条件下把硫醇氧化成二硫化物的反应在蛋白质化学中非常重要。例如，含巯基的半胱氨酸经氧化产生胱氨酸，含巯基的多肽链可通过此反应相连接。

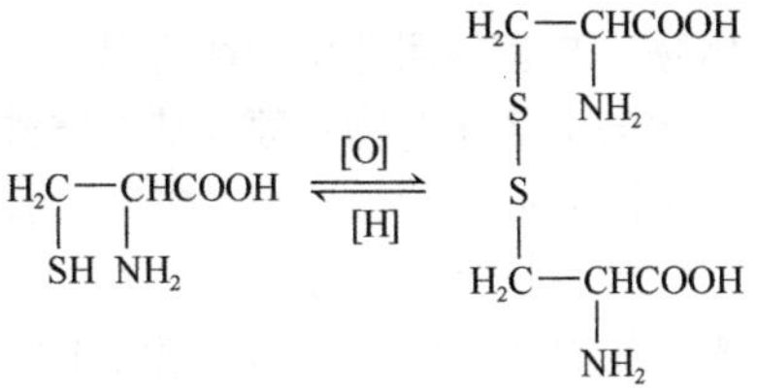

二、硫　醚

(一) 结构和命名

醚分子中的氧原子被硫原子替代所形成的化合物称为硫醚。其中的硫原子为 sp^3 杂化状态，硫原子的两对孤对电子各占据一个 sp^3 杂化轨道，另两个 sp^3 杂化轨道分别与碳形成两个 σ 键。

硫醚中的官能团是硫醚基。硫醚的命名方法与醚相似，把"醚"字换为"硫醚"即可。

$$CH_3SCH_2CH_3 \qquad CH_3CH_2SCH_2CH_3$$
甲乙硫醚　　　　（二）乙硫醚
methylthioether　　diethylthioether

(二) 物理性质

硫醚有臭味，如大蒜和洋葱中含有乙硫醚和烯丙硫醚等。硫醚不溶于水，可溶于醇和醚中，沸点比相应的醚高。

(三) 化学性质

硫醚容易被氧化，因为硫原子有空的 d 轨道，能接受一对电子氧化态由 2 提高到 4，如果是接受两对电子，则氧化态由 2 提高到 6。随着氧化剂的不同，硫醚可以被氧化为亚砜或者砜。

$$CH_3SCH_3 \xrightarrow{[O]} \underset{\underset{\underset{\text{(DMSO)}}{\text{二甲亚砜}}}{\overset{O}{\parallel}}}{CH_3SCH_3} \xrightarrow{[O]} \underset{\underset{\underset{\overset{O}{\parallel}}{\text{二甲砜}}}{}}{\overset{\overset{O}{\parallel}}{CH_3SCH_3}}$$

关 键 词

醇 alcohol   锌盐 oxonium salt
酚 phenol   脱水反应 dehydration
醚 ether   过氧化物 peroxide
羟基 hydroxyl group   环氧化合物 epoxide
伯醇 primary alcohol   硫醇 mercaptan
仲醇 secondary alcohol   硫醚 sulfide
叔醇 tertiary alcohol   冠醚 crown ether

本 章 小 结

醇、酚、醚是烃的含氧衍生物，其官能团分别为醇羟基、酚羟基和醚键。

醇能够和活泼金属反应生成醇的金属化合物；醇羟基能够被卤原子取代生成卤代烃，根据与卢卡斯试剂反应的速率不同，可区分伯、仲、叔醇；醇发生脱水反应时，如分子间脱水则生成醚，分子内脱水则生成烯烃，仲醇和叔醇进行分子内脱水时，遵从札依采夫规则。在强氧化剂存在下，伯醇被氧化生成羧酸，仲醇被氧化生成酮，叔醇不发生反应；使用 PCC、琼斯试剂等可将醇氧化生成醛、酮，而分子中的不饱和键不受影响。多元醇除具有一元醇的性质外，还具有特殊的性质。

酚的酸性一般比醇强，能够和活泼金属及强碱溶液作用生成酚盐；酚与酰氯或酸酐反应生成酚酯；由于羟基对苯环的活化作用，酚比苯更易发生苯环上的亲电取代反应，取代基进入羟基的邻位或对位；酚极易被氧化，常用作抗氧化剂；酚与 $FeCl_3$ 发生颜色反应，用以鉴别酚羟基的存在。

醚对大多数化学试剂稳定，但遇到强酸和氧化剂会发生化学反应，生成锌盐或过氧化物。1,2-环氧化合物由于环的张力，化学性质非常活泼，在酸或碱催化下可与多种亲核试剂发生开环反应。

硫醇和硫醚有特殊气味。硫醇的酸性比相应的醇更强，硫醇可以与碱金属反应，还能溶于碱液；硫醇还能与氧化汞等重金属盐反应，生成不溶于水的硫醇盐。硫醇比醇更容易被氧化，生成二硫化物。硫醚容易被氧化，生成亚砜或砜。

阅读材料

硫醚类化学毒剂——芥子气

芥子气，即 β, β'-二氯二乙硫醚(dichlorodiethyl sulfide)，状态有蒸汽、雾态和液态，通常是无色或淡黄色液体，具有挥发性，有大蒜和芥末的味道。芥子气是一种毒害作用巨大的化学试剂，用于制造毒气弹。1822 年德斯普雷兹(Despretz)发现芥子气。1886 年德国的迈尔(Meyer)首次人工合成纯净的芥子气；他发明的合成方法至今仍是芥子气最重要的合成方法之一。德军在第一次世界大战中，首先在比利时的伊普尔地区对英法联军使用芥子气，并引起交战，各方纷纷效仿。当时身为巴伐利亚步兵班长的希特勒作为参战士兵曾被英军的芥子气炮弹毒伤，眼睛暂时失明。据统计，在第一次世界大战中共有12 000吨芥子气被消耗于战争用途；因毒气伤亡的人数达到130万，其中88.9%是因芥子气中毒。在第二次世界大战中，侵华日军曾在中国东北地区秘密驻有负责毒气研究和试验的516部队、731部队；并在抗战初期的淞沪战役、徐州战役、衡阳保卫战等大规模战役中使用过大量芥子气，造成中国军民死亡近万人。两伊战争中，伊拉克也使用过芥子气对付伊朗军队。

芥子气为糜烂性毒剂，对眼、呼吸道和皮肤都有作用。对皮肤能引起红肿、起泡以至溃烂。眼接触可致结膜炎、角膜混浊或有溃疡形成。吸入蒸汽或雾损伤上呼吸道，高浓度可致肺损伤，重度损伤表现为咽喉、气管、支气管黏膜坏死性炎症。全身中毒症状有全身不适、疲乏、头痛、头晕、恶心、呕吐、抑郁、嗜睡等中枢抑制及副交感神经兴奋等症状。中毒严重可引起死亡。

在热水及碱性介质中，芥子气可以水解为二乙烯基硫醚。漂白粉能与芥子气发生氧化和氯化反应，使芥子气变为毒性较小的产物。

习 题

1. 用系统命名法命名下列化合物。

(1)

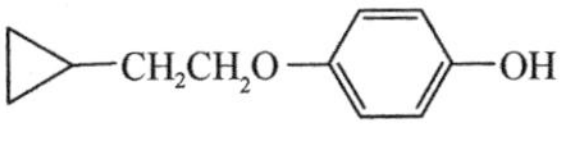

(2)

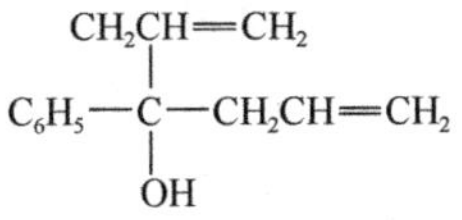

(3)

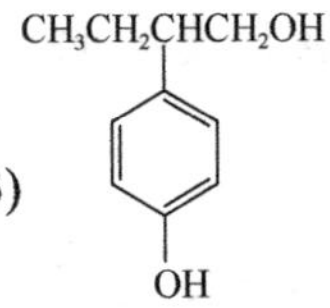

(4)

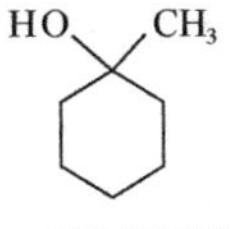

(5)

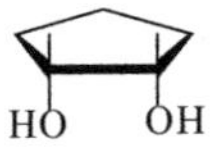

(6)

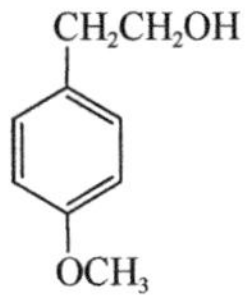

(7)

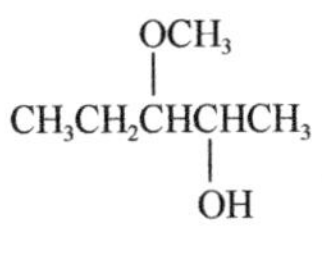

(8)

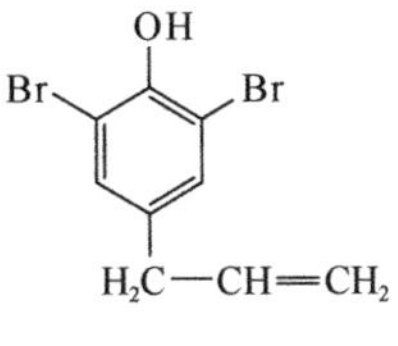

2. 写出下列化合物的构造式。

(1) (Z)-3-己烯-2-醇 　　(2) 甲异丙醚 　　(3) β-萘酚

(4) 2,3-dimethyl-2-pentanol 　　(5) methoxybenzene 　　(6) 1, 3-butanediol

3. 写出下列反应的主要产物。

(1)

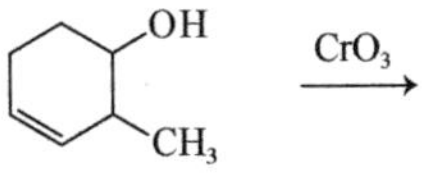

(2) 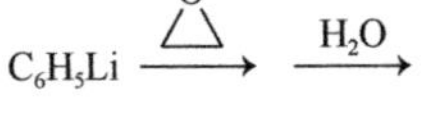 C_6H_5Li $\xrightarrow{H_2O}$

(3)

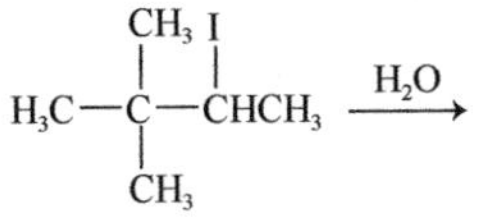

(4)

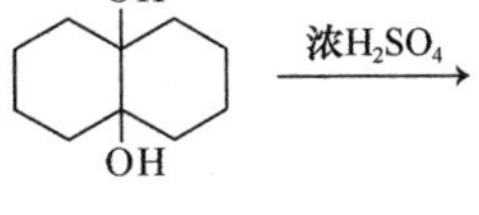

(5) $CH_3OCH_2CH_2OCH_3$ $\xrightarrow{\text{浓HI(过量)}}$

(6) 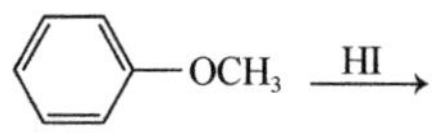 C$_6$H$_5$—OCH$_3$ $\xrightarrow{\text{HI}}$

(7) $CH_3CH_2CH_2OH + HCl(36\%)$ $\xrightarrow[\triangle]{ZnCl_2}$

(8) 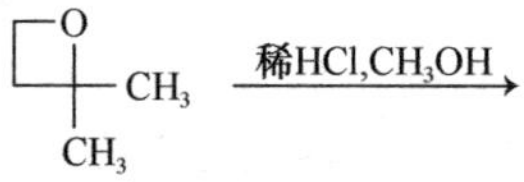 (带O的四元环, 含两个CH$_3$) $\xrightarrow{\text{稀HCl,CH}_3\text{OH}}$

(9) $C_6H_5CH_2\underset{OH}{CHCH_3}$ $\xrightarrow[\triangle]{H^+}$

(10) $CH_3CH_2\underset{OH}{CHCH_3}$ $\xrightarrow[H^+]{Na_2Cr_2O_7}$

(11) 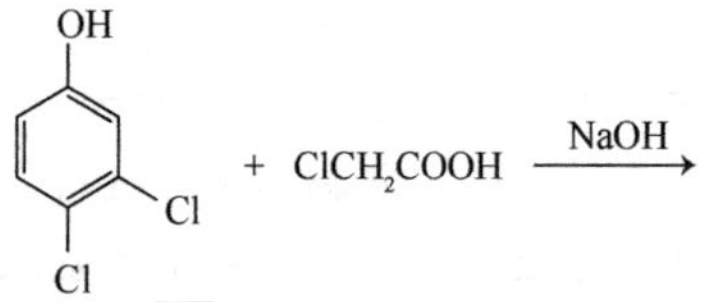 (2,4-二氯苯酚) $+ ClCH_2COOH$ $\xrightarrow{NaOH}$

(12) $CH_3\overset{O}{\overset{||}{C}}CH_2COOC_2H_5$ $\xrightarrow{LiAlH_4}$

(13) 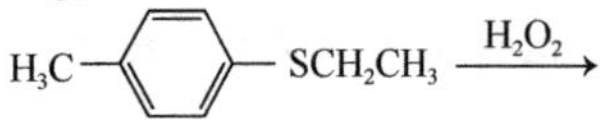 H_3C—(苯环)—SCH_2CH_3 $\xrightarrow{H_2O_2}$

(14) 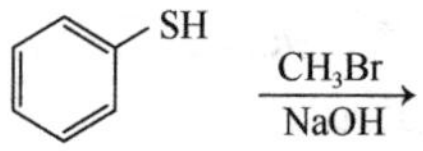 C$_6$H$_5$—SH $\xrightarrow[NaOH]{CH_3Br}$

(15) 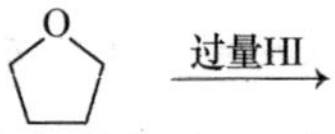 (四氢呋喃, 含O五元环) $\xrightarrow{\text{过量HI}}$

4. 用化学方法区别化合物：2-戊醇、2-戊酮、3-戊酮、戊酸。

5. 醇 $C_6H_{12}O$(A)具有旋光性，催化加氢得到醇 $C_6H_{14}O$(B)，B 不具有旋光性。写出 A、B 的结构式。

6. 由指定原料及其他必要的无机试剂合成下列化合物。

(1) $CH_3\underset{OH}{CHCH_2CH_3}$ $\longrightarrow$ $CH_3\underset{COOH}{CHCH_2CH_3}$

(2) 由苯及两个碳原子以下的化合物合成苯乙醇。

(3) 由丙醇合成 2-甲基戊酸。

7. 化合物(A)C_7H_8O 不溶于 NaHCO$_3$ 水溶液，但溶于 NaOH 溶液。A 用溴水处理得对甲基-2,6-二溴苯酚(B)。推导 A 和 B 可能的构造式。

(王海波　李明华)

第八章　醛、酮和醌

醛(aldehyde)、酮(ketone)和醌(quinone)都是含羰基(carbonyl)的化合物。羰基是指碳原子与氧原子用双键相连的结构。醛是羰基的碳原子上连一个烃基和一个氢原子的化合物。酮是羰基的碳原子上连两个烃基的化合物。甲醛分子中的羰基碳上连有两个氢，是一种结构特殊的醛。醌是分子中含有共轭环己烯二酮基本结构的一类化合物。

醛分子中的 $-\overset{\overset{\displaystyle O}{\|}}{C}-H$ 称为醛基，可简写为—CHO；酮分子中的 $-\overset{\overset{\displaystyle O}{\|}}{C}-$ 称为酮羰基，可简写为—CO—。

第一节　醛　和　酮

甲醛(formaldehyde)是最简单的羰基化合物，化学式为 HCHO，常温下为无色气体，有特殊的刺激性气味。由于甲醛具有使蛋白质变性的作用，因而 35%～40% 的甲醛水溶液是一种重要的消毒防腐剂，即通常所说的福尔马林(formalin)，可用于制作保存标本等。然而，甲醛已被国际癌症研究机构(IARC)列为第一类致癌物质，因其可引起鼻咽癌、鼻腔癌和鼻窦癌，且可引发白血病、淋巴癌等。新装修的房子一般存在甲醛超标的问题，因为胶合板、油漆等装饰材料中常用的黏合剂为脲醛树脂或酚醛树脂，其中含有大量的甲醛。

美沙酮(methadone)是 1937 年由德国化学家合成的一种麻醉镇痛药，与吗啡比较，其具有作用时间较长、不易产生耐受性、药物依赖性低的特点。20 世纪 60 年代初期，美国研究发现其具有治疗海洛因依赖脱毒和替代维持治疗的药效作用，目前已成为全球阿片类毒品依赖维持疗法中应用最为广泛的药物之一，尤其适用于治疗海洛因依赖。

美沙酮

一、分类和命名

(一) 分类

醛和酮通常可以根据以下三种方式进行分类。

第一种分类方式是按照分子中含有羰基数目的多少而分为一元及多元醛或酮。在一元酮中，两个烃基相同的为简单酮，不同的为混合酮。

简单酮：

混合酮：

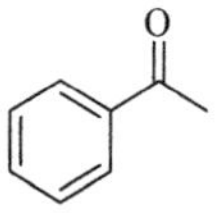

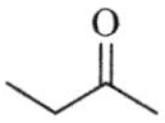

多元醛酮：　OHC　　CHO

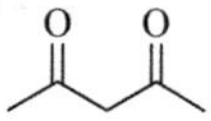

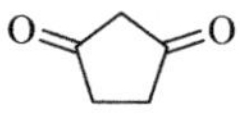

第二种分类方式是根据烃基的类型分为饱和及不饱和醛、酮。

饱和醛酮：　　　CHO

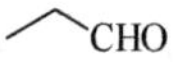

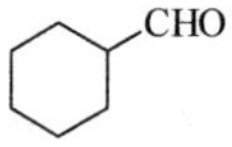

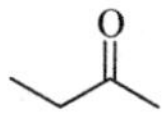

不饱和醛酮：　OHC

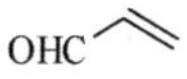

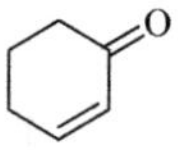

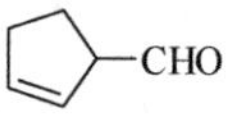

第三种分类方式是根据所连烃基结构的不同而分为脂肪醛酮和芳香醛酮。

脂肪醛酮：

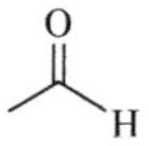

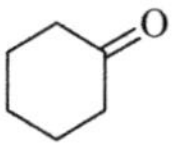

芳香醛酮：

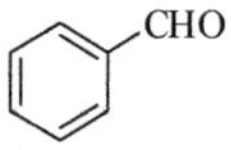

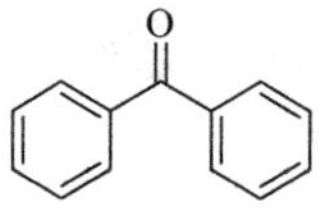

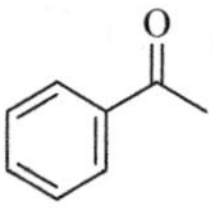

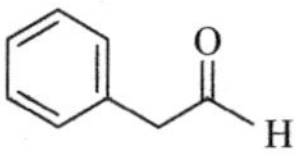

(二) 命名

1. 习惯命名法

(1) 简单醛的命名与醇相似，根据其碳原子数命名为某醛。例如：

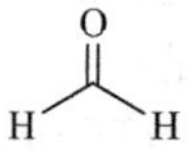

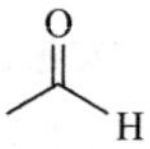

$$CH_3CH_2CH_2CHO$$

甲醛　　　乙醛　　　丁醛

(2) 简单酮的命名与醚类似，依据酮羰基两侧的烃基来命名。按照"次序规则"，小基团在前，大基团在后，称为某(基)某(基)酮。当酮羰基的一侧烃基为苯环时，可称为某酰(基)苯。例如：

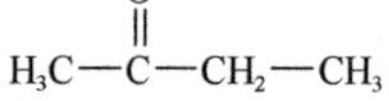

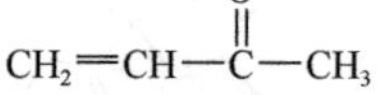

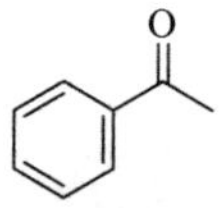

$$H_3C—C—CH_2—CH_3 \qquad CH_2=CH—C—CH_3$$

甲(基)乙(基)酮　　　　甲基乙烯基酮　　　　乙酰苯(苯乙酮)

(3) 支链位次用希腊字母 β, γ, δ, $\cdots$, ω 标明。对于含有支链的烃基在习惯命名法中通常需要把母体碳链用希腊字母依次编号，与官能团直接相连的碳为 α 位，以后次序为 β, γ, δ, $\cdots$, ω(注意：不管母体碳链有多长，总把最后一个 C 称为 ω-C，如 $\overset{\omega}{C}—C—C—C—\overset{\delta}{C}—\overset{\gamma}{C}—\overset{\beta}{C}—\overset{\alpha}{C}—CHO$)。

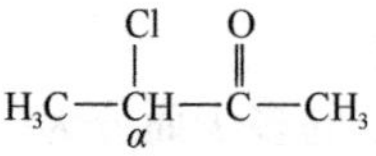

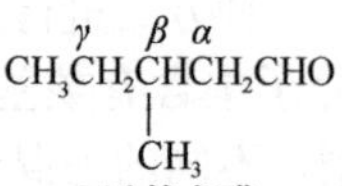

$$H_3C—\underset{\alpha}{CH}—C—CH_3 \qquad CH_3CH_2\overset{\gamma}{C}H\overset{\beta}{C}H_2\overset{\alpha}{C}HO$$

甲基-α-氯乙基酮　　　　β-甲基戊醛

(4) 天然醛、酮多用俗名。许多天然醛或酮都有俗名，如肉桂醛、茴香醛、麝香酮等。

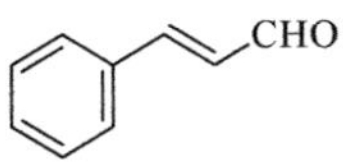

肉桂醛	香草醛	麝香酮
trans-cinnamaldehyde	vanillin	muscone

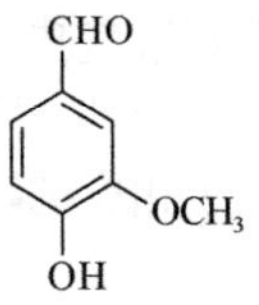

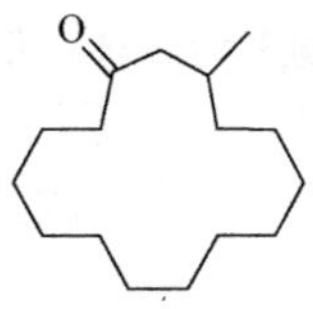

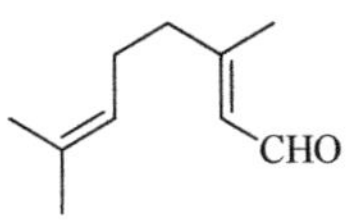

柠檬醛	茴香醛	樟脑
	anisaldehyde	camphor
	citral	

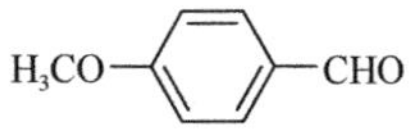

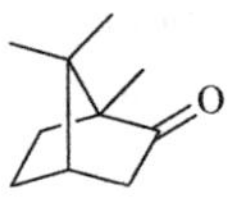

2. 系统命名法 结构比较复杂的醛或酮，多采用系统命名法命名。命名规则如下。

(1) 选择含羰基的最长碳链为主链，从靠近羰基的一端给主链编号。醛基因处在链端，编号总为1，酮则要标出羰基的位置。例如：

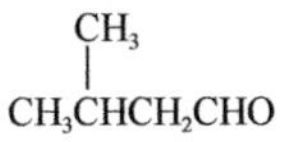

3-甲基丁醛 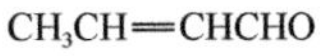 　　　　　2-丁烯醛 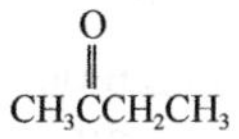 　　　　　2-丁酮

2-戊酮 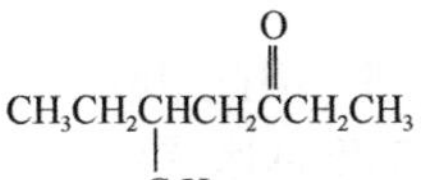 　　　　　5-乙基-3-庚酮 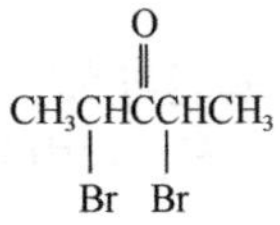 　　　　　2,4-二溴-3-戊酮

(2) 羰基在环内的脂环酮，称为环某酮；若羰基在环外，则将环作为取代基。例如：

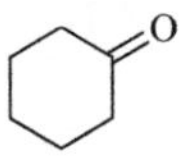

环己酮 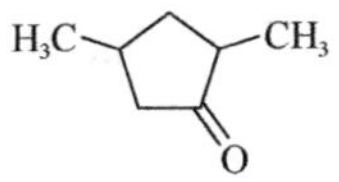 　　　　　2,4-二甲基环戊酮 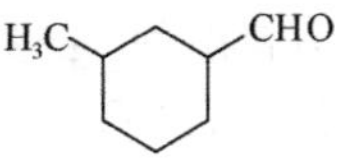 　　　　　3-甲基环己基甲醛

(3) 含有芳基的醛、酮命名时，总是把芳基看成取代基。例如：

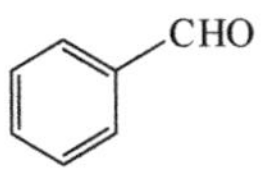

苯甲醛 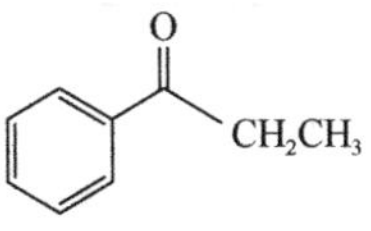 　　　　　1-苯基-1-丙酮

(4) 多官能团羰基化合物的母体选择顺序。含多官能团的醛、酮命名时，需要选择一个官能团作为主官能团，而其他的官能团作为取代基。主官能团一般按照下列顺序进行选择：羧基，醛基(酮基)，羟基，烯基，炔基，氨基，烷氧基，烷基，卤素，硝基，亚硝基。例如：

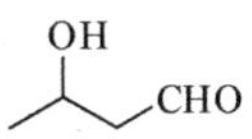

3-羟基丁醛 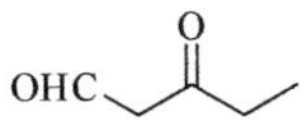 　　　　　3-氧代戊醛 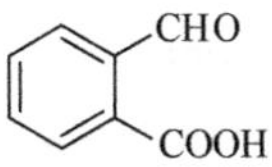 　　　　　2-甲酰基苯甲酸

二、物理性质及波谱性质

(一) 物理性质

1. 物态 常温下，除甲醛是气体外，12个碳原子以下的脂肪醛、酮都是液体，高级的脂

肪醛、酮和芳香酮多为固体。低级醛有刺激气味。

2. 溶解度 由于羰基是极性基团，所以醛、酮的沸点比分子量相近的烷烃要高。但醛或酮的分子间不能以氢键缔合，故其沸点低于相应的醇(表 8-1)。

表 8-1　几种醛、酮与烷烃及醇的沸点的比较

化合物		分子量	沸点(℃)
甲醛	HCHO	30	−21
乙烷	CH_3CH_3	30	−88.6
甲醇	CH_3OH	32	65.0
乙醛	CH_3CHO	44	21
丙烷	$CH_3CH_2CH_3$	44	−42
乙醇	CH_3CH_2OH	46	78.5
丙醛	CH_3CH_2CHO	58	49
丙酮	CH_3COCH_3	58	56
正丁烷	$CH_3CH_2CH_2CH_3$	58	−0.5
异丁烷	$(CH_3)_3CH$	58	−12
正丙醇	$CH_3CH_2CH_2OH$	60	97.4
异丙醇	$(CH_3)_2CHOH$	60	82.4

3. 溶解度 醛和酮能与水形成氢键，因此甲醛、乙醛、丙酮等低级醛和酮可与水混溶。随着分子量的增大，醛或酮在水中的溶解度迅速减小。

$$\begin{matrix} R \\ (R')H \end{matrix} C=O\cdots\cdots H-O{}_H\cdots\cdots O=C \begin{matrix} R \\ H(R') \end{matrix}$$

醛和酮能溶于有机溶剂。少数酮如丙酮、丁酮等能溶解许多有机化合物，常用作溶剂。一些醛、酮的物理常数见表 8-2。

表 8-2　一些醛、酮的物理常数

化合物		分子量	熔点(℃)	沸点(℃)	水中溶解性
甲醛	HCHO	30	−92	−21	易溶
乙醛	CH_3CHO	44	−121	21	易溶
丙醛	CH_3CH_2CHO	58	−81	49	溶
丙烯醛	$CH_2=CHCHO$	56	−87	52	溶
丁醛	$CH_3CH_2CH_2CHO$	72	−99	76	微溶
苯甲醛	⬡—CHO	106	−26	179	微溶
丙酮	CH_3COCH_3	58	−94	56	易溶
丁酮	$CH_3COCH_2CH_3$	72	−86	80	溶
3-丁烯-2-酮	$CH_2=CHOCOCH_3$	70	7	80	溶
环丁酮	▢=O	70	46	99	溶
环戊酮	⬠=O	84	−58.2	130	溶
环己酮	⬡=O	98	−45	155	溶
苯乙酮	⬡—$COCH_3$	120	20.5	202	难溶

(二) 波谱性质

1. 红外吸收光谱 在红外光谱中,羰基的伸缩振动吸收峰在 1800-1650cm^{-1},酮羰基的特征伸缩振动吸收峰在 1710cm^{-1} 附近,醛羰基的特征伸缩振动吸收峰在 1725cm^{-1} 附近。由于羰基是极性共价键,偶极矩较大,所以吸收峰强度大。此外,醛基中C—H键在 2700cm^{-1} 和 2810cm^{-1} 附近还有两个强度几乎相等的特征低频伸缩吸收峰,可用于区别醛和酮。

当羰基与双键或苯环共轭时,羰基吸收峰向低波数位移至 1685cm^{-1} 左右;环酮的羰基吸收峰随环上碳原子数的减小而向高波数位移,如环己酮为 1715cm^{-1},环戊酮为 1745cm^{-1},环丁酮为 1780cm^{-1},环丙酮为 1850cm^{-1}。

图 8-1 为丙醛的红外吸收光谱图。

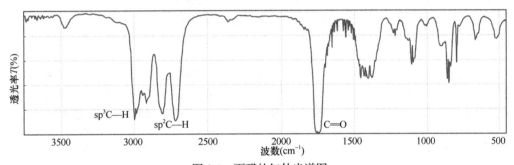

图 8-1 丙醛的红外光谱图

图 8-1 中,2810cm^{-1}、2700cm^{-1} 和 1730cm^{-1} 处分别是醛基中的 C—H 伸缩振动和 C=O 伸缩振动吸收峰。

2. 核磁共振氢谱 在核磁共振氢谱中,醛基中氢的化学位移值 δ 在 9~10ppm 处;醛、酮 α-H 的化学位移值 δ 在 2.1~2.4ppm 处,甲基酮中甲基氢的化学位移值 δ 为 2.1ppm 左右。

图 8-2 为丙醛的核磁共振氢谱。

3. 质谱 在质谱中,醛、酮的主要裂解方式为 α-裂解,产生酰基阳离子。醛基氢裂解后,产生 M-1 的特征峰,可用于区别醛和酮。同时羰基化合物氧原子上的未配对电子很容易被轰去一个电子,所以醛和酮的 M 峰也很明显。脂肪醛的 M-1 峰强度一般与 M 峰近似,而 m/z 29 往往很强,芳香醛则易产生 R$^+$离子(M-29),因为正电荷与苯环共轭,稳定性增加。

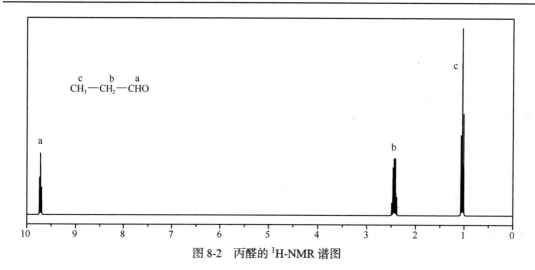

图 8-2 丙醛的 ^{1}H-NMR 谱图

$$R-\overset{\cdot\cdot+}{\underset{H}{C}}=O \xrightarrow{\alpha\text{-裂解}} \begin{cases} R-C\equiv\overset{+}{O} + H\cdot \\ (M\text{-}1) \\ H-C\equiv\overset{+}{O} + R\cdot \text{ 或 } H-C\equiv\overset{\cdot}{O} + R^+ \\ (M\text{-}29) \end{cases}$$

酮类化合物发生类似裂解，脱去的离子碎片是较大的烃基。

$$R-\overset{\cdot\cdot+}{\underset{R'}{C}}=O \begin{cases} \xrightarrow{\text{均裂}} R'-C\equiv\overset{+}{O} + R\cdot(R>R') \\ \xrightarrow{\text{异裂}} R'-C\equiv\overset{\cdot}{O} + R^+ \end{cases}$$

如果长链醛和酮的羰基 γ-位有氢存在时，除发生 α-裂解外，还容易进行麦氏(McLafferty)重排。在 2-辛酮的质谱图(图 8-3)中，存在分子离子峰 m/z 128，经 α-裂解产生的 m/z 为 43 和 113 的两个阳离子峰，以及通过 McLafferty 重排所产生的强峰 m/z 58。其裂解方式为

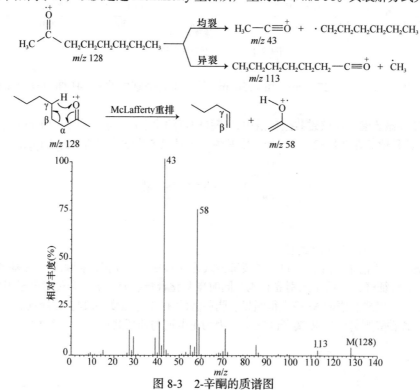

图 8-3 2-辛酮的质谱图

三、化 学 性 质

羰基中碳和氧以双键相结合，成键情况与碳碳双键有相似之处，也有不同点。碳氧双键的碳原子是 sp² 杂化，它的三个 sp² 杂化轨道形成三个 σ 键，其中一个是和氧形成的 σ 键，这三个键在同一平面上，彼此间键角约为 120°(图 8-4)。碳原子上未参与杂化的 p 轨道与氧原子的一个 p 轨道的对称轴垂直于三个 σ 键所在的平面，它们的电子云互相重叠，形成碳氧 π 键。

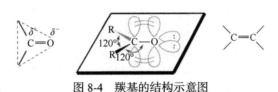

图 8-4　羰基的结构示意图

因此，羰基的碳氧双键是由一个 σ 键和一个 π 键组成的。由于氧的电负性较大，导致碳氧双键的电子云特别是 π 电子云偏向于氧。所以，羰基是强极性共价键，其中氧带部分负电荷，碳带部分正电荷，见图 8-5(a)。带有部分正电荷的中心碳原子容易受到亲核试剂的进攻，且亲核试剂可以从平面的上方和下方进行亲核加成(nucleophilic addition)，得到空间构型不一样的两种加成产物，如图 8-5(b)所示。

图 8-5　羰基的电子云分布和化学反应示意图

根据对醛和酮羰基的结构分析，可以总结出醛、酮的主要化学性质如下。

1. 羰基是醛、酮化学反应的中心，亲核加成是醛、酮羰基的基本特征。

2. 由于羰基的吸电子影响，与其直接相连的 α-碳原子上的碳氢键之间的电子云会向羰基方向转移，使 C—H 键活化、容易断裂。因而 α-氢原子的反应也是醛、酮化学性质的重要组成部分，主要包括：①羰基烯醇化；②羰基 α-卤代(卤仿反应)；③羟醛缩合反应。

3. 醛、酮还处于氧化还原的中间价态，氧化还原也是醛、酮化合物的重要反应。

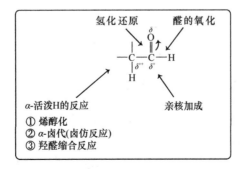

(一) 亲核加成反应

1. 反应机理　醛、酮亲核加成反应的机理如图 8-6 所示。

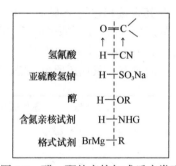

图 8-6 醛、酮的亲核加成反应机理

反应分为两步进行：第一步反应是亲核试剂进攻羰基碳原子。这步反应是决定整个反应速率的决速步，为慢反应。第二步是烷氧基负离子中间体从溶剂或反应试剂中获得一个 H 质子而生成醇，这一步的反应速率很快。

影响这种亲核加成的因素主要有空间位阻效应和电子效应两个方面。

(1) 空间位阻效应：控速步骤是 Nu^- 对 C^+ 的进攻，该步反应中羰基碳原子由 sp^2 杂化变为 sp^3 杂化，即从反应物中的平面三角形转变为中间体的四面体构型。键角从 120°左右变为 109°左右，中心碳原子周围的拥挤程度增加。当与羰基相连的两个基团体积较大或 Nu^- 本身的体积较大时，都不利于 Nu^- 对 C^+ 的接近，活化能升高，反应活性降低。醛羰基因连有一个体积很小的 H，所以反应活性比酮大。

(2) 电子效应：酮羰基连有两个供电子的烃基，C^+ 上的正电荷被削弱较多，不利于亲核进攻；而醛羰基只连有一个供电子的烃基，C^+ 上的正电荷被削弱较少，较有利于亲核进攻。所以醛比酮容易反应，而甲醛含有两个氢原子，较其他链状醛易于反应。苯甲醛的羰基连接苯环，构成了 π-π 共轭体系，使羰基碳上的电子云密度增加，不利于亲核加成，因而反应速率比脂肪醛慢。

综合上述两种因素，醛、酮羰基的活性次序为

$$\underset{H}{\overset{O}{\underset{||}{\overset{||}{C}}}}_{H} > \underset{R}{\overset{O}{\underset{||}{\overset{||}{C}}}}_{H} > \underset{Ph}{\overset{O}{\underset{||}{\overset{||}{C}}}}_{H} > \underset{R}{\overset{O}{\underset{||}{\overset{||}{C}}}}_{Me} \approx \overset{O}{\underset{||}{C}} > \underset{Ar}{\overset{O}{\underset{||}{\overset{||}{C}}}}_{R} > \underset{Ar}{\overset{O}{\underset{||}{\overset{||}{C}}}}_{Ar}$$

$n=0,1,2,\cdots$

2. 反应类型 醛或酮能与多种亲核试剂发生加成反应，主要的反应类型如图 8-7 所示。这些加成反应中许多反应是可逆的。

$$O{=}C\big\backslash$$

氢氰酸	H—CN
亚硫酸氢钠	H—SO$_3$Na
醇	H—OR
含氮亲核试剂	H—NHG
格式试剂	BrMg—R

图 8-7 醛、酮的亲核加成反应类型

(1) 加氢氰酸：醛、酮与氢氰酸的亲核加成反应特点是质子加在羰基氧上，氰离子加在羰基碳上，最后得到 α-羟基腈。

$$\underset{(H)R'}{\overset{R}{C}}{=}\overset{\delta^+}{\underset{}{}}\overset{\delta^-}{O} + \overset{+}{H}{-}\overset{-}{CN} \rightleftharpoons \underset{(H)R'}{\overset{R}{\underset{}{C}}}\overset{OH}{\underset{CN}{}}$$

α-羟基腈

反应过程包括以下三个步骤。

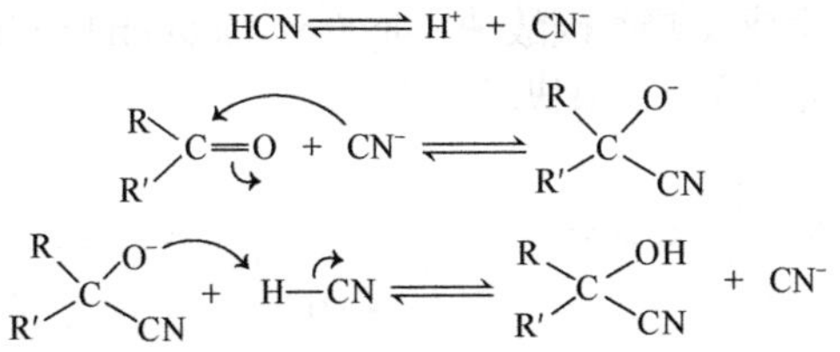

$$HCN \rightleftharpoons H^+ + CN^-$$

第一步和第三步是质子的转移反应，速率极快。因此第二步，即氰离子与羰基的加成，是决定反应速率的步骤。这一反应的机理说明进攻试剂是带负电荷的氰离子，因此微量碱的存在可以促使或加速反应的进行。而新产生的烷氧基负离子是一个 Lewis 碱，从氢氰酸中夺取一个氢质子而生成 α-羟基腈。这种反应的机理是通过实验事实推导而来的。例如，丙酮与 HCN 在无碱存在下，3～4h 只有一半的丙酮发生反应，如加入一滴 KOH 溶液，则反应可在 2 min 内完成。加酸则使反应减慢，在大量酸存在下，放置几周也不反应。这是因为氢氰酸是极弱的酸，其 $pK_a=9.21$，不易离解生成氰离子，加碱有利于生成氰离子，加酸则使氢氰酸的解离向反方向进行，游离的氰离子减少，速率变慢。

不同的醛或酮与 HCN 发生加成反应的活性不一样，其活性顺序如下所示。

甲醛＞脂肪醛＞芳香醛＞甲基酮及 8 个碳以下的脂环酮＞非甲基脂肪酮＞芳香酮

醛或酮与 HCN 的加成反应是可逆的。醛、脂肪族甲基酮及含 8 个碳原子以下的脂环酮与 HCN 的反应，平衡有利于生成加成产物。而余下的酮与 HCN 反应，有利于平衡向底物酮的方向进行。一些醛、酮与 HCN 反应的平衡常数值列于表 8-3。

表 8-3　一些醛、酮与 HCN 反应的 K 值

化合物	乙醛	苯甲醛	丁酮	苯乙酮
K 值	$>10^4$	210	38	0.77

由于 HCN 是易挥发的剧毒物质，在实验室中常用氰化钠(NaCN)或氰化钾(KCN)与硫酸作为试剂。

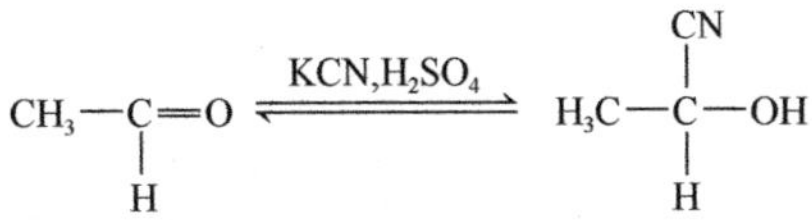

腈(nitrile，R—CN)是一类含有氰基(—CN)的有机物，α-羟基腈(α-cyanohydrin)比原来的醛或酮多一个碳原子，因此这个反应的一个重要应用就是使碳链增长。

而氰基在酸或碱存在下可继续反应，生成 α-羟基酸或 α,β-不饱和酸，也可在 LiAlH$_4$ 作用下还原得到氨基醇。

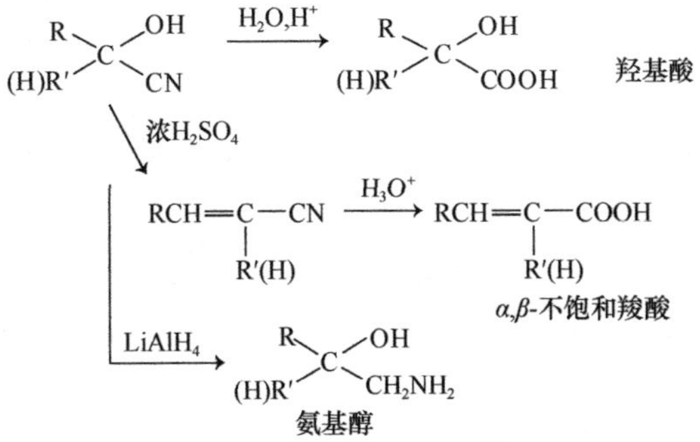

(2) 加亚硫酸氢钠：大多数醛、脂肪族甲基酮及八碳以下的环酮能与饱和亚硫酸氢钠溶液

(40%)发生亲核加成反应，生成 α-羟基磺酸钠(α-hydroxy sodium bisulfite)加成产物。该加成物溶于水而不溶于饱和亚硫酸氢钠溶液，很快以固体析出。

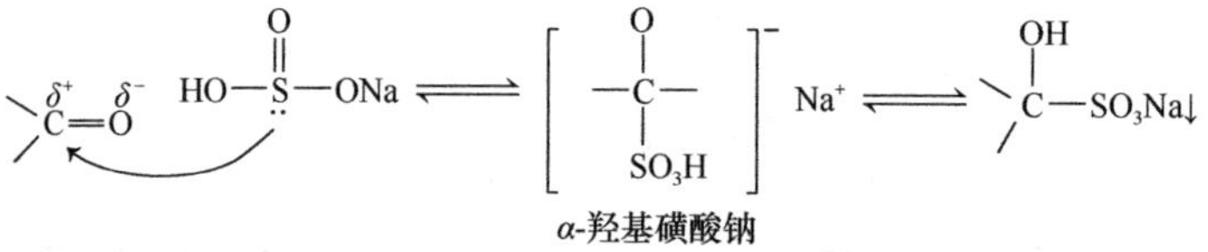

$$\text{α-羟基磺酸钠}$$

需要注意的是，在这一反应中亲核中心为 S，不是 O。其反应机理与氢氰酸加成类似。醛、酮与亚硫酸氢钠发生亲核加成反应的用途包括以下几种。

1) 定性鉴别：反应前后现象明显，故可用于一些简单醛、酮的定性鉴别。

2) 醛、酮的分离纯化：α-羟基磺酸钠用稀酸(如稀盐酸)或稀碱溶液(如 Na_2CO_3)处理，可分解为原来的醛或酮。故可用于醛、酮的分离纯化。

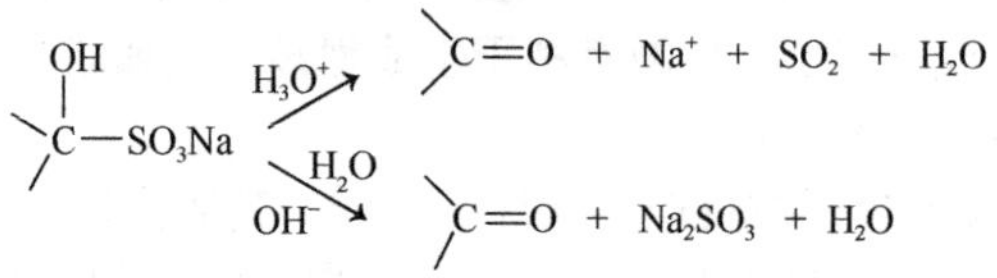

3) 转化成 α-羟基腈：α-羟基磺酸钠与氰化钠或氰化钾反应，生成 α-羟基腈。该法的优点是可以避免使用易挥发、剧毒的 HCN，且产率较高。例如，扁桃酸是重要的医药中间体，在医药上用于合成环扁桃酸酯、头孢孟多、羟苄唑等药物，该中间体的合成就是通过 α-羟基磺酸钠与氰化钠进行反应来制备的。

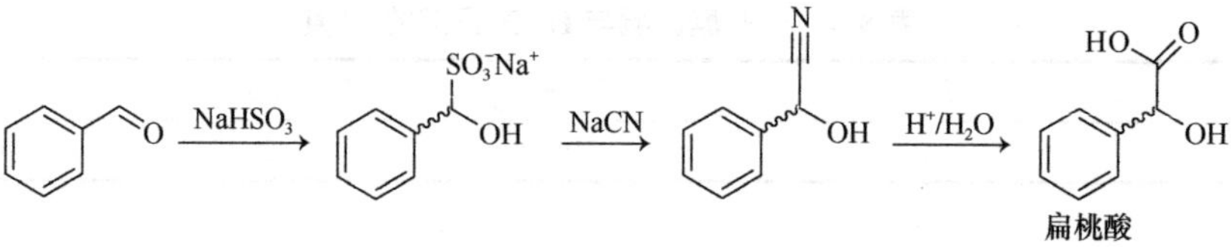

扁桃酸

(3) 加醇：在无水 HCl 或无水强酸的催化下，醛能与醇(R'OH)发生加成反应，先生成 α-羟基醚即半缩醛(hemiacetal)。

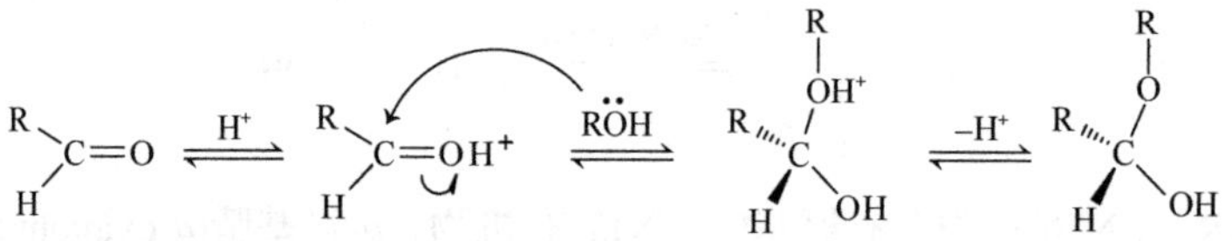

半缩醛不稳定，会分解为原来的醛和醇。但在酸催化下，半缩醛能与另一分子醇反应，脱去一分子水，成为比较稳定的缩醛(acetal)。

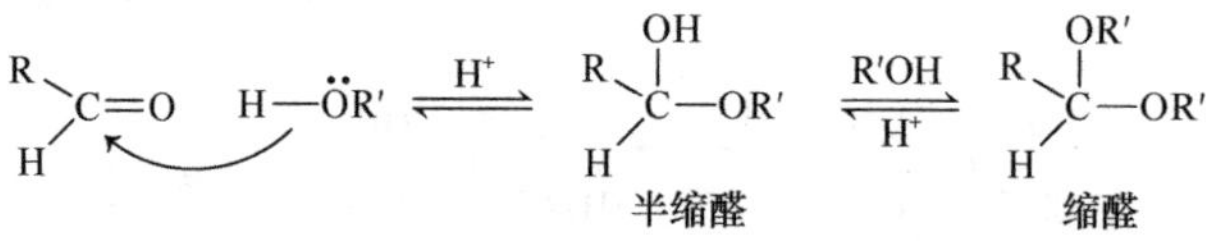

半缩醛　　　缩醛

由于醇是较弱的亲核试剂，不能与醛(酮)直接反应，而是与质子化的醛(酮)反应，其反应的机理如下所示。

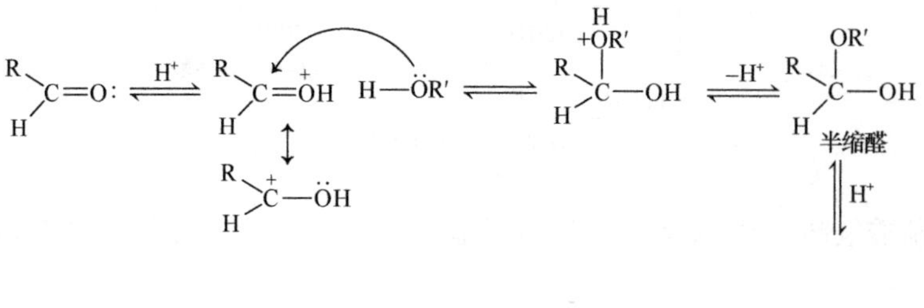

半缩醛

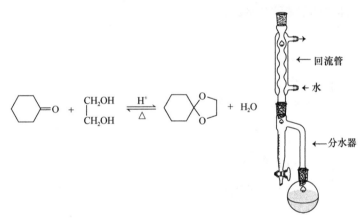

首先是质子与羰基氧原子结合，羰基的亲电性增加，然后和一分子醇发生加成，失去氢离子后，产生不稳定的半缩醛。半缩醛与氢离子结合形成镁盐，失去水就得到碳正离子，碳正离子再和一分子的醇反应，失去质子，最后得到缩醛。上述反应为可逆反应，酸既可以催化反应，又可以使缩醛变为原来的醛酮。而缩醛对碱、氧化剂、还原剂稳定。

酮也可以在干燥的 HCl 气体或无水强酸催化下与醇形成缩酮，但反应速率要慢得多，且平衡偏向左方。

$$CH_3-\overset{\overset{\displaystyle O}{\|}}{C}-CH_3- \ + \ 2CH_3CH_2OH \ \underset{\triangle}{\overset{H^+}{\rightleftharpoons}} \ \overset{\displaystyle H_3C}{\underset{\displaystyle H_3C}{\diagup}}C\overset{\displaystyle OC_2H_5}{\underset{\displaystyle OC_2H_5}{\diagdown}} \ + \ H_2O$$

但是醛或酮与乙二醇可以形成具有稳定结构的五元环缩醛或缩酮，所以该反应较易进行。通常在反应中需要将生成的水与苯或者甲苯形成共沸物除去，使反应向着生成产物的方向进行，如图 8-8 所示。

图 8-8 制备缩醛(或酮)的反应及常用分水器

在有机合成中，常用乙二醇保护羰基，然后在酸性条件下水解为原来的醛或酮。

如要想从 4-戊烯醛转变成戊醛，不能通过直接的催化氢化，因为在此情况下，碳碳双键及醛基将同时被还原。

$$H_2C{=}CHCH_2CH_2CHO \ \xrightarrow[\text{催化剂}]{H_2} \ CH_3CH_2CH_2CH_2CH_2OH$$

如果先将不饱和醛转变为缩醛，然后催化氢化，最后用酸水解，即可得戊醛。

$$H_2C{=}CHCH_2CH_2CHO \ \underset{H^+}{\overset{CH_3OH}{\rightleftharpoons}} \ H_2C{=}CHCH_2CH_2CH(OCH_3)_2 \ \xrightarrow[\text{催化剂}]{H_2}$$

$$CH_3CH_2CH_2CH_2CH(OCH_3)_2 \ \xrightarrow{H^+} \ CH_3CH_2CH_2CH_2CHO$$

(4) 水合：醛、酮在水溶液中可以与水发生加成反应而生成偕二醇，而醇酚醚一章则强调了偕二醇不稳定。因此生成水合物的反应是一个平衡反应，平衡位置取决于醛、酮的结构。例如，甲醛可以 100%形成偕二醇(注意：这里的偕二醇不能从水溶液中分离出来，在分离的过程中就失去水变为甲醛)，而丙酮却不能。

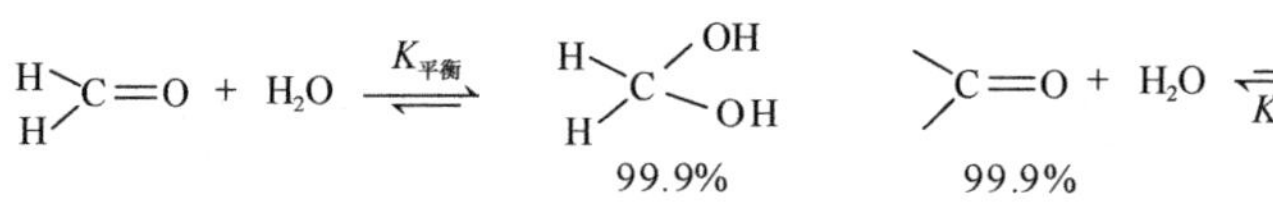

这样的反应事实可以从空间效应和电子效应两方面来考虑。对于丙酮，由于甲基的超共轭效应，使羰基上的正电荷分散，化合物的稳定性相应地提高。同时，水合之后羰基碳由 sp^2 杂化变为 sp^3 杂化，键角从 120°变为 109°，碳原子周围有四个基团，位阻很大，水合物很不稳定。

然而对于三氯乙醛，因为氯原子和氧原子都是吸引电子的取代基，因而 C—Cl 偶极和 C—O 偶极之间的排斥力使羰基化合物的稳定性降低，水合平衡的位置偏向右边。其水合物稳定，可以从溶液中分离。

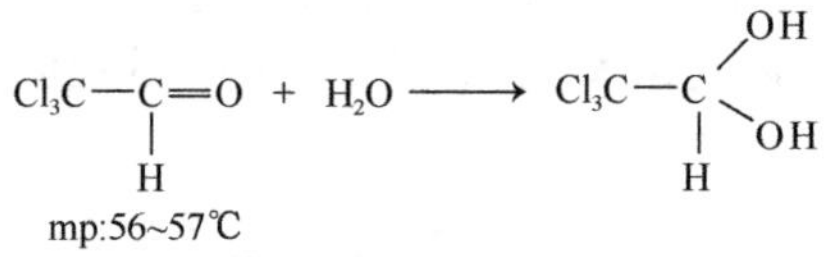

早在 1869 年人们就发现水合氯醛是较安全的催眠药及抗惊厥药，不易引起蓄积中毒，但对胃有刺激性，味道也不好，且长期服用会成瘾。

(5) 与氨及氨的衍生物的反应：醛或酮都能与氨(NH_3)或氨的衍生物(伯胺，H_2N—G)发生亲核加成-消去反应，生成 *N*-取代亚胺。常用的氨的衍生物包括羟胺(NH_2OH)、肼(NH_2NH_2)、苯肼($C_6H_5NHNH_2$)、2,4-二硝基苯肼及氨基脲($H_2NHNCONH_2$)等。它们与醛(酮)反应的产物分别是肟、腙、苯腙、2,4-二硝基苯腙及缩氨基脲。

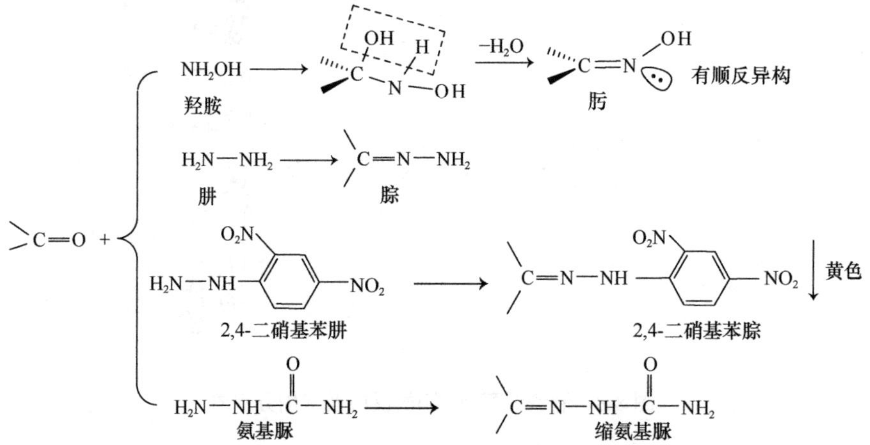

氨及其衍生物都是亲核性较弱的亲核试剂，与之反应的醛或酮往往需要先质子化。其反应机理如下所示。

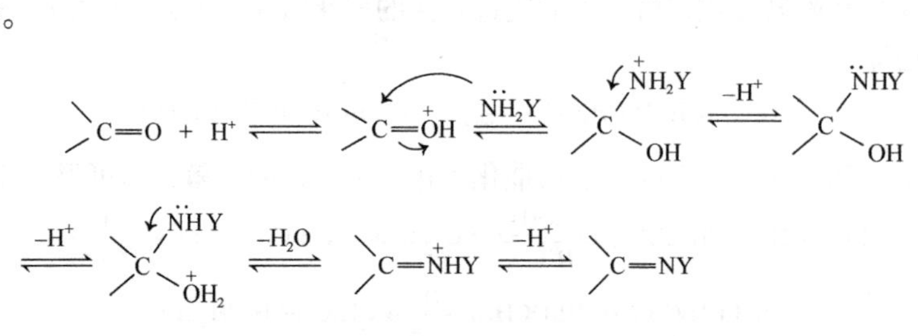

最终产物：Y=OH,NH_2,NHPh,NHC(O)NH_2

醛或酮与氨及氨的衍生物的反应过程是亲核加成-消去反应。在酸性溶液中，羟胺接受质子，转变为 NH_3^+OH，亲核性较强的游离羟胺浓度降低，与羰基加成的速率减慢。但酸对加成产物的脱水有催化作用，酸性增强，生成肟的速率加快。在碱性溶液中，脱水是较慢的一步。

因此在一定的 pH 范围内这种反应的速率才能达到最大值，通常情况下可在弱酸(pH = 5～6)条件下进行反应。

反应生成物一般是很好的结晶体，并且有一定的熔点，因此可以用来鉴别醛和酮。例如，2,4-二硝基苯肼与醛、酮加成反应的现象非常明显，生成的 2,4-二硝基苯腙为黄色固体，且有固定的熔点，因此常用来检验羰基，称为羰基试剂(carbonyl reagent)。

(6) 与格氏试剂的反应：格氏试剂(RMgX)中的碳镁键是极性键，烷基负离子具有极强的亲核性，可以与几乎所有的醛酮发生加成反应，而且这种亲核加成反应是不可逆的。格氏试剂与醛酮的加成反应可以生成不同类型的醇。

$$
RMgBr + \begin{cases} HCHO \longrightarrow RCH_2OH \\ R'CHO \longrightarrow R-\overset{\overset{OH}{|}}{C}H-R' \\ R'-\overset{\overset{O}{\|}}{C}-R'' \longrightarrow R-\overset{\overset{OH}{|}}{\underset{\underset{R'}{|}}{C}}-R'' \end{cases}
$$

反应机理是格氏试剂与醛、酮的羰基发生加成反应，得到一个正四面体中间体，然后经酸或氯化铵水溶液水解生成醇。

$$
\overset{\delta^+}{\underset{}{C}}=\overset{\delta^-}{O} \quad RMgBr \longrightarrow \left[\begin{array}{c} :\overset{-}{\overset{..}{O}}: \quad ^+MgX \\ \overset{|}{C} \\ \diagdown R \end{array} \right] \overset{H_3O^+}{\longrightarrow} -\overset{\overset{R}{|}}{C}-OH
$$

格氏反应虽然需要的条件苛刻，但其与羰基的亲核加成反应是制备具有复杂结构醇的一种重要方法。

在醛、酮的亲核加成反应中，亲核能力较强的亲核试剂(CN^-，R^-，HSO_3^-)直接进攻羰基碳原子；亲核能力较弱的亲核试剂(醇、氨及其衍生物)则进攻质子化的羰基碳原子，且反应往往不停留在亲核加成阶段，加成产物还能继续发生反应(取代或消去)，见表 8-4。

表 8-4 羰基化合物的亲核加成反应及最终产物

	亲核试剂	亲核加成产物	最终产物
$\overset{R}{\underset{H(R')}{>}}C=O$	HCN	$\overset{R}{\underset{H(R')}{>}}\overset{\overset{OH}{\diagup}}{\underset{\diagdown CN}{C}}$	$\overset{R}{\underset{H(R')}{>}}\overset{\overset{OH}{\diagup}}{\underset{\diagdown CN}{C}}$
	NaHSO$_3$	$\overset{R}{\underset{H(R')}{>}}\overset{\overset{OH}{\diagup}}{\underset{\diagdown SO_3Na}{C}}$	$\overset{R}{\underset{H(R')}{>}}\overset{\overset{OH}{\diagup}}{\underset{\diagdown SO_3Na}{C}}$
	R'MgBr	$\overset{R}{\underset{H(R')}{>}}\overset{\overset{OH}{\diagup}}{\underset{\diagdown R''}{C}}$	$\overset{R}{\underset{H(R')}{>}}\overset{\overset{OH}{\diagup}}{\underset{\diagdown R''}{C}}$
$\overset{R}{\underset{H(R')}{>}}C=O$	HOR''	$\overset{R}{\underset{H(R')}{>}}\overset{\overset{OH}{\diagup}}{\underset{\diagdown OR''}{C}}$	$\overset{R}{\underset{H(R')}{>}}\overset{\overset{OR''}{\diagup}}{\underset{\diagdown OR''}{C}}$
	NH$_2$OH	$\overset{R}{\underset{H(R')}{>}}\overset{\overset{OH}{\diagup}}{\underset{\diagdown NHOH}{C}}$	$\overset{R}{\underset{H(R')}{>}}C=N-OH$
	NH$_2$NH$_2$	$\overset{R}{\underset{H(R')}{>}}\overset{\overset{OH}{\diagup}}{\underset{\diagdown NHNH_2}{C}}$	$\overset{R}{\underset{H(R')}{>}}C=NNH_2$
	NH$_2$NHC$_6$H$_5$	$\overset{R}{\underset{H(R')}{>}}\overset{\overset{OH}{\diagup}}{\underset{\diagdown NHNHC_6H_5}{C}}$	$\overset{R}{\underset{H(R')}{>}}C=NNHC_6H_5$

续表

亲核试剂	亲核加成产物	最终产物
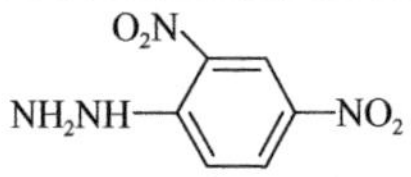	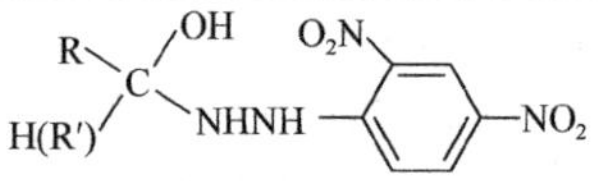	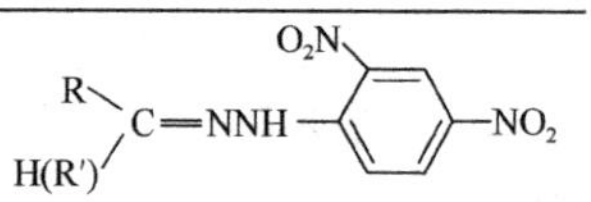
NH₂NHCONH₂		

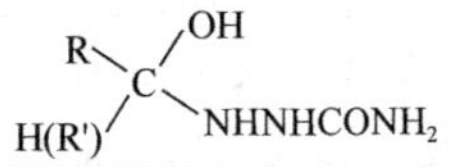

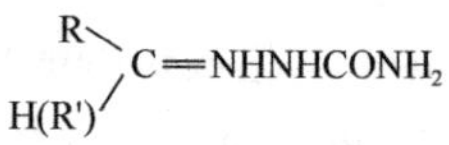

(二) α-H 的反应

1. 烯醇化 醛、酮分子中与羰基直接相连的碳原子称为 α-碳原子。该碳原子上的氢由于受羰基的影响而被活化，有离去质子的趋势。当氢质子离去后，由于 α-碳原子上的一对未共用电子的离域，负电荷通过 p-π 共轭分散到羰基碳和氧上，可用共振杂化体来进行表示。

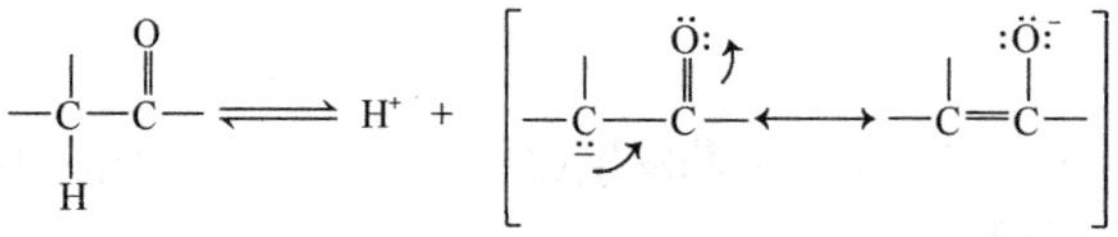

因此，含有 α-H 原子的醛或酮在溶液中是酮式(keto form)与烯醇式(enol form)两种异构体的平衡混合物。一般情况下，平衡有利于酮式。但随着 α-H 原子活性的增强，烯醇式也可能成为平衡体系中的主要存在形式。例如，2,4-戊二酮形成烯醇式之后，有利于形成大的共轭体系，从而使氢原子变得非常活泼，碳负离子非常稳定，不但可以以烯醇式存在，而且醇羟基可与碱相互作用形成稳定的金属盐，酮式反而变成一个不稳定的形式。

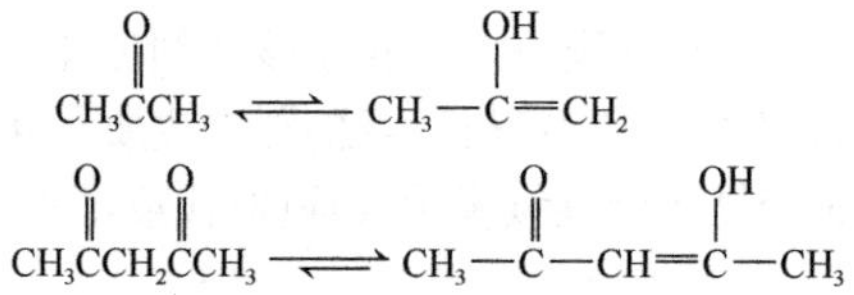

烯醇式的形成可以通过两种不同的途径来实现：一是在酸作用下，羰基氧质子化而形成锌盐，更增强了羰基的吸电子效应，α-H 原子的活性增加，从而形成烯醇。

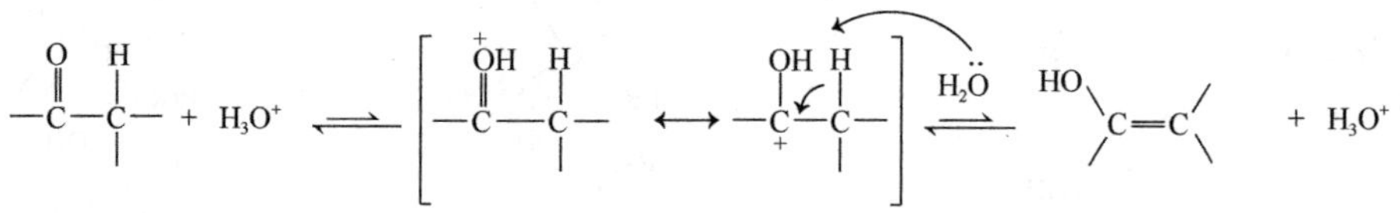

二是在碱的作用之下，碱可直接与 α-H 原子结合，同时形成一个碳负离子，通过形成 p-π 共轭体系，发生电子离域的作用，增加了碳负离子的稳定性，可以加速形成烯醇盐。

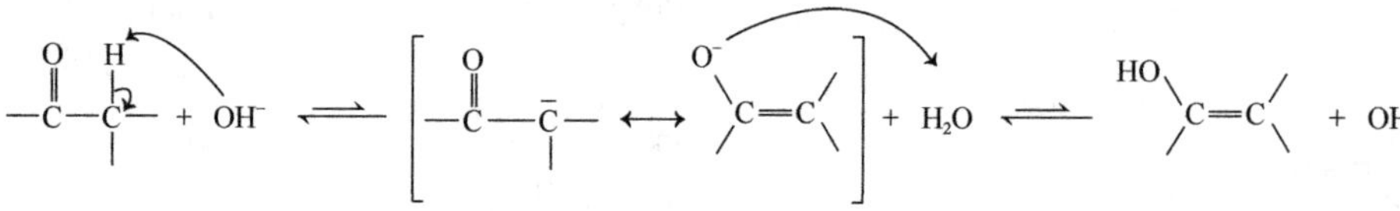

除烯醇化外，醛或酮的 α-H 原子的反应主要有两种：α-H 原子的卤代反应(α-halogenation reaction)和羟醛缩合反应(aldol condensation reaction)。

2. α-H 原子的卤化 醛、酮在碱催化下，其 α-碳原子上的氢可以被卤素取代，生成卤代醛(酮)。这种反应就称为醛酮的 α-卤代反应。如果在卤素过量的情况下可以进一步地发生多卤代反应，直到 α-碳原子上的氢被卤素完全取代。

$$H_3C-\overset{\overset{O}{\|}}{C}-R + Cl_2 \xrightarrow{OH^-} \overset{\overset{O}{\|}}{CH_2}-\overset{\overset{O}{\|}}{C}-R \longrightarrow \longrightarrow Cl_3C-\overset{\overset{O}{\|}}{C}-R$$

　　反应分两步进行，第一步在碱的作用之下变为烯醇盐，这是决定整个反应速率的步骤，故反应的快慢仅与丙酮及碱的浓度有关而与卤素的浓度无关。这与烷烃的卤化有明显的不同。第二步是碳碳双键与卤素的亲电加成，为快反应。

$$H_3C-\overset{\overset{O}{\|}}{C}-CH_3 \rightleftharpoons H_3C-\overset{\overset{O}{\|}}{C}-CH_2^-$$

$$H_3C-\overset{\overset{O^-}{\|}}{C}=CH_2 \quad \overset{\delta^+\ \delta^-}{X-X} \longrightarrow H_3C-\overset{\overset{O}{\|}}{C}-CH_2X$$

　　由于卤原子的吸电子性，氯代醛(酮)上的 α-氢原子比未取代的醛(酮)更活泼，剩下的氢更易卤代，直至三个氢都被卤代。

$$H_3C-\overset{\overset{O}{\|}}{C}-CH_2X \rightleftharpoons H_3C-\overset{\overset{O}{\|}}{C}-\underline{C}HX \longrightarrow H_3C-\overset{\overset{O^-}{\|}}{C}=CHX \quad \overset{\delta^+\ \delta^-}{X-X}$$

$$H_3C-\overset{\overset{O}{\|}}{C}-CHX_2 \longrightarrow \longrightarrow H_3C-\overset{\overset{O}{\|}}{C}-CX_3$$

　　如果控制卤素的用量或反应条件，可以使反应停止在一元或二元取代的阶段。

　　乙醛及甲基酮在同一个 α-碳原子上有三个氢，它们与卤素的 NaOH 溶液作用时，反应往往不能停止在卤化阶段，因为新生成的三卤代物并不稳定，在碱性条件下羰基容易被 OH 进攻从而导致 $C\!+\!\overset{\overset{O}{\|}}{C}$ 键断裂，生成三卤甲烷(又称卤仿)和羧酸盐，这种反应称为卤仿反应。反应历程如下所示。

$$H_3C-\overset{\overset{O}{\|}}{C}-CH_3 + X_2 \xrightarrow{NaOH} H_3C-\overset{\overset{O}{\|}}{C}-CX_3 \longrightarrow \left[H_3C-\overset{\overset{O^-}{\|}}{\underset{OH}{C}}-CX_3 \right]$$

$$\longrightarrow CH_3CO_2H + \bar{C}X_3 \longrightarrow CH_3CO_2^- + CHX_3$$

　　如用 I_2-NaOH 与乙醛或甲基酮(如丙酮)反应，则生成碘仿(CHI_3)，这个反应就称为碘仿反应。需要注意的是，如果不是甲基酮，便不会发生碳碳键的断裂。由于生成的碘仿是难溶于水的黄色固体，且具有特殊的气味，所以卤仿反应特别是碘仿反应可用于区分乙醛、甲基酮与其他的醛、酮。

$$H_3C-\overset{\overset{O}{\|}}{C}-CH_3 + I_2 \xrightarrow{NaOH} H_3C-\overset{\overset{O}{\|}}{C}-ONa + CHI_3\downarrow 黄色$$

　　由于卤仿反应所用的试剂是 X_2+NaOH 或次卤酸钠(NaOX)，它们都是氧化剂，能够将具有甲基仲醇结构的分子或乙醇氧化成甲基酮和乙醛，因此具有这类结构的分子，也可以发生卤仿反应。

　　卤仿反应除了可以用作结构鉴别之外，还可以从甲基酮合成比它少一个碳原子的羧酸。例如：

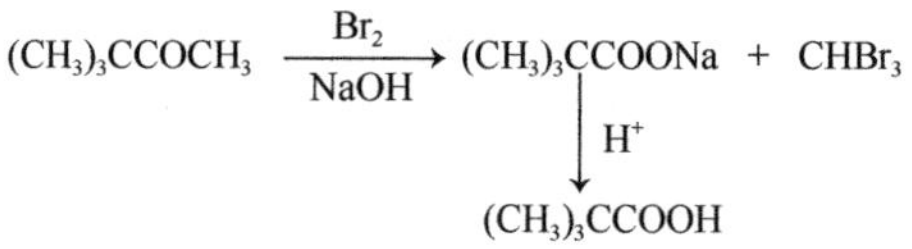

$$(CH_3)_3CCOCH_3 \xrightarrow[\text{NaOH}]{\text{Br}_2} (CH_3)_3CCOONa + CHBr_3$$

$$\downarrow H^+$$

$$(CH_3)_3CCOOH$$

3. 羟醛缩合反应 在稀碱的催化下，一分子醛的羰基碳原子和另外一分子醛的 α-碳原子之间生成新的碳碳单键，同时 α-碳原子上的氢原子与另外一分子醛羰基的氧原子结合生成 β-羟基醛或酮。这种反应称为羟醛缩合反应(aldol condensation reaction)。

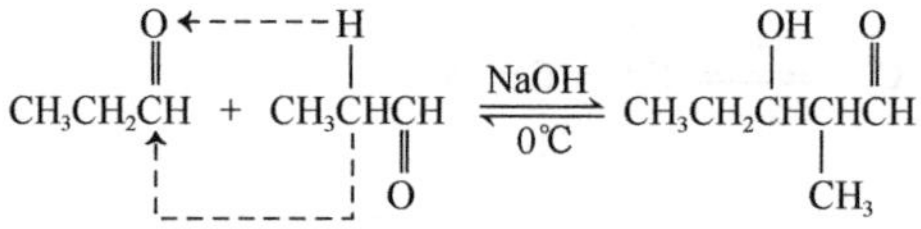

$$CH_3CH_2CH + CH_3CHCH \xrightleftharpoons[0℃]{\text{NaOH}} CH_3CH_2CHCHCH$$

酮在稀碱存在下也可以发生羟醛缩合反应，生成 β-羟基酮，但平衡明显偏向于反应物的一方。例如，在丙酮发生羟醛缩合的平衡混合物中，缩合产物只占 5%。要想得到较好的收率，须采用一定的装置使生成物与催化剂(碱)脱离接触，因为碱也能促进逆反应的进行。

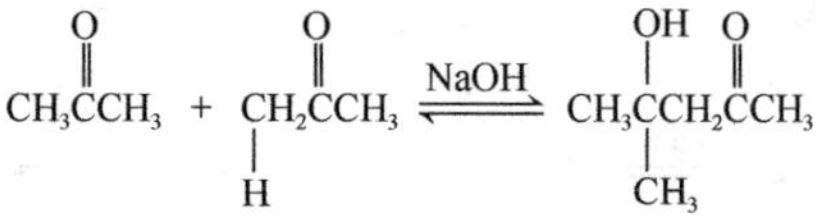

$$CH_3CCH_3 + CH_2CCH_3 \rightleftharpoons CH_3CCH_2CCH_3$$

碱催化下的羟醛缩合反应，是以醛或酮的共轭碱作为亲核试剂，进攻另一分子醛(酮)的羰基碳原子的反应。其反应历程如下所示。

第一步

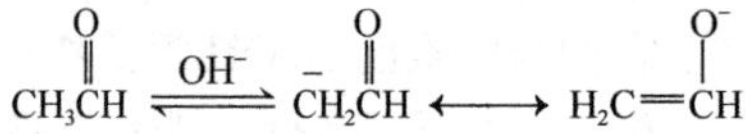

$$CH_3CH \xrightleftharpoons{OH^-} {}^-CH_2CH \longleftrightarrow H_2C=CH$$

第二步

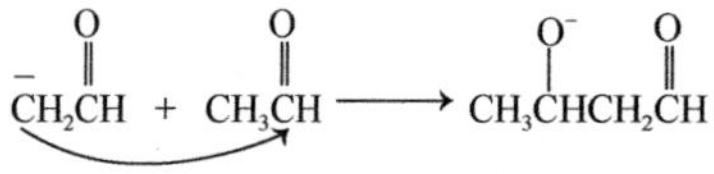

$${}^-CH_2CH + CH_3CH \longrightarrow CH_3CHCH_2CH$$

第三步

$$CH_3CHCH_2CH + H_2O \longrightarrow CH_3CHCH_2CH + OH^-$$

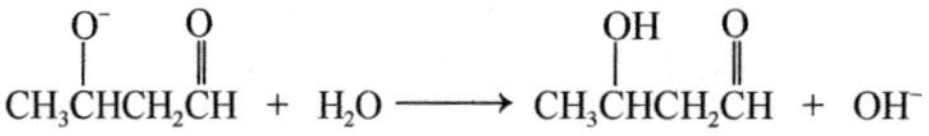

其中第一步和第三步是质子的转移反应，为快反应。

两种不同的醛或酮分子之间可以发生交叉的羟醛缩合反应。例如，乙醛与丙醛在稀碱存在下反应，得到四种缩合产物。这种反应在有机合成中没有实用价值。

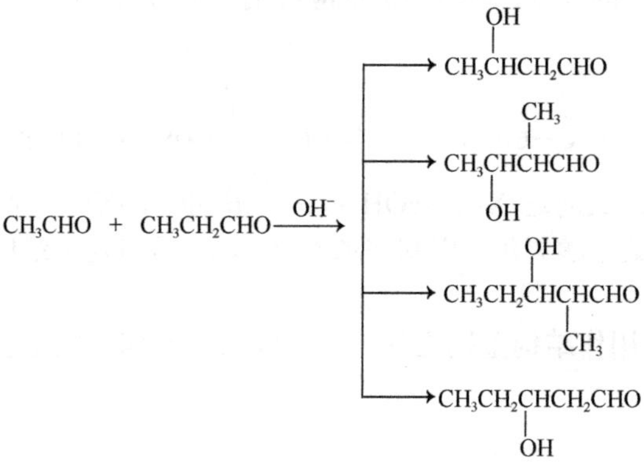

$$CH_3CHO + CH_3CH_2CHO \xrightarrow{OH^-}$$

$$\rightarrow CH_3CHCH_2CHO$$ (OH)

$$\rightarrow CH_3CHCHCHO$$ (CH_3, OH)

$$\rightarrow CH_3CH_2CHCHCHO$$ (OH, CH_3)

$$\rightarrow CH_3CH_2CHCH_2CHO$$ (OH)

不含 α-H 原子的醛或酮在稀碱存在下不发生羟醛缩合反应，但可以与含 α-H 原子的醛或酮发生交叉羟醛缩合反应。

羟醛缩合反应是增长碳链的一种重要方法。除甲醛和乙醛外，缩合产物都有侧链。所得的 β-羟基醛(酮)还能转变为多种产物。含 α-H 原子的 β-羟基醛(酮)受热时很易脱水形成具有稳定共轭结构的 α，β-不饱和醛(酮)。

$$CH_3CH(OH)CH_2CHO \xrightarrow[\triangle]{-H_2O} CH_3CH{=}CHCHO$$

若羟基同时受苯基和醛基的作用，含 α-H 的 β-羟基醛(酮)常温即可失水得到 α，β-不饱和醛(酮)。

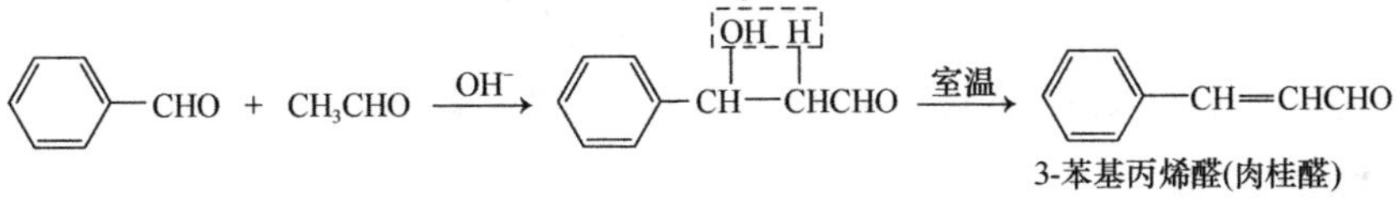

3-苯基丙烯醛(肉桂醛)

这种芳香醛与含 α-H 原子的醛、酮在碱性条件下发生交叉羟醛缩合反应，失水后得到 α，β-不饱和醛或酮的反应称为克莱森-施密特(Claisen-Schmidt)缩合反应。

(三) 氧化反应

在化学性质上，醛与酮的最大差别在于还原性不同，醛很容易被氧化成酸。强氧化剂(如 $KMnO_4/H^+$，$K_2Cr_2O_7/H^+$，HNO_3 等)不但可以把醛氧化为相应的羧酸，而且可把苯乙醛直接氧化成为苯甲酸。一些弱氧化剂如 Ag_2O、托伦试剂(Tollens′ reagent)、费林试剂(Fehling′s reagent)、本尼迪特(Benedict′s reagent)试剂等也能把醛氧化。但在同样条件下酮则不发生反应。因此，用上述试剂可以区分醛与酮。费林试剂不能氧化芳香醛，所以可以利用其把脂肪醛和芳香醛区别开。

$$RCHO \xrightarrow{KMnO_4/H^+} RCOOH$$

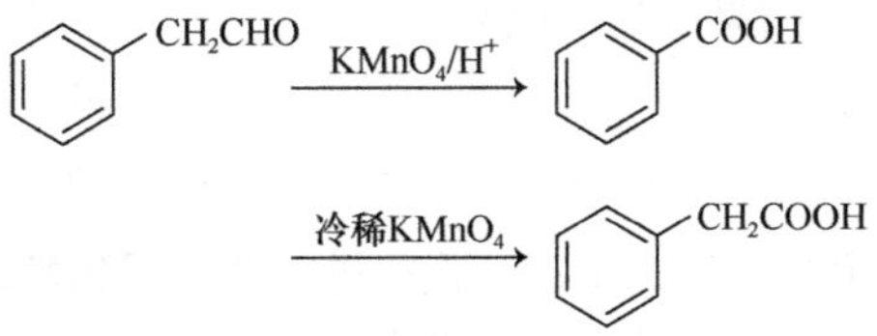

$$CH_3CH{=}CHCHO \xrightarrow{[Ag(NH_3)_2]OH} CH_3CH{=}CHCOONH_4$$

$$RCHO \xrightarrow[\text{或Benediet试剂}]{\text{Fehling溶液}} RCOONa + Cu_2O\downarrow$$

$$R{-}\overset{\overset{O}{\|}}{C}{-}R' \xrightarrow[\text{或Fehling溶液}]{\text{Tollens试剂}} \text{不反应}$$

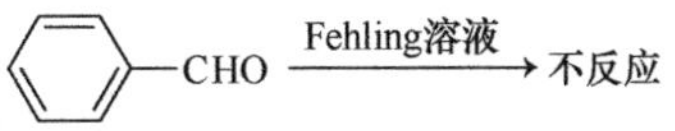

在剧烈反应条件下，如用强氧化剂在较高温度或较长时间的作用下，酮也可以被氧化，同时发生碳链的断裂，生成较小分子的氧化产物。在通常情况下，产物比较复杂，实际用途不大。而环酮的氧化产物则比较单纯。例如，将环己酮氧化可以制备己二酸。后者是聚酰胺合成纤维——尼龙的合成原料。

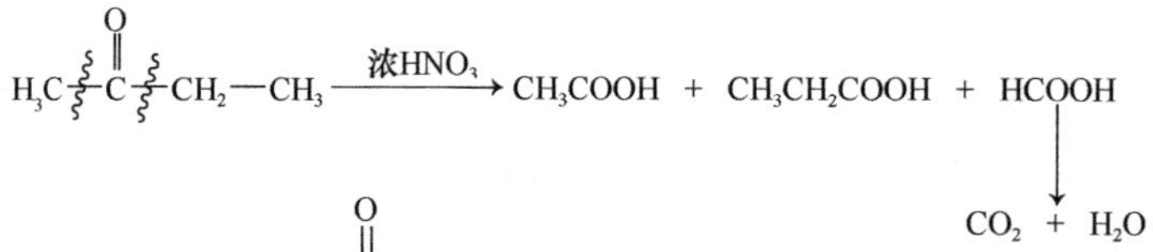

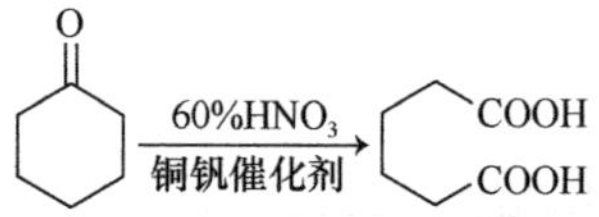

$$H_3C-\overset{\overset{\displaystyle O}{\|}}{C}-CH_2-CH_3 \xrightarrow{\text{浓}HNO_3} CH_3COOH + CH_3CH_2COOH + HCOOH$$

$$\downarrow$$

$$CO_2 + H_2O$$

$$\xrightarrow[\text{铜钒催化剂}]{60\%HNO_3}$$

因为醛易被氧化,以致一些醛特别是芳香醛在贮存过程中,能被空气氧化,即自动氧化 (auto-oxidation)。

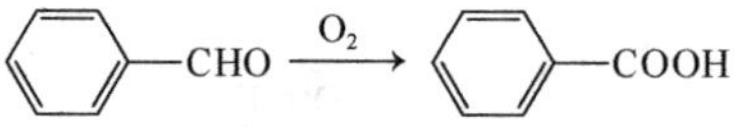

如果在芳香醛中加入少量的抗氧化剂,如 0.001% 的对苯二酚,就能防止自动氧化。

(四) 还原反应

醛和酮都能在一定条件下被还原,不同还原条件下会得到不同的还原产物。

1. 还原为醇

(1) H_2/催化剂:在催化剂的条件下,如 Pt、Pd、Ni 存在时,醛、酮可以加氢还原为醇。

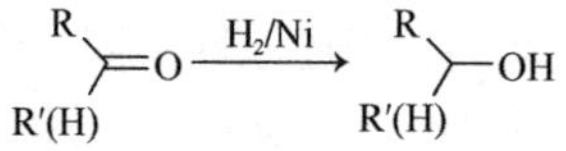

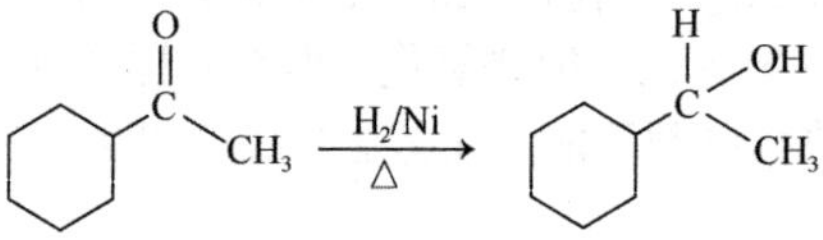

催化氢化反应的特点是选择性很差,如 4-戊烯-2-酮中有两种官能团,双键和羰基,这两种官能团都可以进行催化氢化,结果得到 2-戊醇。

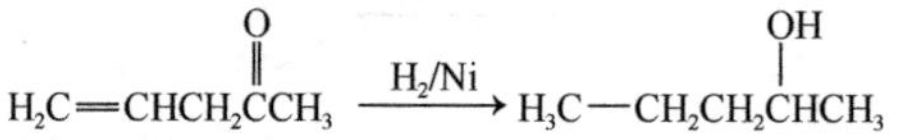

(2) 金属氢化物:醛、酮也可以用金属氢化物进行还原得到醇。常用的氢化试剂是四氢铝锂($LiAlH_4$)和硼氢化钠($NaBH_4$),这两种试剂能够使羰基还原而碳-碳双键或碳-碳三键不受影响。氢化铝锂活性很强,不能在质子性的溶剂中使用,而硼氢化钠可以在水溶液中使用。

$$CH_3CH=CHCHO \xrightarrow[\text{② } H_3O^+]{\text{① } LiAlH_4/THF} CH_3CH=CHCH_2OH$$

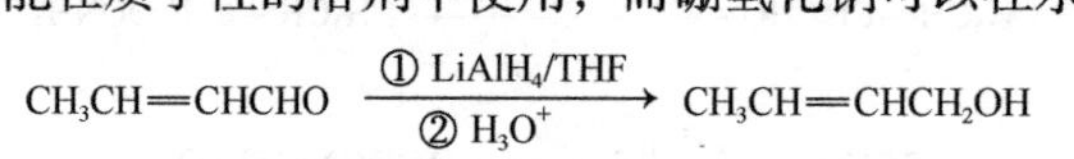

用 $NaBH_4$ 和 $LiAlH_4$ 等金属氢化物还原醛、酮从本质上讲也是亲核加成反应,这时的亲核试剂是氢负离子(H^-)。

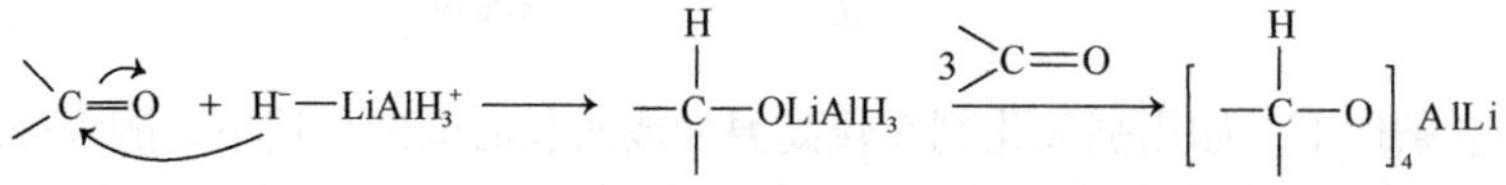

$$4R_2C=O + LiAlH_4 \longrightarrow (R_2CHO)_4AlLi \xrightarrow{H_2O} 4R_2CHOH + LiOH + Al(OH)_3$$

2. 还原为烃

(1) Clemmensen(克莱门森)还原:醛或酮与锌汞齐(Zn-Hg)及浓盐酸共热时,羰基被还原成亚甲基,得到相应的烃。这称为 Clemmensen 还原法。例如:

$$R-\overset{O}{\underset{R'}{\diagup}} \xrightarrow{\text{Zn-Hg/浓HCl}} \overset{R}{\underset{R'}{\diagdown}}CH_2$$

$$PhCOCH_3 \xrightarrow{\text{Zn-Hg/浓HCl}} PhCH_2CH_3$$

克莱门森还原法的优点是成本低,反应条件要求不高,但只适用于还原对酸稳定的醛或酮。

(2) Wolff-Kishner-黄鸣龙(沃尔夫-基希纳-黄鸣龙)还原:对酸不稳定而对碱稳定的醛或酮,可用 Wolff-Kishner-黄鸣龙还原法,即在高沸点溶剂如二甘醇[$(HOCH_2CH_2)_2O$,bp=245℃]中加入 KOH 或 NaOH,用肼还原。

$$R-\overset{O}{\overset{\|}{C}}-R' + H_2NNH_2 \xrightarrow[\text{(HOCH}_2\text{CH}_2)_2\text{O}]{\text{KOH,180℃}} RCH_2R' + N_2\uparrow$$

沃尔夫-基希纳-黄鸣龙还原反应机理是酮首先与肼反应成腙,然后在碱性的条件之下双键位移,氮离去,碳负离子从溶剂中夺取质子而得到亚甲基。

$$\overset{R}{\underset{R'}{\diagdown}}C=O + H_2N-NH_2 \longrightarrow \overset{R}{\underset{R'}{\diagdown}}C=N-NH_2 \overset{B^-}{\rightleftharpoons} \left[\overset{R}{\underset{R'}{\diagdown}}C=N-NH\right]$$

$$\rightleftharpoons \left[\overset{R}{\underset{R'}{\diagdown}}\bar{C}-N=NH\right] \overset{H^+}{\rightleftharpoons} \overset{R}{\underset{R'}{\diagdown}}\overset{H}{\underset{}{C}}-N=NH \overset{B^-}{\longrightarrow} \overset{R}{\underset{R'}{\diagdown}}CH-N=\bar{N}$$

$$\overset{慢}{\longrightarrow} \overset{R}{\underset{R'}{\diagdown}}\bar{C}H + N_2 \xrightarrow[\text{快}]{H_2O} \overset{R}{\underset{R'}{\diagdown}}CH_2$$

沃尔夫-基希纳-黄鸣龙还原法与克莱门森还原法可以相互补充,而且可以用于工业生产,具有很高的应用价值。

(五) 其他反应

1. 歧化反应 在浓碱存在下,不含 α-H 原子的醛(甲醛、苯甲醛、2,2-二甲基丙醛等),可以发生分子间的氧化-还原反应,一分子的醛被氧化成为酸,另一分子的醛被还原为醇。这种反应称为歧化反应(disproportionation reaction)或康尼查罗反应(Cannizzaro reaction)。

$$2HCHO + NaOH \longrightarrow HCOONa + CH_3OH$$

其反应机理为氢氧根离子和羰基进行亲核加成,生成的中间体烷氧基负离子中氧原子带有电荷,排斥电子的能力大大加强,使碳上的氢带着一对电子以负离子的形式转移到另外一分子醛的羰基碳原子上,从而生成相应的羧酸和醇。给出氢原子的称为授体,接受氢原子的称为受体。

如果是甲醛与另一种不含 α-H 原子的醛进行交叉歧化反应,由于甲醛有较强的还原性,总是被氧化成甲酸。另一种醛被还原为醇。不含 α-H 原子醛的歧化反应在有机合成与工业生产中具有非常重要的应用价值。

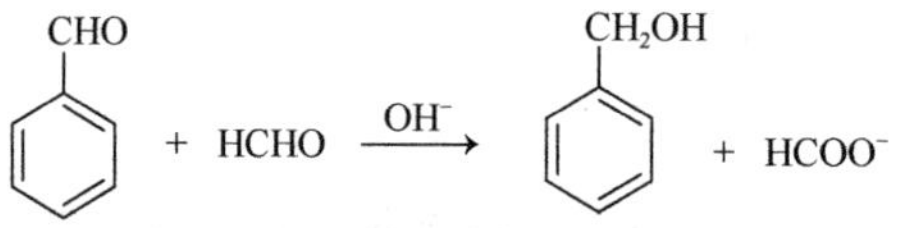

2. Mannich(曼尼希)反应 含有 α-H 原子的醛(酮)与甲醛和胺(伯胺或仲胺)之间通过发生缩合反应，可在羰基的 α-位引入一个胺甲基，这种反应称为 Mannich 反应。

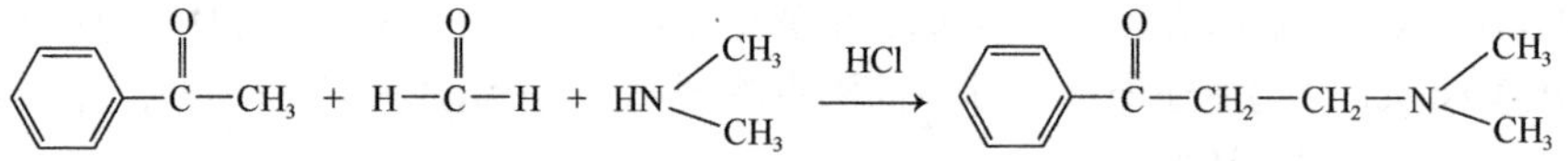

Mannich 反应一般需要酸作为催化剂，甲醛可用三聚甲醛或多聚甲醛，胺多为仲胺的盐酸盐。其反应机理为

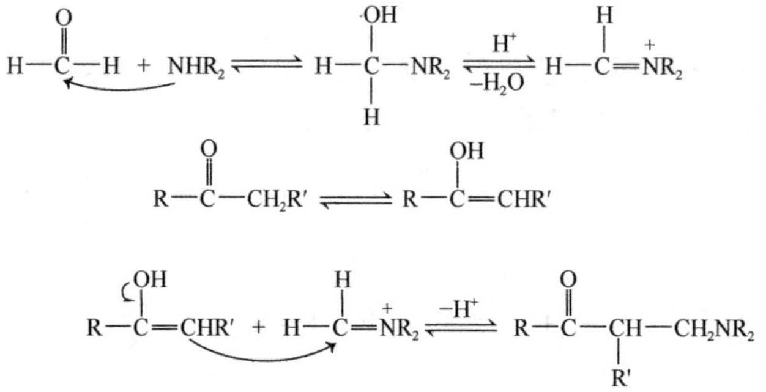

利用曼尼希反应，可以制备复杂的胺。由于生成物一般以盐的形式存在，因此产物又称为曼尼希碱。

3. Wittig(维蒂希)反应 醛、酮和膦叶立德(phosphorus ylide，烃代亚甲基三苯基膦)试剂作用，羰基氧被亚甲基取代生成相应烯烃和三苯基氧膦的反应，称为维蒂希反应。膦叶立德又称为 Wittig 试剂。

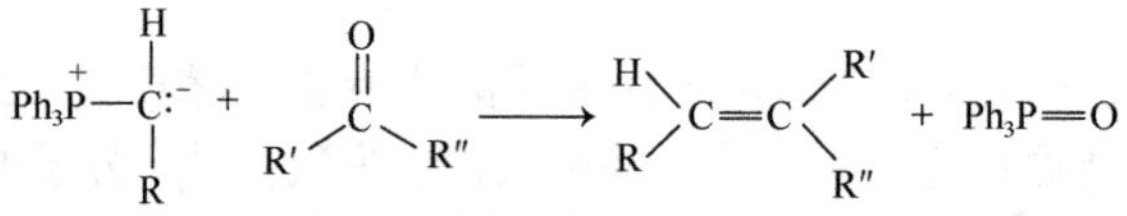

膦叶立德由三苯基膦和一级或二级卤代烃通过 S_N2 取代反应生成鏻盐，鏻盐的 α-H 受带正电荷磷的影响而显酸性，再经烃基锂或醇钠等强碱作用脱卤化氢而制得。

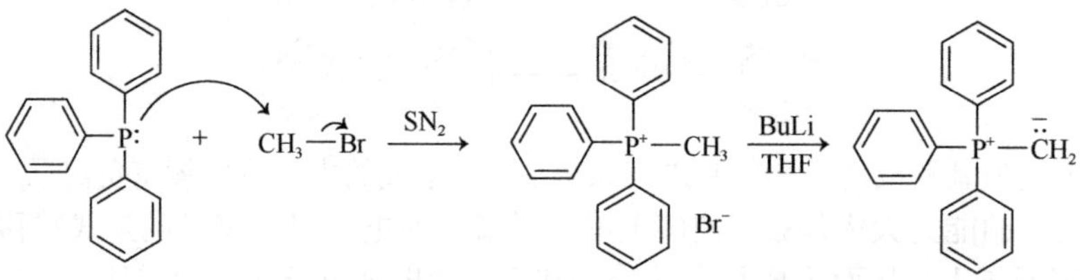

膦叶立德分子中存在一个缺电子的磷原子(带正电荷)和一个富电子的碳原子(带负电荷)，碳负离子亲核性很强，易与醛、酮的羰基发生亲核加成反应生成一种膦内盐，由于膦内盐稳定性小，很快转变为四元氧膦杂环过渡态，进一步分解为烯烃和三苯基氧膦。反应机理包括以下三个反应步骤。

第一步亲核加成

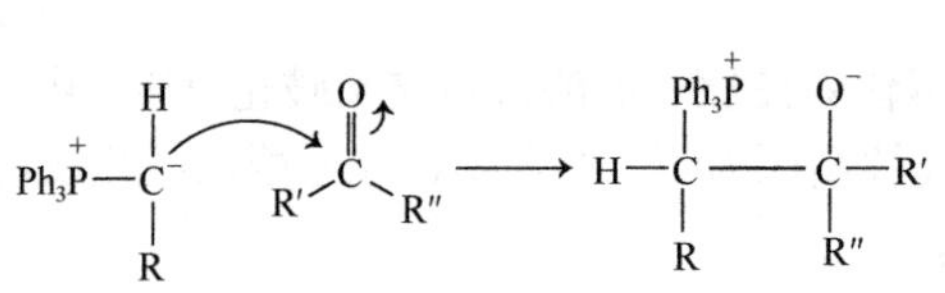

第二步形成四元氧膦杂环过渡态

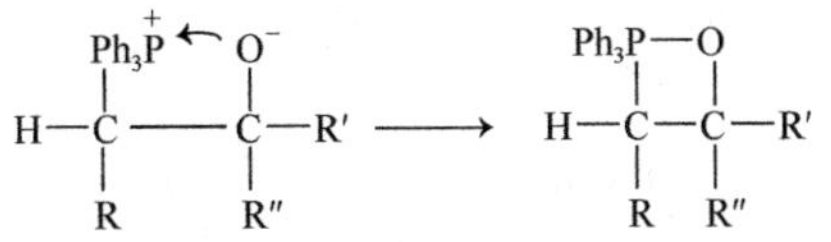

第三步过渡态分解生成产物

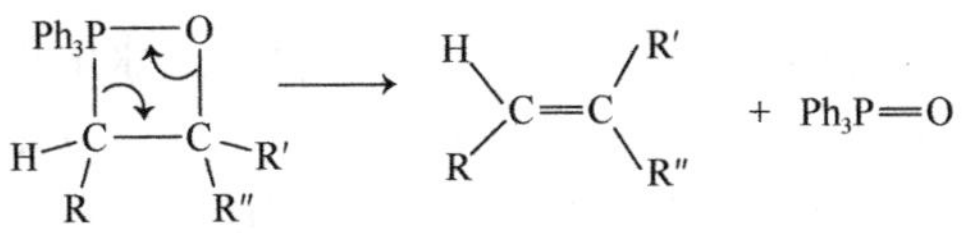

Wittig 反应产物可以是 Z 型，也可以是 E 型。一般来讲，如果膦叶立德分子中带有能使碳负离子稳定的取代基，其产物为 E 型；反之，则为 Z 型。

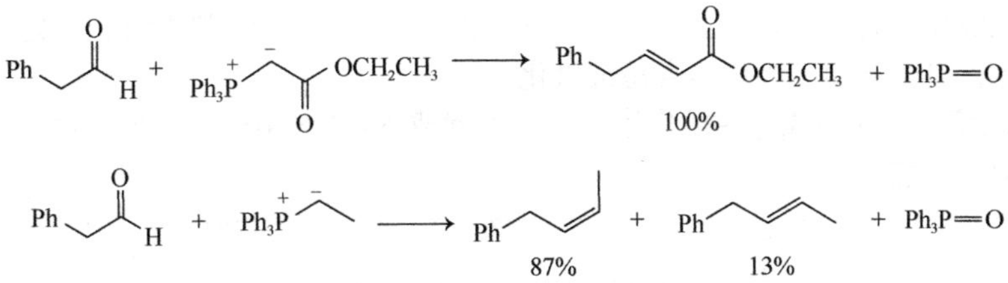

四、制   备

醛和酮的合成方法很多，但大体上可分成两大类：一类是官能团转化而来，另一类则是在分子中直接引入羰基。对于一些需求量非常大的醛、酮，工业上会用特殊方法生产。

(一) 官能团转化法

醛、酮处在醇和羧酸的中间氧化阶段，可以通过羟基的氧化或羧基的还原来实现醛和酮的制备。除此之外，不饱和烃的氧化或加成也是制备某些醛、酮的重要方法。

1. 由醇的氧化制备　由于伯醇很容易被 $KMnO_4$ 等氧化剂氧化成羧酸，必须控制氧化条件，故常用选择性氧化剂，如 Sarrett 试剂(CrO_3/吡啶)、PCC(氯铬酸吡啶盐)、Jones 试剂(CrO_3/稀 H_2SO_4)等，可使反应停留在醛的阶段。

Jones 试剂可以将仲醇氧化成酮，且不影响分子中的双键或三键。

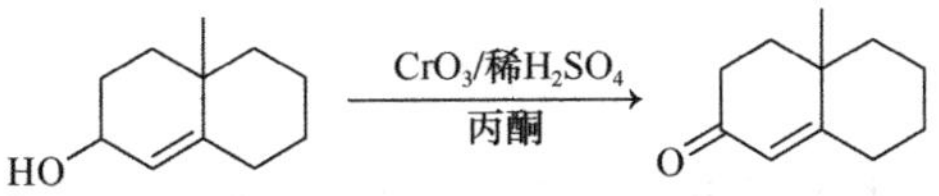

邻二醇经高碘酸或四醋酸铅氧化，也可生成醛或酮；两个羟基都连在叔碳原子上的邻二醇经片呐醇重排可得到叔烷基酮。

2. 由芳烃氧化制备　芳烃侧链的 α 位在适当的条件下可被氧化成醛或酮，常用氧化剂如 MnO_2/H_2SO_4、CrO_3/$(CH_3CO)_2O$ 等。侧链为甲基则氧化成醛，其他侧链(α 位上有两个 H)氧化为酮。由于芳醛比芳烃更容易氧化，所以必须控制反应条件、氧化剂用量、加料方式等，以避免醛进一步氧化成酸。

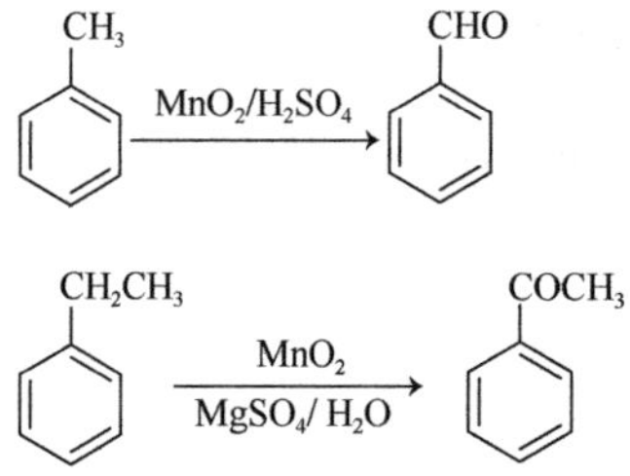

如用 CrO₃/(CH₃CO)₂O 氧化时，先生成二醋酸酯，然后经水解得到醛。

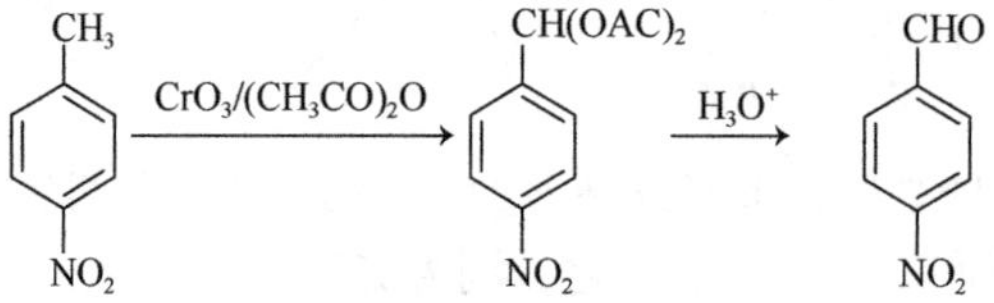

使用上述氧化剂时，如芳环上有硝基、溴、氯等吸电子基团，则芳环很稳定；如芳环连有氨基、羟基等供电子基团，芳环本身易被氧化。

3. 卤化水解　在光照或加热的作用下，用卤素或 NBS 与甲苯及其衍生物反应制得二卤化物，再经水解生产醛或酮。

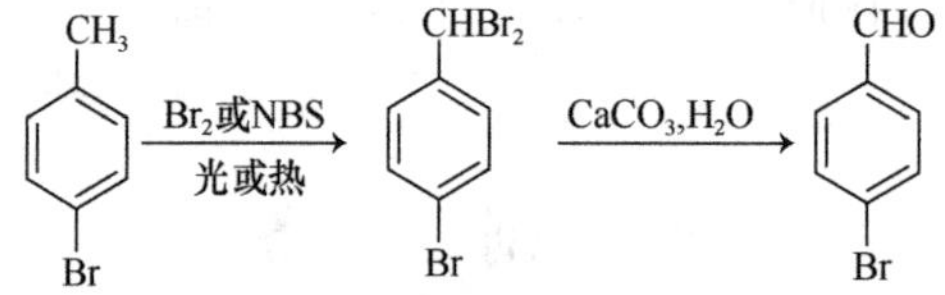

4. 由羧酸衍生物制备　羧酸衍生物如酰氯、酯、酰胺和腈等均可通过各种方法制备醛或酮，有些将在第九章和第十章介绍，以下仅简单介绍两种方法。

(1) 罗森孟德(Rosenmund)还原法(详见第十章第三节)：用部分失活的钯催化剂对酰氯进行催化还原，即可得到醛。

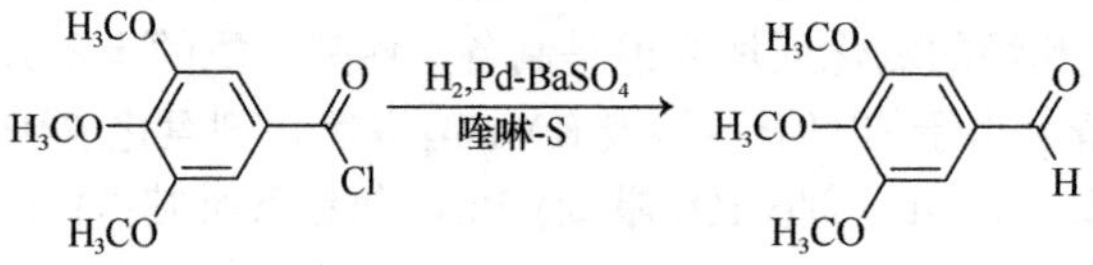

(2) 用腈合成：腈与格氏试剂反应，生成了活性低的亚胺盐，当反应停于此阶段，经水解便能得到酮，收率较高。如果两个反应物均为脂肪族化合物，产率不高。因此该反应适用于芳香族化合物。

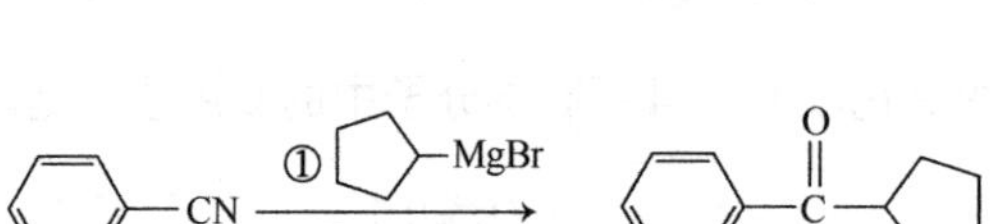

5. 由烯烃和炔烃制备　烯烃的臭氧化反应可制备醛或酮(详见第三章第三节)。

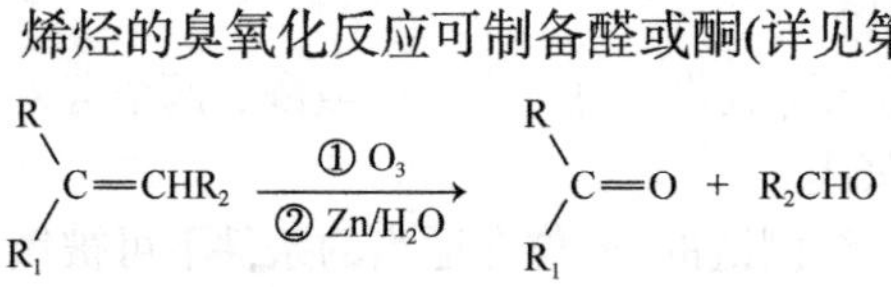

在汞盐催化下，炔烃水合生成羰基化合物。乙炔水合生成乙醛，其他炔烃均生成酮(详见第三章第三节)。

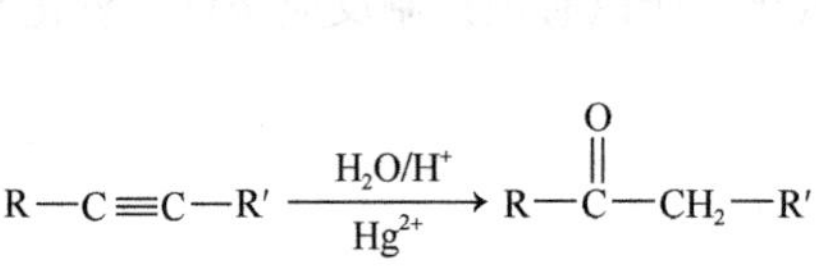

(二) 向分子中直接引入羰基

苯及其衍生物在无水 $AlCl_3$ 等 Lewis 酸的催化下，可与酰氯或酸酐等发生弗-克酰基化反应生成芳酮。但当苯环上有硝基、磺酸基、氰基等强吸电子基团取代时，反应不能发生(详见第四章第四节)。

$$\bigcirc + R—\overset{\overset{\displaystyle O}{\|}}{C}—Cl \xrightarrow{\text{无水}AlCl_3} \bigcirc—\overset{\overset{\displaystyle O}{\|}}{C}—R$$

(三) 醛、酮的工业制备

有个别醛、酮需求量非常大，工业上需要用特殊方法生产，其中代表性的有甲醛、乙醛、丙酮等。

1. 甲醛 作为一种基本化工原料，甲醛是工业上大规模生产的一个产品，一般由甲醇经空气氧化制得。目前，世界上 90% 以上的甲醛产品是由甲醇氧化而制得，仅少量直接从烃类氧化和二甲醚氧化来制取。事实上，甲醇氧化制取甲醛的过程较为复杂，要使这一反应顺利进行，需从产量、速率、催化剂等几方面考虑，选择最合适的条件。

甲醇脱氢成甲醛是一个吸热反应，反应需要高温。

$$CH_3OH \xrightarrow{\text{高温}} H_2C{=}O + H_2 \uparrow \quad \Delta H = +92kJ \cdot mol^{-1}$$

没有氧存在，脱氢是可逆反应，而有氧存在则为不可逆的放热反应。

$$CH_3OH + \frac{1}{2}O_2 \longrightarrow H_2C{=}O + H_2O \quad \Delta H = -154.8kJ \cdot mol^{-1}$$

空气存在下，温度升高不利于反应。该方法现在是以金属作脱氢催化剂，进行脱氢反应，同时通入空气氧化，将两个反应结合起来。甲醇氧化时所放出的热足以满足甲醇脱氢反应时所需的热。因此，在生产上，开始时需要外部供给一部分热量，等反应正常进行后，就不再需要外部供热。

以甲醇为原料生产甲醛的方法，按其所用催化剂和生产工艺的不同，可分为银法和铁钼法两种。银法又称甲醇过量法，是在过量甲醇(甲醇蒸气浓度控制在爆炸上限，37%以上)条件下，甲醇蒸气、空气和水蒸气的混合物在银催化作用下脱氢氧化。通常采用浮石银(以浮石为载体的银)或电解银催化剂。铁钼法又称"空气过量法"，是在过量空气(甲醇蒸气浓度控制在爆炸下限，7%以下)条件下，甲醇蒸气直接与空气混合在金属氧化物型催化剂上进行氧化反应，催化剂以 Fe_2O_3-MoO_3 最为常见，故称"铁钼法"。银法工艺路线主要以德国巴斯夫(BASF)和香港富艺公司为代表，铁钼法工艺路线主要以瑞典柏斯托化工(Perstorp)和美国 D. B. Western 公司为代表，两种方法均在不断地发展中。

2. 乙醛 乙醛是生产乙酸、乙酸乙酯、乙酸酐等的原料。1774 年，瑞典化学家舍勒以乙醇、二氧化锰和硫酸反应首先制得乙醛。1881 年，俄国人库切罗夫将乙炔通入高价汞盐的硫酸溶液也得到了乙醛。库切罗夫的工作为 1916 年乙炔水合制乙醛的工业奠定了基础，此后很长时期内乙炔水合法曾是生产乙醛的唯一工业化方法，但汞盐毒性很大，且严重污染环境。随着石油工业的发展，乙烯逐渐成为一个主要原料。新的生产方法是用氯化钯-氯化铜-盐酸-水组成的溶液为催化剂，用空气直接氧化乙烯制备乙醛。乙烯直接氧化法又称瓦克(Wacker)法，它是世界上第一个采用均相配位催化剂实现的工业化过程。总反应式为

$$H_2C{=}CH_2 + O_2 \xrightarrow[\text{HCl,H}_2O]{CuCl_2-PdCl_2} CH_3CHO$$

实际反应按下述两步进行。

$$H_2C{=}CH_2 + PdCl_2 + H_2O \longrightarrow CH_3CHO + Pd + 2HCl$$

$$Pd + 2CuCl_2 \longrightarrow PdCl_2 + 2CuCl$$

$$\downarrow HCl, O_2$$

$$CuCl_2 + H_2O$$

由于钯在氯化铜的作用下，可以再生为氯化钯，因此无需很多氯化钯，这是目前工业生产乙醛的最好方法。

3. 丙酮　丙酮是一种重要的化工原料，主要用作制造醋酸纤维素胶片薄膜、塑料和涂料溶剂。丙酮可与氢氰酸反应生产制得丙酮氰醇，丙酮氰醇是制备甲基丙烯酸甲酯树脂(有机玻璃)的原料，该应用占丙酮总消费量的 1/4 以上。在医药、农药方面，丙酮除作为维生素 C 的原料外，还可以用作各种微生物与激素的萃取剂、石油炼制的脱蜡溶剂及用作制造其他各种合成材料的原料等。

丙酮的生产方法主要有异丙醇法、异丙苯法、发酵法、乙炔水合法和丙烯直接氧化法。目前丙酮的工业生产以异丙苯法为主。在我国的丙酮生产中，粮食发酵法仍占有一定比重，即以农副产品如玉米为原料，经过生物发酵得乙醇、丙酮和丁醇的混合液，再通过精制分离得到丙酮、乙醇和丁醇。

异丙苯法是化学工业上制备苯酚与丙酮的一种方法，在生产苯酚的同时联产丙酮，每生产 1 吨苯酚即可以生产 0.6 吨丙酮。它的优点在于将较为廉价的原料苯和丙烯转化为更有价值的苯酚与丙酮，是丙酮生产路线中最经济的方法。总反应式为

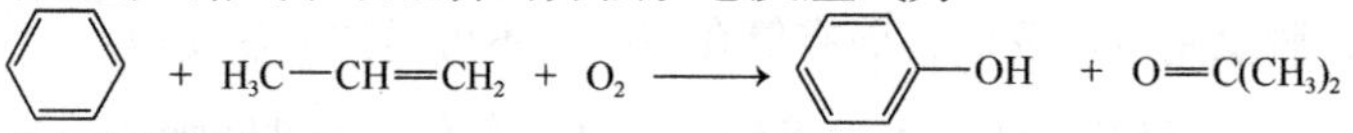

实际反应按下述步骤进行。

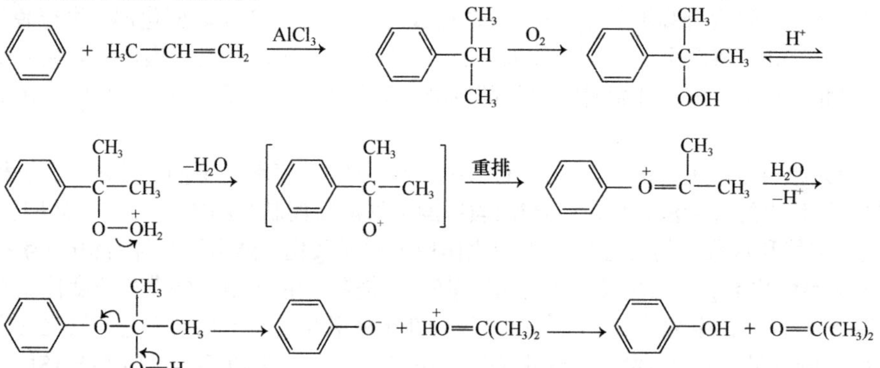

第二节　醌

醌类物质在自然界中分布很广。例如，来源于茜草中的茜素 3500 年前就在中国、埃及和欧洲一些国家被作为红色染料使用。辅酶(coenzyme)Q10 是人体中存在的一种不可缺少的抗氧化剂，具有延缓衰老的作用，在医学上广泛用于预防和治疗心血管系统疾病，在营养保健品及化妆品中也有广泛应用。

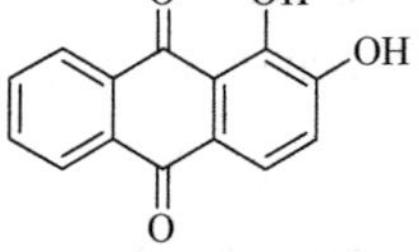

茜素 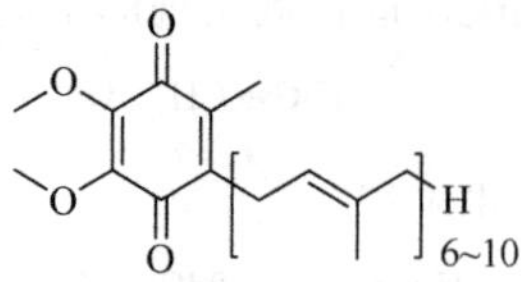　　　　　　　　辅酶Q

维生素 K 是 2-甲基-1,4-萘醌衍生物，具有促进凝血的功能，故又称凝血维生素，常见的有

维生素 K_1 和 K_2。维生素 K_1 是由植物合成的，如苜蓿、菠菜等绿叶植物均可合成维生素 K_1；维生素 K_2 是 2-甲基-1,4-萘醌的 C_3 位带有数目不等的异戊二烯结构单元的一系列化合物的统称，主要由肠道细菌(如大肠杆菌)合成，是维生素 K 在动物体内唯一具有生物活性的形式。

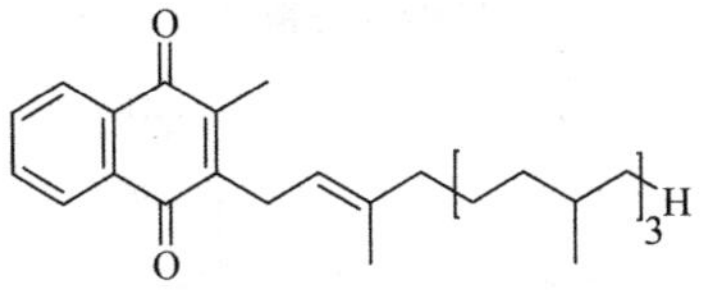

维生素K_1 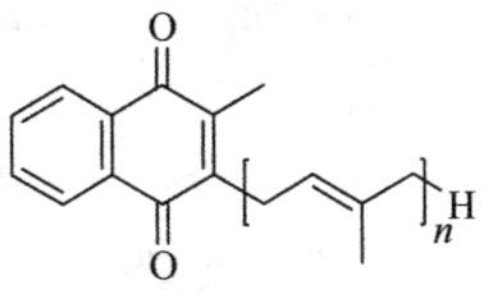   维生素K_2

一、结构、分类和命名

(一) 结构

通过现代物理学的方法测量表明，苯醌结构的环上碳碳键的键长并不相等。对苯醌中碳碳单键及碳碳双键的键长别为 0.149nm 和 0.132nm，这与脂肪族的典型键长(0.154nm 和 0.134nm)相近。这说明醌环不是芳环，没有芳香性。醌是一类特殊的环酮，在醌分子中，由于两个羰基共同存在于一个不饱和的共轭环上，使醌类化合物的热稳定性很差。醌环化学性质与 α,β-不饱和酮相似。

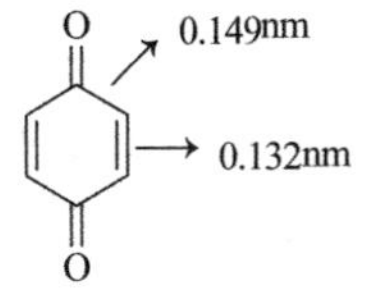

(二) 分类

醌是分子中含有共轭环己烯二酮基本结构的一类化合物。醌类化合物根据其母核结构主要分为以下四类。

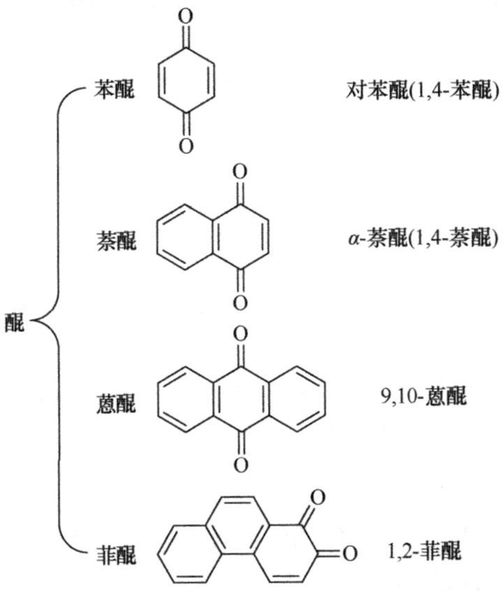

(三) 命名

醌类化合物主要根据其芳环母核结构进行命名，不少天然醌类化合物也有其俗名。例如：

1,4-苯醌 1,2-苯醌 2,5-二甲基-1,4-苯醌

α-萘醌 β-萘醌 5-羟基-1,4-萘醌 1,8-二羟基-3-羧基蒽醌
（胡桃醌） （大黄酸）

二、化 学 性 质

醌具有 α,β-不饱和酮的性质，可发生亲电加成、亲核加成、共轭加成、环加成反应。

(一) 还原

苯醌是一个氧化剂，还原时生成对苯二酚，又称为氢醌。这是氢醌氧化为苯醌的逆反应，他们可以组成一个可逆的电化学氧化还原体系。

(二) 加成

醌与醛、酮一样，可与羰基试剂发生加成反应。例如，对苯醌与羟胺反应，先生成对苯醌一肟，再生成对苯醌二肟。

醌的 C=C 上也可以与卤素等亲电试剂发生加成反应。例如，对苯醌在乙酸溶液中与溴发生正常的碳碳双键的加成反应能加一分子或二分子 Br_2，生成二溴或四溴化合物。

对苯醌分子中的碳碳双键由于受相邻的两个吸电子基团羰基的影响，成为一个典型的亲双烯体，能与共轭二烯烃发生 Diels-Alder 反应。

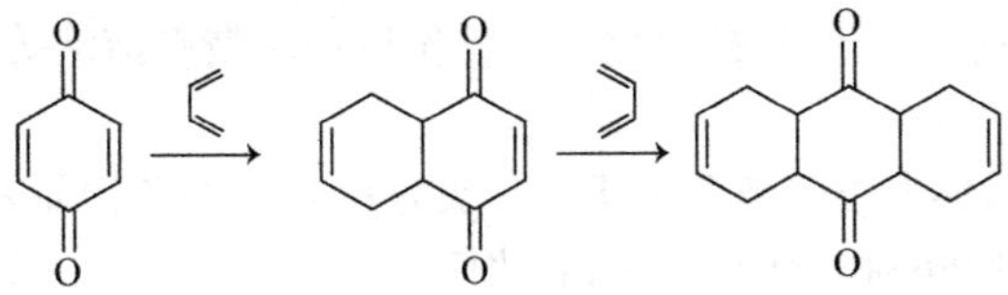

醌是 α, β-不饱和酮，存在碳碳双键和碳氧双键共轭体系，能与氯化氢、溴化氢等发生 1,4-加成反应。

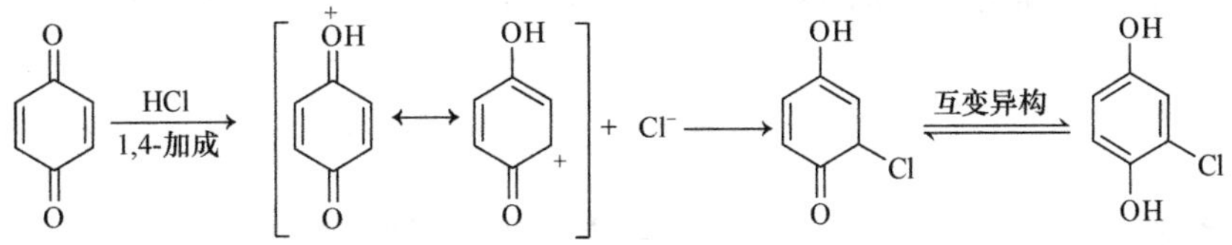

关 键 词

羰基 carbonyl

醛 aldehyde

酮 ketone

醌 quinone

亲核加成反应 nucleophilic addition reaction

腈 nitrile

半缩醛 hemiacetal

缩醛 acetal

偕二醇 gemdiol

缩酮 ketal

肟 oxime

羰基试剂 carbonyl reagent

酮式 keto form

烯醇式 enol form

羟醛缩合 aldol condensation

本 章 小 结

醛、酮和醌都是含羰基的化合物。醛是羰基碳原子上连一个烃基(甲醛为氢)和一个氢原子的化合物，酮是羰基碳原子上连两个烃基的化合物，醌是分子中含有共轭环己烯二酮基本结构的一类化合物。

羰基的红外光谱伸缩振动吸收峰在 $1800 \sim 1650 \text{cm}^{-1}$，为特征吸收峰；在核磁共振谱中，醛基中氢的化学位移值在 $\delta 9 \sim 10 \text{ppm}$ 处，醛、酮 α-H 的化学位移值在 $\delta 2.1 \sim 2.4 \text{ppm}$ 处，醛、酮的羰基碳原子的化学位移值在 $\delta 200 \text{ppm}$ 左右，α-C(亚甲基)的化学位移为 $\delta 30 \sim 40 \text{ppm}$。

羰基是醛酮化学反应的中心，亲核加成反应是醛酮的最典型化学性质，它们可与 HCN、$NaHSO_3$、H_2O、ROH、格氏试剂和氨及其衍生物等亲核试剂作用，分别生成 α-羟基腈、α-羟基磺酸钠、偕二醇、缩醛、醇、亚胺、肟和腙等。

受羰基吸电子诱导效应的影响，α-H 具有酸性，存在酮式与烯醇式两种异构体，能发生羟醛缩合反应，也可进行 α-H 的卤化反应，其中乙醛和甲基酮可发生碘仿反应。含 α-H 的醛、酮与甲醛和胺(伯胺或仲胺)发生曼尼希反应，不含 α-H 原子的醛则发生歧化反应(也称康尼查罗反应)。

醛、酮和膦叶立德试剂作用，发生维蒂希反应，生成相应的烯烃，是选择性合成烯烃的有效方法。

通过催化氢化或用金属氢化物能够把醛和酮的羰基还原为羟基，分别得到伯醇和仲醇。用锌汞齐或肼可以把羰基还原为亚甲基，得到相应的烃，前者称为克莱门森还原法，后者称为沃尔夫-基希纳-黄鸣龙还原法。醛容易被氧化，像托伦试剂和费林溶液等弱的氧化剂也能把醛(芳香醛除外)氧化成相应的羧酸。

醛和酮的合成方法大体上可分成两大类，一类是由官能团转化而来，另一类则是在分子中直接引入羰基。醛、酮处在醇和羧酸的中间氧化阶段，可通过羟基的氧化或羧基的还原来实现制备，不饱和烃的氧化或加成也是制备某些醛、酮的重要方法。弗-克酰基化反应可在苯及其衍生物分子中直接引入羰基来合成芳酮。

醌具有 α,β-不饱和酮的性质，既能像烯烃一样起亲电加成反应，也能像酮一样发生亲核加成反应。

阅读材料

Wolff-Kishner-黄鸣龙还原反应

1946 年黄鸣龙院士(1898～1979)在哈佛大学进行 Kishner-Wolff 还原反应实验。当时该反应需要回流100 h，他因事需要外出，就委托实验室同事照看反应，然而那天恰逢周末，同事并没有照看好实验，软木塞被腐蚀掉，由于温度升高、溶液浓缩，反应物漆黑一团。但黄鸣龙并没有把反应混合物一倒了事，仍认真地将它分离纯化，结果发现非但顺利获得了期望的还原产物，而且产率特高。

受此启示，黄鸣龙设计了全新的实验方法，将羰基化合物酮或醛与易得的 85%水合肼、氢氧化钠在二甘醇或三甘醇等高沸点溶剂中先加热回流，将羰基化合物转化成腙，然后继续加热除去水和过量的肼，并使反应温度上升至 180～200℃回流 2～3h 使腙分解，还原反应即可完成。

改进后的 Kishner-Wolff 还原反应在常压下进行，不需要使用价格昂贵并难以制备的无水肼，反应速率和产率均大幅提高，而且可以放大，500 g 原料规模的产率仍可达 90%。黄鸣龙以 "A Simple Modification of the Wolff-Kishner Reduction" 为题在美国化学会志上及时报道了这一反应。此后，这一反应被称为 "Wolff-Kishner-黄鸣龙还原反应"，并在实验室和工业生产中被普遍采用。

习　题

1. 用系统命名法命名下列各化合物。

(1) CH₃CHCH₂CHO
        |
        CH₃

(2) (CH₃)₂CHCCH₂CH₃

(3) △—CH₂CCH₃

(4) Br—⬡—CHO

(5) 环己酮结构（带 H, CH₃）

(6) CH₃CH₂CH₂CCHCH₃
                    |
                    CH=CH₂

(7) OHCCH₂CH₂CH₂CH₂CHO

(8) 螺环缩酮结构

(9) H₃CO—萘—CHO

(10) 烯醛结构

2. 写出下列化合物的结构式。

(1) 甲基异丙基酮　(2) 1-苯基-4-溴-2-戊酮　(3) 1, 1, 3-三溴丙酮

(4) 1-环己基-2-丁酮　(5) β-溴代苯丁酮　(6) 2-甲基-1, 4-萘醌

(7) 顺-2, 3-二甲基环己酮　(8) 3-戊烯醛　(9) 3, 3'-二甲基二苯甲酮

3. 比较下列各组化合物 α-H 的酸性强弱。

(1) CH_3COCH_3，CH_3CHO，CH_3CN，CH_3NO_2

(2) $CH_3COCH_2COCH_3$，$C_6H_5COCH_2COCH_3$，$C_6H_5COCH_2COCF_3$

(3) $OHCCH_2CHO$，

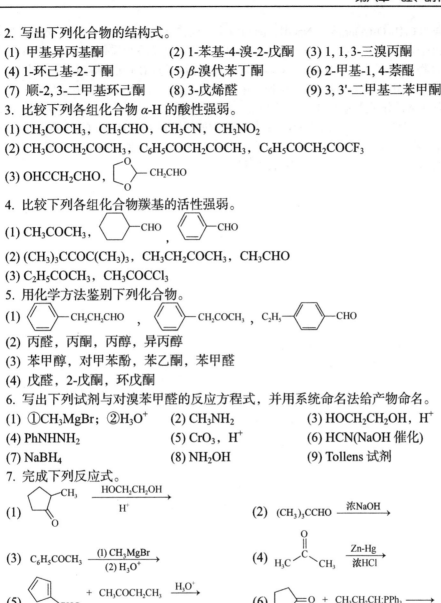

4. 比较下列各组化合物羰基的活性强弱。

(1) CH_3COCH_3， ，

(2) $(CH_3)_3CCOC(CH_3)_3$，$CH_3CH_2COCH_3$，CH_3CHO

(3) $C_2H_5COCH_3$，CH_3COCCl_3

5. 用化学方法鉴别下列化合物。

(1) ， ，

(2) 丙醛，丙酮，丙醇，异丙醇

(3) 苯甲醇，对甲苯酚，苯乙酮，苯甲醛

(4) 戊醛，2-戊酮，环戊酮

6. 写出下列试剂与对溴苯甲醛的反应方程式，并用系统命名法给产物命名。

(1) ①CH_3MgBr；②H_3O^+　(2) CH_3NH_2　(3) $HOCH_2CH_2OH$，H^+

(4) $PhNHNH_2$　(5) CrO_3，H^+　(6) HCN(NaOH 催化)

(7) $NaBH_4$　(8) NH_2OH　(9) Tollens 试剂

7. 完成下列反应式。

(1)

(2) $(CH_3)_3CCHO \xrightarrow{\text{浓NaOH}}$

(3) $C_6H_5COCH_3 \xrightarrow[(2)\ H_3O^+]{(1)\ CH_3MgBr}$

(4)

(5)

(6)

(7)

(8)

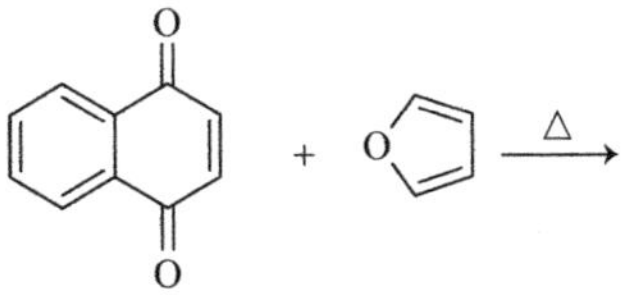

8. 在碱性溶液中丁酮溴代主要生成 1-溴-2-丁酮，而在酸性溶液中主要生成 3-溴-2-丁酮。解释这种现象并写出反应历程。

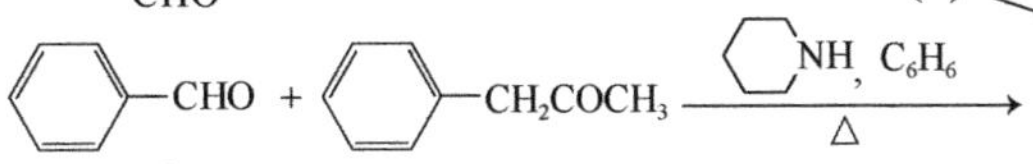

9. 某化合物 A 的分子式为 $C_5H_{12}O$，氧化后得 $C_5H_{10}O$(B)，B 能和苯肼反应，也能发生碘仿反应，A 和浓盐酸共热得 C_5H_{10}(C)，C 经氧化后得丙酮和乙酸。推测 A 的结构，并用反应式表明推断过程。

10. 化合物 $C_9H_{10}O_2$(A)能溶于 NaOH，能与溴水、羟胺及氨基脲反应，但与 Tollens 试剂不反应。经 $LiAlH_4$ 还原生成化合物 B，分子式为 $C_9H_{12}O_2$。A 与 B 均能发生碘仿反应。A 用 Zn-Hg/HCl 还原得到化合物 C，分子式为 $C_9H_{12}O$。将 C 与 NaOH 反应后再与 CH_3I 共热得到分子式为 $C_{10}H_{14}O$ 的化合物 D，将 D 用 $KMnO_4$ 溶液氧化得到对甲氧基苯甲酸。试写出 A～D 的结构式。

11. 化合物 A，分子式为 $C_6H_{12}O$，能与 2，4-二硝基苯肼反应，但与 $NaHSO_3$ 不生成加成物，A 催化氢化得到化合物 $B(C_6H_{14}O)$，B 与浓硫酸加热得到 $C(C_6H_{12})$，C 与 O_3 反应后再用 $Zn+H_2O$ 处理，得到两个化合物 D 和 E，分子式均为 C_3H_6O，D 可使铬酸变绿，而 E 不能。请写出 A～E 的结构式，并用反应式表明推断过程。

(秦向阳　王　扣)

第九章　羧酸和取代羧酸

有机分子中含有羧基(carboxyl group，—COOH)的化合物称为羧酸(carboxylic acid)。羧酸分子中烃基上的氢原子被其他原子或原子团取代后的化合物称为取代羧酸(substituted carboxylic acid)。羧酸化合物主要以游离态、盐和酯等形态广泛存在于动植物体内。一些羧酸化合物具有显著生物活性，可参与生物的生命活动。

第一节　结构、分类和命名

一、结　　构

羧酸的官能团为羧基，可用—COOH 表示，羧酸通式可写为 RCOOH 或 ArCOOH。羧基的碳原子为 sp^2 杂化，三个杂化轨道分别与羰基氧、羟基氧和另一个烃基碳原子或氢原子形成三个 σ 键，三个 σ 键在一个平面上，未参与杂化的 p 轨道与氧原子上的 p 轨道形成一个 π 键，因此，羧基是一平面结构，三个 σ 键间的夹角大约为 120°。羧基中的羟基氧原子上的 p 轨道与 π 键发生共轭，形成 p-π 共轭，使碳氧单键和碳氧双键键长趋于平均化。羧基的结构如图 9-1 所示。

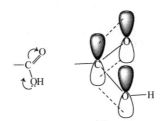

图 9-1　羧基的结构

羧基中的质子解离后，羧酸根负离子的负电荷通过 p-π 共轭平均分布，分散于两个电负性较强的氧原子上，两个 C—O 键键长相等，都是 127pm，双键与单键无差别，从而使羧酸根能量降低而更稳定(图 9-2)。

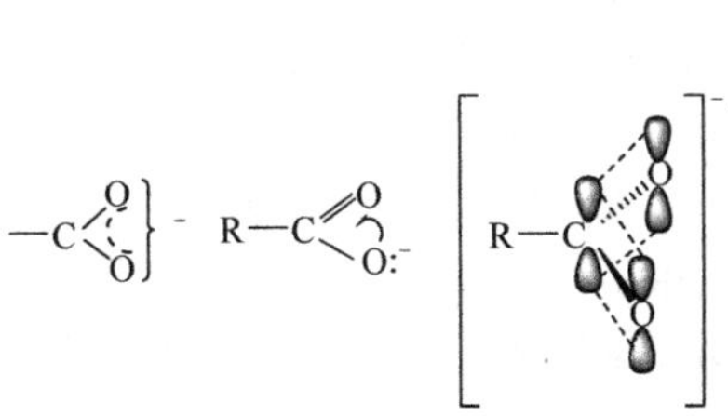

图 9-2　羧酸根负离子的结构

二、分　　类

羧酸根据分子中与羧基相连的烃基结构的不同，可分为脂肪酸、芳香酸，前者还可分为饱和酸、不饱和酸；根据分子中羧基数目不同，可分为一元酸、二元酸和多元酸。

CH₃COOH   HOOCCOOH   C₆H₅COOH   CH₂=CHCOOH

乙酸(一元酸)   乙二酸(二元酸)   苯甲酸(芳香酸)   丙烯酸(不饱和酸)

三、命　名

羧酸常用俗名和系统名命名。俗名通常根据其来源而得，如甲酸是 1670 年从蚂蚁蒸馏液中分离得到，故称蚁酸；乙酸是 1700 年从食醋中得到，故称醋酸；苯甲酸是最简单的芳香酸，因最早从安息香树脂制得，所以又称安息香酸。一些常见羧酸的俗名参见表 9-1。

羧酸的系统命名是以含羧基在内的最长碳链为主链而命名为某酸，并从羧基碳原子开始编号，用阿拉伯数字标明主链碳原子的位次，简单的羧酸也常用希腊字母 α、β、γ、δ……编号，最末端的碳原子可用 ω 表示。

羧酸的英文名称是把相应碳原子数的母体烃去掉其名称的词尾 e，加上 oic acid。

CH₃CH₂CH₂CH₂COOH $\overset{\gamma}{C}H_3\overset{}{C}H_2\overset{\beta}{C}H\overset{\alpha}{C}H_2COOH$ CH₃CH=CHCOOH

                                  CH₃

戊酸   3-甲基戊酸或β-甲基戊酸   2-丁烯酸(巴豆酸)

pentanoic acid   3-methylpentanoic acid   2-butenoic acid(crotonic acid)

脂环族和芳香族羧酸以脂肪酸为母体，把脂环和芳环作为取代基来命名。

环己基乙酸   苯甲酸

cyclohexylacetic acid   benzoic acid

二元羧酸命名选择含两个羧基的最长碳链为主链，称为某二酸。

HOOCCOOH   HOOCCH₂CH₂COOH

乙二酸   丁二酸

ethanedioic acid   butanedioic acid

第二节　物理性质及光谱性质

一、物　理　性　质

常温下低级饱和一元羧酸为液体，$C_4 \sim C_{10}$ 的羧酸都具有强烈的刺鼻气味或恶臭。高级的饱和一元羧酸为蜡状固体，挥发性低，无气味。脂肪族二元羧酸和芳香羧酸都是固体。

羧酸与水可形成很强的氢键，在饱和一元羧酸中，甲酸至丁酸可与水混溶；其他羧酸随碳链的增长，憎水的烃基越来越大，水溶性迅速降低。高级一元羧酸不溶于水，而溶于有机溶剂。多元酸的水溶性大于同数碳原子的一元羧酸；而芳香羧酸水溶性一般较小。

羧酸的沸点随着分子量的增加而升高，且比分子量相近的醇的沸点高得多。例如，甲酸的沸点(100.5℃)比乙醇的沸点(78.3℃)高；乙酸的沸点(118℃)比丙醇的沸点(97.2℃)高。这是由于氢键使羧酸分子间缔合成二聚体或多聚体(如甲酸、乙酸在气态时都保持双分子聚合状态)，使得羧酸分子间的氢键比醇中氢键更牢固。

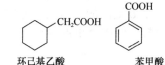

羧酸二聚体

羧酸的熔点也随碳原子数的增加呈锯齿状上升，偶数碳原子羧酸的熔点比与之相邻的两个奇数碳原子的羧酸熔点高。这可能是由于偶数碳羧酸分子比奇数碳羧酸分子有更好的对称性，在晶体中容易排列得更紧密。一些常见羧酸的物理常数如表 9-1 所示。

表 9-1　常见羧酸的物理常数

名称(俗名)	熔点(℃)	沸点(℃)	溶解度(g/100gH₂O)	pKₐ(25℃)
甲酸(蚁酸)	8.4	100.5	∞	3.76
乙酸(醋酸)	16.6	117.9	∞	4.75
丙酸(初油酸)	-20.8	141	∞	4.87
丁酸(酪酸)	-4.3	163.5	∞	4.81
2-甲基丙酸(异丁酸)	-46.1	153.2	22.8	4.84
戊酸(缬草酸)	-33.8	186	～5	4.82
己酸(羊油酸)	-2	205	0.96	4.83
十六酸(软脂酸)	62.9	269/0.01MPa	不溶	—
十八酸(硬脂酸)	69.9	287/0.01MPa	不溶	—
苯甲酸(安息香酸)	122.4	249	0.34	4.17
乙二酸(草酸)	189.5	—	8.6	1.27*, 4.27*
丙二酸(缩苹果酸)	135.6	—	73.5	2.83*, 5.69**

*，pK_{a_1}；**，pK_{a_2}

二、光 谱 性 质

1. 红外光谱　在液态或者固态下的羧酸一般以氢键缔合成二聚体，因此，在羧酸的特征红外光谱中，氢键削弱了羰基的双键特性，C=O 键伸缩振动吸收一般在 $1720 \sim 1690 cm^{-1}$，O—H 键伸缩振动吸收在 $3300 \sim 2500 cm^{-1}$ 处出现一强的宽峰，常覆盖到 C—H 键的伸缩振动吸收。C—O 键伸缩振动一般在 $1315 \sim 1210 cm^{-1}$ 出现吸收峰(图 9-3)。

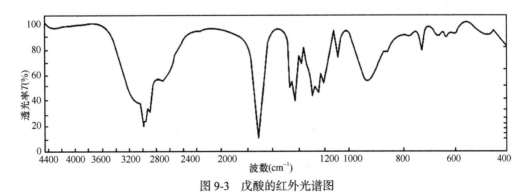

图 9-3　戊酸的红外光谱图

2. 核磁共振氢谱　在羧酸分子中，羧基上质子由于受氧原子的影响，外层电子屏蔽作用降低，其化学位移出现在低场，大多为宽峰，δ 值为 10～13ppm。由于羧酸的活泼氢可与重水发生置换反应，可导致峰高的下降或消失。羧酸分子中 α-碳上质子化学位移在 δ 2.0～2.5ppm 处。

3. 质谱　脂肪族羧酸的分子离子峰不明显，而芳香族羧酸多可出现很强的分子离子峰。一元羧酸最重要的裂解方式为麦氏重排后发生 α 裂解得到一强峰，$m/z=60$(基峰)。

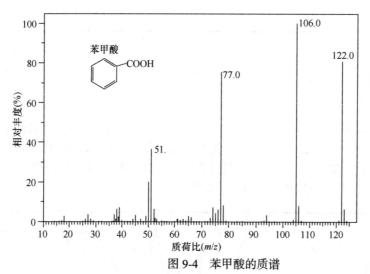

如 α 位上有烷基，则碎片峰的 m/z 相应提高。芳香族羧酸的分子离子峰表现得很强，经 α 裂解得到酰基离子(基峰)，然后再失去 CO 得到芳基离子(图 9-4)。

如苯环上羧基的邻位有甲基或羰基等，则裂解方式为

图 9-4 苯甲酸的质谱

第三节 化 学 性 质

一、 酸 性

羧酸易电离出氢离子，形成稳定的羧酸根，因此具有一定的酸性。

$$RCOOH \rightleftharpoons RCOO^- + H^+$$

常见一元羧酸的 pK_a 为 4~5，酸性比无机强酸的酸性弱，但比碳酸、酚、醇及其他各类含氢化合物的酸性强。

羧酸能与碱(如氢氧化钠、碳酸钠、碳酸氢钠、一些生物碱等)中和生成羧酸盐和水。

羧酸盐遇强酸则游离出羧酸，利用此性质可鉴别、分离和纯化羧酸。

羧酸的酸性强弱取决于电离后所生成的羧酸根负离子的稳定性。若烃基上的取代基有利于负电荷分散，使羧酸根负离子稳定，则酸性增强；反之则会使酸性减弱。

脂肪族羧酸烃基上连接吸电子基团，如卤素、羟基、硝基、碳碳双键、碳碳三键等，这些基团的吸电子诱导效应使羧酸根负离子更稳定，将使羧酸酸性增强；反之能使羧基电子云密度升高的基团，如烃基，由于微弱的供电子诱导效应及超共轭效应，使酸性减弱。

取代基的吸电子能力越强，羧酸的酸性就越强。不同取代乙酸的 pK_a 见表 9-2。

表 9-2　取代乙酸(X—CH$_2$COOH)的 pK_a

X	pK_a	X	pK_a	X	pK_a
H	4.74	CH$_3$O	3.53	Cl	2.86
CH=CH$_2$	4.35	C≡CH	3.32	F	2.57
C$_6$H$_5$	4.28	I	3.18	CN	2.44
OH	3.83	Br	2.94	NO$_2$	1.08

脂肪族一元羧酸中，甲酸的酸性最强。

$$\text{HCOOH} \quad \text{CH}_3\text{COOH} \quad \text{CH}_3\text{CH}_2\text{COOH} \quad (\text{CH}_3)_2\text{CHCOOH} \quad (\text{CH}_3)_3\text{CCOOH}$$

pK_a　　3.77　　　4.74　　　　4.87　　　　　　4.86　　　　　　　5.05

取代基对酸性的影响还与取代基的数目和相对位置有关，以卤代酸为例，因诱导效应的加和性，随着卤原子数目的增多，卤代酸酸性逐渐增强。

$$\text{CH}_3\text{COOH} \quad\quad \text{ClCH}_2\text{COOH} \quad\quad \text{Cl}_2\text{CHCOOH} \quad\quad \text{Cl}_3\text{CCOOH}$$

pK_a　　4.74　　　　　2.86　　　　　　1.29　　　　　　0.65

诱导效应随距离的增加而迅速减弱，相应卤代酸的酸性也随之减弱。

$$\underset{\underset{\text{Cl}}{|}}{\text{CH}_3\text{CH}_2\text{CHCOOH}} \quad \underset{\underset{\text{Cl}}{|}}{\text{CH}_3\text{CHCH}_2\text{COOH}} \quad \underset{\underset{\text{Cl}}{|}}{\text{CH}_2\text{CH}_2\text{CH}_2\text{COOH}} \quad \text{CH}_3\text{CH}_2\text{CH}_2\text{COOH}$$

pK_a　　2.86　　　　　　4.41　　　　　　4.70　　　　　　4.81

二元羧酸的酸性与两个羧基的相对距离有关。二元羧酸中有两个可解离的氢，电离分两步进行，第一步电离要受另一个羧基吸电子诱导效应的影响，一般二元羧酸的酸性大于相应的一元羧酸。两个羧基相距越近，影响越大。

$$\text{HOOCCOOH} \quad\quad \text{HOOCCH}_2\text{COOH} \quad\quad\quad \text{HOOC(CH}_2)_2\text{COOH} \quad\quad \text{CH}_3\text{CH}_2\text{COOH}$$

pK_{a_1}　　1.27　　　　　2.85　　　　　　　　4.21　　　　　　　4.74

当一个羧基解离后，成为羧酸根负离子，对另一端羧基产生了供电子诱导效应，使第二个羧基不易解离，因此，一些低级二元羧酸的 pK_{a_2} 总是大于 pK_{a_1}。

苯甲酸比一般脂肪酸酸性强(除甲酸外)，它的 pK_a 为 4.17。这是由于该酸解离出的负离子与苯环发生共轭，使负电荷离域，从而增加它的稳定性。

当芳环上引入取代基后，与取代酚类似，其酸性随取代基的种类、位置的不同而发生变化。表 9-3 列出了一些取代苯甲酸的 pK_a。

表 9-3　一些取代苯甲酸的 pK_a

取代基	邻位	间位	对位	取代基	邻位	间位	对位
H	4.17	4.17	4.17	NO_2	2.21	3.46	3.40
CH_3	3.89	4.28	4.35	OH	2.98	4.12	4.54
Cl	2.89	3.82	4.03	OCH_3	4.09	4.09	4.47
Br	2.82	3.85	4.18	NH_2	5.00	4.82	4.92

二、羧基中羟基的取代反应

羧基中的羟基被其他原子或原子团取代后产生的化合物，称为羧酸衍生物(carboxylic acid derivatives)，主要为酰卤、酸酐、酯和酰胺。

1. 酰卤的生成　羧基中的羟基被卤素取代的产物称为酰卤(acyl halide)，其中最重要的是酰氯。酰氯是由羧酸与亚硫酰氯(二氯亚砜)、三氯化磷或五氯化磷等氯化剂反应制得。

$$\text{R-C(=O)-OH} + PCl_3 \longrightarrow \text{R-C(=O)-Cl} + H_3PO_3$$
亚磷酸bp200℃(分解)

$$\text{R-C(=O)-OH} + PCl_5 \longrightarrow \text{R-C(=O)-Cl} + POCl_3 + HCl\uparrow$$
三氯氧磷bp107℃

$$\text{R-C(=O)-OH} + SOCl_2 \longrightarrow \text{R-C(=O)-Cl} + SO_2\uparrow + HCl\uparrow$$

采用哪种氯化剂主要取决于产物与反应物、副产物是否便于分离。羟基与亚硫酰氯反应生成的副产物氯化氢和二氧化硫都是气体，易于分离，它是实验室制备酰氯常用的试剂。酰卤是一类具有高度反应活性的化合物，广泛应用于药物和有机合成中。

2. 酸酐的生成　羧酸(除甲酸)在脱水剂(如乙酰氯、乙酸酐、P_2O_5 等)存在下加热，分子间脱水生成酸酐(anhyride)。

$$\text{R-C(=O)-OH} + \text{R-C(=O)-OH} \xrightarrow[\triangle]{\text{脱水剂}} \text{R-C(=O)-O-C(=O)-R} + H_2O$$

五元或六元环状酸酐，可由二元羧酸分子内脱水而得。例如：

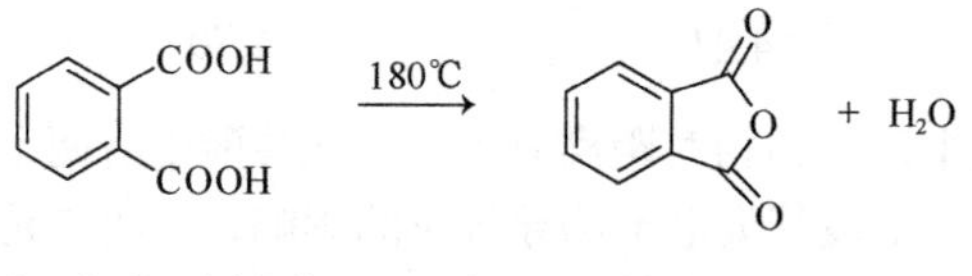

3. 酯的生成　羧酸与醇在酸催化下反应生成酯(ester)和水，这个反应称为酯化反应(esterification)。酯化反应是可逆反应，需要在强酸(如浓硫酸、氯化氢、苯磺酸等)催化下加热进行，反应一般进行得较慢。

$$RCOOH + R'OH \underset{\triangle}{\overset{H^+}{\rightleftharpoons}} RCOOR' + H_2O$$

为提高产率，须使平衡向酯化方向移动，通常采用以下三种方法：①使其中一个反应原料过量；②除去反应中所产生的水；③将酯从反应体系中不断蒸出。

各种实验表明，在大多数情况下，酯化反应由羧酸分子中的羟基与醇羟基的氢结合脱水生成酯，称为酰氧断裂；如用含有 ^{18}O 的醇和羧酸酯化时，形成含有 ^{18}O 的酯。

$$R-\overset{\overset{\displaystyle O}{\|}}{C}\dashv OH + H\dashv O-R' \rightleftharpoons R-\overset{\overset{\displaystyle O}{\|}}{C}-OR' + H_2O$$

酯化反应的机理是加成-消除反应。

$$R-\overset{\overset{\displaystyle O}{\|}}{C}-OH \underset{}{\overset{H^+}{\rightleftharpoons}} R-\overset{\overset{\displaystyle +OH}{\|}}{C}-OH \underset{}{\overset{H^{18}OR}{\rightleftharpoons}} R-\overset{\overset{\displaystyle OH}{|}}{\underset{\underset{\displaystyle R}{|}}{\underset{+^{18}OH}{C}}}-OH \rightleftharpoons R-\overset{\overset{\displaystyle OH}{|}}{\underset{\underset{\displaystyle ^{18}OR}{}}{C}}-\overset{+}{O}H_2$$

$$\underset{}{\overset{-H_2O}{\rightleftharpoons}} R-\overset{\overset{\displaystyle +OH}{\|}}{C}-^{18}OR \underset{}{\overset{-H^+}{\rightleftharpoons}} R-\overset{\overset{\displaystyle O}{\|}}{C}-^{18}OR$$

4. 酰胺的生成　羧酸可以与氨(或胺)反应形成酰胺(amide)。羧酸与氨(或胺)反应首先形成铵盐，然后加热脱水得到酰胺。

$$RCOOH \xrightarrow{NH_3} RCOONH_4 \overset{\triangle}{\rightleftharpoons} R-\overset{\overset{\displaystyle O}{\|}}{C}-NH_2 + H_2O$$

$$RCOOH \xrightarrow{NHR'_2} RCOONH_2R'_2 \overset{\triangle}{\rightleftharpoons} R-\overset{\overset{\displaystyle O}{\|}}{C}-NR'_2 + H_2O$$

三、还 原 反 应

羧基中的羰基不易被催化氢化还原，但强的还原剂氢化铝锂($LiAlH_4$)在室温下即能使羧酸还原成伯醇。氢化铝锂是一种选择性还原剂，对不饱和羧酸分子中的双键、三键不产生影响。

$$CH_2=CHCH_2COOH \xrightarrow[②H_3O^+]{①LiAlH_4/Et_2O} CH_2=CHCH_2CH_2OH$$

硼氢化钠($NaBH_4$)不能使羧基还原成伯醇基，但甲硼烷在四氢呋喃溶液中和室温下能使羧酸还原为伯醇，而分子中同时存在的酯基则不被还原，因此甲硼烷是一种很好的选择性还原剂。

四、α-氢的反应

醛、酮分子中的 α-氢容易被溴取代，反应是通过烯醇进行的。羧酸不易发生烯醇化，因而难以直接溴化，但在羧酸中加入少量三氯化磷，然后用溴处理，则可以得到 α-溴代酸。例如：

$$CH_3(CH_2)_3CH_2COOH + Br_2 \xrightarrow{PCl_3,\triangle} CH_3(CH_2)_3\underset{\underset{\displaystyle Br}{|}}{CH}COOH + HBr$$

己酸　　　　　　　　　　　α-溴己酸
　　　　　　　　　　　　　　83%~89%

$$C_6H_5CH_2COOH + Br_2 \xrightarrow[80℃]{PCl_3,C_6H_6} C_6H_5\underset{\underset{\displaystyle Br}{|}}{CH}COOH + HBr$$

苯乙酸　　　　　　　　　　α-溴代苯乙酸
　　　　　　　　　　　　　　60%~62%

这种方法称为赫尔(C. Hell)-沃耳霍德(J. Volhard)-泽林斯基(N. Zelinsky)反应。

三氯化磷的作用是使小部分羧酸转变成酰氯，然后酰氯与烯醇达成平衡，烯醇迅速加溴，生成 α-溴代酸的酰氯，α-溴代酸酰氯与未取代的羧酸起置换反应，生成 α-溴代酸和未取代羧酸的酰氯，后者继续与溴反应，因此只需要加入少量三氯化磷就可以使羧酸的溴化顺利进行。也可以加入少量红磷代替三氯化磷，在这种情况下，红磷与溴生成三溴化磷，后者的作用与三氯化磷相同。

$$Br-\underset{\underset{R}{|}}{CHCOCl} + RCH_2COOH \longrightarrow Br-\underset{\underset{R}{|}}{CHCOOH} + RCH_2COCl$$

α-溴代酸酰氯　　　羧酸　　　　　α-溴代酸

五、脱 羧 反 应

羧酸分子中脱去羧基并放出二氧化碳的反应称为脱羧(decarboxylation)反应。饱和一元酸在一般条件下不易脱羧，需用无水碱金属与碱石灰共热才能进行。

$$CH_3COONa \xrightarrow[\triangle]{NaOH(CaO)} CH_4\uparrow + Na_2CO_3$$

但 α-碳上有吸电子取代基(如基、卤素、酰基、羧基和不饱和键等)的羧酸易脱羧。

$$Cl_3CCOOH \xrightarrow{\triangle} CHCl_3 + CO_2\uparrow$$

$$CH_3\underset{\underset{O}{\|}}{C}CH_2COOH \xrightarrow{\triangle} CH_3\underset{\underset{O}{\|}}{C}CH_3 + CO_2\uparrow$$

芳香羧酸较脂肪羧酸更易发生脱羧反应。当羧基邻、对位上连有强吸电子基时，反应更易发生。例如：

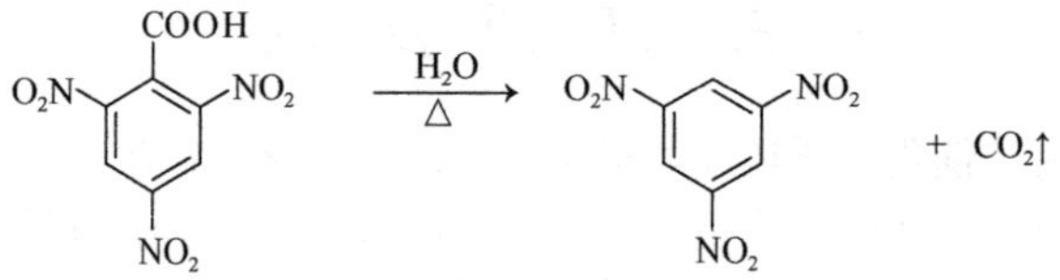

六、二元酸的热解反应

二元羧酸对热较敏感，当单独加热或与脱水剂共热时，随着两个羧基间距离的不同而发生不同的热解反应。

乙二酸和丙二酸受热后易脱羧生成一元羧酸。例如：

$$HOOC-COOH \xrightarrow{160\sim180℃} HCOOH + CO_2\uparrow$$

$$HOOC-CH_2COOH \xrightarrow{140\sim160℃} CH_3COOH + CO_2\uparrow$$

两个羧基间隔两个碳或三个碳的二元羧酸，如丁二酸和戊二酸，受热发生脱水反应，生成五元或六元环状酸酐。与脱水剂(如乙酰氯、乙酸酐、五氧化二磷等)共热，反应更易进行。

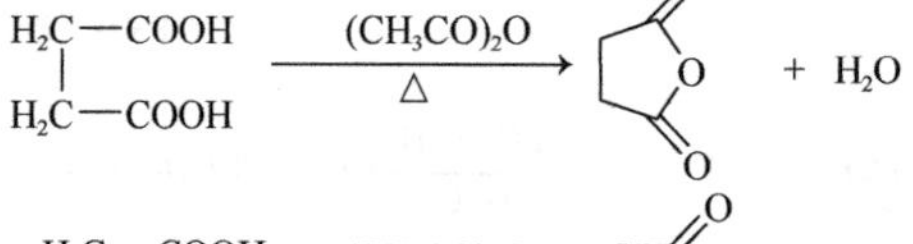

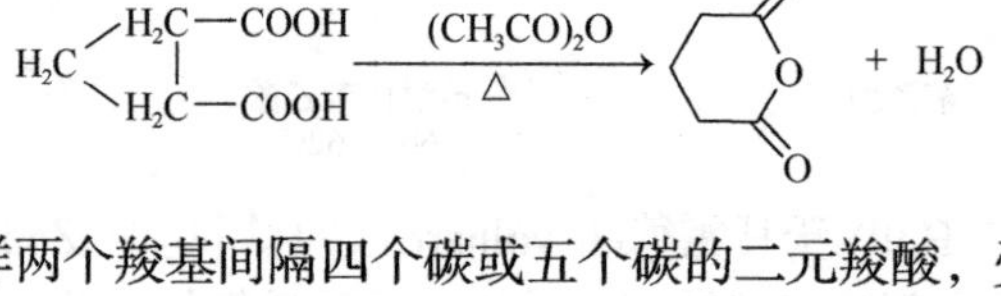

己二酸和庚二酸这样两个羧基间隔四个碳或五个碳的二元羧酸，受热发生脱水脱羧反应，生成五元或六元环酮。

$$\begin{array}{c} H_2C—CH_2COOH \\ | \\ H_2C—CH_2COOH \end{array} \xrightarrow[\triangle]{Ba(OH)_2} \bigcirc\!\!=\!\!O \; + \; H_2O \; + \; CO_2\uparrow$$

$$\begin{array}{c} \quad\quad CH_2—CH_2COOH \\ H_2C \\ \quad\quad CH_2—CH_2COOH \end{array} \xrightarrow[\triangle]{Ba(OH)_2} \bigcirc\!\!=\!\!O \; + \; H_2O \; + \; CO_2\uparrow$$

更长碳链的二元羧酸受热时发生分子间脱水形成聚酸酐，一般不形成大于六元环的环酮。

第四节　羧酸的制备

一、氧　化　法

环己烷经催化氧化后，生成环己醇和环己酮的混合物，后者再氧化成己二酸。

$$\bigcirc\!\!=\!\!O \xrightarrow{HNO_3,V_2O_5} \begin{array}{c} CH_2CH_2COOH \\ | \\ CH_2CH_2COOH \end{array}$$

邻苯二甲酸由邻苯二甲酸酐水解得到，邻苯二甲酸酐由邻二甲苯或萘氧化获得。

$$\underset{CH_3}{\overset{CH_3}{\bigcirc}} \xrightarrow[V_2O_5]{O_3} \bigcirc\!\!\!\bigcirc \xrightarrow{H_2O} \underset{COOH}{\overset{COOH}{\bigcirc}}$$

一般工业上由淀粉或者乙二醇氧化生产草酸。

$$(C_6H_{10}O_5)_n \xrightarrow{HNO_3,V_2O_5} \begin{array}{c} COOH \\ | \\ COOH \end{array}$$

二、腈　水　解　法

腈水解先生成酰胺，后者继续水解生成羧酸。腈的水解在碱性溶液中或酸催化下进行，例如：

$$CH_3(CH_2)_9CN + 2H_2O \xrightarrow[②H^+]{①KOH,EtOH} CH_3(CH_2)_9COOH + NH_4^+$$

脂肪族腈是由卤代烷与氰化钠(钾)反应制得，水解后所得羧酸比原来的卤代烷多一个碳原子，这也是增长碳链的一种方法。此法通常只适用于伯卤代烷，因仲卤代烷、叔卤代烷在氰化钠(钾)中易发生消除反应。芳香族腈水解得芳香族羧酸，但芳香腈不能通过卤代芳烃制得，而是由重氮盐来制取。

三、格氏试剂法

格氏试剂与 CO_2 加成，产物水解后生成羧酸。

$$RMgX + CO_2 \longrightarrow RCOOMgX \xrightarrow{H_2O} RCOOH$$

$$ArMgX + CO_2 \longrightarrow ArCOOMgX \xrightarrow{H_2O} ArCOOH$$

可以将二氧化碳通入格氏试剂中，反应完毕后再水解。在反应中应保持低温，以免生成的羧酸盐继续与格氏试剂作用转变成叔醇。较好的方法是将格氏试剂倒在干冰上。

因为格氏试剂是从卤代烃得到的,这个方法同腈的水解一样,也是以卤代烃为原料使碳链加长。仲卤代烃和叔卤代烃也可以通过格氏试剂转变成羧酸。例如:

$$CH_3CH_2CHCH_3 \quad \xrightarrow{Mg}{Er_2O} \quad \xrightarrow{CO_2} \quad \xrightarrow{H_2O} \quad CH_3CH_2CHCH_3$$
$$\underset{Cl}{|} \qquad\qquad\qquad\qquad\qquad\qquad \underset{COOH}{|}$$

第五节 取 代 羧 酸

取代羧酸根据取代原子或基团的不同,分为卤代羧酸(halogeno acid)、羟基酸(hydroxy acid)、羰基酸(氧代酸)和氨基酸等。取代羧酸是多官能团化合物,不仅具有羧基和其他官能团的一些典型性质,而且还有这些官能团之间相互作用和相互影响而产生的一些特殊性质。氨基酸在后续章节会详细讲解,本节主要讨论卤代酸和羟基酸。

一、卤 代 酸

1. 化学性质 卤代酸含有羧基和卤素,所以兼有羧酸和卤代烃的一般性质,如羧基可以成盐、酯、酰卤、酸酐、酰胺等,卤原子可以被羟基、氨基等取代。

由于卤代酸分子内羧基和卤素的相互影响,表现出一些特殊的性质:因卤原子的 $-I$ 效应,卤代酸的酸性比相应的羧酸强,酸性的强弱与卤原子取代的位置、卤原子的种类和数目有关;在稀碱溶液中,卤代酸的卤原子可发生亲核取代反应,也可发生消除反应,反应类型主要取决于卤原子与羧基的相对位置和产物的稳定性;α-卤代酸及其衍生物中卤原子在羰基的影响下,活性增强,容易与各种亲核试剂起 S_N2 反应,生成 α-取代羧酸。

γ-卤代酸、δ-卤代酸和 ε-卤代酸在碱的作用下,容易生成内酯。

$$Br(CH_2)_5COOH \xrightarrow{H_2O,Ag_2O} \text{(环状内酯)} + HO(CH_2)_5COOH$$

2. 邻基参与效应 在亲核取代反应中,某些取代基由于其位于分子的适当位置,能够和反应中心部分地或完全地成键,形成过渡态或中间体,从而影响反应的进行,这种现象称为邻基参与效应(neighboring group participation effect)。邻基参与的结果是或生成环状化合物,或限制产物的构型,或促进反应速率增大,或几种情况同时存在。

能够发生邻基参与的基团多为具有未公用电子对的基团、含有碳碳双键等的不饱和基团、具有 π 键的芳基等。

(1) 具有未共用电子对(—COO⁻)作为邻近基团。

(S)-2-溴丙酸盐　　　　第一次构型转化　　　　第二次构型转化　　　　(S)-乳酸

(2) 具有 π 键的芳基,即苯基作为邻近基团。

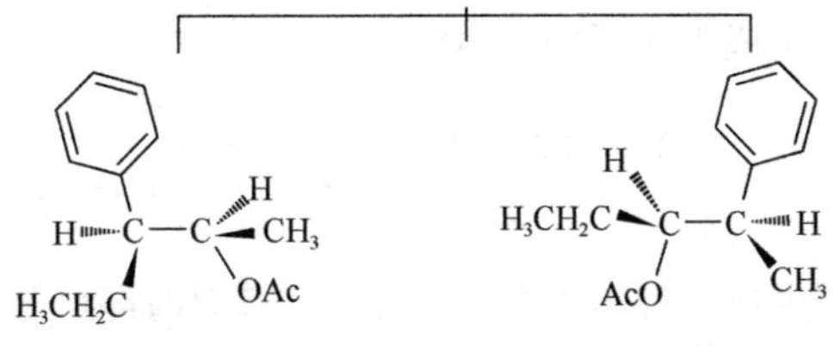

构型保持　　　　　　　　　　重排

3. 卤代酸的制法 α-卤代酸用赫尔-沃耳霍德-泽林斯基反应制备。

羧酸的酰氯在 HBr 存在下用 NBS 溴化，生成 α-溴代酰氯，后者与醇反应，直接得到 α-溴代酸的酯。

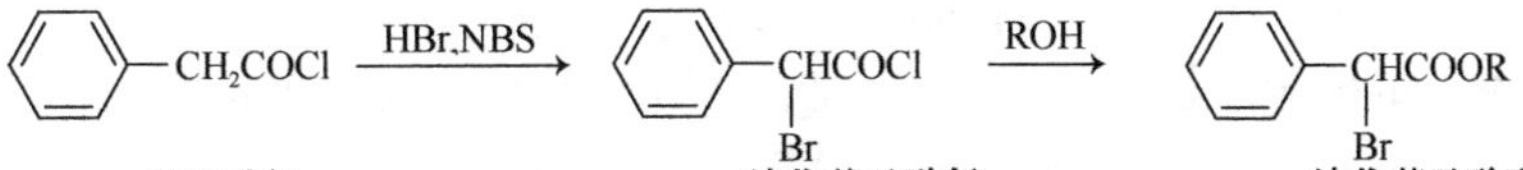

苯乙酰氯　　　　　　α-溴代苯乙酰氯　　　　　　α-溴代苯乙酸酯

β-卤代酸由 α, β-不饱和羧酸和卤化氢加成得到。

$$RCH\!\!=\!\!CHCOOH + HX \longrightarrow \underset{\underset{X}{|}}{R}CHCH_2COOH$$

二、羟 基 酸

羟基连接在脂肪烃基上的羟基酸称为醇酸(alcoholic acid)，羟基连接在芳环上的羟基酸称为酚酸(phenolic acid)，两者都广泛存在于自然界。

1. 羟基酸的化学性质 羟基酸具有羧酸和醇或酚的通性。例如，醇羟基可以被氧化、酯化等；酚羟基有酸性且能与 $FeCl_3$ 呈颜色反应；羧基有酸性，可与碱成盐、与醇成酯等。

由于羟基和羧基的相互影响又各有特殊性质，这些特殊性又因两官能团的相对位置不同表现出明显的差异。羟基与羧基邻近的羟基酸，其酸性明显增强，α-羟基使 pK_a 约降低 0.45。羟基和羧基相对位置的不同还会产生一些特殊的反应，如受热时的脱水反应。

(1) α-羟基酸在受热时两分子间交叉脱水形成交酯(lactide)。

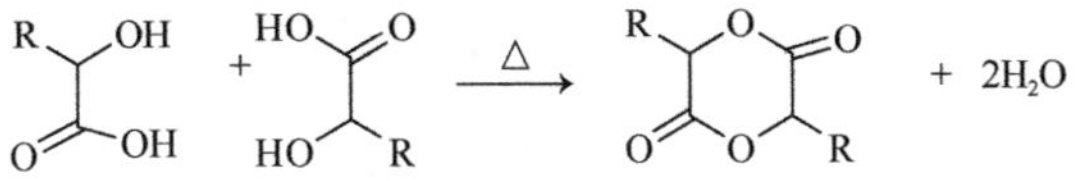

交酯

(2) β-羟基酸分子内脱水生成 α, β-不饱和酸。

$$\underset{\underset{OH}{|}}{R}CHCH_2COOH \xrightarrow{\triangle} RCH\!\!=\!\!CHCOOH + H_2O$$

(3) γ-羟基酸或 δ-羟基酸分子内脱水生成 γ-内酯或 δ-内酯。

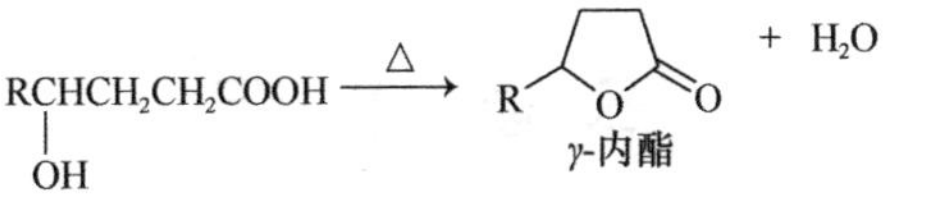

γ-内酯

γ-羟基酸在室温下即可脱水生成内酯，所以不易得到游离的 γ-羟基酸。γ-内酯是稳定的中性化合物，在碱性条件下可开环形成 γ-羟基酸盐，通常以这种形式保存 γ-羟基酸。例如：

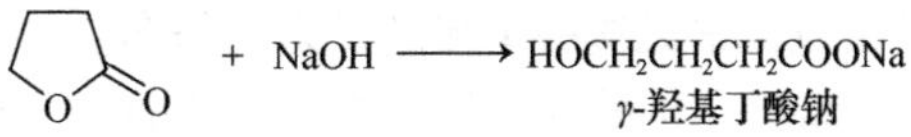

γ-羟基丁酸钠

δ-羟基酸也能脱水生成六元环的 δ-内酯。

$$\begin{array}{c} CH_2CH_2COOH \\ | \\ CH_2CH_2\text{—}OH \end{array} \xrightarrow{\triangle} \quad \text{(六元环内酯)} \quad + \quad H_2O$$

δ-内酯比 γ-内酯难生成，且 δ-内酯易开环，在室温时即可分解而显酸性。

(4) 当羟基和羧基相距四个碳原子以上时，难于发生分子内脱水生成内酯。在加热条件下，可发生分子间脱水生成链状聚酯。

2. 羟基酸的制法

(1) 一般制法：羟基酸可由二元醇的控制氧化或者二元羧酸的还原得到。例如：

$$HOCH_2CH_2OH \xrightarrow{HNO_3, H_2O} HOCH_2COOH$$

卤代酸水解也可生成羟基酸。这种方法适用于 α-羟基酸和 ω-羟基酸的制备。

$$ClCH_2COO^-K^+ \xrightarrow{OH^-} HOCH_2COO^-K^+$$

此外，羟基酸还可以由含烯键的不饱和酸加水得到。

(2) 氰醇水解：氰醇水解可以得到羟基酸。例如：

$$C_6H_5CHO \xrightarrow{NaHSO_3, NaCN} \underset{\underset{OH}{|}}{C_6H_5CHCN} \xrightarrow{HCl, H_2O} \underset{\underset{OH}{|}}{C_6H_5CHCOOH}$$

(3) Reformatsky(瑞福马斯基)反应：使 α-卤代酸酯与醛或酮的混合物在惰性溶剂中与锌粉反应，产物水解后得到 β-羟基酸酯。例如：

$$BrCH_2COOEt + \underset{\underset{O}{\|}}{C_6H_5CCH_3} \xrightarrow[②H_2O]{①Zn} \underset{\underset{OH}{|}}{\overset{\overset{CH_3}{|}}{C_6H_5C}}\text{—}CH_2COOEt$$

通常用 α-溴代酸酯作原料，乙醚、苯、甲苯等作溶剂。生成的 β-羟基酸酯容易脱水而转变成 α,β-不饱和酸酯。

在反应中锌粉先与 α-溴代酸酯生成烯醇盐，由于其反应活性较低，只能与醛酮分子中极性较大的羰基加成，而不与用作原料的酯加成。如果用金属镁代替锌，生成的烯醇盐容易与酯基起缩合反应。

关　键　词

羧酸　carboxylic acid	酯化　esterification
取代羧酸　substituted carboxylic acid	邻基参与　neighboring group participation
羧基　carboxyl group	羟基酸　hydroxyl acid
脱羧　decarboxylation	

本 章 小 结

含有羧基(—COOH)的化合物称为羧酸。羧基中碳原子是 sp^2 杂化，存在 p-π 共轭，使羧酸与典型的醛、酮及醇有所不同。

羧酸的系统命名法与醛相似，常见羧酸更多的是采用俗名。

羧酸具有弱酸性，酸性比碳酸和苯酚强。若羧酸的烃基链上连有吸电子基(如—NO_2、—Cl等)，则酸性增强；相反，若羧酸的烃基链上连有供电子基团(如—CH_3)，酸性减弱。

羧基中羟基可以被其他原子或基团取代，生成羧酸衍生物——酰卤、酸酐、酯和酰胺。羧酸和醇在浓酸催化下，羧基上的—OH 被—OR 取代生成酯的反应为酯化反应；羧酸与 $SOCl_2$、PX_3、PX_5 作用，羧基上的—OH 被—Cl 或—Br 取代生成酰卤；羧酸与脱水剂(P_2O_5)共热时，两个羧酸间失去一分子水，形成酸酐；羧酸与氨或胺作用，生成酰胺。

一元羧酸对热比较稳定，但若 α-碳上有吸电子基团如—CN、—COOH、—NH_2、—X 等，加热时发生易脱羧反应。二元羧酸在加热时发生热解反应，产物根据两个羧基相隔距离的不同而不同：乙二酸和丙二酸加热脱羧生成一元酸；丁二酸和戊二酸脱水生成五元或六元环的环状酸酐；己二酸和庚二酸脱羧脱水生成五元或六元环的环酮。

羧酸分子中烃基上的氢原子被其他官能团取代后的衍生物，称为取代羧酸。羟基酸和卤代酸分子中双官能团之间会相互影响，如酸性受取代基的影响，还会有一些特殊性质，如醇酸的脱水反应等，反应随两个官能团的相对位置不同而不同。

阅读材料

生活中的羧酸

羧酸在自然界广泛存在，对人类生活非常重要。

食用的醋含有 2%～5%的乙酸，日常使用的肥皂是高级脂肪酸的钠盐，食用油多为羧酸甘油酯。山梨酸(2, 4-己二烯酸)是国际上应用最广的食品防霉剂，具有较高的抗菌活性，能够抑制真菌的生长繁殖。山梨酸为酸性防腐剂，比目前常用的防腐剂苯甲酸和对羟基苯甲酸酯的毒性更小，是一种较为安全的食品防腐保鲜剂。丁酸对于奶酪香味的配制、2-甲基-2-戊烯酸对于草莓香精的配制都不可或缺。柠檬酸(2-羟基丙三羧酸)具有无毒、安全、可口的酸味，可以调节 pH，被称为第一食用酸味剂，广泛用于糖果、汽水、果酱、果冻等食用香精中。苯甲酸、苯乙酸、肉桂酸(3-苯基-2-丙烯酸)等可用于日用香精中，是常见的定香剂。

乳酸(2-羟基丙酸)是生物体内葡萄糖无氧酵解的最终产物。人在剧烈活动时，肌肉中的糖原分解因缺氧而导致乳酸积累过多，就会感到肌肉"酸痛"。适当的锻炼可以加速乳酸经血液循环向肝脏转运。乳酸具有消毒防腐作用，乳酸钙可用作补钙药物，乳酸钠可用作酸中毒的解毒剂。丙酮酸是动植物体内糖、脂肪和蛋白质代谢的中间产物，在酶的催化下，丙酮酸还原生成乳酸。

苹果酸(羟基丁二酸)是生物体内糖代谢的中间产物，同时也作为性能优异的添加剂，广泛应用于食品、化妆品、医疗和保健品等领域。柠檬酸(3-羧基-3-羟基戊二酸)是体内糖、脂肪和蛋白质代谢过程的中间产物，兼 α-羟基酸及 β-羟基酸的特性，在体内酶的催化下，柠檬酸经顺乌头酸转变为异柠檬酸，再经氧化脱羧变成 α-酮戊二酸。在医药上，柠檬酸钠有防止血液凝固的作用，故用作体外抗凝剂。柠檬酸铁铵[$(NH_4)_3Fe(C_6H_5O_7)_2$]是常用的补血药。

水杨酸(邻羟基苯甲酸)是重要的精细化工原料，在医药工业中广泛用作消毒防腐剂，作为药物合成中间体，可合成乙酰水杨酸(阿司匹林)、对氨基水杨酸(PAS)、对氨基水杨酸的钠盐(PAS-Na)和水杨酸甲酯等。

习 题

1. 用 IUPAC 法命名下列化合物。

(1)
$$CH_3CH_2CHCHCOOH$$
（结构式中含 CH_3、Br 取代基）

(2)
$$CH_3CHCH_2CH_2CHCH_3$$
（两个 $COOH$ 取代基）

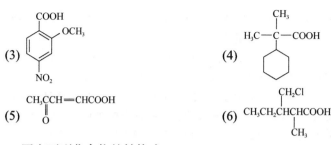

(3)
(4)

(5) $CH_3CCH=CHCOOH$

(6) $CH_3CH_2CHCOOH$

2. 写出下列化合物的结构式。

(1) 邻乙酰氧基苯甲酸　　　　　　(2) 3-乙烯基-4-己炔酸

(3) 3-丁炔酸　　　　　　　　　　(4) 5-氧代己酸

(5) (E)-4 羟基-2-戊烯酸　　　　　(6) α-甲基-γ-甲氧基戊酸

(7) (反)-4-苯基环己基甲酸　　　　(8) γ-戊内酯

3. 比较下列各组化合物的性质(按由强到弱的次序排列)。

(1) 酸性大小

①(A)甲酸　　　　(B)乙酸　　　　(C)苯甲酸　　　　(D)丙二酸

②(A)苯甲酸　　　(B)对甲基苯甲酸　　(C)对硝基苯甲酸

(2) 碱性大小

(A)$CH_3CH_2O^-$　　(B)CH_3COO^-　　(C)$O_2NCH_2COO^-$　　(D)$HOCH_2COO^-$

(E)$HOCH_2CH_2COO^-$

4. 用化学方法鉴别下列各组化合物。

(1) 甲酸，乙酸，乙醛

(2) 苯酚，苯甲酸，水杨酸

5. 完成下列反应。

(1) 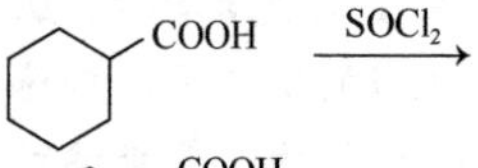 $\xrightarrow{\text{SOCl}_2}$

(2) $2\xrightarrow{\text{乙酸酐}}$

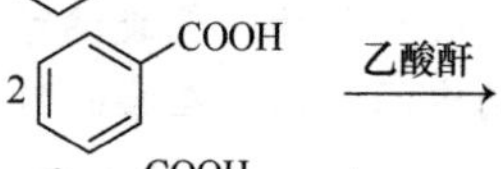

(3) 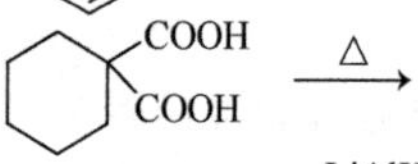 $\xrightarrow{\triangle}$

(4) 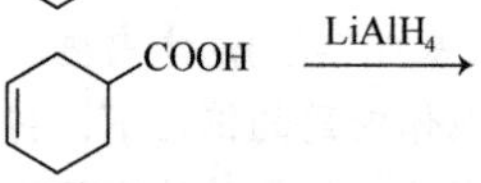 $\xrightarrow{\text{LiAlH}_4}$

(5) 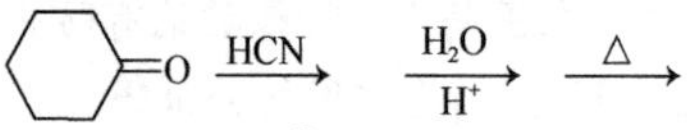 $\xrightarrow{\text{HCN}}\xrightarrow[\text{H}^+]{\text{H}_2\text{O}}\xrightarrow{\triangle}$

(6) $CH_3CH_2COOH \xrightarrow[\text{Cl}_2]{\text{P}}$

(7) 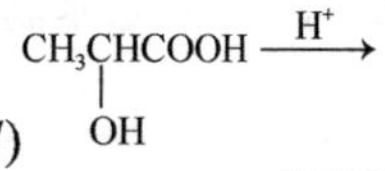 $CH_3CHCOOH \xrightarrow{\text{H}^+}$
         $\underset{\text{OH}}{|}$

(8) 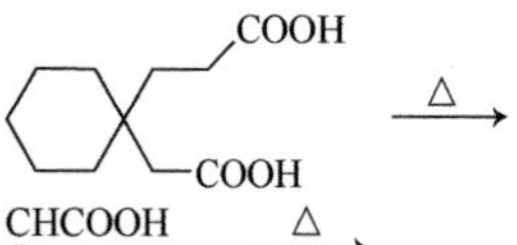 $\xrightarrow{\triangle}$

(9) 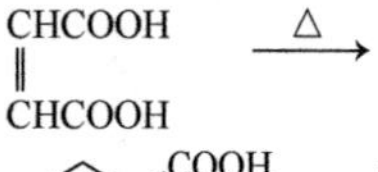 $\xrightarrow{\triangle}$

(10) 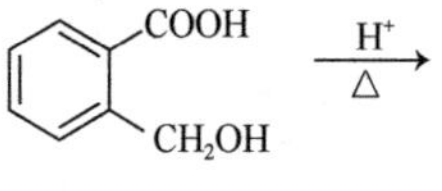 $\xrightarrow[\triangle]{\text{H}^+}$

(11) 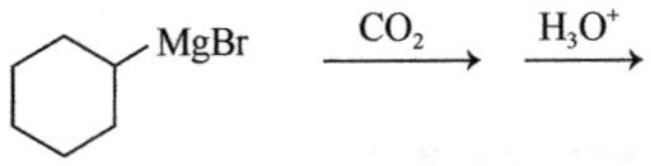 $\xrightarrow{\quad CO_2 \quad}$ $\xrightarrow{\quad H_3O^+ \quad}$

(12) $CH_3COONa + C_6H_5CH_3Cl \longrightarrow$

6. 化合物 A 在稀碱存在下与丙酮反应生成分子式为 $C_{12}H_{14}O_2$ 的化合物 B，B 通过与碘仿反应生成分子式为 $C_{11}H_{12}O_3$ 的化合物 C，C 经过催化氢化生成羧酸 D，化合物 C、D 氧化后均生成化合物 E，其分子式为 $C_9H_{10}O_3$，E 用 HI 处理生成水杨酸，试写出 A～E 的结构。

7. 化合物 A 的分子式为 $C_5H_6O_3$，它能与 1mol 乙醇作用得到两个互为异构体的化合物 B 和 C。B 和 C 分别与氯化亚砜作用后再与乙醇作用，两者都生成同一化合物 D，试推测 A、B、C、D 的结构并写出有关反应式。

8. 三种化合物 A、B、C 的分子式均为 $C_5H_8O_2$，且均不溶于 NaOH 溶液。A、B 可使溴的四氯化碳溶液褪色，C 不能；A 的水解产物之一可发生碘仿反应和银镜反应，但不能使溴水褪色；B 的水解产物之一能使溴水褪色，而另一产物能发生碘仿反应，无银镜反应；C 的水解产物只有一种，可以发生碘仿反应又可使 $KMnO_4$ 溶液褪色，写出 A、B、C 的可能结构。

(李　莉　胡曙晨)

第十章　羧酸衍生物

羧酸衍生物(carboxylic acid derivatives)是指羧酸中羧基上的羟基被其他原子或基团取代后的产物。常见羧酸衍生物有酰卤(acyl halide)、酸酐(acid anhydride)、酯(ester)、酰胺(amide)。常用的头孢类和青霉素类抗菌药物都具有酰胺键。

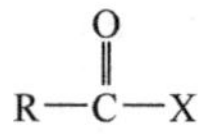

酰卤 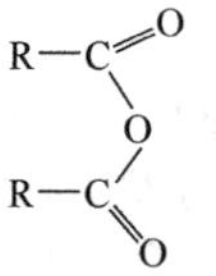　　　　　酸酐 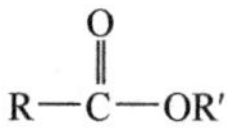　　　　　　酯 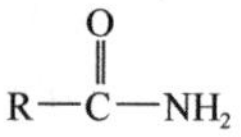　　　　　　酰胺

第一节　结构和命名

羧酸中去掉羟基剩下的部分称为酰基(acyl group)。酰基的名称是由羧酸名称衍生而来，根据相应的羧酸的名称去掉"酸"字后加上"基"，即为酰基的名称。

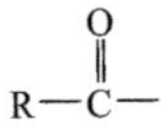

酰基 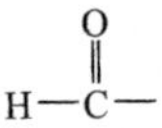　　　　甲酰基 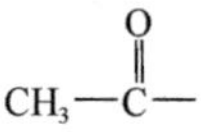　　　　乙酰基

一、酰卤的命名

酰卤是指羧酸中羧基上的羟基被卤原子取代后形成的产物。酰卤的命名是酰基名称加上卤素的名称即可。

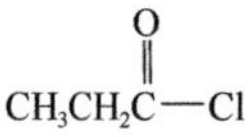

丙酰氯　　　　　　苯甲酰溴　　　　　4-甲基-2-戊烯酰氯　　　　　丙烯酰溴
propionylchloride　benzoylbromide　4-methyl-2-pentenoylchloride　acryloylchloride

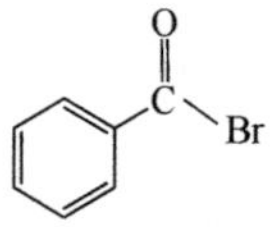

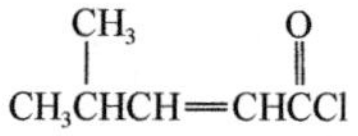

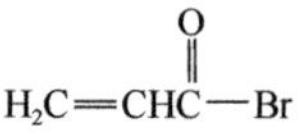

二、酰胺的命名

酰胺命名与酰卤相似，根据酰基和氨基的名称来命名。若氮原子上有取代基，则在名称前面加"N-某基"；若分子中含有—CO—NH—的环状结构，则命为内酰胺。

N-甲基乙酰胺　　　　　2-丁烯酰胺　　　　　N,N-二甲基甲酰胺
N-methylethanamide　　2-butenamide　　　N,N-dimethylmethanamide

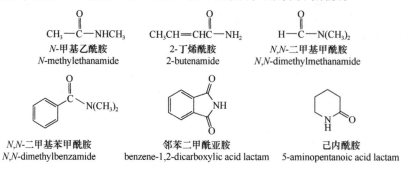

N,N-二甲基苯甲酰胺　　　　　　邻苯二甲酰亚胺　　　　　　己内酰胺
N,N-dimethylbenzamide　　benzene-1,2-dicarboxylic acid lactam　5-aminopentanoic acid lactam

三、酸酐的命名

酸酐是指羧酸中羧基上的羟基被酰氧基取代后形成的产物，也可认为是由两分子的羧酸脱水后形成的产物。若酸酐中的两个烃基相同，称为简单酸酐；若酸酐中的两个烃基不同，称为混合酸酐。简单酐的名称是在相应羧酸名称后加"酐"，称为某酸酐；混合酐是按照羧酸烃基优先性，先小后大的顺序称为某某酸酐。

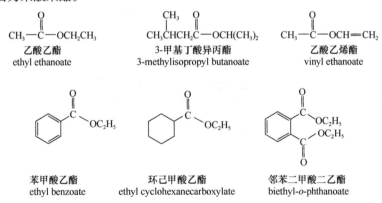

乙酸酐　　　　　　　　乙丙酐　　　　　　　　顺-丁烯二酸酐

ethanoic anhydride　　acetic propionic anhydride　　*cis*-but-2-enedioic anhydride

邻苯二甲酸酐

benzene-1,2-dicarboxylic anhydride

四、酯 的 命 名

酯是由羧酸和醇脱水形成的产物，结构上可看成羧酸中羧基上的羟基被烷氧基取代。酯分为无机酸酯和有机酸酯，无机酸酯由无机酸和醇脱水形成。酯的名称是由相应的羧酸和醇的名称而来，命名为某酸某酯。

$CH_3-C(=O)-OCH_2CH_3$　　$CH_3CHCH_2C(=O)-OCH(CH_3)_2$　　$CH_3-C(=O)-OCH=CH_2$

乙酸乙酯　　　　　　3-甲基丁酸异丙酯　　　　　乙酸乙烯酯

ethyl ethanoate　　3-methylisopropyl butanoate　　vinyl ethanoate

苯甲酸乙酯　　　　环己甲酸乙酯　　　　邻苯二甲酸二乙酯

ethyl benzoate　　ethyl cyclohexanecarboxylate　　biethyl-*o*-phthanoate

多元醇的酯，通常多元醇的名称在前，羧酸的名称在后，称为某醇某酸酯。

乙二醇二丙酸酯　　　　　　丙三醇三乙酸酯

ethane-1,2-dihydroxy dipropanoate　　propane-1,2,3-tridroxy triethanoate

若化合物存在多个官能团时，需要选择一个母体官能团，另一个作为取代基来命名。母体官能团的优先顺序：$RCOOH > RSO_3H > (RCO)_2O > RCOX > RCONR' > RCN > RCHO > RCOR' > ROH > ArOH > ROR'$。

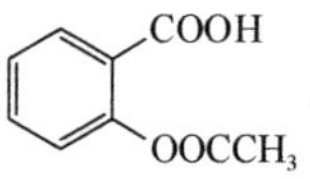

邻乙酰氧基苯甲酸
o-acetoxy benzoic acid

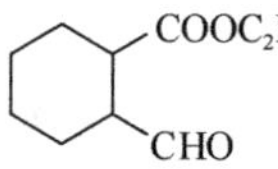

2-甲酰基环己甲酸乙酯
2-formyl ethyl cyclohexanecarboxylate

第二节 物理性质及光谱性质

一、物 理 性 质

低级的酰氯和酸酐都是具有刺激性气味的液体，高级的多为固体，没有气味。低级酯类多具有芳香气味，广泛存在于植物的花、果实中，可作为芳香精油、香料等。例如，乙酸异戊酯有香蕉香味，戊酸异戊酯有苹果香味。十四碳以下的甲酯和乙酯都为液体，而高级脂肪酸与甘油结合的酯类称为油脂，大多为固体物质，是生命不可缺少的物质。酰胺除甲酰胺外大多为白色结晶固体，没有气味。常见羧酸衍生物的物理常数见表 10-1。

酰卤和酯的沸点较相应的羧酸低，主要是由于酰卤和酯分子中没有基团可形成氢键。酸酐的沸点比分子量相近的羧酸低，但比相应的羧酸高。酰胺分子由于氨基上的氢原子可形成氢键，沸点较相应的羧酸高，但随着氨基上的氢原子被烃基取代后，沸点相应降低。

羧酸衍生物一般在水中的溶解度较小，易溶于有机溶剂，如乙醚、丙酮、三氯甲烷等。酰胺在水中的溶解度随着分子量的增大或氮原子上氢原子的减少而不断减小。而 N,N-二甲基甲酰胺(DMF)、N,N-二甲基乙酰胺能与水以任意比例混合，是一种有机物及无机物的优良非质子性溶剂，广泛应用于有机合成中。

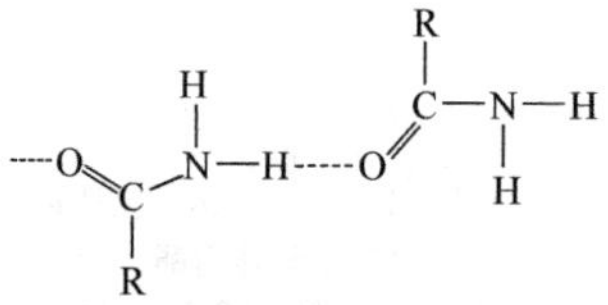

表 10-1 羧酸衍生物的物理常数

名称	结构式	熔点(℃)	沸点(℃)	相对密度
乙酰氯	CH_3COCl	−112	52	1.104
苯甲酰氯	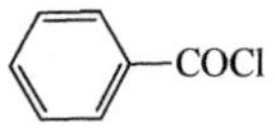 ——COCl	−1	197.2	1.21
乙酸酐	$(CH_3CO)_2O$	−73	139.6	1.082
丁二酸酐	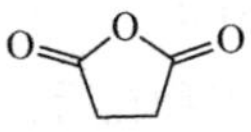	119.6	261	1.104
甲酸甲酯	$HCOOCH_3$	−99	32	0.974
乙酸乙酯	$CH_3COOCH_2CH_3$	−83	77.1	0.901
甲酰胺	$HCONH_2$	2.5	192	1.139
N,N-二甲基乙酰胺	$CH_3CON(CH_3)_2$	−20	165	0.937

二、光 谱 性 质

(一) 酰氯

1. IR 羰基的伸缩振动：$RCOCl$，$1815\sim1795cm^{-1}$；$ArCOCl$，$1815\sim1795cm^{-1}$。

2. ^{1}H-NMR CH$_3$COCl 中 CH$_3$ 上质子的化学位移为 2.67ppm。

(二) 酸酐

IR：羰基的伸缩振动，1825～1815cm^{-1}(强)，1755～1745cm^{-1}(弱)；若羰基形成共轭，移至 1780～1770cm^{-1}(强)，1725～1715cm^{-1}(弱)。

(三) 酯

1. IR 羰基的伸缩振动：RCOOR′，1740cm^{-1}；ArCOOR′，1740～1715cm^{-1}。

2. ^{1}H-NMR CH$_3$COOR′中 CH$_3$ 上质子的化学位移为 2.03ppm。

3. MS

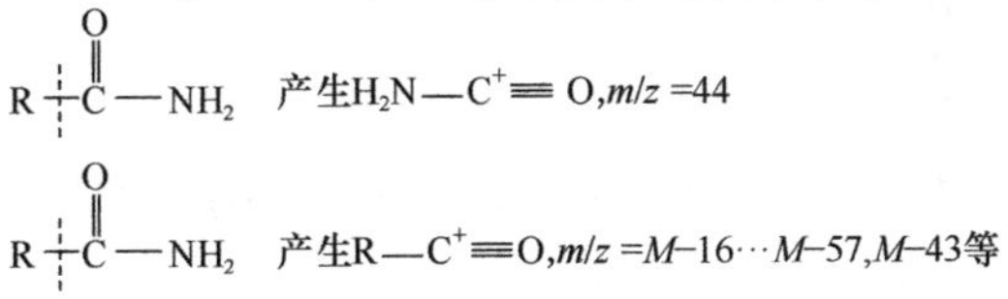

$$R \overset{O}{\underset{|}{C}} —NH_2 \quad 产生 H_2N—C^+\equiv O, m/z=44$$

$$R \overset{O}{\underset{|}{C}} —NH_2 \quad 产生 R—C^+\equiv O, m/z=M-16\cdots M-57, M-43 等$$

(四) 酰胺

1. IR C=O 的伸缩振动：RCONH$_2$，1655～1360cm^{-1}；RCONHR′，1680～1630cm^{-1}；RCONHR′$_2$，1680～1630cm^{-1}。N—H 的伸缩振动：RCONH$_2$，3400～3300cm^{-1}；RCONHR′，3400cm^{-1}。

2. ^{1}H-NMR CH$_3$CONH$_2$ 中 CH$_3$ 上质子的化学位移为 2.08ppm。

3. MS 一般有分子离子峰，若分子中含有奇数个氮原子，分子离子峰为奇数。

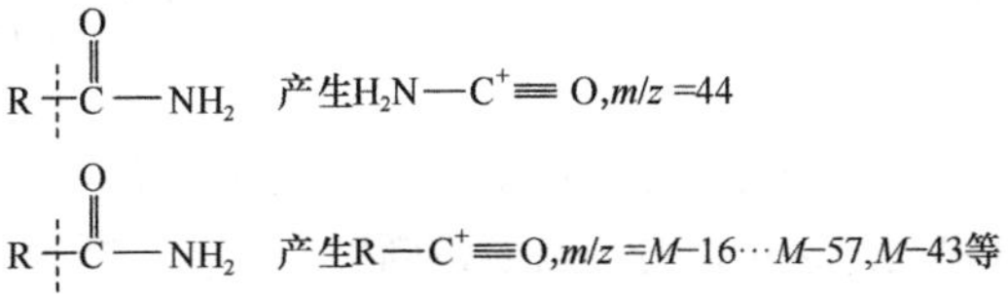

$$R \overset{O}{\underset{|}{C}} —NH_2 \quad 产生 H_2N—C^+\equiv O, m/z=44$$

$$R \overset{O}{\underset{|}{C}} —NH_2 \quad 产生 R—C^+\equiv O, m/z=M-16\cdots M-57, M-43 等$$

第三节 化 学 性 质

羧酸衍生物的化学性质，如图 10-1 所示。

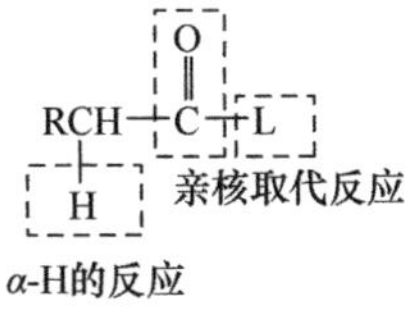

图 10-1 羟酸衍生物化学反应类型

一、水解、醇解和氨解

(一) 水解反应

羧酸衍生物发生水解反应后皆生成羧酸。

$$R—\overset{O}{\overset{\|}{C}}—L + H_2O \longrightarrow R—\overset{O}{\overset{\|}{C}}—OH + HL$$

1. 酰卤的水解　羧酸衍生物中酰卤最易发生水解反应，如乙酰氯遇水能发生剧烈的水解反应。

$$R-\overset{O}{\underset{|}{C}}-X + H_2O \longrightarrow R-\overset{O}{\underset{|}{C}}-OH + HX$$

$$H_3C-\overset{O}{\underset{|}{C}}-Cl + H_2O \longrightarrow H_3C-\overset{O}{\underset{|}{C}}-OH + HCl$$

2. 酸酐的水解　酸酐易发生水解反应，活性低于酰卤，而高于酯。由于酸酐与水较难溶解，所以酸酐的水解需加热、酸碱催化等加速水解反应。

$$R-\overset{O}{\underset{|}{C}}-O-\overset{O}{\underset{|}{C}}-R + H_2O \overset{\triangle}{\longrightarrow} 2R-\overset{O}{\underset{|}{C}}-OH$$

3. 酯的水解　酯的水解反应需要酸碱催化，酸催化下的酯水解是酯化反应的逆反应；而碱催化下的酯水解反应，可生成盐破坏平衡，反应不可逆。

$$R-\overset{O}{\underset{|}{C}}-OR' + H_2O \overset{H^+}{\rightleftharpoons} R-\overset{O}{\underset{|}{C}}-OH + R'OH$$

$$R-\overset{O}{\underset{|}{C}}-OR' + OH^- \longrightarrow R-\overset{O}{\underset{|}{C}}-O^- + R'OH$$

在碱过量的条件下，水解反应较完全，酯的水解常用此方法。

在酯水解反应中，酯键的断裂可以分为酰氧键断裂和烷氧键断裂两种方式。通过同位素标记法发现，大部分的酯水解反应是通过酰氧键断裂发生的。

$$R-\overset{O}{\underset{|}{C}}-^{18}OR' + NaOH \longrightarrow R-\overset{O}{\underset{|}{C}}-ONa + R'^{18}OH$$

(1) 酸催化历程：在酸催化历程中，首先质子进攻羰基上的氧原子，使其质子化，从而使羰基中碳原子上的正电性增强，有利于水的进攻，生成四面体的活性中间体。接着质子转移至烷氧基的氧原子上，再消去醇分子生成羧酸。

(2) 碱催化历程：在碱催化历程中，首先氢氧根负离子作为亲核试剂进攻羰基上的碳原子，进行亲核加成反应，生成四面体的活性中间体。接着氧负离子带着电子对与碳原子形成羰基，同时消去烷氧负离子，形成羧酸。在碱性溶液中，羧酸中的氢离子转移至烷氧负离子，生成羧酸盐和醇分子。

$$R-\overset{\overset{\displaystyle O}{\|}}{C}-OR' \overset{OH^-}{\rightleftharpoons} R-\overset{\overset{\displaystyle O^-}{|}}{\underset{\underset{\displaystyle OR'}{|}}{C}}-OH \rightleftharpoons R-\overset{\overset{\displaystyle O}{\|}}{C}-OH + R'O^- \longleftrightarrow R-\overset{\overset{\displaystyle O}{\|}}{C}-O^- + R'OH$$

酸、碱催化下酯水解的反应速率不仅与电效应有关，也与中间体的稳定性有关。酰基与烷基部分的影响皆为取代基数目越多、取代基体积越大，水解反应速率越慢。

一些特殊结构的酯类，如叔醇酯在酸催化下，生成的 R_3C^+ 稳定性较高，则通过烷氧键断裂的方式进行。

$$CH_3COC(CH_3)_3 + H_2O \xrightarrow{H^+} CH_3COH + (CH_3)_3COH$$

4. 酰胺的水解 酰胺可在酸或碱加热的条件下水解，其水解反应活性是羧酸衍生物中最低的。

$$\text{PhCNH}_2 + NaOH \longrightarrow \text{PhCONa} + NH_3$$

(二) 醇解

$$R-\overset{\overset{\displaystyle O}{\|}}{C}-L + R'OH \longrightarrow R-\overset{\overset{\displaystyle O}{\|}}{C}-OR' + HL$$

酰卤、酸酐很容易和醇发生醇解反应生成酯类，是制备酯类常用的方法之一。

$$CH_3CH_2CCl + (CH_3)_3COH \longrightarrow CH_3CH_2COC(CH_3)_3 + HCl$$

$$(CH_3CO)_2O + \text{PhOH} \longrightarrow \text{PhOCOCH}_3$$

酯在酸或碱催化下，与醇发生反应，酯中的烷氧基与醇中的烷氧基发生交换生成新的酯和醇，也称为酯交换(ester exchange)反应。此反应常用来制备难以合成的酯或从低沸点醇酯合成高沸点醇酯。例如，普鲁卡因的合成就是用酯交换的方法。

$$NH_2-\text{C}_6\text{H}_4-COOH + C_2H_5OH \overset{H^+}{\rightleftharpoons} NH_2-\text{C}_6\text{H}_4-COOC_2H_5 + H_2O$$

$$NH_2-\text{C}_6\text{H}_4-COOC_2H_5 + HOCH_2CH_2N(C_2H_5)_2 \rightleftharpoons NH_2-\text{C}_6\text{H}_4-COOCH_2CH_2N(C_2H_5)_2 + C_2H_5OH$$

β-二乙氨基乙醇　　　　　　　　　　　　普鲁卡因

酰胺的醇解比较困难，在合成上意义很小。

(三) 氨解

$$R-\overset{\overset{\displaystyle O}{\|}}{C}-L + NH_3(R'NH_2,R'_2NH) \longrightarrow R-\overset{\overset{\displaystyle O}{\|}}{C}-NH_2(NHR'_2,NR'_2) + HL$$

酰卤和酸酐易发生氨解反应，也称为酰化反应，是制备酰胺常用的方法。在有机合成中常用于保护氨基；药物合成中可用于制备前体药物或增加药物的脂溶性等，具有重要的意义。环酐与氨或胺反应，先开环形成酰胺羧酸，接着转变形成环状的酰亚胺。

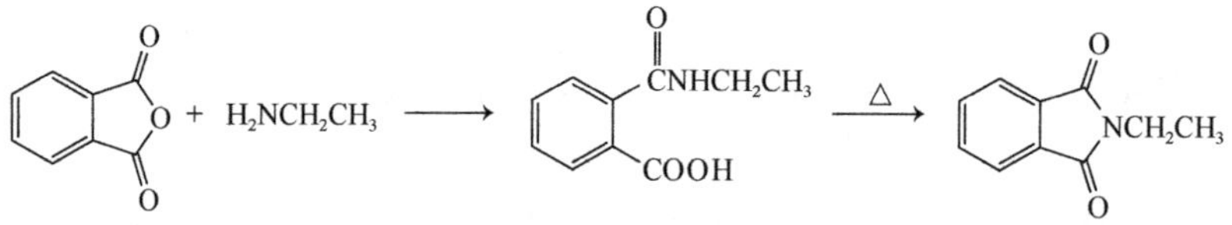

由于胺类化合物具有碱性，亲核性较强，则酯的氨解较水解、醇解容易，也可用于制备酰胺。而酰胺的氨解需要加入过量的、碱性较离去胺的碱性强的反应物，才能发生反应。

(四) 水解、酯解、氨解的反应历程

羧酸衍生物水解、酯解、氨解的反应历程是通过加成-消除反应来完成的，羰基碳原子上的基团被取代。反应历程通式如下所示。

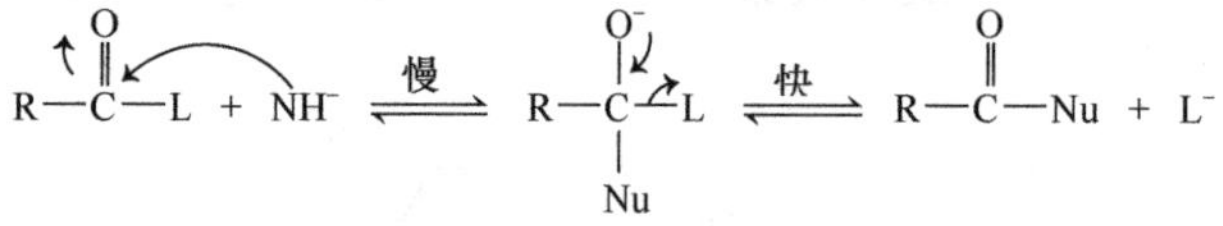

L=离去基团（–X、–OCOR、–OR、–NH₂）
Nu⁻=OH⁻、H₂O、NH₃、ROH等亲核试剂

反应历程中首先是亲核试剂进攻羰基碳原子发生亲核加成反应，从 sp² 杂化变为 sp³ 杂化，接着发生消除发应，碳原子从 sp³ 杂化变为 sp² 杂化，所以反应速率受到电子效应和空间效应的影响。其中第一步是决定反应速率的步骤，所以羧酸衍生物中离去基团的吸电子性越强，反应越容易进行。即离去基团具有吸电子诱导效应(–I)，使羰基碳原子上的正电性加强，有利于亲核试剂的进攻，有利于反应；离去基团具有斥电子共轭效应(+C)，使羰基碳原子上的正电性减弱，不利于亲核试剂的进攻，不利于反应。第二步消除反应的难易，取决于离去基团的离去难易程度，即离去基团的碱性越弱、越稳定、越易离去。

酰卤分子中，氯原子具有较强的吸电子作用和较弱的 p-π 共轭效应，增强了羰基碳原子上的正电性，有利于亲核试剂的进攻，同时 Cl 的稳定性高，易离去，因此羧酸衍生物中 RCOCl 的反应活性最强。相反，酰胺分子中氨基的吸电子作用弱于 p-π 共轭效应，且 NH₂ 不稳定，故酰胺的反应能力最弱(表 10-2)。羧酸衍生物进行亲核取代反应的能力次序为

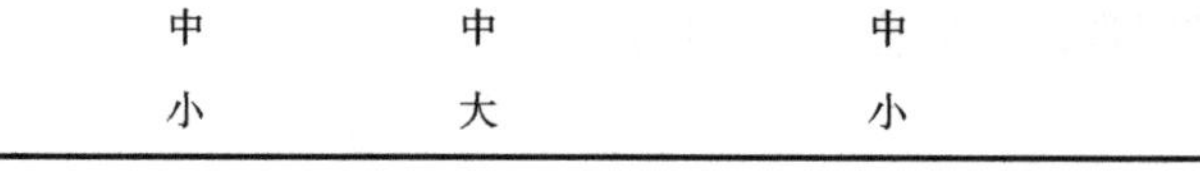

表 10-2　羧酸衍生物中 L 对反应活性的影响

L	–I	+C	L 的稳定性	反应活性
—Cl 或—OCOR	大	小	大	大
—OR	中	中	中	中
—NH₂	小	大	小	小

二、与有机金属化合物的反应

(一) 与格氏试剂反应

羧酸衍生物均可与格氏试剂发生反应，产物为酮或叔醇。

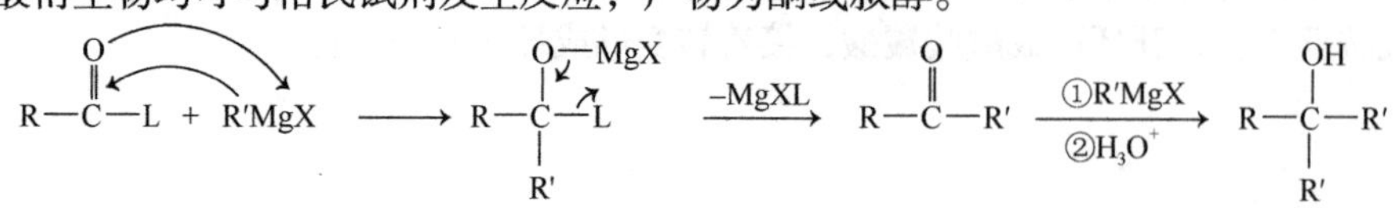

酰氯与格氏试剂反应可得到酮或叔醇，酸酐与格氏试剂反应只能得到酮。酯与格氏试剂反应先生成酮，而酮与格氏试剂的反应比酯快，又迅速生成叔醇，反应难以停留在酮的阶段。酯与格氏试剂的反应具有一定的合成价值，甲酸酯与格氏试剂反应可生成仲醇；酯与格氏试剂反应生成叔醇；环内酯与格氏试剂反应生成二元醇。

$$HCOOC_2H_5 \xrightarrow[②H_3O^+]{①2CH_3CH_2MgCl} (CH_3CH_2)_2CHOH$$

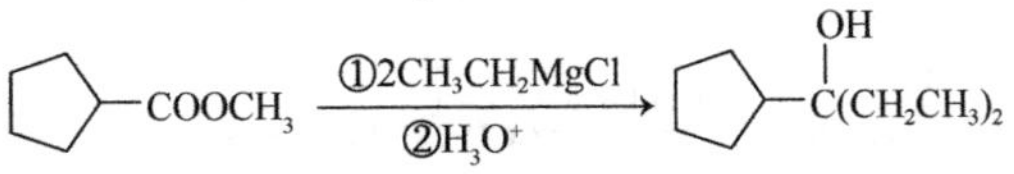

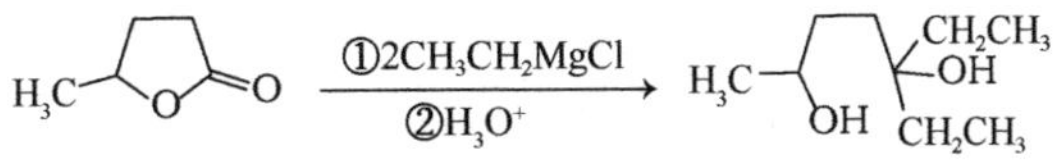

若酯分子中 α-碳或 β-碳上取代基较多，由于位阻大反应可停留在酮的阶段。例如：

$$(CH_3CH_2)_3CCOOC_2H_5 \xrightarrow[②H_3O^+]{①CH_3MgCl} (CH_3CH_2)_3CCCH_3$$

(二) 与二烷基铜锂反应

二烷基铜锂只与酰氯反应生成酮，可用于酮的合成。

$$CH_3(CH_2)_4CCl + LiCu(CH_3)_2 \xrightarrow[5min]{-78℃} CH_3(CH_2)_4CCH_3$$

三、还原反应

羧酸衍生物均可发生还原反应。

1. 罗森孟德还原反应 酰氯与活性小的催化剂(常用 $Pd/BaSO_4$)在甲苯或二甲苯条件下反应，可选择性地还原为醛，称为罗森孟德还原反应。其中硝基、酯基、卤素不被还原。

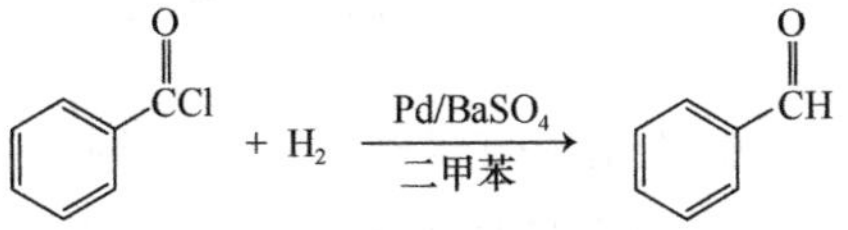

此还原反应的缺点是反应时间较长，所需温度较高。

2. 氢化铝锂还原

$$R-C-X \xrightarrow{LiAlH_4} RCH_2OH + HX$$

$$R-C-O-C-R' \xrightarrow{LiAlH_4} RCH_2OH + R'OH$$

$$R-C-NH_2(NHR',NR'_2) \xrightarrow{LiAlH_4} RCH_2NH_2(NHR',NR'_2)$$

氢化铝锂或 $Na+EtOH$ 也可以还原酯，且不涉及碳碳间的重键。

$$CH_3CH=CHCH_2COOCH_3 \xrightarrow{LiAlH_4} CH_3CH=CHCH_2CH_2OH$$

3. 催化氢化还原 酯可用催化加氢还原，在 250℃左右和 10～33MPa 的条件下，用铜铬催化剂使酯类加氢，能达到很高的转化率，但分子中若有碳碳间的重键也同时被还原。

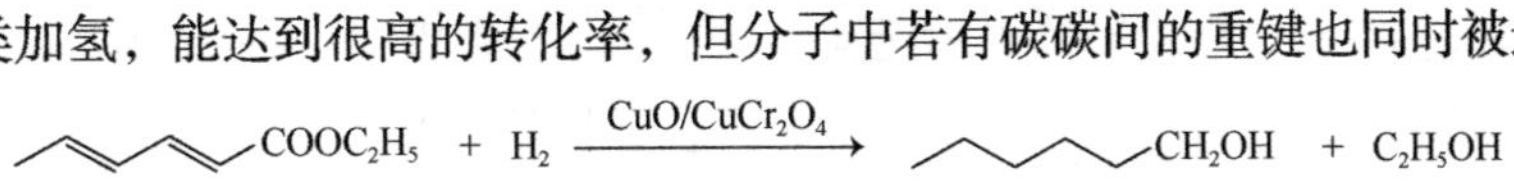

酰胺很不容易被还原，用催化加氢法在高温高压下才还原为胺。

四、酯缩合反应

与醛、酮性质相似，酯中的 α-H 也具有弱酸性，在醇钠条件下与另一分子的酯生成 β-酸酯的过程，称为酯缩合反应或克莱森缩合反应(Claisen condensation)。例如，乙酸乙酯在乙醇钠的作用下，脱去一分子的乙醇，生成 β-丁酮酸乙酯(乙酰乙酸乙酯)。

$$2CH_3COC_2H_5 \xrightarrow{CH_3CH_2ONa} CH_3CCH_2COOC_2H_5 + C_2H_5OH$$

反应历程如下所示。

(1) 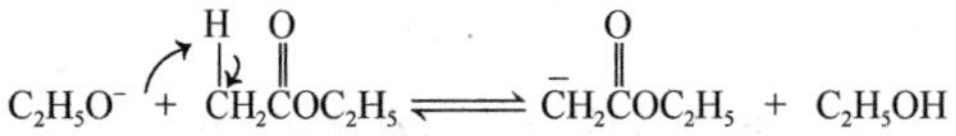 $C_2H_5O^- + CH_2COC_2H_5 \rightleftharpoons {}^-CH_2COC_2H_5 + C_2H_5OH$

乙酸乙酯的 α-H 具有弱酸性，在醇钠条件下脱去 H^+，形成乙酸乙酯负离子。

(2) 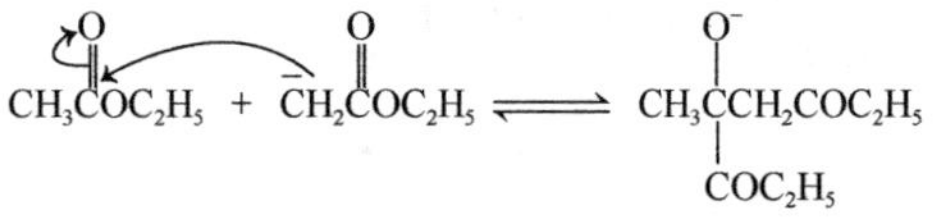 $CH_3COC_2H_5 + {}^-CH_2COC_2H_5 \rightleftharpoons CH_3CCH_2COC_2H_5$ (含 O^- 及 COC_2H_5 取代)

乙酸乙酯负离子作为亲核试剂进攻另一个乙酸乙酯分子羰基碳原子，羰基打开形成四面体的负离子中间产物。

(3) 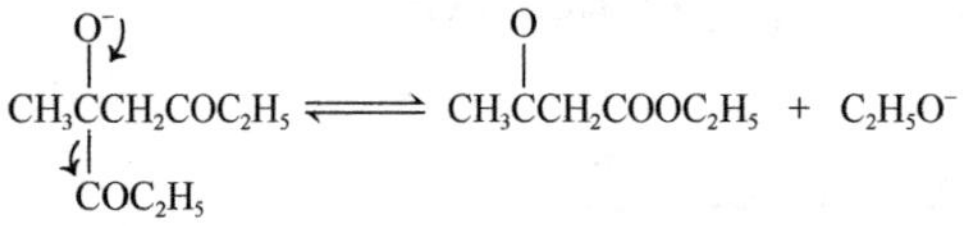 $CH_3CCH_2COC_2H_5$ (含 O^- 及 COC_2H_5) $\rightleftharpoons CH_3CCH_2COOC_2H_5 + C_2H_5O^-$

中间产物失去 $C_2H_5O^-$，形成乙酰乙酸乙酯。

克莱森缩合反应是可逆的，由于乙酰乙酸乙酯的 α-H 位于羰基和酯基之间，受到两个吸电子基的影响，乙酰乙酸乙酯 α-H 的 pK_a 为 11，酸性比乙醇(pK_a 为 17)强，$C_2H_5O^-$ 可以夺取乙酰乙酸乙酯中亚甲基上的氢，而使平衡向生成乙酰乙酸乙酯钠盐的方向移动。可用于合成 β-羰基酸酯类的化合物。

当不同酯类进行缩合时，可能得到四个产物，在合成应用中价值不大。但如果两个酯分子中，一个是具有 α-H 的酯类，另一个是不具有 α-H 的酯类，发生缩合反应后可得到较纯的产物。这种缩合反应也称为交叉酯缩合(crossed ester condensation)。例如：

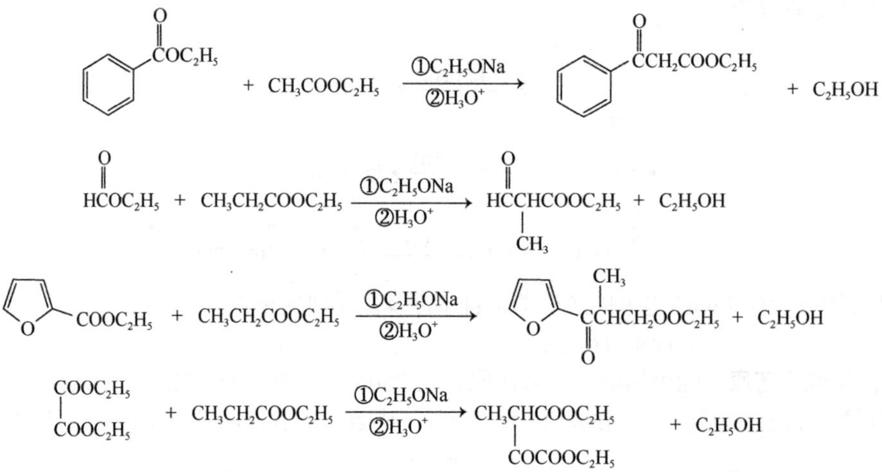

二元酸酯在醇钠条件下，可发生分子内的酯缩合反应，是合成五元、六元环状β-羧基酯的一种方法，这种分子内的酯缩合反应称为狄克曼(Dieckmann)反应。

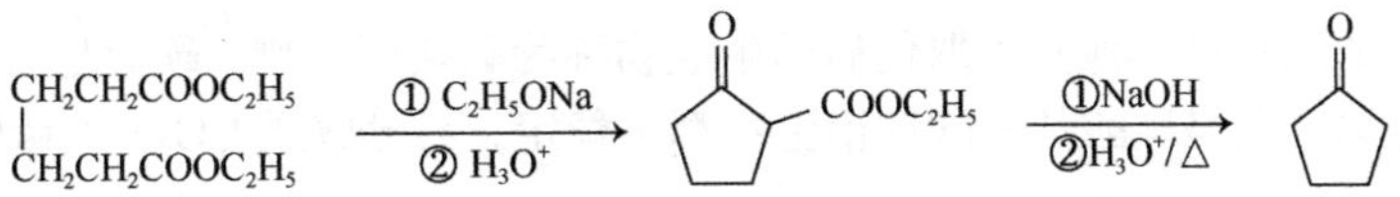

五、酰胺的特性

1. 酸碱性　氨分子由于氮原子上有未共用电子对，可接受氢离子，具有碱性。当氨分子中的氢原子被酰基取代后，由于氮原子上的孤对电子与碳氧双键形成p-π共轭作用，氮原子上的电子云密度降低，其接受质子的能力减弱，故只显弱碱性。

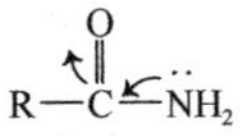

酰胺的碱性弱，只能与强酸成盐。例如，将氯化氢通入乙酰胺的乙醚溶液中，生成难溶于乙醚的盐，此盐不稳定，遇水后分解成乙酰胺和盐酸。

$$CH_3CONH_2 + HCl \longrightarrow CH_3CONH_2 \cdot HCl$$

如果酰胺氮原子上的第二个氢原子再被酰基取代，生成的化合物为酰亚胺。由于受到两个酰基强吸电子作用的影响，氮原子上的最后一个氢原子显出弱酸性，可以与强碱溶液反应成盐。例如：

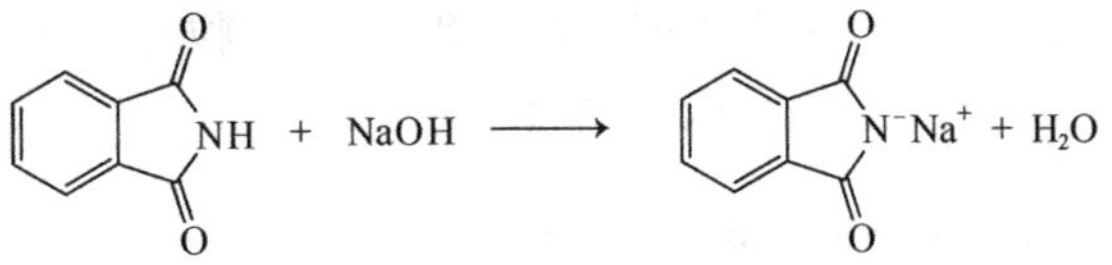

pK_a=7.4

氨分子中的氢被酰基取代后，其酸碱性变化如下所示。

$$\xrightarrow{\text{酸性增强,碱性减弱}}$$
$$NH_3 \quad RCONH_2 \quad (RCO)_2NH$$

2. 霍夫曼(Hofmann)降解反应　酰胺与次氯酸钠或次溴酸钠的碱溶液作用时，脱去羰基生成伯胺的反应，反应结果为碳链减少一个碳原子，称为霍夫曼降解反应。这是霍夫曼(1818—1892)发现制备胺的一个方法。

$$R-\overset{O}{\overset{\|}{C}}-NH_2 + NaOH + NaOX \longrightarrow RNH_2 + Na_2CO_3 + NaX + H_2O$$

$$CH_3CH_2\overset{O}{\overset{\|}{C}}NH_2 + NaOH + Br_2 \longrightarrow CH_3CH_2NH_2 + Na_2CO_3 + NaBr + H_2O$$

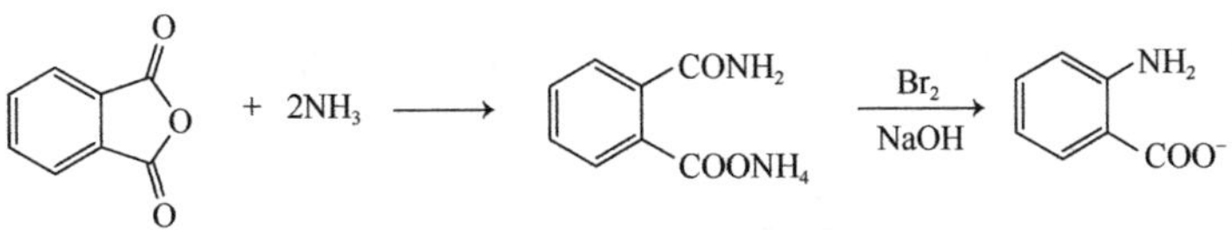

第四节　碳酸衍生物和原酸酯

一、碳酸衍生物

在结构上可以把碳酸看成羟基甲酸，或把它看成是共有一个羰基的二元羧酸。

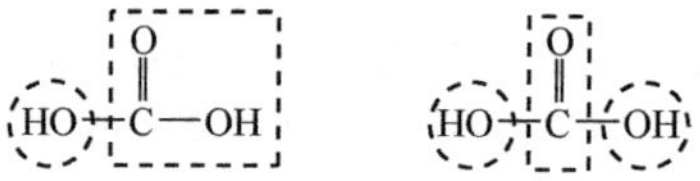

碳酸分子中的羟基被其他基团取代后的生成物称为碳酸衍生物,碳酸是二元酸,应有酸性及中性两种衍生物。但是碳酸及其酸性衍生物都不稳定,易分解成 CO_2。而碳酸的混合衍生物较稳定。例如:

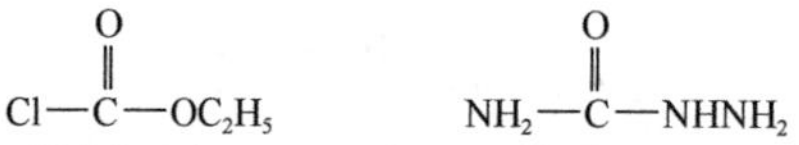

氯甲酸乙酯   氨基脲

许多碳酸衍生物是重要的药物或合成药物的重要原料,与医药具有较密切的关系。下面介绍几个具有代表性的化合物。

(一) 碳酰氯

碳酰氯最初由一氧化碳和氯气在日光作用下得到,又称为光气。目前工业上是在活性炭催化下,加热至200℃制得。

$$CO + Cl_2 \xrightarrow[200℃]{活性炭}$$

碳酰氯在常温下为气体,沸点 8.3℃,熔点–118℃,易溶于苯及甲苯。碳酰氯在有机合成上有广泛应用,但其毒性较强。

碳酰氯具有酰氯的性质,可以发生水解、氨解和醇解。例如,它与潮湿的空气接触,可渐渐水解生成二氧化碳和氯化氢,与氨反应可生成尿素。

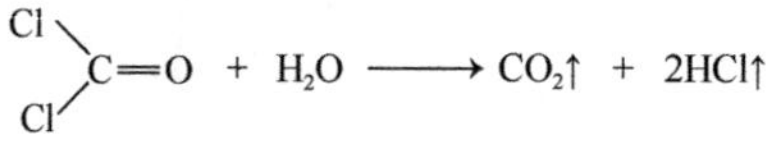

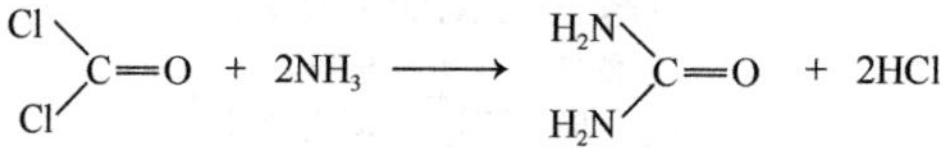

碳酰氯与等量醇在低温条件下反应,可生成氯甲酸酯。若醇过量则生成碳酸酯。

氯甲酸乙酯

碳酸二乙酯

碳酰氯性质活泼,是有机合成中重要的一种试剂,它与芳烃可发生弗-克反应,水解后得到芳香酸。若生成的芳酰氯再和一分子的芳烃反应,则可生成二芳基酮。

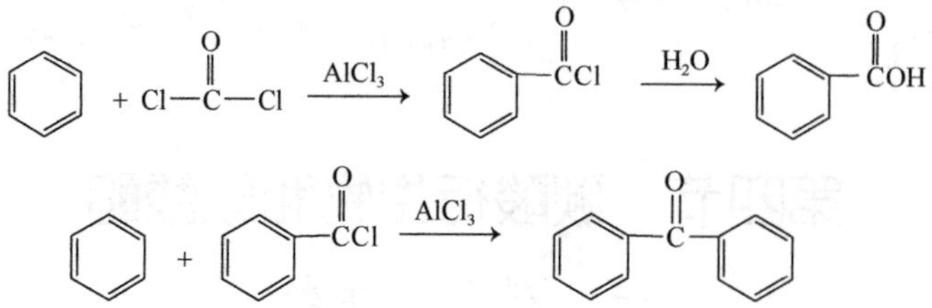

碳酰氯与二元醇反应,能生成五元或六元环状化合物。

$$\text{HO-CH}_2\text{CH}_2\text{-OH} + \underset{\text{Cl}}{\overset{\text{Cl}}{\text{C}}}=O \longrightarrow \underset{\text{碳酸乙二醇酯}}{\text{(环状碳酸酯)}}$$

(二) 碳酰胺

碳酸能生成两种酰胺。

$$\underset{\text{氨基甲酸}}{NH_2-\overset{O}{\overset{\|}{C}}-OH} \qquad\qquad \underset{\text{脲(尿素)}}{NH_2-\overset{O}{\overset{\|}{C}}-NH_2}$$

1. 脲　脲又称尿素，是碳酸的二元酰胺，也是碳酸最重要的衍生物。

尿素为菱状或针状结晶，熔点132.7℃，易溶于水及醇而不溶于乙醚。最早在1773年从尿中取得，成人每人每天排泄的尿液中约含 30g 尿素。工业上用二氧化碳和过量氨在加压(14～20MPa)、加热(180℃)下生产尿素。

$$CO_2 + NH_3 \rightleftharpoons \left[NH_2-\overset{O}{\overset{\|}{C}}-OH\right] \overset{NH_3}{\rightleftharpoons} \left[NH_2-\overset{O}{\overset{\|}{C}}-ONH_4\right] \overset{-H_2O}{\rightleftharpoons} NH_2-\overset{O}{\overset{\|}{C}}-NH_2$$

尿素用途广泛，是一种重要的氮肥，也是有机合成中的重要原料。

尿素的化学性质有以下几点。

(1) 弱碱性：尿素具有弱碱性，其水溶液不能使石蕊试液变色，只能和强酸反应生成盐。例如，向尿素的水溶液中加入浓硝酸，生成的硝酸脲不溶于浓硝酸，微溶于水。利用此性质可以从尿中分离出尿素。

$$CO(NH_2)_2 + HNO_3 \longrightarrow CO(NH_2)_2 \cdot HNO_3\downarrow$$

(2) 水解：在酸或碱的影响下，加热时发生水解反应。

$$CO(NH_2)_2 + H_2O + HCl \overset{\triangle}{\longrightarrow} CO_2 + 2NH_4Cl$$
$$CO(NH_2)_2 + 2NaOH \overset{\triangle}{\longrightarrow} 2NH_3 + Na_2CO_3$$

尿素酶存在时，尿素能在常温下进行水解，生成 CO_2 与 NH_3。除人尿外，大豆中也含有大量的尿素酶。

$$CO(NH_2)_2 + H_2O \overset{\text{尿素酶}}{\longrightarrow} CO_2\uparrow + 2NH_3\uparrow$$

(3) 放氮反应：尿素与次卤酸钠溶液作用，可放出氮气，与霍夫曼降解反应相似。

$$CO(NH_2)_2 + 3NaOX \longrightarrow CO_2\uparrow + N_2\uparrow + 2H_2O + 3NaX$$

测量所生成的氮气的体积即可定量地测定尿液中尿素的含量。

(4) 缩二脲反应：将固体尿素小心加热至150～160℃，则两分子间脱去一分子氨，生成缩二脲。

$$NH_2-\overset{O}{\overset{\|}{C}}-NH_2 + NH_2-\overset{O}{\overset{\|}{C}}-NH_2 \longrightarrow \underset{\text{缩二脲}}{NH_2-\overset{O}{\overset{\|}{C}}-NH-\overset{O}{\overset{\|}{C}}-NH_2} + NH_3\uparrow\uparrow$$

缩二脲为无色针状结晶，在碱性溶液中能与硫酸铜产生紫红色的颜色反应，这个反应称为缩二脲反应。凡分子中含有两个或两个以上的酰胺键(即—CO—NH，肽键)的化合物都可以发生此颜色反应。常用于多肽和蛋白质分子的鉴别。

(5) 酰基化：尿素和酰氯、酸酐或酯作用，可生成相应的酰脲。例如，脲与乙酰氯反应可生成乙酰脲或二乙酰脲。

$$NH_2-\overset{O}{\overset{\|}{C}}-NH_2 \overset{CH_3COCl}{\longrightarrow} \underset{\text{乙酰脲}}{H_3C-\overset{O}{\overset{\|}{C}}-NH-\overset{O}{\overset{\|}{C}}-NH_2} \overset{CH_3COCl}{\longrightarrow} \underset{\text{二乙酰脲}}{H_3C-\overset{O}{\overset{\|}{C}}-NH-\overset{O}{\overset{\|}{C}}-NH-\overset{O}{\overset{\|}{C}}-CH_3}$$

尿素和丙二酸酯在乙醇钠的条件下，可生成环状的丙二酰脲。

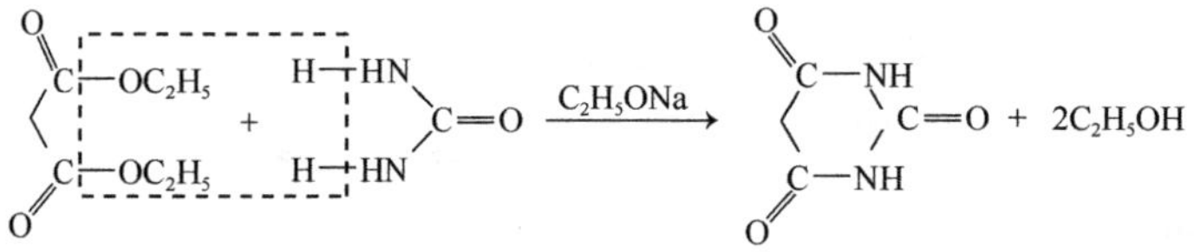

$$\text{(结构式反应)} \xrightarrow{C_2H_5ONa} \text{(巴比妥酸)} + 2C_2H_5OH$$

丙二酰脲的酸性($pK_a=3.99$)较乙酸($pK_a=4.76$)的酸性强，又称为"巴比妥酸"(barbituric acid)。其亚甲基上的两个氢原子被烃基取代的衍生物是一类常用的镇静安眠药，总称为巴比妥类(barbital)药物。通式如下所示。

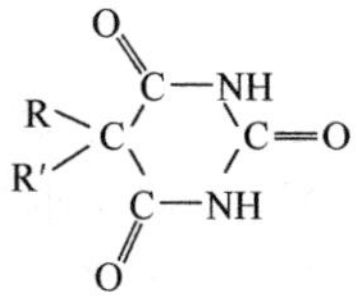

例如，两种最常用的安眠药，二乙基丙二酰脲(药名巴比妥)、乙基苯基丙二酰脲[苯巴比妥(phenobarbital)，又称鲁米那(luminal)]。

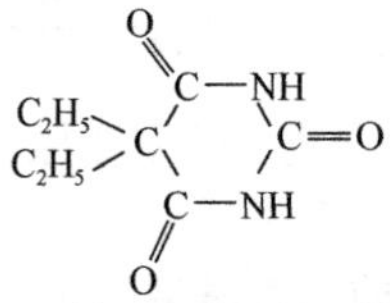

二乙基丙二酰脲(巴比妥) 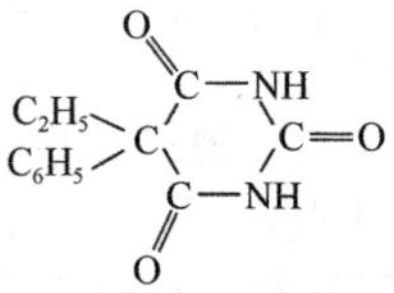　　乙基苯基丙二酰脲(苯巴比妥)

2. 氨基甲酸酯　当碳酸分子中两个羟基分别被氨基和烷氧基取代，得到氨基甲酸酯。

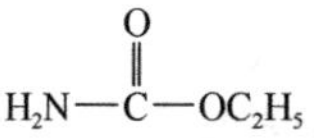

$$H_2N-\overset{O}{\underset{\|}{C}}-OC_2H_5 \qquad RHN-\overset{O}{\underset{\|}{C}}-OC_2H_5$$
氨基甲酸酯 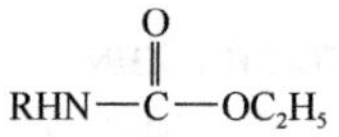　　　　　　　N-取代氨基甲酸酯

氨基甲酸酯不能直接从碳酸制备，而是以光气为原料，先经醇解再氨解，或者先氨解再醇解而制得。

氨基甲酸酯是一类具有镇静和轻度催眠作用的药物，如常用的催眠药甲丙氨酯(眠尔通)。

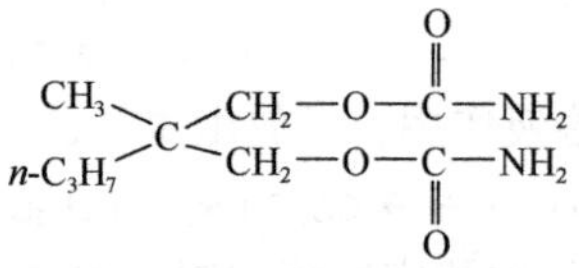

2-甲基-2-正丙基-1,3-丙二醇双氨基甲酸酯
(甲丙氨酯)

(三) 硫脲和胍

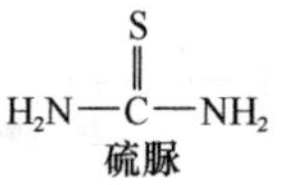

$$H_2N-\overset{S}{\underset{\|}{C}}-NH_2 \qquad H_2N-\overset{NH}{\underset{\|}{C}}-NH_2$$
硫脲 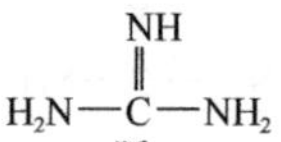　　　　　胍

1. 硫脲　硫脲可以看成是脲分子中的氧原子被硫原子取代的化合物，它可通过硫氰酸铵加热后得到。

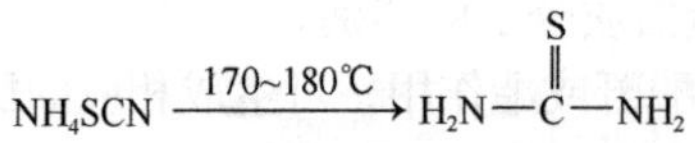

$$NH_4SCN \xrightarrow{170\sim180℃} H_2N-\overset{S}{\underset{\|}{C}}-NH_2$$

硫脲为白色菱形晶体，熔点180℃，能溶于水。其化学性质与脲相似，能与强酸反应生成盐，但稳定性不如脲盐，在酸或碱存在下，硫脲容易发生水解。

$$H_2N-\overset{S}{\underset{\|}{C}}-NH_2 + 2H_2O \xrightarrow[\triangle]{H^+或OH^-} CO_2\uparrow + 2NH_3\uparrow + H_2S\uparrow$$

　　硫脲可发生互变异构成为烯醇式的异硫脲，异硫脲的化学性质比较活泼，易生成 S-烷基衍生物，也易氧化形成二硫键。而脲主要以酮式存在，则不发生类似的反应。

$$H_2N-\underset{\underset{S}{\parallel}}{C}-NH_2 \Longrightarrow H_2N-\underset{\underset{SH}{\mid}}{C}=NH$$

异硫脲

$$H_2N-\underset{\underset{SH}{\mid}}{C}=NH + CH_3I \longrightarrow H_2N-\underset{\underset{SCH_3}{\mid}}{C}=NH \cdot HI$$

S-甲基异硫脲氢碘酸盐

$$H_2N-\underset{\underset{SH}{\mid}}{C}=NH \xrightarrow{[O]} H_2N-\underset{\underset{NH}{\parallel}}{C}-S-S-\underset{\underset{NH}{\parallel}}{C}-NH_2$$

　　硫脲是重要化工原料，可用于生产甲硫氧嘧啶等药物。

　　2. 胍　胍可以看作是脲分子中的氧被亚氨基(=NH)取代后的产物，又称为亚氨基脲。胍分子中氨基上除去一个氢原子后剩余的基团称为胍基；除去一个氨基后的基团称为脒基。

$$H_2N-\underset{\underset{NH}{\parallel}}{C}-NH- \qquad\qquad -H_2N-\underset{\underset{NH}{\parallel}}{C}$$

胍基 脒基

　　胍为吸湿性很强的无色结晶，熔点为50℃，易溶于水。胍是一个有机强碱，碱性接近于氢氧化钠。在空气中能吸收二氧化碳，生成稳定的盐。

$$2H_2N-\underset{\underset{NH}{\parallel}}{C}-NH_2 + H_2O + CO_2 \Longrightarrow (H_2N-\underset{\underset{NH}{\parallel}}{C}-NH_2)_2 \cdot H_2CO_3$$

　　胍的强碱性主要是由于 N 原子接受 H⁺后能形成稳定的胍阳离子。

$$H_2N-\underset{\underset{NH}{\parallel}}{C}-NH_2 + H^+ \longrightarrow \left[H_2N-\underset{\underset{NH_2}{\parallel}}{C}-NH_2 \right]^+$$

　　在胍阳离子中三个氮原子均匀地分布在碳原子周围，三个碳氮键出现完全平均化(键长均为 118pm)，比一般的 C—N(147pm)和 C=N(128pm)都短，主要是由于体系中存在共轭效应，体系能量降低，稳定性升高。所以胍具有很强的碱性。

　　胍容易水解成脲和氨。

$$H_2N-\underset{\underset{NH}{\parallel}}{C}-NH_2 + H_2O \xrightarrow{Ba(OH)_2} H_2N-\underset{\underset{O}{\parallel}}{C}-NH_2 + NH_3\uparrow$$

　　胍的衍生物具有很强的生理活性，是一类比较重要的药物。例如，链霉素、苯乙双胍、肌酸等都是含有胍基的重要药物。

$$$$

苯乙双胍

甲基胍乙酸(肌酸)

链霉素

二、原 酸 酯

原酸酯(ortho esters)是由不稳定的原酸形成的三烃基衍生物，其通式为

$$R-\underset{\underset{OR'}{|}}{\overset{\overset{OR'}{|}}{C}}-OR'$$

原酸酯是一类反应活性较高的化合物，它们对碱稳定，而在酸性条件下易发生水解，故原酸酯只能在碱性或无水条件下储存。

$$R-\underset{\underset{OR'}{|}}{\overset{\overset{OR'}{|}}{C}}-OR' + H_2O \xrightarrow{H^+} R-\overset{\overset{O}{\|}}{C}-OR' + ZR'OH$$

原酸酯可与醛、酮发生反应生成缩醛或缩酮，其中原甲酸酯常用于制备缩醛或缩酮。

$$\underset{R}{\overset{R}{>}}C=O + HC(OC_2H_5)_3 \rightleftharpoons \underset{R}{\overset{R}{>}}C\underset{OC_2H_5}{\overset{OC_2H_5}{<}} + HCOOC_2H_5$$

酮　　　原甲酸酯　　　　　缩酮　　　　　甲酸酯

第五节　制　备

一、酰卤的制备

有机酸与三卤化磷(如 PCl₃)、五卤化磷(如 PCl₅)、亚硫酰氯(SOCl₂)等反应，可生成酰卤，是制备酰卤常用的方法。

$$3R-\overset{\overset{O}{\|}}{C}-OH + PCl_3 = 3R-\overset{\overset{O}{\|}}{C}-Cl + H_3PO_3$$

$$3R-\overset{\overset{O}{\|}}{C}-OH + PCl_5 = 3R-\overset{\overset{O}{\|}}{C}-Cl + PClO_3 + HCl$$

$$R-\overset{\overset{O}{\|}}{C}-OH + SOCl_2 = R-\overset{\overset{O}{\|}}{C}-Cl + SO_2 + HCl$$

二、酸酐的制备

酸酐可通过两分子羧酸在脱水剂条件下脱水而成，但只适合制备两分子烃基相同的酸酐。

$$2R-\overset{\overset{O}{\|}}{C}-OH \xrightarrow[\triangle]{P_2O_5} R-\overset{\overset{O}{\|}}{C}-O-\overset{\overset{O}{\|}}{C}-R + H_2O$$

混合酸酐可通过酰卤与羧酸盐共热制备得到。

$$R-\overset{\overset{O}{\|}}{C}-Cl + NaO-\overset{\overset{O}{\|}}{C}-R' \longrightarrow R-\overset{\overset{O}{\|}}{C}-O-\overset{\overset{O}{\|}}{C}-R' + NaCl$$

三、酯 的 制 备

酯一般可通过羧酸、酰氯或酸酐与醇反应得到，而对于一些特殊结构的酯可通过炔烃与醇加成或酯交换的方法得到。

$$
\begin{array}{c}
\text{RCOOH} \\
\text{RCOCl} \\
\text{(RCO)}_2\text{O}
\end{array}
+ \text{R'OH} \longrightarrow
\underset{\displaystyle R-\overset{\displaystyle O}{\overset{\|}{C}}-OR'}{}
+
\begin{array}{c}
\text{H}_2\text{O} \\
\text{HCl} \\
\text{RCOOH}
\end{array}
$$

$$
R-\overset{O}{\overset{\|}{C}}-OH + HC\equiv CH \longrightarrow R-\overset{O}{\overset{\|}{C}}-O-CH=CH_2
$$

四、酰胺的制备

羧酸与氨反应形成铵盐，加热后得到酰胺；酰卤、酸酐和酯发生氨解反应也可制备得到酰胺。这些是制备酰胺常用的方法。

$$
\text{RCOOH} + \text{NH}_3 \longrightarrow \text{RCOONH}_4 \overset{\triangle}{\longrightarrow} \text{RCONH}_2 + \text{H}_2\text{O}
$$

$$
\begin{array}{c}
\text{RCOCl} \\
\text{(RCO)}_2\text{O} \\
\text{RCOOR'}
\end{array}
+ \text{NH}_3 \longrightarrow \text{RCONH}_2 +
\begin{array}{c}
\text{HCl} \\
\text{RCOOH} \\
\text{R'OH}
\end{array}
$$

关 键 词

羧酸衍生物 carboxylic acid derivatives　　　酯 ester

酰卤 acyl halide　　　酰胺 amide

酸酐 acid anhydride　　　酰基 acyl group

本 章 小 结

羧酸衍生物是指羧酸中羧基上的羟基被其他的原子或基团取代后的产物，常见的有酰卤、酸酐、酯、酰胺。酰卤是根据酰基和卤素的名称来命名的；酸酐在相应羧酸名称后加"酐"，称为某酸酐；酯是由相应的羧酸和醇的名称命为某酸某酯；酰胺是根据酰基和氨基的名称来命名的。

羧酸衍生物一般在水中的溶解度较小，易溶于有机溶剂；酰胺在水中的溶解度随着分子量的增大或氮原子上氢原子的减少而不断减小，而 N, N-二甲基甲酰胺、N, N-二甲基乙酰胺能与水以任意比例混合，是一种有机物及无机物的优良非质子性溶剂。

羧酸衍生物能水解、醇解和氨解；能与格氏试剂、二烷基铜锂反应；能发生罗森孟德反应(酰氯还原为醛)，以及氢化铝锂(不涉及碳碳间的不饱和键)、催化氢化等还原反应；能发生酯缩合反应。酰胺具有酸碱性特性，能发生霍夫曼降解反应。代表性的碳酸衍生物有碳酰氯、碳酰胺、硫脲和胍等。原酸衍生物的代表原酸酯是由不稳的原酸形成的三烃基衍生物，可与醛、酮发生反应生成缩醛或缩酮。

有机酸与三卤化磷、五卤化磷、亚硫酰氯等反应可生成酰卤；酸酐可通过两分子羧酸在脱水剂条件下脱水而成；酯一般可通过羧酸、酰氯或酸酐与醇反应得到；羧酸与氨反应形成铵盐，加热后得到酰胺，酰卤、酸酐和酯发生氨解反应也可制备得到酰胺。

阅读材料

克莱森简介

克莱森(R.L.Claisen，1851~1930)生于德国科隆(Cologne)，他在波恩大学(University of Bonn)取得了博士学位并成为凯库勒(Kekule)的助手。曾在魏勒(Wohler)实验室工作了一段时间，也曾在柏林大学与费歇尔(Emil Fischer)一起工作过。Claisen 曾在英国逗留了 4 年，1886 年回国后在慕尼黑(Munich)于 von Baeyer 指导下工作。

克莱森是一个富有创造力的化学家，他的研究成果在有机化学中处处可见，他的成就包括发现羰基化合物的酰化、烯丙基重排(Claisen 重排)、肉桂酸(PhCH=CHCOOH)的制备、吡唑(邻二氮杂茂)的合成、异噁唑衍生物的合成和乙酰乙酸乙酯的制备等。

Claisen 酯缩合反应是指含有 α-H 的酯在碱(一般用 NaOEt)作用下进行的反应，反应后脱掉一分子醇形成 β-羰基酸酯。Claisen 酯缩合反应可以是相同分子间的缩合，也可以是具有 α-H 的酯与没有 α-H 的酯进行的交叉缩合。由于此反应应用广泛，后来把提供酰基的化合物，如酯、酰氯、酸酐与酯、醛、酮(提供 α-H)的反应都称为 Claisen 缩合反应。

习　题

1. 命名下列化合物或写出结构式。

(1) 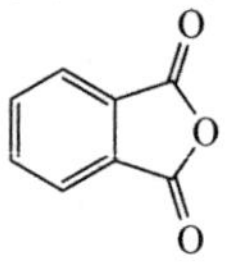 　　(2)

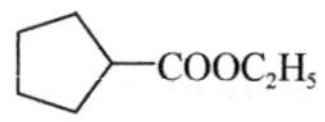

(3) $C_2H_5OOC-CH_2-CH-COOC_2H_5$ (CH₃ below CH)　　(4) $CH_3CH_2CH_2\overset{O}{\overset{\|}{C}}N(CH_3)_2$

(5) 苯甲酰溴　　(6) 邻苯二甲酰亚胺

(7) 2-甲基-3-戊烯酸叔丁酯　　(8) 三乙酸甘油酯

2. 完成下列反应式。

(1) 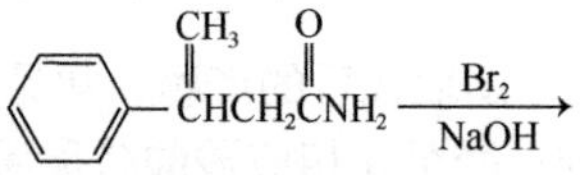 $\xrightarrow[\text{NaOH}]{\text{Br}_2}$

(2) $+ CH_3CH_2NH_2 \longrightarrow$

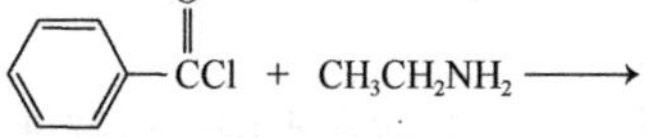

(3) $(CH_3CH_2)_3C\overset{O}{\overset{\|}{C}}OC_2H_5 + CH_3CH_2MgCl \xrightarrow[\text{②}H_3O^+]{\text{①无水乙醚}}$

(4) $CH_3CH_2\overset{O}{\overset{\|}{C}}OCH=CH_2 \xrightarrow[\text{H}_2O]{\text{NaOH}}$

(5) $2\ CH_3CH_2CH_2\overset{O}{\overset{\|}{C}}OC_2H_5 \xrightarrow[\text{②}H_3O^+]{\text{①}C_2H_5ONa}$

(6) 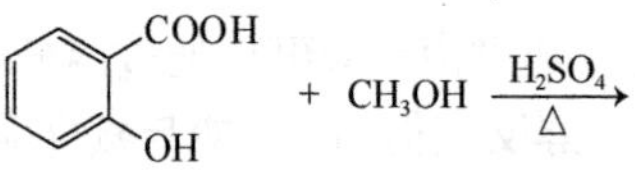 $+ CH_3OH \xrightarrow[\triangle]{\text{H}_2SO_4}$

(7) 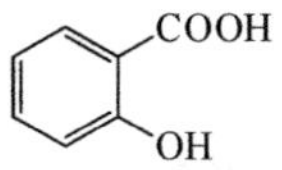
$$\text{（邻-HOOC-C}_6\text{H}_4\text{-OH）} + (CH_3CO)_2O \longrightarrow$$

(8) $(CH_3)_2CHCH_2CH_2\overset{\underset{\displaystyle O}{\|}}{C}OC_2H_5 \xrightarrow{CH_3OH}$
（其中含 CH_3 支链）

(9) 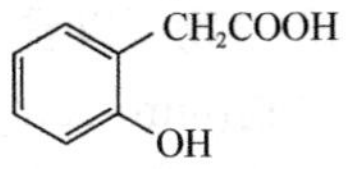
$$\text{（邻-CH}_2\text{COOH-C}_6\text{H}_4\text{-OH）} \xrightarrow{\triangle}$$

(10) $CH_3CH_2CH_2\overset{\underset{\displaystyle O}{\|}}{C}Cl + H_2O \longrightarrow$

3. 用化学方法区别下列各组化合物。

(1) 乙酸、乙酸乙酯、乙酰胺、乙酰氯

(2) 丙酸乙酯、丙酸乙烯酯、丙烯酸乙酯、乙酸正丙酯

4. 由不超过 4 个碳原子的有机物为原料合成下列化合物。

(1) 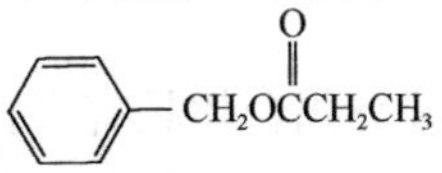 $\text{C}_6\text{H}_5\text{-CH}_2O\overset{\underset{\displaystyle O}{\|}}{C}CH_2CH_3$
(2) $CH_3CH_2\text{-}\underset{\underset{\displaystyle}{\overset{\displaystyle CH_3}{|}}}{CH}\text{-CCOOH}$

5. 推测结构式。

(1) 化合物 A，分子式为 $C_4H_6O_4$，加热后得到分子式为 $C_4H_4O_3$ 的 B，将 A 与过量甲醇及少量硫酸一起加热得分子式为 $C_6H_{10}O_4$ 的 C。B 与过量甲醇作用也得到 C。A 与 $LiAlH_4$ 作用后得分子式为 $C_4H_{10}O_2$ 的 D。写出 A、B、C、D 的结构式。

(2) 化合物 A 的分子式是 $C_9H_{10}O_2$，能溶于 NaOH 溶液，可与羟氨、氨基脲等反应，又能与 $FeCl_3$ 溶液发生显色反应，但不与托伦试剂反应。A 经 $LiAlH_4$ 还原则生成化合物 B，B 的分子式为 $C_9H_{12}O_2$。A 和 B 均能起卤仿反应。将 A 用锌汞齐在浓 HCl 中还原，可以生成化合物 C，C 的分子式为 $C_9H_{12}O$，将 C 与 NaOH 溶液作用，然后与碘甲烷煮沸，得到化合物 D，D 的分子式为 $C_{10}H_{14}O$。D 用 $KMnO_4$ 溶液氧化，最后得到对甲氧基苯甲酸。试写出 A、B、C、D 的结构式。

(3) 某两个酯类化合物 A 和 B，分子式均为 $C_4H_6O_2$。A 在酸性条件下水解成甲醇和另一个化合物 C，C 的分子式为 $C_3H_4O_2$，C 可使溴的四氯化碳溶液褪色。B 在酸性条件下水解生成一分子羧酸和化合物 D；D 可发生碘仿反应，也可与托伦试剂作用。试推测 A、B、C、D 的结构式。

(林玉萍)

第十一章　含氮有机化合物

分子中含有氮元素的有机化合物称为含氮有机化合物。含氮有机化合物可以看成是烃分子中的一个或几个氢原子被含氮基团取代的化合物，主要包括硝基化合物(nitro-compound)、胺(amine)、重氮化合物(diazo compound)、偶氮化合物(azo compound)等。在有机化合物中含氮有机化合物占有非常重要的地位，许多含氮有机化合物具有重要的生理活性，与生命活动密切相关；有的含氮有机化合物具有抗菌、镇痛等药理作用。含氮有机化合物种类较多，本章主要介绍其中的胺类、重氮和偶氮类化合物。

第一节　胺类化合物

胺可以看作氨分子中的氢原子被烃基取代所生成的化合物。胺类化合物具有多种生理作用，在医药上用作退热、镇痛、局部麻醉、抗菌等药物。

一、结构、分类和命名

(一) 结构

氮原子的外层电子构型为 $2s^2 2p^3$，在形成 NH_3 时氮原子为不等性 sp^3 杂化。氮原子用 3 个不等性 sp^3 杂化轨道与 3 个氢的 s 轨道重叠，形成 3 个 σ_{sp^3-s} 键，氮原子上尚有一对孤对电子占据另一个 sp^3 杂化轨道，这样便形成具有棱锥形结构的氨分子。

胺类化合物具有类似氨的结构。氨、三甲胺结构如下所示

在芳香胺中，氮上孤对电子占据的不等性 sp^3 杂化轨道与苯环 π 电子轨道重叠，原来属于氮原子的一对孤对电子分布在由氮原子和苯环所组成的共轭体系中(图 11-1)。

图 11-1　芳香胺的结构

(二)分类和命名

1. 胺的分类　胺可视作 NH_3 的烃基衍生物。NH_3 中的一个氢被烃基取代所得的化合物称为伯胺(primary amine)(1°胺)，两个氢被烃基取代所得的化合物称为仲胺(secondary amine)(2°胺)，3 个氢被烃基取代所得的化合物称为叔胺(tertiary amine)(3°胺)。也可以看成氮原子上所连烃基的数目不同。

NH_3	RNH_2	R_2NH	R_3N
	$ArNH_2$	Ar_2NH	Ar_3N

胆　　　　　　1° 胺　　　　　2° 胺　　　　3° 胺
　　　　　　　伯胺　　　　　仲胺　　　　叔胺

根据胺分子中烃基的种类，胺可分为脂肪胺和芳香胺。氮原子与脂肪烃基相连的称为脂肪胺，氮原子与芳香环直接相连的称为芳香胺。

CH₃CH₂N(CH₃)₂

脂肪叔胺　　　　脂肪伯胺　　　芳香伯胺　　　芳香仲胺

胺的伯胺、仲胺、叔胺的含义与醇的伯醇、仲醇、叔醇的含义完全不同。醇的分类依据羟基所连碳原子的类型；胺的分类依据氮原子上烃基的数目。

$$H_3C-\underset{\underset{CH_3}{|}}{\overset{\overset{CH_3}{|}}{C}}-OH \qquad\qquad H_3C-\underset{\underset{CH_3}{|}}{\overset{\overset{CH_3}{|}}{C}}-NH_2$$

叔醇　　　　　　　　　　　　伯胺

叔丁醇属于叔醇，因为羟基连在叔碳原子上，而叔丁胺则属于伯胺，因为氮原子上只连有一个烃基。

根据分子中所含氨基的数目不同，胺还可以分为一元胺(monamine)和多元胺(diamine)。

$$CH_3CH_2CH_2NH_2 \qquad\qquad H_2NCH_2CH_2\underset{\underset{}{\overset{\overset{NH_2}{|}}{C}}H}CH_2NH_2$$

一元胺　　　　　　　　　　多元胺

NH_4^+中的四个氢原子被烃基取代所得的离子称为季铵离子。季铵离子与酸根结合形成季铵盐(quaternary ammonium salt)，与OH^-结合形成季铵碱(quaternary ammonium base)。

$$C_6H_5CH_2N^+(CH_3)_3Cl^- \qquad\qquad C_6H_5CH_2N^+(C_2H_5)_3OH^-$$

季铵盐　　　　　　　　　　季铵碱

2. 胺的命名　简单的胺，以胺为母体，烃基作为取代基，称为"某胺"。命名时，先写出连于氮上的烃基名，然后加上胺字即可。氮原子上连有两个或三个相同的烃基时，将其数目和名称依次写于胺之前；若所连烃基不同，按次序规则将烃基依次写于胺前。芳香伯胺或叔胺以芳香伯胺为母体，在脂肪烃基前冠以"N-"或"N,N-"，以表示烃基直接与氮相连。

CH₃CH₂NH₂　　　CH₃NH₂CH₂CH₃　　　CH₃NHCH(CH₃)₃　　　H₂NCH₂CH₂NH₂
乙胺　　　　　　甲乙胺　　　　　甲异丙胺　　　　　　乙二胺
ethylamine　　　ethyl methylamine　methylisopropylamine　ethylenediamine

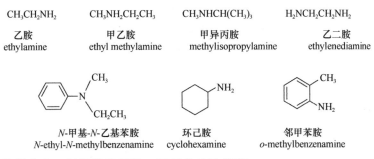

N-甲基-N-乙基苯胺　　　　　环己胺　　　　　　邻甲苯胺
N-ethyl-N-methylbenzenamine　cyclohexamine　　o-methylbenzenamine

结构复杂胺的命名，以烃作为母体，氨基作为取代基。

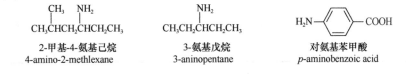

2-甲基-4-氨基己烷　　　　3-氨基戊烷　　　　对氨基苯甲酸
4-amino-2-methlexane　　3-aninopentane　　p-aminobenzoic acid

季铵盐可看作是无机铵盐($NH_4^+Cl^-$)分子中四个氢原子被烃基取代的产物。季铵类化合物命名时，用"铵"字代替"胺"字，并在前面加上负离子的名称。

$$\left[\begin{array}{c} CH_3 \\ | \\ H_3C-N^+-CH_3 \\ | \\ CH_3 \end{array}\right] Cl^-$$

氯化四甲基铵

季铵碱可看作是氢氧化铵($NH_4^+OH^-$)分子中四个氢原子被烃基取代的产物。季铵碱类化合物由季铵阳离子(R_4N^+)和氢氧根离子(OH^-)组成，因此具有强碱性，其碱性与氢氧化钠相当；且有易溶于水、易吸收空气中的二氧化碳、易潮解等性质。

$$\left[\begin{array}{c} CH_3 \\ | \\ H_3C-N^+-CH_3 \\ | \\ CH_3 \end{array}\right] OH^-$$

氢氧化四甲基铵

$$[HOCH_2\overset{+}{N}(CH_3)_3]OH^- \qquad [CH_3COOCH_2\overset{+}{N}(CH_3)_3]OH^-$$
胆碱 　　　　　　　　　　　乙酰胆碱

二、物理性质及光谱性质

(一) 物理性质

分子量较低的胺，如甲胺、二甲胺、三甲胺和乙胺等在常温下均是无色气体，丙胺以上为液体，高级胺为固体。

六个碳原子以下的低级胺可溶于水，这是因为氨基可与水形成氢键。但随着胺中烃基碳原子数的增多，水溶性降低，高级胺难溶于水。胺有难闻的气味，许多脂肪胺有鱼腥臭味，丁二胺与戊二胺有腐烂肉的臭味，故它们又分别被称为腐胺与尸胺。

胺是具有中等极性的物质，伯胺和仲胺可以形成分子间氢键，而叔胺的氮原子上不连有氢原子，分子间不能形成氢键，故伯胺和仲胺的沸点要比碳原子数目相同的叔胺高。同样的道理，伯胺和仲胺的沸点较分子量相近的烷烃高。但是，由于氮的电负性不如氧的强，胺分子间的氢键比醇分子间的氢键弱，所以胺的沸点低于分子量相近的醇的沸点。一些常见胺的物理性质见表 11-1。

表 11-1　一些常见胺的物理性质

化合物	Mr	熔点(℃)	沸点(℃)	pK_b	溶解度(g/100ml H_2O)
甲胺	31	-2	-6.3	3.37	易溶
乙胺	45	-81	17	3.29	易溶
二甲胺	45	-96	-7.5	3.22	易溶
二乙胺	73	-48	55	3	易溶
丙胺	59	83	49	—	易溶
丁胺	73	-49	79	—	易溶
戊胺	87	-55	104	—	易溶

续表

化合物	Mr	熔点(℃)	沸点(℃)	pK_b	溶解度(g/100ml H$_2$O)
二丙胺	101	−63	110	—	微溶
乙二胺	60	8.5	116.5	—	微溶
己二胺	116	41~42	196	—	易溶
苯胺	93	−6.2	184	9.12	3.7
苄胺	107	95	185	—	易溶
N-甲基苯胺	107	−57	196	9.20	3.7
二苯胺	169	54	302	13.21	—

(二) 光谱性质

1. 红外光谱 胺类化合物最显著的特征是 3500~3300cm^{-1} 的 N—H 键伸缩振动吸收区。在稀溶液中，游离伯胺在该区域有两个吸收峰，一个是对称伸缩振动吸收峰，另一个是不对称伸缩振动吸收峰。仲胺在这个区域只有一个伸缩振动吸收峰，叔胺没有 N—H 键，在该区域无吸收。此外，伯胺在 1650~1590cm^{-1} 还有强 N—H 键面内弯曲振动吸收峰，仲胺的这个峰很弱，通常观察不到。

2. 核磁共振氢谱 在胺中直接连在氮原子上的质子化学位移变化较大，一般情况下，脂肪胺氢原子上质子的化学位移 $\delta = 1.0~2.6$ppm，芳香胺 $\delta = 2.6~4.7$ppm。胺中氮的 α-碳原子上质子的化学位移受氢原子的影响向低场移动，通常 $\delta = 2.7$ppm；β-碳原子上的质子受氢影响较小，通常其化学位移 $\delta = 1.1~1.7$ppm。

三、化学性质

胺的化学性质与官能团氨基和氮原子上的孤对电子有关。胺分子中的氮原子是不等性 sp^3 杂化，其中一个 sp^3 杂化轨道有一对未共用电子，在一定条件下给出电子，使胺分子中的氮原子成为碱性中心。

(一)碱性及成盐反应

伯胺、仲胺、叔胺的氮原子上都有一对孤对电子，因此它们与氨一样具有碱性，都易接受氢离子形成盐。胺在水溶液中的离解平衡如下所示。

$$RNH_2 + H_2O \rightleftharpoons R\overset{+}{N}H_3 + OH^-$$

脂肪胺的碱性比无机氨(NH$_3$)强，芳香胺的碱性比氨弱。这是由于脂肪胺氮原子上连的都是供电子的烃基，使氮原子上电子云密度增大，更有利于接受氢离子。芳香胺中氮原子上的孤对电子与苯环形成共轭，氮原子上电子云向苯环流动，导致氮原子与质子结合能力降低。影响胺碱性强弱的因素是多方面的，含氮化合物碱性强弱是这些影响因素的综合结果。常见的含氮化合物碱性强弱次序为季铵碱>脂肪胺>氨>芳香胺。

胺与酸作用生成铵盐。铵盐一般都是有一定熔点的结晶性固体，易溶于水和乙醇，而不溶于非极性溶剂，由于胺的碱性不强，一般只能与强酸作用生成稳定的盐。

$$RNH_2 + HCl \longrightarrow R\overset{+}{N}H_3Cl^-$$

铵盐易溶于水，且比较稳定，因此 常将一些胺类药物制成其盐。

当铵盐遇强碱时又能游离出胺。

$$\underset{}{\text{C}_6\text{H}_5\text{NH}_2\cdot\text{HCl}} + \text{NaOH} \longrightarrow \underset{}{\text{C}_6\text{H}_5\text{NH}_2} + \text{NaCl} + \text{H}_2\text{O}$$

这些性质可用于胺的鉴别、分离和提纯。在制药过程中，常将含有氨基、亚氨基等难溶于水的药物制成可溶性的铵盐以供药用。

(二) 烃基化反应

与氨一样，胺类化合物的氮原子存在一对未共用电子，可作为亲核试剂与卤代烃发生亲核取代反应。反应一般按 S_N2 机理进行，如伯胺与卤代烃发生亲核取代反应生成仲胺。由于烃基的供电子作用，仲胺中氮原子上的孤对电子亲核能力更强，可继续与卤代烃发生亲核取代反应生成叔胺。叔胺还可继续与卤代烃发生亲核取代反应生成季铵盐。该反应往往得到几种产物的混合物。

$$\text{RNH}_2 \xrightarrow{\text{RX}} \text{R}_2\text{NH} \xrightarrow{\text{RX}} \text{R}_3\text{N} \xrightarrow{\text{RX}} \text{R}_4\overset{+}{\text{N}}\text{X}^-$$

$$\text{ArNH}_2 \xrightarrow{\text{RX}} \text{ArNHR} \xrightarrow{\text{RX}} \text{ArNR}_2 \xrightarrow{\text{RX}} \text{ArN}\overset{+}{\text{R}}_3\text{X}^-$$

(三) 酰化反应

伯胺、仲胺与酰化试剂(如酰卤、酸酐等)作用，氮原子上的氢原子被酰基(RCO—)取代生成 N-取代或 N,N-二取代酰胺，此反应称为酰化反应。伯胺和仲胺可发生酰化反应，叔胺的氮原子上因无氢原子，不能发生此反应。

乙酰氯　　　　　　　　乙酰苯胺

$$\text{CH}_3\text{NH}_2 + \text{CH}_3\overset{\text{O}}{\underset{}{\text{C}}}-\text{O}-\overset{\text{O}}{\underset{}{\text{C}}}\text{CH}_3 \longrightarrow \text{CH}_3\text{NH}\overset{\text{O}}{\underset{}{\text{C}}}\text{CH}_3 + \text{CH}_3\text{COOH}$$

乙酸酐　　　　　　　　　　N-甲基乙酰胺

脂肪胺亲核能力强，可与酯发生亲核取代反应生成酰胺；而芳香胺亲核能力弱，一般需用酰氯或酸酐酰化。胺发生酰化反应生成酰胺，而酰胺在酸或碱催化下水解又生成原来的胺，因此在有机合成中常利用酰化反应来保护芳香胺的氨基。

胺的酰化反应在有机合成或药物合成上除了用于合成重要的酰胺类化合物外，还常用于保护氨基。

(四) 与亚硝酸反应

伯胺、仲胺、叔胺都能与亚硝酸反应，亚硝酸与不同种类胺反应的产物与胺的结构有关，各有不同的反应和现象，可用于鉴别伯胺、仲胺、叔胺。由于亚硝酸不稳定，常用亚硝酸盐和盐酸代替亚硝酸。

1. 伯胺与亚硝酸反应　　不管是脂肪伯胺还是芳香伯胺与亚硝酸反应都首先形成重氮盐

(diazonium salt)。所不同的是脂肪伯胺与亚硝酸反应，形成的重氮盐很不稳定，即使在低温(0℃)也即刻分解，并定量放出氮气。

$$CH_3CH_2NH_2 \xrightarrow[0\sim5℃]{NaNO_2/HCl} CH_3CH_2\overset{+}{N}\equiv\overset{-}{N}Cl \longrightarrow N_2\uparrow$$

脂肪伯胺　　　　　　　　　脂肪重氮盐
　　　　　　　　　　　　　　（极不稳定）

　　由于亚硝酸易分解，因此进行反应时，通常用亚硝酸钠与盐酸作用产生亚硝酸。上述反应除定量放出氮气外，还生成烯烃、醇、卤代烃等混合产物。此反应在制备上无实用价值，但由于能定量放出氮气，可用于伯胺的定量测定。

　　芳香族伯胺在强酸溶液中与亚硝酸作用生成重氮盐的反应称为重氮化反应。生成的芳香重氮盐较脂肪重氮盐稳定，置于0～5℃时不立即放出氮气，可进行其他反应。

苯胺　　　　　　　　　　氯化重氮苯　　　　　　　　　　
（芳香伯胺）　　　　　（芳香重氮盐低温稳定）

　　在合适的条件下，芳香重氮盐还可以与酚类化合物及芳香胺发生偶联反应，形成偶氮化合物。偶氮化合物都带有颜色，均含有偶氮基(—N＝N—)，且偶氮基两端都与碳原子直接相连。这是偶氮化合物的结构特征。

　　2. 仲胺与亚硝酸反应　脂肪仲胺和芳香仲胺与亚硝酸的反应在胺的氮原子上发生亚硝基化，生成黄色油状物的 N-亚硝基胺(N-nitrosoamines)。

$$(CH_3CH_2)_2NH \xrightarrow[0\sim5℃]{NaNO_2/HCl} (CH_3CH_2)_2N—NO$$

N-亚硝基二乙胺(黄色油状物)

$$\text{（苯基）}—NHCH_3 \xrightarrow[0\sim5℃]{NaNO_2/HCl} \text{（苯基）}—N\begin{smallmatrix}CH_3\\NO\end{smallmatrix}$$

N-亚硝基-N-甲基苯胺(棕黄色固体)

　　N-亚硝基胺类化合物通常为黄色油状物(或黄色固体)，有明显的致癌作用，可引起动物多种器官和组织的肿瘤。

　　3. 叔胺与亚硝酸反应　脂肪叔胺和亚硝酸作用生成不稳定的亚硝酸盐，若用强碱处理，叔胺则重新游离出来。

$$R_3N + HNO_2 \longrightarrow R_2N^+HNO_2^- \xrightarrow{NaOH} R_3N + NaNO_2 + H_2O$$

　　芳香叔胺的苯环易于发生亲电取代。N,N-二甲基苯胺与亚硝酸反应生成 c-亚硝基芳胺。反应通常发生在对位，若对位已占据，则在邻位取代。

$$\text{（苯基）}—N(CH_3)_2 + HNO_2 \longrightarrow ON—\text{（苯基）}—N(CH_3)_2$$

对亚硝基-N,N-二甲基苯胺(绿色片状结晶)

　　对亚硝基-N, N-二甲基苯胺在强酸性条件下是具有醌式结构的橘黄色的盐，在碱性条件下转化为翠绿色的 c-亚硝基胺。

$$ON—\text{（苯基）}—N(CH_3)_2 \underset{OH^-}{\overset{H^+}{\rightleftharpoons}} HON＝\text{（环己二烯）}＝\overset{+}{N}(CH_3)_2$$

（翠绿色）　　　　　　　　　　　　（橘黄色）

依据不同类型的胺与亚硝酸反应的产物和现象可以鉴别各种类型的胺。

(五) 芳环上的取代反应

在芳环的亲电取代反应中，H_2N-、$RNH-$、R_2N- 等是强致活性的邻、对位定位基，而乙酰氨基是空间位阻较大的中等致活的邻、对位定位基。这些基团定位能力的差别在合成上十分有用。

1. 卤代反应 苯胺和卤素(Cl_2，Br_2)能迅速反应。苯胺与溴水作用，在室温下立即生成2,4,6-三溴苯胺白色沉淀，该反应很难停留在一溴代阶段。此反应可用于苯胺的定性或定量分析。

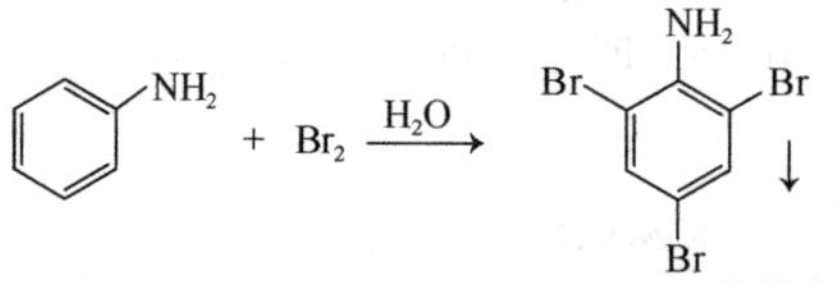

氨基被酰基化后，对苯环的致活作用减弱了，可以得到一卤代产物。

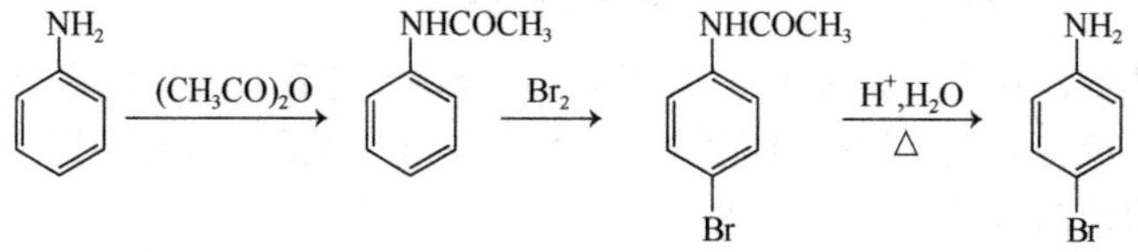

2. 磺化反应 将苯胺溶于浓硫酸中，首先生成苯胺硫酸盐，此盐在高温下加热脱水发生分子内重排，即生成对氨基苯磺酸或内盐。

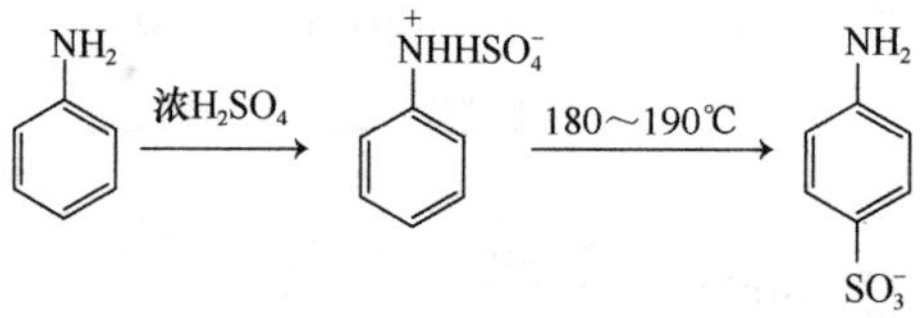

3. 硝化反应 由于苯胺极易被氧化，不宜直接硝化，所以应先"保护氨基"。根据产物的不同要求，选择不同的保护方法。

如果要得到对硝基苯胺，应选择不改变定位效应的保护方法。一般可采用酰基化方法，即先将苯胺酰化，然后再硝化，最后水解除去酰基得到对硝基苯胺。

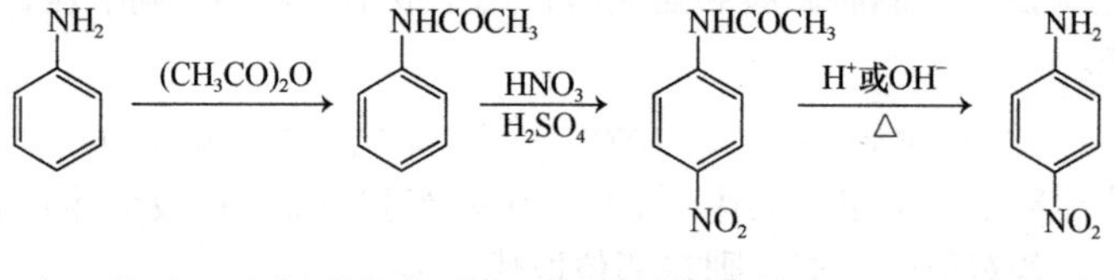

如果要得到间硝基苯胺，选择的保护方法应改变定位效应。可先将苯胺溶于浓硫酸中，使之形成苯胺硫酸盐，因铵正离子是间位定位基，取代反应发生在其间位，最后再用碱液处理，游离出氨基得到间硝基苯胺。

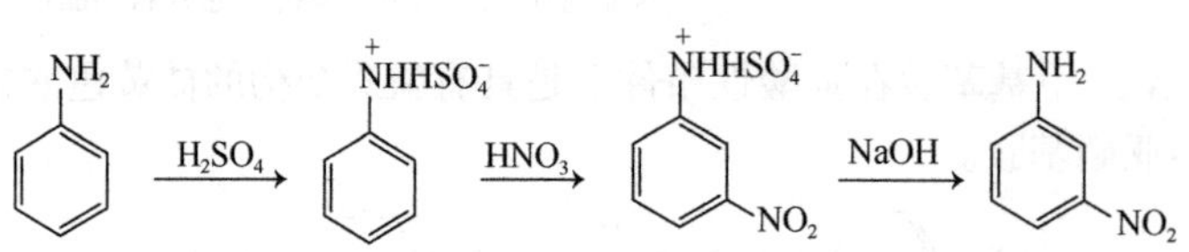

4. 氧化反应 胺易被氧化，芳香胺更易被氧化。在空气中长期存放芳胺时，芳胺可被空气氧化，生成黄、红、棕色的复杂氧化物，其中含有醌类、偶氮化合物等。因此，在有机合成中，

如果要氧化芳胺环上的其他基团，必须首先要保护氨基，否则氨基会首先被氧化。

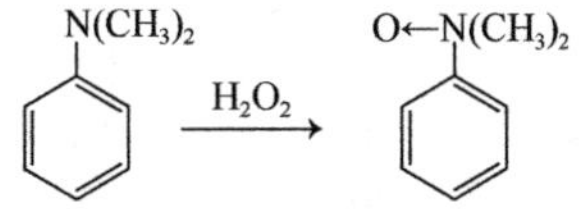

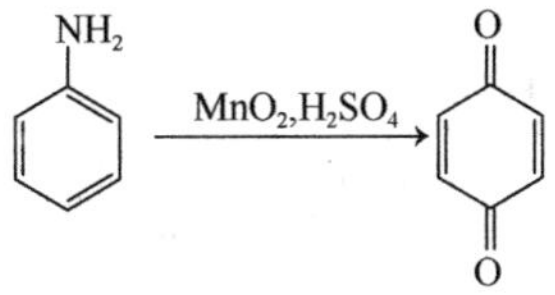

第二节　重氮化合物和偶氮化合物

重氮和偶氮化合物都含有—N=N—官能团。当官能团的一端与烃基相连，另一端与其他非碳原子或原子团相连时，称为重氮化合物，通式为 $R—\overset{+}{N}≡N$。当官能团的两边都分别与烃基相连时，称为偶氮化合物，通式为 R—N=N—R。

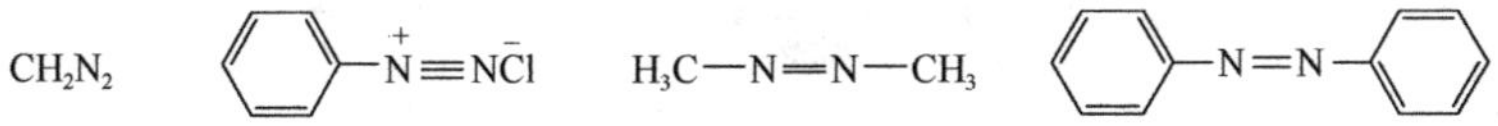

重氮甲烷　　氯化重氮苯　　偶氮甲烷　　偶氮苯

一、芳香重氮盐的反应

重氮化合物中最重要的是芳香重氮盐类，通过重氮化反应而得到。芳香重氮盐化学性质非常活泼，可以发生许多化学反应，在合成上用途十分广泛。

(一) 重氮盐的生成

芳香伯胺在低温、强酸性水溶液中与亚硝酸作用生成重氮盐，此反应称为重氮化反应。

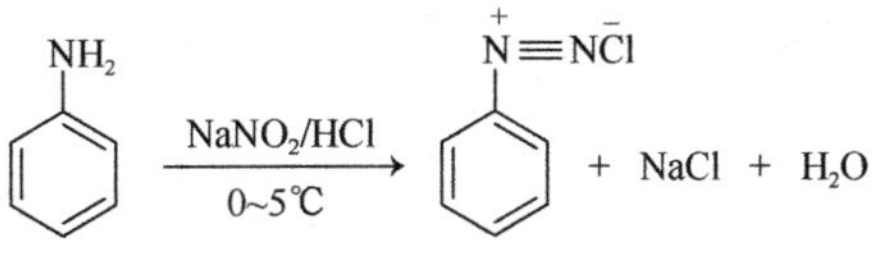

(二) 重氮盐的性质

由于重氮盐在水溶液中和低温(0~5℃)时比较稳定，所以它在有机合成中常作为一种重要的中间体用于制备其他有机化合物。重氮盐反应需在低温下进行，干燥的重氮盐在受热或震动时容易爆炸。在有机合成上应用最广的主要有取代反应、偶联反应和还原反应。

1. 取代反应　重氮盐分子中的重氮基在不同条件下可被卤素、氰基、羟基、氢等原子或原子团所取代，同时放出氮气，所以又称为放氮反应。

(1) 被卤素取代反应：将重氮盐与氯化亚铜或溴化亚铜加热，分解放出氮气，得到氯代芳烃或溴代芳烃。例如：

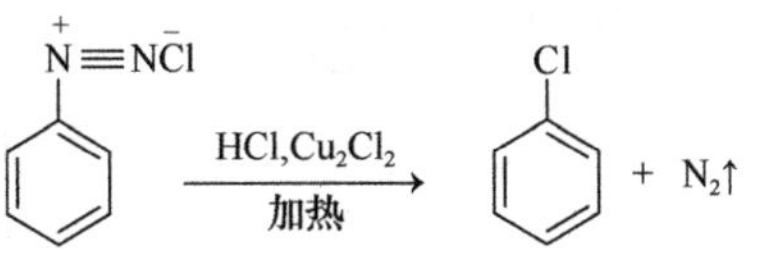

碘代反应比较容易，重氮盐与 KI 共同加热即可，且产率较高；氟代反应则需先制成氟硼

酸重氮盐，经干燥后小心加热制得。

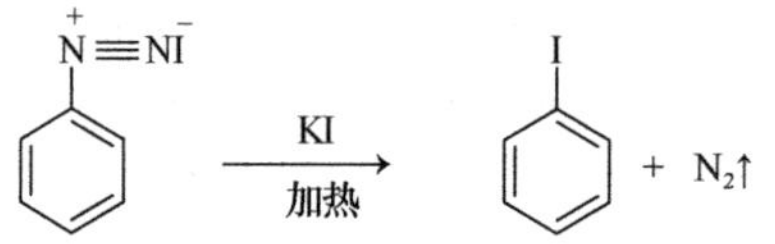

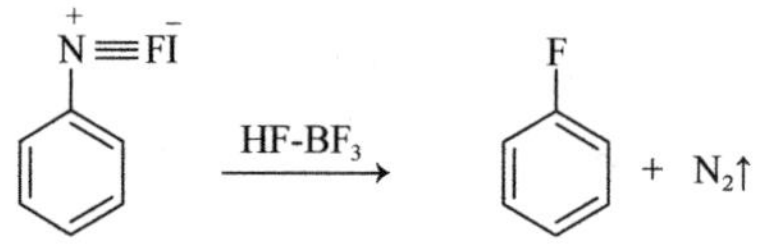

(2) 被氰基取代反应如下所示。

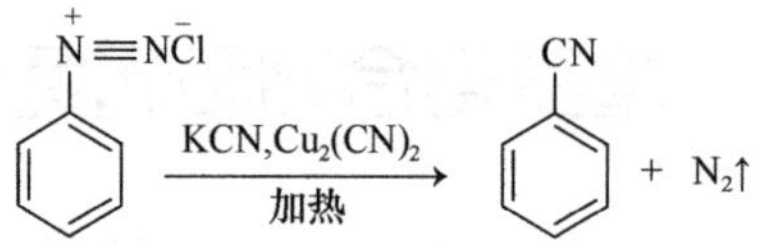

(3) 被羟基取代反应如下所示。

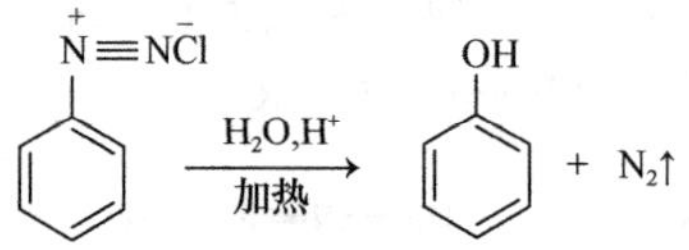

相对盐酸或氢溴酸而言，由于 HSO_4^- 的亲核性较水弱，所以硫酸会使反应的选择性更好一些。中性条件下生成的酚会与未反应的重氮盐发生偶联反应生成偶氮化合物。

(4) 被氢原子取代反应：重氮盐在次磷酸水溶液中反应，重氮基则被氢原子取代。

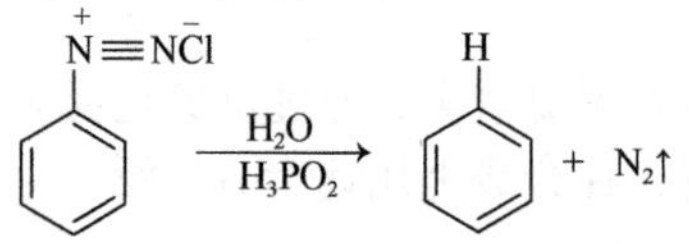

重氮盐与乙醇反应也可得到相同结果，但有醚类副产物。

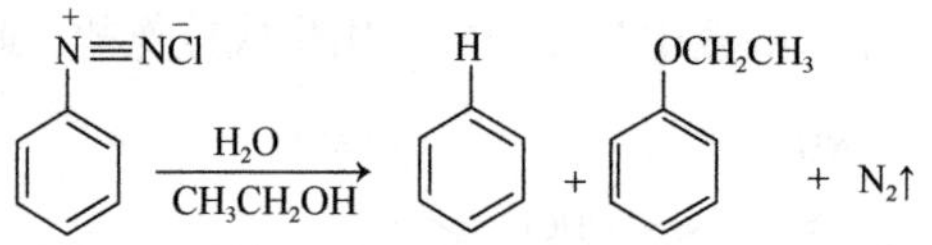

通过重氮盐的取代反应，可以把一些本来难以引入芳环上的基团，方便地连接到芳环上，这在芳香化合物的合成中是很有意义的。

2. 偶联反应 重氮盐是一种弱亲电试剂，能与酚类及三级芳胺等亲电取代反应活性较高的芳香化合物发生芳环上的亲电取代反应，生成偶联化合物，该类反应称为偶联反应。偶联反应一般发生在酚类及三级芳胺的对位，当对位已被占据时该取代反应可发生在邻位。

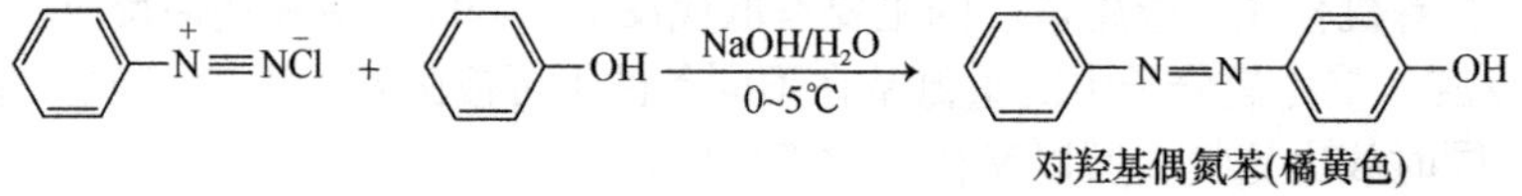

对羟基偶氮苯(橘黄色)

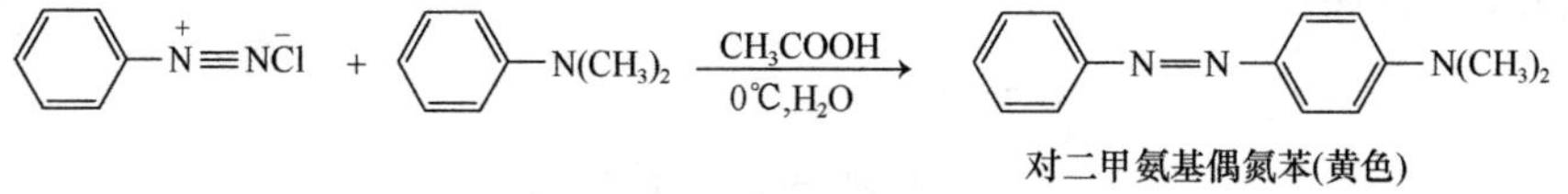

对二甲氨基偶氮苯(黄色)

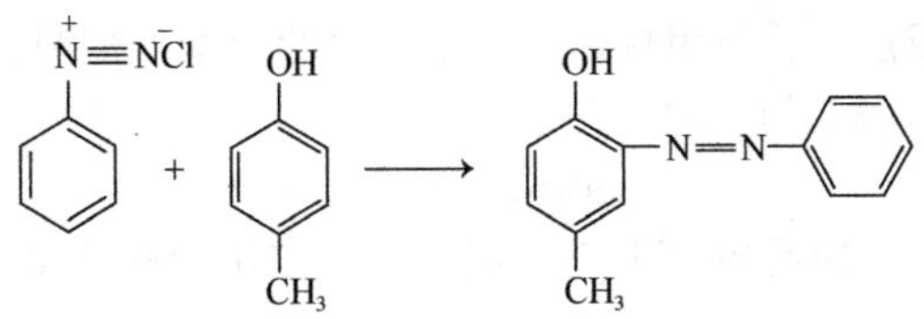

重氮盐与酚的偶联反应在弱碱性条件下进行，而重氮盐与芳香胺的偶联反应则需在弱酸性条件下进行。

3. 还原反应 重氮盐在还原剂作用下，重氮基可被还原成肼。常用的还原剂有氯化亚锡、亚硫酸钠、亚硫酸氢钠、硫代硫酸钠等。例如：

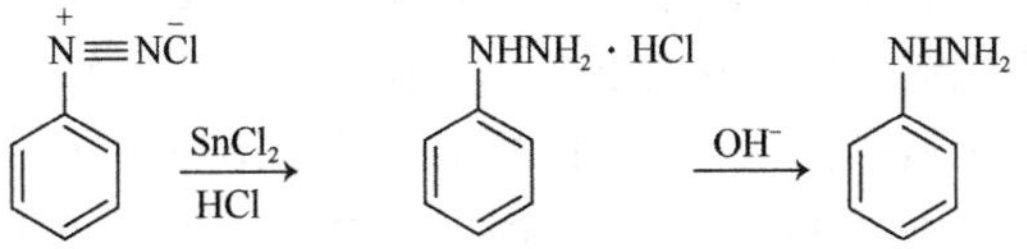

如果还原剂较强，重氮盐将被直接还原成苯胺。

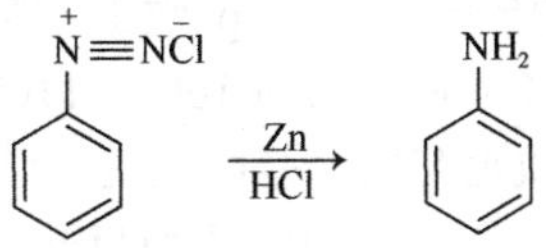

二、偶氮化合物

分子中含有偶氮基—N=N—，且两端 N 原子都与碳原子连接的有机化合物称为偶氮化合物。偶氮化合物是有色的固体物质，虽然分子中有氨基等亲水基团，但分子量较大，一般不溶或难溶于水，而溶于有机溶剂。

偶氮化合物有色，有些能牢固地附着在纤维织品上，耐洗耐晒，经久而不褪色，可以作为染料，称为偶氮染料。

甲基橙就是一种芳香族偶氮化合物，其结构为

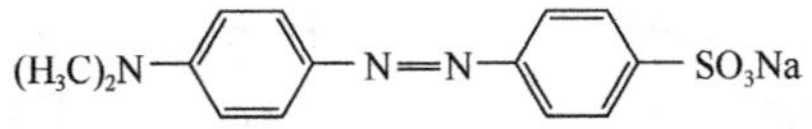

甲基橙在水溶液中存在下列化学平衡：

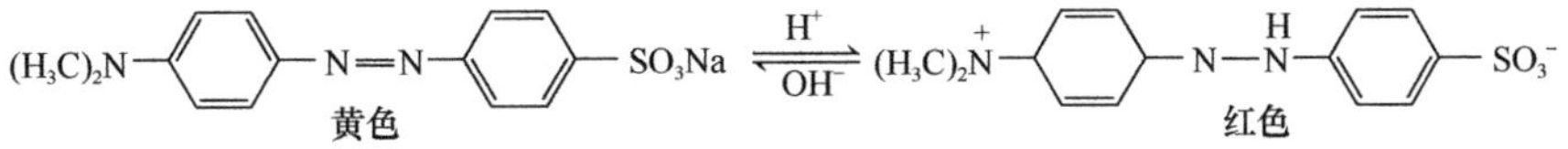

当溶液 pH 发生变化时，上述化学平衡发生移动，导致溶液的颜色发生变化。甲基橙在 pH>4.4 时显黄色，在 pH<3.1 时显红色，在 pH=3.1～4.4 时显橙色。甲基橙的主要用途是用作酸碱指示剂。

三、重氮甲烷

脂肪族重氮化合物的通式为 R_2CN_2，其中最重要的是重氮甲烷(diazomethane，CH_2N_2)。它的结构一般可用以下结构式表示。

$$H_2C = \overset{+}{N} = \overset{-}{N} \qquad H_2\overset{-}{C} - \overset{+}{N} = N$$

重氮甲烷为有强刺激性气味的黄色气体，熔点–145℃，剧毒且容易爆炸。它易溶于乙醇、乙醚。受热、遇火、摩擦、撞击会导致爆炸。重氮甲烷非常活泼，能够发生多种类型的反应，是有机合成的重要试剂，下面讨论它的一些重要反应。

1. 与酸性化合物反应 重氮甲烷是一个很重要的甲基化试剂，可以与酸反应形成甲酯，与酚、β-二酮和 β-酮酯的烯醇等反应能形成甲醚。

$$ArOH + CH_2N_2 \longrightarrow ArOCH_3$$

2. 形成卡宾(carbene)的反应 重氮甲烷受光的作用分解成最简单的卡宾——亚甲基卡宾(methylene carbene)。

$$H_2C = \overset{+}{N} = \overset{-}{N} \xrightarrow{h\nu} H_2C: + N_2$$
亚甲基卡宾

卡宾又称碳宾、碳烯，是由一个碳和两个基团以共价结合形成的，碳上还有两个电子。卡宾含有一个电中性的二价碳原子，在这个碳原子上有两个未成键的电子。最简单的卡宾是亚甲基卡宾，亚甲基卡宾很不稳定，从未分离出来。其他卡宾可以看作取代亚甲基卡宾，取代基可以是烷基、芳基、酰基、卤素等。这些卡宾的稳定性顺序排列如下所示。

$$H_2C: < ROOCCH: < PhCH: < BrCH: < ClCH: < Br_2C: < Cl_2C:$$

卡宾有两种结构，在光谱学上分别称为单线态和三线态。单线态卡宾中，中心碳原子是 sp^2 杂化，两个 sp^2 杂化轨道与两个基团成键，一个 sp^2 轨道容纳一对未成键电子，此外还有一个垂直于 sp^2 轨道平面的空 p 轨道；R—C—R 键角为 $100° \sim 110°$；三线态卡宾有两个自由电子，为直线形的 sp 杂化，两个直线型 sp 轨道与两个基团成键，碳上还有两个自旋相互平行的电子分占两个 p 轨道，键角为 $136° \sim 180°$。除了二卤卡宾和与氮、氧、硫原子相连的卡宾，大多数的卡宾都处于非直线形的三线态基态。

四、苯 炔

苯炔(benzyne)又称为"去氢苯"，是最简单的芳炔。芳炔一般由强碱(氨基钾-液氨)处理芳卤而得。为防止被误理解为含普通三键的物种，也可称其为"二脱氢苯"或"邻二脱氢苯"。苯炔类似苯，也有结构 1 和结构 2 间的共振式，从而有一定的稳定作用。在苯炔中多出的 π 键是定域的，与环其他 π 键呈正交。除了常见的三键表示法以外，也可将苯炔描述为双自由基，即在普通的凯库勒苯结构式上，再加上两个邻位的自由基点符。受三键影响，苯炔活性很高。在普通炔中，未杂化的 p 轨道是在键轴上下相互平行的，以达到最大程度的轨道重叠。但在苯炔中受环的限制，p 轨道被扭曲，重叠未达到最大。这一性质使得苯炔可被环戊二烯捕获，形成加合物。苯炔最重要的反应是与双烯的第尔斯-阿尔德反应。

关 键 词

硝基化合物 nitro compound　　　　重氮化合物 diazo compound
胺 amine　　　　　　　　　　　　偶氮化合物 azo compound
季铵盐 quaternary ammonium salt　卡宾 carbene
季铵碱 quaternary ammonium base　苯炔 benzyne

本 章 小 结

分子中含有氮元素的有机化合物称为含氮有机化合物，主要包括硝基化合物、胺、重氮化合物、偶氮化合物等。

　　胺可以看作氨分子中的氢原子被烃基取代所生成的化合物。一个氢被烃基取代所得的化合物称为伯胺(1°胺)，两个氢被烃基取代所得的化合物称为仲胺(2°胺)，三个氢被烃基取代所得的化合物称为叔胺(3°胺)；氮原子与脂肪烃基相连的称为脂肪胺，氮原子与芳香环直接相连的称为芳香胺；根据分子中所含氨基的数目可分为一元胺和多元胺。伯胺、仲胺、叔胺的氮原子与氨一样具有碱性，易接受氢离子形成盐。胺类化合物的氮原子可作为亲核试剂与卤代烃发生 S_N2 亲核取代反应，叔胺还可继续与卤代烃发生亲核取代反应生成季铵盐。伯胺、仲胺与酰化试剂作用生成 N-取代或 N, N-二取代酰胺。伯胺与亚硝酸反应形成重氮盐，仲胺与亚硝酸反应生成 N-亚硝基胺。芳香胺能发生卤代、磺化、硝化和氧化反应。叔胺与卤代烷作用生成季铵盐。氢氧化铵分子中四个氢原子被烃基取代产生季铵碱。

　　—N＝N—官能团一端与烃基相连，另一端与其他非碳原子或原子团相连时称为重氮化合物；两边都与烃基相连称为偶氮化合物。重氮盐分子中的重氮基在不同条件下可被卤素、氰基、羟基、氢等原子或原子团所取代，称为放氮反应。重氮盐能与酚类及三级芳胺等亲电取代反应活性较高的芳香化合物发生芳环上的亲电取代反应，生成偶联化合物，称为偶联反应。重氮甲烷与酸反应形成甲酯，与酚、β-二酮和 β-酮酯的烯醇等反应能形成甲醚。重氮甲烷受光作用分解成最简单的卡宾——亚甲基卡宾。

阅读材料

多 巴 胺

　　多巴胺(dopamine)，化学名 4-(2-乙胺基)苯-1, 2-二酚[4-(2-aminoethyl)benzene-1, 2-diol]，是一种由下丘脑和脑垂体分泌的神经传导物质。这种脑内分泌物质和人的情欲有关，主要负责传递大脑感觉、兴奋及开心的信息，也与各种上瘾行为有关。瑞典科学家卡尔森(A. Carlsson)因确定多巴胺为脑内信息传递者的角色而赢得了 2000 年诺贝尔生理学或医学奖。

多巴胺化学结构　　　　　　　　　　卡尔森

　　爱情其实就是因为相关的人和事物促使大脑内产生大量多巴胺导致的结果。吸烟和吸毒都可以增加多巴胺的分泌，使上瘾者感到开心及兴奋。

　　多巴胺也是大脑的"奖赏中心"，又称多巴胺系统。

　　据研究，多巴胺有可能治疗抑郁症、精神分裂症和帕金森病；多巴胺还有助于提高记忆力，或有助于治疗阿尔茨海默病。

　　多巴胺最常被使用的形式为多巴胺盐酸盐，为白色或类白色有光泽的结晶。无臭，味微苦；露置空气中或遇光颜色逐渐变深；易溶于水，微溶于无水乙醇；熔点 243～249℃(分解)。

习 题

1. 命名下列化合物。

(1)

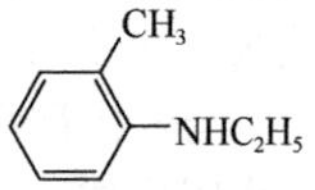

(2)

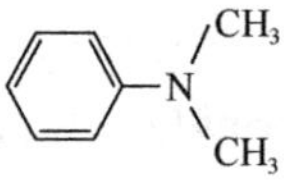

(3)

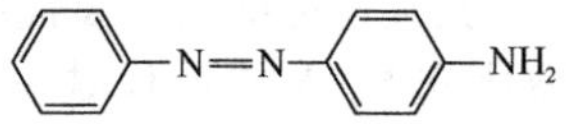

(4) $NH_2CH_2CH_2NH_2$

(5)

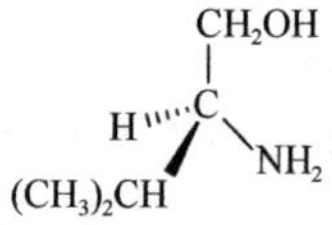

(6) $(C_2H_5)_3N$

2. 完成下列化学反应。

(1) 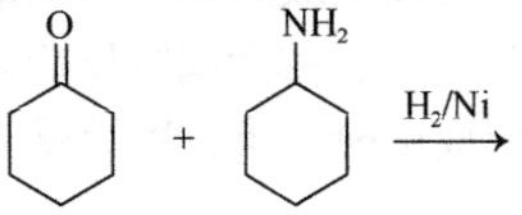 + $\xrightarrow{H_2/Ni}$

(2) —NH_2 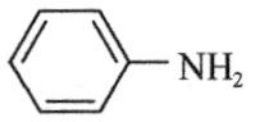 + HCl ⟶

(3) $(CH_3)_2NH + NaNO_2 + HCl$ ⟶

(4) 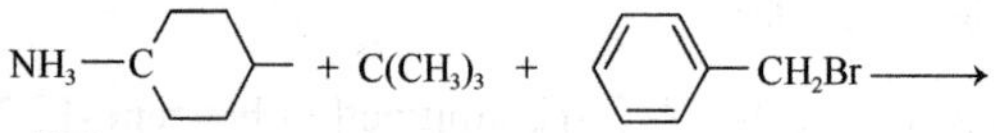 NH_3— + $C(CH_3)_3$ + —CH_2Br ⟶

(5) 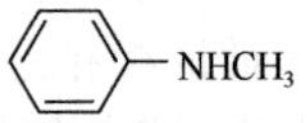 —$NHCH_3$ + $NaNO_2$ + HCl ⟶

3. 用简单的化学方法鉴别下列化合物。

(1) 苯胺、二乙胺、乙酰苯胺

(2) 苯酚、苯胺、苯甲酸

4. 一化合物的分子式为 C_7H_9N，有碱性；C_7H_9N 的盐酸盐与亚硝酸作用生成 $C_7H_7N_2Cl$，加热后能放出氮气而生成对甲苯酚。在碱性溶液中上述 $C_7H_7N_2Cl$ 与苯酚作用生成具有鲜艳颜色的化合物 $C_{13}H_{12}ON_2$。写出原化合物 C_7H_9N 的结构式，并写出各有关反应式。

(格根塔娜　赵红梅)

第十二章　杂环化合物

环化骨架含非碳原子的环状有机化合物称为杂环化合物(heterocyclic compound)。杂环化合物在自然界分布广、种类多，如血红素、叶绿素、核酸碱基、生物碱等，许多具有重要的生物活性，对生物体的生长、发育、遗传和衰亡过程等起着关键性作用。

环醚、内酯、内酐和内酰胺等都含有杂原子，但它们容易开环，性质上与开链化合物相似，所以不把它们放在杂环化合物中讨论。本章主要介绍结构比较稳定、具有一定芳香性的杂环化合物，即芳杂环化合物(aromatic heterocycle compound)。

第一节　分类和命名

一、分　类

杂环化合物可根据分子中含环的数目分为单杂环化合物和稠杂环化合物，其中单杂环化合物又可按环的大小，分为五元杂环和六元杂环两大类；稠杂环可以分为苯稠杂环(苯环与杂环稠合)和杂稠杂环(杂环与杂环稠合)两类，苯稠杂环也叫苯并杂环。

二、命　名

(一) 杂环化合物母环的命名

有特定名称杂环化合物的命名，一般按 IUPAC 命名原则，保留部分常见杂环化合物俗名及半俗名作为命名的基础，多采用"音译法"，即根据杂环化合物的英文名称的读音，选用同音的带有"口字旁"的汉字，组成杂环化合物母环的名称。常见的具有俗名或半俗名杂环化合物见表 12-1。

表 12-1　常见杂环化合物的结构、名称和编号

分类		重要杂环				
单杂环	五元杂环	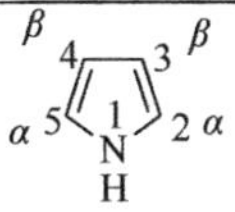 吡咯 pyrrole	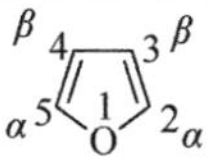 呋喃 furan	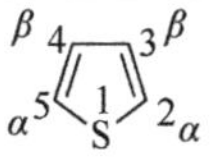 噻吩 thiophene		
		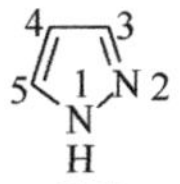 吡唑 pyrazole	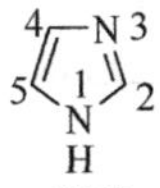 咪唑 imidazole	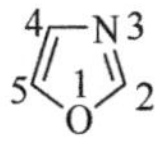 噁唑 oxazole	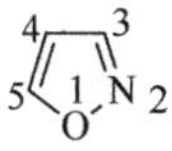 异噁唑 isoxazole	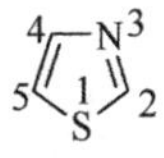 噻唑 thiazole
	六元杂环	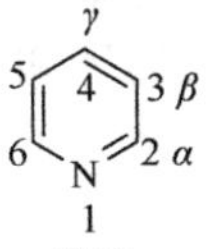 吡啶 pyridine	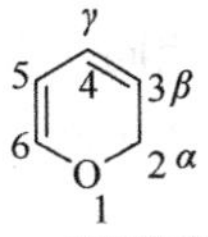 2H-吡喃 2H-Pyran	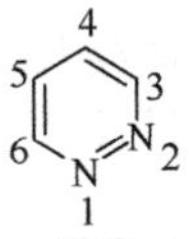 哒嗪 pyridazine	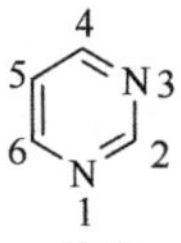 嘧啶 pyimidine	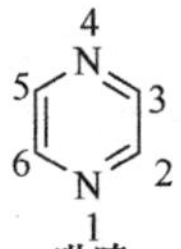 吡嗪 pyrazine

续表

分类		重要杂环

稠杂环　苯稠杂环

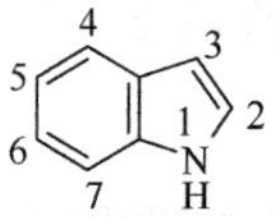

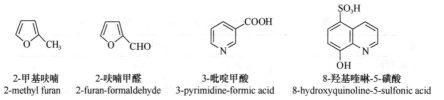

吲哚
indole

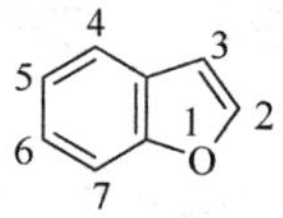

苯并呋喃
benzofuran

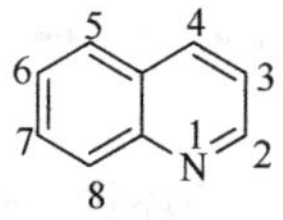

喹啉
quinoline

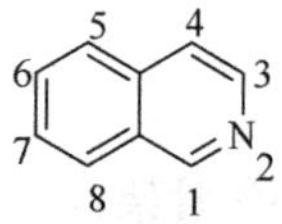

异喹啉
isoquinoline

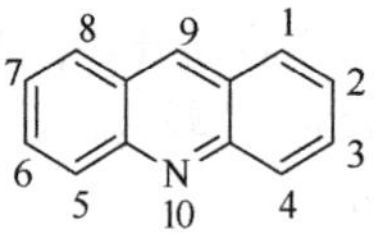

吖啶
acridine

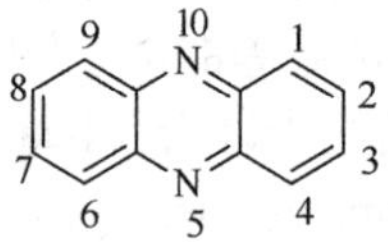

吩嗪
pyrazine

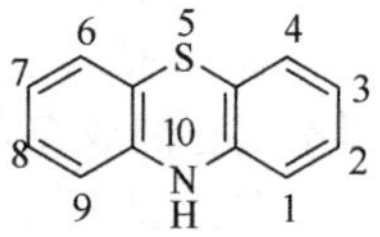

吩噻嗪
phenothiazine

杂稠杂环

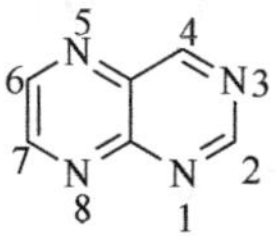

蝶啶
pteridine

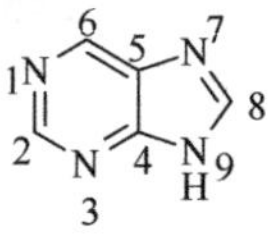

嘌呤
purine

(二) 杂环化合物的命名

杂环化合物母环原子的编号，除个别稠杂环如异喹啉外，一般从杂原子开始。

1. 环上只有一个杂原子时，可以用阿拉伯数字编号，杂原子的编号为 1。也可以希腊字母 α、β、γ……编号，邻近杂原子的碳原子为 α 位，其次为 β 位等。

2. 环上有两个或两个以上相同杂原子时，应从连接有氢或取代基的杂原子开始编号，并使这些杂原子所在位次的数字之和最小。环上有不同杂原子时，则按 O、S、NH、N 的顺序编号。当杂环上连有—R，—X，—OH，—NH$_2$ 等取代基时，以杂环为母体，标明取代基位次；如果连有—CHO，—COOH，—SO$_3$H 等时，则把杂环作为取代基。

2-甲基呋喃
2-methyl furan

2-呋喃甲醛
2-furan-formaldehyde

3-吡啶甲酸
3-pyrimidine-formic acid

8-羟基喹啉-5-磺酸
8-hydroxyquinoline-5-sulfonic acid

(三) 无特定名称的稠杂环母体的命名

稠杂环的种类很多，但只有较少部分有特定的名称，无特定名称的稠杂环可以看作由一个基本单环杂环和一个附加单杂环稠合而成，通过命名基本环和附加环，并标出稠合的位置从而确定稠杂环的母体名称。

稠杂环在命名时以基本环为母体，附加环在前，基本环在后。其原则是首先选含氮组分为基本环；若无含氮杂环，可选较优先杂原子的杂环为基本环，其次选环数最多且有固定名称的环为基本环；若原子种类及个数相同，选较大的环和杂原子数目较多的环为基本环；如果所含杂原子种类、数目及环大小均相同，选择杂原子编号和最小即相对较近的环为主环。例如：

苯并异喹啉
benzisoquinoline

噻吩并吡咯
thienopyrrole

噻吩并呋喃
thienofuran

吡啶并咔唑
pyridocarzole

呋喃并吡喃
furopyran

吡啶并嘧啶
pyridopyrimidine

吡唑并噁唑
pyrazolo oxazole

吡嗪并哒嗪
pyrazinopyridazin

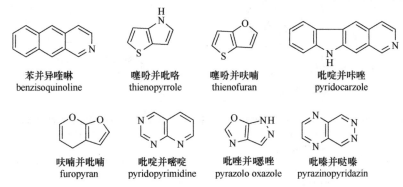

稠合边是用附加环和基本环的两部分的位号来表示，其标号和命名格式为附加环并 [附加环稠合位置-基本环稠合位置]基本环。附加环稠合位置按原杂环的编号顺序，用数字 1、2、3…标注各成环原子，当有选择时，将尽量使稠合边的位号较小，且数字之间用“,”隔开，数字的先后要与基本环边的走向一致；基本环稠合位置按原编号顺序，用英文字母 a、b、c…表示环上的各边。例如：

苯并[d]噻唑
benzo[d]thiazol

吡啶并[2,3-d]嘧啶
pyrido[2,3-d]pyrimidine

吡嗪并[2,3-c]哒嗪
pyrazino[2,3-c]pyridazin

咪唑并[4,5-d]吡唑
imidazo[4,5-d] pyrazole

咪唑并[2,1-b]噻唑
imidazo[2,1-b] thiazol

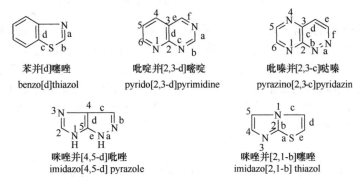

为了表示稠杂环上的取代基、官能团或氢原子的位置，需要对整个稠杂环的环系进行编号，称为周边编号或大环编号。其编号原则是按 O、S、NH、N 的顺序进行编号，并使杂原子位于较小编号。例如：

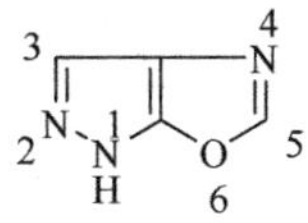

共用杂原子都要编号，共用碳原子一般不编号，如需要编号时，用前面相邻的位号加 a、b…表示。例如：

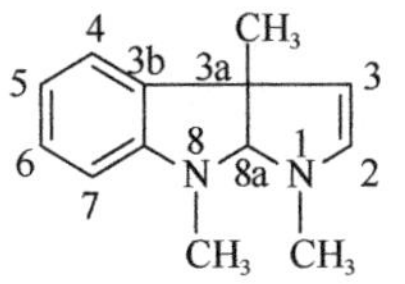

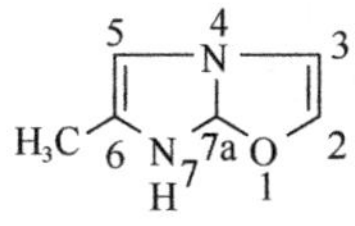

(四) 命名实例

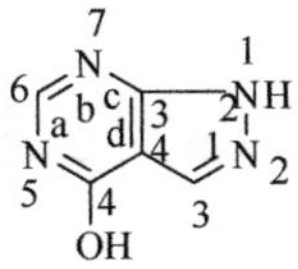

4-羟基-1*H*-吡唑并[3,4-d]嘧啶(别嘌醇)
4-hydroxypyrazolo[3,4-d]pyrimidine(allopurinol)

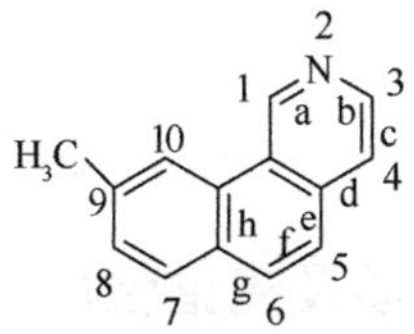

9-甲基苯并[h]异喹啉
9-methylbenzo[h] isoquinoline

2-环己甲酰基-1,3,4,6,7,11b-六氢-2H-吡嗪并[2,1-a]异喹啉-4-酮
（吡喹酮）
2-cyclohexyl -carbonyl-1,3,4,6,7,11b-hexahydro-2H-pyrazine[2,1-b]isoquinoline-4-one
（praziquantel）

6-苯基-2,3,5,6-四氢咪唑并[2,1-b]噻唑
（驱虫净）
6-phenyl-2,3,5,6-tetrahydroimidazo(nemicide)

第二节　重要的五元杂环化合物

一、吡咯、呋喃和噻吩的结构

吡咯、呋喃和噻吩是常见含一个杂原子的五元杂环化合物。吡咯、呋喃和噻吩都是平面型分子。环中碳原子与杂原子均以 sp^2 杂化轨道与相邻的原子以 σ 键构成五元环，每个原子都有一个未参与杂化的 p 轨道与环平面垂直，碳原子的 p 轨道中有一个电子，而杂原子的 p 轨道中有两个电子，这些 p 轨道侧面相互垂直重叠形成封闭的大 π 键，大 π 键的 π 电子数是 6 个，符合 4n+2 规则，因此，这些杂环具有芳香性特征。吡咯杂原子的一个 sp^2 杂化轨道与氢形成 N—H σ 键；呋喃和噻吩的一个 sp^2 杂化轨道中各有一对未共用电子。吡咯、呋喃和噻吩的结构见图 12-1。

吡咯　　　　　　　呋喃　　　　　　　噻吩

图 12-1　吡咯、呋喃和噻吩的结构

吡咯、呋喃和噻吩各分子中 5 个 p 轨道组成的大 π 键上分布着 6 个电子，因此杂环上碳原子的电子云密度比苯环的电子云密度高，比苯易进行亲电取代反应。电子云密度的大小顺序为吡咯＞呋喃＞噻吩。

由于杂原子 O、S、N 的电负性比碳大，吡咯、呋喃和噻吩杂环上的 π 电子云密度不像苯环那样均匀，这点可以从键长数据证实。因此吡咯、呋喃和噻吩的键长没有完全平均化，芳香性不如苯强，其稳定性比苯差。

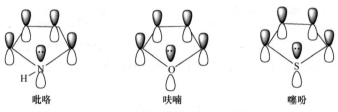

二、吡咯、呋喃和噻吩的性质

(一) 物理性质及光谱性质

呋喃存在于松木焦油中，是无色具有特殊气味的液体，沸点 31.4℃。吡咯存在于煤焦油和

骨焦油中，无色液体，沸点 130℃。噻吩是一种无色液体，沸点 84℃，与苯共存于煤焦油中。它们的物理性质见表 12-2。

表 12-2 吡咯、呋喃和噻吩的物理性质

名称	吡咯	呋喃	噻吩
沸点(℃)	130～131	31.4	84.4
熔点(℃)	□	−85.6	−38.2
密度(d_4^{20})	0.9691	0.9514	1.0649

　　吡咯、呋喃和噻吩都难溶于水，原因是其杂原子的一对 p 电子都参与形成大 π 键，杂原子上的电子云密度降低，与水缔合的能力减弱。吡咯氮上的氢可与水形成氢键，呋喃环上的氧与水也能形成氢键，但相对较弱，而噻吩环上的硫不能与水形成氢键，因此三个杂环在水中的溶解度顺序为吡咯＞呋喃＞噻吩。

　　吡咯、呋喃和噻吩由于形成芳香大 π 键，因此与苯环类似，在 ^{1}H-NMR 中，环外的质子处于去屏蔽区，故环上氢共振移向低场，其化学位移(δ)一般在 7ppm 左右。其 ^{1}H-NMR 化学位移(δ)数据如下所示。

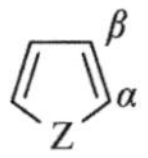

δ(ppm)	吡咯	呋喃	噻吩
α—H	6.62	7.40	7.19
β—H	6.15	6.30	7.04
N—H	7.25	—	—

(二) 化学性质

　　1. 吡咯的酸碱性　吡咯分子中虽有仲胺结构，但几乎没有碱性，其原因是氮原子上的一对孤对电子参与形成大 π 键，不再具有给出电子对的能力。吡咯碱性很弱，显示出弱酸性，其 pK_a 为 17.5，因此吡咯能与强碱如金属钾及干燥氢氧化钾共热成盐。

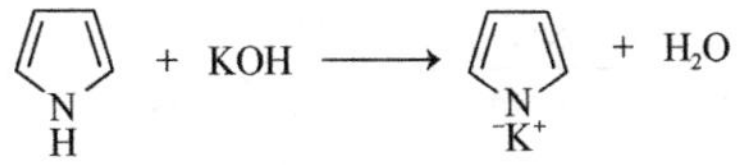

　　吡咯生成的盐不稳定，较易水解，一定条件下常用来合成吡咯的衍生物。

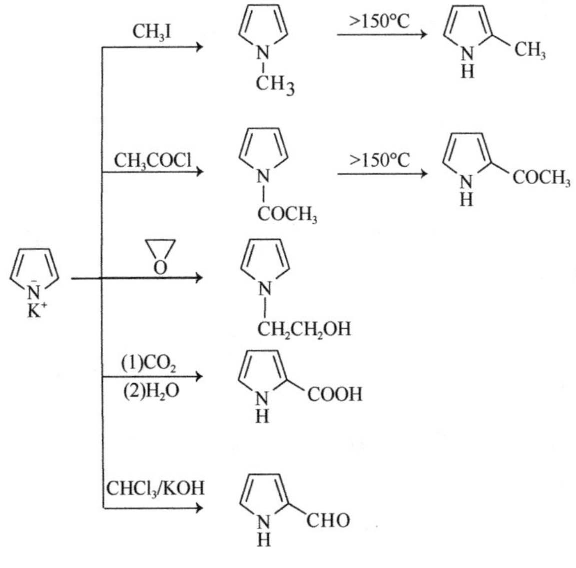

2. 亲电取代反应　吡咯、呋喃和噻吩的碳原子上的电子云密度都比苯高，亲电取代反应容易发生，活性顺序为吡咯＞呋喃＞噻吩＞苯。亲电取代反应需在较弱的亲电试剂和温和的条件下进行。相反，在强酸性条件下，吡咯和呋喃会因发生质子化而破坏芳香性，会发生水解、聚合等副反应。另外，亲电取代反应主要发生在 α 位上，β 位产物较少。这可用其反应中间体的相对稳定性来解释。

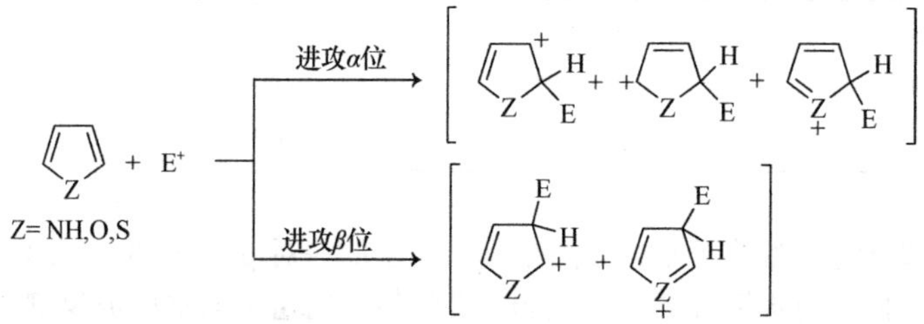

α 位取代时，中间体的正电荷离域程度高，能量低，比较稳定，而 β 位取代的反应中间体的正电荷离域程度低、能量高、不稳定，所以亲电取代反应产物以 α 位取代产物为主。

(1) 卤代反应：这三个五元芳杂环与卤素的反应活性很高，尤其是吡咯，甚至会形成多卤代产物，故反应需在低温、低浓度的有机溶剂条件下进行。例如：

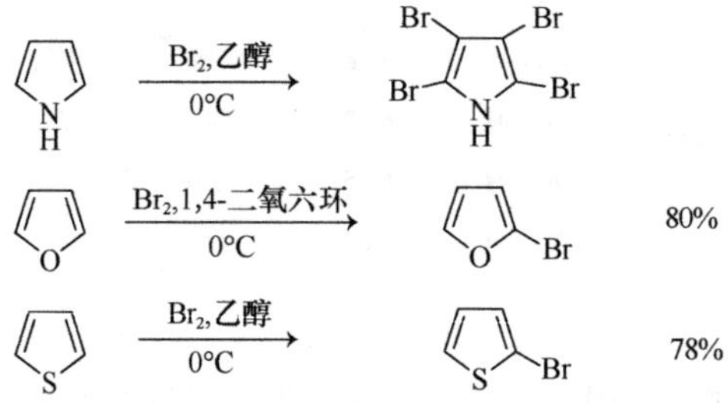

(2) 硝化反应：这三个五元芳杂环不能用硝酸或混酸进行硝化反应，只能用较温和的非质子性的硝乙酐(也称为硝酸乙酰酯)作为硝化试剂，并且在低温条件下进行反应。

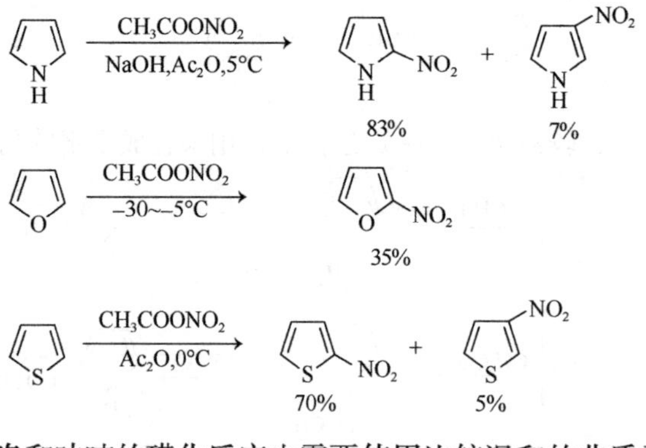

(3) 磺化反应：吡咯和呋喃的磺化反应也需要使用比较温和的非质子性的磺化试剂，常用吡啶三氧化硫作为磺化试剂。例如：

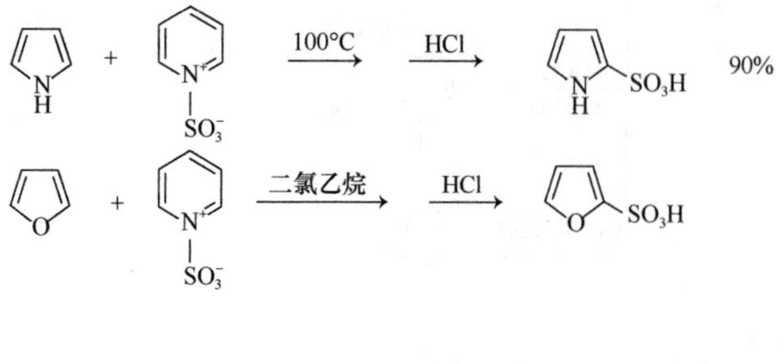

由于噻吩比较稳定，可直接用硫酸进行磺化反应。利用此反应可以把煤焦油中共存的苯和噻吩分离。

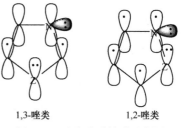

$$\text{(噻吩)} \xrightarrow{95\%\text{H}_2\text{SO}_4} \text{(噻吩-2-SO}_3\text{H)} \qquad 69\%{\sim}76\%$$

(4) 弗-克酰基化：这三个五元芳杂环进行弗-克烷基化反应与苯的烷基化反应类似，得到多烷基化产物，不易分离，无实际意义；但其进行弗-克酰基化反应可以得到一元的酰基化产物，反应常在路易斯酸催化下进行，主要发生 α 位。例如：

$$\text{(呋喃)} \xrightarrow[\text{BF}_3]{\text{Ac}_2\text{O}} \text{(呋喃-2-COCH}_3\text{)} \qquad 75\%{\sim}92\%$$

吡咯的弗-克酰基化若在三乙胺、乙酸钠等碱性条件下，则主要得到 *N*-酰基化产物。

$$\text{(吡咯)} \xrightarrow[\text{CH}_3\text{COONa}]{\text{Ac}_2\text{O}} \text{(N-COCH}_3\text{-吡咯)}$$

3. 催化氢化反应 三个五元芳杂环均可进行催化氢化反应，得到相应的氢化物。其中呋喃的氢化产物四氢呋喃是一种常见有机溶剂。由于噻吩能使催化剂中毒，故需要使用特殊的催化剂——二硫化钼(MoS_2)。

$$\text{(吡咯)} \xrightarrow{\text{H}_2,\text{Pt}} \text{(四氢吡咯)}$$

$$\text{(呋喃)} \xrightarrow[50\text{°C}]{\text{H}_2,\text{Ni}} \text{(四氢呋喃)} \qquad \text{四氢呋喃(THF)}$$

$$\text{(噻吩)} \xrightarrow{\text{H}_2,\text{MoS}_2} \text{(四氢噻吩)}$$

三、唑

(一) 结构

唑(azole)类可以看成是吡咯、呋喃和噻吩环上的 2 位或 3 位的碳被氮原子所替代，这个氮原子的电子构型与吡啶环中的氮原子是相同的，为 sp^2 杂化，未参与杂化的 p 轨道中有一个电子，与碳原子及杂原子的 p 轨道侧面重叠形成六电子的共轭大 π 键，因此具有芳香性。如图 12-2 所示，增加的氮原子的 sp^2 杂化轨道中有一对未共用电子，吸电性的氮原子使唑类环上的电子云密度降低，环稳定性增强。

1,3-唑类   1,2-唑类

图 12-2 唑类分子轨道示意图

(二) 化学性质

1. 酸碱性 唑类的碱性都比吡咯强。其中咪唑碱性很强，原因是咪唑与质子结合后的正离子稳定，它有两种能量相等的共振极限式，使其共轭酸能量低，稳定性高。

$$\text{(咪唑)} \xrightarrow{\text{H}^+} \left[\text{(咪唑-NH}^+\text{)} \longleftrightarrow \text{(咪唑-N}^+\text{)} \right]$$

咪唑

咪唑环存在互变异构体现象，当环上无取代基时，这一现象不易辨别，当环上有取代基时则很明显。

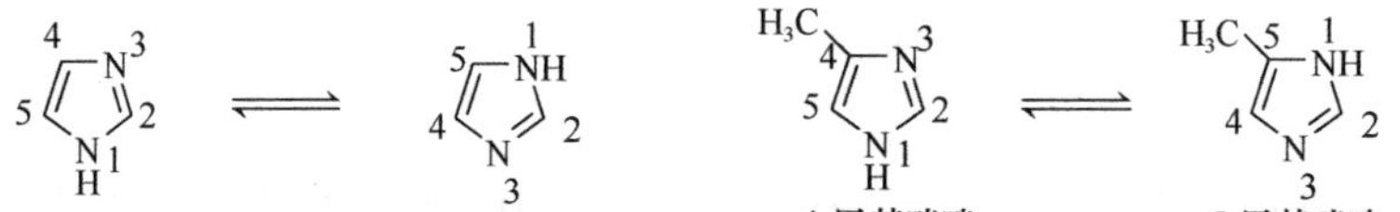

4-甲基咪唑 　　　　5-甲基咪唑

咪唑在生命过程中有重要意义，如在酶的活性位置上，组胺酸中的咪唑环常作为质子的接受体，又可以给出质子，起到质子的传递作用。

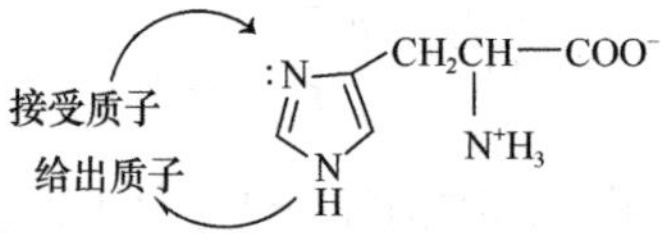

接受质子
给出质子

2. 亲电取代反应　唑类化合物因分子中增加了一个吸电性的氮原子(类似于苯环上的硝基)，其亲电取代反应活性明显降低，对氧化剂、强酸都不敏感。咪唑与其他 1,3-唑相比，更易发生亲电取代反应，其硝化反应仅需要在室温下，加入浓硝酸或发烟硫酸，就可以得到高收率的产物。

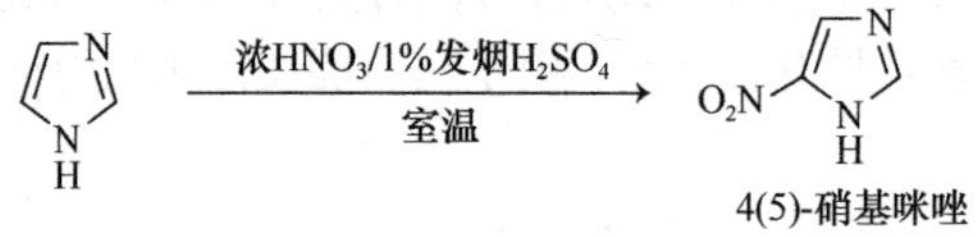

$$浓HNO_3/1\%发烟H_2SO_4$$
室温

4(5)-硝基咪唑

第三节　重要的六元杂环化合物

芳香六元杂环化合物是杂环化合物最重要的部分，尤其是含氮的六元杂环化合物，如吡啶、嘧啶等，它们的衍生物广泛存在于自然界，很多合成药物也含有吡啶环和嘧啶环。六元杂环化合物包括含一个杂原子的六元杂环、含两个杂原子的六元杂环及六元稠杂环等。

一、吡　　啶

(一) 结构

吡啶的结构与苯非常相似，近代物理方法测得吡啶分子中的碳氮键长为 137pm，介于 C—N 单键(147pm)和 C≡N 双键(128pm)之间，而且其所有碳碳键及碳氮键的键角数值也相近，约为 120°，说明吡啶环上键的平均化程度较高，但没有苯完全。

吡啶环上的碳原子和氮原子均以 sp^2 杂化轨道相互重叠形成 σ 键，构成一个平面六元环。每个原子上有一个 p 轨道垂直于环平面，每个 p 轨道中有一个电子，这些 p 轨道侧面重叠形成一个封闭的大 π 键，π 电子数目为 6，符合 4n+2 规则，与苯环类似。因此，吡啶具有一定的芳香性。氮原子上还有一个 sp^2 杂化轨道没有参与成键，被一对未共用电子对所占据，使吡啶具有碱性[图 12-3(a)]。吡啶环上的氮原子的电负性较大，对环上电子云密度分布有很大影响，使 π 电子云向氮原子上偏移，氮原子周围电子云密度高，而环的其他部分电子云密度降低，尤其是邻、对位上的电子云密度降低显著[图 12-3(b)]，所以吡啶的芳香性比苯差。

在吡啶分子中，氮原子的作用类似于硝基苯的硝基，使其邻、对位上的电子云密度比苯环低，间位电子云密度则与苯环相近，这样环上碳原子的平均电子云密度远远小于苯中碳原子的电子云密度，因此像吡啶这类芳杂环又被称为"缺 π"杂环。这类杂环在化学性质上的表现是亲电取代反应变难，亲核取代反应变易，氧化反应变难，还原反应变易。

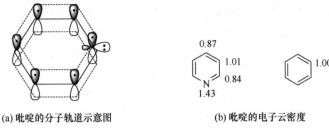

(a) 吡啶的分子轨道示意图　　　　　(b) 吡啶的电子云密度

图 12-3　吡啶的结构

(二) 物理性质及光谱性质

1. 物理性质　吡啶是从煤焦油中分离出来具有特殊臭味的无色液体,沸点 115.3℃,相对密度 0.982,是性能良好的溶剂和脱酸剂,也是合成某些杂环化合物的原料。吡啶与水能以任何比例互溶,同时又能溶解大多数极性及非极性的有机化合物,甚至可以溶解某些无机盐类,因此吡啶是一种很好的溶剂,在有机合成中应用广泛。吡啶分子具有高水溶性的原因除了分子具有较大的极性外,还因为吡啶氮原子上的未共用电子对可以与水形成氢键。吡啶氮原子上的未共用电子对能与一些金属离子如 Ag^+、Ni^{2+}、Cu^{2+} 等形成配合物,如$[Cu(C_5H_5N)_2]Cl_2$,而致使它可以溶解无机盐类。

当吡啶环上连有—OH、—NH_2 等取代基后,其衍生物的水溶解度明显降低。而且连有—OH、—NH_2 数目越多,水溶解度越小,其原因是吡啶环上的氮原子与羟基或氨基上的氢形成了氢键,阻碍了与水分子的缔合。

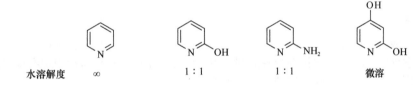

水溶解度　　　∞　　　　　1:1　　　　　1:1　　　　　微溶

2. 光谱性质

(1) 吡啶的红外光谱(IR):芳杂环化合物的红外光谱与苯系化合物类似,在3070～3020cm^{-1}处有芳环上的 C—H 伸缩振动,在1600～1500cm^{-1}有芳环骨架的伸缩振动,在900～700cm^{-1}处还有 Ar—H 的面外弯曲振动。吡啶的红外吸收光谱见图12-4。

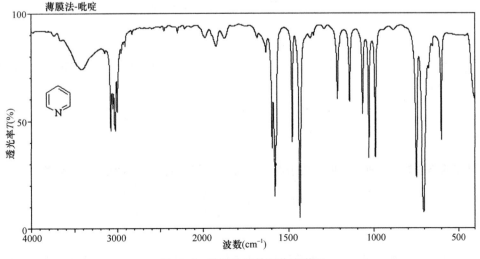

图 12-4　吡啶的红外吸收光谱图

(2) 吡啶的核磁共振氢谱(^{1}H-NMR)：吡啶的氢核化学位移与苯环氢相比处于低场，化学位移大于 7.27ppm，其中与杂原子相邻碳上的氢的吸收峰更偏于低场。当杂环上连有供电子基团时，化学位移向高场移动；取代基为吸电子基团时，化学位移则向低场移动。吡啶的 ^{1}H-NMR 与 δ(ppm)数据如下所示。

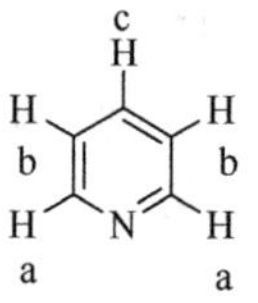

	δ(ppm)
H_a	8.60
H_b	7.25
H_c	7.64

(3) 吡啶的紫外吸收光谱(UV)：吡啶有两条紫外光谱吸收带，一条在 240～260nm(ε=2000)，相对应于 $\pi \rightarrow \pi^*$ 跃迁(与苯相近)；另一条在 270nm 的区域，相对应于 $n \rightarrow \pi^*$ 跃迁(ε=450)。

(三) 化学性质

1. 碱性和成盐 吡啶因氮原子上的未共用电子对可接受质子而显碱性。吡啶的 pK_a 为 5.19，比氨(pK_a=9.24)和脂肪胺(pK_a=10～11)都弱。原因是吡啶中氮原子上的未共用电子对处于 sp^2 杂化轨道中，其 s 轨道成分较 sp^3 杂化轨道多，离原子核近，电子受核的束缚较强，给出电子的倾向较小，因而与质子结合较难，碱性较弱。但吡啶与芳胺(如苯胺，pK_a=4.7)相比，碱性稍强一些。几种物质的碱性比较顺序如下所示。

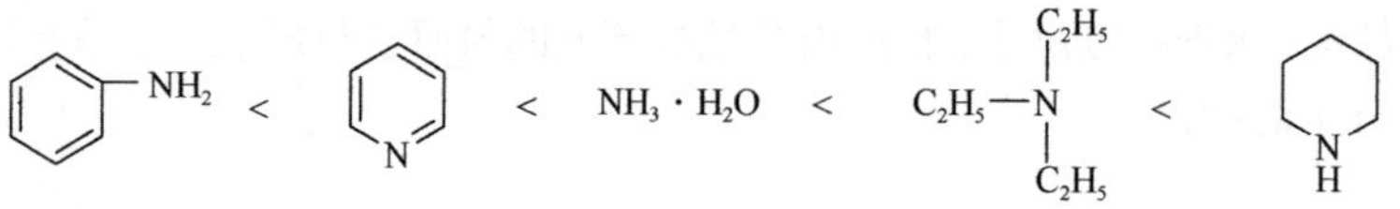

pK_a:	4.70	5.19	9.24	10.6	11.2

吡啶与强酸可以形成稳定的盐，某些结晶型盐可以用于分离、鉴定及精制工作。吡啶的碱性在许多化学反应中可作为催化剂和脱酸剂，由于吡啶在水中和有机溶剂中均有良好溶解性，所以它的催化效果常常是一些无机碱无法达到的。

吡啶不但可与强酸成盐，还可以与路易斯酸成盐。例如：

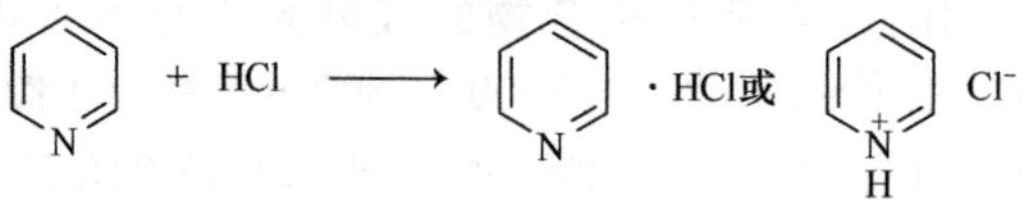

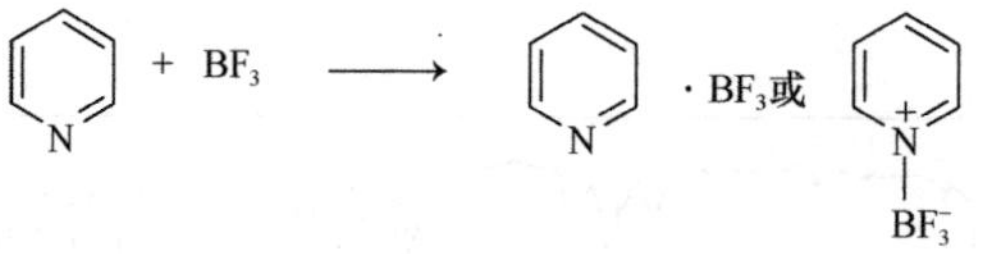

其中吡啶三氧化硫是一个重要的非质子性磺化试剂，常用于对酸不稳定的化合物，如呋喃、吡咯等的磺化反应。

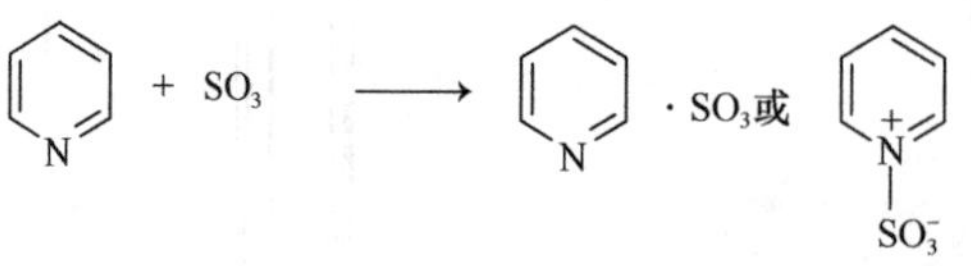

吡啶的铬酸盐是一种温和的非质子性氧化剂(沙瑞特试剂)，可将伯醇氧化为醛。

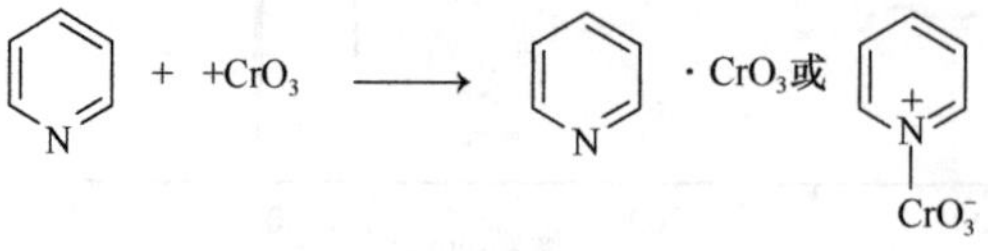

2. 亲电取代反应 吡啶环上电子云密度比苯低，其亲电取代反应的活性也比苯低，与硝基

苯相当。由于环上氮原子的钝化作用，使亲电取代反应的条件比较苛刻，产率较低，取代基主要进入 β 位。例如：

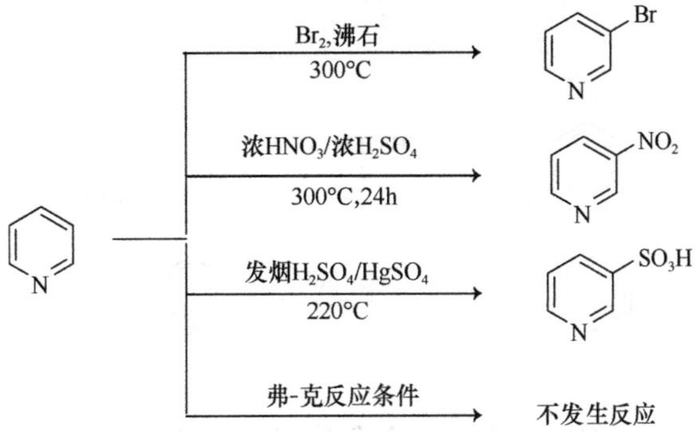

吡啶 —— Br$_2$,沸石 / 300℃ —→ 3-溴吡啶（Br）

吡啶 —— 浓HNO$_3$/浓H$_2$SO$_4$ / 300℃,24h —→ 3-硝基吡啶（NO$_2$）

吡啶 —— 发烟H$_2$SO$_4$/HgSO$_4$ / 220℃ —→ 3-磺酸吡啶（SO$_3$H）

吡啶 —— 弗-克反应条件 —→ 不发生反应

与苯相比，吡啶环亲电取代反应变难，而且取代基主要进入 β 位，可以通过中间体的相对稳定性来说明这一作用。

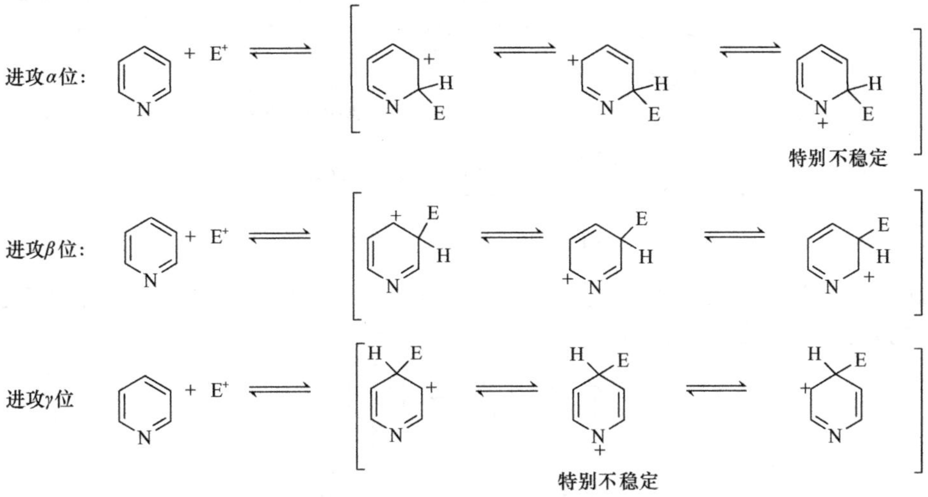

进攻 α 位：（共振式）特别不稳定

进攻 β 位：（共振式）

进攻 γ 位：（共振式）特别不稳定

由于吸电性氮原子的存在，中间体正离子都不如苯取代的相应中间体稳定，所以吡啶的亲电取代反应比苯难。比较亲电试剂进攻的位置可以看出，当进攻 α 位和 γ 位时，形成的中间体有一个共振极限式是正电荷在电负性较大的氮原子上，这种极限式极不稳定，而 β 位取代的中间体没有这种极不稳定的极限式存在，其中间体要比进攻 α 位和 γ 位的中间体稳定。所以，β 位的取代产物容易生成。

3. 亲核取代反应 由于吡啶环上氮原子的吸电子作用，环上碳原子的电子云密度降低，尤其在 α 位和 γ 位上的电子云密度更低，因而环上的亲核取代反应容易发生，取代反应主要发生在 α 位和 γ 位上。例如：

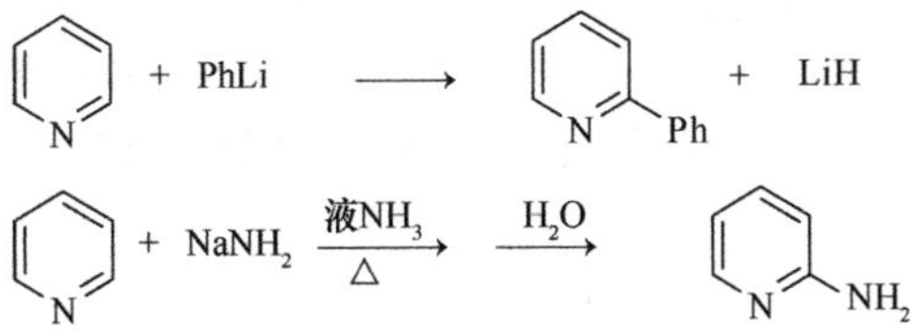

吡啶 + PhLi —→ 2-苯基吡啶（Ph）+ LiH

吡啶 + NaNH$_2$ —液NH$_3$/△→ —H$_2$O→ 2-氨基吡啶（NH$_2$）

吡啶与氨基钠反应生成 2-氨基吡啶的反应称为齐齐巴宾(Chichibabin)反应，如果 α 位已经被占据，则反应发生在 γ 位，得到 4-氨基吡啶，但产率低。

若在吡啶环的 α 位或 γ 位存在着较好的离去基团(如卤素、硝基)时，则易发生亲核取代反应，如卤代吡啶可以与氨(或胺)、烷氧化物、水等较弱的亲核试剂发生亲核取代反应。例如：

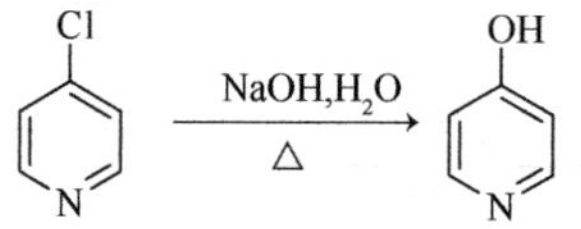

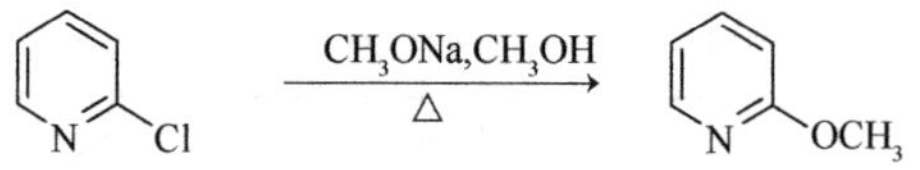

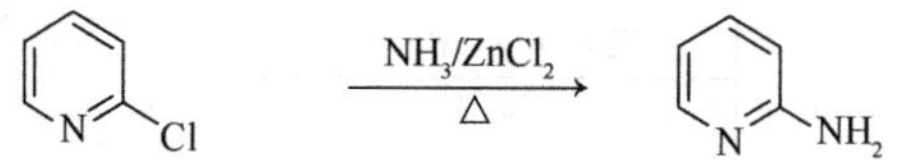

4. 氧化、还原反应

(1) 氧化反应：由于吡啶环上的电子云密度低，所以一般不易被氧化，尤其在酸性条件下，吡啶成盐后氮原子上带有正电荷，吸电子的诱导效应加强，使环上电子云密度更低，更增加了对氧化剂的稳定性。当吡啶环带有侧链(包括烷基或芳香烃基)时，则发生侧链的氧化反应。例如：

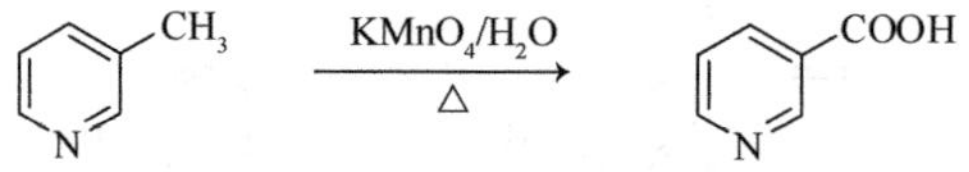

3-吡啶甲酸(烟酸)

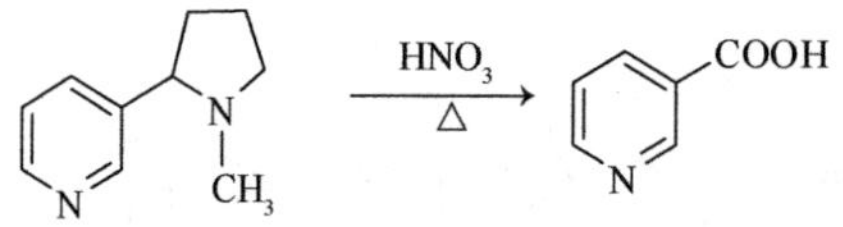

(2) 还原反应：与氧化反应相反，吡啶环比苯环容易发生加氢还原反应，用钠加乙醇、催化加氢的方法均可使吡啶还原。例如：

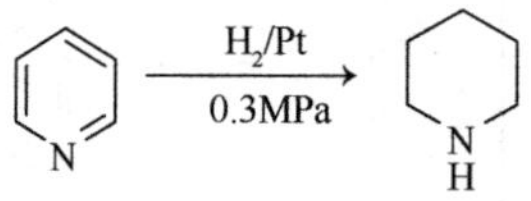

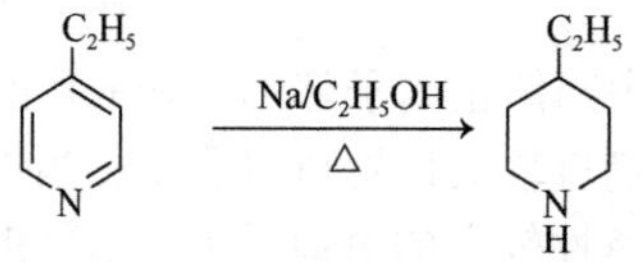

吡啶的还原产物为六氢吡啶(哌啶)，具有仲胺的性质，碱性比吡啶强(pK_a=11.2)，沸点 106℃。很多天然产物具有此环系，是常用的有机碱。

二、嘧啶及嘧啶衍生物

嘧啶是含有两个氮原子的六元杂环，在较低温度时为无色固体，其熔点是 22℃，嘧啶易溶于水，具有弱碱性。嘧啶环系广泛存在于动植物中，并在动植物的新陈代谢中起重要作用。例如，核酸的碱基中有三种重要的嘧啶衍生物：尿嘧啶、胞嘧啶和胸腺嘧啶，它们是生命和遗传现象的物质基础。

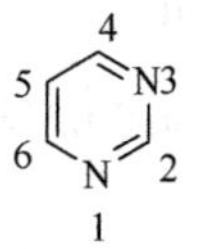

| 嘧啶 | 尿嘧啶 (U) | 胸腺嘧啶(T) | 胞嘧啶(C) |
| pyrimidine | uracil | thymine | cytosine |

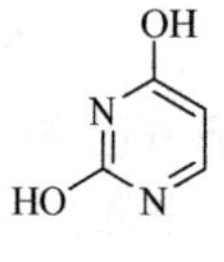

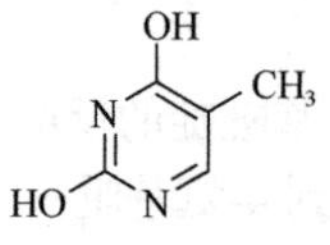

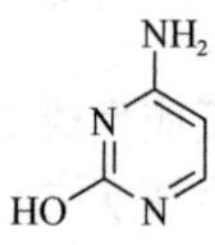

某些维生素(如维生素 B_1 和维生素 B_2)及合成药物(如磺胺嘧啶、甲氧苄啶等)都含有嘧啶环系。

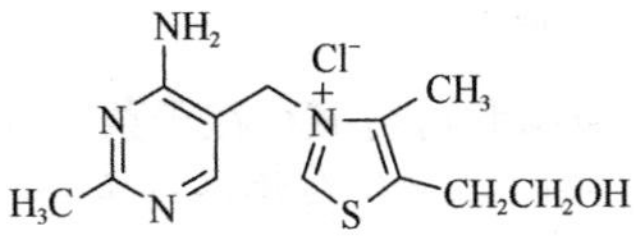

维生素B_1
vitamin B_1

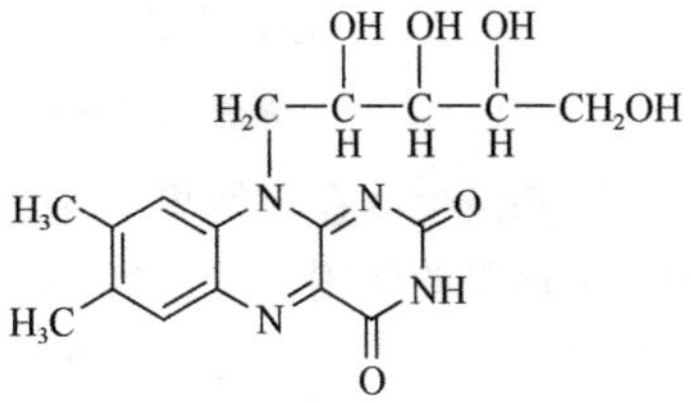

维生素B_2
vitamin B_2

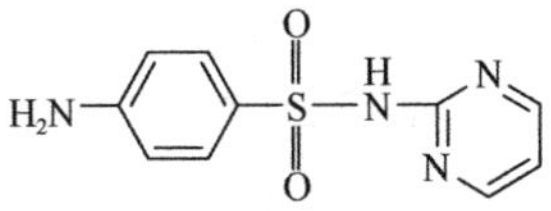

磺胺嘧啶
sulfadiazine(SD)

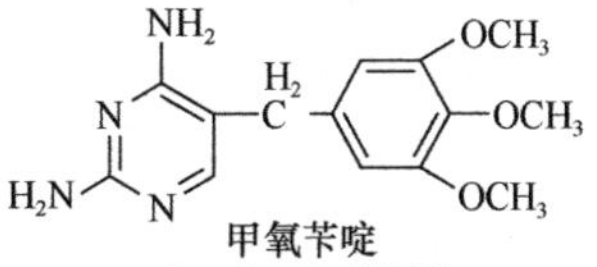

甲氧苄啶
trimethoprim(TMP)

第四节　重要的稠杂环化合物

一、嘌　呤

嘌呤是由一个嘧啶环和一个咪唑环稠合成的稠杂环化合物，又名 1,3,7,9-四氮茚。嘌呤环也存在着互变异构现象(由于有咪唑环系)，它有 $9H$ 和 $7H$ 两种异构体。

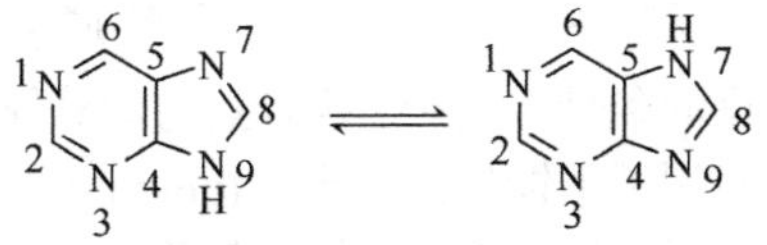

$9H$-嘌呤　　　　　　$7H$-嘌呤

平衡偏向 $9H$-嘌呤的形式，而药物中以 $7H$-嘌呤的衍生物较为常用，在化学式中多采用 $9H$-嘌呤式。

嘌呤是无色针状晶体，熔点 $216\sim217℃$，易溶于水，也可溶于醇，但不溶于非极性的有机溶剂。嘌呤具有弱酸性和弱碱性。其酸性($pK_a8.9$)比咪唑($pK_a14.5$)强，其碱性($pK_a2.4$)比嘧啶($pK_a1.4$)强，但比咪唑($pK_a7.0$)弱。所以嘌呤可以与强酸或强碱成盐。

嘌呤本身很少存于自然界中，可它的羟基和氨基衍生物却广泛存在。例如，腺嘌呤和鸟嘌呤，它们是核酸的组成部分。鸟嘌呤又称 2-氨基-6-羟基嘌呤，存在烯醇式和酮式两种互变异构体。

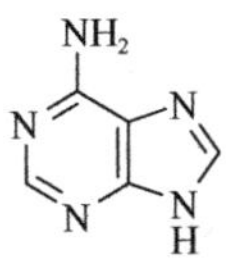

腺嘌呤(6-氨基嘌呤)
adenine,简写为A

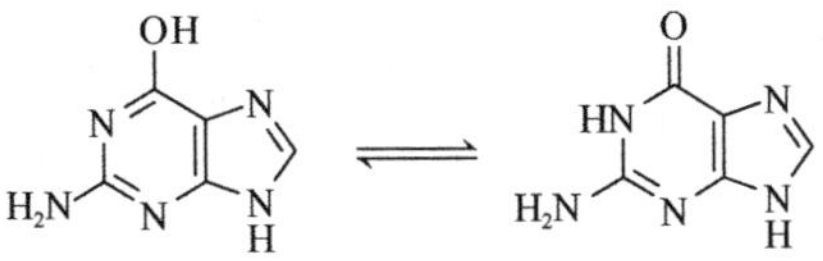

鸟嘌呤(2-氨基-6-羟基嘌呤)
guanine,简写为G

2,6-二羟基-$7H$-嘌呤称为黄嘌呤(xanthine)，有两种互变异构形式，其衍生物常以酮的形式存在。

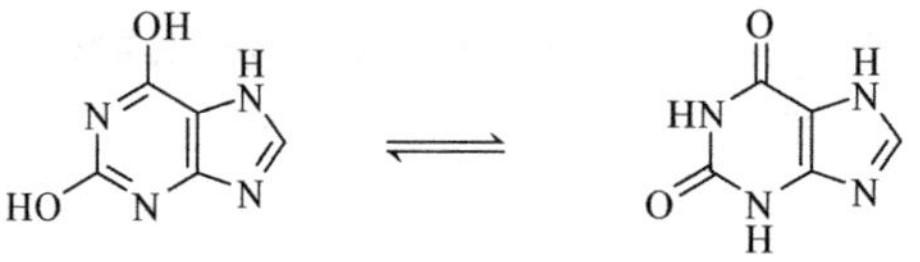

黄嘌呤(烯醇式)　　　　　酮式

黄嘌呤的甲基衍生物在自然界存在广泛,如咖啡因、茶碱和可可碱存在于茶叶或可可豆中,具有利尿和兴奋神经的作用,其中咖啡因和茶碱供药用。嘌呤环类化合物还有抗肿瘤、抗病毒、抗过敏、降胆固醇、利尿、强心、扩张支气管等作用。

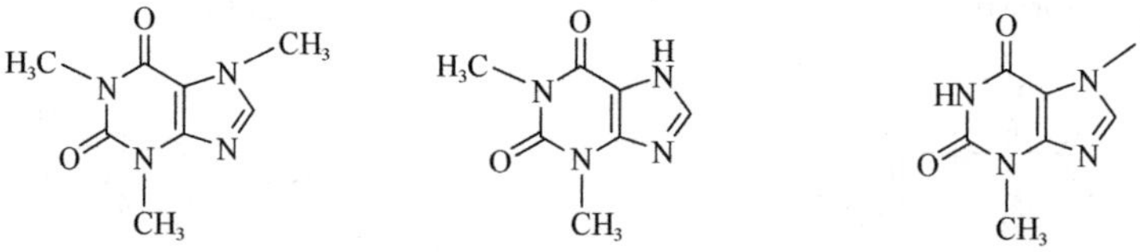

咖啡因　　　　　　茶碱　　　　　　可可碱
caffeine　　　　theophylline　　　theobromine

二、喹啉与异喹啉

喹啉和异喹啉都是由一个苯环和一个吡啶环稠合而成的化合物。

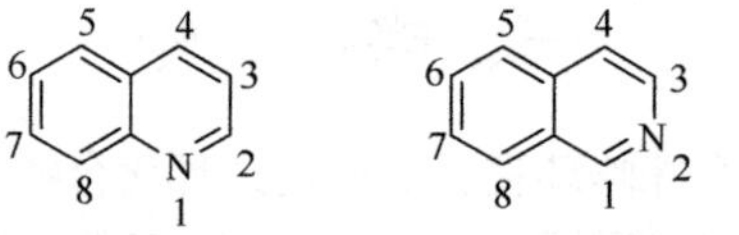

喹啉　　　　　　　异喹啉
苯并[b]吡啶　　　　苯并[c]吡啶

喹啉和异喹啉都存在于煤焦油和骨焦油中,两者互为同分异构体。1834 年人们首次从煤焦油中分离出喹啉,不久之后人们用碱干馏抗疟药奎宁(quinine)也得到喹啉,并因此而得名。

喹啉和异喹啉都是平面性分子,均含有 10 个 π 电子的芳香大 π 键,结构与萘相似。喹啉和异喹啉的氮原子上有一对未共用电子,均位于 sp^2 杂化轨道中,与吡啶的氮原子相同,其碱性与吡啶也相似。由于分子中增加了憎水的苯环,故水溶解度比吡啶大大降低。

喹啉和异喹啉环系是由一个苯环和一个吡啶环稠合而成的。由于苯环和吡啶环的相互影响,喹啉和异喹啉的化学性质与苯、萘和吡啶相似。

(一) 亲电取代反应

喹啉和异喹啉的亲电取代反应发生在苯环上,其反应活性比萘低,比吡啶高,喹啉主要发生在 5 位和 8 位;异喹啉则以 5 位取代为主。

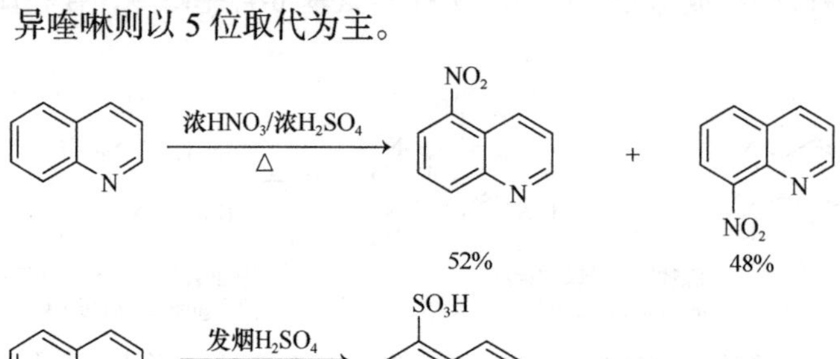

52%　　　48%

35%

(二) 亲核取代反应

喹啉和异喹啉反应活性比吡啶高，亲核取代反应发生在吡啶环上。喹啉取代主要发生在 2 位和 4 位，异喹啉取代主要发生在 1 位上。

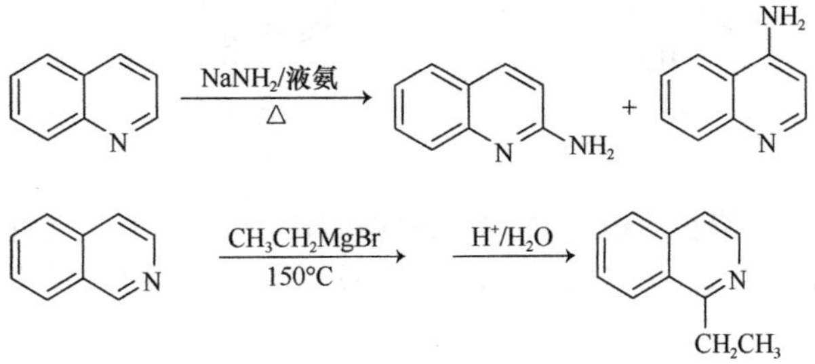

(三) 氧化反应

喹啉和异喹啉的氧化反应发生在苯环上(过氧化物氧化除外)。

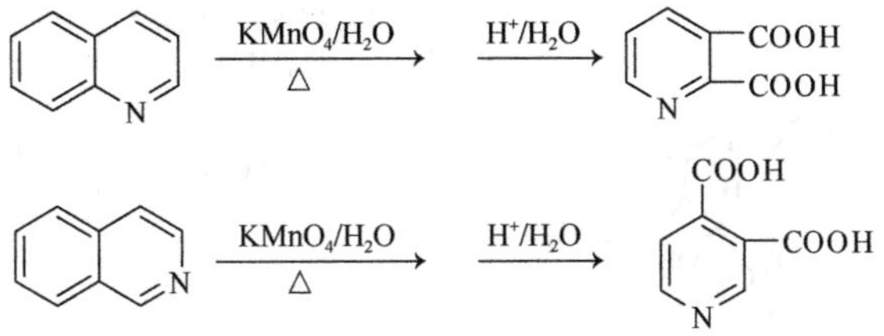

(四) 还原反应

喹啉和异喹啉的还原反应优先发生在吡啶环上，反应条件不同，产物也不同。例如：

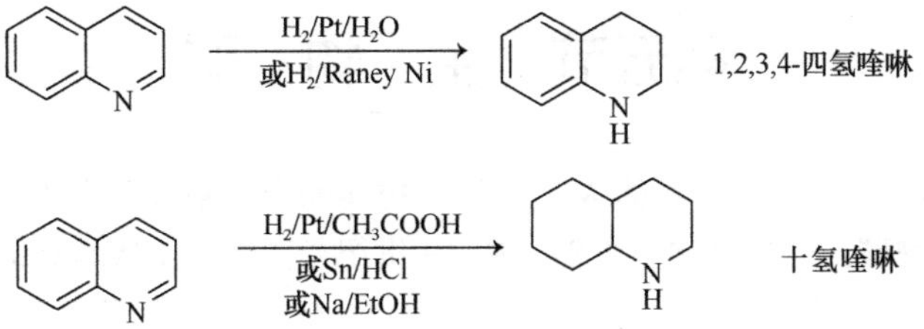

三、吲哚

吲哚具有苯并[b]吡咯的结构，存在于煤焦油中，为无色片状结晶，熔点 52℃，具有极臭气味，但其极稀溶液有花香气味，可溶于热水、乙醇、乙醚中。吲哚的衍生物在自然界中分布很广，如 β-吲哚乙酸、色氨酸、靛蓝等。β-吲哚乙酸是一种植物生长调节剂，用来刺激植物的插枝生长及促进无子果实的形成；色氨酸是蛋白质的组分；靛蓝是人类最早使用的天然染料之一。

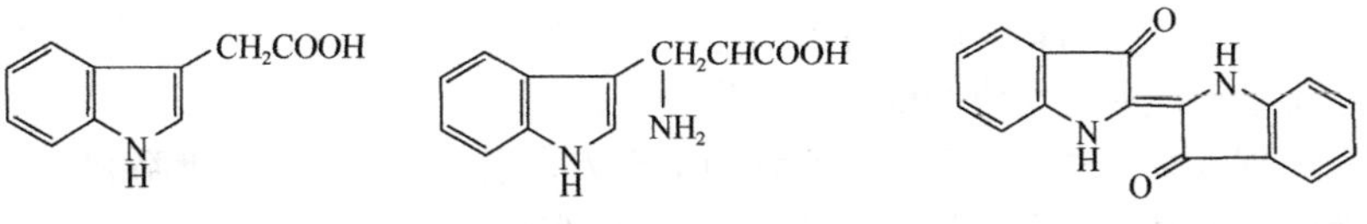

β-吲哚乙酸	色氨酸	靛蓝
β-indoleacetic acid	tryptophan	indigo

吲哚的许多衍生物具有重要的生理与药理活性，如 5-羟色胺(5-HT)是一种能产生愉悦情绪的信使，几乎影响到大脑活动的每一个方面：从调节情绪、精力、记忆力到塑造人生观；褪黑

素(malotonin)具有安神、安眠、调整睡眠的功能，还可以用来防治老年忧郁症、老年痴呆和增强免疫力等。

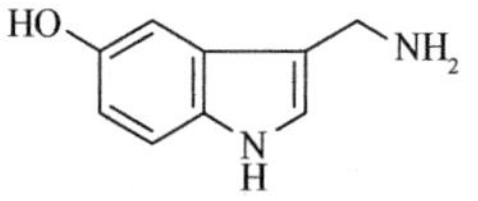

5-HT
5-hydroxytryptamine

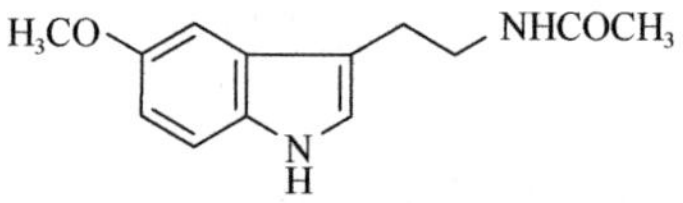

褪黑素
malotonin

含吲哚的生物碱广泛存在于植物中，如长春碱和长春新碱，是从夹竹桃科植物长春花中提取出来的具有抗癌活性的天然生物碱。利血平是一种存在于萝芙木中的生物碱，具有镇静和降血压的作用。

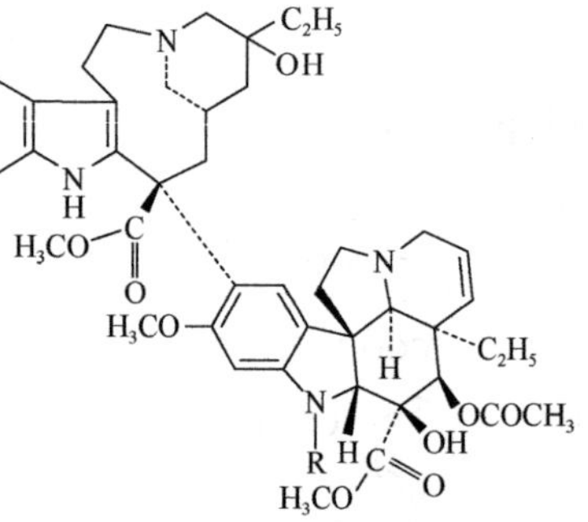

R=CH₃,长春碱vinblastine
R=CHO,长春新碱vincristine

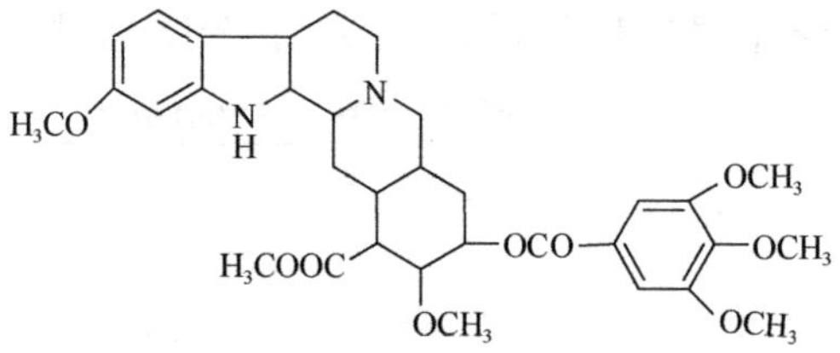

利血平reserpine

第五节　生　物　碱

生物碱(alkaloids)是存在于生物体内生理作用较强的含氮碱性化合物，因主要存在于植物中，所以又称为植物碱。生物碱种类很多，从19世纪德国学者 F.W.Sertürner 从鸦片中分离出吗啡碱(morphine base)以来，人们已分离得到约10 000种生物碱类化合物。许多生物碱对人具有很强的生理作用，很多中草药的有效成分是生物碱。生物碱在植物体内可能是从氨基酸经生物合成产生的。

生物碱的结构一般比较复杂，其碱性的氮原子以环状或开链胺的形式存在。在动植物体内它们大多与有机酸(乳酸、苹果酸、酒石酸、柠檬酸、草酸、琥珀酸、乙酸)或无机酸(磷酸、硫酸、盐酸)结合成盐，这种盐一般易溶于水，少数生物碱以糖苷、酰胺、脂或游离碱的形式存在。

多数生物碱为固体，有苦味，难溶于水，易溶于乙醇等有机溶剂。大部分生物碱具有旋光活性。有些试剂能与生物碱生成沉淀，如丹宁、苦味酸、磷钨酸、磷钼酸、碘化汞钾(HgI₂+KI)、碘化铋钾。一些试剂与生物碱能产生各种颜色反应，如硫酸、硝酸、甲醛、氨水等。这些能与生物碱生成沉淀或产生颜色反应的试剂称为生物碱试剂。

生物碱常根据其来源命名，根据其所含的基本碳骨架分类，如四氢吡咯和六氢吡啶环系，吲哚环系，喹啉、异喹啉环系，嘌呤环系。表12-3列出了几种常见的生物碱。

表 12-3　几种常见的生物碱

名称	结构式	结构类别	来源	生理活性
麻黄碱	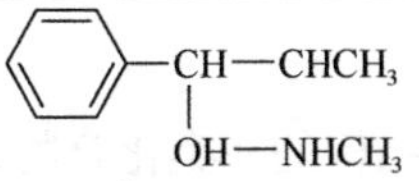	有机胺类	麻黄	兴奋中枢神经、扩张支气管、平喘、止咳、发汗
烟碱(尼古丁)	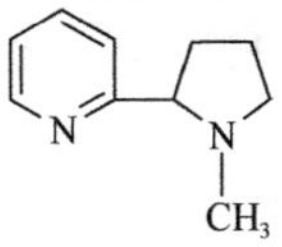	四氢吡咯环系	烟草	有剧毒，少量有兴奋中枢神经、增高血压的作用，量大时能抑制中枢神经系统，使心脏麻痹以至死亡
颠茄碱(阿托品)	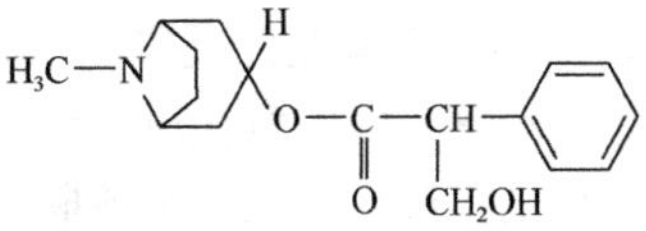	含四氢吡咯和六氢吡啶环系	颠茄、曼陀罗	抗胆碱药，能解除平滑肌痉挛，抑制汗腺分泌，抗心律失常、抗休克，并能扩散瞳孔
利血平	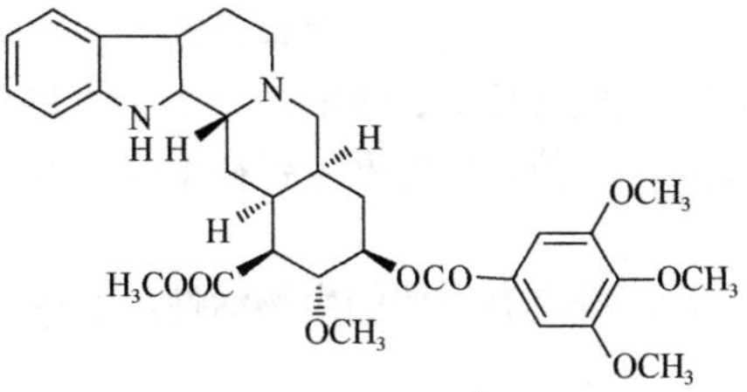	吲哚环系	萝芙木	能降低血压和减慢心率，作用缓慢、温和而持久，对中枢神经系统有持久的安定作用，是一种很好的镇静药
喜树碱	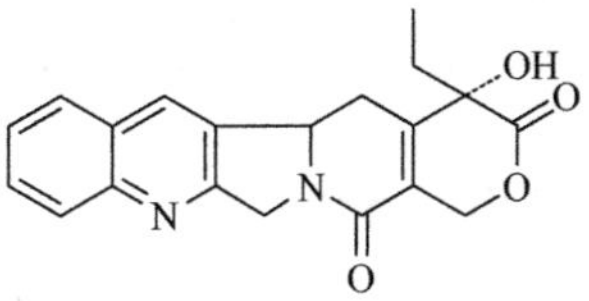	喹啉环系	喜树	抗肿瘤，免疫抑制，抗病毒，抗早孕，改变皮肤表皮的角化过程。用于恶性肿瘤、银屑病、治疣、急慢性白血病及血吸虫病引起的肝脾肿大等
小檗碱(黄连素)	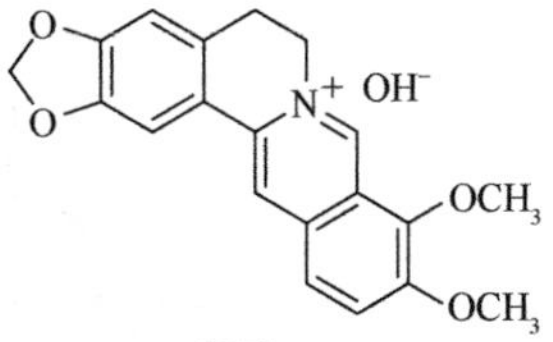	异喹啉环系，季铵碱	黄连、黄柏	抑制痢疾杆菌、链球菌及葡萄球菌的作用，用于治疗细菌性痢疾和肠炎
罂粟碱	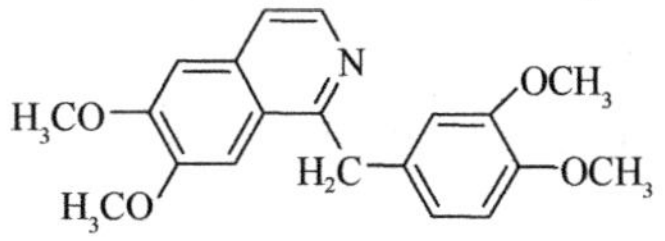	异喹啉环系	罂粟	能解除平滑肌，特别是血管平滑肌的痉挛，并可抑制心肌的兴奋性。其盐酸盐可治疗心绞痛和动脉栓塞等症
咖啡因	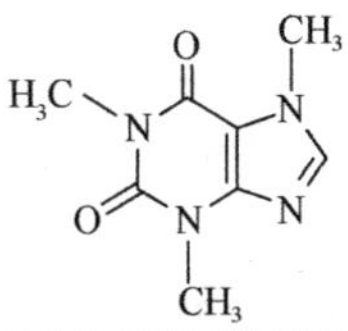	嘌呤环系	咖啡、茶叶	能兴奋中枢神经系统，兴奋心脏、松弛平滑肌和利尿。有成瘾性

关 键 词

杂环化合物 heterocyclic compound　　芳杂环化合物 aromatic heterocycle compound
生物碱 alkaloids

本 章 小 结

杂环化合物是由碳原子和非碳原子共同组成环状结构的一类化合物,常见的杂原子为氮、氧、硫等,本章主要介绍环系为平面型、π电子数符合 $4n+2$ 规则、比较稳定、具有一定程度芳香性的杂环化合物,即芳杂环化合物。

芳杂环化合物按环大小分为五元杂环和六元杂环;可按成环形式分为单杂环和稠杂环。杂环化合物是在保留特定的杂环化合物的俗名和半俗名基础上,用系统命名法进行命名的。

吡咯、呋喃、噻吩等,其芳香性、稳定性不如苯环,亲电取代反应比苯易,主要发生在 α 位上;六元杂环的代表性化合物吡啶可与水、乙醇、乙醚等以任意比例混溶,碱性强于芳胺而弱于氨。吡啶的亲电取代反应变难,产率低且取代基主要进入3位;亲核取代反应容易且主要发生在2位和4位,如果在2位或4位存在较好的离去基团,则很容易发生亲核取代反应;氧化反应变难,还原反应变易。喹啉与异喹啉的亲电取代反应,喹啉主要在5位和8位,异喹啉则以5位为主;亲核取代反应,喹啉主要在2位和4位,异喹啉主要在1位;氧化反应主要发生在苯环上;还原反应优先发生在吡啶环上。

生物碱主要是从植物提取的杂环化合物,许多都具有重要的生物活性。生物碱可以发生沉淀反应和颜色反应。

阅读材料

吗啡、可待因和海洛因的结构、功能与毒性

罂粟是一种富含生物碱的植物,罂粟的未成熟蒴果被划破流出的白色浆汁干燥后呈黑色膏状,内含多种复杂成分,其中吗啡含量最多(9%~17%),另外还有可待因(codeine)、罂粟碱(papaverine)等其他成分。

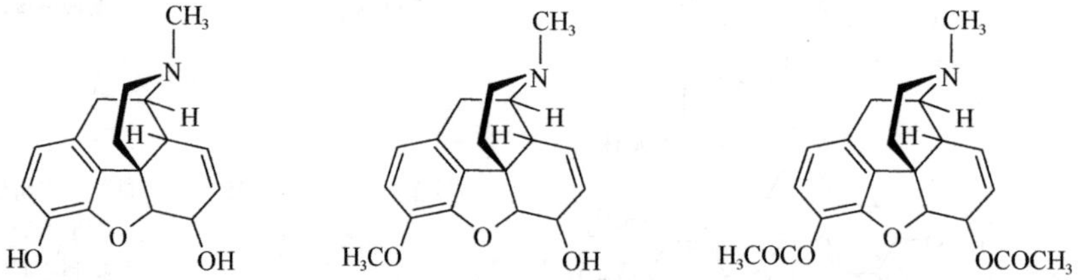

吗啡   可待因   海洛因

吗啡对中枢神经有麻醉作用和很强的镇痛作用,但连续使用会产生耐受和成瘾的严重不良反应,必须严格控制使用。

吗啡分子中有一些可被修饰的中心,酚羟基烷基化通常导致镇痛活性降低,如吗啡的甲基醚——可待因,其镇痛作用是吗啡的 1/10,成瘾性较吗啡差,用于镇咳。将吗啡的二个羟基乙酰化得到其二乙酸酯,即海洛因,镇痛作用强于吗啡,但它更易成瘾,产生耐受性和生理依赖性,是禁用的毒品,它也存在于大麻中。

多年来寻求高效、没有成瘾性的吗啡类似物的研究一直受到关注,主要是改变碳环和氮上的取代基团,其中叠氮吗啡及14-羟基双氢叠氮吗啡的镇痛作用比吗啡强300倍,毒性低,且几乎没有成瘾性。近年来,Bradley 等从南美的三色蟾蜍中分离出镇痛作用比吗啡强200倍的天然化合物 epibatidin,这类物质可能成为新型的非依赖性镇痛药,前景广阔。

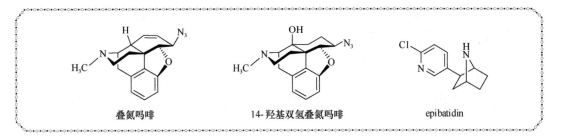

叠氮吗啡   14-羟基双氢叠氮吗啡   epibatidin

习　题

1. 写出下列化合物的结构式。

(1) 2,5-二甲基喹啉

(2) 4-喹啉甲醛

(3) 4-羟基-1*H*-吡唑并[3，4-d]嘧啶

(4) 1-甲基-5-溴-2-吡咯甲酸

(5) 5-氟嘧啶-4-胺

(6) *N*-甲基-2-乙基吡咯

(7) 1,3-二甲基-7*H*-嘌呤-2,6-二酮

(8) 4,6-二甲基-2-吡喃酮

2. 命名下列化合物。

(1)

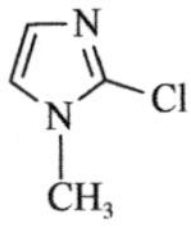

(2)

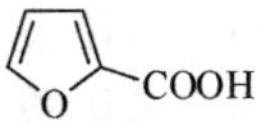

(3)

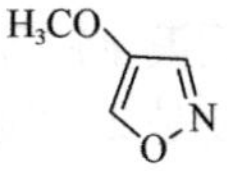

(4)

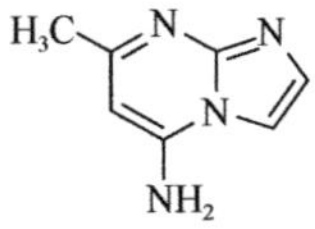

(5)

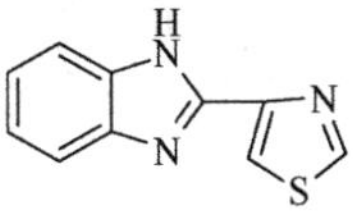

(6)

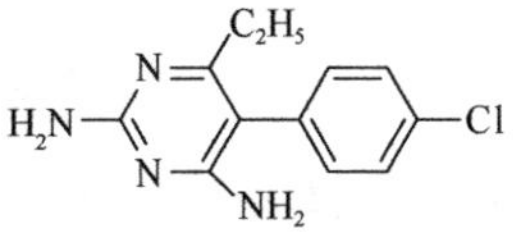

(7)

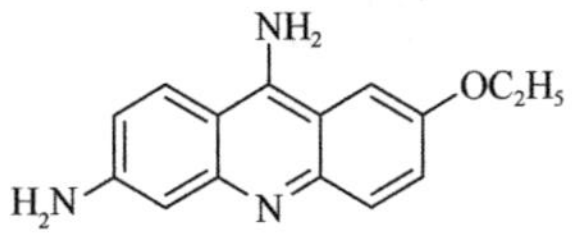

(8)

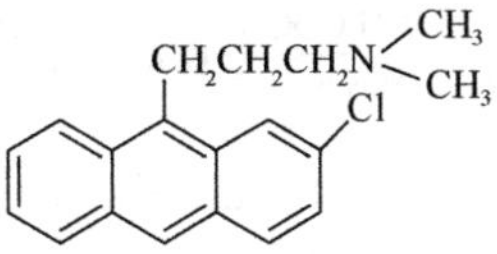

3. 完成下列反应。

(1) 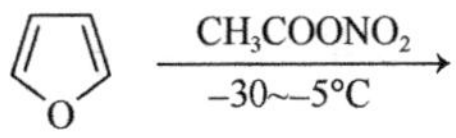 $\xrightarrow[-30\sim-5℃]{CH_3COONO_2}$

(2) $\xrightarrow{HNO_3}$

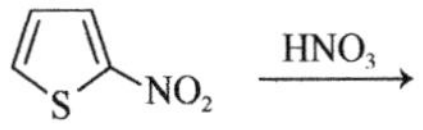

(3) + Br_2 $\xrightarrow{C_2H_5OH}$

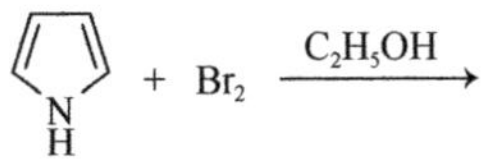

(4) 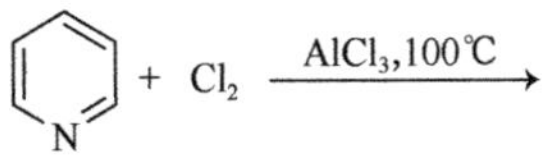 + Cl_2 $\xrightarrow{AlCl_3,100℃}$

(5) + CH_3COCl $\xrightarrow[\triangle]{AlCl_3}$

(6) 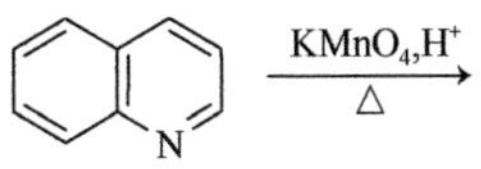 $\xrightarrow[\triangle]{KMnO_4,H^+}$

(7)

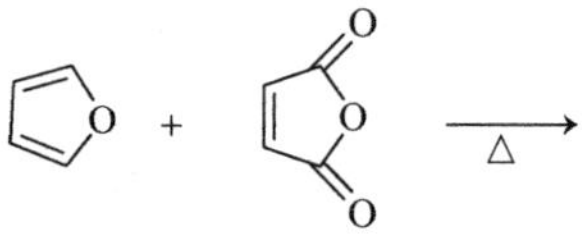

(8)

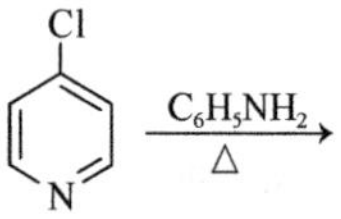

(9)

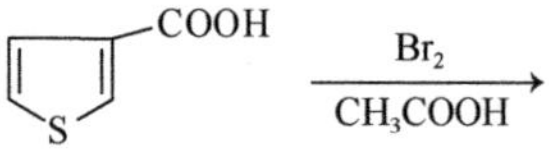

(10)

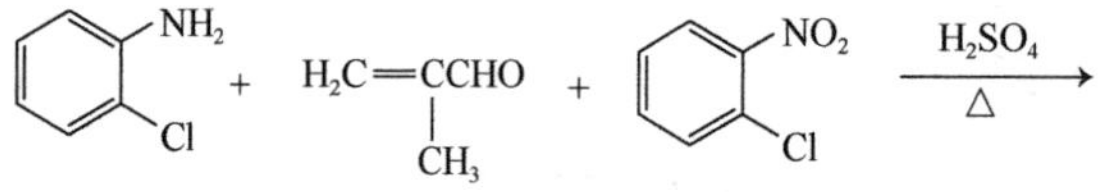

(11)

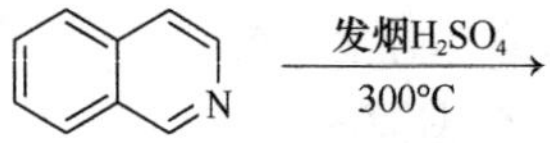

(12)

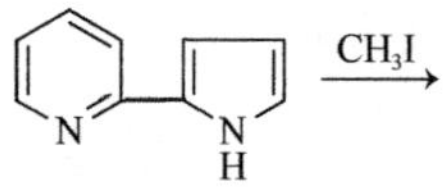

4. 吡啶溴代不使用溴化铁等路易斯酸做催化剂，为什么？

5. 下列反应的产物是 2-吡啶甲酸，而不会产生出苯甲酸，试解释原因？

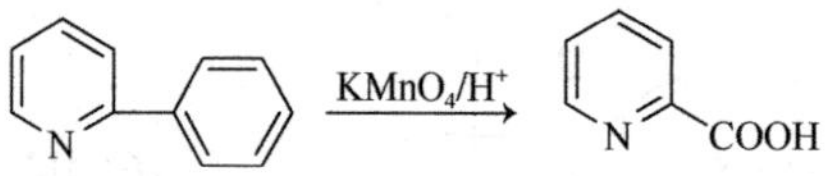

6. 写出下列反应中 A、B、C、D 的结构。

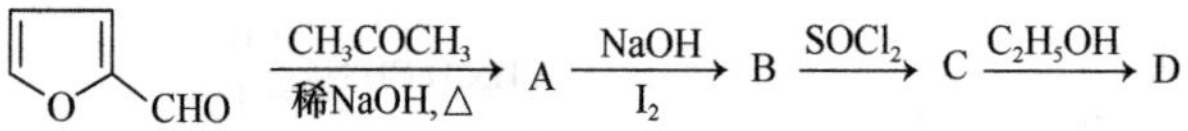

7. 按碱性由大到小的顺序排列下列化合物。

(1) 苄胺　苯胺　吡咯　吡啶　氨

(2) 吡咯　吡啶　四氢吡咯　喹啉

8. 某杂环化合物 C_6H_6OS 能生成肟，但不能发生银镜反应，它能与次碘酸钠反应生成噻吩-2-甲酸，试推断该化合物结构并写出相关反应。

9. 以苯胺或其衍生物为原料，设计合成下列化合物。

(1) 6-甲氧基喹啉　　　　　　　　　(2) 2-乙基-3-甲基喹啉

10. 以吡啶为原料，设计合成下列化合物。

(1)

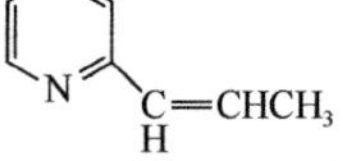

(2)

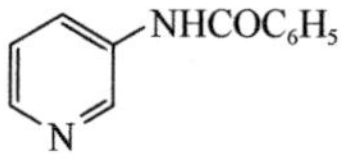

(王新兵)

第十三章 脂类、萜类和甾体化合物

第一节 脂类化合物

脂类(lipids)广泛存在于动植物体内，是生物体维持正常生命活动不可缺少的物质。脂类、蛋白质、碳水化合物是人体产能的三大营养素，在能量供给方面起着重要作用。脂类也是人体细胞组织的主要组成成分，如细胞膜、神经髓鞘都以脂类作为重要的组成物质。

一、分　类

从结构上看，脂类是由脂肪酸和醇(包括甘油醇、硝氨醇、高级一元醇和固醇等)组成的酯类化合物，主要包括简单脂类(simple lipids)和复合脂类(complex lipids)。

(一) 简单脂类

脂肪酸与醇结合成的酯，没有极性基团，是非极性脂，又称中性脂。三酰甘油、胆固醇酯、蜡等都是简单脂。

(二) 复合脂类

复合脂类又称类脂，是含有磷酸等非脂成分的脂类，含有极性基团，是极性脂。磷脂是主要的复合脂。

二、结构及性质

脂类一般不溶于水而易溶于醇、醚、氯仿、苯等有机溶剂，大多以脂肪酸甘油酯的结构存在，是脂肪组织的主要成分。

(一) 简单脂类

简单脂类是脂肪酸与各种不同醇类形成的酯，简单脂类主要包括酰基甘油酯和蜡。

1. 酰基甘油酯的结构　酰基甘油酯又称脂肪，简称油脂，是以甘油为主链的脂肪酸酯。三酰基甘油酯为甘油分子中三个羟基都被脂肪酸酯化所得，故称为甘油三酯(三酰甘油)(triglyceride)，其通式为

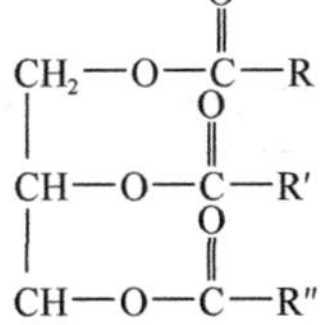

$$
\begin{array}{l}
CH_2-O-\overset{\overset{\displaystyle O}{\|}}{C}-R \\
CH-O-\overset{\overset{\displaystyle O}{\|}}{C}-R' \\
CH-O-\overset{\overset{\displaystyle O}{\|}}{C}-R''
\end{array}
$$

根据上式中 R、R′和 R″的不同，可分为单酰甘油、二酰甘油和三酰甘油。前两者在自然界中存在极少，而三酰甘油是脂类中含量最丰富的一类。通常所说的油脂就是指三酰甘油。组成酰基甘油的脂肪酸种类很多，但绝大多数都是含偶数碳原子(12～20 个)的直链羧酸，其中有饱和的，也有不饱和的。常见的高级脂肪酸见表 13-1。

表 13-1　油脂中常见的高级脂肪酸

俗名	化学名	结构式	熔点(℃)
月桂酸	十二烷酸	$CH_3(CH_2)_{10}COOH$	43.6
软脂酸	十六烷酸	$CH_3(CH_2)_{14}COOH$	62.9
硬脂酸	十八烷酸	$CH_3(CH_2)_{16}COOH$	69.9
花生酸	二十烷酸	$CH_3(CH_2)_{18}COOH$	75.2
油酸	Δ^9-十八碳烯酸	$CH_3(CH_2)_6CH{=}CH(CH_2)_7COOH$	16.3
亚油酸	$\Delta^{9,12}$-十八碳二烯酸	$CH_3(CH_2)_4(CH{=}CHCH_2)_2(CH_2)_6COOH$	−5
亚麻油酸	$\Delta^{9,12,15}$-十八碳三烯酸	$CH_3(CH_2CH{=}CH)_3(CH_2)_7COOH$	−11.3
桐油酸	$\Delta^{9,11,13}$-十八碳三烯酸	$CH_3(CH_2)_3(CH{=}CH)_3(CH_2)_7COOH$	49
蓖麻油酸	Δ^9-12-羟基十八碳烯酸	$CH_3(CH_2)_5CH(OH)CH_2CH{=}CH(CH_2)_7COOH$	50
花生四烯酸	$\Delta^{5,8,11,14}$-二十碳四烯酸	$CH_3(CH_2)_4(CH{=}CHCH_2)_4(CH_2)_2COOH$	−49.3

注:"Δ"表示双键,其右上标的数字为双键所在位号

2. 酰基甘油酯的性质　油脂一般无色、无味、无臭,呈中性。天然油脂因含杂质而常具有颜色和气味。油脂相对密度为 0.9～0.95,不溶于水而溶于有机溶剂。天然油脂一般是三酰甘油酯的混合物,因此没有固定的熔点和沸点。由饱和脂肪酸组成的油脂通常在室温下是固体,如猪油和牛油等;而不饱和脂肪酸组成的油脂在室温下是液体,如花生油、豆油等。

油脂是脂肪酸的储备和运输形式,也是生物体内的重要溶剂,许多物质都是溶于其中而被吸收和运输的,如各种脂溶性维生素(维生素 A、维生素 D、维生素 E、维生素 K)、芳香油、固醇和某些激素等。

油脂的化学性质与组成它的脂肪酸、甘油及酯键、双键有关。

(1) 水解和皂化:油脂能在酸、碱、蒸汽及脂酶的作用下水解,生成甘油和脂肪酸。当用碱水解油脂时,生成甘油和脂肪酸盐。脂肪酸的钠盐或钾盐就是肥皂。因此把油脂的碱水解称为皂化。

使 1g 油脂完全皂化所需的氢氧化钾的毫克数称为皂化值。根据皂化值的大小可以判断油脂中所含脂肪酸的平均分子量。皂化值越大,脂肪酸的平均分子量越小(表 13-2)。

表 13-2　常见油脂中脂肪酸的含量、皂化值及碘值

油脂	软脂酸含量(%)	硬脂酸含量(%)	油酸含量(%)	亚油酸含量(%)	皂化值	碘值
牛油	24～32	14～32	35～48	2～4	190～200	30～48
猪油	28～30	12～18	41～48	3～8	195～208	46～70
花生油	6～9	2～6	50～57	13～26	185～195	83～105
大豆油	6～10	2～4	21～29	54～59	189～194	127～138

(2) 加成反应：含不饱和脂肪酸的油脂，分子中的碳碳双键可以与氢、卤素等进行加成反应。

氢化是指在高温、高压和 Ni 催化下，碳碳双键与氢发生加成反应，转化为饱和脂肪酸。氢化的结果是液态的油变成半固态的脂，所以常称为"油脂的硬化"。人造黄油的主要成分就是氢化的植物油，某些高级糕点的松脆油也是适当加氢硬化的植物油，棉籽油氢化后形成奶油。油容易酸败，不利于运输，海产的油脂有臭味，氢化也可解决这些问题。

卤素中的溴、碘可与油脂中的双键加成，生成饱和的卤化脂，这种作用称为卤化。通常把100g 油脂所能吸收的碘的克数称为碘值。碘值大，表示油脂中不饱和脂肪酸含量高，即不饱和程度高。碘值大于 130 的称为干性油，小于 100 的为非干性油，介于二者之间的称半干性油(表13-2)。

(3) 酸败和干化：油脂在空气中放置过久，会腐败产生难闻的臭味，这种变化称为酸败。酸败是由空气中氧、水分或真菌等的共同作用引起的，阳光可加速这个反应。酸败的化学本质是油脂水解放出游离的脂肪酸，不饱和脂肪酸氧化产生过氧化物，再裂解成小分子的醛或酮。脂肪酸 β-氧化时产生短链的 β-酮酸，再脱酸也可生成酮类物质。低分子量的脂肪酸、醛和酮常有刺激性酸臭味。

酸败程度的大小用酸值表示。酸值就是中和 1g 油脂中的游离脂肪酸所需的 KOH 毫克数。酸值是衡量油脂质量的指标之一。

某些油在空气中放置，表面能生成一层干燥而有韧性的薄膜，这种现象称为干化。具有这种性质的油称为干性油。一般认为，如果组成油脂的脂肪酸中含有较多的共轭双键，油的干性就好。桐油中含桐油酸达 79%，是最好的干性油，不但干化快，而且形成的薄膜韧性好，可耐冷、热和潮湿，在工业上有重要价值。

3. 蜡(wax)　是高级脂肪酸和长链羟基醇所形成的酯。常见的脂肪酸有棕榈酸和二十六酸，常见的醇为十六醇、二十六醇和三十醇。蜡在常温下是不溶于水的固体，但可溶于有机溶剂。

温度较高时，蜡是柔软的固体，温度低时变硬。蜂蜡是 16 个碳的软脂酸和有 26~34 个碳的醇形成的酯。羊毛脂是脂肪酸和羊毛固醇形成的酯。

(二) 复合脂类

复合脂是由简单脂和一些非脂物质如磷酸、含氮碱基等共同组成的。生物体内主要含磷脂和糖脂两种复合脂。

1. 磷脂(phospholipid)　是生物膜的重要组成部分，其特点是在水解后产生含有脂肪酸和磷酸的混合物。根据磷脂的主链结构分为磷酸甘油酯和鞘磷脂。

(1) 磷酸甘油酯(phosphoglyceride)：是主链为甘油-3-磷酸，甘油分子中的另外两个羟基都被脂肪酸所酯化，磷酸基团又可被各种结构不同的小分子化合物酯化后形成的各种磷酸甘油酯。体内含量较多的是磷脂酰胆碱(卵磷脂)、磷脂酰乙醇胺(脑磷脂)、磷脂酰丝氨酸、磷脂酰甘油、二磷脂酰甘油(心磷脂)及磷脂酰肌醇等，每一磷脂可因组成的脂肪酸不同而有若干种。

磷脂酰胆碱可控制肝脏脂肪代谢，防止脂肪肝的形成。磷脂酰乙醇胺与凝血有关。磷脂中的脂肪酸常见的是软脂酸、硬脂酸、油酸及少量不饱和程度高的脂肪酸。通常 α 位的脂肪酸是饱和脂肪酸，β-位的是不饱和脂肪酸。天然磷脂常是含不同脂肪酸的几种磷脂的混合物。

(2) 鞘磷脂(sphingophospholipid)：是含硝氨醇或二氢鞘氨醇的磷脂，其分子不含甘油，是一分子脂肪酸以酰胺键与鞘氨醇的氨基相连。鞘氨醇或二氢鞘氨醇是具有脂肪族长链的氨基二元醇。有疏水的长链脂肪烃基尾和两个羟基及一个氨基的极性头。

人体含量最多的鞘磷脂是神经鞘磷脂，由鞘氨醇、脂肪酸及磷酸胆碱构成。神经鞘磷脂是构成生物膜的重要磷脂。它常与卵磷脂并存于细胞膜外侧。

自然状态的磷脂都有两条比较柔软的长烃链，因而有脂溶性；而磷脂的另一组分是磷酰化物，它是强亲水性的极性基团，使磷脂可以在水中扩散成胶体，因此具有乳化性质。磷脂能帮助不溶于水的脂类均匀扩散于体内的水溶液体系中。

2. 糖脂(glycolipid) 是一类含糖类残基的、化学结构各不相同的脂类化合物。糖脂分为糖基酰基甘油和鞘糖脂两大类。鞘糖脂又分为中性鞘糖脂和酸性鞘糖脂。

(1) 糖基酰基甘油(glycosylacylglycerid)：结构与磷脂相类似，主链是甘油，含有脂肪酸，但不含磷及胆碱等化合物。自然界存在的糖脂分子中的糖主要有葡萄糖、半乳糖，脂肪酸多为不饱和脂肪酸。糖类残基是通过糖苷键连接在 1,2-甘油二酯的 C_3 位上构成糖基甘油酯分子。已知这类糖脂可由各种不同的糖类构成它的极性头，不仅有二酰基油酯，也有 1-酰基的同类物。

(2) 鞘糖脂(glycosphingolipid)：的分子母体结构是神经酰胺。脂肪酸连接在长链鞘氨醇的 C_2 氨基上，构成的神经酰胺糖是鞘糖脂的亲水极性头。含有一个或多个中性糖残基作为极性头的鞘糖脂类称为中性糖鞘脂或糖基神经酰胺。

重要的鞘糖脂有脑苷脂和神经节苷脂。脑苷脂在脑中含量最多，肺、肾次之，肝、脾及血清中也含有。脑中的脑苷脂主要是半乳糖苷脂，其脂肪酸主要为二十四碳脂酸；而血液中主要是葡萄糖脑苷脂。神经节苷脂是一类含唾液酸的酸性鞘糖酯。

第二节　萜类化合物

萜类化合物(terpenoid)广泛分布于植物、昆虫和微生物等动植物体内，是植物香精油、树脂、色素等的主要成分，如玫瑰油、桉叶油、松脂等都含有多种萜类化合物。另外，动物的激素、维生素等也属于萜类化合物。萜类化合物具有一定的生理活性，如祛痰、止咳、祛风、保肝、发汗、驱虫、镇痛等，被广泛应用于香料和医药行业。

一、结构、分类与命名

萜类化合物是由若干个异戊二烯(isoprene)单位按不同方式连接而成的烃类化合物及其衍生物。因此，萜类化合物可以视为异戊二烯的聚合体。在连接方式上，大多数萜类分子是由异戊二烯骨架头与尾相连而成，少数由头与头相连或尾与尾相连而成。

萜类化合物骨架庞杂、种类繁多、数目庞大，为便于学习，仍沿用经典的 Wallach 异戊二烯规则(isoprene rule)，也就是按照分子中异戊二烯单位的数目进行分类，见表 13-3。

表 13-3　萜类化合物分类及存在形式

类别	碳原子数	异戊二烯单位	存在形式
单萜(monoterpene)	10	2	挥发油
倍半萜(sesquiterpene)	15	3	挥发油
二萜(diterpene)	20	4	树脂、植物醇、叶绿素
二倍半萜(sesterterpene)	25	5	植物病菌、昆虫代谢物
三萜(triterpene)	30	6	皂苷、树脂、植物乳汁

类别	碳原子数	异戊二烯单位	存在形式
四萜(tetraterpene)	40	8	植物胡萝卜素
多萜(polyterpene)	>40	>8	橡胶、硬橡胶

由于萜类化合物的系统命名法较复杂，因此萜类化合物的命名一般根据其来源，采用俗名或俗名再加上"烷""烯""醇""醛""酮"等来进行命名，如姜烯、月桂烯、薄荷醇、柠檬醛等。

二、生物合成途径

因萜类化合物骨架符合异戊二烯规则，故 Bouchardat 于 1875 年曾以异戊二烯为原料合成了一个标准萜类化合物——苧烯。

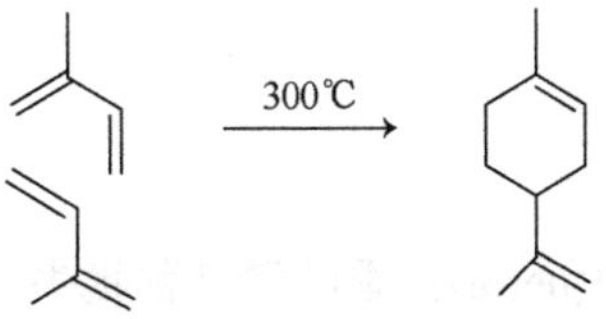

研究发现，植物体内形成萜类化合物最关键的前体是由乙酰辅酶 A 转换而成的甲羟戊酸。乙酰辅酶 A 转化成甲羟戊酸的过程如下所示。

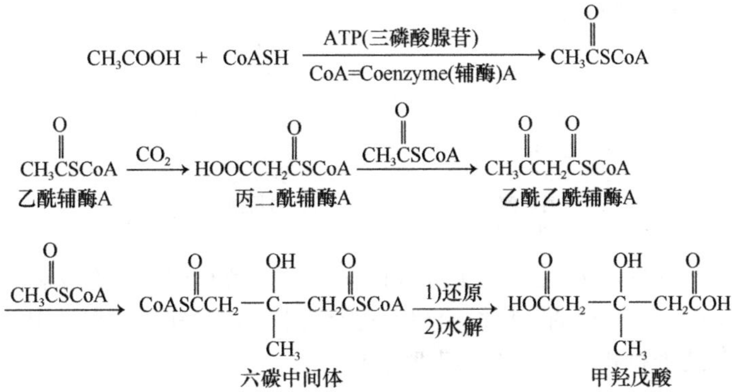

研究证明，由甲羟戊酸变为异戊二烯体系是经过三磷酸腺苷(ATP)的作用，两个羟基分步骤地进行磷酸化，然后失去磷酸，同时失羧，得到焦磷酸异戊烯酯。由焦磷酸异戊酯再进行结合就可生成各种萜类化合物。

三、重要萜类化合物

(一) 单萜类化合物

单萜类化合物是由两个异戊二烯单位组成的烯类或其含氧衍生物，是植物香精油的主要成分，其沸点在 $140\sim180℃$，能随水蒸气蒸出。根据碳链不同，单萜化合物可分为开链单萜、单环单萜和双环单萜三类。

1. 开链单萜(open-chain monoterpene) 是由两个异戊二烯单位结合而成的链状化合物。开链单萜中有很多是珍贵的香料。

(1) 罗勒烯和月桂烯：二者互为同分异构体。罗勒烯是从罗勒叶中提取得到的，也存在于某些植物或挥发油中，是有香味的液体。月桂烯又称香叶烯，有 α 和 β 两种异构体，最早是从月桂油中提取得到的具有香味的液体，后来在啤酒花和松节油等多种精油中都有发现。两者都因为含有双键，所以不稳定，容易氧化、聚合。

罗勒烯 ocimene α-月桂烯 α-myrcene β-月桂烯 β-myrcene

β-月桂烯用盐酸和碱处理后可以生成芳樟醇(linalool)，芳樟醇及酯是香水和化妆品的重要组分，其反应式如下所示。

β-月桂烯 β-myrcene $\xrightarrow[\text{2)分离}]{\text{1)HCl}}$ $\xrightarrow{\text{KOH}}$ 芳樟醇 linalod

(2) 香叶醇(geraniol)与香橙醇(nerol)：香叶醇又称牻牛儿醇，玫瑰油、香叶天竺葵油及香茅叶的挥发油中均含有此成分，具有玫瑰香气，因此是玫瑰香料必含的成分，也广泛用于香料工业。香橙醇与香叶醇互为顺反异构体，存在于香橙油、柠檬草油和多种植物的挥发油中，香气比较温和，适合制造香料。

香叶醇 geraniol 香橙醇 nerol

(3) 柠檬醛(citral)和蒿酮(artemisia ketone)：柠檬醛又称枸橼醛，有 α 和 β 两种异构体，以 α-柠檬醛为主，存在于柠檬草油、柠檬油和山苍子油中，也存在于橘皮油中，它们都具有柑橘类水果清香，是制造香料和维生素 A 的重要原料。

α-柠檬醛 α-citral β-柠檬醛 β-citral 蒿酮 artemisia ketone

蒿酮存在于黄花蒿的挥发油中，蒿酮虽然由两个异戊二烯单位组成，但不是头-尾或尾-尾结合而成，属于一种不规则的链状单帖。

2. 单环单萜(monocyclic monoterpene) 一般都含有一个六元碳环，以稳定的椅式构象存在，其种类较多，比较重要的有苧烯、薄荷醇和胡椒酮。

(1) 苧烯(limonene)：又称柠檬烯，分子中含有一个手性碳，有一对对映异构体。左旋体存在于松针中，右旋体存在于柠檬油中，都是无色液体，有柠檬香味，可做香料。松节油中存在的苧烯是外消旋体。

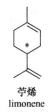

苧烯
limenene

(2) 薄荷醇(menthol)：主要存在于薄荷挥发油中。薄荷醇分子中含有三个手性碳原子，有四对对映异构体即(±)-薄荷醇、(±)-异薄荷醇、(±)-新薄荷醇和(±)-新异薄荷醇。其主要成分为(−)-薄荷醇，称为薄荷脑。薄荷醇具有弱的镇痛、止痒和局部麻醉的作用，还具有防腐、杀菌和清凉的作用。

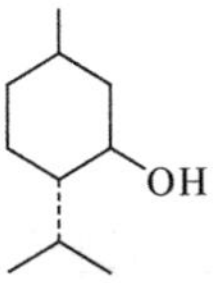

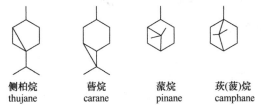

| (±)-薄荷醇
（Ⅰ） | (±)-异薄荷醇
（Ⅱ） | (±)-新薄荷醇
（Ⅲ） | (±)-新异薄荷醇
（Ⅳ） |

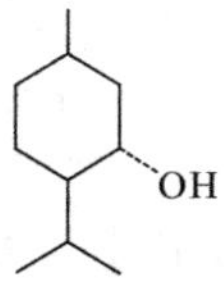

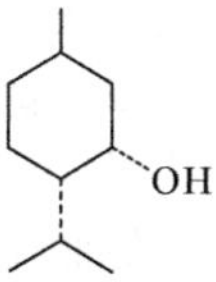

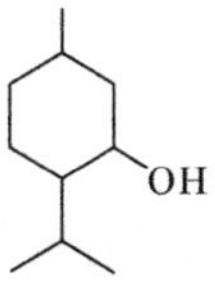

其构象式如下所示

| (±)-薄荷醇
（Ⅰ） | (±)-异薄荷醇
（Ⅱ） | (±)-新薄荷醇
（Ⅲ） | (±)-新异薄荷醇
（Ⅳ） |

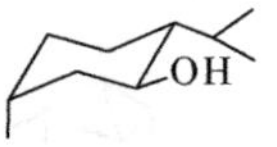

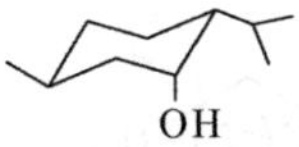

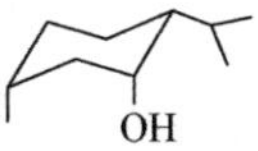

(3) 胡椒酮(piperitone)：又称辣薄荷酮或洋薄荷酮，存在于芸香草等多种中药的挥发油中，具有松弛平滑肌作用，是治疗支气管哮喘的有效成分。

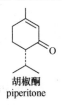

胡椒酮
piperitone

3. 双环单萜　双环单萜从骨架上看是由一个六元环分别与一个三元环或四元环或五元环共用若干个碳原子构成的。它们的母体主要有侧柏烷系、蒈烷系、蒎烷系、莰(菠)烷系等几种。双环单萜类化合物属于桥环化合物，系统命名中可按桥环化合物的命名原则进行。

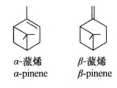

| 侧柏烷
thujane | 蒈烷
carane | 蒎烷
pinane | 莰(菠)烷
camphane |

(1) 蒎烯(pinene)：是蒎族中的重要物质，有 α 和 β 两种异构体，α-蒎烯是松节油的主要成分，占 70%～80%。β-蒎烯是松节油的次要成分。α-蒎烯主要用于合成樟脑、龙脑和紫丁香香精等。

α-蒎烯　　　β-蒎烯
α-pinene　　β-pinene

(2) 樟脑(camphor)：是菠烷的含氧衍生物，化学名 2-莰酮。分子中有两个手性碳原子，应该存在四个对映异构体，但只有一对稳定的对映异构体，这是由于桥环的船式构象限制了手性碳原子所连基团的构型。

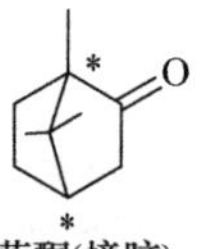

2-茨酮(樟脑)
camphor

其对映异构体如下图所示。

(+)-樟脑
(+)-camphor

(−)-樟脑
(−)-camphor

天然樟脑主要存在于樟树的挥发油中，有强烈的樟木气味和辛辣味道。樟脑能反射性兴奋呼吸中枢或循环系统，临床上用作强心剂，它还具有局部刺激作用，用于治疗神经痛及冻疮等，作为防蛀剂还用于衣物、书籍等的驱虫，樟脑也是重要的化工原料，在国防工业中用于制造无烟火药。

(3) 冰片(camphol)：又称龙脑(borneol)或 2-茨醇，其 C_2 差向异构体称为异冰片(iscamphol)。

冰片
camphol

异冰片
iscamphol

其对映异构体如下图所示。

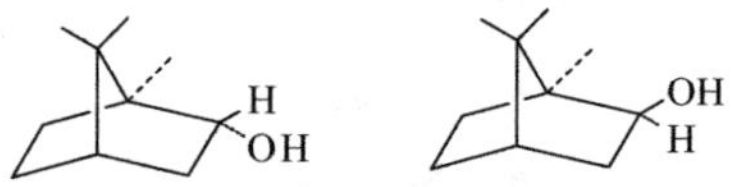

冰片
camphol

异冰片
borneol

冰片有清凉气味，具有开窍提神、清热止痛的功效，其有发汗、兴奋、镇痛及抗缺氧的药理作用，是中成药仁丹、冰硼散、苏冰滴丸、速效救心丸等的重要有效成分，也用于化妆品和配制香精等。冰片主要存在于热带植物龙脑香树的挥发油中，也存在于许多其他挥发油中，一般为右旋体。左旋体是冰片的对映体，它可以从菊科植物艾纳香中得到，又称艾脑。由于天然冰片来源有限，现在中药中多使用合成冰片，称为机制冰片，是其外消旋体。

(二) 倍半萜类化合物

倍半萜类化合物结构上由三个异戊二烯单位结合而成，有链状、单环、双环和三环等，多以醇、酮、内酯或苷的形式存在于挥发油中。

1. 金合欢醇(farnesol) 又称法尼醇，是一种开链倍半萜，有微弱花香气，存在于香茅草、橙花、玫瑰等多种芳香植物的挥发油中，为无色液体，是一种名贵香料，可用于配制紫丁香型等高级香水。金合欢醇是昆虫保幼激素，昆虫保幼激素过量，可抑制昆虫的变态和成熟。

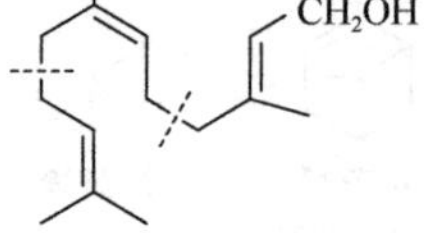

金合欢醇
farnesol

2. 姜烯(zingiberene)　是姜科植物姜根茎挥发油的主要成分，有祛风止痛作用，可作调味剂。

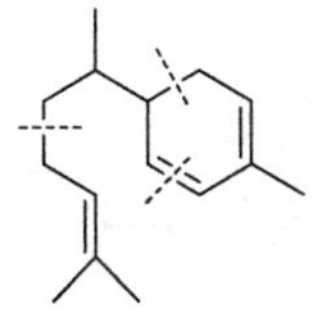

姜烯
zingiberene

3. 青蒿素(arteannuim)　为无色针状结晶，是一种含过氧基倍半萜内酯，其结构如下所示。

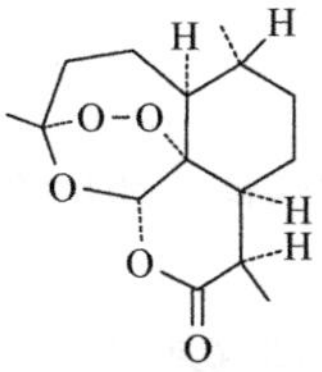

青蒿素
arteannuim

青蒿素是从中药黄花蒿中分离得到的具有过氧化结构的倍半萜内酯，是继乙氨嘧啶、氯喹、伯喹之后最有效的抗疟特效药，尤其是对于脑型疟疾和抗氯喹疟疾，具有速效和低毒的特点。青蒿素还具有抗肿瘤、抗真菌及调节免疫系统等功效。

(三) 二萜类化合物

二萜类化合物含有四个异戊二烯单位。二萜在自然界分布很广，植物醇、植物乳汁及树脂多属于二萜类化合物。很多二萜含氧衍生物具有较好的临床活性，如穿心莲内酯、银杏内酯、紫杉醇等。

1. 植物醇(phytol)　又称叶绿醇，也是合成维生素 E 和维生素 K_1 的重要原料。

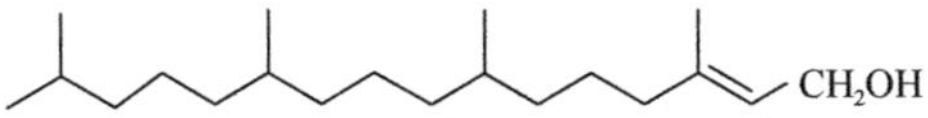

植物醇
phytol

2. 维生素 A(vitamin A)　又称视黄醇，存在于动物肝脏中，尤其是鱼肝中含量较丰富。不溶于水，易溶于有机溶剂，紫外光照射后失去活性，是动物生长、发育所必需的物质。

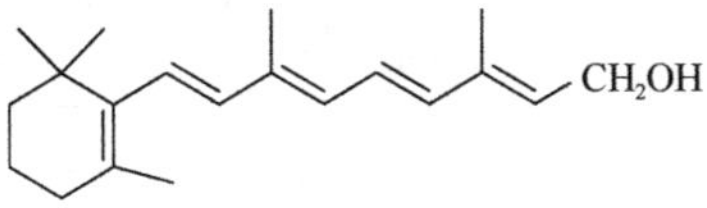

维生素A
vitamin A

3. 穿心莲内酯(andrographolide)　是穿心莲中抗炎作用的主要活性成分，临床上用于治疗急性痢疾、胃肠炎、咽喉炎、感冒发热等。

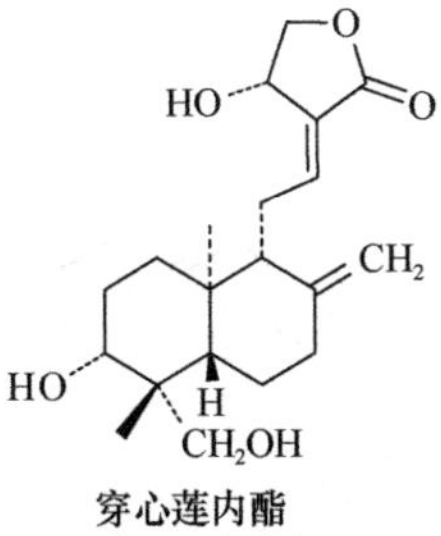

穿心莲内酯
andrographolide

4. 紫杉醇(taxol)　又称红豆杉醇，主要存在于红豆杉科红豆杉属的多种植物中。临床上用于治疗卵巢癌、乳腺癌和肺癌等，有较好疗效。

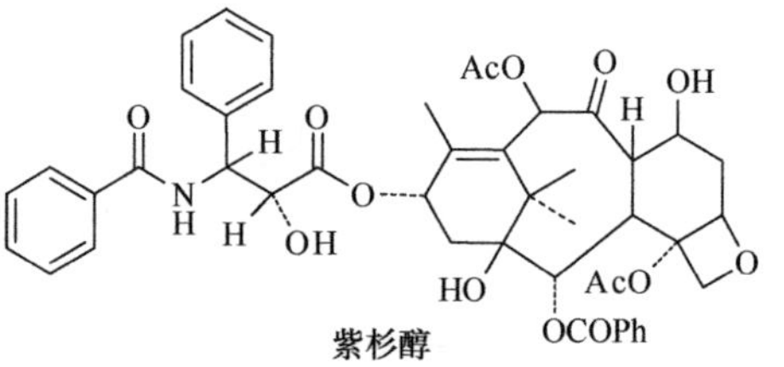

紫杉醇
taxol

(四) 三萜类化合物

三萜化合物在自然界分布较广，许多常用的中药如人参、三七、柴胡、甘草等都含有这类成分。三萜类化合物具有较强的生理活性，如抗癌、抗炎、抗菌、抗病毒、降低胆固醇、溶血等。

1. 角鲨烯(squalene) 存在于鲨鱼肝油及其他鱼类的鱼肝油中，也存在于某些植物油(如茶籽油、橄榄油)的非皂化部分，是一种链状六烯，也是合成四环、五环萜类及甾体的前体。

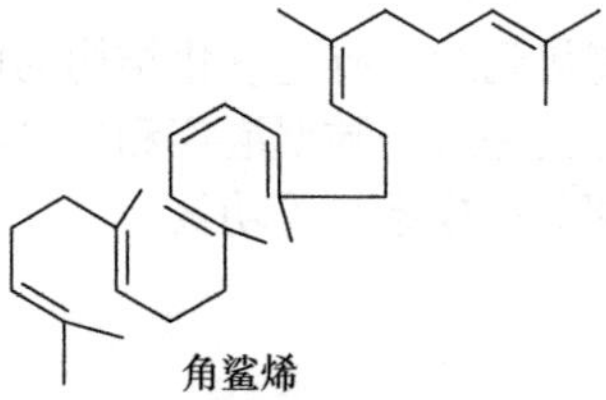

角鲨烯
squalene

2. 甘草次酸(glycyrrhetinic acid)与甘草酸(glycyrrhizic acid) 是甘草的主要成分。研究发现甘草酸及甘草次酸对肉瘤、乳头瘤病毒、癌细胞生长有抑制作用，对艾滋病的抑制率更高达90%，有较强的增加人体免疫功能的作用，也是很好的食品添加剂和香料基料。

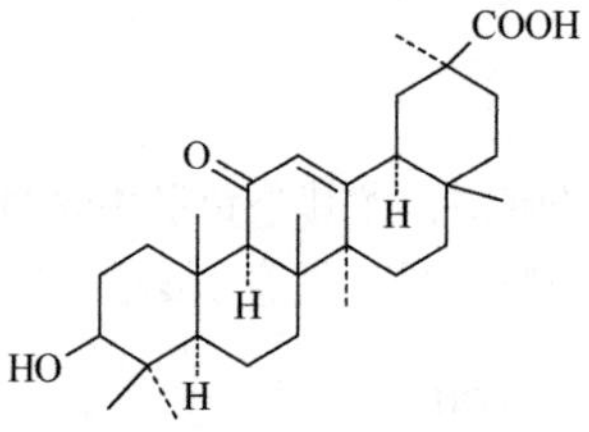

甘草次酸
glycyrrhizic acid

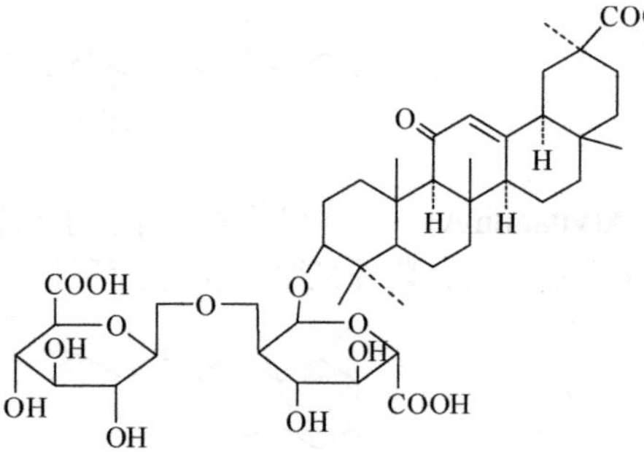

甘草酸
glycyrrhetinic acid

3. 齐墩果酸(oleanolic acid) 首先是从油橄榄的叶中分离得到，此外在中药人参、牛膝、山楂、山茱萸等都含有该化合物。齐墩果酸能促进肝细胞再生，防止肝硬化，临床上用于治疗急性黄疸性肝炎和迁延性慢性肝炎。

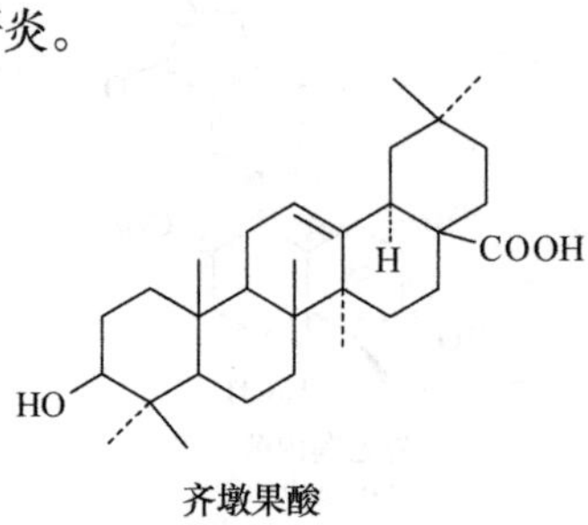

齐墩果酸
oleanolic acid

(五) 四萜类化合物

四萜化合物含有 8 个异戊二烯单位，在自然界分布很广，其中最重要的是多烯色素。最早发现的四萜多烯色素是从胡萝卜中分离得到的，后来又发现很多结构与此类似的色素，故通常把四萜色素称为胡萝卜类色素。

1. 胡萝卜素(carotene) 存在于很多植物中，是天然存在的四萜类化合物，有 α、β、γ 三种异构体。它与叶绿素共存于植物的叶、茎和果实中，蛋黄和奶油中也含有胡萝卜素，螺旋藻中含有较多的 β-胡萝卜素。β-胡萝卜素在动物体内转化成维生素 A，能治疗夜盲症。

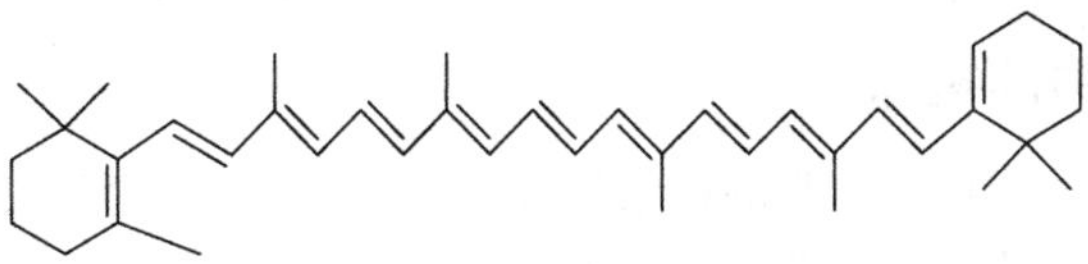

β-胡萝卜素
β-carotene

2. 番茄红素(lycopene) 主要存在于茄科植物番茄的成熟果实中，也存在于西瓜及其他一些果实中，为洋红色结晶，是胡萝卜素的异构体，为开链萜类。番茄红素具有较强的抗氧化能力，能有效地防治因衰老、免疫力下降引起的各种疾病。

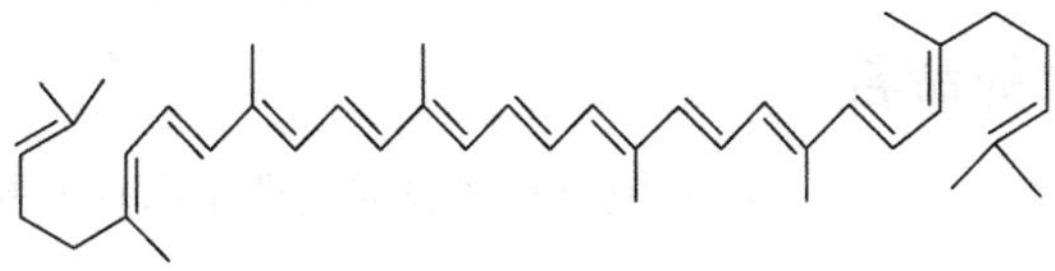

番茄红素
lycopene

第三节 甾体化合物

甾体化合物(steroid)，也称甾族化合物，是一类广泛存在于动植物中的天然化合物。甾体化合物种类繁多，如维生素、性激素、肾上腺皮质激素、植物强心苷等，很多具有重要生理作用，对维持动植物的生存起着重要作用。甾体化合物广泛应用于生理、保健、医药、农业等方面。

一、基本骨架及编号

甾体化合物母核结构都具有环戊烷并多氢菲的甾核骨架。如图所示，在 C_{10}、C_{13} 和 C_{17} 一般都含有侧链。C_{10} 和 C_{13} 上一般均连接甲基，而 C_{17} 的侧链根据其甾体种类的不同存在差异。

甾体化合物母核中的四个环分别用 A、B、C、D 编号，碳原子也按固定顺序用阿拉伯数字编号。天然甾体化合物的 B/C 环的稠合都是反式的，C/D 环的稠合大多数也是反式的，而 A/B 环则有顺、反两种稠合方式。

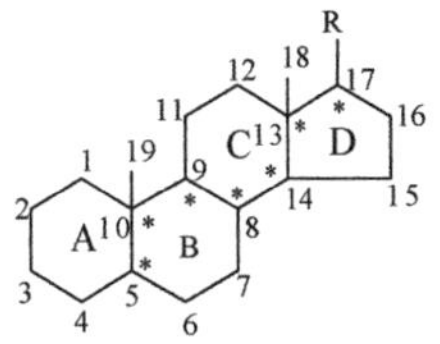

甾体母核

二、构型、构象及命名

(一) 甾体化合物的构型

甾体化合物可分为两种类型：A/B 环顺式稠和的称为正系，A/B 环反式稠和的称为别系。甾体母核上取代基的构型一般用 α、β、ζ 表示。以稠环之间的角甲基为标准，把位于纸平面前(或环平面上)的取代基称为 β 构型，用实线或粗线表示；把位于纸平面后(或环平面下)的取代基称为 α 构型，用虚线表示；取代基构型不确定的，称为 ζ 构型，用波纹线(~)表示。例如：

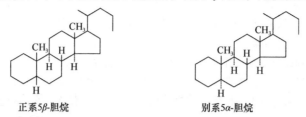

正系5β-胆烷 别系5α-胆烷

(二) 甾体化合物的构象

1950 年，巴尔登提出甾体化合物的构象是由三个环己烷与一个环戊烷稠合而成的，三个环己烷均以能量低、稳定的椅式构象稠合，构象式为

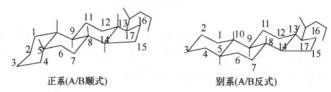

正系(A/B顺式) 别系(A/B反式)

(三) 甾体化合物的命名

甾体化合物的结构复杂，故命名常使用与其来源或生理作用有关的俗名，如胆固醇、胆酸和黄体酮等。

甾体化合物的系统命名是以其烃类的基本结构作为母核名称，在母核名称前后再加上取代基的位次、名称、数目和构型等。甾体母核的命名主要根据 C_{10}、C_{13}、C_{17} 上所连侧链的情况来确定，常见的甾体母核及名称如下所述。

1. 甾烷(gonane) 结构上 C_{10} 和 C_{13} 处没有角甲基，C_{17} 处没有侧链。

5α-甾烷
5α-gonane

5β-甾烷
5β-gonane

2. 雌甾烷(estrane) C_{10} 处没有角甲基，C_{13} 处有角甲基，C_{17} 处没有侧链。

5α-雌甾烷
5α-estrane

5β-雌甾烷
5β-estrane

3. 雄甾烷(androstane) C_{10} 和 C_{13} 处都有角甲基，C_{17} 处没有侧链。

5α-雄甾烷
5α-androstane

5β-雄甾烷
5β-androstane

4. 孕甾烷(pregnane)　C_{10} 和 C_{13} 处都有角甲基，C_{17} 处连有 β-构型的乙基。

5α-孕甾烷
5α-pregnane

5β-孕甾烷
5β-pregnane

5. 胆烷(cholane)　C_{10} 和 C_{13} 处都有角甲基，C_{17} 处连有 β-构型的五碳原子烷基。

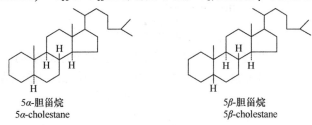

5α-胆烷
5α-cholane

5β-胆烷
5β-cholane

6. 胆甾烷(cholestane)　C_{10} 和 C_{13} 处都有角甲基，C_{17} 处连有 β-构型的八碳原子烷基。

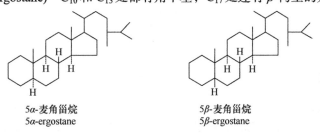

5α-胆甾烷
5α-cholestane

5β-胆甾烷
5β-cholestane

7. 麦角甾烷(ergostane)　C_{10} 和 C_{13} 处都有角甲基，C_{17} 处连有 β-构型的九碳原子烷基。

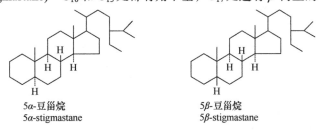

5α-麦角甾烷
5α-ergostane

5β-麦角甾烷
5β-ergostane

8. 豆甾烷(stigmastane)　C_{10} 和 C_{13} 处都有角甲基，C_{17} 处连有 β-构型的十碳原子烷基。

5α-豆甾烷
5α-stigmastane

5β-豆甾烷
5β-stigmastane

三、重要的甾体化合物

(一) 甾醇类

甾醇又称固醇，是最早发现的一类甾体化合物，其结构特征是 C_3 上有 β-羟基，C_5 上有不饱和键，在动物体内多以酯的形式存在。

1. 胆固醇(cholesterol) 又称胆甾醇，广泛存在于动物体内，尤以脑及神经组织中最为丰富，在肾、脾、皮肤、肝和胆汁中含量也高。胆固醇对脂肪酸的代谢机制具有调节作用，是动物体内重要的甾体化合物。

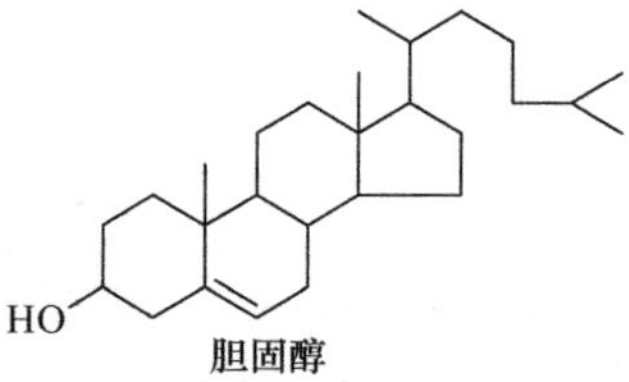

胆固醇
cholesterol

2. 麦角固醇(ergosterol) 是合成维生素 D_2 的重要原料，最早提取自麦角中，灵芝和茯苓中也含有麦角固醇。

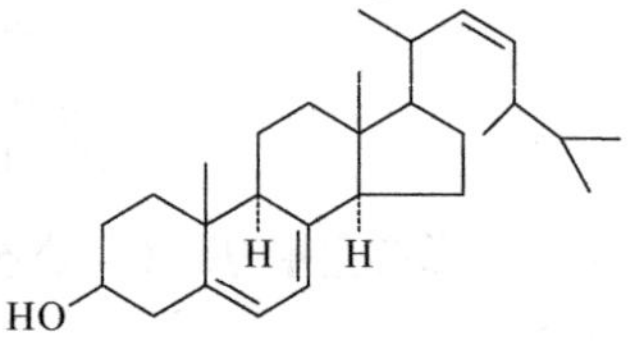

麦角固醇
ergosterol

3. β-谷固醇(sitosterol) 广泛存在于植物当中，它以苷或者游离的形式存在。β-谷固醇能抑制胆固醇在肠道的吸收并能降低血液中胆甾醇的含量，因此临床上用作降脂药。

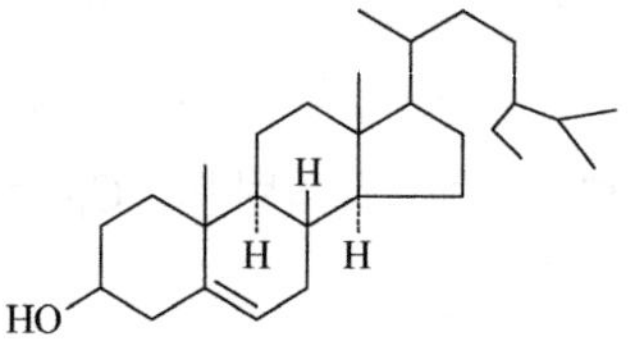

β-谷固醇
sitosterol

(二) 胆甾酸

胆甾酸(cholic acid)又称胆酸，是存在于人和动物胆汁中的一类甾体化合物，是胆汁的重要组分，在胆汁中与甘氨酸和牛磺酸以盐的形式存在，称甘氨胆酸和牛磺胆酸。二者以不同比例存在于胆汁中，总称胆汁酸。

胆甾酸
cholic acid

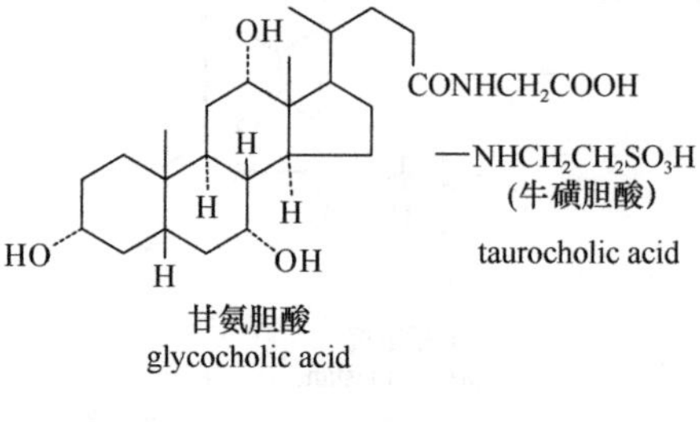

甘氨胆酸
glycocholic acid

(三) 甾体激素

激素(hormone)又称荷尔蒙，是动物体内内分泌腺分泌的特殊化学物质，能直接进入血液和淋巴中，具有重要生理活性，对生物的生长、发育和繁殖起着重要的调节作用。甾体激素根据其来源及生理作用不同，可分为性激素和肾上腺皮质激素两类。

1. 性激素(sex hormone) 按生理功能可分为雄性激素和雌性激素，主要作用是促进性特征和性器官的发育，维持正常的生育功能。性激素的结构特征是大多在 C_4~C_5 有双键，而 C_{17} 上没有较长碳链。

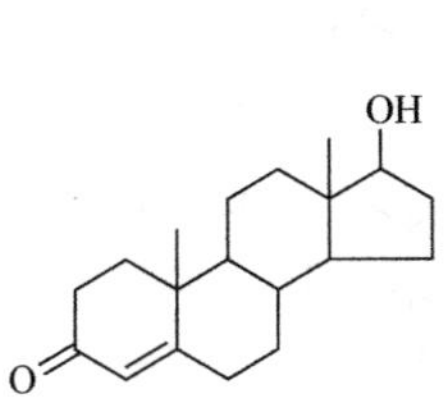

睾酮
testosterone

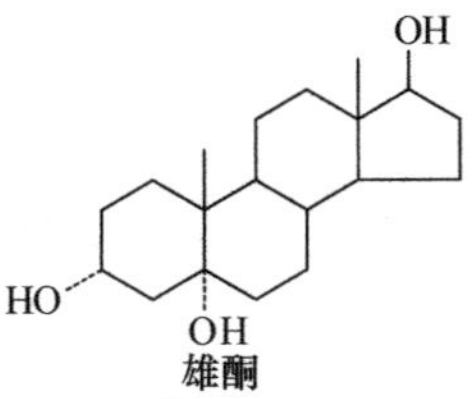

雄酮
androsterone

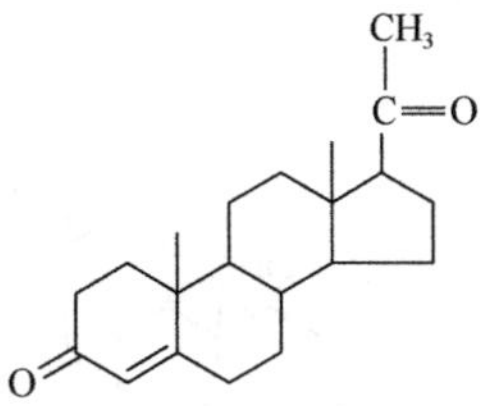

黄体酮
progesterone

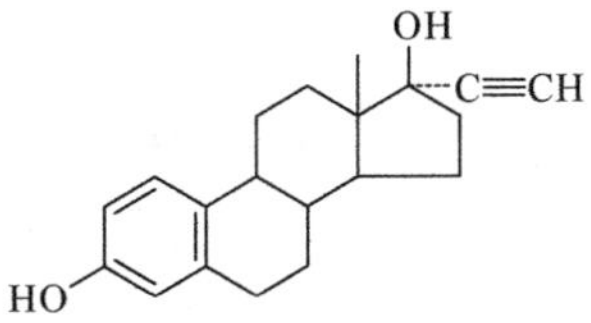

炔雌醇
ethinyloestradiol

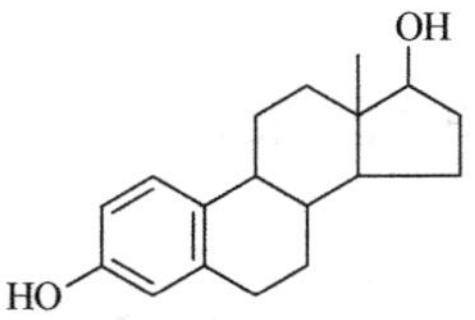

β-雌二醇
β-dihydrotheelin

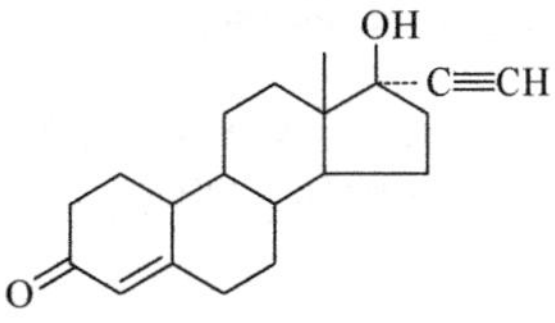

炔诺酮
norethindrone

雄性激素存在于男性的血液和小便中，具有促进雄性第二性征发育和性器官形成作用。β-雌二醇能促进雌性第二性征和性器官的发育，临床上用于卵巢机能不完全所引起的疾病。黄体酮能使受精卵在子宫中发育，临床上用于治疗习惯性流产。

2. 肾上腺皮质激素(adrenal cortexhormone)　是由肾上腺皮质分泌的一类具有重要生理功能的物质，可分为糖皮质激素和盐皮质激素。糖皮质激素具有调节糖、脂肪和蛋白质的生物合成和代谢作用，还具有抗炎作用。盐皮质激素是维持体内水和电解质平衡的重要物质，能促进 Na^+ 的滞留和 K^+ 的排出。

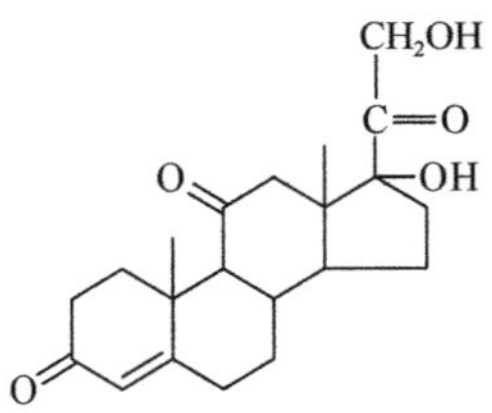

可的松
cortisone

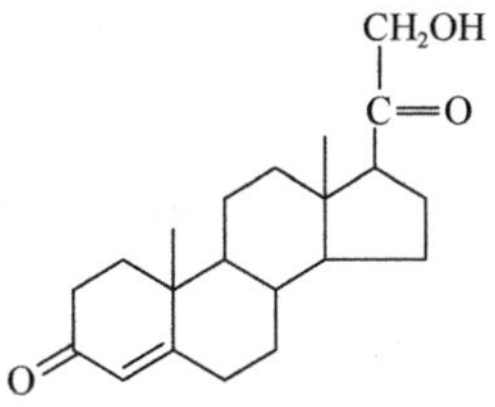

11-去氧皮质酮
11-desoxycortone

(四) 强心苷

强心苷(cardiac glycoside)是存在于动植物体内，对心脏具有显著生理活性的甾体苷类，主要分布于夹竹桃科、百合科、十字花科、毛茛科、卫矛科等十几个科的一百多种植物中。临床上主要用于治疗慢性心功能不全及一些心律失常。以下是一些常见的强心苷的苷元。

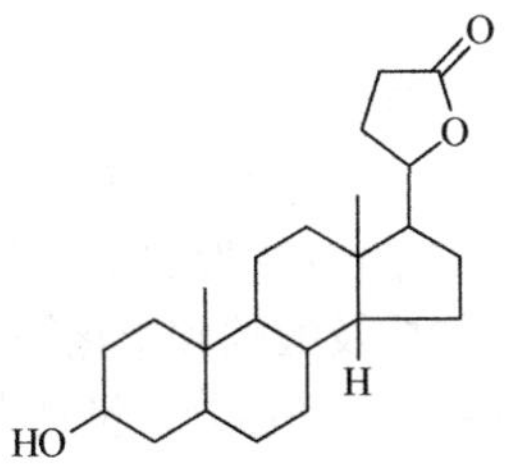

强心苷
cardenolide

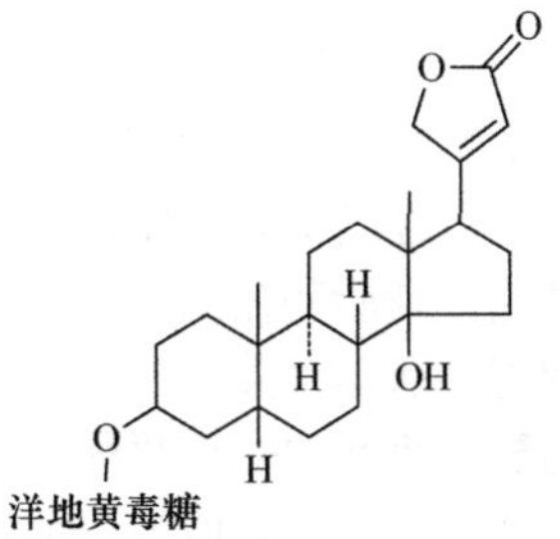

洋地黄毒糖
洋地黄毒苷
digitoxin

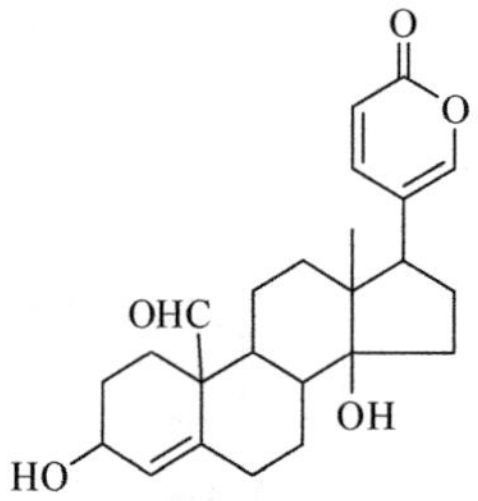

绿海葱苷元
scilliglaucosidin

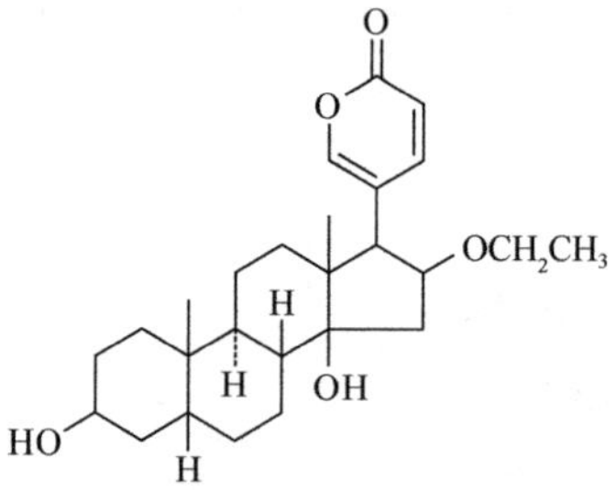

蟾毒素
bufotalin

(五) 甾体皂苷

甾体皂苷(steroidal saponin)在植物中分布广泛，结构上由螺旋甾烷类化合物与糖结合而成。螺甾烷的结构如下图所示。

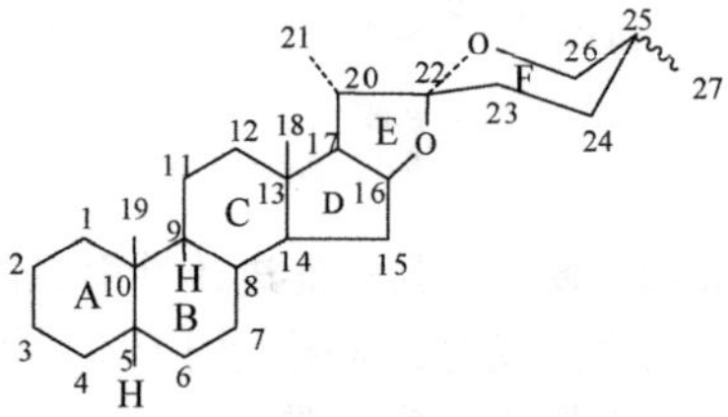

螺甾烷
spirostane

甾体皂苷分子中的某些部位还可以连接羟基、羰基或双键，如薯蓣皂苷配基。

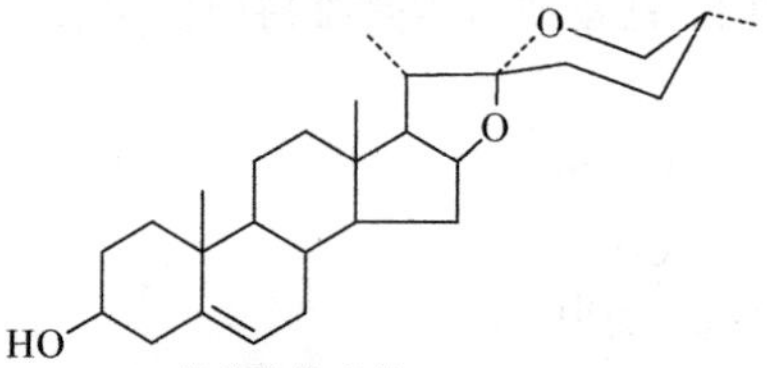

薯蓣皂苷配基
diosgenin

关 键 词

脂类化合物 lipids   异戊二烯 isoprene
萜类化合物 terpenoid   甾体化合物 steroid

本 章 小 结

  脂类是由脂肪酸和醇组成的酯类化合物，主要包括简单脂类和复合脂类。简单脂类是脂肪酸与醇结合成的非极性脂，如三酰甘油、胆固醇酯、蜡等；复合脂类又称类脂，是含有磷酸等非脂成分的极性脂，磷脂和糖脂是主要的复合脂。酰基甘油酯(油脂)的化学性质与组成它的脂肪酸、甘油及酯键、双键有关，能够发生水解和皂化、加成及酸败和干化等反应。使 1g 油脂完全皂化所需的氢氧化钾的毫克数称为皂化值；皂化值越大，平均分子量越小。100g 油脂所能吸收的碘的克数称为碘值；碘值大表示油脂中不饱和脂肪酸含量高。

  萜类化合物是由若干个异戊二烯单位按不同方式连接而成的烃类化合物及其衍生物，可以视为异戊二烯的聚合体。萜类包括单萜、倍半萜、二萜、三萜和四萜类化合物。青蒿素是从中药黄花蒿中分离得到的具有过氧化结构的倍半萜内酯；穿心莲内酯、银杏内酯、紫杉醇等属于二萜类化合物。

甾体化合物母核结构都具有环戊烷并多氢菲的甾核骨架，母核中的四个环分别用 A、B、C、D 编号，天然甾体化合物的 B/C 环的稠合都是反式的，C/D 环的稠合大多数也是反式的，而 A/B 环则有顺、反两种稠合方式。甾醇、胆甾酸、甾体激素、强心苷、甾体皂苷等重要的甾体化合物，很多都具有良好的生理活性。

阅读材料

青蒿素的抗疟作用

青蒿素为我国首次从菊科植物黄花蒿中提取分离得到的一种高效、低毒的抗疟药，具有倍半萜内酯的结构。青蒿素对疟疾的作用在于快速抑制原虫成熟。体外实验表明，青蒿素可明显抑制恶性疟原虫无性体的生长，有直接杀伤作用。青蒿素的作用相当于氯喹的 1.13～1.16 倍。青蒿素、蒿甲醚及青蒿酯钠的抗疟效应中，青蒿酯钠效果最好，为氯喹的 16 倍，为青蒿素的 14.3 倍，青蒿素和蒿甲醚的抗疟效果与氯喹相近。

青蒿素主要作用于疟原虫的膜系结构。它首先作用于疟原虫的食物泡、表膜、线粒体，然后是核膜、内质网、核内染色体物质等。由于能干扰疟原虫表膜和线粒体功能，就能阻止疟原虫的消化酶分解宿主的血红蛋白，这样疟原虫就无法得到营养物质，很快就产生氨基酸饥饿，迅速形成自噬泡，并不断排出虫体外，使疟原虫损失大量胞浆，导致虫体瓦解并死亡。

习　题

1. 写出下列化合物的结构式。
(1) 甘油三酯　　(2) 青蒿素　　(3) 樟脑　　(4) 薄荷醇
2. 填空题。

(1) 化合物 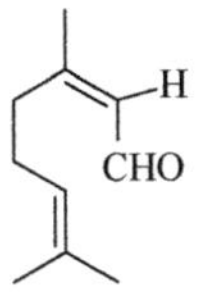 属于(　　)萜化合物。

(2) 化合物 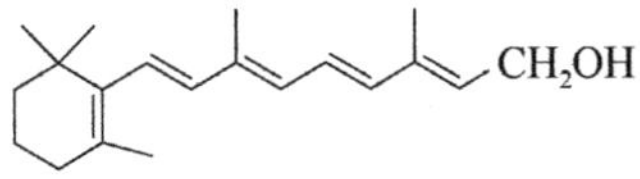 属于(　　)萜化合物。

(3) 化合物 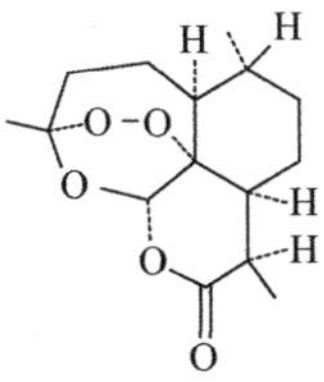 属于(　　)萜化合物。

(4) 化合物 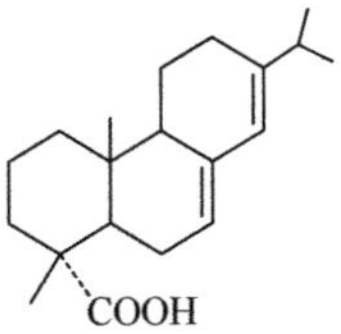 属于(　　)萜化合物。

(5) 在生物体内，萜类化合物是以( )为合成前体的。

3. 找出下列化合物的碳架怎样分割成异戊二烯单元，它们属于哪一种萜类化合物?

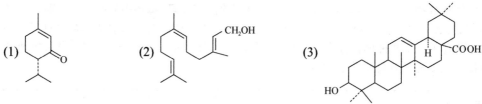

(1)　　　　　(2)　　　　　(3)

4. 完成下列反应式。

(1) 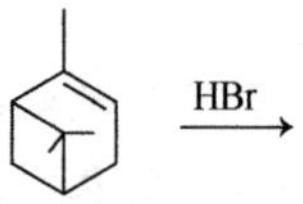 ──HBr──→　　　(2) 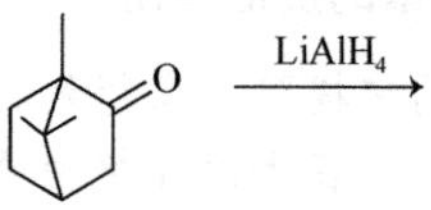 ──LiAlH₄──→

(虎春艳　毛泽伟)

第十四章 糖 类

糖类(saccharide)又称碳水化合物(carbohydrate)，是具有内半缩醛(酮)结构的多羟基醛(酮)及其缩聚物和衍生物。糖类是自然界中含量最为丰富的有机物，种类繁多、结构复杂、功能多样。从生物机体的结构组成、能量供给，到各种生物识别过程、信号转导途径、各种疾病的发生与发展，糖类化合物都起着无可比拟的作用。

早期发现组成糖类分子的碳、氢、氧比例为 $C_n(H_2O)_m$(n 代表碳原子数；m 代表水分子数)，由于其中氢与氧元素之比为 2：1，正好与水中氢、氧元素比例相同，因此人们习惯上把糖类称为碳水化合物。随着人们对糖的认识不断深入，发现一些新的化合物如乙酸 $[C_2(H_2O)_2]$、甲醛(CH_2O)等虽然氢、氧比例为 2：1，但从结构和性质上看却不属于糖类，而另一些化合物如脱氧核糖($C_5H_{10}O_4$)虽然氢、氧比例不符合 2：1，但其结构和性质却属于糖类。所以把糖类化合物称为碳水化合物并不符合糖类的结构特点，只是碳水化合物沿用已久，至今仍在使用。

根据糖类化合物的水解情况，可以将其分为单糖(monosaccharide)、低聚糖(oligosaccharide)和多糖(polysaccharide)三类。单糖为不能水解为更小结构单位的糖，如葡萄糖、果糖、半乳糖、甘露糖、核糖等；低聚糖是能水解生成 2～10 个单糖分子的糖，如麦芽糖、纤维二糖、乳糖、蔗糖、环糊精等；多糖是水解后能生成 10 个以上单糖分子的糖，如淀粉、纤维素、糖原等。

第一节 单 糖

从结构上单糖可分为醛糖(aldose)和酮糖(ketose)。按照分子中所含主链碳原子数目，单糖又可分为三碳(丙)糖、四碳(丁)糖、五碳(戊)糖和六碳(己)糖等。通常将这两种单糖的分类结合起来用，含有醛基的糖称为某醛糖，含有羰基的糖称为某酮糖。人体内含量最丰富的糖是戊糖和己糖。

单糖为无色结晶，大多味甜，有吸湿性，沸点高，可溶于水，难溶于有机溶剂。

单糖命名时常根据来源采用俗名，如葡萄糖、果糖等。

一、开链结构及构型

一般的单糖碳链无分支，且含有手性碳原子，故单糖都含有不同数目的立体异构体。例如，丙醛糖有一个手性碳原子，有一对对映体；丁醛糖有两对对映体；戊醛糖有四对对映体。含 n 个手性碳的化合物应具有 2^n 种立体异构体，2^{n-1} 对对映体。酮糖比相应的醛糖少一个手性碳原子，因此酮糖比相应的醛糖少一对光学异构体，如丁酮糖只有一对对映体。

由于单糖分子中含多个手性碳原子，其手性碳的构型可用 R/S 标记。但习惯用 D/L 构型标记法，即以甘油醛为标准，具体步骤如下：①按 Fischer 投影式表示单糖的结构，竖线表示碳链，使羰基具有最小编号；②将编号最大的手性碳(末端手性碳)的构型与 D-甘油醛 C_2 构型相比较，构型与 D-甘油醛构型相同为 D-构型糖，反之为 L-构型糖。以葡萄糖为例：

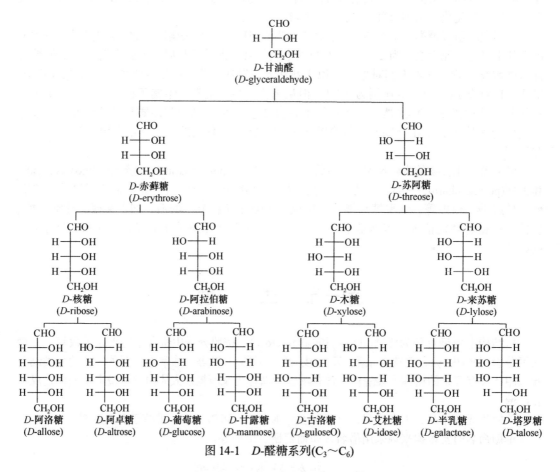

图 14-1 中列出了 $C_3\sim C_6$ 的各种 D-醛糖的 Fischer 投影式。

从图 14-1 可以看出 D-葡萄糖与 D-甘露糖(仅 C_2 构型不同)、D-葡萄糖与 D-半乳糖(仅 C_4 构型不同)、D-葡萄糖与 D-阿洛糖(仅 C_3 构型不同)等，它们的差别仅是一个手性碳原子的构型不同。像这样只有一个手性碳原子构型不同的非对映异构体称为差向异构体(epimer)。

在书写单糖投影式时，为方便起见，将手性碳原子上的—H 和—OH 省去，用短线表示。

二、环状结构及构象

单糖的许多化学性质证明其具有多羟基醛或酮的开链结构。但是，这种开链结构却与某些实验事实不符。①醛在干燥 HCl 作用下应与二分子醇反应形成缩醛类化合物，但葡萄糖只与一分子甲醇反应生成稳定化合物。②葡萄糖具有醛基，但却不与 $NaHSO_3$ 发生加成反应。③葡萄糖红外光谱中找不到羰基伸缩振动的特征峰值；在 ${}^1H$-NMR 中，也不显示醛基的质子特征峰。④分离出性质不同的两种 D-葡萄糖。一种从冷乙醇中得到，熔点是 146℃，比旋光度+112°；另一种从热吡啶中得到，熔点是 150℃，比旋光度+18.7°，两者中任何一种新配制的溶液，其比旋光度都会不断改变，直到达到+52.7°平衡，旋光度值不再改变。这种糖溶液自动改变比旋光度值，直到达到恒定值的现象称为变旋现象(mutarotation)。

人们从醛、酮与醇加成生成半缩醛(酮)的反应得到启示，可以解释上述实验现象。在醛、酮中曾学习过 γ-羟基醛和 δ-羟基醛分子内羟基与醛基可加成形成五元环和六元环状半缩醛的稳定结构。D-葡萄糖分子中既有醛基，又有羟基。因此也能通过分子内羟基与羰基的加成，形成稳定的六元环状(或五元环状)半缩醛。当以六元环存在时，与吡喃环相似，故称为吡喃糖(pyranose)。当以五元环存在时，与呋喃环相似，称为呋喃糖(furanose)。

上述表示 D-葡萄糖的环状结构式称为 Haworth 式。其环状结构形成的过程如图 14-2 所示。A 为开链 D-葡萄糖；B 为开链 D-葡萄糖的弯曲形式，按照弯箭头指示方向旋转 C_4—C_5 之间的单键，使 C_5 上的羟基尽可能地接近羟基，得到 C 形式。C 中 C_5 上的羟基向羰基碳进攻，此时，C_1 的杂化方式由 sp^2 杂化转化为 sp^3 杂化，形成一个新的手性碳原子，新形成的手性碳原子上的羟基称半缩醛羟基或苷羟基，可以有两种构型，即 α-D-吡喃葡萄糖与 β-D-吡喃葡萄糖。上述两种葡萄糖除苷羟基构型不同外，其余手性碳原子的构型均相同，互称为端基异构体(anomer)或异头物。

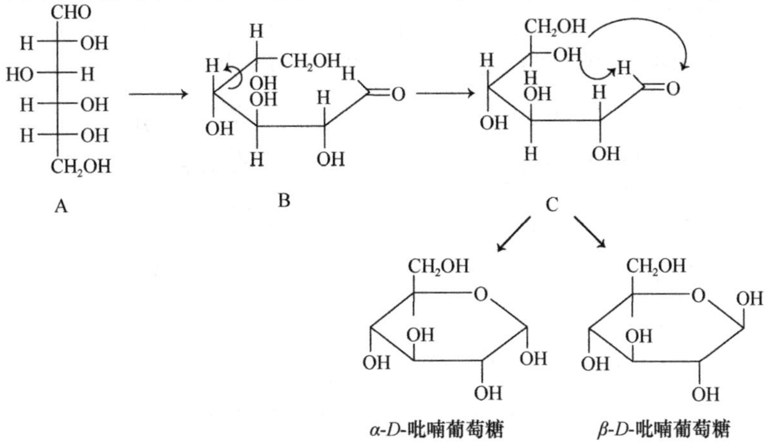

α-D-吡喃葡萄糖   β-D-吡喃葡萄糖

图 14-2 D-葡萄糖环状结构形成过程

在结晶状态下，α-D-吡喃葡萄糖与 β-D-吡喃葡萄糖均可稳定存在，但溶于水后，可通过开链结构互相转化，最终达到平衡（图 14-3）。

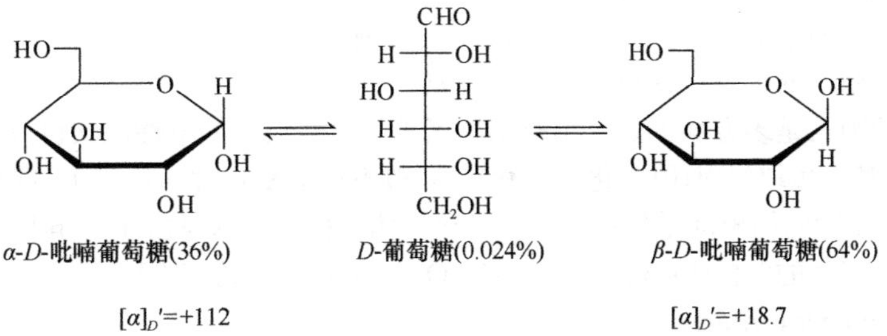

α-D-吡喃葡萄糖(36%)   D-葡萄糖(0.024%)   β-D-吡喃葡萄糖(64%)

$[\alpha]_D' = +112$ $[\alpha]_D' = +18.7$

图 14-3 葡萄糖在水溶液中的异构现象

糖的环状结构的提出，为糖的变旋现象和某些异常性质做出了很好的解释。书写吡喃糖的 Haworth 式时，通常将氧原子写在环的右上角，碳原子编号按顺时针排列，原来 Fischer 投影式中位于左侧的羟基，处于环平面上方；位于右侧的羟基，处于环平面下方。其他单糖，如 D-果糖，按此方法也可写出 D-果糖的 Haworth 式(图 14-4)。

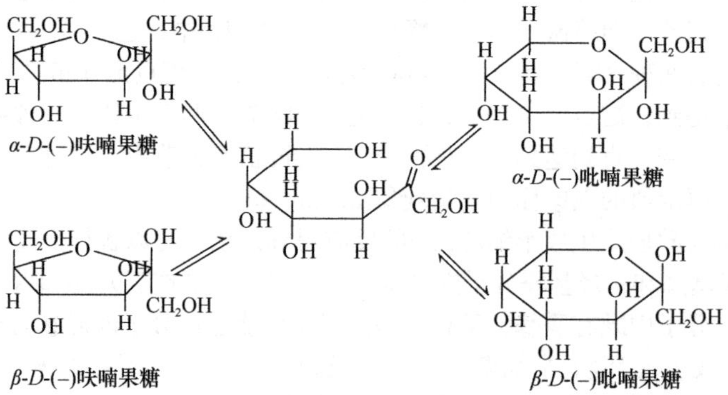

α-D-(−)呋喃果糖

β-D-(−)呋喃果糖

α-D-(−)吡喃果糖

β-D-(−)吡喃果糖

图 14-4　果糖环状结构的形成过程

果糖(fructose)是己酮糖，和葡萄糖互为同分异构体。它有 3 个手性碳原子，8 个光学异构体。自然界中，D-果糖既存在六元环的吡喃糖也存在五元环的呋喃糖。因此，D-果糖在水溶液中有五种互变异构体。

Haworth 式虽能明确表示出环状结构单糖取代基的相对位置，但不能确切地表示其空间排布，也不能说明不同单糖异构体间的某些差异。

在 D-葡萄糖水溶液中，β-D-型的含量要比 α-D-型高(64∶36)，这是因为前者比后者稳定，这种稳定性与它们的构象有关。β-D-吡喃葡萄糖的椅式构象为

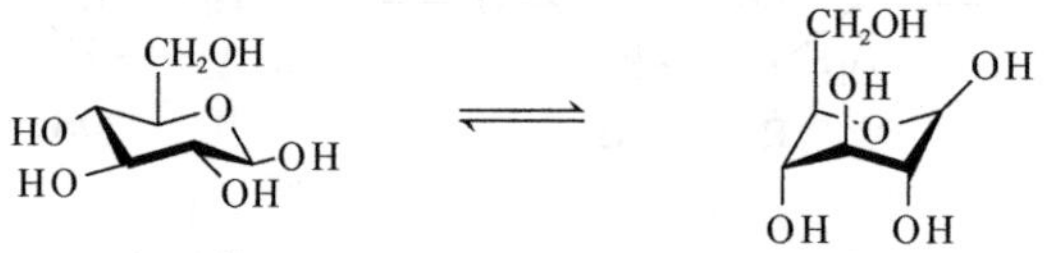

（Ⅰ）　　　　　　　　　　（Ⅱ）

在以上两种椅式构象中，Ⅰ比Ⅱ稳定。因为Ⅰ中所有的取代基都在 e 键上，而Ⅱ的取代基均在 a 键上，所以Ⅰ为其优势构象。

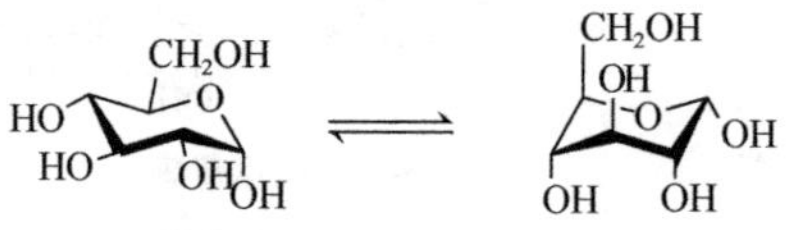

（Ⅲ）　　　　　　　　　　（Ⅳ）

而 α-D-吡喃葡萄糖的两种椅式构象Ⅲ和Ⅳ，Ⅲ明显为优势构象。但Ⅲ中苷羟基在 a 键上，不如 β-D-吡喃葡萄糖的优势构象Ⅰ稳定性好，因此，β-D-吡喃葡萄糖要比 α-D-吡喃葡萄糖稳定，在互变平衡的水溶液中的含量高。在所有 D-型己醛糖中，只有 β-D-葡萄糖的五个取代基全在 e 键上，故具有很稳定的构象。这也是它含量丰富的重要原因。

稳定构象的因素是多方面的。除了空间因素外，其他因素如电性因素也有影响。例如，当环上 C_2—C_6 羟基发生取代时(甲基化、酰化)，一般不影响稳定性，但当 C_1 的羟基变为甲氧基或乙酰氧基时，a 键的构象却是优势构象，α-异构体更稳定。这是由于 α-异构体糖环内氧原子的未共用电子对产生的偶极(电场)与 C_1 的 C—O 键的偶极(电场)之间相互排斥变小。这种影响称为端基效应(anomeric effect)。

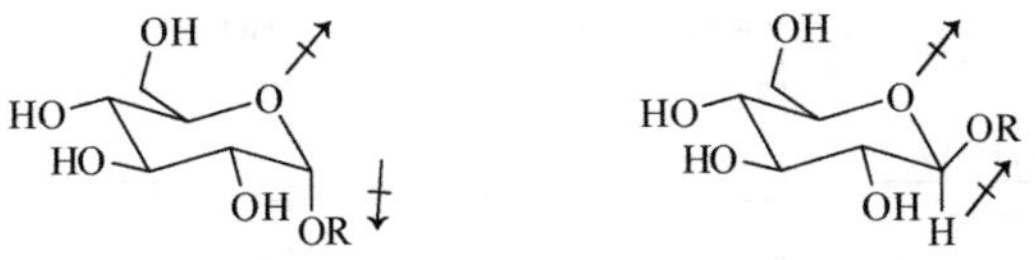

α-异构体(较稳定)R=CH₃,COCH₃　　　　β-异构体

　　端基效应也受溶剂影响。介电常数高的溶剂不利于端基效应，可稳定偶极作用较大的 β-异构体分子。因此在水溶液中，因水的介电常数很高，所以糖的主要存在构型为 β-异构体；而当 C_1 羟基被甲基化或酰化时，化合物的极性减低，可溶于介电常数小的有机溶剂，此时端基效应影响变大，α-异构体成为主要成分。

三、化 学 性 质

　　单糖分子中既有醇羟基又有羰基，因此不仅有一般醇类和醛、酮的性质，而且具有两个官能团共存于同一分子中相互影响而产生的特殊性质。

(一) 差向异构化

　　D-葡萄糖、D-果糖和 D-甘露糖在稀碱溶液中，能通过烯醇式中间体相互转化。D-葡萄糖在碱溶液中可转化为其 C_2 的差向异构体 D-甘露糖，这种在碱性溶液中两种差向异构体相互转化的过程称为差向异构化(epimerization)(图 14-5)。

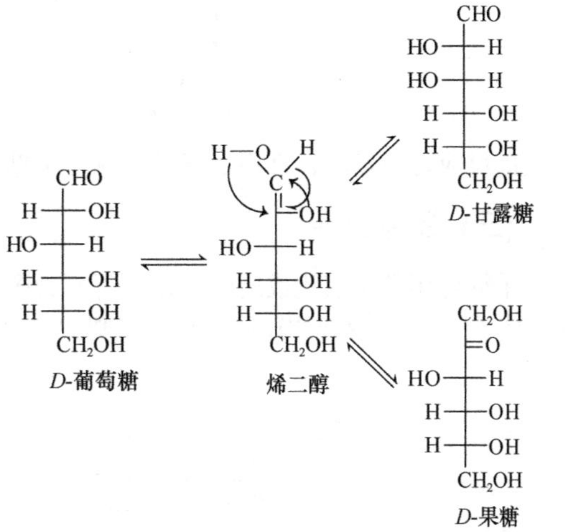

图 14-5　D-葡萄糖、D-果糖和 D-甘露糖的差向异构化

(二) 氧化反应

　　1. 与碱性弱氧化剂反应　　醛糖与 Tollens 试剂反应，产生单质银即银镜反应；与 Fehling 试剂或 Benedict 试剂反应生成氧化亚铜的砖红色沉淀。由于在碱性条件下，酮糖可以通过异构化转为醛糖，故酮糖也能发生上述反应。凡能与上述三种弱氧化剂发生反应的糖为还原糖。因此单糖均为还原糖。该反应可用于鉴别还原性糖和非还原性糖。

$$单糖 + Ag(NH_3)_2^+ \longrightarrow Ag\downarrow + 复杂的氧化产物$$

$$单糖 + Cu^{2+} \longrightarrow Cu_2O\downarrow + 复杂的氧化产物$$

　　2. 与酸性氧化剂反应　　醛糖能被温和酸性氧化剂溴水(pH=5～6)氧化生成糖酸。酮糖与溴水不能反应，因此可用溴水鉴别醛糖和酮糖。

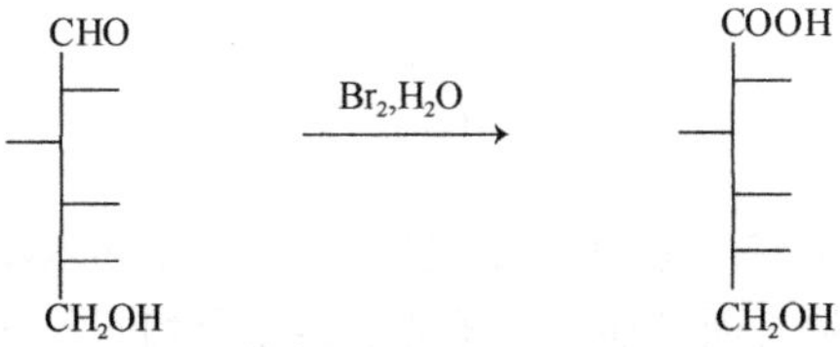

　　3. 与稀硝酸反应　　由于硝酸的氧化性大于溴水，用稀硝酸可以把醛糖氧化成糖二酸，如 D-葡萄糖在温热的稀硝酸作用下氧化成 D-葡萄糖二酸。经适当方法(酶)还原还可以得到葡萄糖醛酸，葡萄糖醛酸可参与身体内有毒物质的代谢，起到解毒作用。

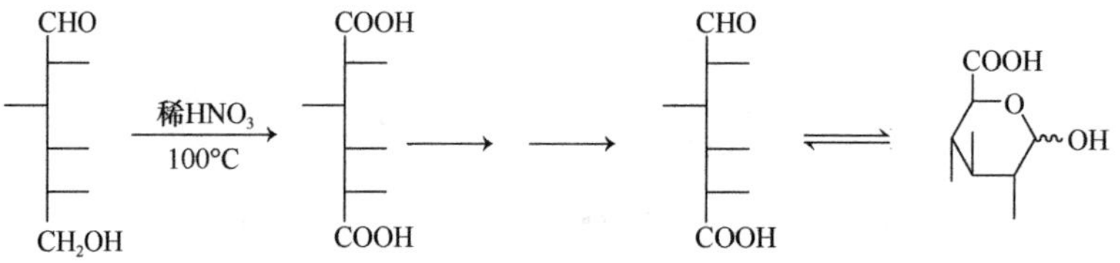

D-葡萄糖   D-葡萄糖二酸   D-葡糖醛酸

酮糖在上述条件下发生 C_2—C_3 链断裂，生成小分子的二元酸，如 D-果酸氧化成乙醇酸和三羟基丁酸。

4. 与高碘酸反应 高碘酸氧化单糖时，分子中连接相邻两羟基的碳碳键和羰基碳原子与 α-碳原子之间的碳碳键均发生断裂，生成羧酸和羰基化合物。

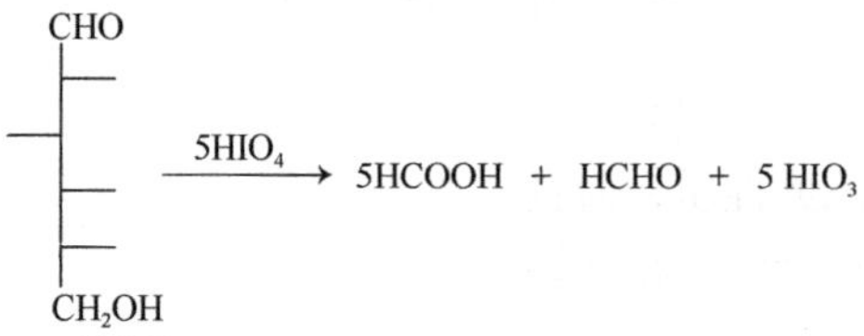

D-葡萄糖

此反应是定量的，常用上述反应测定单糖的结构，确定糖环大小。

(三) 还原反应

单糖可用催化氢化或用硼氢化钠还原为多元醇。例如，D-核糖可还原为核糖醇，是维生素 B_2 的组分。D-葡萄糖的还原产物是山梨醇，是生产维生素 C 的原料。

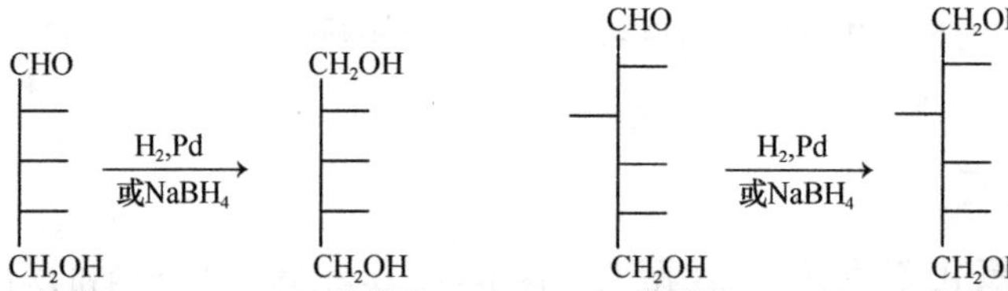

D-核糖   D-核糖醇   D-葡萄糖   山梨醇

(四) 成脎反应

单糖的羰基与苯肼反应生成苯腙，当苯肼过量时，α-羟基能继续与苯肼反应生成糖的二苯腙，称为脎(osazone，糖脎)。凡是具有 α-羟基醛或酮结构的化合物都可与过量的苯肼生成糖脎，所以反应可以用来鉴别糖。

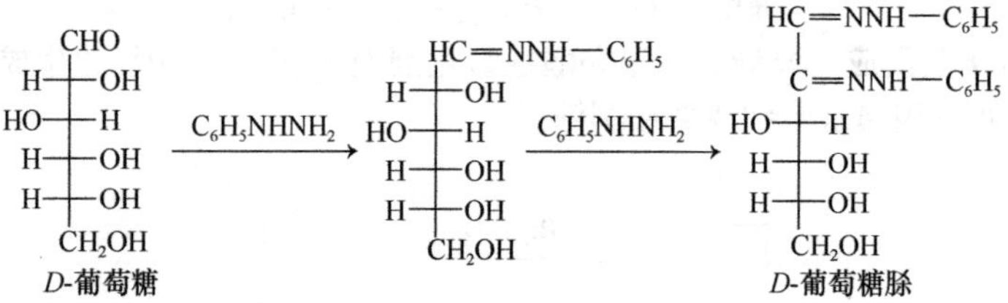

D-葡萄糖   D-葡萄糖脎

由于上述反应只涉及糖分子的 C_1 和 C_2，其他的碳原子并不参与反应，因此只要 C_1 和 C_2 两个碳原子的羰基或构型不同，而其他碳原子的构型完全相同的糖，他们与苯肼反应都生成相同的糖脎。糖脎是黄色难溶于水的晶体，不同糖脎有不同的晶形，并有不同的熔点；而不同糖所形成的相同糖脎，其成脎的反应速率和出脎的时间也不一样。因此可利用成脎反应鉴别糖。

(五) 脱水与显色反应

酸性条件下加热戊糖或己糖，糖分子可连续失去三分子水形成糠醛及其衍生物。糠醛和糠醛衍生物可与各种酚类缩合起颜色反应，可用这些颜色反应鉴别糖。常见的颜色反应包括 Molish 反应(含糖溶液与 α-萘酚在浓硫酸存在下出现紫色环的反应)和 Seliwanoff 反应(酮糖与间苯二酚在浓盐酸存在下加热，能生成红色物质的反应)。

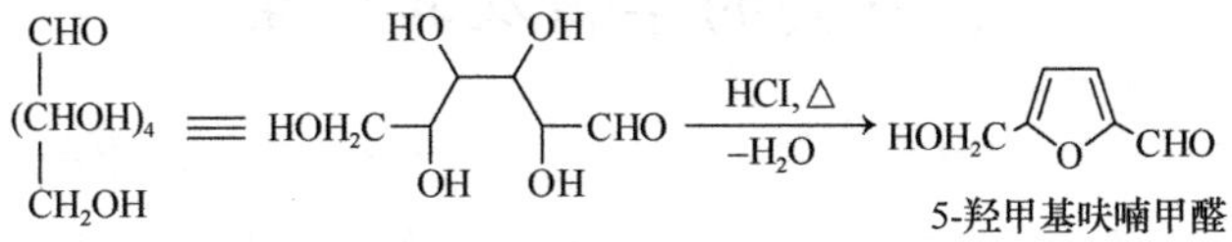

酮糖也形成类似的脱水产物，如己酮糖：

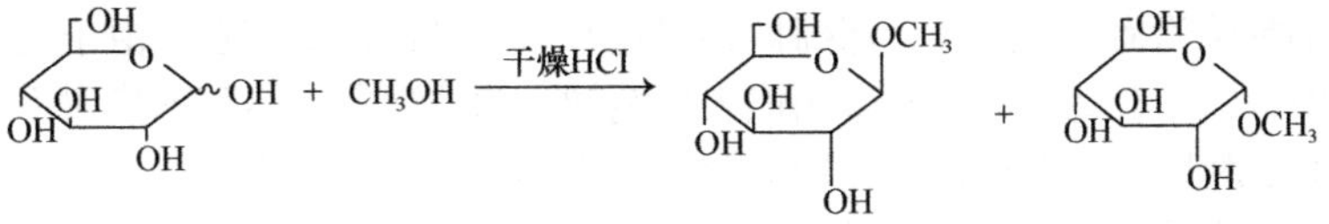

β-D-吡喃葡萄糖甲苷 $\qquad$ α-D-吡喃葡萄糖甲苷

(六) 成苷反应

环状单糖的半缩醛羟基或半缩酮羟基可与其他含羟基的化合物发生缩合反应，生成的缩醛或缩酮称为糖苷(glycoside)。例如，将 D-葡萄糖在干燥 HCl 的存在下与甲醇加热回流，则得到 α-葡萄糖甲苷和 β-葡萄糖甲苷的混合物，其中以 α-葡萄糖甲苷为主。

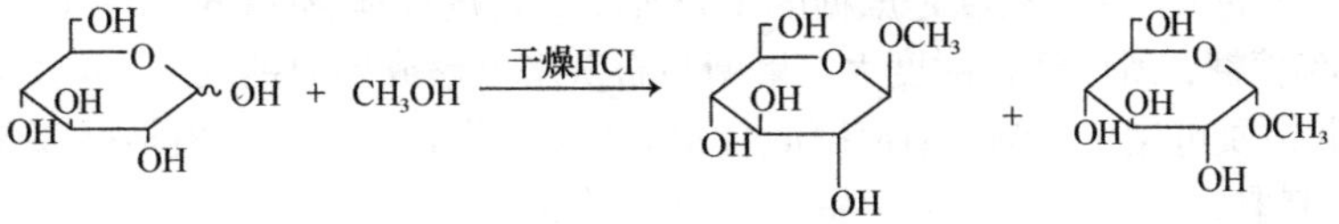

β-D-吡喃葡萄糖甲苷 $\qquad$ α-D-吡喃葡萄糖甲苷

成苷反应的机理相当于缩醛反应。因此，糖的半缩醛羟基与另一分子羟基化合物反应可以生成糖苷。反应历程如下所示。

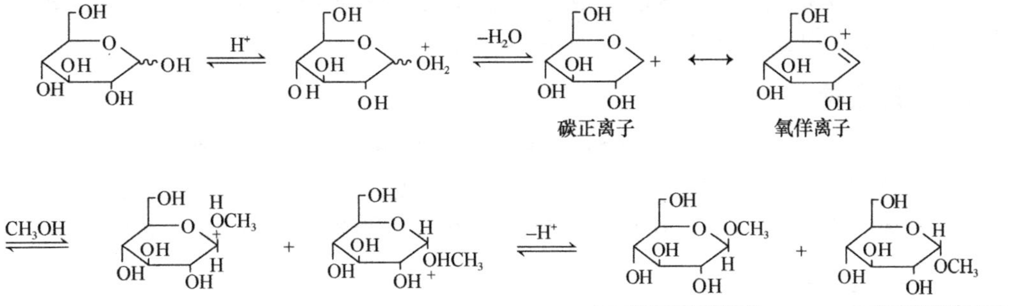

碳正离子 $\qquad$ 氧㐽离子

β-D-吡喃葡萄糖甲苷 $\qquad$ α-D-吡喃葡萄糖甲苷

糖苷中连接糖与非糖部分的键称为苷键。一般将糖部分称为糖基，将非糖部分称为配基。依据糖与不同原子连接，糖苷键分为氧苷键、氮苷键、硫苷键和碳苷键，以氧苷键最为常见。

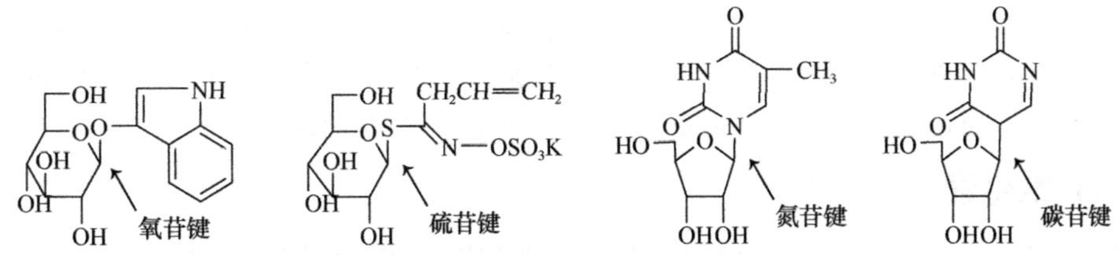

氧苷(尿兰母) $\qquad$ 硫苷(黑芥子苷) $\qquad$ 氮苷(脱氧胸苷) $\qquad$ 碳苷(伪尿嘧啶核苷)

糖形成苷后，分子已无半缩醛(或半缩酮)羟基，不能转为直链糖结构，所以糖苷无变旋现象，既无还原性，也不能生成糖脲。糖苷在碱性溶液中稳定，但在酸或酶的作用下，分解成原来的糖和非糖部分。糖苷在自然界分布较广，是很多天然产物的有效成分。糖苷中的糖分子可增加溶解度，也是酶作用的分子部位。

四、重要的单糖及其衍生物

(一) 葡萄糖

葡萄糖是白色结晶粉末，易溶于水。它是自然界分布最广的己醛糖，存在于葡萄、蜂蜜、甜水果、植物的种子中，其中成熟葡萄中含量很高，因而得名。动物体内也含有游离的葡萄糖，如血液中的葡萄糖称为血糖。此外，葡萄糖还以糖苷或多糖的形式存在。由于天然的葡萄糖是右旋的，商品中常以"右旋糖"(dextrose)代表葡萄糖。葡萄糖是人体新陈代谢不可缺少的营养物质，并有强心、利尿、解毒等作用。葡萄糖在印染和制革工业中常用作还原剂，在医药工业中是制造维生素 C 和葡萄糖酸钙的原料。将蔗糖、淀粉和纤维素水解都可以得到葡萄糖，工业上由淀粉水解制取。

(二) 果糖

果糖是白色晶体，熔点 $103\sim105℃$，比旋光度$-92°$，也称左旋糖(levulose)。果糖结合态多以呋喃环形式存在(如在蔗糖中)，游离态以吡喃环形式存在于蜂蜜、水果和动物的前列腺、精液中。果糖是最甜的天然糖，甜度是蔗糖的 1.73 倍；蜂蜜的固体物(占 60%～70%)含 47%果糖、40%葡萄糖、3%蔗糖，所以蜂蜜甜度大。果糖与石灰水可形成果糖钙沉淀，但通入二氧化碳又可析出果糖，此性质可用于果糖、葡萄糖混合物的分离。果糖可从菊科植物根部储藏的菊粉(果糖高聚物)水解制取，它广泛应用于食品、医药、保健品生产中，发达国家在糖果与饮料中基本不用蔗糖而用果糖。

(三) 半乳糖

半乳糖为白色晶体，熔点 165℃。半乳糖与葡萄糖结合成乳糖而存在于哺乳动物的乳汁中，半乳糖与葡萄糖在构型上的区别在于 C_4 上羟基空间位置不同。

(四) 甘露糖

甘露糖为白色晶体，β 型熔点 123℃，味甜，略带些苦，在自然界主要是以多糖形式存在于一些果壳(如核桃壳、椰子壳)中，苹果等水果和柑橘皮有少量游离的甘露糖。甘露糖是目前唯一用于临床的糖质营养素，其还原产物甘露醇常用作降压(颅内压、眼内压)和利尿药物。

(五) 核糖和脱氧核糖

核糖(ribose)和脱氧核糖(deoxyribose)都是极为重要的戊糖。天然的核糖即 $D(-)$核糖为结晶固体，熔点 95℃(有的资料称 87℃，99℃)。核糖 C_2 上的羟基脱去氧原子后称为 D-2 脱氧核糖，α-D-2 脱氧核糖熔点 78～82℃，β 异构体熔点 96～98℃。它们大都以 β 呋喃环结构形式存在，核糖、脱氧核糖与磷酸及某些杂环化合物结合而存在于核蛋白中，它们又是核酸、脱氧核糖核酸、某些酶、维生素和抗生素的基本成分。D-核糖能加快心脏和骨骼肌里 ATP 的合成，作为药物可以改善心脏缺血，提升心脏功能，增强机体能量，缓解肌肉酸痛。

(六) 维生素

维生素 C(ascorbic acid, 抗坏血酸)是 L-古洛糖酸内酯，由 D-葡萄糖经植物中不同酶作用合成，广泛存在于柑橘等水果中。其分子中含烯二醇结构，羟基氢有酸性(pH 为 4.27)，烯二醇易脱氢(氧化)生成邻位二酮。维生素 C 可提高免疫力，有助于预防癌症、心脏病、卒中、保护牙齿和牙龈等。它是世界年产量最高的维生素。

第二节 低 聚 糖

低聚糖又称寡糖，是指含有 2～10 个糖苷键聚合而成的化合物。低聚糖通常通过糖苷键将 2～10 个单糖连接成小聚体，它包括功能性低聚糖和普通低聚糖，这类寡糖的共同特点是难以被胃肠消化吸收、甜度低、热量低、基本不增加血糖和血脂。最常见的低聚糖是二糖，也称双糖，是两个单糖通过糖苷键结合而成的。自然界中存在的双糖可以分为还原性双糖(reducing disaccharide)和非还原性双糖(nonreducing disaccharide)。

还原性双糖是一个单糖分子的苷羟基与另一单糖的醇羟基之间脱水形成的。这样的双糖分子中仍有一单糖保留苷羟基，可与开链结构互相转化。所以这类双糖具有单糖的一切性质，如具有变旋光现象、能被弱氧化剂氧化表现出还原性、可以成脎，故称还原性双糖。而非还原性双糖是两分子单糖均以苷羟基脱水形成的糖苷。这样形成的双糖分子中不再含苷羟基，故无变旋现象与还原性，也不能与苯肼成脎。以下介绍几种代表性还原性双糖和非还原性双糖。

一、麦 芽 糖

麦芽糖(maltose)因存在于发芽的大麦中而得名，它是淀粉在淀粉糖化酶作用下部分水解的产物。麦芽糖是白色晶体，熔点 160～165℃，水溶液比旋光度为+136°，甜味不如葡萄糖，相对甜度为 46，饴糖是麦芽糖的粗制品。进餐时慢慢咀嚼饭食有甜味感，就是淀粉被唾液淀粉酶水解产生的一些麦芽糖的甜味。

麦芽糖的分子式($C_{12}H_{22}O_{11}$)与蔗糖一样，用无机酸或麦芽糖酶水解，仅得到葡萄糖，这说明它是由两分子葡萄糖组成的。麦芽糖具有单糖的性质，即有变旋现象、能生成糖脎、能与托伦或费林试剂作用，因此它是还原性糖，分子中存在着半缩醛羟基。麦芽糖完全甲基化后再水解，得到一分子 2,3,4,6-四-O-甲基-D-葡萄糖和一分子 2,3,6-三-O-甲基-D-葡萄糖，所以它是由一分子 D-葡萄糖的半缩醛羟基与另一分子 D-葡萄糖 C_4 上的羟基通过 α-1,4-苷键缩水而形成的。

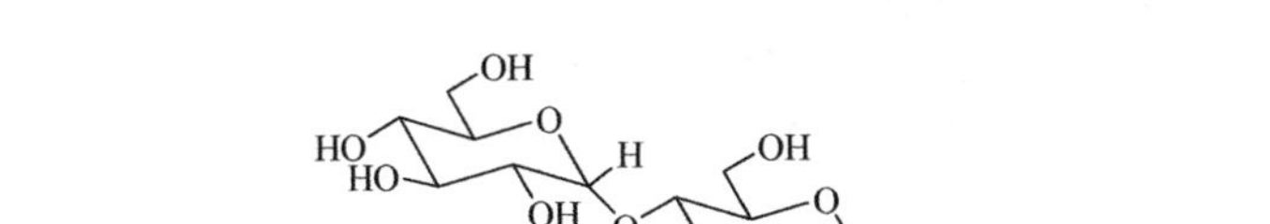

麦芽糖　　　　2,3,4,6-四-O-甲基　　2,3,6-三-O-甲基
　　　　　　　　D-葡萄糖　　　　　D-葡萄糖

由以上反应式可知麦芽糖的结构为 4-O-(α-D-吡喃葡萄糖基)-D-吡喃葡萄糖，结构式如下所示。

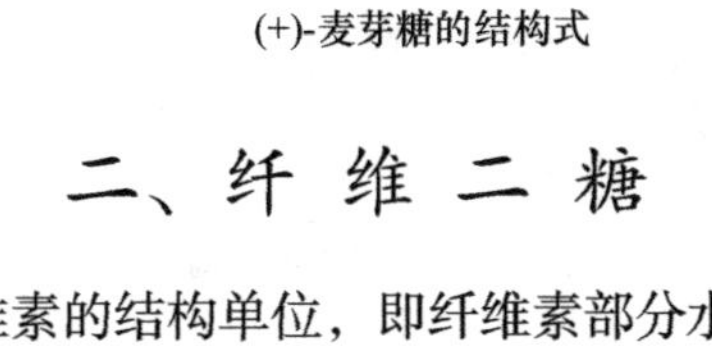

(+)-麦芽糖的结构式

二、纤 维 二 糖

纤维二糖(cellobiose)是纤维素的结构单位，即纤维素部分水解可得到纤维二糖。它是一种白色晶体，熔点 225℃，可溶于水。纤维二糖的分子式与麦芽糖一样是 $C_{12}H_{22}O_{11}$，水解后也生

成两分子葡萄糖，是还原性糖。纤维二糖完全甲基化后水解也得到一分子 2,3,4,6-四-*O*-甲基-*D*-葡萄糖和一分子 2,3,6-三-*O*-甲基-*D*-葡萄糖，这都证明纤维二糖与麦芽糖相同，是由两分子 *D*-葡萄糖通过 1,4 苷键连接而成的。但纤维二糖只能被苦杏仁酶水解，即纤维二糖的苷键与麦芽糖不同，为 *β*-1,4 苷键，全名为 4-*O*-(*β*-*D*-吡喃葡萄糖基)-*D* 吡喃葡萄糖，其结构式如下所示。

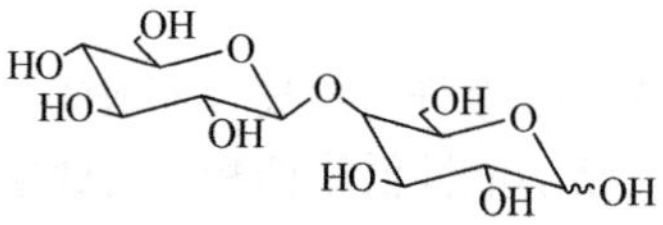

(+)-纤维二糖的结构式

三、乳　　糖

乳糖在自然界只存在于哺乳动物的乳汁中，人乳中含 5%~8%，牛奶中含乳糖约 4.2%，山羊奶含乳糖约 4.6%，乳糖是儿童生长发育的主要营养物质之一，对青少年智力发育十分重要，特别是新生婴儿绝对不可缺少。幼小的哺乳动物肠道能分泌乳糖酶，分解乳糖为单糖。成年人，除高加索人种(白种人)外的多数人体内乳糖酶的活性大大降低，故饮用乳类可产生腹泻、腹胀等症状，称为乳糖不耐症。乳糖是白色粉末，熔点 202℃，溶于水，但它是水溶性最小且没有吸湿性的双糖。味微甜，平衡状态的比旋光度为+55.3°。乳糖具有还原性，表明其分子中存在苷羟基。乳糖用苦杏仁酶水解，确定是由一分子 *β*-吡喃半乳糖与一分子 *D*-葡萄糖通过 *β*-1,4-苷键连接而成的，全名为 4-*O*-(*β*-吡喃半乳糖基)-*D*-吡喃葡萄糖，其结构式如下所示。

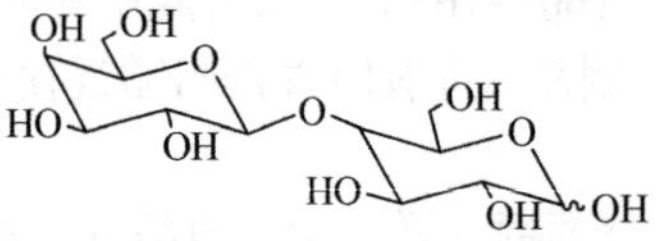

β-*D*-(+)-半乳糖　　　*D*-(+)-葡萄糖

(+)-乳糖的结构式

四、蔗　　糖

蔗糖(sucrose)是自然界分布最广的非还原性双糖，在甘蔗和甜菜中含量最多。纯净的蔗糖为白色晶体，易溶于水，味甜，其甜度次于果糖(16)，熔点 185~187℃，比旋光度为+66.5°。蔗糖在苦杏仁酶或转化酶的作用下，水解生成等量的 *D*(+)葡萄糖和 *D*(–)果糖的混合物，旋光方向会发生改变，从右旋逐渐变到左旋。其原因是水解产物果糖是左旋的，比旋光度–92°，葡萄糖是右旋的，比旋光度 +52.7°，由于果糖的比旋光度绝对值比葡萄糖大，所以蔗糖水解后的混合物是左旋的，所以我们把蔗糖的水解过程称为转化反应，水解产生 *D*(+)葡萄糖和 *D*(–)果糖的混合物又称为"转化糖"(invert sugar)。蔗糖水溶液无变旋现象，也不能成脎，无还原性。苷键是由 *α*-*D*-吡喃葡萄糖的半缩醛羟基和 *β*-*D*-呋喃果糖的半缩酮羟基之间脱水而生成的,这种苷键称为 *α*,*β*-1,2 苷键，即 *α*-*D*-葡萄糖苷，也是 *β*-*D*-果糖苷。其结构式如下所示。

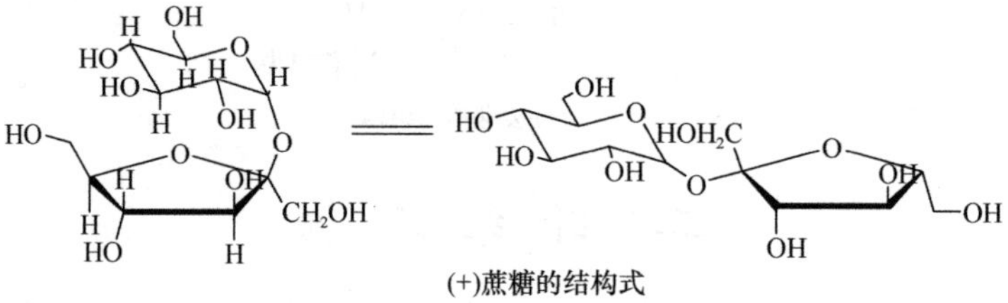

(+)蔗糖的结构式

第三节 多 糖

多糖是天然高分子化合物，是由很多单糖分子以苷键相连接而成的高聚物。由相同单糖组成的多糖较为常见，称为同多糖(homopolysaccharide)，如淀粉(starch)和纤维素(cellulose)等。由不同的单糖组成的多糖称为杂多糖(heteropolysaccharide)。多糖不是纯净物，而是聚合程度不同的物质的混合物。多糖的性质与单糖和低聚糖很不相同，它没有甜味，一般不溶于水，有时即使能溶于水，也只能生成胶体溶液。多糖无还原性和变旋现象，尽管某些多糖分子的末端含有半缩醛羟基，但因分子量很大，其还原性及变旋现象极不显著。多糖广泛存在于自然界，如植物的骨架——纤维素、植物储备的养分——淀粉及动物体内储备的养分——糖原等。

一、淀 粉

淀粉存在于许多植物的种子、块茎和块根中，如大米中含 75%～80%，小麦中含 60%～65%，玉米中含 50%，马铃薯中含 20%。淀粉是白色无定形粉末，没有还原性，不溶于一般有机溶剂。淀粉由结构、性质有一定区别的直链淀粉和支链淀粉两部分组成，其比例因植物品种而异，一般直链淀粉占 10%～30%，其余为支链淀粉。

(一) 直链淀粉

直链淀粉(amylose；糖淀粉)能溶于热水而不成糊状，分子量比支链淀粉小，它是由许多 D-葡萄糖单位以 α-1,4 苷键连接而成的链状化合物。其结构式如下所示。

直链淀粉结构

直链淀粉的分子链很长，因此不能以线形分子存在，而是靠分子内氢键卷曲成螺旋状，每个螺圈约有 6 个 D-葡萄糖单位。直链淀粉遇碘呈蓝色，这并不是因为碘和淀粉之间形成了化学键，而是由于这种螺旋状的直链淀粉，中间空隙恰好能容纳碘分子，二者之间借助于范德瓦耳斯力形成一种蓝色的包合物(图 14-6)。此显色反应常用来检验淀粉或碘分子的存在。

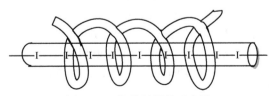

图 14-6 碘-淀粉结构示意图

(二) 支链淀粉

与直链淀粉相比，支链淀粉(amylopectin)具有高度分支，且所含葡萄糖单位要多很多。支链淀粉与热水作用则膨胀而成糊状。它的主链同样是由 D-葡萄糖以 α-1,4 苷键相连，此外每隔 20～25 个葡萄糖单元，还有一个以 α-1,6 苷键相连的支链。

支链淀粉的分子质量比直链淀粉大，可达 600 万，结构更复杂，与碘生成紫红色配合物。

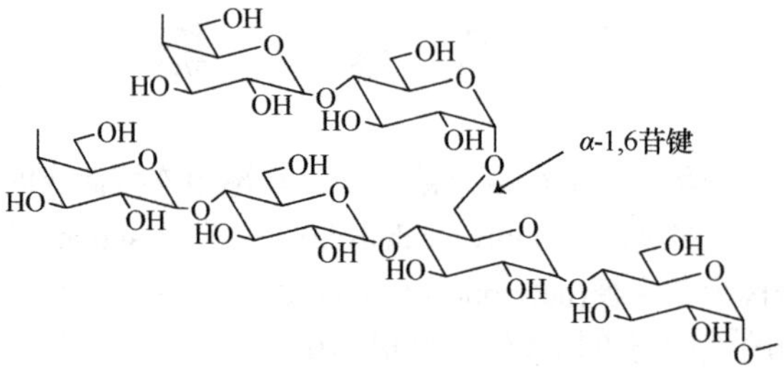

支链淀粉结构式

直链和支链淀粉均可在无机酸或淀粉酶催化下水解，水解过程生成各种糊精和麦芽糖等中间物，最终得到葡萄糖。淀粉水解过程如下所示。

淀粉→紫糊精→红糊精→无色糊精→麦芽糖→葡萄糖
遇碘所显颜色　　蓝色　紫蓝色　红色　　不显色　不显色　不显色

二、纤　维　素

纤维素是植物细胞壁的主要组分，是构成植物支撑组织的基础。棉花中约含 90%以上，亚麻中约含 80%，木材中约含 50%，竹子和稻草也含大量纤维素。

纤维素纯品是无色、无味、无臭的具有纤维状结构的物质。纤维素的结构单位也是 D-葡萄糖，与直链淀粉相似，是无分支的链状分子。但糖苷键连接形式不同，纤维素是以 β-1,4 苷键相连的，其葡萄糖单位比淀粉多得多。经 X 线测定，纤维素分子的链和链之间借助于分子间的氢键拧成像麻绳一样的结构，如下所示。这种绳束状结构具有一定的机械强度，故在植物体内起着支撑作用。

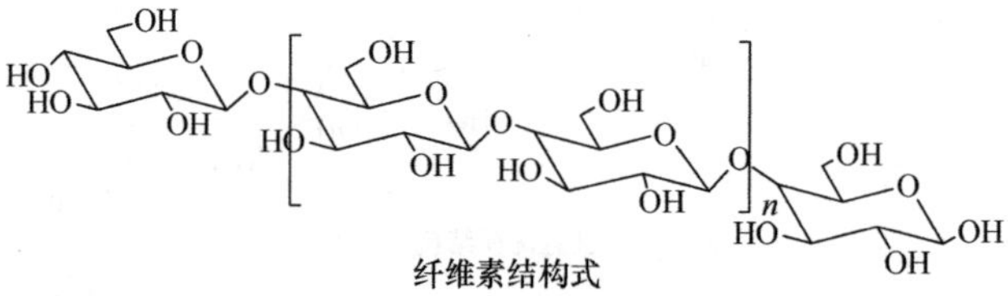

纤维素结构式

纤维素比淀粉难以水解，一般需要在浓酸中或用稀酸在加压下进行，在水解过程中可以得到纤维四糖、纤维三糖、纤维二糖，最终产物也是 D-(+)葡萄糖。虽然纤维素水解的最终产物与淀粉一样，但纤维素不能作为人的能量来源。因人的消化道中仅有淀粉酶，没有纤维素酶，而食草动物如马、牛、羊等的消化道中存在许多食纤维素的细菌和原生物，它们能分泌出可水解 β-1,4 糖苷键的纤维素酶，所以纤维素对于这些动物是有价值的营养物质。不过人食用膳食纤维(包含纤维素、半纤维素、树脂、果胶及木质素等)可以清洁消化道壁，增强消化功能，加速食物中的有毒、致癌物质的移除，保护脆弱的消化道和预防结肠癌；纤维可减缓消化速度，加速排泄，让血糖和胆固醇控制在最理想的水平。有鉴于此，膳食纤维已被列为第七大营养素。

三、糖　　原

糖原(glycogen)又称动物淀粉，主要存在于人和动物的肝脏与肌肉中,正常人体含糖原 0.2～0.5kg。糖原分子式为$(C_6H_{10}O_5)_n$，由 D-(+)葡萄糖失水缩合而成，为白色无定形粉末，不溶于冷水，溶于热水成胶体溶液，遇碘呈棕红(棕褐)色。结构与支链淀粉相似但支链更多，每隔 8～12 个葡萄糖就有一个分支，分子直径约 21nm，分子量为 100 万～1000 万。糖原是人与动物的能源之一。当血液中葡萄糖含量较高时，即结合成糖原储存在肝脏中。当血液中含糖量降低时，糖原就分解为葡萄糖，给机体供给能量。糖原的合成和降解受激素(胰岛素)控制。当激素调控失调，糖原储存处于病理状态时，会导致糖尿病。

四、环 糊 精

环糊精(cyclodextrin，简称 CD)是直链淀粉在芽孢杆菌产生的环糊精葡萄糖基转移酶作用下生成的一系列环状低聚糖的总称，通常含有 6～12 个 D-吡喃葡萄糖单元。其中研究得较多并且具有重要实际意义的是含有 6、7、8 个葡萄糖单元的分子，分别称为 α-、β-和 γ-环糊精。根据 X-射线晶体衍射、红外光谱和核磁共振波谱分析，构成环糊精分子的每个 $D(+)$-吡喃葡萄糖都是椅式构象。各葡萄糖单元均以 1,4-糖苷键结合成环。由于连接葡萄糖单元的糖苷键不能自由旋转，所以环糊精不是圆筒状分子而是略呈锥形的圆环。

环糊精具有双面的结构，亲水基在向外的一侧。葡萄糖 C_2、C_3 上的两个羟基位于一端，羟甲基位于另一端，而 C_3、C_5 上的 H 及氧苷键的氧伸向内侧，从而构成疏水部分(图 14-7)。由于环糊精中间有一空穴，如同冠醚可选择性地与一些适当大小的化合物形成主-客体关系的包合物。一些非极性的有机分子或有机分子的非极性端可与环糊精内侧的疏水部分结合，形成可溶于极性溶剂的包合物。包合物可用作相转移催化剂，起到相转移作用。环糊精还可包含客体分子的一部分，使另一部分暴露于反应环境中，从而提供了反应的区域选择性。

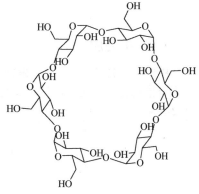

图 14-7 α-环糊精的结构

五、其 他 多 糖

(一) 右旋糖酐

右旋糖酐系蔗糖经肠膜状明串珠菌-1226 发酵合成的一种高分子葡萄糖聚合物，是目前最佳的血浆代用品之一。右旋糖酐中的直链部分由经 α-1,6 糖苷键相连在一起的葡萄糖分子组成，而支链由 α-1,3 糖苷键引出。低分子右旋糖酐，能改善微循环，预防或消除血管内红细胞聚集和血栓形成等，也有扩充血容量的作用，但作用较中分子右旋糖酐短暂；用于各种休克所致的微循环障碍、弥散性血管内凝血、心绞痛、急性心肌梗死及其他周围血管疾病等。

(二) 葡聚糖凝胶

葡聚糖凝胶(sephadex gel)是一种珠状的凝胶，或称交联葡聚糖，是右旋糖酐与环氧氯丙烷作用，借助甘油醚键相互交联呈网状的高分子化合物，很容易在水中和电解质溶液中溶胀。因此它们的溶胀度和分级分离范围也有所不同。葡聚糖凝胶有不同的粒度，超细级的葡聚糖凝胶是用于需要极高分辨率的柱色谱和薄层色谱，粗级和中级的凝胶用于制备性的色谱过程，可在较低的压力下获得较高的流速。凝胶过滤法常用来分离蛋白质、多肽、氨基酸等。

$$ROH \; + \; Cl-H_2C-HC-CH_2 \longrightarrow RO-H_2C-HC-CH_2 \xrightarrow{ROH} ROH_2C-CH-CH_2-OR$$

(其中ROH代表右旋糖酐中的葡萄糖单位)

(三) 蛋白聚糖

蛋白聚糖(proteoglycan)又称黏多糖，是多糖分子与蛋白质结合而成的复合物。多糖部分为糖胺多糖，又称氨基己糖多糖，由成纤维细胞产生，主要分硫酸化和非硫酸化两类。前一类主要有硫酸软骨素、硫酸角质素、硫酸肝素等；后一类为透明质酸，是曲折盘绕的长链大分子，构成蛋白质多糖复合物的主干，其他糖胺多糖则与蛋白质结合，形成蛋白聚糖亚单位，后者再通过结合蛋白质与透明质酸长链分子形成蛋白聚糖聚合体。大量蛋白聚糖聚合物形成许多微小空隙的分子筛，使基质成为限制细菌、肿瘤细胞、寄生虫等有害大分子物质扩散的防御屏障。某些能产生透明质酸酶的细菌、癌细胞等，可通过破坏基质的防御屏障而得到扩散。

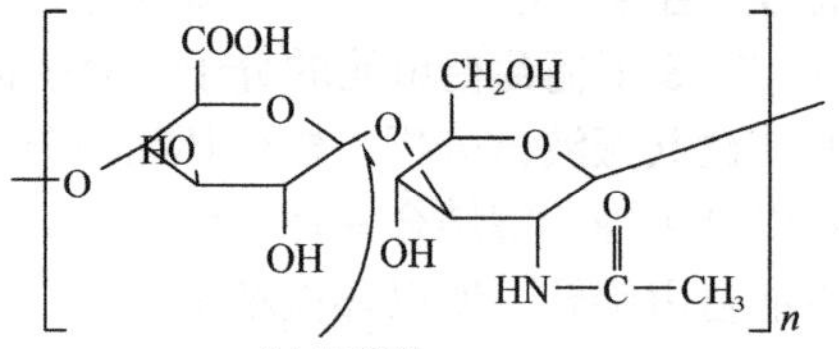

β-1,3-苷键

(四) 甲壳质

甲壳质又名甲壳素、几丁聚糖，是一种聚乙酰氨基葡萄糖的生物高分子聚合物，广泛存在于无脊椎动物的外壳、真菌的菌丝体及原生动物和某些绿藻中。化学名称为 β-(1,4)-2-乙酰氨基-2-脱氧-D-葡萄糖。

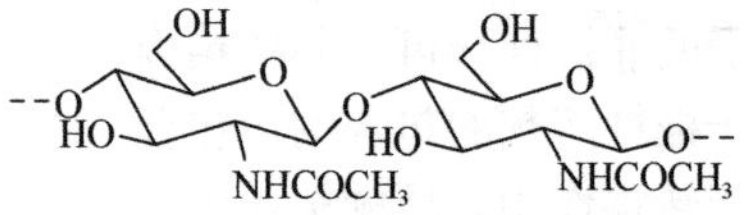

甲壳质结构图

它是一种线型的高分子多糖，即天然的中性黏多糖，若经浓碱处理去掉乙酰基即得脱乙酰壳多糖。甲壳质化学上不活泼，不与体液发生变化，对组织不起异物反应，无毒，具有抗血栓、耐高温消毒等特点。脱乙酰壳多糖是碱性多糖，有止酸、消炎作用，可降低胆固醇、血脂。

关 键 词

糖类 saccharide
单糖 monosaccharide
低聚糖 oligosaccharide
多糖 polysaccharide
变旋现象 mutarotation

端基异构体 anomer
差向异构化 epimerization
转化糖 invert sugar
还原糖 reducing sugar
端基效应 anomeric effect

本 章 小 结

糖类是多羟基的醛(酮)，或是经水解后能转化为多羟基醛(酮)的化合物。根据糖类化合物的水解情况，可以将其分为单糖、低聚糖和多糖三类。

天然存在的单糖大多数为 D-构型糖，其中的五碳糖及六碳糖的固态主要以环状结构存在，在水溶液中是以两种环状结构(α 和 β)与开链结构共存于体系之中，并以一定的比例呈动态平衡。大部分单糖溶液具有旋光性，未达到动态平衡前，比旋光度会自行发生变化的现象称为变旋现象。

单糖是多官能团化合物，具有较为活泼的化学性质，能与 Tollens 试剂、Benebict 试剂和 Fehling 试剂等碱性弱氧化试剂作用；醛糖能使溴水褪色，能被稀硝酸和高碘酸氧化；单糖还能发生还原、成脎、成酯、成苷及水解反应。

麦芽糖、纤维二糖、乳糖、蔗糖是不同的苷键将两个单糖连接而成的二糖。

多糖是高分子化合物，分为同多糖和杂多糖两类。多糖的结构单位是单糖，它们是以苷键连接，同多糖主要连接的苷键有 α-1,4-苷键、α-1,6-苷键和 β-1,4-苷键。代表物有淀粉、糖原和纤维素等。

阅读材料

糖尿病药物

糖尿病是一种由于胰岛素分泌缺陷或胰岛素作用障碍所致的以高血糖为特征的代谢性疾病。口服降糖药物根据作用机制不同，分为促胰岛素分泌剂(磺脲类、格列奈类)、双胍类、噻唑烷二酮类胰岛素增敏剂、α-糖苷酶抑制剂、二基肽酶-Ⅳ(VDPP-Ⅳ)抑制剂等。药物选择应基于 2 型糖尿病的两个主要病理生理改变——胰岛素抵抗和胰岛素分泌受损来考虑。此外，患者血糖波动特点、年龄、体重、重要脏器功能等也是选择药物时要充分考虑的重要因素。联合用药时应采用机制互补的药物，以增加疗效、降低不良反应发生率。

1. 双胍类　此类药物能减少肝糖原生成，促进肌肉等外周组织摄取葡萄糖，加速糖的无氧酵解，减少糖在肠道中的吸收，有降脂和减少尿酸的作用。适用于 2 型糖尿病，尤其是肥胖糖尿病患者应将其作为首选药物。

2. 磺脲类　此类药物主要作用于胰岛 B 细胞表面的磺脲类受体，促进胰岛素分泌。适用于胰岛 B 细胞尚有功能，而无严重肝、肾功能障碍的糖尿病患者。磺脲类药物如果使用不当可以导致低血糖，特别是老年患者和肝、肾功能不全者；磺脲类药物还可以导致体重增加。临床试验显示，磺脲类药物可以使 HbA1c 降低 1%～2%，是目前许多国家和国际组织制定的糖尿病指南中推荐的控制 2 型糖尿病患者高血糖的主要用药。

3. 苯甲酸衍生物类促泌剂　包括瑞格列奈及那格列奈。本类药物主要通过刺激胰岛素的早期分泌而降低餐后血糖，具有吸收快、起效快和作用时间短的特点，可降低 HbA1c 0.3%～1.5%。

4. α-糖苷酶抑制剂　能选择性作用于小肠黏膜刷状缘上的葡萄糖苷酶,抑制多糖及蔗糖分解成葡萄糖，延缓糖类化合物的消化，减少葡萄糖吸收，能改善餐后血糖的高峰。

5. 噻唑烷二酮类(胰岛素增敏剂)　通过激活核受体 PPARγ，增强周围组织对胰岛素的敏感性，如增加脂肪组织葡萄糖的吸收和转运，抑制血浆 FFA 释放，抑制肝糖释放，加强骨骼肌合成葡萄糖等来减轻胰岛素抵抗。该药适应于以胰岛素抵抗为主的 2 型糖尿病。

习　　题

1. 命名下列单糖和单糖衍生物，指出这些糖有无还原性、变旋现象及水解反应。

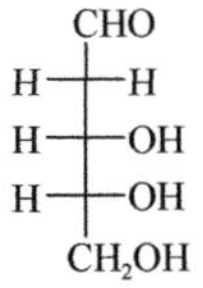

(1) 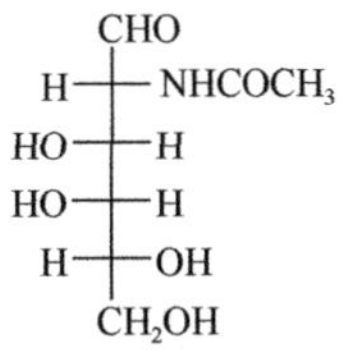　　　　　　(2) 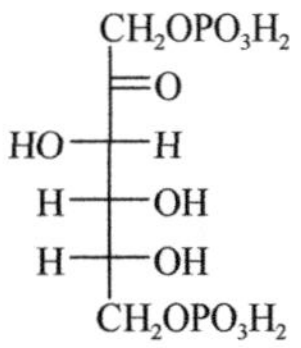　　　　　　(3)

2. 写出下列两个异构体与苯肼作用的反应式，二者产物有何区别？

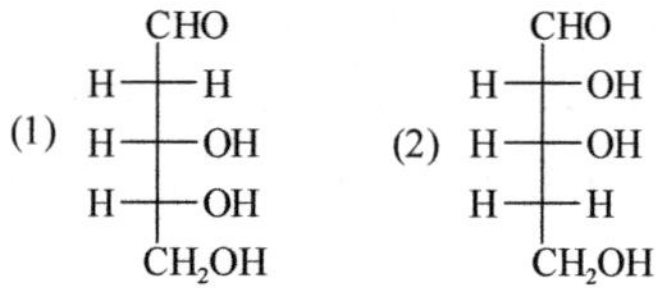

$$
(1) \quad
\begin{array}{c}
\text{CHO} \\
\text{H} \!-\!\!\!-\!\!\!- \text{H} \\
\text{H} \!-\!\!\!-\!\!\!- \text{OH} \\
\text{H} \!-\!\!\!-\!\!\!- \text{OH} \\
\text{CH}_2\text{OH}
\end{array}
\qquad
(2) \quad
\begin{array}{c}
\text{CHO} \\
\text{H} \!-\!\!\!-\!\!\!- \text{OH} \\
\text{H} \!-\!\!\!-\!\!\!- \text{OH} \\
\text{H} \!-\!\!\!-\!\!\!- \text{H} \\
\text{CH}_2\text{OH}
\end{array}
$$

3. 写出 D-半乳糖的吡喃环及 D-核糖的呋喃环 Haworth 式与链状结构的互变平衡体系。

4. 写出下列化合物所有立体异构体的 Fischer 投影式，并用 D/L 命名法命名。

(1) 丁醛糖　　(2) 丁酮糖

5. 醛糖能与 Fehling 试剂、苯肼等反应，表现出醛基的典型性质，但它却不能与 Schiff 试剂、亚硫酸氢钠饱和溶液反应，为什么？

6. 用化学方法鉴别 α-D-吡喃葡萄糖-1-磷酸酯和 α-D-吡喃葡萄糖-6-磷酸酯。

7. 蔗糖是右旋的，$[\alpha]^{20}=+66.5°$，水解产物则为左旋的，所以通常把蔗糖的水解产物称为转化糖，它是 D-(+)-葡萄糖($[\alpha]^{20}=+52.7°$)和 D-(−)-果糖($[\alpha]^{20}=-92.4°$)的混合物。试计算此转化糖的比旋光度。

(张振涛　赵红梅)

第十五章　氨基酸、多肽、蛋白质和核酸

第一节　氨　基　酸

一、结构、分类和命名

(一) 结构

氨基酸(amino acid)是含有氨基的羧酸。根据氨基和羧基的相对位置，氨基酸可分为 α-，β-，$\gamma\cdots\omega$-等类型氨基酸，其中以 α-氨基酸最为重要，这是因为由蛋白质水解所得到的氨基酸绝大多数为 α-氨基酸。目前已发现的天然氨基酸有 300 多种，但构成蛋白质的氨基酸主要有 20 种，它们在化学结构上具有共同点，即为 α-氨基酸(脯氨酸为 α-亚氨酸除外)，其结构通式如下所示。

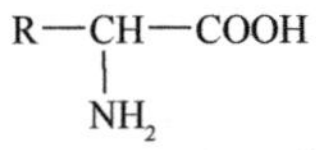

$$R-\underset{\underset{NH_2}{|}}{C}H-COOH$$

R 代表侧链不同的基团，如 R 为 H 时是甘氨酸，R 为 CH_3 则为丙氨酸。

由于氨基酸分子中既含有酸性的羧基，又含有碱性的氨基，所以氨基酸在固态或在生理 pH 条件下，常以内盐的形式存在，羧基几乎完全以—COO^- 形式存在，氨基主要以—NH_3^+ 形式存在，所以氨基酸分子是两性离子(zwitterion)，其结构通式如下所示。

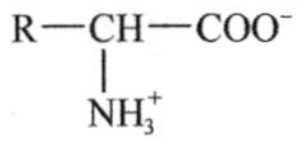

$$R-\underset{\underset{NH_3^+}{|}}{C}H-COO^-$$

组成蛋白质的氨基酸分子中(除甘氨酸外)α-碳原子均为手性碳原子，故均具有旋光性。与糖的标记一样，氨基酸构型通常采用 D/L 标记法，以甘油醛为参考标准，在 Fischer 投影式中，凡氨基酸分子中的 NH_2 位置与 L-甘油醛手性碳原子上—OH 的位置相同者为 L 型，相反者为 D 型。

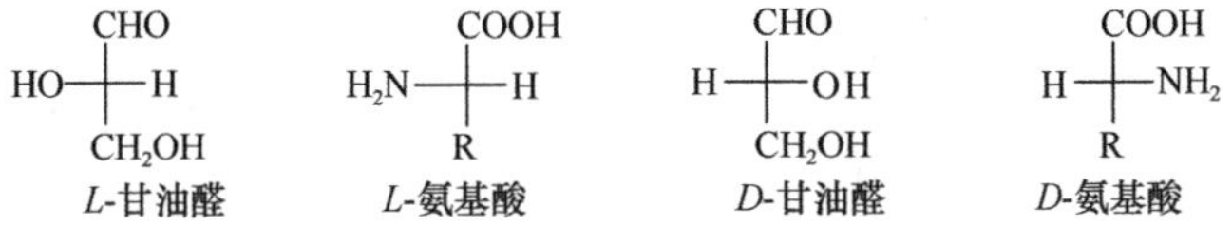

L-甘油醛　　　L-氨基酸　　　D-甘油醛　　　D-氨基酸

生物体内的 α-氨基酸绝大多数为 L 型。D-氨基酸主要存在于某些细胞产生的抗生素及个别植物的生物碱中，此外哺乳动物中也存在不参与蛋白质组成的游离 D-氨基酸。

α-氨基酸如用 R/S 标记法，构成蛋白质的常见氨基酸(甘氨酸除外)，除半胱氨酸为 R 构型外，其余的 α-氨基酸均为 S 构型。

(二) 分类

组成人体的 20 种氨基酸的侧链结构和性质各不相同，氨基酸的侧链基团可以被化学修饰，这是形成蛋白质结构和功能多样性的原因之一。

1. 根据 20 种氨基酸侧链的结构不同分为以下几类。

(1) 芳香族氨基酸：苯丙氨酸和酪氨酸分子中含有芳香环，属于芳香族氨基酸。

(2) 杂环氨基酸：脯氨酸、组氨酸和色氨酸分子中含有杂环，属于杂环氨基酸。

(3) 脂肪族氨基酸：除芳香族氨基酸、杂环氨基酸外，其他氨基酸都是脂肪族氨基酸。

2. 根据氨基酸分子中所含氨基和羧基的数目不同可将氨基酸分为以下几类。

(1) 酸性氨基酸：分子中含一个氨基和两个羧基的氨基酸称为酸性氨基酸，如天冬氨酸、谷氨酸。

(2) 碱性氨基酸：分子中含两个氨基和一个羧基的氨基酸称为碱性氨基酸，如赖氨酸、精氨酸、组氨酸。

(3) 中性氨基酸：只含一个氨基和一个羧基的氨基酸称为中性氨基酸，如丙氨酸、缬氨酸等。

3. 在医学上常根据氨基酸侧链 R 基的极性及其所带电荷，将氨基酸分为四类。

(1) R 基团为非极性或疏水性的氨基酸，它们通常处于蛋白质分子内部。

(2) R 基团具有极性但不带电荷的氨基酸，其侧链中含有羟基、巯基、酰胺基等极性基团，在生理条件下不带电荷，并具有一定的亲水性，往往分布在蛋白质分子的表面。

(3) R 基团带正电荷的氨基酸，在其侧链中常带有易接受质子的基团(如胍基、氨基、咪唑基等)，因此它们在中性和酸性溶液中带正电荷。

(4) R 基团带负电荷的氨基酸，在其侧链中带有给出质子的羧基，因此它们在中性或碱性溶液中带负电荷。

(三) 命名

氨基酸常采用俗名，即按氨基酸的来源或特性而命名。例如，最初从蚕丝和天门冬的幼苗中获得的氨基酸分别称为丝氨酸和天冬氨酸，甘氨酸因其具有甜味而得名。氨基酸的系统命名法是把氨基作为羧酸的取代基命名。组成蛋白质的常见 20 种 α-氨基酸，都有国际通用的符号，即常用中文缩写、英文缩写(通常为前三个字母)和单字符号表示。例如，甘氨酸的中文缩写为"甘"，英文名称 glycine 缩写为"Gly"，单字符号为"G"。

常见的 20 种氨基酸的名称、结构及中英文缩写符号见表 15-1。

表 15-1 组成蛋白质的 20 种常见氨基酸

名称	中英文缩写		单字符号	结构式	pI
中性氨基酸					
甘氨酸	glycine	甘 Gly	G	$H-CHCOO^-$ $\overset{|}{^+NH_3}$	5.97
丙氨酸	alanine	丙 Ala	A	$CH_3-CHCOO^-$ $\overset{|}{^+NH_3}$	6.00
缬氨酸*	valine	缬 Val	V	$(CH_3)_2CH-CHCOO^-$ $\overset{|}{^+NH_3}$	5.96
亮氨酸)*	leucine	亮 Leu	L	$(CH_3)_2CHCH_2-CHCH_2COO^-$ $\overset{|}{^+NH_3}$	5.98
异亮氨酸*	isoleucine	异亮 Ile	I	$CH_3CHCH_2-CHCOO^-$ $\overset{|}{CH_3}$ $\overset{|}{^+NH_3}$	6.02
苯丙氨酸*	phenylalanine	苯丙 Phe	F	$C_6H_5-CH_2-CH-COO^-$ $\overset{|}{^+NH_3}$	5.48

续表

名称		中英文缩写	单字符号	结构式	pI
中性氨基酸					
脯氨酸	proline	脯 Pro	P	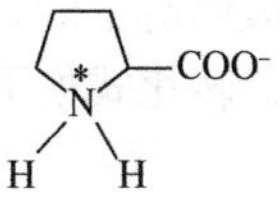	6.30
色氨酸*	tryptophan	色 Trp	W	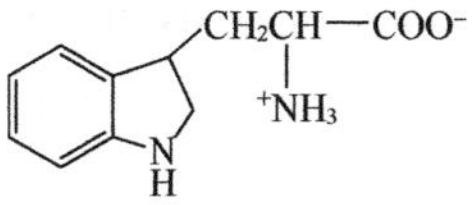	5.89
丝氨酸	serine	丝 Ser	S	HOH2C—CH—COO⁻ (⁺NH3)	5.68
苏氨酸*	threonine	苏 Thr	T	CH3CH—CH—COO⁻ (OH) (⁺NH3)	5.60
半胱氨酸	cysteine	半胱 Cys	C	HSCH2—CH—COO⁻ (⁺NH3)	5.07
蛋(甲硫)氨酸*	methionine	蛋 Met	M	CH3SCH2CH2—CHCOO⁻ (⁺NH3)	5.74
酪氨酸	tyrosine	酪 Tyr	Y	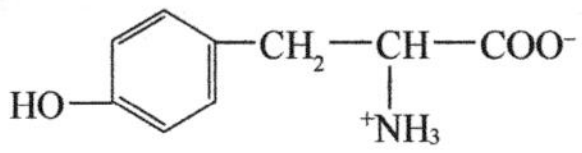 HO—⟨⟩—CH2—CH—COO⁻ (⁺NH3)	5.66
天冬酰胺	asparagine	天酰 Asn	N	NH2—C(=O)—CH2CHCOO⁻ (⁺NH3)	5.41
谷氨酰胺	glutamine	谷酰 Gln	Q	NH2—C(=O)—CH2CH2CHCOO⁻ (⁺NH3)	5.65
酸性氨基酸					
天冬氨酸	aspartic acid	天 Asp	D	HOOCCH2CHCOO⁻ (⁺NH3)	2.77
谷氨酸	glutamic acid	谷 Glu	E	HO—C(=O)—CH2CH2CHCOO⁻ (⁺NH3)	3.22
碱性氨基酸					
赖氨酸*	lysine	赖 Lys	K	H3N⁺—CH2CH2CH2CH2CHCOO⁻ (NH2)	9.74
精氨酸	arginine	精 Arg	R	H2N—C(=⁺NH2)—NHCH2CH2CH2CH(NH2)—COO⁻	10.76
组氨酸	histidine	组 His	H	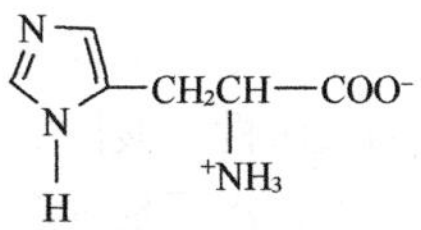	7.59

*必需氨基酸

$\qquad$表 15-1 中，标注*的 8 种氨基酸人体不能合成或者合成很少，必须由食物供给，如果人体缺乏这类氨基酸，就会导致生长缓慢或产生某些疾病，因此这 8 种氨基酸称为必需氨基酸

(essential amino acid)。此外，精氨酸和组氨酸在婴幼儿和儿童时期因体内合成不足，也需依赖食物补充。

蛋白质翻译后的修饰主要体现为氨基酸结构修饰，如胱氨酸、4-羟脯氨酸和 5-羟赖氨酸等。由两分子半胱氨酸侧链上的巯基氧化可生成胱氨酸，胱氨酸分子中的二硫键对维持蛋白质的结构具有重要作用，转化式如下所示。

$$HSCH_2CHCOO^- \xrightleftharpoons[\text{[H]}]{\text{[O]}}$$

半胱氨酸   胱氨酸

非蛋白质氨基酸不参与构成蛋白质，但其中有些是蛋白质在体内的代谢中间体或产物。多为 α-氨基酸的衍生物，也有些是 β-、γ-、δ-氨基酸。例如，瓜氨酸是精氨酸被酶催化氧化生成代谢中间体 NO 反应的另一产物，脑内重要的神经递质 γ-氨基丁酸(GABA)是谷氨酸的脱羧产物。

$$H_3N^+CHCHCHCOO^- \qquad H_3N^+CH_2CH_2CH_2COO^-$$

瓜氨酸 γ-氨基丁酸

二、理化性质

(一) 物理性质

α-氨基酸主要以内盐形式存在，是不易挥发的无色或白色晶体，熔点较高(一般在 200 ~ 300℃)，受热时易分解放出 CO_2。一般能溶于水，但溶解度差异很大；均可溶于强酸、强碱中；但难溶于苯、乙醚等有机溶剂。

(二) 化学性质

氨基酸分子中同时含有羧基和氨基，它们具有羧酸和胺的某些典型性质，由于氨基与羧基之间相互影响及分子中烃基的某些特殊结构，因而使之又表现出一些特殊的性质。

1. 氨基酸的两性电离和等电点 氨基酸分子中既含有酸性的羧基又含有碱性的氨基，因此表现出两性化合物的特性，即它可以与 H^+ 结合生成正离子，又可以失去 H^+ 形成负离子。氨基酸在水溶液中总是以正离子、负离子和两性离子三种结构形式呈动态平衡。

$$H_3O^+ + R-CH-COO^- \xrightleftharpoons{H_2O} R-CH-COO^- \xrightleftharpoons{H_2O} R-CH-COOH + OH^-$$

负离子(Ⅰ)   两性离子   正离子(Ⅱ)

由于氨基酸分子中的酸性基团和碱性基团的数目和能力各异，因此不同的氨基酸在水溶液中呈现出不同的酸碱性。酸性氨基酸的水溶液显酸性，它以负离子形式存在；碱性氨基酸的水溶液显碱性，它以正离子形式存在；而对于中性氨基酸，在水溶液中解离时，由于—NH_3^+的解离能力小于—COO^-，所以溶液显弱酸性。

因此氨基酸在溶液中以何种形式存在，除与它的结构有关外，还与它所在溶液的 pH 有关。当调节溶液的 pH 达到某一定值时，氨基酸主要以两性离子形式存在，此时氨基酸所带正、负电荷数相等，净电荷为零，呈电中性，在电场中既不向阴极移动，也不向阳极移动。此时溶液的 pH 称为该氨基酸的等电点(isoelectric point)，以 pI 表示。在等电点时，若在溶液中加入酸，溶液的 pH<pI，平衡向右移动，氨基酸主要以正离子的形式存在，在电场中向阴极移动；若在溶液中加入碱，溶液的 pH>pI，平衡向左移动，氨基酸主要以负离子的形式存在，在电场中向阳极移动。

$$
\begin{array}{ccc}
\underset{\underset{NH_2}{|}}{R-CH-COO^-} & \underset{H^+}{\overset{OH^-}{\rightleftharpoons}} & \underset{\underset{^+NH_3}{|}}{R-CH-COO^-} & \underset{OH^-}{\overset{H^+}{\rightleftharpoons}} & \underset{\underset{^+NH_3}{|}}{R-CH-COOH} \\
\text{负离子(pH>pI)} & & \text{两性离子(pH=pI)} & & \text{正离子(pH<pI)}
\end{array}
$$

等电点是氨基酸的特定常数，可由实验测得或通过计算得到。每种氨基酸因结构不同，其等电点也不相同。酸性氨基酸的等电点为 2.7~3.2，碱性氨基酸为 7.6~10.7，中性氨基酸为 5.0~6.5(参见表 15-1)。

氨基酸的等电点并非是其溶液的中性点。在等电点时，氨基酸溶液中的两性离子浓度最大，溶解度最小。常用这一性质来分离氨基酸。例如，在含有多种氨基酸的混合溶液中，将溶液的 pH 调节为某一氨基酸的等电点时，该氨基酸就会析出。调节溶液的 pH，具有不同等电点的氨基酸即可分步析出。

而在相同 pH 的缓冲溶液中，各种氨基酸所带的电荷不同，在电场中泳动的方向和速率也就不同，可利用电泳技术分离或鉴别氨基酸混合物。例如，将赖氨酸、甘氨酸和天冬氨酸的混合溶液置于电泳介质(滤纸条或凝胶条)的中央，并用 pH=5.97 的缓冲液润湿，将滤纸条或凝胶条的两端与电极相连。当存在电势差时，带负电荷的天冬氨酸(pI=2.77)缓慢向阳极移动；同时，带正电荷的赖氨酸(pI=9.74)，迁移至阴极端；而不带电的甘氨酸(pI=5.97)在电场中不泳动，借此可将三者进行分离。三种氨基酸混合物在电场中泳动方向如图 15-1 所示。

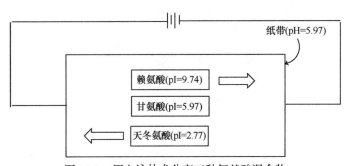

图 15-1 用电泳技术分离三种氨基酸混合物

2. 脱羧反应 氨基酸在一定条件下能发生脱羧反应，脱去羧基，生成相应的胺。

$$
\underset{\underset{^+NH_3}{|}}{RCHCOO^-} \xrightarrow[\triangle]{Ba(OH)_2} RCH_2NH_2 + CO_2\uparrow
$$

氨基酸在生物体内的脱羧反应是在脱羧酶的作用下生成少一个碳原子的胺。例如，组氨酸在脱羧酶的作用下转变为组胺，过量组胺在体内储存可引起变态反应，如流涕和眼睛痒痛。赖氨酸脱羧后生成毒性很强且有强烈气味的 1,5-戊二胺(尸胺)。

$$
\underset{\underset{NH_2}{|}}{H_3N^+(CH_2)_4CHCOO^-} \xrightarrow{\text{脱羧酶}} H_2N(CH_2)_4CH_2NH_2 + CO_2\uparrow
$$

$$
\text{赖氨酸} \qquad\qquad\qquad\qquad \text{1,5-戊二胺}
$$

氨基酸脱羧后生成胺，呈碱性，若这些化合物在体内含量过高又不能正常代谢，将会引起碱中毒。

3. 氨基转移反应 α-氨基酸在转氨酶的作用下,发生氨基转移,将 α-酮酸转变成 α-氨基酸,原 α-氨基酸生成 α-酮酸。例如:

$$\underset{\underset{^+NH_3}{|}}{RCHCOO^-} + HOOC\overset{O}{\overset{||}{C}}CH_2CH_2COOH \rightleftharpoons HOOCCH_2CH_2\underset{\underset{^+NH_3}{|}}{CHCOO^-} + R\overset{O}{\overset{||}{C}}COOH$$

4. 与亚硝酸反应 α-氨基酸(除脯氨酸和羟脯氨酸外)的氨基为伯胺基,与亚硝酸反应生成 α-羟基酸。

$$R\underset{\underset{^+NH_3}{|}}{-CH-COO^-} + HNO_2 \longrightarrow R\underset{\underset{OH}{|}}{-CH-COOH} + N_2\uparrow + H_2O$$

根据放出氮气的体积来测定氨基酸中氨基的含量,此法称为 van Slyke 氨基氮测定法,常用于氨基酸、多肽和蛋白质的定量分析。

5. 显色反应 α-氨基酸与水合茚三酮在水溶液中加热时,生成蓝紫色的化合物(称为罗曼氏紫)。

水合茚三酮　　　　　　　　　　　　　　　　　　　罗曼氏紫

该反应鉴定 α-氨基酸非常灵敏。根据反应中 CO_2 的放出量或对罗曼氏紫的比色分析,就可对氨基酸做定量分析。该反应也广泛应用于肽和蛋白质的鉴定和色谱分析中的显色。

脯氨酸等亚氨基氨基酸与水合茚三酮反应生成黄色化合物。

第二节 多　肽

一、结　构

氨基酸分子间通过酰胺键连接形成肽(peptide)。分子中的酰胺键又称为肽键(peptide bond)。一氨基酸分子中的羧基与另一氨基酸分子的氨基脱去一分子水生成的酰胺称为二肽(dipeptide),由 3 个氨基酸缩合而成的肽称为三肽,由不超过 10 个氨基酸缩合而成的肽称为寡肽(oligopeptide)或低聚肽,由 10 个以上氨基酸缩合而成的肽称为多肽(poly-peptide)。虽然存在环肽,但绝大多数肽呈链状,故又称为多肽链,以两性离子的形式存在。多肽链表示如下所示。

N端　　肽键　　　　氨基酸残基　　　　　　　C端

由于肽分子中的氨基酸通过脱水才能形成肽链,已不是完整的氨基酸分子,所以肽链中的氨基酸又称为氨基酸残基(amino acid residue)。肽链的一端有游离的—NH_3^+,称为氨基末端或 N 端;而另一端有游离的—COO^-,称为羧基末端或 C 端。写肽链的结构式时,一般将 N 端写在左边,C 端写在右边。

多肽分子中构成多肽链的基本化学键是肽键,肽键与相邻的两个 α-碳原子所组成的基团(—C_α—CO—NH—C_α—)称为肽单元。

$$\begin{array}{c}O\\\parallel\end{array}$$

—C—C—NH—C—
$\quad|\quad\alpha\quad\quad\quad|\quad\alpha$

肽单元

研究表明，肽单元是共平面的，即组成肽单元的 6 个原子位于同一平面内(这个平面称为肽键平面)，如图 15-2 所示；肽键中的 C—N 键长为 132 pm，介于相邻的 C_α—N 单键键长(147 pm)和 C≕N 双键键长(127 pm)之间，这表明肽键具有局部双键性质。

由于肽键不能自由旋转，与 C—N 键相连的两个原子或基团处于反式位置，呈较稳定的反式构型；肽键平面中除 C—N 键不能旋转外，两侧的 C_α—N 键和 C_α—C 键都是 σ 键，可以自由旋转，因而相邻的肽键平面可围绕 C_α 旋转，使多肽链的主链骨架在空间形成不同的构象。

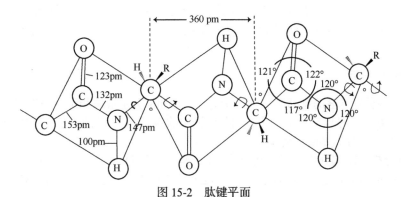

图 15-2 肽键平面

二、命 名

多肽的命名是以含 C 端的氨基酸为母体，从 N 端开始，依次将每个氨基酸残基写为某氨酰，处于 C 端的氨基酸保留原名，称为某氨酰某氨酸。通常肽链用简写式表示，即按从 N 端到 C 端的顺序，将组成肽链的各种氨基酸的英文缩写、单字符号或中文缩写写到一起，氨基酸之间用"-"连接。例如：

$$H_3\overset{+}{N}CHCH_2CH_2CONHCHCONHCH_2COO^-$$
$$\qquad|\qquad\qquad\qquad\qquad|$$
$$COO^-\qquad\qquad\quad CH_2SH$$

γ-谷氨酰半胱氨酰甘氨酸
(γ-Glu-Cys-Gly,γ-E-C-G或γ-谷-半胱-甘)

三、合成简介

多肽的合成主要涉及肽键的形成，然而氨基酸分子间脱水方式多种多样，因此形成特定顺序的肽链具有重要意义。

选择性合成多肽，需要保护氨基或者保护羧基。一般情况下是将氨基保护的氨基酸与另一个羧基保护的氨基酸偶合形成肽。常用的保护剂是容易断裂的酯和相关的官能团。用二环己基碳二亚胺(DCC)为脱水剂可以在温和条件下进行偶合。

目前多肽合成已经自动化。肽的 Merrifield 固相合成法应用聚苯乙烯作为固相载体来锚定肽链。首先通过羧基对苄基氯的亲核取代将氨基保护的氨基酸锚定在聚苯乙烯上，然后脱保护，与第二个氨基保护的氨基酸偶合，再脱保护，依次类推，最后用氟化氢处理，将多肽从固定相上取下，完成整个过程。多肽固相合成的最大优点是产物容易分离，因为所有的中间体都固定在聚合物上，产物可以通过简单的过滤和洗涤来纯化。该方法实现了胰岛素的首次全合成，其过程是将 51 个氨基酸装在 2 条分开的链中，之后需要进行 5000 次以上的操作，由于有了自动化的程序，这一任务只用几天即可完成。

四、一级结构测定

要确定多肽的结构，不仅要确定组成肽链的氨基酸的种类和数目，而且还要研究肽链中氨基酸的排列顺序。

(一) 组成测定

将纯化后的肽用酸完全水解为各种游离氨基酸的混合液，然后通过层析法或氨基酸分析仪确定其组分和相对含量，再用物理化学方法测定氨基酸的分子量，并计算出各种氨基酸的分子数目。

(二) 序列测定

在肽链中各种氨基酸的排列顺序可用端基分析法和部分水解法相结合来确定。

1. 端基分析法 是以某种标记化合物与肽链中的 N-端或 C-端的氨基酸作用，然后再水解，就能确定 N-端或 C-端氨基酸的种类。

(1) N-端分析：N-端分析常用的试剂是 2,4-二硝基氟苯(DNFB)，该法又称桑格(Sanger)法。DNFB 与 N-端的—NH_3^+反应，生成黄色的 N-(2,4-二硝基苯基)肽，经水解此共价键不断裂，而原肽链的肽键被水解，因此含该试剂的氨基酸必然是 N-端氨基酸，该氨基酸可通过层析法检出。由于水解过程中，整个肽链都被破坏，所以 Sanger 法在同一个肽链上只能做一次 N-端分析。反应式如下所示。

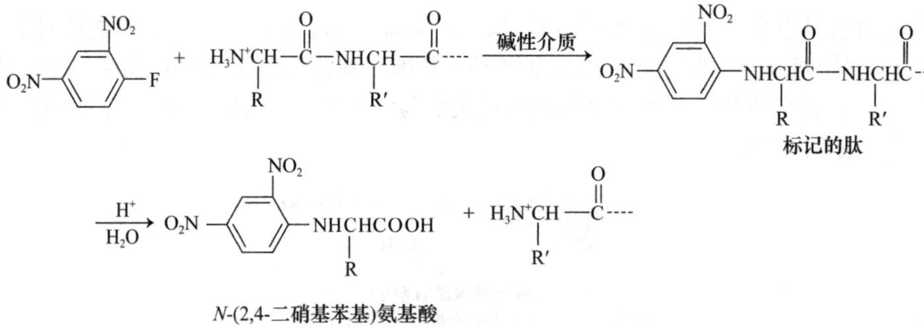

N-(2,4-二硝基苯基)氨基酸

目前 N-端分析广泛采用的另一试剂是异硫氰酸苯酯。该试剂与肽链的 N-端氨基酸反应，生成苯氨基硫甲酰肽(PTC-肽)，在有机溶剂中经无水 HCl 处理后，该肽键不被水解，但被结合的 N-端氨基酸则以苯乙内酰硫脲氨基酸(PTH-氨基酸)形式与肽链其他部分断开，再用乙酸乙酯提取，经层析法即可鉴定出 N-端氨基酸。此方法是 1950 年艾德曼(P. Edman)提出的，故称为艾德曼(Edman)降解，是对 Sanger 法的改良。此法的优点是只断裂 N-端已经与试剂结合的氨基酸，而肽链的其余部分不受破坏，故缩短的肽链又可以作类似的分析。现在用于测定蛋白质中氨基酸顺序的自动分析仪，就是根据该反应原理制成的。反应式如下所示。

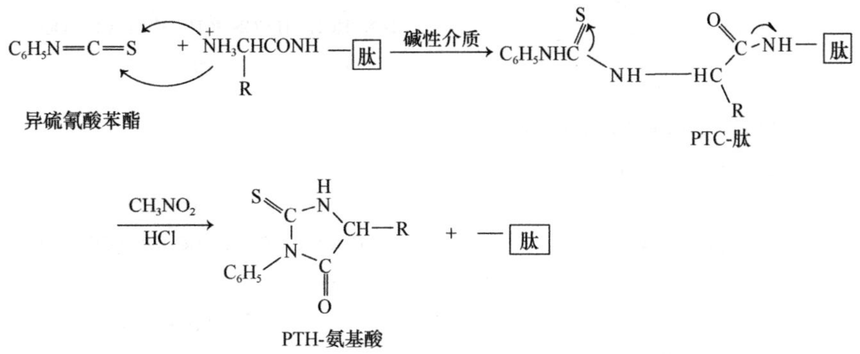

异硫氰酸苯酯　　　　　　　　　　　　　　　　　　　　　　　　PTC-肽

PTH-氨基酸

(2) C-端分析：C-端分析常用的试剂是羧肽酶。它能选择性地水解肽链中 C-端氨基酸，并且可以反复用于缩短的肽链，逐个测定新的 C-端氨基酸。水解反应式如下所示。

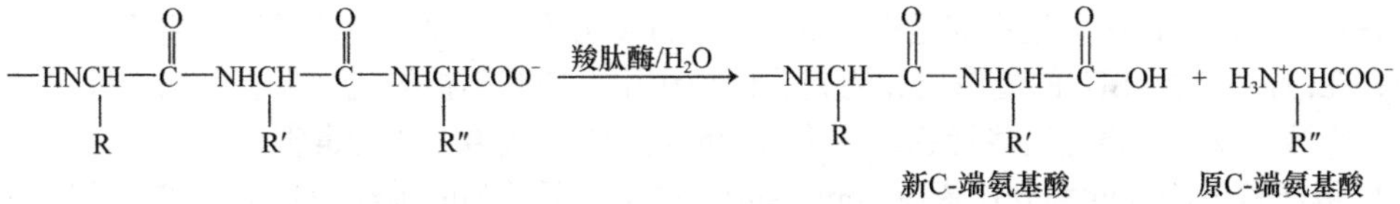

端基分析法通常适用于分子量较小的多肽分析。对于较长的肽链，水解过程对其分析有干扰，因此还需要结合部分水解法确定肽链的排列顺序。

2. 部分水解法　是将复杂的肽链用酸或酶部分水解成若干小肽的片段(碎片)，然后用端基分析法鉴定，确定各个片段中氨基酸残基的排列顺序。经过组合、排列对比、找出关键性的"重叠顺序"，推断出整个肽链中氨基酸残基的排列顺序。

用酸水解肽链选择性较差，每次水解得到的片段可能不同。某些蛋白酶水解则具有高度专一性，特定的酶只能水解一定类型的肽键。例如，胰蛋白酶只能水解精氨酸和赖氨酸的羧基肽键，糜蛋白酶只能水解芳香族氨基酸的羧基肽键，嗜热菌蛋白酶只能水解亮氨酸、异亮氨酸、缬氨酸的氨基肽键等。

随着快速 DNA 测序技术的使用，可通过 DNA 序列推演氨基酸的排列顺序。这种方法可以和肽链结构测定方法相互补充。近年来，质谱分析法为测定小肽、多肽及蛋白质分子序列提供了一种新方法，该方法的优点是所需样品少、快速，不需要高纯度的肽，是目前较有效的多肽和蛋白质序列分析方法。

五、常见的生物活性肽

生物体内具有生物活性的多肽称为生物活性肽(active peptide)，它们在生物体内含量较少，却具有重要的生物学功能，尤其在生物的生长、发育、细胞分化、大脑活动、肿瘤发生、生殖控制等方面起着重要作用。以下介绍几种重要的生物活性肽。

1. 谷胱甘肽(glutathione)　学名γ-谷氨酰半胱氨酰甘氨酸，是由谷氨酸、半胱氨酸和甘氨酸通过肽键缩合而成的三肽。由于其分子中含有—SH，故又称为还原型谷胱甘肽(用 GSH 表示)。两分子的 GSH 的—SH 被氧化形成二硫键(—S—S—)，生成氧化型谷胱甘肽(用 G-S-S-G 表示)。

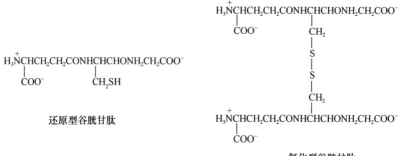

还原型谷胱甘肽 氧化型谷胱甘肽

G-S-S-G 也可被还原成 GSH，GSH 和 G-S-S-G 之间的转变是可逆的。

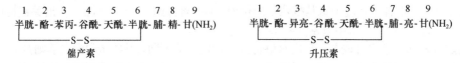

还原型　　　　　　氧化型

　　谷胱甘肽广泛存在于生物细胞中，参与细胞的氧化还原过程。GSH 是体内主要的自由基清除剂；在体内对含—SH 的蛋白质和酶起着保护作用，使其不被氧化而失去生物活性；可与某些毒物或药物反应，避免这些毒物或药物对 DNA、RNA 或蛋白质的毒害。

　　2. 催产素(oxytocin)和升压素(vasopressin)　都是在下丘脑的神经细胞中形成，然后顺着神经纤维运送到神经垂体并贮存在神经垂体，在受到适当刺激时，再分泌入血液。结构上均为九肽，肽链中的两个半胱氨酸通过二硫键形成环肽，只是残基 3 位和 8 位不同，其余氨基酸残基的种类和顺序都相同。

　　　1　2　3　4　5　6　7　8　9　　　　　1　2　3　4　5　6　7　8　9
　　半胱-酪-苯丙-谷酰-天酰-半胱-脯-精-甘(NH₂)　　半胱-酪-异亮-谷酰-天酰-半胱-脯-亮-甘(NH₂)
　　　└────S—S────┘　　　　　　　　　　└────S—S────┘
　　　　　　催产素　　　　　　　　　　　　　　　　升压素

　　催产素能促使子宫及乳腺平滑肌收缩，具有催产及排乳作用；升压素能使毛细血管收缩，从而增高血压，并能降低肾小球的滤过率，增进水和钠离子的吸收功能和抗利尿作用。

　　3. 脑啡肽　1975 年苏格兰科学家休斯(J. Hughes)及科斯特利兹(H. Kosterlitz)首先从猪脑中分离提取出两种具有吗啡样活性的肽，称为脑啡肽(enkephalin)。两者均为五肽，区别仅是 C 端的氨基酸残基不同，一种 C 端氨基酸残基是甲硫氨酸的称为甲硫氨酸脑啡肽，另一种 C 端氨基酸残基是亮氨酸的称为亮氨酸脑啡肽。结构式如下所示。

　　　　Tyr-Gly-Gly-Phe-Met　　　　Tyr-Gly-Gly-Phe-Leu
　　　　　甲硫氨酸脑啡肽　　　　　　　　亮氨酸脑啡肽

脑啡肽有着很强的镇痛作用。

　　4. 多肽类抗生素　具有多肽结构特征的一类抗生素，包括多黏菌素类(多黏菌素B、多黏菌素 E)、杆菌肽类(杆菌肽、短杆菌肽)和万古霉素。其中多数是开链肽，也有少量环状肽。多肽类抗生素具有抗菌、抗肿瘤、促进创伤面愈合等多种生物学特性，作为广谱高效抗菌药的市场潜力十分巨大。

第三节　蛋　白　质

一、组成、结构和分类

　　蛋白质(protein)和多肽之间无严格的区别，都是由氨基酸残基通过肽键相互连接而形成的生物大分子，一般把分子量超过 10 000 的多肽称为蛋白质。但从结构上讲，蛋白质分子的结构更复杂,除了有一定的氨基酸组成和排列顺序以外,还有特殊的空间结构。蛋白质的空间结构对其生物学功能有着非常重要的作用。

(一) 组成

蛋白质几乎存在于任何生物体中。人体内约有 10 万种以上的蛋白质,其质量约占人体干重的 45%。蛋白质主要由碳、氢、氮、氧、硫等元素组成,有些蛋白质中还含有磷、铁、镁、碘、铜、锌等。

大多数蛋白质中氮元素的质量分数很接近,约为 16%,即每克氮相当于 6.25g 的蛋白质。由于生物组织中的绝大多数氮元素都来自蛋白质,因此只要测定出生物试样中氮的质量分数,再乘以 6.25,就可得到试样中蛋白质的质量分数。

(二) 分类

蛋白质的种类繁多,功能各异,目前尚缺乏能被普遍接受的分类系统,可基于蛋白质的化学组成、形状和功能等分类。

根据化学组成分为单纯蛋白质和结合蛋白质。仅含 α-氨基酸组成的蛋白质称为单纯蛋白质,如清蛋白、组蛋白、精蛋白等。除含单纯蛋白质外,还含有非蛋白物质(又称辅基,如糖类、脂类、磷酸和有色物质等)的一类蛋白质称为结合蛋白质,根据辅基的不同分为色蛋白类(如血红蛋白、肌红蛋白等)、脂蛋白类(如 α-脂蛋白、β-脂蛋白等)、糖蛋白类(如 γ-球蛋白等)、核蛋白类(如核蛋白体、烟草花叶病毒等)、磷蛋白类(如酪蛋白等)等。

根据形状蛋白质又可分为可溶性球状蛋白质和不溶性纤维状蛋白质。例如,肌红蛋白、血红蛋白是球状蛋白质;角蛋白和胶原蛋白是纤维状蛋白质。

根据功能分为活性蛋白质和非活性蛋白质。活性蛋白质是指在生命活动中具有生理活性的蛋白质,包括酶、激素及抗体等。非活性蛋白质是指担任生物保护或支持作用的蛋白质,包括角蛋白和胶原蛋白等。

(三) 结构

蛋白质的结构十分复杂,在其多肽链结构中除了各种氨基酸的排列顺序外,还存在肽链的空间排布、构象和肽链段之间的相互作用。常将蛋白质的结构分为一级结构、二级结构、三级结构和四级结构。

蛋白质的一级结构(primary structure)又称为初级结构或基本结构,即多肽链中氨基酸残基的排列顺序,其中也包括二硫键的位置。它决定着蛋白质的性质。在多肽链中,连接氨基酸残基的主要化学键是肽键,也称为主键,此外在一级结构中也存在其他类型的化学键,如二硫键、酯键等。蛋白质分子可以由一条多肽链组成,也可以由两条或几条多肽链组成。任何特定蛋白质都有其特定的氨基酸排列顺序,如牛胰岛素分子的一级结构如图 15-3 所示。

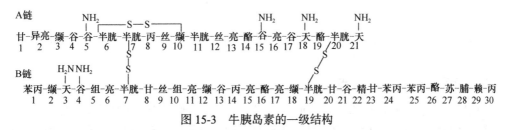

图 15-3　牛胰岛素的一级结构

牛胰岛素分子是由 51 个氨基酸残基组成的 A、B 两条多肽链,A 链含 21 个氨基酸残基,B 链含 30 个氨基酸残基。A 链和 B 链通过两个二硫键连接在一起,A 链中第 6 位和第 11 位的两个氨基酸残基之间还有一个二硫键。

蛋白质的二级结构、三级结构和四级结构均属于构象范畴，是多肽链在空间上进一步盘曲折叠形成的构象，也称为蛋白质的空间结构。蛋白质分子的二级结构(secondary structure)主要指多肽链的主链骨架在空间形成不同的构象，通过一个肽键平面中的 $\diagdown$C=O 和另一肽键平面中的—NH—之间形成的氢键使肽键平面呈现不同的卷曲和折叠。主要有 α-螺旋(图 15-4)；β-折叠(图 15-5)；β-转角和无规卷曲等几种类型。

α-螺旋是多肽链中各肽键平面通过 α-C 的旋转，以螺旋方式按顺时针方向盘旋延伸形成的盘曲构象，螺旋之间靠氢键维系。β-折叠又称 β-片层结构，它是指多肽链呈一种铺开的折扇形状，几条肽链或一条肽链的若干肽段平行排列，β-折叠依靠相邻肽链亚氨基上的氢和羰基氧原子之间形成的氢键维系。氢键是维持二级结构稳定的主要作用力。

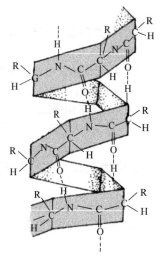

图 15-4　蛋白质的 α-螺旋结构

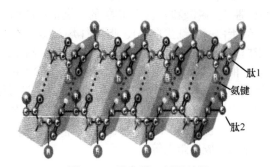

图 15-5　蛋白质 β-折叠结构

蛋白质的三级结构(tertiary structure)是蛋白质的多肽链在二级结构的基础上，进行范围更广泛的扭曲折叠，形成包括主、侧链在内的空间排布。三级结构的形成和稳定除靠氢键维系外，还包括副键(如疏水作用力、范德瓦尔斯力、盐键、二硫键、酯键等)，副键的键能较小，稳定性较差，但数量多，故在维持蛋白质空间构象中起着重要作用。

蛋白质的四级结构(quaternary structure)由两条或两条以上具有三级结构的多肽链集合而成。其中每一条多肽链又称为亚基(subunit)，亚基间通过氢键、疏水作用力或静电吸引缔合而成为蛋白质的四级结构。

二、性　质

蛋白质的性质取决于蛋白质的组成和其复杂的结构特征。蛋白质既具有与氨基酸相似的化学性质，又具有高分子化合物的一般性质。

(一) 两性电离和等电点

蛋白质分子中肽键的 C 端有—COO$^-$，N 端有—NH$_3^+$，侧链上有游离羧基和氨基，与氨基酸一样，属两性化合物，并具有等电点。不同种类的蛋白质具有不同的等电点，如酪蛋白的等电点为 4.6，胰岛素为 5.3，胃蛋白酶为 1.0。人体中大多数蛋白质的等电点在 5 左右，而人体血液的 pH 在 7.35～7.45，故蛋白质在血液中多以负离子形式存在并与 Na$^+$、K$^+$、Ca^{2+} 等结合成盐。在等电点时，蛋白质不带电，蛋白质的溶解度最小，易聚积而以沉淀析出。蛋白质与氨基酸一样也可采用电泳技术进行分离和纯化。

(二) 胶体性质

蛋白质在溶液中形成的颗粒直径一般在 1～100nm，属于胶体分散系，所以蛋白质具有胶体溶液的性质，如丁铎尔现象、布朗运动、不能透过半透膜及具有吸附作用等。

利用蛋白质不能透过半透膜的性质，可以分离提纯蛋白质(除去小分子杂质)，这种方法称为透析法(dialysis)。

(三) 沉淀

蛋白质溶液的稳定性是有条件的、相对的，若破坏蛋白质表层的水化膜和消除蛋白质所带电荷后，蛋白质在溶液中就会凝集而以沉淀析出。沉淀蛋白质的常用方法有下面几种：

1. 盐析　向蛋白质溶液中加入强电解质中性盐(如硫酸铵、硫酸钠、氯化钠等)，使之析出沉淀的现象称盐析(salting out)。其作用的实质是强电解质电离出的离子与蛋白质争夺水分子，因强电解质离子的水化能力比蛋白质强，所以强电解质破坏了稳定蛋白质表面的水化膜，同时又中和了蛋白质所带电荷，使蛋白质分子凝集而沉淀。若结合调节溶液的 pH 至蛋白质等电点，盐析效果将会更好。

盐析所需电解质的最小量称为盐析浓度，不同蛋白质的盐析浓度常常不同，可通过调节电解质浓度的方法使蛋白质分段沉淀析出，从而将混合的蛋白质加以分离。盐析一般不会破坏蛋白质的结构和生物活性，当加水或透析时，盐析出来的蛋白质又能重新溶解。盐析是一个可逆过程。

2. 有机溶剂沉淀法　在蛋白质溶液中加入适量的水溶性有机溶剂如乙醇、丙酮等，由于它们对水的亲合力大于蛋白质，破坏了蛋白质分子的水化膜而使之沉淀。这种方法在较短时间和低温时，沉淀是可逆的，蛋白质可保持其生物活性；但若时间较长和温度较高时，则会引起蛋白质性质改变，而不再溶解。在中草药有效成分提取分离过程中，常加入乙醇以沉淀蛋白质。

3. 有机酸或重金属离子沉淀法　当溶液 pH<pI 时，三氯乙酸、苦味酸、鞣酸、磷钼酸等有机酸，可与蛋白质分子中的正离子结合生成沉淀。当溶液 pH>pI 时，加入氯化汞、硝酸银、乙酸铅和硫酸铜等重金属盐，这些重金属阳离子可与蛋白质分子的羧基负离子结合生成沉淀。

(四) 变性

由于物理因素(如加热、加压、搅拌、紫外线或 X 线等)或化学因素(如强酸、强碱、有机溶剂、重金属盐等)的影响，使蛋白质分子的二、三级空间结构发生改变，导致其理化性质改变，生理活性丧失的现象，称为蛋白质的变性(denaturation)。变性后的蛋白质称为变性蛋白质。蛋白质变性后，溶解度下降，不易结晶，易被酶水解。

蛋白质的变性一方面破坏了维系和固定蛋白质空间结构的副键，蛋白质由原来有序的紧密空间结构变为无序的松散的伸展状结构(但一级结构并未改变)，原来处于分子内部的疏水基团大量伸向分子表面，使蛋白质分子颗粒失去水化膜；另一方面，蛋白质分子中的某些极性基团也发生改变，影响到蛋白质的带电状态。结果使蛋白质容易沉淀或凝固。

蛋白质的变性有很多实际应用。例如，采用高温、高压、煮沸、紫外线照射或75%乙醇溶液等方法消毒，使细菌或病毒体内的蛋白质变性而失活，达到灭菌和消毒目的。变性后的蛋白质在体内更容易被消化吸收。蛋白质变性也有负面效应，如菌种、生物制剂的失效，种子失去发芽能力等均与蛋白质的变性有关，此时需要设法避免变性作用。

(五) 颜色反应

蛋白质可以与某些试剂发生显色反应，这些反应常用于蛋白质的鉴别。

1. 缩二脲反应　蛋白质与硫酸铜的碱性溶液反应，呈紫色或紫红色。生成的颜色与蛋白质的种类有关。

2. 茚三酮反应　蛋白质与水合茚三酮一起加热呈现蓝紫色，此反应可用于蛋白质的定性和定量分析。

3. 蛋白黄反应　含有芳环的蛋白质，与浓硝酸反应呈黄色。皮肤上溅上硝酸后变黄就是这个缘故。

(六) 紫外吸收性质

酪氨酸、苯丙氨酸和色氨酸等氨基酸在 280nm 处有最大的吸收峰，由于大多数蛋白质都含有这些氨基酸残基，所以也会有相应的紫外吸收特性。通过对 280nm 处蛋白质溶液的吸光度测量即可对蛋白质溶液进行定量分析。

(七) 水解

蛋白质在酸、碱或酶作用下水解，经过一系列中间产物后，最终生成 α-氨基酸的混合物。其水解过程如下所示

$$蛋白质 \rightarrow 蛋白朊 \rightarrow 蛋白胨 \rightarrow 多肽 \rightarrow 寡肽 \rightarrow 二肽 \rightarrow \alpha\text{-氨基酸}$$

蛋白质的水解反应，对研究蛋白质及其在生物体中的代谢都具有十分重要的意义。

第四节　核　　酸

瑞士科学家米歇尔(J. Miescher)于 1869 年首次从白细胞核中分离获得一种含磷的酸性物质，当时称为"核素"(nuclein)，20年后，更名为核酸(nucleic acid)。它控制着生命遗传，支配着蛋白质合成，是生物体遗传的物质基础。

一、分　　类

根据核糖的种类，核酸分为核糖核酸(RNA)和脱氧核糖核酸(DNA)。DNA 和 RNA 中所含的嘌呤碱相同，但所含的嘧啶碱不同，组成 DNA 的嘧啶碱主要为胞嘧啶和胸腺嘧啶，而组成 RNA 的嘧啶碱主要为胞嘧啶和尿嘧啶。DNA 主要存在于细胞核内，少量存在于细胞质中，携带遗传信息，决定细胞和个体的基因表型。

RNA 主要参与遗传信息的传递和表达，在蛋白质的合成中起重要作用。根据其功能不同可以分为核糖体 RNA、信使 RNA 和转运 RNA 等。具体分类见表 15-2。

表 15-2　RNA 的分类、定位及功能

细胞核和胞液		线粒体	功能
核糖体 RNA	rRNA	mtrRNA	核糖体组分
信使 RNA	mRNA	mtmRNA	蛋白质合成模板
转运 RNA	tRNA	mtmRNA	转运氨基酸
核内不均一 RNA	HnRNA		成熟 mRNA 前体
核内小 RNA	SnRNA		参与 hnRNA 的剪接、转运
核仁小 RNA	SnoRNA		rRNA 的加工、修饰
胞质小 RNA	scRNA/7SL-RNA		蛋白质内质网定位合成的信号识别体的组分

二、化学组成

通常核酸在核酸酶的作用下水解成核苷酸，核苷酸进一步水解得到核苷(nucleoside)和磷酸，核苷在核苷酶的作用下彻底水解则生成戊糖和碱基。主要由如下几部分组成。

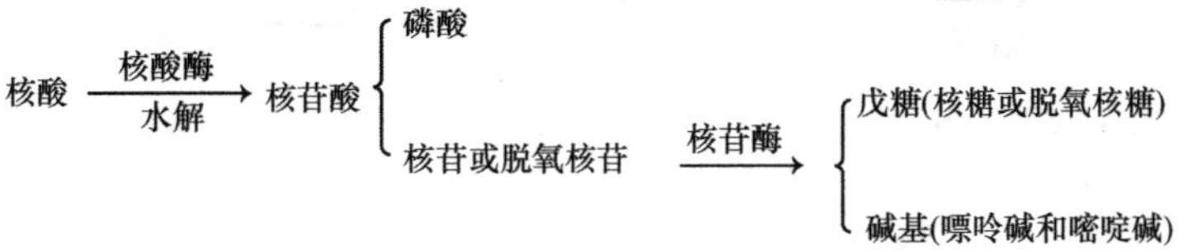

1. 戊糖　核酸中的戊糖有两种：*D*-2-脱氧核糖和 *D*-核糖，均为 *β*-构型。含有 *D*-2-脱氧核糖的核酸称为脱氧核糖核酸(deoxyribonucleic acid，DNA)，含有 *D*-核糖的核酸称为核糖核酸(ribonucleic acid，RNA)。其结构和编号如下所示。

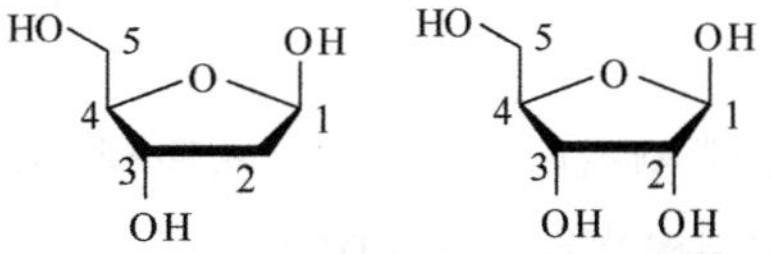

β-*D*-2-脱氧核糖　　*β*-*D*-核糖

2. 碱基　核酸分子中所含的碱基都为嘌呤和嘧啶的衍生物，属于含氮化合物。嘌呤有腺嘌呤(adenine，A)和鸟嘌呤(guanine，G)，嘧啶有胞嘧啶(cytosine，C)、尿嘧啶(uracil，U)和胸腺嘧啶(thymine，T)，结构式如下所示。

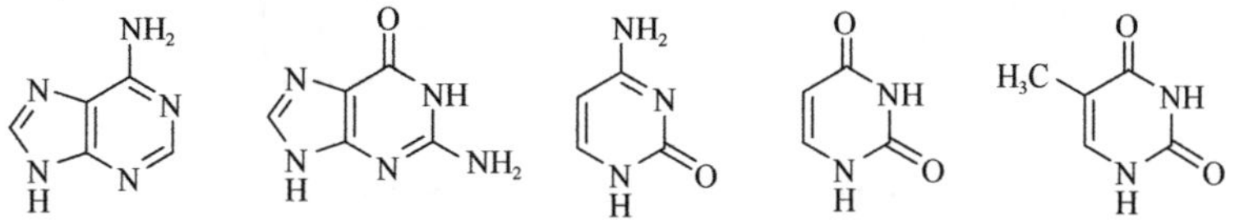

腺嘌呤(A)　鸟嘌呤(G)　胞嘧啶(C)　尿嘧啶(U)　胸腺嘧啶(T)

两类碱基均可发生酮式—烯醇式互变。例如：

鸟嘌呤

烯醇式　　酮式

胞嘧啶

烯醇式　　酮式

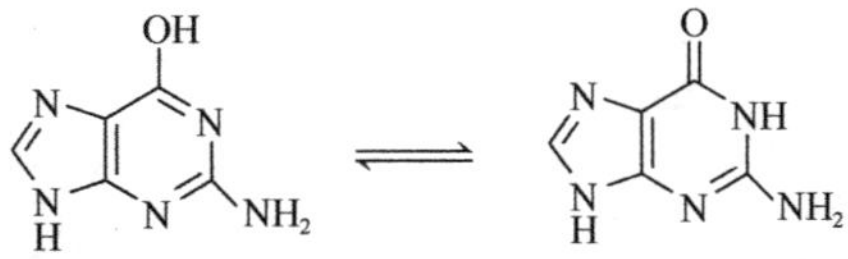

通常在生理条件下或者酸性和中性介质中，碱基均以酮式为主要存在形式。

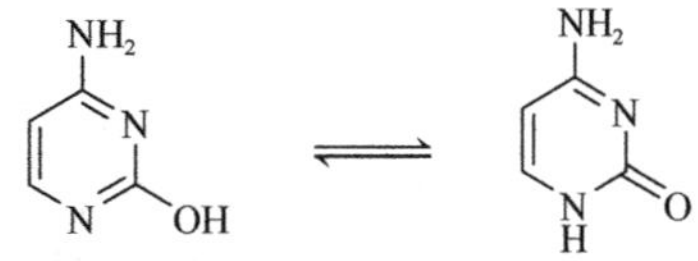

3. 核苷　也是一种糖苷，是由戊糖 1′位 C 上的 *β*-羟基与嘧啶碱 1 位或嘌呤碱 9 位氮原子上的氢脱水缩合而成的氮苷。核酸中的氮苷键均为 *β* 型。为避免戊糖表示与碱基中原子编号混淆，规定戊糖环上的原子编号数字总是以带撇数字表示，以示区别。

核苷命名时，将碱基放在核苷的前面，如鸟嘌呤核苷(简称为鸟苷)和胞嘧啶脱氧核苷(简称为脱氧胞苷)等。在 DNA 中常见的四种脱氧核苷结构和名称如下所示。

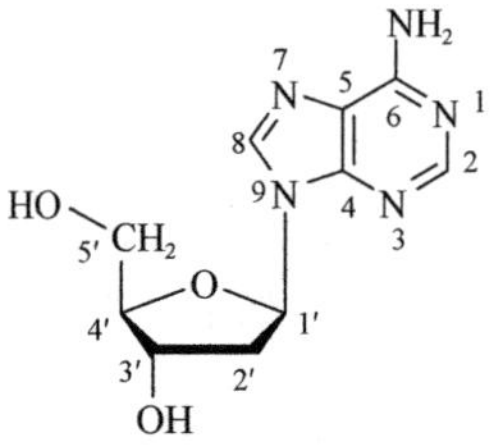

腺嘌呤脱氧核苷(脱氧腺苷)

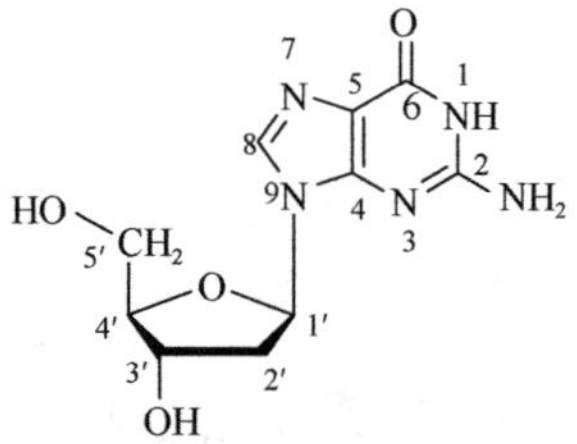

鸟嘌呤脱氧核苷(脱氧鸟苷)

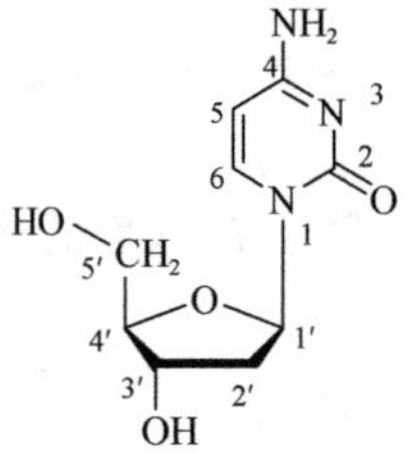

胞嘧啶脱氧核苷(脱氧胞苷)

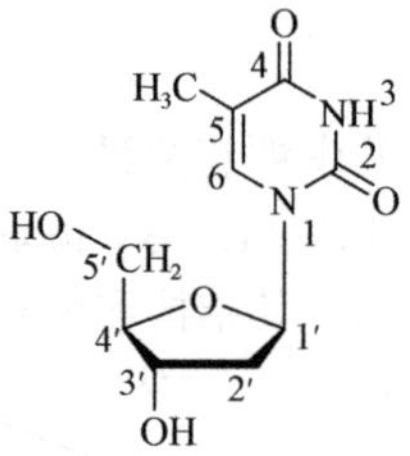

胸腺嘧啶脱氧核苷(胸苷)

RNA 中常见的四种核苷的结构及名称如下所示。

腺嘌呤核苷(腺苷)

鸟嘌呤核苷(鸟苷)

胞嘧啶核苷(胞苷)

尿嘧啶核苷(尿苷)

氮苷与氧苷一样,对碱稳定,但在强酸溶液中能水解成相应的戊糖和碱基。

4. 核苷酸(nucleotide) 是核苷的磷酸酯,又称单核苷酸,是组成核酸的基本单位。核苷分子中的核糖或脱氧核糖的 3′位或 5′位的羟基可与磷酸酯化生成核苷酸,生物体内游离存在的核苷酸主要是 5′-核苷酸。组成 DNA 的核苷酸有脱氧腺苷酸(d-AMP)、脱氧鸟苷酸(d-GMP)、脱氧胞苷酸(d-CMP)和脱氧胸腺苷酸(d-TMP),组成 RNA 的核苷酸有腺苷酸(AMP)、鸟苷酸(GMP)、胞苷酸(CMP)和尿苷酸(UMP)。腺苷酸和脱氧胞苷酸结构如下所示。

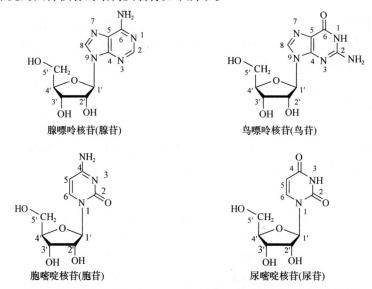

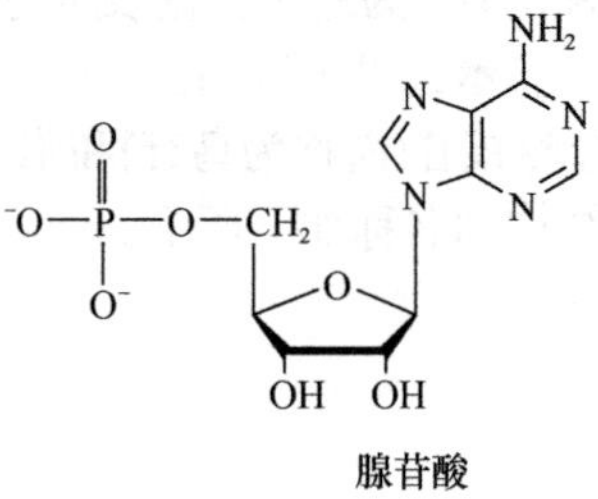

腺苷酸

脱氧胞苷酸

在生物体内，核苷酸除了组成核酸以外，还有一些是以游离态或衍生物形式存在，它们同样具有重要的生理作用。例如，腺苷酸(AMP)在体内能进一步磷酸化生成腺苷二磷酸(ADP)或腺苷三磷酸(ATP)，其结构式如下所示。

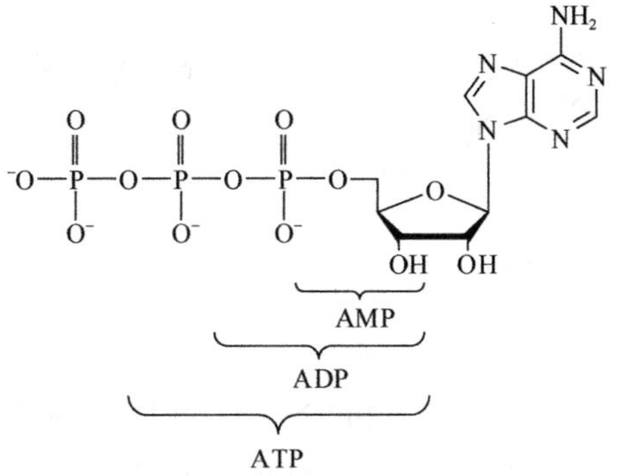

在 ADP 和 ATP 分子中，磷酸与磷酸之间的磷酸酐键具有较高的能量(水解时释放大量的能量)，称为高能磷酸键，用"～"表示。ATP 和 ADP 又称为高能磷酸化合物，高能磷酸化合物是生物体内能量的贮藏、转移和利用的主要形式。

三、分 子 结 构

核酸的结构和蛋白质一样，非常复杂，也分为一级结构和空间结构。

(一) 一级结构

核酸的一级结构是指核酸分子中各核苷酸排列的顺序，又称为核苷酸序列。由于核苷酸间的差别主要是碱基不同，故也称碱基序列。无论是 RNA 还是 DNA，都是由一个核苷酸戊糖上的3′-羟基与另一个核苷酸的 5′-磷酸基脱水缩合形成 3′,5′-磷酸二酯键连接而成的多核苷酸长链大分子。多核苷酸长链的骨架是由磷酸和戊糖组成，每个核苷酸单位上的碱基不参与主链的结构，多核苷酸链连接方向为 5′→3′方向，主链的两端分别称为 5′端(常含游离磷酸基)和 3′端(常含戊糖)。

DNA 和 RNA 中部分核苷酸链结构可用简式表示如下。

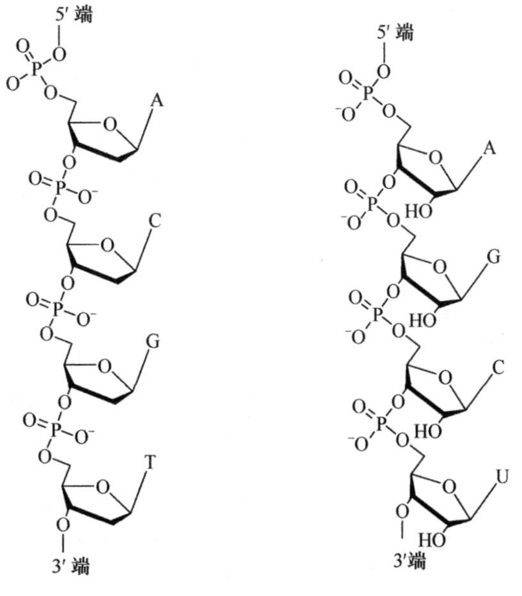

DNA   RNA

这种表示方法较为直观，磷酸二酯键的连接关系一目了然，但书写麻烦。为了简化书写，常用线条式表示法和字母式表示法。线条式表示法中 P 表示磷酸基，竖线表示戊糖基，表示碱基的相应英文大写字母置于竖线上，斜线表示 3',5'-磷酸二酯键。以上的 DNA 和 RNA 部分核苷酸链结构可表示如下。

A C G T 3'
P P P P OH
5'
DNA

A G C U 3'
P P P P OH
5'
RNA

字母式表示法更为简单，书写时用英文大写字母代表碱基，用小写字母 p 代表磷酸残基，核酸分子中的戊糖基、糖苷基和磷酸二酯键均省略不写，将碱基和磷酸残基相间排列即成，一般 5'端在左侧，3'端在右侧。如上面 DNA 和 RNA 的片段可表示为

DNA 5'pApCpGpT-OH 3'或 5'ACGT 3'

RNA 5'pApGpCpU-OH 3'或 5'AGCU 3'

(二) 空间结构

核酸的空间结构是指多核苷酸链内或链之间通过氢键折叠卷曲而成的构象。

1. DNA 的双螺旋结构 美国科学家沃森(J.D. Waston)和英国科学家克里克(F.H.C.Crick)在前人研究的基础上于 1953 年提出了 DNA 双螺旋(double helix)结构模型，揭示了生物遗传的分子奥秘，从而使遗传学的研究深入到分子水平。该模型设想的 DNA 分子是由两条核苷酸链组成，沿着一个共同轴心以反平行(一条以 3' → 5'走向；另一条则以 5' → 3'走向)盘旋成右手双螺旋结构，螺旋直径为 2000 pm[图 15-6(a)]。在双螺旋结构中，亲水的磷酸和脱氧核糖通过 3',5'-磷酸二酯键相连形成的骨架位于双螺旋的外侧，碱基则垂直于螺旋轴而居于内侧，每一碱基均与其相对应的链上的碱基共处一个平面，且通过氢键结合成对，相邻碱基对平面间距离为 340pm，双螺旋每旋转一圈包含 10 个核苷酸，其螺距为 3400pm。为了产生最有效的氢键，两条核苷酸链之间的碱基必须遵循"互补规律"，即一条链上的嘌呤碱必须与另一条链的嘧啶碱相匹配，才能使碱基对合适地安置在双螺旋内。碱基 A 与 T 相配对，其间形成 2 个氢键，G 与 C

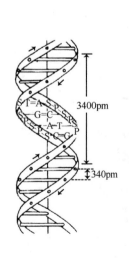

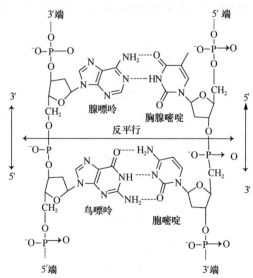

(a) DNA双螺旋结构示意图　　　　(b) DNA的反平行双链及碱基配对

(图中 S 代表脱氧核糖，P 代表磷酸)

图 15-6　DNA 的结构

相配对，其间形成 3 个氢键[图 15-6(b)]。这种碱基之间互相配对的规律，称为碱基互补或碱基配对规律。若两个碱基均为嘌呤碱时，则体积太大螺旋间无法容纳；两者均为嘧啶碱时，由于两链之间距离太远而难以形成氢键，皆不利于双螺旋的形成。

由碱基互补规律可知，当一条多核苷酸链的碱基序列确定后，另一条多核苷酸链的碱基序列也就随之明确。这种互补关系对 DNA 复制和信息的传递具有极其重要的意义。

碱基间的疏水作用可导致碱基堆积，这种堆积力维系着双螺旋结构的纵向稳定，而维系 DNA 双螺旋结构横向稳定的因素是碱基对间的氢键。

DNA 右手双螺旋结构是 DNA 分子在生理 pH 条件下和水溶液中最稳定结构，称为 B-DNA，这种结构也是 DNA 二级结构的主要形式。除此之外，DNA 还存在其他的双螺旋结构，如 Z-DNA、A-DNA(图 15-7)等。在双螺旋的基础上，DNA 还可以在空间进一步盘曲折叠构成 DNA 的三级结构，如双链环形的超螺旋和开链环形等结构。

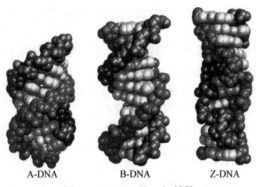

A-DNA   B-DNA   Z-DNA

图 15-7 DNA 的二级结构

2. RNA 的二级结构简介   RNA 二级结构的规律性不如 DNA。有些 RNA 的多核苷酸链，可以形成与 DNA 相似的双螺旋结构，但大多数 RNA 的分子是由一条弯曲的多核苷酸链构成的，其中有间隔着的双螺旋与非螺旋结构部分。在双螺旋区，A 与 U、G 与 C 之间按碱基配对规律形成氢键加以稳定，A 与 U 之间形成 2 个氢键，G 与 C 之间形成 3 个氢键，并形成短且不规则的双螺旋结构。一般有 40%～70% 的核苷酸参与这种螺旋区的形成，其余的一些核苷酸使链成为从螺旋区中突出的小环(称为突环)。

四、理 化 性 质

(一) 物理性质

核酸是核苷酸的多聚物，DNA 的分子量为 $10^6 \sim 10^9$，而 RNA 的分子量为 $10^4 \sim 10^6$。无水的 DNA 为白色纤维状固体，RNA 为白色粉末或结晶。它们都微溶于水，易溶于稀碱中，其钠盐在水中溶解度较大，易溶于 2-甲氧基乙醇中，难溶于乙醇、乙醚、氯仿等有机溶剂。DNA 大多数为线性分子，分子形状极不对称，其长度有的可达几厘米，而直径仅 2nm，所以溶液的黏度极高，但 RNA 溶液的黏度小得多。

核酸分子因高度的不对称性而具有旋光性，且多为右旋。核酸分子中的碱基具有共轭结构，它们在 260 nm 波段有较强的紫外吸收，该性质常用于核酸、核苷酸、核苷及碱基的定量分析。

(二) 化学性质

1. 酸碱性   核酸分子中不仅含有磷酸基团，而且含有嘧啶、嘌呤等碱性基团，所以它是两性化合物，但酸性大于碱性。它能与碱性蛋白质或金属离子 Na^+、K^+、Mg^{2+} 等结合成盐，也易与一些碱性染料(如甲苯胺蓝和派罗红等)结合呈现出各种颜色。在不同的 pH 溶液中，核酸可带有不同的电荷，并可在电场中泳动。核酸也有等电点，DNA 的 pI 在 4.0～4.5，RNA 的 pI 在 2.0～2.5。

2. 水解 核酸在酸、碱或酶的作用下也能水解，其水解程度随水解条件而异。核酸在中性溶液中可稳定存在；在酸性条件下，不稳定，水解产物为戊糖、碱基、磷酸或核苷酸的混合物；在碱性条件下，DNA 和 RNA 中的磷酸二酯键的水解难易程度不同，DNA 在碱性溶液中较稳定，而 RNA 在碱性溶液中易水解成核苷酸或核苷；酶催化的水解比较温和，可以有选择性地切断某些键。

3. 变性、复性和杂交 在加热、辐射、酸、碱或有机溶剂等外来因素的影响下，核酸分子中双螺旋结构松解为无规则线团结构的现象，称为核酸的变性。在变性过程中，仅是维持双螺旋结构稳定性的氢键和碱基间堆积力受到破坏，而磷酸二酯键不会断裂，所以变性不破坏核酸的一级结构。DNA 分子变性后，理化性质随之改变：260 nm 处紫外吸收增加、黏度降低、比旋光度下降等，并将失去其部分或全部生物活性。而 RNA 本身只有局部的螺旋区，所以变性引起的性质变化不如 DNA 明显。

DNA 的变性常是可逆的。去除变性因素后，若条件适宜，变性 DNA 可恢复全部或部分双螺旋结构的现象，称为复性(renaturation)。由加热引起变性的 DNA 一般经缓慢冷却后，即可复性，这一过程称为退火(annealing)。如果将热变性的 DNA 快速冷却至低温，则变性的 DNA 分子很难复性，这一性质，可用来保持 DNA 的变性状态。

分子杂交是以核酸的变性与复性为基础的。若将不同来源的 DNA 单链分子放在同一溶液中，或者将单链 DNA 和 RNA 分子放在一起，只要两种单链分子之间存在着一定程度的碱基配对关系，在适宜的条件(温度及离子强度)下，就可以在不同的分子间重新形成双螺旋结构，这个过程称为核酸分子杂交。核酸的杂交技术可以广泛地应用于核酸结构和功能的研究、遗传性疾病的诊断、肿瘤病因学及基因工程的研究等。

关 键 词

氨基酸 amino acid	盐析 salting out
等电点 isoelectric point	变性 denaturation
肽 peptide	核酸 nucleic acid
二肽 dipeptide	核苷 nucleoside
寡肽 oligopeptide	核糖核酸 ribonucleic acid，RNA
多肽 polypeptide	脱氧核糖核酸 deoxyribonucleic acid，DNA
肽键 peptide bond	核苷酸 nucleotide
氨基酸残基 amino acid residue	复性 renaturation
蛋白质 protein	退火 annealing

本 章 小 结

α-氨基酸是组成蛋白质的基本单位，常见的有 20 余种。除甘氨酸外，α-氨基酸都含有手性碳原子，具有旋光性，均为 L 型。

氨基酸的化学性质除表现出羧酸和胺的典型性质外，还具有两性和等电点。在水溶液中氨基酸随溶液的 pH 不同而以不同的形式存在。当 pH＝pI，氨基酸主要以两性离子形式存在，呈电中性，在电场中不移动；若 pH<pI，氨基酸带正电荷，主要以正离子的形式存在，向阴极移动；若 pH>pI，氨基酸带负电荷，主要以负离子的形式存在，向阳极移动。根据等电点的差异，可通过电泳技术分离和纯化氨基酸。氨基酸与亚硝酸和水合茚三酮反应可用于氨基酸的定性和定量分析。

肽是由氨基酸分子之间通过脱水形成的肽键相连而成的。肽键为肽链的基本化学键，为平面结构。肽的命名常用简称。可用端基分析和部分水解法测定多肽的组成和肽链中各种氨基酸的排列顺序。生物体内含有许多生物活性肽。

蛋白质是氨基酸残基通过肽键连接而成的生物大分子，具有一级结构和空间结构。一级结构是指多肽链中氨基酸残基的排列顺序，肽键是其主键。二级结构主要指多肽链的主链骨架在空间形成不同的构象，氢键是维持二级结构的主要作用力。破坏蛋白质表层的水化膜和消除蛋白质所带电荷将降低蛋白质的稳定性，使之易凝集而以沉淀析出。蛋白质变性的主要原因是其分子空间结构中的副键被破坏和某些极性基团的改变影响了蛋白质的带电状态。

核酸是核苷酸的多聚物，分为脱氧核糖核酸(DNA)和核糖核酸(RNA)两大类。核酸的基本单元是核苷酸，DNA 水解的最终产物是磷酸、脱氧核糖和碱基 A、G、C、T；RNA 水解的最终产物是磷酸、核糖和碱基 A、G、C、U。核酸的一级结构是指核酸分子中各核苷酸排列的顺序。各核苷酸通过 3′,5′-磷酸二酯键相互连接。核酸的空间结构是指多核苷酸链内或链之间通过氢键折叠卷曲而成的构象。DNA 的二级结构主要是 DNA 的双螺旋结构。核酸的变性、复性和杂交是核酸的重要化学性质。

阅读材料

核酸类药物

核酸类药物(nucleic acid drugs)又称核苷酸类药物(nucleotide drugs)，是由一些从动物、微生物的细胞内提取出的核酸(包括核苷酸和脱氧核苷酸)或人工合成的具有核酸结构的化合物研制的药物，又称核酸类生化药物。核酸类药物包括核苷酸药物、核酸药物及含有不同碱基化合物的药物。

核酸类药物具有多种药理作用，按其作用特点可分为①抗病毒剂，代表药物有利巴韦林(三氮唑核苷)、阿昔洛韦和阿糖腺苷等，临床上用于抗肝炎病毒、疱疹病毒及其他病毒；②抗肿瘤剂，代表药物有用于治疗消化道癌的氟尿嘧啶及用于治疗各类急性白血病的阿糖胞苷等；③干扰素诱导剂，代表药物为聚肌胞，临床上用于抗肝炎病毒、疱疹病毒等；④免疫增强剂，主要用于抗病毒及抗肿瘤的辅助治疗；⑤功能剂，用于肝炎、心脏病等多种疾病的辅助治疗。

目前常用的核酸类药物有叠氮胸苷(azidothymidine，AZT)、阿糖腺苷(adenine arabinoside)、三氮唑核苷、阿糖胞苷(cytarabine，cytosine arabinoside，arabinosyl cytosine，aracytidine)、聚肌胞苷酸(聚肌胞)(poyinosinic，polycytidylic acid，poly1∶C)、胞二磷胆碱(CDP-胆碱)(citico line，CDP-choline，cytidine diphosphocholine)等。

习　　题

1. 写出下列化合物的结构式或命名。

(1) 半胱氨酸　　　(2) 苯丙氨酸　　　(3) 异亮氨酸

(4) 天冬氨酸　　　(5) 甘氨酰亮氨酸　　(6) 甲硫氨酰谷氨酸

(7)

(8)

(9)

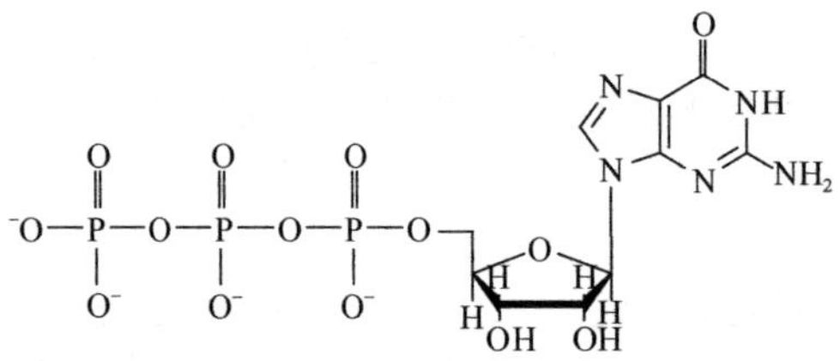

(10)

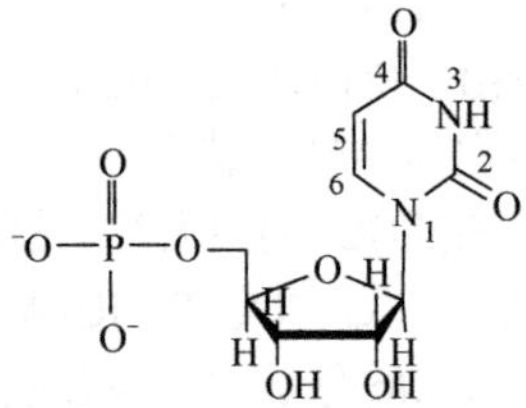

2. 完成下列反应式。

(1) $H_3N^+CH_2COO^- + HCl \longrightarrow$

(2) $H_3N^+CH_2COO^- + NaOH \longrightarrow$

(3)

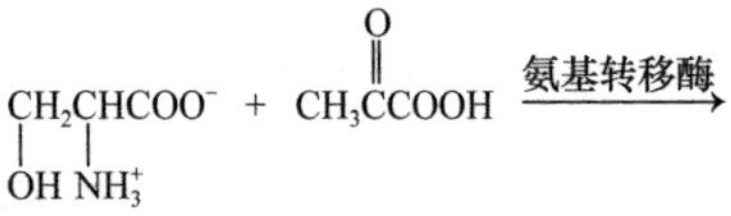

(4) 组氨酰丙氨酰苏氨酸的酸水解反应

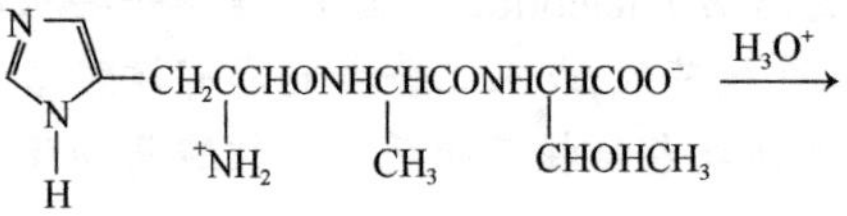

(5)

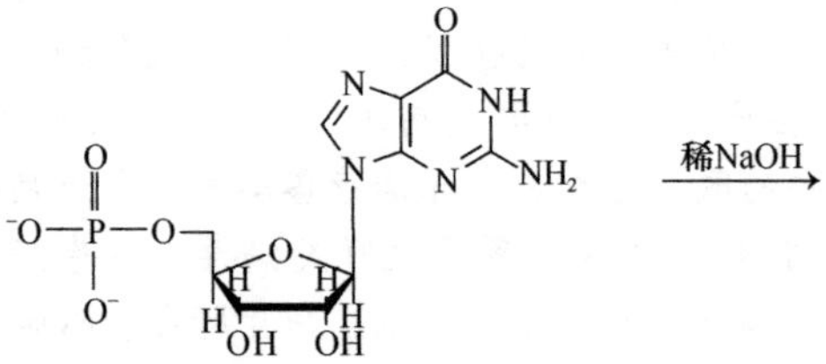

(6)

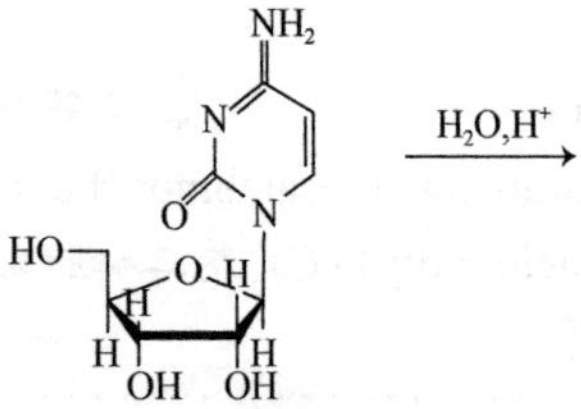

3. 写出下列氨基酸在不同的 pH 介质中的主要存在形式。

(1) 谷氨酸、丝氨酸在 pH=2 的溶液中

(2) 缬氨酸、赖氨酸在 pH=11 的溶液中

4. 将酪氨酸、甘氨酸和组氨酸混合物在 pH= 6 时进行电泳，试推测它们的泳动方向。

5. 简答题

(1) 何谓蛋白质变性？变性后的蛋白质与天然蛋白质有什么不同？

(2) 什么是等电点?氨基酸在等电点时主要以什么形式存在？

(3) 维系 DNA 二级结构的稳定因素是什么?

6. 写出 DNA 和 RNA 水解的最终产物的名称。二者在化学组成上有何不同？

(燕小梅)

第十六章　生物医用材料简介

第一节　生物医用材料的概念及分类

一、生物医用材料的概念

生物医用材料(biomedical materials)是用来对生物体进行诊断、治疗、修复或替换其病损组织、器官，或增进其功能的材料。它是研究人工器官和医疗器械的基础，已成为当代材料科学的重要分支。进入 21 世纪以来，具有特种功能、特殊性能的新材料层出不穷，生物医用材料作为特种功能材料的一员，其发展及在医药学领域的应用日益受到人们的关注。

生物医用材料是人类同疾病做斗争的有效工具之一。古埃及人利用棉花纤维、马鬃做缝合线缝合伤口，这些棉花纤维、马鬃可称为原始的生物医用材料。之后，人们用黄金来修复缺损的牙齿，用金属固定体内骨折，使用硫化天然橡胶制成人工牙托和颚骨等，这些都属于生物医用材料的范畴。但由于当时科学不发达，生物医用材料的研制和应用进展很缓慢。20 世纪中后期，医学、材料科学(特别是高分子材料科学)、生物化学、物理学等的发展极大地推动了生物医用材料的发展，金属、陶瓷、高分子材料是当前应用比较广泛的生物医用材料。但随着现代医药学的发展，对材料的多功能性提出了更高要求，因此大多数金属和陶瓷等无机材料的应用受到一定限制。在生物医用材料中，高分子材料由于具有原料来源广泛、生物活性高、性能多样等优点，发展最为迅速，已经成为现代生物医用材料中的主要部分。

二、生物医用材料的分类

生物医用材料种类繁多，按不同分类标准可以分为不同类别。

按材料来源分类，生物医用材料可分为：①天然生物医用材料，如用于人工肾、人工肝、人工皮肤和人工骨的甲壳素、纤维素、胶原、珊瑚等；②人工合成生物医用材料，如人工心脏瓣膜、骨水泥、合金等。

按用途分类，生物医用材料可分为：①骨骼与肌肉系统修复材料，如替代骨、牙、关节、肌腱等的金属和无机非金属材料；②软组织材料，如人工皮肤、人工角膜、人工心血管等的替代材料；③血液代用材料，如人工血浆、人工血液等的替换材料；④医用膜材料，如血液净化膜、血浆分离膜、气体选择性透过膜、角膜接触镜等；⑤组织黏合剂和缝线材料；⑥药物释放载体材料；⑦临床诊断及生物传感器材料等。

按与人体接触程度分类，生物医用材料可分为：①体表接触材料，如创面敷料、绷带、传导涂料等；②半植入性材料，如导管、医疗器件等；③植入性材料，如人工角膜、人工肾、人造心血管等。

但最常见的是按材料的组成和性质将生物医用材料分为以下几类。

(1) 生物医用金属材料：又称外科用金属材料或医用金属材料，它具有较高的机械强度和抗疲劳性能，是临床广泛应用的承力植入材料，遍及硬组织、软组织、人工器官和外科辅助器材等各个方面。目前已经用于临床的生物医用金属材料主要有纯金属(钛、钽、铌、锆等)，以及不锈钢、钴基合金和钛基合金等。

(2) 生物医用无机非金属材料：主要包括陶瓷、玻璃、碳素等无机非金属材料，常又被称为生物陶瓷。此类材料化学性能稳定，具有良好的生物相容性。

(3) 生物医用高分子材料：是生物医用材料中应用最广泛、用量最大、发展趋势最好的材料。它有天然产物和人工合成两个来源，同时又可以按性质将其分为非降解型和可生物降解型两类。非降解型材料主要用于人体软硬组织修复体、人工器官、人造血管、接触镜、膜材、黏合剂和管腔制品等方面，主要成分包括聚乙烯、聚丙烯、聚丙烯酸酯、芳香聚酯、聚硅氧烷、聚甲醛等，其在生物环境中能长期保持稳定，几乎不发生降解，或极少量的降解产物对机体不产生明显的毒副作用。可生物降解型高分子材料主要包括胶原、线性脂肪族聚酯、甲壳素、纤维素、聚氨基酸、聚乙烯醇、聚己内酯等。它们可在生物环境作用下发生结构破坏和性能蜕变，其降解产物能通过正常的新陈代谢被机体吸收利用，或被排出体外，主要用于药物释放和送达载体及非永久性植入装置。

(4) 生物医用复合材料：又称生物复合材料，它是由两种或两种以上不同材料复合而成的生物医用材料，与其所有单体的性能相比，复合材料的性能都有较大程度地提高。该类材料主要用于修复或替换人体组织、器官或增进其功能及人工器官的制造。生物医用复合材料又可分为高分子基、金属基和无机非金属基三类。它们之间的相互搭配或组合形成了大量性质各异的生物医用复合材料。利用生物技术，一些活体组织、细胞和诱导组织再生的生长因子被引入了生物医用材料，大大改善了其生物学性能，并可使其具有药物治疗功能，已成为生物医用材料的一个十分重要的发展方向，有望为获得真正仿生的生物材料开辟广阔的途径。

(5) 生物衍生材料：是由经过特殊处理的天然生物组织形成的生物医用材料，也称生物再生材料。特殊处理包括维持组织原有构型而进行的固定、灭菌和消除抗原性的轻微处理，以及拆散原有构型、重建新物理形态的强烈处理。虽然生物衍生材料是无生命力的材料，但由于具有类似于自然组织的构型和功能，或是其组成类似于自然组织，因此这类材料在维持人体动态过程的修复和替换中具有重要作用，主要用于人工心脏瓣膜、血管修复体、皮肤掩膜、纤维蛋白制品、骨修复体、巩膜修复体、鼻种植体、血浆增强剂和血液透析膜等。

第二节　生物医用高分子材料

一、高分子化合物概述

高分子化合物又称聚合物(polymer)、高分子或高聚物，它由一些基本结构单元的低分子化合物(单体)通过共价键重复连接而成，其分子量很大，通常在 $10^4 \sim 10^7$。

高分子化合物自古以来就与人们的衣、食、住、行密切相关，天然橡胶、肌肉、血液、毛发中的蛋白质、棉和麻中的纤维素等都属于高分子化合物。随着合成高分子化合物的迅猛发展，用高分子化合物制得的产品越来越多，在各行各业都得到了广泛的应用。

(一) 分类

高分子化合物种类繁多，可按结构、来源、性能和用途等将其进行分类。

(1) 按主链结构的化学组成分类，可将高分子化合物分为碳链高分子、杂链高分子、元素有机高分子和无机高分子等。

1) 碳链高分子：主链完全由碳原子构成，如

$$\begin{array}{cc} -\!\!\left[\!\!\begin{array}{c}CH_2-CH_2\end{array}\!\!\right]_{\overline{n}} & -\!\!\left[\!\!\begin{array}{c}CH_2-CH\\ \ \ \ \ |\\ \ \ \ \ Cl\end{array}\!\!\right]_{\overline{n}} \\ 聚乙烯 & 聚氯乙烯 \end{array}$$

2) 杂链高分子：主链除碳原子外，还含有氧、氮、硫等其他原子，如

$$\begin{array}{cccc} & O & O & \\ & \| & \| & \\ \hline C-R-C-O-R'-O \\ \end{array}\Big]_n \qquad \begin{array}{cccc} & O & O & \\ & \| & \| & \\ \hline C-R-C-N-R'-N \\ & & & | & | \\ & & & H & H \\ \end{array}\Big]_n$$

聚酯   聚酰胺

3) 元素有机高分子：主链完全由杂原子构成，侧链含有有机基团。如

$$\left[\begin{array}{c} CH_3 \\ | \\ Si-O \\ | \\ CH_3 \end{array}\right]_n$$

聚二甲基硅氧烷

4) 无机高分子：无论是主链还是侧基均无碳原子，完全由其他原子构成，如

$$\left[\begin{array}{c} Cl \\ | \\ N=P=N \end{array}\right]_n$$

聚氯化磷腈

(2) 按来源分类。

(3) 按性能和用途分类。

(4) 按分子的几何结构分类。

(二) 命名

高分子化合物可采用一般命名法和系统命名法予以命名。

为了避免高分子化合物命名中的多名称或不确切而带来的混乱，1972 年国际纯粹与应用化学联合会(IUPAC)提出了以结构为基础的系统命名法，其主要原则为以下几点。

(1) 确定聚合物的最小重复结构单元。

(2) 对重复单元中的次级单元进行排序。

(3) 由小分子有机化合物的 IUPAC 命名法来命名重复单元。

(4) 在此重复单元名称前加一个"聚"字。如聚乙二醇按系统命名法则称为聚氧化乙烯。

虽然系统命名法比较严谨，但太烦琐，未能普及，现仍以一般命名为主。另外，由于高分子化合物的一般名称比较冗长，使用不方便，因此有些高分子化合物还常用商品名或用英文缩写符号表示。例如，聚对苯二甲酸乙二(醇)酯的商品名为涤纶，聚己二酰己二胺称尼龙-66，聚丙烯腈称腈纶，聚甲基丙烯酸甲酯称有机玻璃；聚氨酯的英文缩写为 PU，丁二烯与苯乙烯共聚物的英文缩写为 PBS。常见高分子化合物的商品名称及英文缩写名称如表 16-1 所示。

表 16-1 常见高分子的商品名称及缩写代号

高聚物	习惯名称或商品名称	缩写代号	高聚物	习惯名称或商品名称	缩写代号
聚丙烯	丙纶	PP	聚乙烯醇缩甲醛	维尼纶	PVFM
聚氯乙烯	氯纶	PVC	聚甲基丙烯酸甲酯	有机玻璃	PMMA
聚丙烯腈	腈纶	PAN	聚氯丁二烯	氯丁橡胶	PCP
聚四氟乙烯	塑料王，氟纶	PTFE	酚醛树脂	电木	PF
聚己内酰胺	尼龙-6 或锦纶 6	PA-6	硝化纤维素	赛璐珞	NC
聚己二酰己二胺	尼龙-66 或锦纶 66	PA-66	丙烯腈-丁二烯-苯乙烯共聚物	ABS 树脂	ABS
聚对苯二甲酸乙二醇酯	涤纶	PET			

高分子化合物的结构分为一次结构、二次结构和三次结构(又称高次结构)。一次结构主要指构成单元的化学组成、单元之间的键序和构型。二次结构是指单个大分子的构象，如线型大

分子中若干重复单元形成的链段可处于无规则线团、折叠链和螺旋状。支化交联的大分子可以是星形、梳形和交联链。在二次结构的基础上，许多大分子聚集形成三次结构。高分子化合物可能是一种或两(三)种三次结构贯穿于整个大分子中，从而形成晶态或无定型态。低分子化合物一般存在气态、液态和固态，而高分子化合物没有气态，只有固态和液态。

高分子化合物的性质不仅与平均分子量有关，还与不同组分的分子量的分布有关。不同分散度的高分子化合物在机械性能上往往有较显著的差别，如强度、弹性、黏度、力学状态的多重性、结构的多样性等。高分子化合物的主链和侧链上含有多种可以反应的活性基团，如羧基、羟基、酯基、酰胺键和双键等，这些基团的化学反应活性除了与小分子化合物中的基团相似外，还因连接于大分子上而具有一些高分子效应和特性。

二、生物医用高分子材料概述

生物医用高分子材料(biomedical polymer materials)，顾名思义，是指在生物学及医学等方面使用的高分子材料，属于高分子材料的一个重要分支，主要是指用于制造能增强或取代生物组织、脏器和体外器官功能的代用品及药物剂型和医疗器械的聚合物材料。

生物医用高分子材料根据来源可分为天然和合成两种。根据其稳定性可分为生物降解性和非生物降解性两种。根据其应用，可分为人工脏器、固定与缝合材料、药用高分子材料、诊断用高分子材料及血液净化高分子材料等。

生物医用高分子材料已渗入到医学、药学和生命科学的各个领域。直接与体液接触或可植入体内的高分子生物医用材料，它们必须无毒或副作用极小，这就要求聚合物纯度高，杂质含量保持在 10^{-6} 级；另外，其物理化学性能和机械性能必须充分满足医学装置、人工器官功能和设计的要求。目前，生物医用高分子材料的研究仍然处于经验和半经验阶段，还没有完全建立在分子设计的基础上，只是以材料的结构与性能关系、材料的化学组成、表面性质和生命体组织的相容性之间的关系为依据来研究与开发新材料。当前研究主要集中在外科植入用高分子材料、生物降解、药物控制释放材料等几个方面。

三、生物医用高分子材料在医药学上的应用

现代医学、药学的发展，对高分子材料不断提出各种要求和期望，从而促进了高分子材料的研究和生产。另一方面，石油化工的发展，使得医用高分子材料的原料来源丰富、价格低廉、产品性能优异，也为其快速发展提供了支撑。常见的生物医用高分子材料如表16-2所示。

表16-2　常见医用高分子材料在医学上的应用

代用品名称	医用高分子材料
人工脑硬膜	有机硅橡胶、聚四氟乙烯等
人工头盖骨	聚甲基丙烯酸甲酯等
脑积水导管	有机硅橡胶等
人工心脏	聚氨酯橡胶、有机硅橡胶等
人工瓣膜	聚氨酯橡胶、有机硅橡胶、聚四氟乙烯等
人工心脏起搏器	有机硅橡胶、环氧树脂等
人工肺、喉头、食管、胆道、尿管	有机硅橡胶、聚四氟乙烯等
人工血管	聚对苯二甲酸乙二酯、聚氨酯橡胶等

续表

代用品名称	医用高分子材料
人工血浆	葡聚糖等
人工肾	赛璐珞、乙酸纤维素等
人工膀胱、乳房	有机硅橡胶等
宫内节育器	有机硅橡胶、乙烯-乙酸乙烯酯共聚物等
人工耳、人工鼻、人工关节	有机硅橡胶、聚乙烯等
人工皮肤	聚氨基酸、骨胶原等
隐形眼镜	聚甲基丙烯酸-β-羟基乙酯、有机硅橡胶等
齿科材料	聚甲基丙烯酸酯类、有机硅橡胶等
外科黏合剂	α-氰基丙烯酸酯类等
外科缝线	聚对苯二甲酸乙二酯、乙交酯-丙交酯共聚物等

(一) 天然生物医用高分子材料

自然界中存在的一些多糖和蛋白质都可以用作天然高分子生物材料，如纤维素、甲壳素、淀粉、木质素、海藻酸、胶原蛋白和纤维蛋白等。这类材料的优点在于它们直接来自于生物体内，本身就包含着许多生物信息，因此能够使细胞产生或维持各种功能，同时它们几乎都可以降解，而且降解产物无毒。但因它们的来源有限、价格较昂贵、加工过程中质量难以控制、性能变化与结构变化不成比例等因素，也使其应用受到一定程度的限制。

1. 多糖 在自然界广泛存在，是一类非常重要的天然高分子材料。例如，纤维素可以用于制造各种医用膜，通过接枝共聚、交联等方法进行改性后得到的衍生物可以作为药物缓释载体。

甲壳素(chitin)[图 16-1(a)]是一种天然聚多糖，又称为甲壳质、几丁质，广泛分布于自然界甲壳纲动物(如虾、蟹)、昆虫(如蜻蜓目、双翅目)的甲壳和真菌(如酵母、霉菌)的细胞壁中，产量仅次于纤维素。由于它具有良好的生物相容性和可纺性、成膜性、化学可修饰性等特点，被公认为是保护伤口的理想材料，已受到人们的普遍重视。利用甲壳素制成的可吸收缝线、人工皮肤已进入临床应用，用于制作多孔性生物可降解支架材料，并将其用于组织工程的研究，也取得了好的成果。

甲壳素在碱液中脱去乙酰基即得壳聚糖(chitosan)[图 16-1(b)]，壳聚糖也是目前研究较多的多糖类天然高分子。用壳聚糖制成薄膜、非编织纸或与其他纤维作成无纺布可以用作良好的创伤被覆材料，用于烧伤、植皮切皮部位的创面，以保护和促进伤口愈合，其效果比纱布好。壳聚糖还可用于制作外科手术缝合线，制成钉形或棒形材料在皮下和骨内埋植，有助于骨折愈合。壳聚糖也可用作药物的控释剂和缓释剂，以增加难溶药物的溶解度和生物利用度。

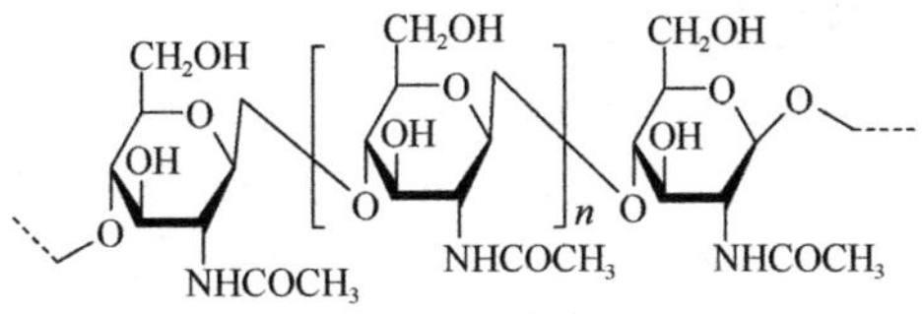

(a) 甲壳素

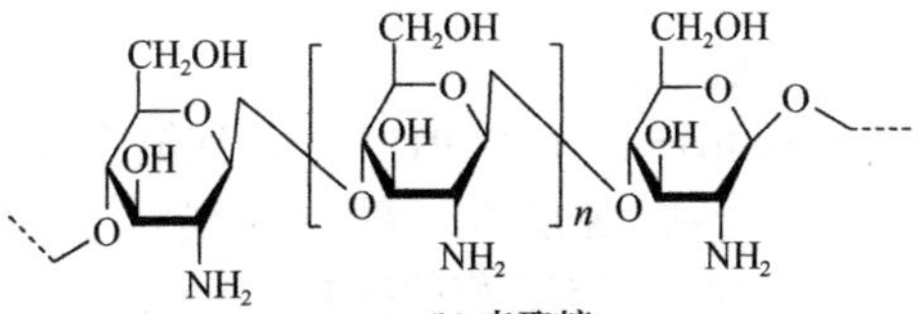

(b) 壳聚糖

图 16-1 甲壳素和壳聚糖的分子结构

2. 胶原蛋白 又称胶原(collagen)，是细胞外基质的结构蛋白质，也是动物体内含量最丰富的蛋白质，广泛存在于人和脊椎动物的结缔组织、皮肤、肌腱、骨和软骨中，约占人体总蛋白质的 30%以上。胶原主要由 3 条多肽链缠绕成特有的超螺旋构造，每条肽链大约由 1000 个氨基酸组成。每一条胶原链都是左手螺旋构型，3 条左手螺旋链交叉相互缠绕成右手螺旋结构，其分子结构非常稳定。天然胶原不易溶于碱、弱酸及一般浓度的中性盐类。它的等电点为 7～7.8，在强碱中长时间浸渍，等电点会降至 4.7～5.3，并有溶解现象。胶原蛋白不易被一般的蛋白酶水解，但能被梭菌或动物的胶原酶断裂。断裂的碎片自动变性，可被普通的蛋白酶水解。

胶原具有良好生物学特性和弱的抗原性，易生物降解，目前在组织工程化皮肤、骨组织和软骨组织中应用较广泛，如用于人造皮肤、伤口敷料、人造腱及人造血管。此外，它还可用于止血剂、血液透析膜、各种眼科治疗装置、取代眼睛玻璃体及药物缓释载体等。但是，胶原作为生物材料具有机械强度小，降解太快的缺点。目前可通过干热、戊二醛或紫外辐射等方法交联以提高其综合使用性能。

3. 明胶(gelatin) 是胶原蛋白的多级水解产物，是分子量分布很宽的多肽分子混合物，分子量一般在几万至十几万。明胶是一种两性物质，分子结构上有大量的羟基、羧基和氨基，使得明胶具有强的亲水性。明胶不溶于有机溶剂，不溶于冷水，在冷水中吸水膨胀至自身的 5～10 倍，易溶于温水，冷却形成凝胶。

明胶是非常重要的天然生物高分子材料之一，具有良好的生物可降解性和生物相容性，是理想的组织工程用生物材料，在生物医药行业已得到广泛应用。例如，用于药物的微胶囊化及包衣，被制成含生物活性分子(如生长因子)和抗体的柔软膜用于人造皮肤，防止伤口体液流出和感染。但是，由于明胶力学性能差，单独使用很多时候难以满足组织构建的一些要求，因此人们经常通过物理改性和化学交联的方式来改善明胶多孔支架材料的性能，或者与具有一定力学强度的无毒、可降解的材料优化组合而制备成复合材料。常见的有明胶与天然高分子材料、明胶与合成高分子材料、明胶与生物陶瓷材料的复合等。

(二) 合成生物医用高分子材料

合成生物医用高分子材料种类较多，特点突出，性能优越，在医药学领域应用十分广泛，也是高分子材料研究的重要方向。

1. 乙烯类聚合物 常见的乙烯类聚合物有聚乙烯、聚氯乙烯、聚四氟乙烯等。

(1) 聚乙烯(polyethylene，简称 PE)：是以乙烯单体聚合而成的聚合物，是链状非极性分子，无毒、无味，化学稳定性好，具有优异的物理机械性能和良好的生物相容性，因此在医用高分子领域中应用广泛。依据聚合方法、分子量高低、链结构的不同，聚乙烯可分为高密度聚乙烯、低密度聚乙烯及线性低密度聚乙烯。超高分子量的聚乙烯耐磨性强，摩擦系数很小，有很好的化学稳定性和疏水性，是制作人工髋关节、肘关节、指关节的理想材料。高密度聚乙烯还可用来制作人工肺、人工血管、人工喉、人工肾、人工尿道、人工骨、矫形外科修补材料及一次性医疗用品。

(2) 聚氯乙烯(polyvinyl chloride，简称 PVC)：是以氯乙烯为单体聚合而成的聚合物，有良好的耐化学药品及耐有机溶剂的性能，在常温下对酸、稀碱及盐稳定。机械性能和电性能良好，但耐光和耐热的稳定性较差。PVC 曾是世界上产量最大的通用塑料，应用非常广泛。在生物医用材料领域，聚氯乙烯大量用做贮血与输血袋；可制成血液导管、人工腹膜、人工尿道、袋式人工肺(氧合袋)、心血管及人工心脏等。

(3) 聚四氟乙烯(polytetrafluoroethylene，简称 PTFE)：由四氟乙烯聚合而成，在高分子材料中有"贵金属"之称。它是高度结晶的聚合物，密度高，摩擦系数很小，耐热性极好，化学稳定性极强，具有抗酸抗碱、抗各种有机溶剂的特点，具有良好的抗老化能力，所以又被称为"塑料王"。由于聚四氟乙烯独特的性能和良好的生物相容性，其在生物医学工程中可用来制成人工心、人工肺，人工血管，人工心瓣膜，各种人工管形脏器如人工气管、食管、尿道和人工腹膜、脑硬膜及人工皮肤等。

2. 聚丙烯酸类化合物 包括聚丙烯酸、聚甲基丙烯酸(PMAA)、聚甲基丙烯酸甲酯(PMMA，又称有机玻璃)、聚甲基丙烯酸乙酯(PEMA)、聚甲基丙烯酸-β-羟乙酯(PHE-MA)、聚氰基丙烯酸酯(PACA)等。其单体结构可用下式表示：

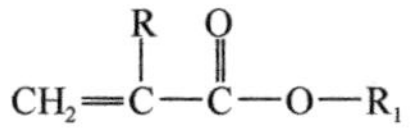

$$CH_2=\overset{R}{\underset{}{C}}-\overset{O}{\underset{}{C}}-O-R_1$$

R=R₁=H	丙烯酸
R=CH₃, R₁=H	甲基丙烯酸
R=R₁=CH₃	甲基丙烯酸甲酯
R=CH₃, R₁=CH₂CH₃	甲基丙烯酸乙酯
R=CH₃, R₁=CH₂CH₂OH	甲基丙烯酸-β-羟乙酯
R=CN, R₁=H	氰基丙烯酸

这类材料具有良好的强度、韧性、粘连性和生物相容性，多用来制作硬质接触眼镜片、人工晶状体、人工颅骨、齿科修复及骨关节假体的充填黏合剂或黏着固定剂。聚甲基丙烯酸酯是使用最早的医用高分子材料之一。含有亲水羟基的聚甲基丙烯酸羟乙酯(PHE-MA)，在水中浸泡后成为水凝胶，具有良好的透明性，容易加工成有一定曲率的薄膜镜片，湿态下柔软、有弹性、含水量高，与角膜接触时，有一定的透气性，是比较理想的软接触镜片材料。用 PHE-MA 粉末与聚氧化乙烯形成的凝胶薄膜可用作烧伤敷料。

3. 脂肪族聚酯 是一类有良好生物相容性并可降解吸收的化学合成生物医用高分子材料。常见的脂肪族聚酯材料有聚乙醇酸(PGA)、聚乳酸(PLA)和聚己内酯(PCL)等。

(1) PGA 是具有最单一结构单元的脂肪族聚酯，主要由它的二聚物开环聚合得到(图16-2)。PGA 具有规整的分子结构和高度结晶性，其熔点高，机械性能好，在有机溶剂中难溶。PGA 在体内降解为羟基乙酸单体，易于参加代谢。

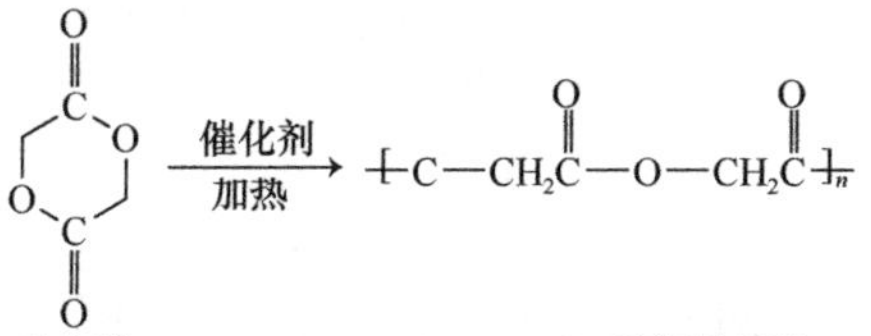

图 16-2 PGA 的合成反应

(2) PLA 的化学合成方法主要有两种：一是通过乳酸的二聚物在催化剂存在下开环聚合而制得(图 16-3)，另一种方法是在溶剂存在下通过乳酸直接脱水缩合，生成分子量很高的 PLA。与开环聚合相比，这种方法制备的产品几乎不含杂质，因而热稳定性较好。

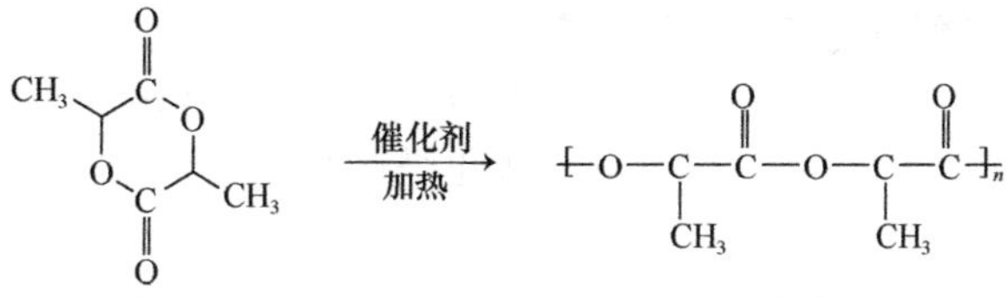

图 16-3 PLA 的合成反应

由于乳酸有两种旋光异构体，因此 PLA 也有聚 L-乳酸、聚 D-乳酸和聚 D, L-乳酸，常见的是聚消旋乳酸(P-D, L-LA)和聚左旋乳酸(P-L-LA)。PLA 具有良好的力学性能，在体内降解成乳酸，是糖的代谢产物，但其降解吸收需要的时间较长。

PGA 和 PLA 是生物医学上应用最广泛的生物降解高分子材料。因其降解产物无毒、易于参加体内代谢而排出体外，而且有良好的生物相容性，已被批准广泛用作医用缝合线、暂时性支架和药物控释载体。PLA 还可与许多其他聚合物配合使用或共聚以提高其综合使用性能。例如，PLA 与聚氨酯共聚以改善其机械性能；与聚氧化乙烯(PEO)共聚制备可生物降解的 PLA 多孔膜。

(3) PCL 一般是由己内酯单体开环聚合而成，常规的聚合方法是用辛酸亚锡催化，在 140～170℃下熔融本体聚合，反应如图 16-4。根据聚合条件的变化，聚合物的分子量可以从几万到几十万。PCL 的分子链比较规整而且柔顺，易结晶，具有比 PGA 和 PLA 更好的疏水性，在体内降解也较慢，是理想的植入材料之一。另外，它在室温下呈橡胶态，比其他聚酯具有更好的药物通透性，被广泛用作药物控释载体，可制成长效埋植剂、注射用微球、纳米球等。

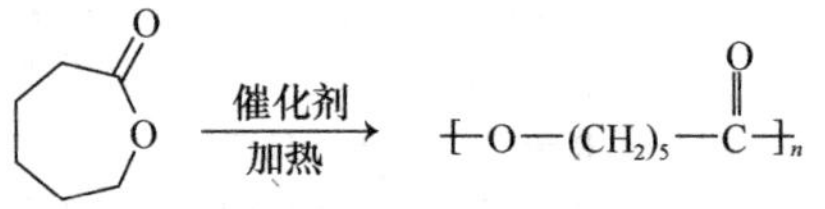

图 16-4 PCL 的合成反应

4. 聚氨酯(PU)　是聚醚或聚酯与二异氰酸酯$(O\!=\!C\!=\!N\!-\!R\!-\!N\!=\!C\!=\!O)$缩聚产物的总称，其高分子主链上含有氨基甲酸酯基团($-O-\overset{\overset{O}{\|}}{C}-C-NH-$)。采用不同的小分子二醇、二胺、醇胺或肼胺作扩链剂，控制反应条件，可根据设计要求而得到不同性能的聚氨酯材料。聚氨酯作为一种生物医用高分子材料，由于具有优异的力学强度、高弹性、耐磨性、耐撕裂性、耐疲劳性、润滑性、生物相容性、可加工性等性能，因此被广泛用于制作全人工心脏、心脏辅助装置、心脏瓣膜、插管导管、人工肺、人工血管、人工皮肤、人工膀胱、颌面修复材料、烧伤敷料、缝合线与软组织黏合剂、药物释放体系等。

5. 聚有机硅氧烷　是含有$-Si-O-Si-$的聚合物，其侧链则通过硅原子与其他各种有机基团相连，其结构通式为

$$\left[\begin{matrix} R \\ | \\ Si-O \\ | \\ R' \end{matrix}\right]_n$$

硅氧烷中硅原子上连接的有机基团多为甲基(—Me)和苯基(—Ph)。聚硅氧烷的种类很多，按化学结构、形态和性能主要分为硅油、硅橡胶、硅酮树脂三类。硅油为低分子量(一般在一万以下)线型结构聚合物，无色或浅黄色透明液体，憎水憎油，具有高的沸点和低的凝固点，耐热性和化学稳定性好。硅橡胶是分子量很大(十万级)的线型结构聚合物，经加填料及其他助剂硫化后，可得弹性体，即硅橡胶。硅酮树脂是含有活性基团，可进一步固化的线型结构聚合物。

聚有机硅氧烷是重要的有机硅聚合物，由于其分子间的作用力比碳氢化合物要弱得多，与分子量近似的碳氢化合物相比，其黏度低、表面张力弱、表面能小、成膜能力强。硅橡胶有优异的生理特性，生物相容性好，植入体内无不良反应，耐生物老化，长期植入体内物理性能变化甚微，是合成医用高分子材料中的佼佼者，无论是在人工脏器还是在各种医疗用品中，硅橡胶都得到了广泛的应用(表 16-3)。

表 16-3　硅橡胶在医学上的应用

种类	应用范围	
	体内植入物	体外
热硫化硅橡胶	人工心脏、人工心瓣膜、人工食道、人工血管、人工气管、人工喉、人工胆管、人工腹膜、人工肌腱、人工肌肉、人工角膜、人工眼球、人工膀胱、人工脑硬膜、避孕环、人工指关节、心脏起搏器、胸腔填充材料	人工耳、人工唇等外科整形材料、膜式人工肺、膜式人工肾、血液导管、各种插管、人工皮肤
室温硫化硅橡胶	黏接剂、人工乳房、微胶囊、鼻	牙科印模材料

6. 聚酸酐(PA)　是 20 世纪 80 年代由 Langer 等发现的一类新型可生物降解的合成高分子材料。到目前为止，已合成的聚酸酐种类较多，如脂肪族聚酸酐、芳香聚酸酐、聚酯酸酐和交

联聚酸酐等。由于其具有良好的生物相容性、生物可降解性、降解速度可调及易加工等优异性能，很快在医药学领域得到应用。

$$\begin{matrix} O & O & & O & O \\ \Vert & \Vert & & \Vert & \Vert \\ \end{matrix}$$
$$\left[\!\!\begin{array}{c}O-\!\!\underset{}{C}-R_1-\!\!\underset{}{C}\end{array}\!\!\right]_m\!\left[\!\!\begin{array}{c}O-\!\!\underset{}{C}-R_2-\!\!\underset{}{C}\end{array}\!\!\right]_n$$

聚酸酐较好的疏水性可以防止药物在体内未释放之前水解失活。大部分聚酸酐的熔点在$60\sim100℃$，较低的熔点能够使药物在加工过程中不致失效。特别是聚酸酐的降解，是一种表面溶蚀性的降解，降解速率可通过调节聚合物中疏水性单体的比例来控制。因此，聚酸酐作为一类新型药物控释材料，具有很好的发展前景，现已广泛用于化疗剂、抗生素药物、多肽和蛋白制剂(如胰岛素、生长因子)、多糖(如肝素)等药物的控释研究。

7. 氨基酸类聚合物　通常分为聚氨基酸、假性聚氨基酸、氨基酸-非氨基酸共聚物三种。α-氨基酸之间通过肽键相连接成聚氨基酸；α-氨基酸之间以非肽键相连接成假性聚氨基酸，一般的连接键有羧酸酯、碳酸酯、甲氨键等。氨基酸-非氨基酸共聚物是指聚合物主链由氨基酸和非氨基酸单元组成。三种聚氨基酸都可在侧链引入功能性基团，从而得到各种衍生物。

氨基酸类聚合物可用作手术缝合线、人造皮肤和药物控制释放载体，其优点在于降解产物无毒性，可直接参与体内的代谢。目前已研制成功的多肽丝绒型人工皮肤就是由多肽薄膜与尼龙丝绒复合制成的假聚氨基酸，这种人工皮肤透明、柔软、耐张强度大、耐高温，可用高温蒸汽消毒。聚缬氨酸-脯氨酸-甘氨酸-缬氨酸-甘氨酸，其合成产物可在溶液中形成具有高弹性的亲水胶，通过氨基酸的取代能够改变产物的相转变温度，根据周围环境变化可以产生溶胀及脱溶胀的应答，因此有望在肌肉骨骼修复、眼装置的组织工程中应用。

第三节　生物医用材料的生物学评价

生物医用材料在各种人工器官、辅助装置、缓释降解载体、微囊等方面的成功应用，为临床上一些不可逆的脏器、组织的功能损伤性疾病创造了有效的治疗方法和手段。但所用的各种生物医用材料都必须具有优良的生物相容性才能被人体所接受，才能保证临床使用的安全性。生物相容性及生物学评价涉及细胞学、组织学、免疫学、遗传毒理学、物理学、化学等众多学科，通过采用相关学科的试验方法和手段研究生物医用材料及装置与生物体的相互作用，以评价最终产品是否安全有效。

一、生物相容性的概念

生物相容性(biocompatibility)是指生命体组织对非活性材料产生反应的一种性能。一般是指材料与宿主之间的相容性。生物材料植入人体后，对特定的生物组织环境产生影响和作用，生物组织对生物材料也会产生影响和作用，两种作用一直持续，直到达到平衡或者植入物被去除。生物相容性是生物材料研究中始终贯穿的主题，材料生物相容性的优劣是生物医用材料研究设计中首先需要考虑的重要问题。

各种人工器官、医用制品所用的生物医用材料，植入体内后都与组织、细胞直接接触，一些人工血管、人工心脏瓣膜、人工心脏和各种血管内导管、血管内支架等材料还要与血液直接接触。植入材料与组织、细胞、血液等短期或长期接触时，它们之间将产生不同的生物相容性反应(图 16-5)，同时，材料与机体之间的相互作用又会使各自功能和性质受到影响，甚至对机体造成各种危害(图 16-6)。植入人体内的生物医用材料必须对人体无毒性、无致敏性、无遗传毒性和无致癌性，对人体组织、血液、免疫等系统不产生不良反应。

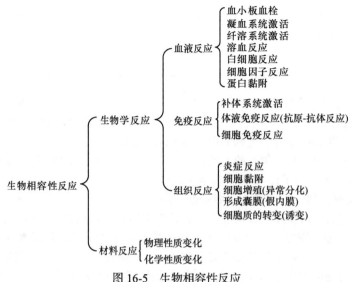

图 16-5　生物相容性反应

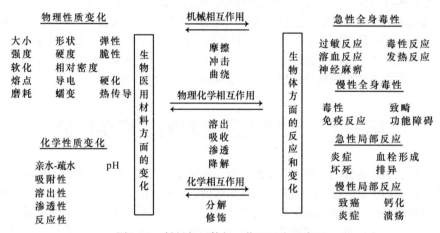

图 16-6　材料与机体相互作用反应示意图

二、生物相容性的分类

　　生物医用材料的生物相容性按材料接触人体部位的不同，一般分为组织相容性和血液相容性两类。如果与心血管系统外的组织和器官接触，主要考察与组织的相互作用，称为组织相容性或一般生物相容性。如果材料用于心血管系统，主要考察与血液的相互作用，称为血液相容性。

　　组织相容性要求医用材料植入体内后与组织、细胞接触无任何不良反应。当医用材料与装置植入体内某一部位时，局部的组织对异物将产生一种正常的机体防御性应答反应，植入物周围组织的白细胞、淋巴细胞发生聚集，出现不同程度的急性炎症。若植入物无毒性，组织相容性好，则植入物逐渐被淋巴细胞、成纤维细胞和胶原纤维包裹，形成纤维性包膜囊。半年或一年后该包膜囊变薄，囊壁中的淋巴细胞消失，在显微镜下只观察到1~2层很薄的成纤维细胞形成的无炎症反应的正常包膜囊。若植入材料的组织相容性差，就会刺激局部组织细胞形成慢性炎症，材料周围的包囊壁增厚，淋巴细胞浸润，逐步出现肉芽肿块或发生癌变，对接受治疗者产生不良后果。从广义上讲，植入人体的各种医用材料和装置都要求必须首先具备优良的组织相容性。

生物医用材料与血液接触时,将产生一系列生物反应,表现为材料表面出现血浆蛋白吸附,血小板黏附、聚集、变形,凝血系统、纤溶系统被激活,最终形成血栓。因此要求制造人工心脏、人工血管、人工心血管的辅助装置及各种进入或留置血管内,与血液直接接触的导管、功能性支架等医用装置的生物医用材料必须具备优良的血液相容性。血液相容性涉及的反应比较复杂,很多反应机理尚不明确,是目前最受重视的研究课题。研究表明,改变材料表面的性能或结构有助于提高材料的血液相容性。例如,材料表面肝素化有明显的抗凝血和抗血栓形成的性能;材料表面亲水-疏水微相分离结构具有优良的抗凝血目的;在材料表面种植、培养血管内皮细胞可以很好地改善材料的抗凝血性能。

三、生物医用材料的生物学评价

生物医用材料的生物学评价是对与患者接触的生物医用材料的安全性评价。生物医用材料的安全性主要包括产品是否安全和产品的功能是否正常。目前,我国生物医用材料的生物学评价主要参考国际标准化组织(International Standards Organization,ISO)10993 和国家标准GB/T16886 的要求,通过一系列体外、体内试验来进行。其试验方法包括基本评价的生物学试验和补充评价的生物学试验。基本评价的生物学实验又分为细胞毒性试验、皮肤致敏试验、刺激试验、全身急性毒性试验、植入试验、血液相容性试验和热原试验;补充评价的生物学试验分为遗传毒性试验、致癌试验、生殖毒性试验和慢性毒性试验。生物医用材料的生物学补充评价试验是在生物医用材料完成基本评价的生物学试验后,根据材料的特性和用途,考虑是否进行补充评价的生物学试验。

目前,随着组织工程研究的深入开展,智能性生物医用材料得到研究与开发。智能性生物医用材料除了满足一般的生物相容性要求外,还需满足生物材料在与细胞、组织接触过程中有利于细胞生长的一系列生理、生化功能的要求。智能性生物材料的研究开发和组织工程研制成功的人工自体细胞组织替代器官的临床应用,对生物医用材料的生物相容性研究及生物学评价提出了新的要求,必须在研究新材料的同时,设计和研究建立满足智能性要求的新的生物学评价试验方法。

第四节　生物医用材料的发展趋势

生物医用材料属多学科交叉领域,包括材料学、化学、物理学、生物学、医学和临床医学、药学及工程学等 10 余个学科,是现代医学两大支柱(生物技术和生物医学工程)的重要基础。尽管现代意义上的生物医用材料仅起源于 20 世纪 40 年代中期,产业形成在 80 年代,但受临床的巨大需求和科学技术进步的驱动,特别是当代材料科学与技术、细胞生物学和分子生物学的进展,在分子水平上深化了材料与机体间相互作用的认识,生物医用材料取得了巨大成功,已处于突破再生人体组织和整个人体器官的边缘,有望打开无生命的材料转变为有生命的组织的大门。目前生物医用材料的发展趋势主要有如下几个方面。

(一) 组织工程材料的研究与开发

组织工程是指应用生命科学与工程的原理和方法,构建一个生物装置,维护、增进人体细胞和组织的生长,以恢复受损组织或器官的功能。生物医用材料在组织工程中占据非常重要的地位,同时组织工程也为生物医用材料提出问题并指明发展方向。组织工程所用生物材料一般要求在组织形成过程中被降解并吸收;具有较好的可加工性,能形成三维结构并有较大的孔隙率,以便进行营养物质传输、气体交换、废物排泄;具有能激活细胞特异基因表达,使细胞按一定形状生长等特性。由于传统的人工器官(如人工肾、肝)不具备生物功能(代谢、合成),只能作为辅助治疗装置使用，研究具有生物功能的组织工程人工器官已在全世界引起广泛重视。

(二) 生物医用纳米材料的研究与开发

纳米技术在 20 世纪 90 年代获得了突破性进展，在生物医学领域的应用研究也得到了不断扩展。例如，已经研究表明，纳米碳材料可显著提高人工器官及组织的强度、韧度等多方面性能；纳米高分子颗粒可以用于某些疑难病的介入诊断和治疗；人工合成的纳米级类骨磷灰石晶体已成为制备纳米类骨生物复合活性材料的基础。纳米材料因具有一些独特的效应，如体积效应和表面效应，有利于细胞黏附、增殖和功能表达，因而作为生物医用材料特别是组织工程支架材料具有良好的应用前景。目前生物医用纳米材料的研究热点之一是药物控释材料及基因治疗载体材料。例如，以纳米颗粒作为药物和基因转移载体，将药物、DNA 和 RNA 等基因治疗分子包裹在纳米颗粒之中或吸附在其表面，同时也在颗粒表面偶联特异性的靶向分子，如特异性配体、单克隆抗体等，通过靶向分子与细胞表面特异性受体结合，使治疗分子在细胞摄取作用下进入细胞内，实现安全有效的靶向性药物和基因治疗。此外，生物医用纳米材料在分析与检测技术、纳米复合医用材料、与生物大分子进行组装、用于输送抗原或疫苗等方面也有良好的应用前景。

(三) 活性生物医用材料的研究与开发

活性生物医用材料是一类能在材料界面上引发特殊生物反应的材料，这种反应致使组织和材料之间形成化学键合。经过近四十年的发展，生物活性的概念在生物医用材料领域已建立了牢固的基础。例如，β-磷酸三钙可吸收生物陶瓷等，在体内可被降解吸收并为新生组织所代替，具有诱出特殊生物反应的作用；由于羟基磷灰石(HA)是自然骨的主要无机成分，故将其植入体内不仅能转导成骨，而且能与新骨形成骨键合，当在肌肉、韧带或皮下种植这一成分时，其能与组织密合，无炎症或刺激反应。生物活性材料具有的这些特殊的生物学性质，有利于人体组织的修复，是生物医用材料研究和发展的一个重要方向。

(四) 复合生物医用材料的研究与开发

复合生物医用材料是将具有不同性能的材料进行复合而成，可以达到"取长补短"的效果，有效解决材料的强度、韧性及生物相容性问题，是生物医用材料新品种开发的有效手段。根据使用方式的不同，该领域研究较多的是合金、碳纤维／高分子材料、无机材料(生物陶瓷、生物活性玻璃)／高分子材料的复合研究。在目前研究的复合材料中，羟基磷灰石(HA)复合材料是研究应用最为广泛的材料之一。HA 与生物可降解材料(包括人工合成的生物可降解性聚合物和天然材料提纯的可降解材料，如氨基多糖、胶原、聚乳糖等)的复合，可以帮助新组织逐渐长入替代材料，具有固位和塑型效果；HA 与非降解高分子材料(如聚乙烯、聚甲基丙烯酸甲酯、聚氨酯、涤纶等)复合，在临床上主要用于修复某些需要永久替换的器官或组织，如韧带、心脏瓣膜、血管、人工肋骨等。提高复合材料界面之间结合程度(相容性)是复合生物医用材料研究的主要课题。

(五) 药物控制释放材料的研究与开发

药物控释是指药物通过生物材料以恒定速度、靶向定位或智能释放的过程。随着人们生活水平的提高和精准医疗概念的提出，对药物释放和药物载体提出了新的要求。智能性药物释放是今后研究的重要方向，它可随外界条件的要求和变化释放药物，如 pH 敏感释放，可在酸性介质中不释放而在碱性介质中控制释放；温度敏感水凝胶可在不同温度下快速释放、慢速释放或不释放。微包囊、微球药物释放均是今后的发展趋势。随着生物应用材料的发展，可以预见将会有更多的新型药物载体材料、新剂型和新的给药释放体系出现。

总之，在保证安全性的前提下寻找生物相容性更好、可降解、耐腐蚀、持久、多用途的生物医用材料，进而改善人们的生活质量、延长人们的寿命、提高医疗效果及降低医疗成本，仍是目前生物医用材料研究的重点。

关 键 词

生物医用材料 biomedical material 　　　　生物相容性 biocompatibility
聚合物 polymer

本 章 小 结

生物医用材料是用来对生物体进行诊断、治疗、修复或替换其病损组织、器官，或增进其功能的材料。生物医用材料种类繁多，按不同分类标准可以分为不同类别，常见的是按材料组成和性质将生物医用材料分为生物医用金属材料、生物医用无机非金属材料、生物医用高分子材料、生物医用复合材料、生物衍生材料等。其中，生物医用高分子材料是指在生物学及医学等方面使用的高分子材料，主要是指用于制造能增强或取代生物组织、脏器和体外器官功能的代用品，以及药物剂型和医疗器械的聚合物材料。自然界中存在的一些多糖和蛋白质，以及人工合成的乙烯类聚合物、聚丙烯酸类化合物、脂肪族聚酯、聚氨酯、聚有机硅氧烷、聚酸酐、氨基酸类聚合物等都可以用作生物医用高分子材料。

生物相容性是指生命体组织对非活性材料产生反应的一种性能。生物医用材料的生物相容性一般分为组织相容性和血液相容性。生物医用材料必须具有优良的生物相容性才能被人体所接受，才能保证临床使用的安全性。

习 题

1. 指出下列化合物哪些是天然高聚物。
(1) 木材 　　　　(2) 棉花 　　　　(3) 尼龙 　　　　(4) 聚氨酯
(5) 纤维素 　　　(6) 涤纶 　　　　(7) 聚乳酸 　　　(8) 明胶
2. 名词解释。
(1) 生物医用材料 　　(2) 高分子化合物 　　(3) 生物相容性
3. 根据英文缩写符号写出下列聚合物的单体和中文名称。
(1) PVC 　　　　(2) PTFE 　　　　(3) PMMA 　　　　(4) PMAA
(5) PHE-MA 　　(6) PLA 　　　　(7) PCL
4. 简要回答下列问题。
(1) 生物医用高分子材料主要有哪些类型？
(2) 生物相容性反应的主要类型有哪些？
(3) 试简要总结生物医用材料的未来发展趋势。

(赵华文)

主要参考文献

胡宏纹. 2006. 有机化学. 3 版. 北京：高等教育出版社

李景宁. 2012. 有机化学. 5 版. 北京：高等教育出版社

刘斌，陈任宏. 2011. 有机化学. 北京：人民卫生出版社

陆涛，胡春，项光亚，等. 2011. 有机化学. 7 版. 北京：人民卫生出版社

陆阳，李勤耕. 2013. 有机化学. 案例版. 北京：科学出版社

陆阳，刘俊义. 2013. 有机化学. 8 版. 北京：人民卫生出版社

刑其毅，裴伟伟，徐瑞秋，等. 2005. 基础有机化学. 3 版. 北京：高等教育出版社

叶秀林. 1999. 立体化学. 2 版，北京：北京大学出版社

张生勇，孙晓莉. 2011. 有机化学. 3 版. 北京：科学出版社

LIN G Q，YOU Q D，CHENG J F. 2011. CHIRAL DRUGS：Chemistry and Biological Action. Hboken：John Wiley & Sons，Inc

Overvy L R，Ingersoll A W. 1960. Resolution of N-carbobenzoxy amino acid. Alanine，phenylalanine and tryptophan. J.Am.Chem.Soc.，82：2067-2069